RESET
It's a n

Series 01

토목기사·산업기사 시험 완벽 대비서

응용역학

| 박경현 지음 |

BM 성안당

www.cyber.co.kr

■ 도서 A/S 안내

성안당에서 발행하는 모든 도서는 저자와 출판사, 그리고 독자가 함께 만들어 나갑니다.

좋은 책을 펴내기 위해 많은 노력을 기울이고 있습니다. 혹시라도 내용상의 오류나 오탈자 등이 발견되면 "좋은 책은 나라의 보배"로서 우리 모두가 함께 만들어 간다는 마음으로 연락주시기 바랍니다. 수정 보완하여 더 나은 책이 되도록 최선을 다하겠습니다.

성안당은 늘 독자 여러분들의 소중한 의견을 기다리고 있습니다. 좋은 의견을 보내주시는 분께는 성안당 쇼핑몰의 포인트(3,000포인트)를 적립해 드립니다.

잘못 만들어진 책이나 부록 등이 파손된 경우에는 교환해 드립니다.

저자 문의 e-mail : jaoec@hanmail.net (박경현)

본서 기획자 e-mail : coh@cyber.co.kr (최옥현)

홈페이지 : http://www.cyber.co.kr   전화 : 031) 950-6300

머리말

토목 기사 · 산업기사 시험은 20여 년 전 처음 시행되기 시작해, 오늘날 토목분야의 중추적인 자격시험으로 자리를 잡아가고 있다. 또한 건설공학분야의 기술이 날로 발전함에 따라 공업역학, 재료역학, 구조역학 등의 내용을 광범위하게 다루고 있는 응용역학이 구조물의 설계 및 평가와 관련된 기초 학문으로서 그 중요성이 매우 커지고 있다.

따라서 이 책은 건설공학분야에 종사하는 기술자 또는 이러한 분야를 공부하는 학생들이 내용을 보다 쉽고 명확하게 이해할 수 있도록 구성하였다. 각 단원의 앞부분에는 기본적인 원리와 사고를 바탕으로 기본개념을 간단하게 설명하였으며, 뒷부분에는 각 단원과 관련된 문제들을 기출 문제와 함께 수록하였다.

독자들은 문제의 답안 작성에만 집착하지 말고 논리적인 이해를 하기 위해 노력하기를 바란다.

덧붙여, 이 책을 만나는 사람들의 다양한 목적에 따라 개개인에 있어서 다소 미흡한 점이 발견되더라도 계속적인 수정과 개선을 통해 보완할 것을 약속하며, 이 책을 필요로 하는 사람들이 소기 목적을 달성할 수 있기를 기원한다.

끝으로 이 책이 만들어지기까지 각고의 노력을 기울이신 여러분께 감사의 말씀을 드린다.

대학로 연구실에서
저자 박경현

기사

적용기간 : 2019.1.1. ~ 2021.12.31.

필기과목명	문제 수	주요항목	세부항목	세세항목
응용역학	20	1. 역학적인 개념 및 건설 구조물의 해석	1. 힘과 모멘트	1. 힘　　　　　2. 모멘트
			2. 단면의 성질	1. 단면1차모멘트와 도심 2. 단면2차모멘트 3. 단면상승모멘트 4. 회전반경 5. 단면계수
			3. 재료의 역학적 성질	1. 응력과 변형률 2. 탄성계수
			4. 정정보	1. 보의 반력　　　2. 보의 전단력 3. 보의 휨모멘트　4. 보의 영향선 5. 정정보의 종류
			5. 보의 응력	1. 휨응력　　　　2. 전단응력
			6. 보의 처짐	1. 보의 처짐 2. 보의 처짐각 3. 기타 처짐 해법
			7. 기둥	1. 단주　　　　　2. 장주
			8. 정정 트러스(truss), 라멘(rahmen), 아치(arch), 케이블(cable)	1. 트러스 2. 라멘 3. 아치 4. 케이블
			9. 구조물의 탄성 변형	1. 탄성변형
			10. 부정정 구조물	1. 부정정 구조물의 개요 2. 부정정 구조물의 판별 3. 부정정 구조물의 해법

산업기사

적용기간 : 2019. 1. 1. ~ 2021. 12. 31.

필기과목명	문제 수	주요항목	세부항목	세세항목	
응용역학	20	1. 역학적인 개념 및 건설 구조물의 해석	1. 힘과 모멘트	1. 힘	2. 모멘트
			2. 단면의 성질	1. 단면1차모멘트와 도심 2. 단면2차모멘트 3. 단면상승모멘트 4. 회전반경 5. 단면계수	
			3. 재료의 역학적 성질	1. 응력과 변형률 2. 탄성계수	
			4. 정정보	1. 보의 반력 3. 보의 휨모멘트	2. 보의 전단력
			5. 보의 응력	1. 휨응력	2. 전단응력
			6. 보의 처짐	1. 보의 처짐 3. 기타 처짐 해법	2. 보의 처짐각
			7. 기둥	1. 단주	2. 장주
			8. 정정 트러스(truss), 라멘(rahmen), 아치(arch), 케이블(cable)	1. 트러스 2. 라멘 3. 아치 4. 케이블	

CHAPTER 01 정역학의 기초

주요내용	과년도 출제문제 수		중요도	
	기사	산업기사	기사	산업기사
힘과 모멘트	10	14	★	★★
정역학적 힘의 평형	21	21	★★	★★
마찰	3	–	★	
합계	34	35		

CHAPTER 02 구조물 개론

주요내용	과년도 출제문제 수		중요도	
	기사	산업기사	기사	산업기사
구조물의 개론	–	5		★
구조물의 판별	2	19	★	★★
합계	2	24		

CHAPTER 03 단면의 성질

주요내용	과년도 출제문제 수		중요도	
	기사	산업기사	기사	산업기사
단면1차모멘트	15	25	★★	★★
단면2차모멘트(관성모멘트)	10	20	★★	★★
단면2차극모멘트(극관성모멘트)	4	–	★	
단면상승모멘트(관성승적모멘트)	10	3	★★	★
단면계수와 회전반경	7	7	★	★
주단면2차모멘트	–	–		
합계	46	55		

CHAPTER 04 정정보

주요내용	과년도 출제문제 수		중요도	
	기사	산업기사	기사	산업기사
단순보	36	40	★★★	★★★
캔틸레버보	1	4	★	★
내민보	17	14	★★	★★
게르버보	9	5	★	★
합계	63	63		

CHAPTER 05 정정 라멘과 아치, 케이블

주요내용	과년도 출제문제 수		중요도	
	기사	산업기사	기사	산업기사
정정 라멘	10	20	★★	★★★
정정 아치	24	7	★★★	★
케이블	1	1		
합계	35	28		

CHAPTER 06 정정 트러스

주요내용	과년도 출제문제 수		중요도	
	기사	산업기사	기사	산업기사
트러스 개요	3	12	★	★★
트러스 해석	34	24	★★★	★★★
합계	37	36		

CHAPTER 07 재료의 역학적 성질

주요내용	과년도 출제문제 수		중요도	
	기사	산업기사	기사	산업기사
응력	12	3	★★	★
변형률	6	9	★	★
응력-변형률 선도	16	30	★★	★★★
합성재	3	–	★	
구조물의 이음	–	–		
축하중 부재	29	19	★★★	★★
조합응력	14	3	★★	★★
합계	80	64		

CHAPTER 08 보의 응력

주요내용	과년도 출제문제 수		중요도	
	기사	산업기사	기사	산업기사
보의 휨응력	12	26	★★	★★★
보의 전단응력	32	31	★★★	★★★
전단중심	2	–	★	
보의 소성이론	–	–		
합계	46	57		

CHAPTER 09 기둥

주요내용	과년도 출제문제 수		중요도	
	기사	산업기사	기사	산업기사
기둥의 개요	9	10	★★	★★
단주의 해석	11	20	★★	★★★
장주의 해석	21	25	★★★	★★★
합계	41	55		

CHAPTER 10 탄성변형에너지

주요내용	과년도 출제문제 수		중요도	
	기사	산업기사	기사	산업기사
외적일과 내적일	2	4	★	★
탄성변형에너지	17	17	★★	★★
합계	19	21		

CHAPTER 11 구조물의 변위

주요내용	과년도 출제문제 수		중요도	
	기사	산업기사	기사	산업기사
구조물 변위의 개요	7	9	★	★★
처짐의 해법	56	47	★★★	★★★
상반정리	7	4	★★	★
합계	70	60		

CHAPTER 12 부정정 구조물

주요내용	과년도 출제문제 수		중요도	
	기사	산업기사	기사	산업기사
부정정 구조물의 개요	4	14	★	★★
변위일치법	22	10	★★★	★★
3연모멘트법	21	11	★★★	★★
처짐각법	9	4	★★	★
모멘트분배법	8	3	★★	★
합계	64	42		

차례
CONTENTS

CHAPTER 02 구조물 개론

CHAPTER 03 단면의 성질

CHAPTER 05   정정 라멘과 아치, 케이블

CHAPTER 08 보의 응력

chapter 1

정역학의 기초

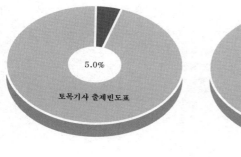

5.0%

토목기사 출제빈도표

6.7%

토목산업기사 출제빈도표

1 정역학의 기초

01 역학의 기본원리

① 구조역학(structural mechanics)의 정의

(1) 구조물(structure)과 작용하중(load), 발생거동(response)을 연구하는 학문

(2) 원인과 계, 결과의 구성

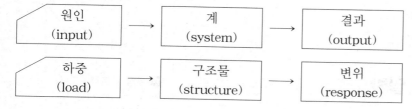

② 구조 해석의 기본원리

(1) 원인인 하중

① 외력, 단면력, 지점침하, 온도변화, 제작오차, 초기응력, 내력, 응력 등

② $a = 0$이면 정지 상태 → 평형방정식(equilibrium equation) → 정역학(statics)

③ $a \neq 0$이면 운동 상태 → 운동방정식(equation of motion) → 동역학(dynamics)

(2) 계인 구조물의 물성치

① 재료의 응력(stress, 힘의 기본단위)과 변형률(strain, 변형의 기본단위)의 관계식

② 구성방정식(constitution equation, 특성방정식)

(3) 결과인 변위

① 변위와 변형에 관한 식

② 적합방정식(compatibility equation)

(4) 지배방정식(governing equation)

① 미소 단면을 대상으로 한 형태 → 미분방정식으로 표현 → 임의 점의 변위

② 전체 단면을 대상으로 한 형태 → 대수방정식으로 표현 → 특정 점의 특정 변위

$$
\boxed{\begin{array}{c} \text{평형방정식} \\ \text{(equilibrium equation)} \end{array}}
$$
$$+$$
$$
\boxed{\begin{array}{c} \text{구성방정식} \\ \text{(constitution equation)} \end{array}} = \boxed{\begin{array}{c} \text{지배방정식} \\ \text{(governing equation)} \end{array}}
$$
$$+$$
$$
\boxed{\begin{array}{c} \text{적합방정식} \\ \text{(compatibility equation)} \end{array}}
$$

③ 구조 해석의 일반

(1) 구조역학의 적용 분야

① 구조물의 계획(planning)

② 구조물의 해석(analysis)

③ 구조물의 설계(design)

④ 구조물의 시공(construction)

⑤ 구조물의 안전진단

    ㉠ 변위, 변형 < 허용변위, 허용변형

    ㉡ 실제 응력, 실제 단면력 < 허용응력, 허용단면력

(2) 단위체계

① 중력단위체계, 절대단위체계 : 힘의 단위, 일의 단위, 일률의 단위

② 국제단위체계(SI, System of International unit)

③ 미국관용단위체계(USCS, U.S. Customary System)

▶ 가장 근본적인 가정

① 미소변형 문제

② 재료의 균질성

③ 재료의 등방성

④ 재료의 선형 탄성

⑤ 탄성계수, 푸아송비 : 상수

(3) 문제 해석

① 기호 문제 : 일반 공식으로 표시, 최종결과에 영향을 미치는 변수 제공

② 수치 문제 : 계산의 각 과정에서 모든 양들의 크기가 명확하게 나타남, 합리적인 판단의 기회 제공

02 힘

① 힘(force)의 정의

(1) 정지하고 있는 물체를 움직이거나, 운동하는 물체를 정지시키거나, 또는 움직이는 물체의 방향이나 속도를 변화시키는 원인이 되는 것을 말한다.

$$F = m \cdot a$$

여기서, F : 힘

m : 질량

a : 가속도

(2) 힘의 단위

① 절대 단위 : $1\text{N} = 1\text{kg} \cdot \text{m/sec}^2$

$1\text{dyn} = 1\text{g} \cdot \text{cm/sec}^2$

② 중력 단위 : $1\text{kg}_f = 1\text{kgf} = 1\text{kg} \times 9.8\,\text{m/sec}^2 = 9.8\text{N}$

$1\text{g}_f = 1\text{gf} = 1\text{g} \times 980\,\text{cm/sec}^2 = 980\text{dyn}$

(3) 힘의 3요소

① 크기(l) : 힘의 축척에 의한 화살표의 길이로 표시

② 방향(θ) : 기준선과 이루는 각도

③ 작용점(x, y) : 힘이 작용하는 점으로 작용선상에 있다. 이동성(전달성)의 원리가 성립된다.

▶ **구조물의 이상화**

① 두께를 가진 구조물
중심선을 기준으로 선으로 표시하고, 부재의 접합부는 점으로 표시

② 입체구조물
평면구조로 분해하여 해석

③ 트러스의 절점(격점)
활절(hinge)로 해석

④ 미소변위의 가정

▶ **힘의 3요소**

크기, 방향, 작용점

▶ **힘의 축척(force scale)**

선분의 길이에 비례

$$\frac{1\text{tf}}{1\text{cm}} : \frac{3\text{tf}}{3\text{cm}}$$

▶ **힘의 3요소**

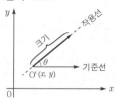

② 힘의 합성

(1) 도해적 방법

평행사변형법, 삼각형법이 있다.

(a) 평행사변형법　　(b) 삼각형법

【그림 1-1】 두 힘의 합성

(2) 해석적 방법

① 합력 : $R = \sqrt{P_1^2 + P_2^2 + 2P_1P_2\cos\alpha}$

② 합력의 방향 : $\tan\theta = \dfrac{P_2\sin\alpha}{P_1 + P_2\cos\alpha}$

(3) 한 점에 작용하는 여러 힘의 합성

① 수평분력의 총합

$$\Sigma H = H_1 + H_2 + H_3 + H_4$$
$$= P_1\cos\theta_1 + P_2\cos\theta_2 - P_3\cos\theta_3 - P_4\cos\theta_4$$

② 수직분력의 총합

$$\Sigma V = V_1 + V_2 + V_3 + V_4$$
$$= P_1\sin\theta_1 - P_2\sin\theta_2 - P_3\sin\theta_3 + P_4\sin\theta_4$$

③ 합력의 방향

$$R = \sqrt{\Sigma H^2 + \Sigma V^2}$$
$$\tan\theta = \frac{\Sigma V}{\Sigma H}$$

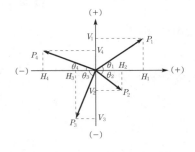

【그림 1-2】 여러 힘의 합성

■ 힘의 기본적 성질(정역학의 원리)
① 힘의 평행사변형의 법칙
② 겹침의 법칙
③ 힘의 이동성의 법칙
④ 작용과 반작용의 법칙

③ 힘의 분해

(1) 해석법

라미의 정리(sin 법칙)를 이용하여 분력을 구한다.

$$\frac{P_1}{\sin(\alpha-\theta)} = \frac{R}{\sin(180°-\alpha)} = \frac{P_2}{\sin\theta}$$

$$\therefore\ P_1 = \frac{\sin(\alpha-\theta)}{\sin(180°-\alpha)}R,\ \ P_2 = \frac{\sin\theta}{\sin(180°-\alpha)}R$$

(2) 도해법

평행사변형법으로 분력을 구하는 방법이다.

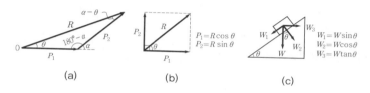

(a)　　　　　　　(b)　　　　　　　(c)

【그림 1-3】 힘의 분해

03　모멘트(moment)

① 모멘트와 우력모멘트

(1) 모멘트의 정의

① 힘×거리(수직거리, 최단거리)로 회전하려고 하는 힘

$$M = P \times L$$

② 단위 : tf·m, kgf·cm

③ 부호 : 시계방향 ⊕, 반시계 방향 ⊖

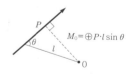

【그림 1-4】 모멘트

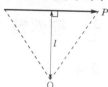

▶ 모멘트의 기하학적 의미

$$M_o = Pl$$

$$\triangle면적 = \frac{Pl}{2} = \frac{M_o}{2}$$

$$\therefore\ M_o = 2 \times \triangle면적$$

모멘트＝삼각형 면적의 2배

(2) 우력모멘트(couple moment)

① 우력(couple force)

크기가 같고 방향이 반대인 한 쌍의 나란한 힘

② 우력에 의한 모멘트를 우력모멘트라고 한다.

(3) 우력모멘트의 특성

① 우력의 합력 : $R = 0$

② 우력모멘트의 크기는 항상 일정

③ 예 : 드릴, 너트, 자동차 핸들 등

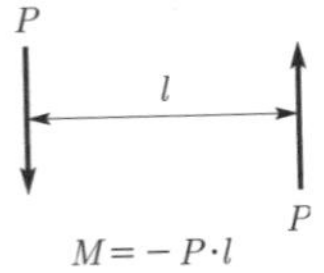

$$M = -P \cdot l$$

【그림 1-5】 우력모멘트

(4) Varignon의 정리

여러 힘의 한 점에 대한 모멘트는 그 합력의 모멘트의 크기와 같다. 즉, 합력에 의한 모멘트는 분력에 의한 모멘트의 합과 같고, 그 역도 성립한다.

$$M_o = R \cdot l = P_v \cdot x + P_H \cdot y$$

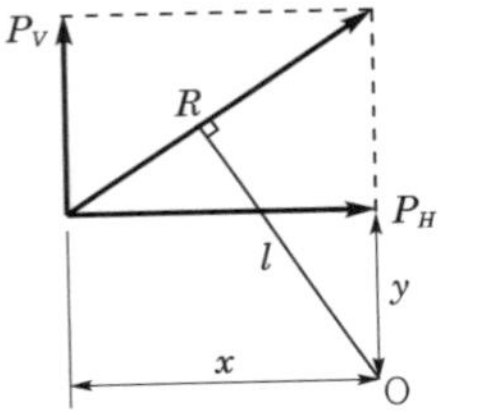

【그림 1-6】 Varignon의 정리

❷ 평행한 힘의 합성과 위치

(1) 합력

$$R = P_1 + P_2 + P_3 + P_4$$

(2) 위치

$\Sigma M_B = 0$에 의하여

$$x = \frac{P_1 l_1 + P_2 l_2 + P_3 l_3}{R}$$

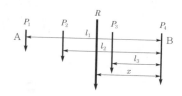

【그림 1-7】 평행한 힘의 합성

04 정역학적 힘의 평형

① 동일점에 작용하는 힘의 평형조건

(1) 힘의 평형개념

물체가 움직이거나 회전하지 않는 경우 즉, 정지 상태.

(2) 도해적 조건

시력도가 폐합해야 한다.($R = 0$)

(3) 해석적 조건

① 수평분력의 총합
$\Sigma F_x = 0$ $(\Sigma H = 0)$

② 수직분력의 총합
$\Sigma F_y = 0$ $(\Sigma V = 0)$

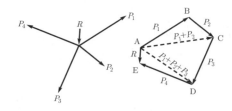

(a) 힘의 작용   (b) 시력도

【그림 1-8】 동일점에 작용하는 경우

② 동일점에 작용하지 않는 힘의 평형조건

(1) 도해적 조건

① 시력도가 폐합해야 한다.($R = 0$)

② 연력도가 폐합해야 한다.(우력 $= 0$, $\Sigma M = 0$)

▶ 시력도 폐합의 의미
$\Sigma H = 0$
$\Sigma V = 0$
$R = 0$

(2) 해석적 조건(힘의 평형조건식)

① 수평분력의 총합 : $\Sigma F_x = 0$ ($\Sigma H = 0$)

② 수직분력의 총합 : $\Sigma F_y = 0$ ($\Sigma V = 0$)

③ 임의의 점 모멘트의 총합 : $\Sigma M_x = 0$ ($\Sigma M = 0$)

▶ 연력도 폐합의 의미
$\Sigma M = 0$

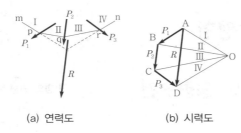

(a) 연력도   (b) 시력도

【그림 1-9】 동일점에 작용하지 않는 경우

③ 자유물체도(Free Body Diagram, F.B.D)

(1) 정의

어떤 물체에 있어서 지지하고 있는 구조물의 지점을 제거하고 물체에 작용하는 모든 힘을 표시해준 그림으로, 구조물의 힘의 평형 상태 또는 임의 단면의 힘의 평형 상태를 나타낸다.

(2) 목적

평형방정식을 사용하여 어떤 물체의 단면에 작용하는 힘을 쉽게 알기 위함이다.

(3) 자유물체(free body)

그리려는 물체를 구조물에서 완전히 분리하여 형태만 그린 물체를 말한다.

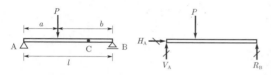

(a) 하중이 작용하는 보   (b) 자유물체보

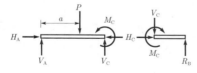

(c) C점의 자유물체도

【그림 1-10】 자유물체도

05 마찰

① 마찰력의 정의

(1) 마찰

운동을 방해하는 성질

(2) 마찰력

마찰 때문에 발생하는 운동에 저항하는 저항력

② 운동상태에 따른 마찰의 종류

(1) 미끄럼 마찰

① 마찰력＝마찰계수×수직항력

$$R = \mu \cdot N = \mu \cdot W \cos\theta$$

② 물체가 움직이려는 순간에 최대마찰력이 작용한다.

③ 움직이기 이전의 마찰력

마찰력(R)＝작용한 하중(P)

④ 물체가 움직이기 직전의 마찰력 : $R = P$

⑤ 물체가 움직이는 과정의 마찰력 : $R < P$

⑥ 경사면 미끄럼 마찰

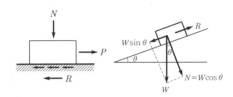

(a) 평면 미끄럼 마찰   (b) 경사면 미끄럼 마찰

【그림 1-11】 미끄럼 마찰

(2) 굴림 마찰

① 마찰력

$$R = \frac{b}{r} \cdot W$$

여기서, N : 수직항력

P : 하중(수평력)

W : 자중

b : 회전마찰계수(굴림저항계수)

② 회전마찰계수 b는 길이의 단위를 가지며, 접촉재료의 특성과 조건에 관계된다.

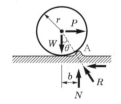

【그림 1-12】 굴림 마찰

③ 마찰력의 특성

(1) 마찰력은 물체의 운동과 반대방향으로 작용한다.

(2) 마찰력(마찰계수)은 접촉면의 면적과 관계없다.

(3) 마찰력은 접촉면의 성질(상태)에 의해 변한다.

(4) 정지마찰계수는 동마찰계수보다 일반적으로 크다.

(5) 마찰력은 수직항력에 비례한다.

(6) 동마찰력은 미끄럼 속도에 무관하다.

➡ 굴림저항계수(회전마찰계수)

$\Sigma M_A = 0$

$P(r\cos\theta) - W \cdot b = 0$

$P = R = \frac{b}{r} \cdot W$

➡ 포장면 위의 공기타이어

$b = 0.6\text{mm}$

➡ 하중과 마찰력의 관계

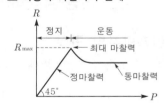

힘과 모멘트

1. 다음 중에서 벡터(vector)량인 것은?

㉮ 면적   ㉯ 시간

㉰ 변위   ㉱ 온도

• 해설
① 벡터(vector) : 크기와 방향을 갖은 물리량
(속도, 중량)

② 스칼라(scalar) : 크기만 가진 물리량(속력, 질량)

2. 힘의 평형조건에 대한 설명 중 옳지 않은 것은?

㉮ 동일점에 작용하지 않는 여러 개의 힘이 해석적 평형조건은 $\Sigma H=0$, $\Sigma V=0$, $\Sigma M=0$이다.

㉯ 동일점에 작용하지 않는 여러 개의 힘의 도해적 평형조건은 시력도 및 연력도가 폐합해야 한다.

㉰ 동일점에 작용하는 여러 개의 힘의 해석적 평형조건은 $\Sigma H=0$, $\Sigma V=0$이다.

㉱ 동일점에 작용하는 여러 개의 힘의 도해적 평형조건은 연력도가 폐합해야 한다.

• 해설
동일점에 작용하는 여러 개의 힘의 평형조건은 시력도가 폐합되어야 한다.

3. 평면 구조물의 정역학적 평형방정식을 옳게 표시한 것은?

㉮ $\Sigma F_x=0$, $\Sigma F_y=0$, $\Sigma \delta=0$

㉯ $\Sigma \delta=0$, $\Sigma \delta=0$, $\Sigma M=0$

㉰ $\Sigma F_x=0$, $\Sigma F_y=0$, $\Sigma \delta=0$

㉱ $\Sigma F_x=0$, $\Sigma F_y=0$, $\Sigma M=0$

• 해설
정역학적 평형이라 함은 움직이지 않고 정지된 상태를 말한다.

① 수평으로 움직이지 않는다. $\Sigma F_x=0$

② 수직으로 움직이지 않는다. $\Sigma F_y=0$

③ 회전하지 않는다. $\Sigma M=0$

4. 다음 중 평면역계의 합력은?

㉮ 1개만의 힘으로 된다.

㉯ 1개만의 우력으로 된다.

㉰ 1개의 힘과 1개의 우력으로 된다.

㉱ 1개의 힘 또는 1개의 우력으로 된다.

5. 다음 중 연력도는?

㉮ 1점에 작용하지 않는 여러 힘을 합성할 때 합력의 크기와 방향을 구하기 위해 그려진다.

㉯ 1점에 작용하지 않는 여러 힘을 합성할 때 합력의 작용선을 찾기 위해 그려진다.

㉰ 1점에 작용하는 여러 힘을 합성할 때 합력의 작용선을 찾기 위해 그려진다.

㉱ 1점에 작용하는 여러 힘을 합성할 때 합력의 크기, 방향, 작용선을 찾기 위해 그려진다.

6. 연력도의 폐합이 가지는 의미는 다음 중 어떤 것인가?

㉮ 모멘트의 합이 0

㉯ 수평력의 합이 0

㉰ 수직력의 합이 0

㉱ 수평력과 수직력의 합이 0

• 해설
① 연력도의 폐합 $\Sigma M=0$

② 시력도의 폐합 $\Sigma R=0$

7. 다음 그림에서와 같이 우력(偶力)이 작용할 때 각 점의 모멘트에 관한 설명 중 옳은 것은?

㉮ ⓑ점의 모멘트가 제일 작다.

㉯ ⓓ점의 모멘트가 제일 작다.

㉰ ⓐ와 ⓒ점은 모멘트의 크기는 같으나 방향이 서로 반대이다.

㉱ ⓐⓑⓒⓓ 모든 점의 모멘트는 같다.

• 해설
우력모멘트는 어느 점이나 같다.

8. 역학에서 자유물체도란?

㉮ 구속받지 않는 한 물체의 그림이다.

㉯ 분리된 한 물체와 이물체가 타물체에 작용하는 힘을 나타낸 그림이다.

㉰ 분리된 한 물체와 타물체가 이물체에 작용하는 힘을 나타낸 그림이다.

㉱ 한 물체가 다른 물체에 작용하는 힘만 나타낸 그림이다.

9. 아래의 설명은 무슨 정리인가?

"동일 평면상의 한 점에 여러 개의 힘이 작용하고 있는 경우에 이 평면의 임의의 점에 관한 이들 힘의 모멘트의 대수합은 동일점에 관한 이들 힘의 합력의 모멘트와 같다."

㉮ Green의 정리 　　㉯ Lami의 정리

㉰ Varignon의 정리 　㉱ Pappus의 정리

해설 바리뇽(Varignon)의 정리

10. 바리뇽(Varignon)의 정리 내용 중 옳은 것은?

㉮ 여러 힘의 한 점에 대한 모멘트의 합과 합력의 그 점에 대한 모멘트는 우력모멘트로서 작용한다.

㉯ 여러 힘의 한 점에 대한 모멘트의 합은 합력의 그 점 모멘트보다 항상 적다.

㉰ 여러 힘의 한 점에 대한 모멘트를 합하면 합력의 그 점에 대한 모멘트보다 항상 크다.

㉱ 여러 힘의 임의 한 점에 대한 모멘트의 합은 합력의 그 점에 대한 모멘트와 같다.

11. 다음 그림과 같은 로프에서 BC에 일어나는 힘의 크기는?

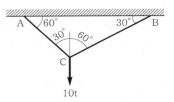

㉮ $\overline{BC}=6.928t$

㉯ $\overline{BC}=-6.928t$

㉰ $\overline{BC}=-5t$

㉱ $\overline{BC}=5t$

해설 삼각형 ABC에서 sin 법칙을 생각하면

$$\frac{\overline{BC}}{\sin 30°}=\frac{10}{\sin 90°}$$

$$\overline{BC}=10\times\sin 30°$$

$$=5t\,(인장)$$

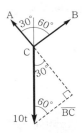

12. 무게 1,000kg을 C점에 매달 때 줄 AC에 작용하는 장력은?

㉮ 540kg

㉯ 670kg

㉰ 972kg

㉱ 866kg

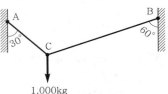

해설 C점에 대하여 sin 법칙을 적용하면

$$\frac{\overline{AC}}{\sin 60°}=\frac{1,000}{\sin 90°}$$

$$\overline{AC}=1,000\times\sin 60°$$

$$=866kg$$

13. 다음 그림과 같은 구조물에서 끈 AC의 장력 T_1과 BC의 장력 T_2가 받는 힘의 관계 중 옳은 것은?

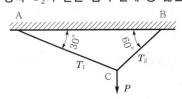

㉮ T_2는 T_1의 $\sqrt{3}$ 배　㉯ T_1은 T_2의 $\sqrt{3}$ 배

㉰ T_1은 T_2의 $\sqrt{2}$ 배　㉱ T_2는 T_1의 $\sqrt{2}$ 배

해설 라미의 정리를 이용하면

$$T_1=P\cdot\sin 30°$$

$$T_2=P\cdot\cos 30°$$

$$T_1:T_2=\sin 30°:\cos 30°$$

$$\therefore\ T_1:T_2=1:\sqrt{3}$$

T_2는 T_1의 $\sqrt{3}$ 배

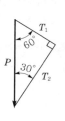

14. 그림과 같은 구조물의 A점에 외력 W가 작용할 때 $\overline{AB}$, $\overline{AC}$의 각 부재에 일어나는 내력을 구한 것은?

㉮ $\overline{AB} = \sqrt{3}\, W$(인장)
$\overline{AC} = 2\, W$(압축)

㉯ $\overline{AB} = \sqrt{3}\, W$(압축)
$\overline{AC} = 2\, W$(인장)

㉰ $\overline{AB} = W$(인장)
$\overline{AC} = 2\, W$(압축)

㉱ $\overline{AB} = \sqrt{3}\,/2\, W$(인장)
$\overline{AC} = W$(압축)

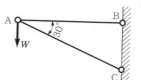

▷ **해설** 절점 A에서 평형조건을 생각하면
$\Sigma V = 0$
$W - \overline{AC} \cdot \sin 30° = 0$
$\therefore \ \overline{AC} = 2\,W$(압축)
$\Sigma H = 0$
$\overline{AC} \cos 30° - \overline{AB} = 0$
$2\,W \cdot \cos 30° - \overline{AB} = 0$
$\therefore \ \overline{AB} = \sqrt{3}\, W$(인장)

15. 그림과 같은 줄 ABCD의 C점과 D점에 각각 하중 P가 작용할 때 줄 AC에 발생하는 힘은? (단, 부호는 인장력 (+), 압축력 (−)이다.)

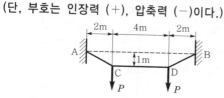

㉮ $\dfrac{2}{\sqrt{5}} P$

㉯ $\dfrac{P}{2}$

㉰ $\sqrt{5}\, P$

㉱ $2P$

▷ **해설** C점에서 수직력의 합(즉, $\Sigma V = 0$)이 0이 되어야 하므로
$\overline{AC} \cos\theta - P = 0$
$\overline{AC} \cdot \dfrac{1}{\sqrt{5}} - P = 0$
$\therefore \ \overline{AC} = \sqrt{5}\, P$

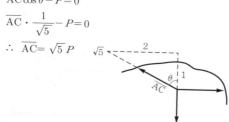

16. 그림과 같이 두 개의 활차를 사용하여 물체를 매달 때 3개의 물체가 평형을 이루기 위한 θ의 값은? (단, 로프와 활차의 마찰은 무시한다.)

㉮ 30°

㉯ 45°

㉰ 60°

㉱ 120°

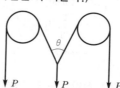

▷ **해설** 가운데 하중 작용점에서 $\Sigma V = 0$이 되어야 하므로
$2 \cdot P \cdot \cos\dfrac{\theta}{2} = P$
$2 \cdot \cos\dfrac{\theta}{2} = 1$
$\therefore \ \theta = 120°$

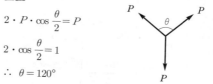

17. 무게 1kg의 물체를 두 끈으로 늘어뜨렸을 때, 한 끈이 받는 힘의 크기의 순서가 옳은 것은?

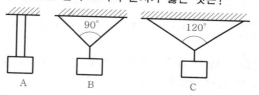

㉮ B>A>C

㉯ C>A>B

㉰ A>B>C

㉱ C>B>A

▷ **해설** 한 끈의 장력을 T라 두면
① A의 경우 : $2T = P \rightarrow T = 0.5P$
② B의 경우 : $2T \cos 45° = P$
$\qquad T = 0.707P$
③ C의 경우 : $2T \cos 60° = P$
$\qquad T = P$
$\therefore \ C > B > A$

18. 그림과 같이 밀도가 균일하고 무게가 W인 구가 마찰이 없는 두 벽면 사이에 놓여 있을 때 반력 R_A의 크기는?

㉮ $0.5\,W$

㉯ $0.577\,W$

㉰ $0.707\,W$

㉱ $0.866\,W$

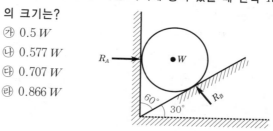

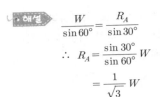

$$\frac{W}{\sin 60°} = \frac{R_A}{\sin 30°}$$

$$\therefore R_A = \frac{\sin 30°}{\sin 60°} W$$

$$= \frac{1}{\sqrt{3}} W$$

$$= 0.577 W$$

19. 그림의 삼각형 구조가 평형상태에 있을 때 법선 방향에 대한 힘의 크기 P는?

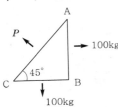

㉮ 200kg   ㉯ 180kg

㉰ 133kg   ㉱ 141kg

해설 ▷ $P = 100\cos 45° + 100\cos 45° = 141.42$kg

20. 그림과 같은 구조물에 하중 W가 작용할 때 P 의 크기는? (단, $0° < \alpha < 180°$이다.)

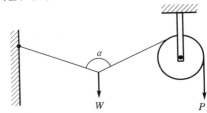

㉮ $P = \dfrac{W}{2\cos\dfrac{\alpha}{2}}$ ㉯ $P = \dfrac{W}{2\cos\alpha}$

㉰ $P = \dfrac{W}{\cos\dfrac{\alpha}{2}}$ ㉱ $P = \dfrac{2W}{\cos\dfrac{\alpha}{2}}$

해설 ▷ $\Sigma V = 0$

$$W = P\cos\frac{\alpha}{2} \times 2$$

$$\therefore P = \frac{W}{2\cos\dfrac{\alpha}{2}}$$

21. 그림과 같이 케이블(cable)에 500kg의 추가 매 달려 있다. 이 추의 중심선이 구멍의 중심축상에 있게 하려면 A점에 작용할 수평력 P의 크기는 얼마가 되어 야 하는가?

㉮ $P = 300$kg

㉯ $P = 350$kg

㉰ $P = 400$kg

㉱ $P = 375$kg

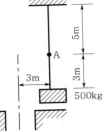

해설 ▷ $\dfrac{P}{\sin\theta_2} = \dfrac{500}{\sin\theta_1}$

$$P = \frac{\sin\theta_2}{\sin\theta_1} \times 500$$

$$\therefore P = \frac{3/5}{4/5} \times 500$$

$$= 375\text{kg}$$

22. 다음 그림과 같이 부양력 300kg인 기구가 수평 선과 60°의 각을 이루고 정지상태에 있을 때 받는 풍압 W 및 로프(rope)에 작용하는 힘은?

㉮ $t = 346.4$kg, $W = 173.2$kg

㉯ $t = 356.4$kg, $W = 163.2$kg

㉰ $t = 366.4$kg, $W = 153.2$kg

㉱ $t = 376.4$kg, $W = 143.2$kg

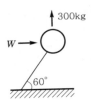

해설 ▷ sin 법칙에 의해

$$\frac{W}{\sin 30°} = \frac{300}{\sin 60°} = \frac{T}{\sin 90°}$$

$$\therefore W = \frac{\sin 30°}{\sin 60°} \times 300 = 173.2\text{kg}$$

$$\therefore T = \frac{1}{\sin 60°} \times 300 = 346.4\text{kg}$$

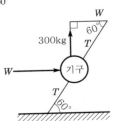

23. 다음 그림에서 AB, BC의 응력의 크기는?

㉮ AB = -20t, BC = 17.32t

㉯ AB = 17.32t, BC = -20t

㉰ AB = -17.32t, BC = 20t

㉱ AB = 20t, BC = -17.32t

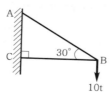

• 해설 ▶

$$\frac{AB}{\sin 90°} = \frac{10}{\sin 30°} = \frac{BC}{\sin 60°}$$

$$AB = 10 \times \frac{1}{\sin 30°} = 20t\,(인장)$$

$$BC = \frac{\sin 60°}{\sin 30°} \times 10 = 17.32\,(압축)$$

24. 그림과 같은 구조물에서 T가 받는 힘의 크기는 얼마인가?

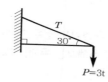

㉮ 6t

㉯ 5t

㉰ 4t

㉱ 3t

• 해설 ▶

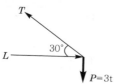

$$\Sigma V = 0$$

$$T \cdot \sin 30° - 3 = 0$$

$$T = 6t\,(인장)$$

25. 그림과 같은 구조물에서 부재 AB가 받는 힘의 크기는?

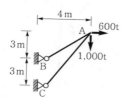

㉮ 3,166.7t

㉯ 3,274.2t

㉰ 3,368.5t

㉱ 3,485.4t

• 해설 ▶

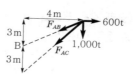

$$\Sigma H = 0$$

$$-\frac{4}{5}F_{AB} - \frac{4}{\sqrt{52}}F_{AC} + 600 = 0 \quad \cdots\cdots\cdots\cdots ①$$

$$\Sigma V = 0$$

$$-\frac{3}{5}F_{AB} - \frac{6}{\sqrt{52}}F_{AC} - 1,000 = 0 \quad \cdots\cdots\cdots\cdots ②$$

식 ①과 ②를 연립하여 풀면

$$F_{AB} = 3,166.7t\,(인장)$$

$$F_{AC} = -3,485.4t\,(압축)$$

26. 다음 구조물에서 CB 부재의 부재력은 얼마인가?

㉮ $\frac{2}{\sqrt{3}}$ t

㉯ 1t

㉰ $2\sqrt{3}$ t

㉱ 2t

• 해설 ▶

$$\frac{F_{CB}}{\sin 60°} = \frac{2}{\sin 60°}$$

$$F_{CB} = 2t$$

27. 다음 그림과 같은 구조물에서 사재 A의 축력으로 옳은 것은?

㉮ 1.4t(인장)

㉯ 1.9t(압축)

㉰ 3.0t(인장)

㉱ 4.0t(압축)

• 해설 ▶

$$\Sigma V = 0$$

$$-A \cdot \frac{3}{5} - 2.4 = 0$$

$$A = 4.0t\,(압축)$$

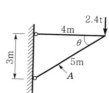

28. 그림과 같은 평형을 이루는 세 힘에 관하여 다음 설명 중 옳은 것은?

㉮ $\dfrac{P_2}{\sin\theta_2}=\dfrac{R}{\sin\theta_R}$ ㉯ $\dfrac{P_1}{\sin\theta_2}=\dfrac{P_2}{\sin\theta_1}$

㉰ $\dfrac{P_1}{\sin\theta_1}=\dfrac{R}{\sin\theta_2}$ ㉱ $\dfrac{P_1}{\sin\theta_R}=\dfrac{P_2}{\sin\theta_1}$

◁·해설▷ Lami의 정리(sin 법칙)

$$\frac{P_1}{\sin\theta_1}=\frac{P_2}{\sin\theta_2}=\frac{R}{\sin\theta_R}$$

29. 그림과 같은 평형을 이루는 세 힘에 관하여 다음 설명 중 옳은 것은?

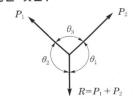

㉮ $\dfrac{P_2}{\sin\theta_2}=\dfrac{P_1+P_2}{\sin\theta_3}$ ㉯ $\dfrac{P_1}{\sin\theta_2}=\dfrac{P_2}{\sin\theta_1}$

㉰ $\dfrac{P_1}{\sin\theta_1}=\dfrac{P_1+P_2}{\sin\theta_2}$ ㉱ $\dfrac{P_1}{\sin\theta_3}=\dfrac{P_2}{\sin\theta_1}$

◁·해설▷ sin 법칙에서(라미의 정리)

$$\frac{R}{\sin\theta_3}=\frac{P_1+P_2}{\sin\theta_3}=\frac{P_1}{\sin\theta_1}$$
$$=\frac{P_2}{\sin\theta_2}$$
$$\therefore\ \frac{P_1+P_2}{\sin\theta_3}=\frac{P_2}{\sin\theta_2}$$

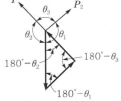

30. 그림과 같이 로프 C점에 500kgf의 무게가 작용할 때 AC가 받는 장력은?

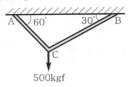

㉮ 288kgf ㉯ 344kgf

㉰ 433kgf ㉱ 577kgf

◁·해설▷ $\Sigma H=0$에서
$-\overline{AC}\cos60°+\overline{BC}\cos30°=0$ ·················· ①
$\Sigma V=0$에서
$\overline{AC}\sin60°+\overline{BC}\sin30°=500$ ·················· ②
이 두 식을 연립하면
$AC=433\text{kgf}$

31. 그림과 같이 연결부에 두 힘 5tf와 2tf가 작용한다. 평형을 이루기 위해서는 두 힘 A와 B의 크기는 얼마가 되어야 하는가?

㉮ $A=5+\sqrt{3}\,\text{tf},\ B=1\text{tf}$

㉯ $A=\sqrt{3}\,\text{tf},\ B=6\text{tf}$

㉰ $A=6\text{tf},\ B=\sqrt{3}\,\text{tf}$

㉱ $A=1\text{tf},\ B=5\text{tf}+\sqrt{3}\,\text{tf}$

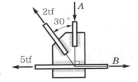

◁·해설▷ $\Sigma V=0$
$A=2\cos30°=\sqrt{3}\,\text{tf}$
$\Sigma H=0$
$B=2\sin30°+5=6\text{tf}$

32. 그림과 같이 중량 300kgf인 물체가 끈에 매달려 지지되어 있을 때, 끈 AB와 BC에 작용되는 힘은?

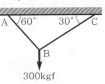

㉮ AB=245kgf, BC=180kgf

㉯ AB=260kgf, BC=150kgf

㉰ AB=275kgf, BC=240kgf

㉱ AB=230kgf, BC=210kgf

해설 B점에 sin 법칙을 적용한다.

$$\frac{\overline{AB}}{\sin 60°} = \frac{300}{\sin 90°}$$

$$= \frac{\overline{BC}}{\sin 30°}$$

$$\therefore \ \overline{AB} = 300 \sin 60°$$

$$= 259.81\text{kgf}$$

$$\overline{BC} = 300 \sin 30°$$

$$= 150\text{kgf}$$

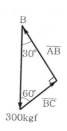

33. 그림과 같은 구조물의 C점에 연직하중이 작용할 때 AC 부재가 받는 힘은?

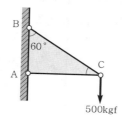

㉮ 250kgf ㉯ 500kgf
㉰ 866kgf ㉱ 1,000kgf

해설 $\Sigma V = 0$

$BC \sin 30° = 500$

$BC = 1,000\text{kgf}$

$\Sigma H = 0$

$AC = BC \cos 30°$

$= 1,000 \times \cos 30°$

$= 866\text{kgf}$

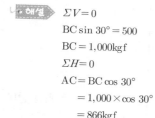

34. 그림과 같이 각 점이 힌지로 연결된 구조물에서 부재 BC의 부재력은?

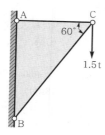

㉮ 0.87 t(압축) ㉯ 0.87 t(인장)
㉰ 1.73 t(압축) ㉱ 1.73 t(인장)

해설 $\Sigma V = 0$

$\overline{BC} \sin 60° = 1.5$

$\therefore \ \overline{BC} = 1.732\text{t}(압축)$

$\Sigma H = 0$

$\overline{AC} = \overline{BC} \cos 60° = 1.732 \times \cos 60° = 0.866\text{t}(인장)$

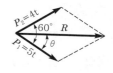

35. 다음 그림에서 두 힘에 대한 합력(R)의 크기와 합력의 방향(θ) 값은?

㉮ $R=8\text{t}, \ \theta=27°19'10''$
㉯ $R=7.88\text{t}, \ \theta=26°25'30''$
㉰ $R=7.85\text{t}, \ \theta=26°20'50''$
㉱ $R=7.81\text{t}, \ \theta=26°19'46''$

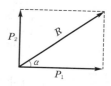

해설 $R = \sqrt{P_1^2 + P_2^2 + 2P_1 P_2 \cos \alpha}$

$= \sqrt{5^2 + 4^2 + 2 \times 5 \times 4 \times \cos 60°}$

$= 7.81\text{t}$

$\tan \theta = \dfrac{P_2 \sin \alpha}{P_1 + P_2 \cos \alpha}$

$= \dfrac{4 \times \sin 60°}{5 + 4 \times \cos 60°} = 0.4949$

$\therefore \ \theta = 26.33° = 26°19'46''$

36. 한 힘 R가 두 성분 P_1, P_2로 분해되었을 때 cosine 법칙으로 α를 구할 수 있는 식이 맞는 것은?

㉮ $\cos \alpha = \dfrac{P_1^2 + R^2 + P_2^2}{2RP_2}$

㉯ $\cos \alpha = \dfrac{P_1^2 + R^2 + P_2^2}{2RP_1}$

㉰ $\cos \alpha = \dfrac{P_1^2 + R^2 - P_2^2}{2RP_1}$

㉱ $\cos \alpha = \dfrac{P_1^2 + R^2 - P_2^2}{2RP_2}$

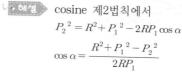

해설 cosine 제2법칙에서

$P_2^2 = R^2 + P_1^2 - 2RP_1 \cos \alpha$

$\cos \alpha = \dfrac{R^2 + P_1^2 - P_2^2}{2RP_1}$

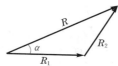

37. 다음 그림에서 3.0t 및 $X(t)$의 두 힘이 점 0에 직각으로 작용할 때의 합력이 5.0t이었다. $X(t)$의 크기에 해당하는 값은 어느 것인가?

㉮ 4.0t

㉯ 5.0t

㉲ 6.0t

㉴ 7.0t

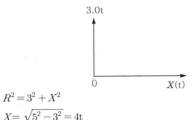

• 해설 ▶ $R^2 = 3^2 + X^2$

$X = \sqrt{5^2 - 3^2} = 4t$

38. 그림과 같이 4t의 힘을 30°, 45°의 2방향으로 나눌 때 그 각각의 분력은 얼마인가?

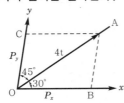

	$P_x(t)$	$P_y(t)$		$P_x(t)$	$P_y(t)$
㉮	2.43	1.66	㉯	2.70	1.84
㉲	2.93	2.07	㉴	3.10	2.94

• 해설 ▶ sin 법칙에 의해

$$\frac{P_x}{\sin 45°} = \frac{4}{\sin 105°} = \frac{P_y}{\sin 30°}$$

$$P_x = \frac{\sin 45°}{\sin 105°} \times 4 = 2.928t$$

$$P_y = \frac{\sin 30°}{\sin 105°} \times 4 = 2.071t$$

39. 다음 그림에서 두 힘 P_1, P_2의 합력 R을 구하면?

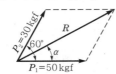

㉮ 70kgf

㉯ 80kgf

㉲ 90kgf

㉴ 100kgf

• 해설 ▶ $R = \sqrt{P_1^2 + P_2^2 + 2P_1 P_2 \cos\theta}$

$= \sqrt{50^2 + 30^2 + 2 \times 50 \times 30 \times \cos 60°}$

$= 70 \text{kgf}$

40. 두 힘 30kg과 50kg이 30°의 각을 이루고 작용하고 있을 때 합력의 크기는?

㉮ 64.42kg

㉯ 68.55kg

㉲ 70.00kg

㉴ 77.45kg

• 해설 ▶ $R = \sqrt{P_1^2 + P_2^2 + 2P_1 P_2 \cos\theta}$

$= \sqrt{30^2 + 50^2 + 2 \times 30 \times 50 \times \cos 30°}$

$= 77.447 \text{kg}$

41. 합력 100kg이 2개의 분력 $P_1 = 80$kg, $P_2 = 50$kg으로 분해될 때 2개의 분력 P_1, P_2가 이루는 각은 몇 도인가?

㉮ 70.7°

㉯ 75.0°

㉲ 78.6°

㉴ 82.1°

• 해설 ▶ $R^2 = P_1^2 + P_2^2 + 2P_1 P_2 \cos\theta$

$\theta = \cos^{-1}\left(\dfrac{R^2 - P_1^2 - P_2^2}{2P_1 P_2}\right)$

$= \cos^{-1}\left(\dfrac{100^2 - 80^2 - 50^2}{2 \times 80 \times 50}\right)$

$= 82.1°$

42. 다음 그림과 같이 강선 A와 B가 서로 평형 상태를 이루고 있다. 이때 각도 θ의 값은?

㉮ 47.2° ㉯ 32.6°

㉲ 28.4° ㉴ 17.8°

• 해설 ▶ ① A점 : $R_A = \sqrt{30^2 + 60^2 + 2 \times 30 \times 60 \times \cos 30°}$

$= 87.28 \text{kgf}$

② B점 : $R_B = \sqrt{40^2 + 50^2 + 2 \times 40 \times 50 \times \cos\theta}$

$R_A = R_B$ 이므로

$\cos\theta = 0.88$

∴ $\theta = \cos^{-1}(0.88) = 28.43°$

43. 한 점에서 바깥쪽으로 작용하는 두 힘 $F_1 = 10\text{tf}$, $F_2 = 12\text{tf}$가 $45°$의 각을 이루고 있을 때 그 합력은?

㉮ 30.0tf
㉯ 32.4tf
㉰ 24.2tf
㉱ 20.3tf

> **해설**
> $R = \sqrt{P_1^2 + P_2^2 + 2P_1P_2\cos\theta}$
> $= \sqrt{10^2 + 12^2 + 2 \times 10 \times 12 \times \cos 45°}$
> $= 20.34\text{tf}$

44. 다음 그림에서 두 힘($P_1 = 5\text{tf}$, $P_2 = 4\text{tf}$)에 대한 합력(R)의 크기와 합력의 방향(θ)값은?

㉮ $R = 7.81\text{tf}$, $\theta = 26.3°$
㉯ $R = 7.94\text{tf}$, $\theta = 26.3°$
㉰ $R = 7.81\text{tf}$, $\theta = 28.5°$
㉱ $R = 7.94\text{tf}$, $\theta = 28.5°$

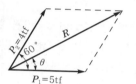

> **해설**
> $R = \sqrt{P_1^2 + P_2^2 + 2P_1P_2\cos\alpha}$
> $= \sqrt{5^2 + 4^2 + 2 \times 5 \times 4 \times \cos 60°}$
> $= 7.8102\text{tf}$
>
> $\theta = \tan^{-1}\dfrac{P_2\sin\alpha}{P_1 + P_2\cos\alpha}$
> $= \tan^{-1}\dfrac{4 \times \sin 60°}{5 + 4 \times \cos 60°}$
> $= 26.33°$

45. 그림과 같이 O점에 여러 힘이 작용할 때 합력은 몇 상한에 위치하는가?

㉮ 1상한
㉯ 2상한
㉰ 3상한
㉱ 4상한

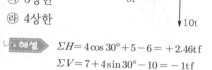

> **해설**
> $\Sigma H = 4\cos 30° + 5 - 6 = +2.46\text{tf}$
> $\Sigma V = 7 + 4\sin 30° - 10 = -1\text{tf}$
> $\therefore$ 4상한

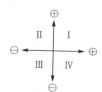

46. 다음 그림과 같이 x, y 좌표계의 원점에 세 개의 힘이 작용하여 평형 상태를 이루고 있다. 이 때, F의 크기와 방향 θ의 값은?

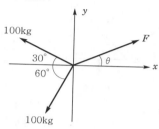

㉮ $F = 141.4\text{kg}$, $\theta = 15°$
㉯ $F = 145.6\text{kg}$, $\theta = 17°$
㉰ $F = 141.4\text{kg}$, $\theta = 19°$
㉱ $F = 153.5\text{kg}$, $\theta = 20°$

> **해설** $F = \sqrt{100^2 + 100^2} = 141.421\text{kg}$
> $\theta = 60° - 45° = 15°$

47. 다음 그림과 같은 P_1, P_2, P_3의 3힘이 작용하고 있을 때 점 A를 중심으로 한 모멘트의 크기는?

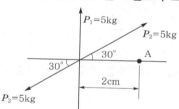

㉮ 60kg · cm
㉯ 30kg · cm
㉰ 10kg · cm
㉱ 0kg · cm

> **해설** $P_2 = P_3$이고 방향이 반대이므로 P_2, P_3에 의한 모멘트는 발생하지 않는다.
> $M_A = P_1 \times 2 = 5 \times 2 = 10\text{kg} \cdot \text{cm}$

48. 보에서 등분포하중 2t/m^2를 t/m로 고친 값은? (단, 단면의 폭은 50cm로 한다.)

㉮ 0.5t/m가 된다.
㉯ 1.0t/m가 된다.
㉰ 1.5t/m가 된다.
㉱ 2.0t/m가 된다.

> **해설** $2\text{t/m}^2 \times 0.5\text{m} = 1\text{t/m}$

49. 다음 그림의 삼각형 구조가 평형 상태에 있을 때 법선방향에 대한 힘의 크기 P는?

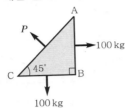

⑦ 200.8kg　　　④ 180.6kg

④ 133.2kg　　　⑤ 141.4kg

해설

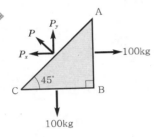

$P_x = 100\text{kg}$

$P_y = 100\text{kg}$

$P = \sqrt{P_x^2 + P_y^2}$

$\quad = \sqrt{100^2 + 100^2} = 100\sqrt{2} = 141.4\text{kg}$

50. 다음 그림의 O점 둘레의 힘의 모멘트를 구하면?

⑦ 생기지 않는다.

④ 1t · m이다.

④ 2t · m이다.

⑤ 3t · m이다.

해설 모멘트＝힘×거리

$M = P \times l = 0$

51. 일점에 작용하지 않는 몇 개의 힘을 원점으로 이동하여 합성한 결과가 다음 그림과 같다. 이때, 합력의 원점 O에 대한 편심거리 e는?

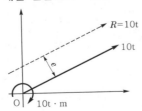

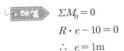

⑦ $e = 1.0\text{m}$　　　④ $e = 2.0\text{m}$

④ $e = 10\text{m}$　　　⑤ $e = 5.0\text{m}$

해설　$\Sigma M_0 = 0$

$R \cdot e - 10 = 0$

$\therefore e = 1\text{m}$

52. 다음 설명 중 옳지 않은 것은?

⑦ 동일점에 작용하는 여러 개의 점이 비기기 위해서는 수평 및 수직분력의 합이 모두 0이 되어야 한다.

④ 모멘트의 기하학적인 의미는 힘을 밑면으로 하고 모멘트의 중심을 꼭지점으로 하는 삼각형 면적의 3배이다.

④ 강체(rigid body)란 힘이 작용해도 변형이 일어나지 않는 물체를 말한다.

⑤ 힘을 표시하는 데는 크기, 방향, 작용점의 3요소가 필요하다.

해설　$\triangle \text{AOB} = \dfrac{1}{2}P \cdot l$

$P \cdot l = 2\triangle\text{AOB}$

$\therefore M_c = P \cdot l = 2\triangle\text{AOB}$

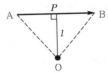

53. 다음 그림에서 $\triangle$ABO의 면적(A)이 24t · m이라면, 힘 P의 크기는?

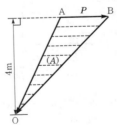

⑦ 12t　　　④ 24t

④ 36t　　　⑤ 48t

해설　$A = P \times 4 \times \dfrac{1}{2}$

$\quad = 24\text{t} \cdot \text{m}$

$\therefore P = 12\text{t}$

54. 그림에서 O점의 모멘트는 $M_0 = Pl$ 이다. 모멘트의 기하학적 의미로 옳은 것은?

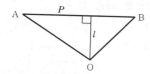

㉮ $M_0 = Pl = AB \times 1 = 2 \triangle AOB$

㉯ $M_0 = Pl = AB \times 1 = 3 \triangle AOB$

㉰ $M_0 = Pl = AB \times 1 = 4 \triangle AOB$

㉱ $M_0 = Pl = AB \times 1 = 5 \triangle AOB$

> **해설** 삼각형 ABO의 면적 : $\triangle AOB = \dfrac{1}{2} P \cdot l$
>
> $P \cdot l = 2 \triangle AOB$
>
> $\therefore\ M_0 = Pl$
>
> $= 2 \triangle AOB$

55. 그림과 같은 기관차의 무게 W에 의해 두 지점 A와 B에 있어서의 반력은 $W/2$와 같다. 기관차가 열차를 끌어서 견인봉의 인력 P가 접촉면 A와 B에 있어서의 전 마찰력과 같을 때, A점의 연직반력 R_A는?

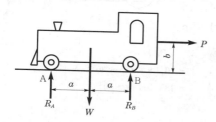

㉮ $R_A = \dfrac{W}{2} - \dfrac{Pb}{2a}$

㉯ $R_A = \dfrac{W}{2} + \dfrac{Pb}{2a}$

㉰ $R_A = \dfrac{W}{2} - \dfrac{P}{2}$

㉱ $R_A = \dfrac{W}{2} + \dfrac{P}{2}$

> **해설** $\Sigma M_B = 0$
>
> $R_A \cdot 2a - W \cdot a + P \cdot b = 0$
>
> $R_A = \dfrac{W}{2} - \dfrac{Pb}{2a}$

56. 그림과 같이 힘의 크기가 같고 작용 방향이 반대이며, 나란한 두 힘에 의하여 생기는 우력모멘트의 크기는 다음 중 어느 것인가? (단, 모멘트의 방향은 시계방향을 (＋), 반시계방향을 (－)로 한다.)

㉮ $M = P \cdot l$

㉯ $M = -Pl \cos \theta$

㉰ $M = Pl \cos \theta$

㉱ $M = 2Pl$

> **해설** 우력모멘트는 크기가 같고 방향이 반대인 나란한 한 쌍의 힘의 크기를 말한다.
>
> $M = -P \cdot L, \ L = l \cos \theta$
>
> $= -Pl \cos \theta$

57. 다음과 같은 구조에서 E점의 휨모멘트 값은?

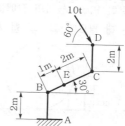

㉮ $25\text{t} \cdot \text{m}$

㉯ $30\text{t} \cdot \text{m}$

㉰ $25\sqrt{3}\,\text{t} \cdot \text{m}$

㉱ $30\sqrt{3}\,\text{t} \cdot \text{m}$

> **해설** 모멘트＝힘×수직거리
>
> $M_E = 10(2 + 2\sin 30°)$
>
> $= 10 \times 3$
>
> $= 30\text{t} \cdot \text{m}$

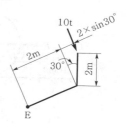

응용역학

58. 그림과 같이 10t이 작용할 경우 A점에 대한 모멘트는? (단, 시계방향을 정(+)으로 한다.)

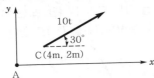

㉮ +44.64t·m ㉯ +37.32t·m
㉰ −2.68t·m ㉱ −3.26t·m

> **해설**
> $P_H = 10 \times \cos 30° = 8.66t$
> $P_V = 10 \times \sin 30° = 5.0t$
> $M_A = 8.66 \times 2 - 5 \times 4$
> $= -2.68t·m$

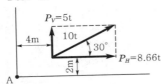

59. 그림과 같이 10cm 높이의 장애물을 하중 3t인 차륜이 넘어가는 데 필요한 최소의 힘 P는?

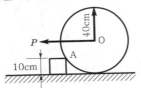

㉮ 2.46t ㉯ 2.95t
㉰ 2.78t ㉱ 2.65t

> **해설**
> $y = 40 - 10 = 30cm$
> $x = \sqrt{40^2 - 30^2} = 26.458cm$
> $P \times y \geq 3 \times x$
> $P \geq \dfrac{3 \times x}{y} = \dfrac{3 \times 26.458}{30}$
> $\therefore P \geq 2.6458t$

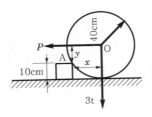

60. 그림과 같은 1m의 지름을 가진 차륜이 높이 0.2m의 장애물을 넘어가기 위해서 최소로 필요한 수평력은? (단, 차륜의 자중 $W = 1.5t$)

㉮ 1.33t 이상
㉯ 2.33t 이상
㉰ 2.0t 이상
㉱ 1.0t 이상

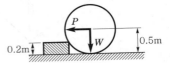

> **해설**
> $x = \sqrt{50^2 - 30^2} = 40cm$
> $P \times 30 \geq 1.5 \times 40$
> $P \geq 2.0t$

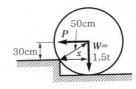

61. 그림과 같이 C점에 10kg의 힘이 작용하여 A점에 30kg·m의 모멘트가 발생하였다. BC간의 길이 d를 구한 값은?

㉮ 약 1.2m
㉯ 약 1.39m
㉰ 약 1.48m
㉱ 약 1.67m

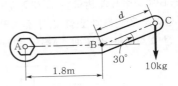

> **해설**
> $M_A = P \times l$
> $30 = 10(1.8 + d \cdot \cos 30°)$
> $= 18 + 10d \cdot \cos 30°$
> $d \cos 30° = 1.2$
> $\therefore d = 1.3856m$

62. 무게 12톤인 다음 구조물을 밀어 넘길 수 있는 수평 집중하중 P를 구한 값은?

㉮ 2.4t
㉯ 0.8t
㉰ 1.0t
㉱ 1.2t

> **해설** B점에 모멘트를 취하면
> $P \times 5 \geq 12 \times 0.5$
> $\therefore P \geq 1.2t$

63. 다음 교대에서 기초 지면의 중심에서 합력 작용점의 편심거리(e)는?

㉮ 1.4m
㉯ 1.2m
㉰ 1.0m
㉱ 0.8m

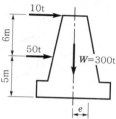

• 해설 $300 \cdot e = 10 \times 11 + 50 \times 5$

$$e = \frac{360}{300} = 1.2m$$

64. 그림과 같은 구조물의 E점에서 600kg의 물체를 매달 때 AC 및 BD 부재가 받는 힘의 크기는?

㉮ AC=250kg
　 BD=350kg
㉯ AC=350kg
　 BD=250kg
㉰ AC=200kg
　 BD=400kg
㉱ AC=400kg
　 BD=200kg

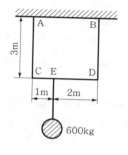

• 해설 $\Sigma M_D = 0$

$\overline{AC} \times 3 - 600 \times 2 = 0$

$\therefore AC = 400kg$

$\Sigma V = 0$

$\overline{AC} + \overline{BD} = 600kg$

$\therefore \overline{BD} = 200kg$

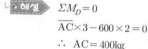

65. 다음 그림에서 A점에 대한 모멘트 값은?

㉮ 37.32t · m
㉯ 39.23t · m
㉰ 40.00t · m
㉱ 47.32t · m

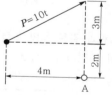

• 해설 $M_A = 10 \times \frac{4}{5} \times 2 + 10 \times \frac{3}{5} \times 4$

$= 16 + 24$

$= 40t \cdot m$

66. 다음 그림에서와 같이 직사각형의 평판에 4개의 힘과 1개의 우력모멘트가 작용하여 평형 상태를 이루고 있을 때 힘 R의 크기와 방향 θ, 그리고 우력모멘트 M을 옳게 구한 것은? (단, R과 M의 부호가 "−"인 의미는 그림에서의 화살표의 방향과 반대임을 뜻한다.)

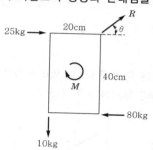

㉮ $R = 55.9$kg,　$\theta = 10.3°$,　$M = 3,000$kg · cm
㉯ $R = -55.9$kg,　$\theta = 10.3°$,　$M = -3,000$kg · cm
㉰ $R = 55.9$kg,　$\theta = 10.3°$,　$M = -3,000$kg · cm
㉱ $R = -55.9$kg,　$\theta = 10.3°$,　$M = 3,000$kg · cm

• 해설 $\Sigma V = 0$

$R \sin\theta = 10$ ············ ①

$\Sigma H = 0$

$R \cos\theta + 25 = 80$

$R \cos\theta = 55$

$R = \frac{55}{\cos\theta}$ ············ ②

②식을 ①식에 대입

$\frac{\sin\theta}{\cos\theta} \times 55 = 10$

$\tan\theta = \frac{10}{55}$

$\theta = \tan^{-1} \frac{10}{55} = 10.3° = 10°18'17.45''$

$\Sigma M_A = 0$

$10 \times 20 + 80 \times 40 + M = 0$

$\therefore M = -3,200 + 200 = -3,000$kg · cm

$\therefore R = \frac{55}{\cos\theta} = 55.9017$kg

67. 그림과 같은 구조물에서 T 부재가 받는 힘은?

㉮ 577.3kg
㉯ 166.7kg
㉰ 400.0kg
㉱ 333.3kg

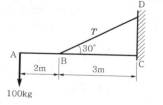

해설 $\Sigma M_c = 0$

$100 \times 5 - T \cdot \sin 30° \times 3 = 0$

$\therefore \ T = 333.3\text{kg}$

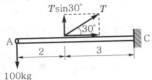

68. 그림과 같은 구조물에 있어서 D점에 10t의 힘이 작용할 때 AC 부재가 받는 힘은?

㉮ 8t

㉯ 15t

㉰ 18t

㉱ 25t

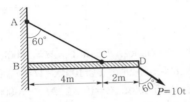

해설 $\Sigma M_B = 0$

$\text{AC} \sin 30° \times 4 = 10 \cos 60° \times 6$

$\therefore \ \text{AC} = \dfrac{60}{4} \cdot \dfrac{\cos 60°}{\sin 30°} = 15\text{t}$

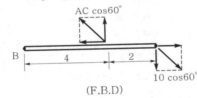

(F.B.D)

69. 그림과 같이 D점에 6t의 하중을 매달 때 BC 부재에 작용하는 힘은?

㉮ 6t

㉯ 8t

㉰ 12t

㉱ 24t

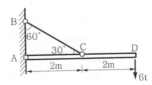

해설

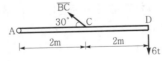

$\Sigma M_A = 0$

$6 \times 4 - \overline{\text{BC}} \times \sin 30° \times 2 = 0$

$\overline{\text{BC}} = 24\text{t}$

70. 그림과 같은 구조물에서 BC 부재가 받는 힘은 얼마인가?

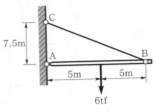

㉮ 1.8tf

㉯ 2.4tf

㉰ 3.75tf

㉱ 5.0tf

해설

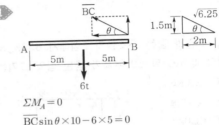

$\Sigma M_A = 0$

$\overline{\text{BC}} \sin \theta \times 10 - 6 \times 5 = 0$

$\overline{\text{BC}} = \dfrac{30\sqrt{6.25}}{10 \times 1.5} = 5.0\text{t} \, (\text{인장})$

71. 서로 평행한 여러 개의 평면력을 가장 쉽게 합성할 수 있는 방법은?

㉮ 연력도를 이용한다.

㉯ 힘의 평행사변형을 이용한다.

㉰ 힘의 삼각형과 평행사변형을 함께 이용한다.

㉱ 힘의 삼각형을 이용한다.

해설 연력도 이용

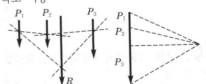

72. 그림과 같은 힘의 합력(合力)의 크기와 작용선의 위치를 (A점에서 B점으로) 구하면?

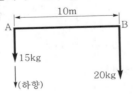

	합력의 크기	작용선 위치
㉮	35kg(상향)	5.71m
㉯	35kg(하향)	5.71m
㉰	35kg(상향)	5.0m
㉱	35kg(하향)	5.0m

해설 같은 방향이므로 내분점

$R = 15 + 20 = 35\text{kg}(하향)$

$35 \times x = 20 \times 10$

$x = 5.71\text{m}$

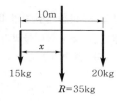

73. 50kg의 힘을 왼쪽에 10m, 오른쪽에 15m 떨어진 나란한 두 힘 P_1, P_2로 옳게 분배된 것은?

	P_1	P_2		P_1	P_2
㉮	10kg,	40kg	㉯	20kg,	30kg
㉰	30kg,	20kg	㉱	40kg,	10kg

해설 $\Sigma M_B = 0$

$P_1 = \dfrac{50 \times 15}{25} = 30\text{kg}$

$P_2 = 50 - 30 = 20\text{kg}$

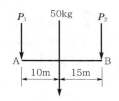

74. 다음 그림과 같은 3 힘이 평형 상태에 있다면 C점에서 작용하는 힘 P와 BC 사이의 거리 x는?

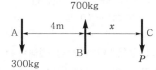

㉮ $P=400\text{kg}, x=3\text{m}$ ㉯ $P=300\text{kg}, x=3\text{m}$

㉰ $P=400\text{kg}, x=4\text{m}$ ㉱ $P=300\text{kg}, x=4\text{m}$

해설 $\Sigma V = 0$

$300 + P = 700$

$\therefore P = 400\text{kg}$

$\Sigma M_C = 0$

$300(4 + x) = 700x$

$\therefore x = 3\text{m}$

75. 다음 그림에서와 같은 평행력에 있어서 P_1, P_2, P_3, P_4의 합력의 위치는 O점에서 얼마의 거리에 있겠는가?

㉮ 5.4m
㉯ 5.7m
㉰ 6.0m
㉱ 6.4m

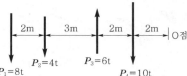

해설 합력 $R = 8 + 4 - 6 + 10 = 16\text{t}$

$\Sigma M_0 = 0$

$16 \cdot x = 8 \times 9 + 4 \times 7 - 6 \times 4 + 10 \times 2 = 96$

$\therefore x = 6\text{m}$

76. 그림과 같이 네 개의 힘이 평형 상태에 있다면 A점에 작용하는 힘 P와 AB 사이의 거리 x는?

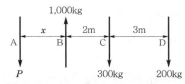

㉮ $P=400\text{kg}, x=2.5\text{m}$

㉯ $P=400\text{kg}, x=3.6\text{m}$

㉰ $P=500\text{kg}, x=2.5\text{m}$

㉱ $P=500\text{kg}, x=3.2\text{m}$

해설 $\Sigma V = 0$

$P = 1,000 - 300 - 200 = 500\text{kg}$

$\Sigma M_B = 0$

$P \cdot x = 300 \times 2 + 200 \times 5$

$\therefore x = \dfrac{1,600}{500} = 3.2\text{m}$

77. 그림과 같은 역계에서 합력 R의 위치 x의 값은?

㉮ 6cm
㉯ 9cm
㉰ 10cm
㉱ 12cm

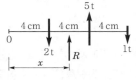

해설 $\Sigma V = 0$

$-2 + 5 - 1 = R$

$R = 2\text{t}(\uparrow)$

$\Sigma M_o = -2 \times 4 + 5 \times 8 - 1 \times 12 = R \times x$

$x = \dfrac{20}{R} = \dfrac{20}{2} = 10\text{cm}(\rightarrow)$

78. 정6각형 틀의 각 절점에 그림과 같이 하중 P가 작용할 때 각 부재에 생기는 인장응력의 크기는?

㉮ P

㉯ $2P$

㉰ $\dfrac{P}{2}$

㉱ $\dfrac{P}{\sqrt{2}}$

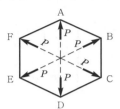

해설

내각의 합 $= 180°(n-2) = 720°$

한 점의 내각 $= \dfrac{720°}{6} = 120°$

$\therefore \ DC = DE = P$

마찰 및 일의 원리

79. 그림에서 블록 A를 뽑아내는 데 필요한 힘 P는?

㉮ 4kgf 이상

㉯ 8kgf 이상

㉰ 10kgf 이상

㉱ 12kgf 이상

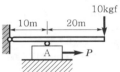

블록과 접촉면과의
마찰계수 $\mu = 0.4$

해설 마찰면 A점에 작용하는 수직력 R은

$R \times 10 = 10 \times 30$

$R = 30\text{kgf}$

$P \geq R \cdot \mu = 30 \times 0.4$

$P \geq 12\text{kgf}$

80. 그림에서 경사면에 평행, 수직한 힘으로 나눈 것은? (단, 평행력은 H, 수직력은 V로 한다.)

㉮ $H = 20\text{tf}, \ V = 34.64\text{tf}$

㉯ $H = 34.64\text{tf}, \ V = 20\text{tf}$

㉰ $H = 28.28\text{tf}, \ V = 23.30\text{tf}$

㉱ $H = 23.30\text{tf}, \ V = 28.28\text{tf}$

해설

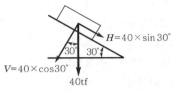

① 경사면의 평행력

$H = 40 \times \sin 30° = 20\text{tf}$

② 경사면의 수직력

$V = 40 \times \cos 30° = 34.64\text{tf}$

81. 경사각 θ, 마찰계수 μ인 비탈면에서 질량 m인 물체를 비탈면을 따라 끌어올리기 위한 최소한의 힘 F의 크기는? (단, 중력가속도는 g이다.)

㉮ $mg(\cos\theta + \mu\sin\theta)$ ㉯ $mg(\cos\theta - \mu\sin\theta)$

㉰ $mg(\sin\theta + \mu\cos\theta)$ ㉱ $mg(\sin\theta - \mu\cos\theta)$

해설 $F = mg\sin\theta + R$

$= mg\sin\theta + \mu mg\cos\theta = mg(\sin\theta + \mu\cos\theta)$

82. 그림과 같은 30° 경사진 언덕에 4t의 물체를 밀어 올릴 때 필요한 힘 P는 얼마 이상이어야 하는가? (단, 마찰계수는 0.3이다.)

㉮ 2.00t

㉯ 3.04t

㉰ 3.46t

㉱ 3.50t

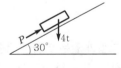

해설 $P = 4 \times \sin 30° + 0.3 \times 4\cos 30°$

$= 2 + 1.039 = 3.039\text{t}$

83. 그림과 같은 30° 경사진 언덕에서 4t의 물체를 밀어 올리는 데 얼마 이상의 힘이 필요한가? (단, 마찰계수 $= 0.25$)

㉮ 2.57t

㉯ 2.87t

㉰ 3.02t

㉱ 4t

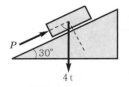

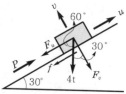

$$F_u = 4 \times \cos 60° = 2\text{t}$$
$$F_v = 4 \times \cos 30° = 3.464\text{t}$$
$$\Sigma F_u = 0$$
$$P - F_u - f = 0$$
$$P = F_u + f = F_u + \mu F_v$$
$$= 2 + 0.25 \times 3.464 = 2.866\text{t}$$

84. 그림과 같은 결합도르래로 무게 $w = 600\text{kgf}$를 끌어올리려고 할 때 최소 필요한 힘 P의 값은?

㉮ 100kgf
㉯ 200kgf
㉰ 300kgf
㉱ 400kgf

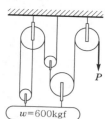

해설

$$\Sigma V = 0$$
$$3P = 600\text{kgf}$$
$$\therefore P = 200\text{kgf}$$

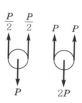

85. 그림과 같이 도르래의 무게를 무시할 경우 100kgf인 물체를 1m 들어올릴 때 필요한 힘은 얼마인가?

㉮ 25kgf
㉯ 50kgf
㉰ 75kgf
㉱ 100kgf

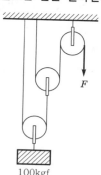

해설

$$T_1 = \frac{1}{2} \times 100 = 50\text{kgf}$$
$$T_2 = \frac{1}{2} T_1 = \frac{1}{2} \times 50 = 25\text{kgf}$$
$$\therefore F = T_2 = 25\text{kgf}$$

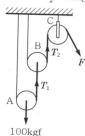

86. 다음 그림에서 $R = 30\text{cm}$, $r = 10\text{cm}$인 차동도르래에서 균형을 이루기 위한 P의 크기는?

㉮ 8.76kg
㉯ 10kg
㉰ 12.33kg
㉱ 15.67kg

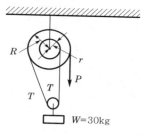

해설

$$T = 15\text{kg}$$
$$\Sigma M_0 = 0$$
$$-T \times 30 + T \times 10 + P \times 30 = 0$$
$$P = \frac{15 \times 30 - 15 \times 10}{30} = 10\text{kg}$$

MEMO

chapter 2

구조물 개론

0.7%

토목기사 출제빈도표

3.0%

토목산업기사 출제빈도표

2 구조물 개론

01 구조물의 개론

① 구조물의 분류

(1) 구조물의 분류
① 1차원 구조물 : 봉(bar structure), 기둥, 샤프트(shaft), 보, 인장보, 곡선보 등
② 2차원 구조물 : 패널(panel), 플레이트(plate, slab), 셸(shell) 등
③ 복합 구조물 : 아치(arch), 원통, 트러스(truss), 라멘(rahmen) 등

(2) 힘을 받는 상태에 따른 분류
① 축하중 부재 : 축방향 하중을 받는 부재
    ㉠ 인장재(tension member) : 인장력을 받는 부재(케이블, 와이어 등)
    ㉡ 압축재(compression member) : 압축력을 받는 부재(기둥 등)
② 휨부재(bending member) : 부재의 종축이 휘어지는 부재(보, 라멘 등)
    ㉠ (+)휨을 받는 부재 : ⊕
    ㉡ (−)휨을 받는 부재 : ⊖

(3) 모양에 의한 분류
① 직선재 : 부재의 축이 직선인 부재(수직재, 수평재, 경사재)
② 곡선재 : 부재의 축이 곡선인 부재

② 반력(reaction)

어떤 물체가 외력을 받았을 때 그 물체 내부에서 평형상태를 이루기 위하여 수동적으로 발생하는 힘을 반력(reaction)이라 하며, 지점에서 생기는 반력을 지점반력이라고 하고, 절점에서 생기는 반력을 절점반력이라고 한다.

알·아·두·기·

▶ **구조물 설계시 고려사항**
① 안전성
② 경제성
③ 사용성(기능성)
④ 미관

▶ **토목구조물의 분류**
1. 재료에 의한 분류
  ① 목구조물
  ② 석공구조물
  ③ 강구조물
  ④ RC구조물
  ⑤ PSC구조물
2. 역학적 기능에 의한 분류
  ① 인장재
  ② 압축재
  ③ 휨부재

02 | 지점 및 절점

① 지점(support)

(1) 구조물과 지반이 연결된 점을 지점이라 한다.

① 이동지점(가동지점, 롤러지점) : 롤러에 의하여 회전이 자유롭고, 수평방향의 이동이 자유로우나, 지지면에 수직한 방향으로는 이동할 수 없는 구조

② 회전지점(활절지점, 힌지지점) : 힌지를 중심으로 자유롭게 회전할 수 있으나, 어느 방향으로도 이동할 수 없는 구조

③ 고정지점 : 보가 다른 구조물과 일체로 된 구조체로 어느 방향으로도 이동할 수 없을 뿐만 아니라 회전도 할 수 없는 구조

(2) 기타 지점

① 탄성지점(선형스프링지점)

② 탄성고정지점(회전스프링지점)

② 절점(panel point)

(1) 구조물을 구성하고 있는 부재와 부재가 연결된 점을 절점이라 한다.

① 힌지절점(hinge 또는 pin, 활절점) : 부재와 부재의 절점이 핀(pin)으로 연결되어 회전이 가능한 상태

② 고정절점(fixed, 강절점) : 각 부재의 절점이 고정되어 각도가 변하지 않는 절점

(2) 지점의 종류 및 반력수

종류	지점 구조상태	기호	반력수
이동지점 (roller support)	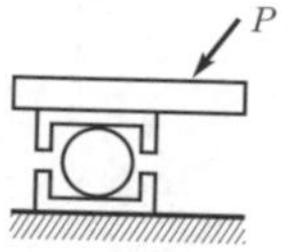		$R=1$ (수직반력 1개)
회전지점 (hinged support)	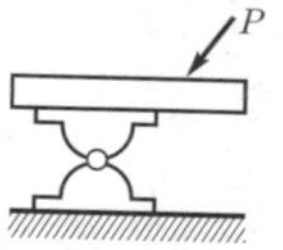	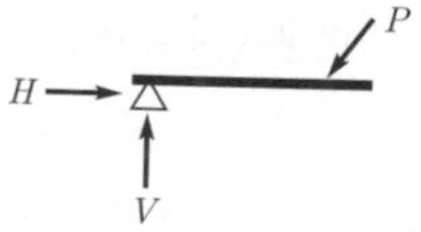	$R=2$ $\left(\begin{array}{l}\text{수직반력 1개}\\\text{수평반력 1개}\end{array}\right)$
고정지점 (fixed support)	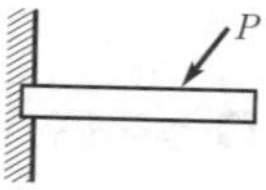	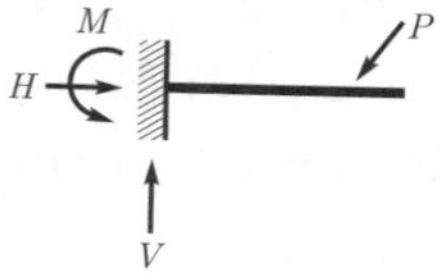	$R=3$ $\left(\begin{array}{l}\text{수직반력 1개}\\\text{수평반력 1개}\\\text{모멘트반력 1개}\end{array}\right)$
탄성지점 (선형 spring support)	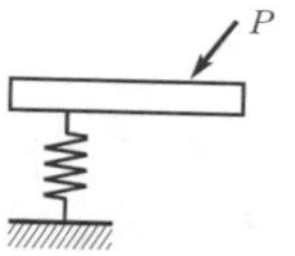	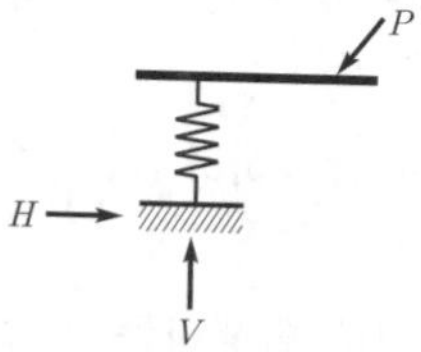	$R=2$ $\left(\begin{array}{l}\text{수직반력 1개}\\\text{수평반력 1개}\end{array}\right)$
탄성고정지점 (회전 spring support)	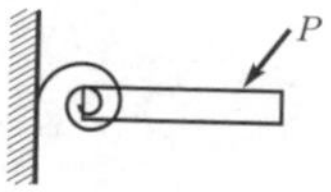	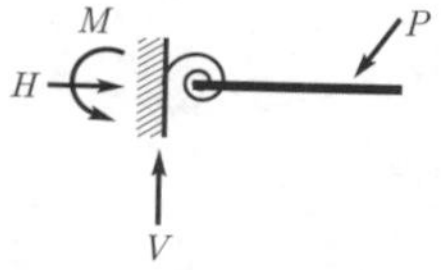	$R=3$ $\left(\begin{array}{l}\text{수직반력 1개}\\\text{수평반력 1개}\\\text{모멘트반력 1개}\end{array}\right)$

(3) 회전스프링의 강성 k가 0이면 핀 연결로, k가 무한대이면 고정
연결로 볼 수 있다.

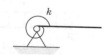

(a) 회전스프링 지지점   (b) 회전스프링 연결점

【그림 2-1】 회전스프링

03 구조물에 작용하는 하중

① 하중의 작용형태에 의한 분류

(1) 정하중(static load)

① 사하중(dead load)으로서 대부분 구조물의 자체 무게(자중)이다.

② 가변하중

③ 유지하중

(2) 동하중(dynamic load)

① 활하중(live load) : 이동하중(moving load), 연행하중(travelling load)

② 교대하중(교번하중, alternated load) : 부재에 인장과 압축 하중이 주기적으로 작용하는 하중

③ 반복하중(repeated load) : 인장하중만 또는 압축하중만을 주기적으로 부재에 작용하는 하중

④ 충격하중(impulsive load) : 활하중의 충격에 의해 발생하는 하중

⑤ 풍하중(wind load)

⑥ 적설하중(snow load)

⑦ 지진하중(seismic load) : 지진력에 의한 하중

▶ 충격계수
$$i = \frac{15}{40 + L} \le 0.3$$

② 하중의 분포형태에 의한 분류

(1) 집중하중

① 구조물의 임의 한 점에 단독으로 작용하는 하중

② 단위 : kgf, tonf(=tf)

(2) 등분포하중

① 하중의 강도(크기)가 일정하게 분포되는 하중

② 단위 : kgf/cm, tonf/m(=tf/m)

(3) 등변분포하중

① 하중의 강도(크기)가 직선변화하는 하중

② 단위 : kgf/cm, tonf/m

▶ 하중의 작용상태

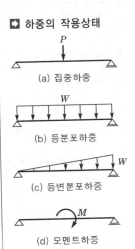

(a) 집중하중

(b) 등분포하중

(c) 등변분포하중

(d) 모멘트하중

알·아·두·기·

(4) 모멘트하중(우력모멘트)

① 모멘트 또는 우력으로 작용하는 하중

② 단위 : kgf · cm, tonf · m

❸ 하중작용 직접성 여부에 의한 분류

(1) 직접하중(direct load)

하중이 구조물에 직접 작용하는 경우

(2) 간접하중(indirect load)

하중이 구조물에 간접적으로 작용하는 경우

04 구조물의 판별

① 안정과 불안정, 외적과 내적

(1) 안정과 불안정

① 안정(stable) : 외력이 작용했을 경우 구조물이 평형을 이루는 상태

② 불안정(unstable) : 외력이 작용했을 경우 구조물이 평형을 이루지 못하는 상태

(2) 외적과 내적

① 외적 : 외력이 작용했을 때 구조물 위치의 이동 여부

② 내적 : 외력이 작용했을 때 구조물 형태의 변형 여부

■ 구조물의 안정

① 안정 ┬ 정정($n=0$)
　　　　└ 부정정($n>0$)

② 불안정($n<0$)

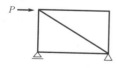

(a) 내적 : 안정
　　외적 : 안정

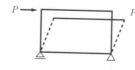

(b) 내적 : 불안정
　　외적 : 안정

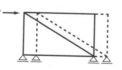

(c) 내적 : 안정
　　외적 : 불안정

【그림 2-2】 안정과 불안정

❷ 정정과 부정정

(1) 정정(statically determinate)
　힘의 평형조건식만으로 반력과 부재력을 구할 수 있는 경우

(2) 부정정(statically indeterminate)
　힘의 평형조건식만으로는 반력과 부재력을 구할 수 없는 경우

❸ 구조물의 판별

(1) 판별식
　① 일반구조물

$$n = r - 3m$$

　② 트러스

$$n = m + r - 2j$$

　　여기서, r : 반력수(일반구조물에서는 절점반력 포함)
　　　　　　m : 부재수
　　　　　　j : 절점수

(2) 판별
　① $n = 0$인 경우 : 정정구조
　② $n > 0$인 경우 : 부정정 구조(n : 부정정차수)
　③ $n < 0$인 경우 : 불안정 구조

(3) 전체 부정정차수(n, 내외적 차수)
　① $n =$ 외적 부정정차수(n_e) + 내적 부정정차수(n_i)
　② 내적 부정정차수 : $n_i = n - n_e$
　③ 외적 부정정차수 : $n_e = n - n_i$

예상 및 기출문제

구조물 개론

1. 직선으로 된 단일 부재로서 그 자체의 인장 저항력에 의하여 하중을 받는 구조는?

㉮ 압축재　　　　㉯ 인장재
㉰ 트러스　　　　㉲ 아치

2. 2개 이상의 부재를 마찰이 없는 활절(hinge)로 연결된 뼈대구조는 다음 중 어느 것인가?

㉮ 기둥　　　　㉯ 아치
㉰ 보(beam)　　　㉲ 트러스

3. 다음 중 압축재만으로 된 부재는 어느 것인가?

㉮ 보(beam)　　　㉯ 현수교
㉰ 기둥　　　　㉲ 아치

4. 구조물의 자중과 같이 항상 일정한 위치에 작용하는 하중은 무엇인가?

㉮ 풍하중　　　　㉯ 충격하중
㉰ 활하중　　　　㉲ 사하중

5. 다음 중 기둥과 보가 강절로 결합된 구조물은?

㉮ 아치　　　　㉯ 라멘
㉰ 트러스　　　　㉲ 보

6. 부재를 완전히 고정시킨 지점으로 어떤 운동도 허용하지 않으며, 수평·수직 및 회전 반력이 일어나는 지점은?

㉮ 롤러 지점　　　㉯ 힌지 지점
㉰ 활절 지점　　　㉲ 고정 지점

7. 회전(활절) 지점에 일어나는 반력의 수를 나타낸 것 중 옳은 것은?

㉮ 1개　　　　㉯ 2개
㉰ 3개　　　　㉲ 4개

8. 다음 중 반력을 의미하는 것은?

㉮ 주동외력　　　㉯ 수동외력
㉰ 단면력　　　　㉲ 내력

9. 외력인 하중의 합력과 반력의 합이 서로 평행되면 구조는 외적으로 어떻게 되는가?

㉮ 안정　　　　㉯ 불안정
㉰ 정정　　　　㉲ 평형

10. 다음 보(beam)에서 부정정보에 해당되는 것은?

㉮ 단순보(simple beam)
㉯ 외팔보(cantilever beam)
㉰ 연속보(continuous beam)
㉲ 게르버보(Gerber's beam)

일반구조물 판별

11. 다음 그림과 같은 구조물의 부정정차수를 구한 값은?

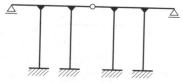

㉮ 9차 부정정　　　　㉯ 10차 부정정
㉰ 11차 부정정　　　　㉲ 12차 부정정

▶ 해설

$$n = r - 3m$$
$$= 28 - 3 \times 6 = 10$$
$$\therefore 10차 부정정$$

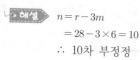

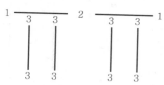

12. 다음 구조물의 부정정차수는?

㉮ 2차 부정정
㉯ 1차 부정정
㉰ 6차 부정정
㉱ 3차 부정정

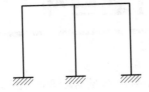

▶해설 $n = r - 3m = 3 \times 6 - 3 \times 4 = 6$차

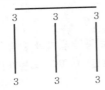

13. 그림과 같은 구조물의 부정정차수는?

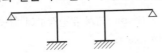

㉮ 5차   ㉯ 6차
㉰ 7차   ㉱ 8차

▶해설 $n = r - 3m = 16 - 3 \times 3 = 7$차

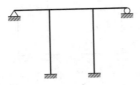

14. 다음 그림과 같은 구조물의 부정정차수를 구하면?

㉮ 3차 부정정   ㉯ 4차 부정정
㉰ 5차 부정정   ㉱ 6차 부정정

▶해설 $n = r - 3m = 15 - 3 \times 3 = 6$차

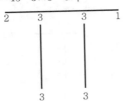

15. 부정정차수는?

㉮ 1   ㉯ 2
㉰ 3   ㉱ 4

▶해설 $n = r - 3m = 8 - 3 \times 2 = 2$차

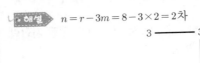

16. 그림과 같은 구조물은 몇 차 부정정 구조물인가?

㉮ 3차   ㉯ 5차
㉰ 7차   ㉱ 9차

▶해설 $n = r - 3m = 14 - 3 \times 3 = 5$차

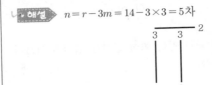

17. 그림과 같은 구조물의 차수는?

㉮ 정정   ㉯ 불안정
㉰ 1차   ㉱ 2차

▶해설 $n = r - 3m = 12 - 3 \times 4 = 0$
        ∴ 정정

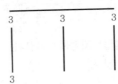

18. 다음 구조물의 부정정차수는?

㉮ 3차
㉯ 6차
㉰ 9차
㉱ 12차

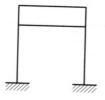

 $n = r - 3m = 18 - 3 \times 4 = 6$
∴ 6차 부정정

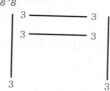

19. 다음 부정정 구조물의 부정정차수를 구한 값은?

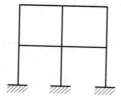

㉮ 8차
㉯ 12차
㉰ 16차
㉱ 20차

 $n = r - 3m = 30 - 3 \times 6 = 12차$

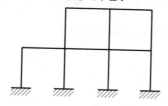

20. 다음 라멘의 부정정차수는?

㉮ 12차
㉯ 13차
㉰ 14차
㉱ 15차

 $n = 39 - 3 \times 8 = 15차$

21. 다음 평면 구조물의 부정정차수는?

㉮ 2차
㉯ 3차
㉰ 4차
㉱ 5차

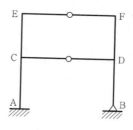

 $n = r - 3m = 21 - 3 \times 6 = 3차$

22. 다음 그림과 같은 라멘구조의 부정정차수는 얼마인가?

㉮ 2차
㉯ 3차
㉰ 4차
㉱ 5차

 $n = r - 3m = 18 - 3 \times 5 = 3차$

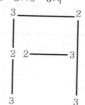

23. 그림과 같은 구조물의 부정정차수는?
(단, A, B 지점과 E 절점은 힌지이고 나머지 절점은 고정(강결절점)이다.)

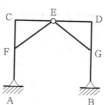

㉮ 1차 부정정
㉯ 2차 부정정
㉰ 3차 부정정
㉱ 4차 부정정

해설 ▶ $n = r - 3m = 22 - 3 \times 6 = 4$
∴ 4차 부정정

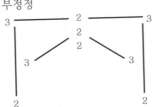

24. 그림과 같은 구조물에서 정정 구조물이 아닌 것은?

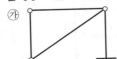

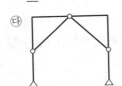

해설 ▶ ㉮ : $r - 3m = 12 - 3 \times 4 = 0$ 정정
㉯ : $r - 3m = 15 - 3 \times 5 = 0$ 정정
㉰ : $r - 3m = 24 - 3 \times 8 = 0$ 정정
㉱ : $r - 3m = 17 - 3 \times 6 = -1$ 불안정

25. 다음 그림과 같은 연속보에 대한 부정정차수는?

㉮ 1차 부정정   ㉯ 2차 부정정
㉰ 3차 부정정   ㉱ 4차 부정정

해설 ▶ $n = r - 3m = 6 - 3 \times 1 = 3$차 부정정

26. 다음 그림에서 힌지를 몇 군데 넣어야 정정보로 해석할 수 있는가?

A   B   C   D   E

㉮ 1개   ㉯ 2개
㉰ 3개   ㉱ 4개

해설 ▶ $n = r - 3m = 6 - 3 \times 1 = 3$차 부정정
∴ 3개

27. 그림과 같은 구조물은 몇 차 부정정인가?

㉮ 1차   ㉯ 2차
㉰ 3차   ㉱ 정정

해설 ▶ $n = r - 3m = 8 - 3 \times 2 = 2$차

3 —— 1 —— 2 —— 1 —— 1

28. 다음 부정정 구조물 중 부정정차수가 가장 높은 것은?

해설 ▶ ㉮ : $r - 3m = 4 - 3 \times 1 = 1$차
㉯ : $r - 3m = 7 - 3 \times 1 = 4$차
㉰ : $r - 3m = 5 - 3 \times 1 = 2$차
㉱ : $r - 3m = 6 - 3 \times 2 = 0$, 정정

29. 다음 구조물 중 부정정차수가 가장 높은 것은?

해설 ▶ $n = r - 3m$
㉮ : $N = 4 - 3 \times 1 = 1$차
㉯ : $N = 7 - 3 \times 2 = 1$차
㉰ : $N = 5 - 3 \times 1 = 2$차
㉱ : $N = 6 - 3 \times 2 = 0$(정정)

30. 다음과 같은 구조물에서 부정정차수가 가장 많은 것은?

㉮ 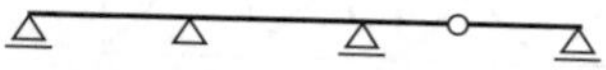

㉯ 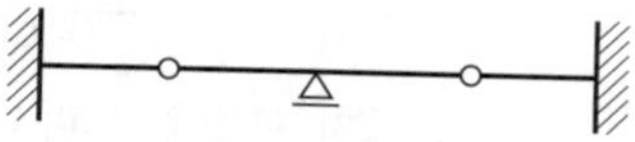

㉰ 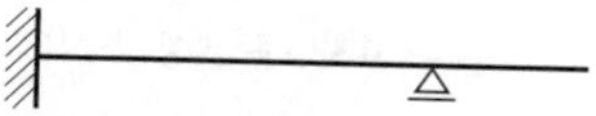

㉱ 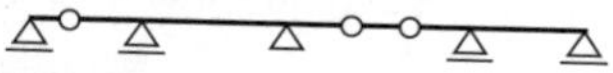

해설 ㉮ : $r-3m=7-3\times2=1$차
㉯ : $r-3m=11-3\times3=2$차
㉰ : $r-3m=4-3\times1=1$차
㉱ : $r-3m=12-3\times4=0$ 정정

31. 다음 구조들은 내부적으로 정정이다. 이들의 외부적 부정정차수가 3차 부정정인 것은?

㉮ 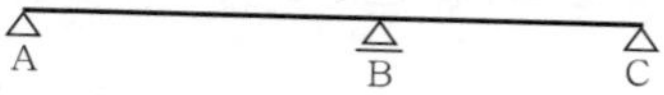

㉯ 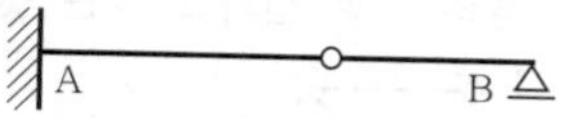

㉰ 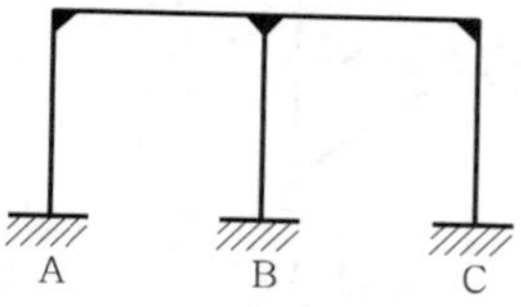

㉱ 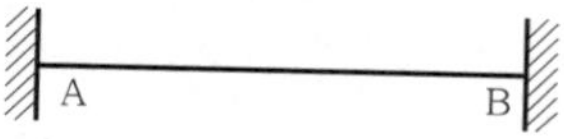

해설 ㉮ : $r-3m=5-3\times1=2$차 부정정
㉯ : $r-3m=6-3\times2=0$, 정정
㉰ : $r-3m=18-3\times4=6$차 부정정
㉱ : $r-3m=6-3\times1=3$차 부정정

32. 그림과 같은 구조물은 몇 차 부정정인가?

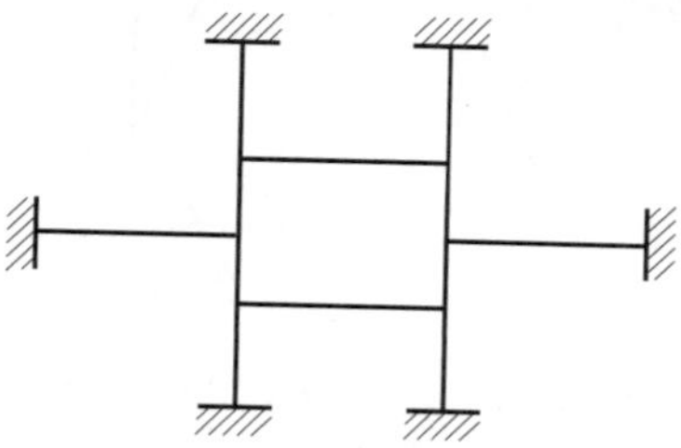

㉮ 18차 ㉯ 17차
㉰ 16차 ㉱ 15차

해설 $n=r-3m=36-3\times6=18$차

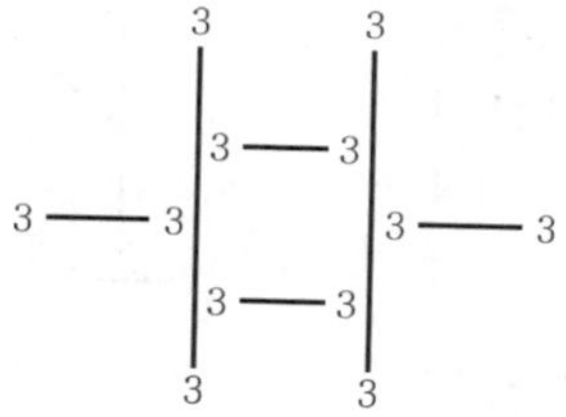

33. 그림과 같은 구조물의 판별로 옳은 것은?

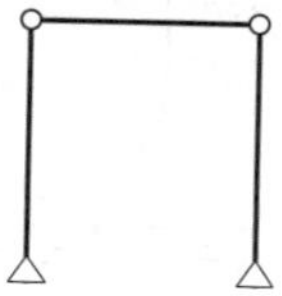

㉮ 불안정 ㉯ 정정
㉰ 1차 부정정 ㉱ 2차 부정정

해설 $n=r-3m=8-3\times3=-1$
∴ 불안정

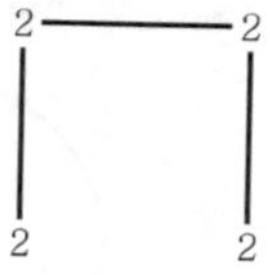

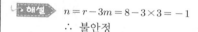

34. 그림과 같은 구조물은?

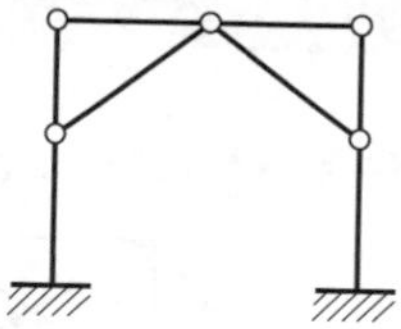

㉮ 불안정 구조물
㉯ 안정이며, 정정 구조물
㉰ 안정이며, 1차 부정정 구조물
㉱ 안정이며, 2차 부정정 구조물

해설 $n=r-3m=24-3\times8=0$
∴ 정정

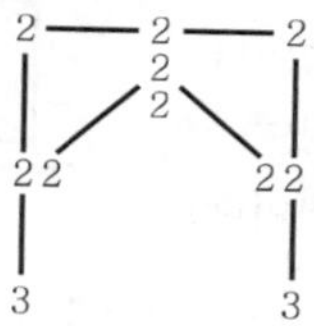

정답 30. ㉯ 31. ㉱ 32. ㉮ 33. ㉮ 34. ㉯

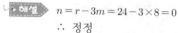

35. 다음 구조물의 부정정차수는?

㉮ 1차 부정정
㉯ 2차 부정정
㉰ 3차 부정정
㉱ 4차 부정정

해설 $n = r - 3m = 20 - 3 \times 6 = 2$차 부정정

36. 그림과 같은 구조물의 부정정차수는?

㉮ 정정
㉯ 1차 부정정
㉰ 2차 부정정
㉱ 3차 부정정

해설 $n = r - 3m = 7 - 3 \times 2 = 1$차

트러스 구조 판별

37. 그림과 같은 트러스교에서 부정정차수를 구하면?

㉮ 정정
㉯ 1차 부정정
㉰ 2차 부정정
㉱ 3차 부정정

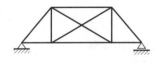

해설 $n = m + r - 2j = 10 + 3 - 2 \times 6 = 1$차

38. 다음 그림에서 주어진 트러스는?

㉮ 정정이다.
㉯ 1차 부정정이다.
㉰ 2차 부정정이다.
㉱ 3차 부정정이다.

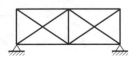

해설 $n = m + r - 2j = 11 + 4 - 2 \times 6 = 3$차

39. 주어진 트러스(truss)의 부정정량을 구한 값은?

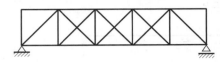

㉮ 1차 부정정 트러스　　㉯ 2차 부정정 트러스
㉰ 3차 부정정 트러스　　㉱ 4차 부정정 트러스

해설 $n = m + r - 2j = 24 + 3 - 2 \times 12 = 3$차

40. 그림과 같은 구조물의 부정정차수는?

㉮ 1차
㉯ 2차
㉰ 3차
㉱ 4차

해설 $n = m + r - 2j = 7 + 4 - 2 \times 5 = 1$차 부정정

41. 그림과 같은 구조물의 판별 결과로 옳은 것은?

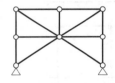

㉮ 정정　　　　　　㉯ 불안정
㉰ 1차 부정정　　　㉱ 2차 부정정

해설 $n = m + r - 2j = 13 + 4 - 2 \times 8 = 1$차 부정정

42. 다음 트러스의 내적 부정정차수는?

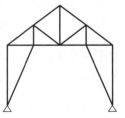

㉮ 0　　　　　　　㉯ 1차
㉰ 2차　　　　　　㉱ 3차

해설 $n = m + r - 2j = 17 + 4 - 2 \times 10 = 1$차
$n_e = r - 3 = 4 - 3 = 1$차
$n_i = n - n_e = 1 - 1 = 0$

43. 다음 트러스의 내적 부정정차수는?

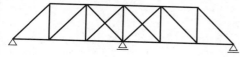

㉮ 1차
㉯ 2차
㉰ 3차
㉱ 4차

•해설
$n = m + r - 2j = 23 + 4 - 2 \times 12 = 3$차
$n_e = r - 3 = 4 - 3 = 1$차
$n_i = n - n_e = 3 - 1 = 2$차

MEMO

chapter 3

단면의 성질

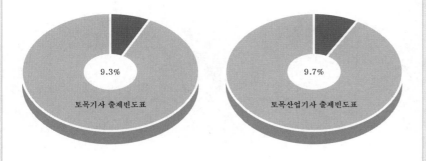

9.3%

토목기사 출제빈도표

9.7%

토목산업기사 출제빈도표

3 단면의 성질

01 단면1차모멘트

알·아·두·기·

① 정의

(1) 단면의 미소면적과 구하려는 축에서 도심까지의 거리를 곱하여 전단면에 대하여 적분한 것을 말한다.

(2) 단면1차모멘트＝도형의 면적×축에서 도심까지의 거리

$$G_x = \int_A y\,dA = A \cdot y_0$$

$$G_y = \int_A x\,dA = A \cdot x_0$$

(3) 단위 : cm^3, m^3, ft^3

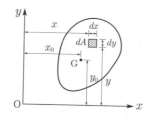

【그림 3-1】 단면1차모멘트

② 도심

(1) 도심

단면1차모멘트가 0이 되는 좌표의 원점

$$y_0 = \frac{G_x}{A}, \quad x_0 = \frac{G_y}{A}$$

☑ 도심과 무게 중심
① 도심 → 평면도형의 중심
② 무게중심 → 물체의 무게중심
③ 평면 상태에서 도심은 무게중심과 일치

(2) 단면의 도심

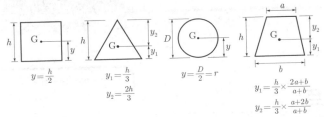

(a) 직사각형　　(b) 삼각형　　(c) 원　　(d) 사다리꼴

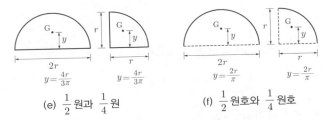

(e) $\frac{1}{2}$ 원과 $\frac{1}{4}$ 원　　　(f) $\frac{1}{2}$ 원호와 $\frac{1}{4}$ 원호

【그림 3-2】 단면의 도심

➌ 단면1차모멘트 정리

(1) 단면의 도심을 통과하는 축에 대한 단면1차모멘트는 0이다.

(2) 동일 단면에 여러 도형이 있을 경우 도형 전체 도심 x_0, y_0 값

$$x_0 = \frac{A_1 x_1 + A_2 x_2 + A_3 x_3}{A_1 + A_2 + A_3} = \frac{G_y}{A}$$

$$y_0 = \frac{A_1 y_1 + A_2 y_2 + A_3 y_3}{A_1 + A_2 + A_3} = \frac{G_x}{A}$$

(3) 동일 평면에 있지 않은 여러 도형에 대한 단면1차모멘트 G_X, G_Y

$$G_X = A_1 y_1 + A_2 y_2 - A_3 y_3$$
$$G_Y = A_1 x_1 - A_2 x_2 - A_3 x_3$$

(4) 단면1차모멘트는 좌표축에 따라 (+), (−)의 값을 다 가질 수 있다.

➡ 원과 원호

① 원 → 평면의 개념
② 원호 → 선분의 개념

➡ 포물선 단면의 도심

① 총면적 $A = b \cdot h$

② A_1 면적 $= \frac{1}{3} A$

③ A_2 면적 $= \frac{2}{3} A$

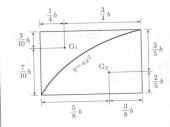

알·아·두·기·

(5) n차 포물선의 면적 및 도심

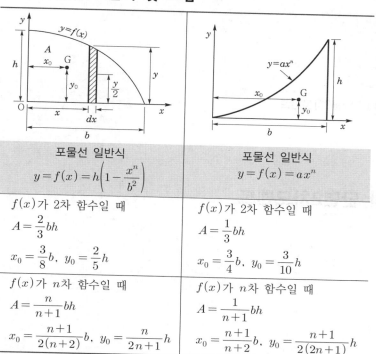

포물선 일반식	포물선 일반식
$y = f(x) = h\left(1 - \dfrac{x^n}{b^2}\right)$	$y = f(x) = ax^n$
$f(x)$가 2차 함수일 때	$f(x)$가 2차 함수일 때
$A = \dfrac{2}{3}bh$	$A = \dfrac{1}{3}bh$
$x_0 = \dfrac{3}{8}b, \; y_0 = \dfrac{2}{5}h$	$x_0 = \dfrac{3}{4}b, \; y_0 = \dfrac{3}{10}h$
$f(x)$가 n차 함수일 때	$f(x)$가 n차 함수일 때
$A = \dfrac{n}{n+1}bh$	$A = \dfrac{1}{n+1}bh$
$x_0 = \dfrac{n+1}{2(n+2)}b, \; y_0 = \dfrac{n}{2n+1}h$	$x_0 = \dfrac{n+1}{n+2}b, \; y_0 = \dfrac{n+1}{2(2n+1)}h$

  단면2차모멘트(관성모멘트)

① 정의

(1) 단면의 미소면적과 구하려는 축에서 도심까지의 거리의 제곱을 곱하여 전단면에 대하여 적분한 것을 말한다.

(2) 단면2차모멘트＝면적×축에서 미소면적까지의 거리의 제곱

$$I_X = \int_A y^2 dA = \int_{y_1}^{y_2} y^2 z\, dy = A \cdot y^2$$

$$I_Y = \int_A x^2 dA = \int_{x_1}^{x_2} x^2 z\, dx = A \cdot x^2$$

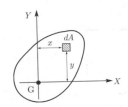

【그림 3-3】 단면2차모멘트

(3) 단위 : cm^4, m^4, ft^4

도심축에 대한 단면2차모멘트

$$I_X = \frac{bh^3}{12}$$

$$I_X = \frac{bh^3}{36}$$

$$I_X = \frac{a^4}{12}$$

$$I_X = \frac{\pi D^4}{64} = \frac{\pi r^4}{4}$$

$$I_X = \frac{bh^3}{48}$$

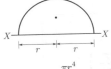

$$I_X = \frac{\pi r^4}{8}$$

$$I_X = \frac{\pi r^4}{16}$$

【그림 3-4】 각 단면의 단면2차모멘트

평행축 정리

(1) 의미

축의 이동에 대한 단면2차모멘트

$$I_x = \int_A y^2 dA$$

$$= \int_A (Y + y_0)^2 dA$$

$$\therefore \ I_x = I_X + A y_0^{\ 2}$$

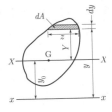

【그림 3-5】 평행축 정리

(2) 구형 단면

$$I_x = I_X + A \cdot y_0{}^2$$
$$= \frac{bh^3}{12} + bh\left(\frac{h}{2}\right)^2 = \frac{bh^3}{3}$$

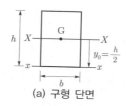

(a) 구형 단면

(3) 삼각형 단면

$$I_{x_1} = I_X + A \cdot y_0{}^2$$
$$= \frac{bh^3}{36} + \frac{bh}{2}\left(\frac{h}{3}\right)^2 = \frac{bh^3}{12}$$
$$I_{x_2} = I_X + A \cdot y_0{}^2$$
$$= \frac{bh^3}{36} + \frac{bh}{2}\left(\frac{2h}{3}\right)^2 = \frac{bh^3}{4}$$

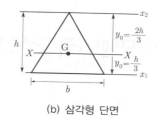

(b) 삼각형 단면

(4) 원형 단면

$$I_x = I_X + A \cdot y_0{}^2$$
$$= \frac{\pi D^4}{64} + \frac{\pi D^2}{4} \times \left(\frac{D}{2}\right)^2$$
$$= \frac{5\pi D^4}{64} = \frac{5\pi r^4}{4}$$

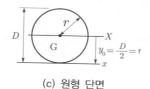

(c) 원형 단면

【그림 3-6】 평행축 정리

④ 단면2차모멘트 정리

(1) X축에 대한 도형 전체의 단면2차모멘트(그림 3-7)

$$I_X = I_{X_1} + I_{X_2} + I_{X_3}$$

(2) 중공단면의 X축에 대한 단면2차모멘트(그림 3-8)

$$I_X = I_{X_A} - I_{X_B}$$

(3) 단면2차모멘트는 항상 (+)값을 갖는다.
(4) 도심축에 대한 단면2차모멘트는 최솟값을 갖는다.

(5) 원형 및 정사각형의 도심축에 대한 단면2차모멘트는 축의 회전에 관계없이 모두 같다.

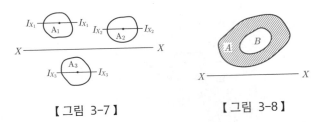

【그림 3-7】　　　　　【그림 3-8】

03 단면2차극모멘트(극관성모멘트)

① 정의

(1) 단면의 미소면적과 극점에서 도심까지 거리(극거리)의 제곱을 곱하여 전단면에 대하여 적분한 것을 말한다.

(2) 단면2차극모멘트＝미소면적×극점에서 미소면적까지 거리의 제곱

$$I_P = \int_A \rho^2 dA$$
$$= \int_A (y^2 + x^2) dA$$
$$= I_X + I_Y$$

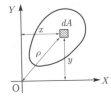

【그림 3-9】　단면2차극모멘트

(3) 단위 : cm^4, m^4, ft^4 (단면2차모멘트와 동일)

(4) 단면2차극모멘트

① 구형 단면

$$I_P = I_X + I_Y = \frac{bh^3}{12} + \frac{hb^3}{12} = \frac{bh}{12}(b^2 + h^2)$$

② 원형 단면

$$I_P = I_X + I_Y = \frac{\pi D^4}{64} + \frac{\pi D^4}{64} = \frac{\pi D^4}{32} = \frac{\pi r^4}{2}$$

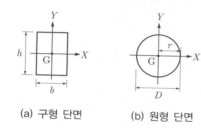

(a) 구형 단면　　　(b) 원형 단면

【그림 3-10】 단면2차극모멘트

❷ 특성

(1) 단면2차극모멘트는 비틀림 부재 설계에 적용한다.

(2) 단면2차극모멘트는 축의 회전에 관계없이 항상 일정하다.

$$\therefore\ I_P = I_X + I_Y = I_u + I_v = I_{max} + I_{min} = 일정(\text{constant})$$

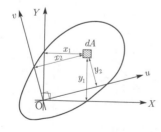

【그림 3-11】 단면2차극모멘트

04 단면상승모멘트(관성승적모멘트)

① 정의

(1) 단면의 미소면적과 구하려는 X축, Y축에서 도심까지 거리를 곱하여 전단면에 적분한 것을 말한다.

(2) 단면상승모멘트＝미소면적을 전 단면적에 대하여 적분한 것

$$I_{XY} = \int_A x \cdot y \, dA = A \cdot x_0 \cdot y_0$$

(3) 단위 : cm^4, m^4, ft^4 (단면2차모멘트와 동일)

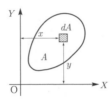

【그림 3-12】 단면상승모멘트

② 평행축 정리(평행이동축)

(1) 비대칭 단면

$$I_{xy} = \int_A x \cdot y \, dA$$
$$= I_{XY} + A x_0 y_0 \ (I_{XY} \neq 0)$$

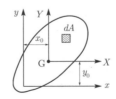

【그림 3-13】 평행축 정리

(2) 대칭 단면

$$I_{xy} = \int_A x \cdot y \, dA$$
$$= I_{XY} + A x_0 y_0 = A x_0 y_0 \ (I_{XY} = 0)$$

③ 단면상승모멘트

(1) 구형 단면

① 도심축 $I_{XY} = 0$

② x, y축 $I_{xy} = A x_0 y_0 = bh \times \dfrac{b}{2} \times \dfrac{h}{2} = \dfrac{b^2 h^2}{4}$

(2) 원형 단면

① 도심축 $I_{XY} = 0$

② x, y축 $I_{xy} = A x_0 y_0 = \pi r^2 \times r \times r = \pi r^4$

(3) 삼각형 단면

$$I_{xy} = \int_A x \cdot y\, dA = \frac{b^2 h^2}{24}$$

(4) 1/4원형 단면

$$I_{xy} = \int_A x \cdot y\, dA = \frac{r^4}{8}$$

④ 단면상승모멘트 정리

(1) 단면의 도심을 통과하는 축에 대한 단면상승모멘트는 0이다.
(2) (−)의 값을 가질 수 있다.
(3) 대칭단면에서 도심축에 대한 단면상승모멘트는 0이다.
(4) 도형의 도심을 지나고 $I_{XY} = 0$이 되는 축을 주축이라 한다.

▶ 단면상승모멘트

(a) 구형 단면

(b) 원형 단면

(c) 삼각형 단면

(d) 1/4원형 단면

05 단면계수와 회전반경

① 단면계수

(1) 정의

도심을 지나는 축에 대한 단면2차모멘트를 도형의 도심에서 상·하단, 또는 좌우단까지의 거리로 나눈 값을 말한다.

(2) 단면계수

$$Z_t = \frac{I_X}{y_1}$$

$$Z_c = \frac{I_X}{y_2}$$

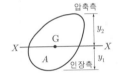

【그림 3-14】 단면계수

(3) 단위 : cm^3, m^3, ft^3 (단면1차모멘트와 동일)

(4) 단면계수의 정리

① 단면계수가 클수록 재료의 강도가 커진다.
② 도심을 지나는 단면계수의 값은 0이다.
③ 단면계수가 큰 단면일수록 휨에 대하여 강하다.

⟩ 회전반지름(회전반경)

(1) 정의

단면2차모멘트를 단면적으로 나눈 값의 제곱근을 말한다.

(2) 회전반지름(단면2차반지름)

$$r_x = \sqrt{\frac{I_x}{A}}$$

$$r_y = \sqrt{\frac{I_y}{A}}$$

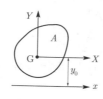

【그림 3-15】

(3) 단위 : cm, m, ft

(4) 평행축 정리에 의한 회전반경

$$I_x = I_X + A y_0^2 , \quad r_x^2 = r_X^2 + y_0^2$$

$$\therefore r_x = \sqrt{r_X^2 + y_0^2}$$

③ 각 단면의 단면계수(Z) 및 회전반지름(r)

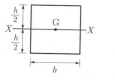

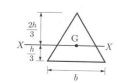

$$Z = \frac{I_X}{y} = \frac{bh^2}{6}$$

$$Z_c = \frac{bh^2}{24} , \quad Z_t = \frac{bh^2}{12}$$

$$Z = \frac{\pi D^3}{32}$$

$$r_X = \sqrt{\frac{I_X}{A}} = \frac{h}{2\sqrt{3}}$$

$$r_X = \frac{h}{3\sqrt{2}}$$

$$r_X = \frac{D}{4}$$

【그림 3-16】

06　주단면2차모멘트

① 정의

임의의 점을 원점으로 회전하는 두 축에 관한 단면2차모멘트가 최대 또는 최소일 때 이 두 축을 그 점에서 주축이라 하고, 두 주축에 관한 단면2차모멘트를 주단면2차모멘트라고 한다.

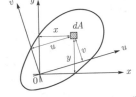

【그림 3-17】 주단면2차모멘트

$$I_x + I_y = I_u + I_v = I_P \ (\text{constant})$$

② 주단면2차모멘트

(1) 주축에서의 최대 및 최소 단면2차모멘트

① $I_{\max} = \dfrac{I_x + I_y}{2} + \sqrt{\left(\dfrac{I_x - I_y}{2}\right)^2 + I_{xy}{}^2}$

$\qquad = \dfrac{1}{2}(I_X + I_Y) + \dfrac{1}{2}\sqrt{(I_x - I_y)^2 + 4I_{xy}{}^2}$

② $I_{\min} = \dfrac{I_x + I_y}{2} - \sqrt{\left(\dfrac{I_x - I_y}{2}\right)^2 + I_{xy}{}^2}$

$\qquad = \dfrac{1}{2}(I_X + I_Y) - \dfrac{1}{2}\sqrt{(I_x - I_y)^2 + 4I_{xy}{}^2}$

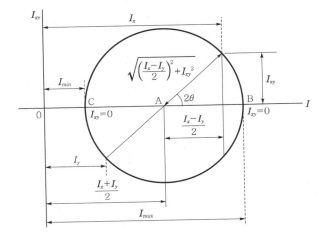

【그림 3-18】 주축에 대한 모어의 원

(2) 단위 : cm^4, m^4, ft^4

(3) 주축의 위치(방향)

$$\tan2\alpha = \frac{2I_{xy}}{I_y - I_x} = -\frac{2I_{xy}}{I_x - I_y}$$

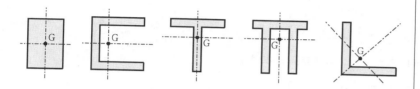

【그림 3-19】 주축의 위치

❸ 주단면2차모멘트 정리

(1) 주축에 대한 단면상승모멘트는 0이다.
(2) 주축은 한 쌍의 직교축을 이룬다.
(3) 주축에 대한 단면2차모멘트는 최대 및 최소이다.
(4) 대칭축은 항상 주축이 되며, 그 축에 직교되는 축도 주축이 된다.
(5) 정다각형 및 원형 단면에서는 대칭축이 여러 개이므로 주축도 여
　　러 개 있다.
(6) 주축이라고 해서 대칭을 의미하는 것은 아니다.

07 파푸스(Pappus)의 정리

❶ 제1정리(표면적에 대한 정리)

표면적＝선분의 길이×선분의 도심이 이동한 거리
∴ $A = L \times y_0 \times \theta$

② 제2정리(체적에 대한 정리)

체적＝단면적×평면의 도심이 이동한 거리

$$\therefore \ V = A \times y_0 \times \theta$$

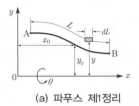
(a) 파푸스 제1정리

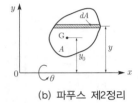
(b) 파푸스 제2정리

【그림 3-20】 파푸스의 정리

단면1차모멘트

1. 큰 원에서 그 반지름으로 작은 원을 도려낸 음영 부분의 도심의 x좌표는?

㉮ $\dfrac{4}{5}R$

㉯ $\dfrac{2}{3}R$

㉰ $\dfrac{3}{4}R$

㉱ $\dfrac{5}{6}R$

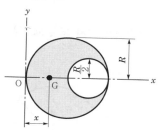

해설 $G_y = A \cdot x$

$$= \pi R^2 \times R - \frac{\pi R^2}{4} \times \frac{3R}{2} = \frac{5}{8}\pi R^3$$

$$A = \frac{3}{4}\pi R^2, \quad x = \frac{G_y}{A} = \frac{5}{6}R$$

2. 그림과 같이 음영 부분의 y축 도심은 얼마인가?

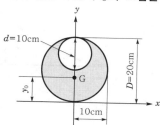

㉮ x축에서 위로 5.00cm   ㉯ x축에서 위로 10.00cm
㉰ x축에서 위로 11.67cm ㉱ x축에서 위로 8.33cm

해설 x축에 대한 단면1차모멘트 G_x는

$$G_x = \frac{\pi D^2}{4} \cdot \frac{D}{2} - \frac{\pi\left(\frac{D}{2}\right)^2}{4} \cdot \frac{3}{4}D = \frac{5}{64}\pi D^3$$

$$\bar{y} = \frac{G_x}{A} = \frac{\frac{5}{64}\pi D^3}{\frac{\pi D^2}{4} - \frac{\pi}{4}\left(\frac{D}{2}\right)^2} = \frac{5}{12}D$$

$$\therefore \bar{y} = \frac{5}{12}\times 20 = 8.33\text{cm}$$

3. 그림에서 x축으로부터 음영 부분의 도형에 대한 도심까지의 거리 $\bar{y}$를 구하면 얼마인가?

㉮ $\dfrac{1}{2}D$

㉯ $\dfrac{7}{12}D$

㉰ $\dfrac{2}{3}D$

㉱ $\dfrac{3}{4}D$

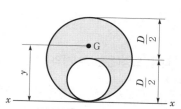

해설
$$G_x = \frac{7\pi D^3}{64}, \quad A = \frac{3\pi D^2}{16}$$

$$\bar{y} = \frac{G_x}{A} = \frac{7}{12}D$$

4. 도형의 도심을 지나는 축에 대한 단면1차모멘트의 값은?

㉮ 0이다.

㉯ 0보다 크다.

㉰ 0보다 작다.

㉱ 0보다 클 때도 있고 작을 때도 있다.

해설 도심에 대한 단면1차모멘트는 0이다.

5. 다음 4분원에서 x축에 대한 단면1차모멘트의 크기는?

㉮ $\dfrac{r^3}{2}$ ㉯ $\dfrac{r^3}{3}$

㉰ $\dfrac{r^3}{4}$ ㉱ $\dfrac{r^3}{5}$

해설 단면1차모멘트＝면적×도심거리

$$G_x = \frac{\pi r^2}{4} \times \frac{4r}{3\pi} = \frac{r^3}{3}$$

6. 그림과 같은 반지름 r인 반원의 X축에 대한 단면1차 모멘트는?

㉮ $\dfrac{3r^3}{2\pi}$

㉯ $\dfrac{2r^3}{3\pi}$

㉰ $\dfrac{\pi r^3}{6}$

㉱ $\dfrac{2r^3}{3}$

해설 $G_x = A \cdot y = \dfrac{\pi r^2}{2} \times \dfrac{4r}{3\pi} = \dfrac{2}{3}r^3$

7. 다음 도형(음영 부분)의 X축에 대한 단면1차모멘트는?

㉮ $5,000\text{cm}^3$

㉯ $10,000\text{cm}^3$

㉰ $15,000\text{cm}^3$

㉱ $20,000\text{cm}^3$

해설
$G_x = A \cdot y$
$= 40 \times 30 \times 15 - 20 \times 10 \times 15$
$= 15,000\text{cm}^3$

8. 다음 사다리꼴의 도심의 위치는?

㉮ $y_0 = \dfrac{h}{3} \cdot \dfrac{2a+b}{a+b}$

㉯ $y_0 = \dfrac{h}{3} \cdot \dfrac{a+2b}{a+b}$

㉰ $y_0 = \dfrac{h}{3} \cdot \dfrac{a+b}{2a+b}$

㉱ $y_0 = \dfrac{h}{3} \cdot \dfrac{a+b}{a+2b}$

해설
$y_1 = \dfrac{h(2a+b)}{3(a+b)}$

$y_2 = \dfrac{h(a+2b)}{3(a+b)}$

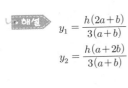

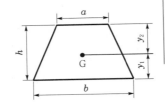

9. 다음 그림과 같은 T형 단면에서 도심축 C-C 축의 위치 x는?

㉮ $2.5h$

㉯ $3.0h$

㉰ $3.5h$

㉱ $4.0h$

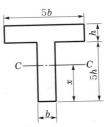

해설
$x = \dfrac{G_x}{A} = \dfrac{5bh \times 5.5h + 5bh \times 2.5h}{5bh + 5bh} = 4h$

10. 다음의 반원에서 도심 y_0는?

㉮ $\dfrac{3r}{4\pi}$

㉯ $\dfrac{2r}{3\pi}$

㉰ $\dfrac{4r}{3\pi}$

㉱ $\dfrac{3r}{2\pi}$

11. 다음 포물선의 도심거리 $\overline{x}$와 $\overline{y}$는?

	$\overline{x}$	$\overline{y}$
㉮	$\dfrac{3}{4}h$,	$\dfrac{3}{10}b$
㉯	$\dfrac{3}{4}h$,	$\dfrac{5}{4}b$
㉰	$\dfrac{3}{10}h$,	$\dfrac{3}{4}b$
㉱	$\dfrac{4}{5}h$,	$\dfrac{4}{3}b$

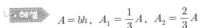

해설 $A = bh$, $A_1 = \dfrac{1}{3}A$, $A_2 = \dfrac{2}{3}A$

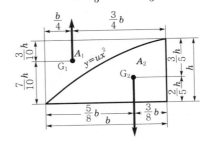

→ 정답   6. ㉱   7. ㉰   8. ㉯   9. ㉱   10. ㉰   11. ㉮

12. 다음 도형의 단면에서 음영 부분에 대한 도심 y_0 값은?

㉮ $\dfrac{3}{17}a$

㉯ $\dfrac{7}{18}a$

㉰ $\dfrac{8}{19}a$

㉱ $\dfrac{13}{20}a$

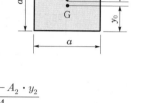

해설

$$y_0 = \frac{A_1 \cdot y_1 - A_2 \cdot y_2}{A}$$

$$= \frac{(a \times a) \times \dfrac{a}{2} - \left(\dfrac{1}{2} \times a \times \dfrac{a}{2}\right) \times \left(\dfrac{a}{2} + \dfrac{a}{2} \times \dfrac{2}{3}\right)}{a^2 - \dfrac{a^2}{4}}$$

$$= \frac{7a}{18}$$

13. 그림과 같은 1/4원 중에서 빗금 부분의 도심 y_0 는?

㉮ 5.84cm

㉯ 7.81cm

㉰ 4.94cm

㉱ 5.00cm

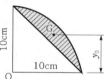

해설

$$G_x = A \cdot y_0$$

$$\left(\frac{\pi r^2}{4} - \frac{r^2}{2}\right) y_0 = \left(\frac{\pi r^2}{4}\right)\left(\frac{4r}{3\pi}\right) - \left(\frac{r^2}{2}\right)\left(\frac{r}{3}\right)$$

$$y_0 = \frac{r}{3\left(\dfrac{\pi}{2} - 1\right)} = \frac{10}{3\left(\dfrac{\pi}{2} - 1\right)} = 5.84 \text{cm}$$

14. 변의 길이가 30cm인 정사각형에서 반경 5cm의 원을 도려낸 나머지 부분의 도심은? (단, 도려낸 원의 중심은 정방형의 중심에서 10cm에 있음.)

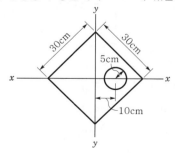

㉮ 원점에서 우로 0.956cm

㉯ 원점에서 좌로 0.956cm

㉰ 원점에서 우로 1.346cm

㉱ 원점에서 좌로 1.346cm

해설

$$G_y = A x_0 = A_1 x_1 - A_2 x_2$$

$$x_0 = \frac{G_y}{A} = \frac{30^2 \times 0 - (\pi \times 5^2) \times 10}{(30^2 - \pi \times 5^2)}$$

$$= -0.956 \text{ cm} (\leftarrow)$$

15. 주어진 단면의 도심을 구하면?

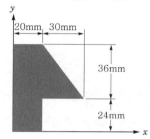

㉮ $\bar{x} = 16.2$mm, $\bar{y} = 31.9$mm

㉯ $\bar{x} = 31.9$mm, $\bar{y} = 16.2$mm

㉰ $\bar{x} = 14.2$mm, $\bar{y} = 29.9$mm

㉱ $\bar{x} = 29.9$mm, $\bar{y} = 14.2$mm

해설

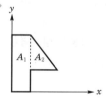

$$A_1 = 20 \times (36 + 24) = 1,200 \text{mm}^2$$

$$A_2 = \frac{1}{2} \times 36 \times 30 = 540 \text{mm}^2$$

$$G_{x1} = \frac{(36 + 24)}{2} \times 1,200 = 36,000 \text{mm}^3$$

$$G_{x2} = \left(24 + \frac{36}{3}\right) \times 540 = 19,440 \text{mm}^3$$

$$G_{y1} = \left(\frac{20}{2}\right) \times 1,200 = 12,000 \text{mm}^3$$

$$G_{y2} = \left(20 + \frac{30}{3}\right) \times 540 = 16,200 \text{mm}^3$$

$$\therefore \bar{x} = \frac{G_{y1} + G_{y2}}{A_1 + A_2} = \frac{12,000 + 16,200}{1,200 + 540} = 16.2 \text{mm}$$

$$\therefore \bar{y} = \frac{G_{x1} + G_{x2}}{A_1 + A_2} = \frac{36,000 + 19,440}{1,200 + 540} = 31.9 \text{mm}$$

16. 그림과 같이 원(D=40cm)과 반원(r=40cm)으로 이루어진 단면의 도심거리 y값은?

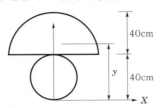

㉮ 17.58cm

㉯ 17.98cm

㉰ 49.48cm

㉱ 44.65cm

해설

$$A_{반원} = \frac{1}{2} \times \frac{\pi \times 80^2}{4} = 2,513.27 \text{cm}^2$$

$$A_{원} = \frac{\pi \times 40^2}{4} = 1,256.64 \text{cm}^2$$

$$G_{반원} = A_{반원}\left(40 + \frac{4r}{3\pi}\right)$$

$$= 2,513.27 \times \left(40 + \frac{4 \times 40}{3\pi}\right)$$

$$= 143,197.40 \text{cm}^3$$

$$G_{원} = A_{원} \cdot 20 = 1,256.64 \times 20$$

$$= 25,132.8 \text{cm}^3$$

$$y_c = \frac{G_{반원} + G_{원}}{A_{반원} + A_{원}}$$

$$= \frac{143,197.4 + 25,132.8}{2,513.27 + 1,256.64} = 44.65 \text{cm}$$

17. 다음 그림과 같이 사각형과 삼각형을 합하여 만든 도형의 도심 y_c의 값은?

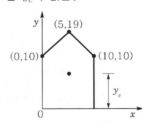

㉮ 6.12

㉯ 6.45

㉰ 7.48

㉱ 7.97

해설

$$y_c = \frac{(10 \times 10) \times 5 + \left(\frac{1}{2} \times 9 \times 10\right) \times \left(10 + \frac{9}{3}\right)}{10 \times 10 + \frac{1}{2} \times 9 \times 10}$$

$$= 7.48$$

18. 다음과 같이 1변이 a인 정사각형 단면의 1/4을 절취한 나머지 부분의 도심 위치 $C(\bar{x}, \bar{y})$는?

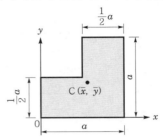

㉮ $C\left(\frac{1}{3}a, \frac{2}{3}a\right)$

㉯ $C\left(\frac{2}{3}a, \frac{1}{3}a\right)$

㉰ $C\left(\frac{5}{12}a, \frac{7}{12}a\right)$

㉱ $C\left(\frac{7}{12}a, \frac{5}{12}a\right)$

해설

$$\bar{x} = \frac{G_y}{\Sigma A} = \frac{\Sigma A \cdot x}{\Sigma A}$$

$$= \frac{a^2 \times \frac{a}{2} - \left(\frac{1}{2}a\right)^2 \times \frac{a}{4}}{a^2 - \left(\frac{1}{2}a\right)^2} = \frac{7}{12}a$$

$$\bar{y} = \frac{G_x}{\Sigma A} = \frac{\Sigma A \cdot y}{\Sigma A}$$

$$= \frac{a^2 \times \frac{a}{2} - \left(\frac{1}{2}a\right)^2 \times \frac{3}{4}a}{a^2 - \left(\frac{1}{2}a\right)^2} = \frac{5}{12}a$$

$$\therefore C\left(\frac{7}{12}a, \frac{5}{12}a\right)$$

19. 다음 그림의 단면에서 도심의 좌표($\bar{x}, \bar{y}$)를 구하면?

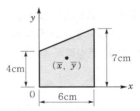

㉮ $\bar{x} = 3.27$cm, $\bar{y} = 2.82$cm

㉯ $\bar{x} = 2.82$cm, $\bar{y} = 3.27$cm

㉰ $\bar{x} = 3.02$cm, $\bar{y} = 2.82$cm

㉱ $\bar{x} = 3.27$cm, $\bar{y} = 3.02$cm

• 해설

$$\overline{x} = \frac{G_y}{A}$$

$$= \frac{4 \times 6 \times 3 + \frac{1}{2} \times 3 \times 6 \times 4}{4 \times 6 + \frac{1}{2} \times 3 \times 6}$$

$$= 3.27 \text{cm}$$

$$\overline{y} = \frac{G_x}{\Sigma A} = \frac{\Sigma A \cdot y}{\Sigma A}$$

$$= \frac{4 \times 6 \times 2 + \frac{1}{2} \times 3 \times 6 \times (4 + \frac{1}{3} \times 3)}{4 \times 6 + \frac{1}{2} \times 3 \times 6}$$

$$= 2.82 \text{cm}$$

$$\therefore (\overline{x}, \ \overline{y}) = (3.27, \ 2.82)$$

20. 그림과 같은 4분원 중에서 빗금친 부분의 밑변으로부터 도심까지의 위치 y는?

㉮ 116.8mm

㉯ 126.8mm

㉰ 146.7mm

㉱ 158.7mm

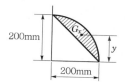

• 해설

$$y = \frac{G_x}{A}$$

$$= \frac{\frac{\pi \, 200^2}{4} \times \frac{4 \times 200}{3\pi} - \frac{200^2}{2} \times \frac{200}{3}}{\frac{\pi \, 200^2}{4} - \frac{200^2}{2}}$$

$$= 116.7959 \text{mm}$$

단면2차모멘트

21. 그림과 같은 직사각형 도면의 x축에 대한 단면2차모멘트는 다음 중 어떤 것인가? (단, x_0 축은 직사각형 도면의 도심축이다.)

㉮ $\dfrac{bh^3}{12} + b h y_0^2$

㉯ $\dfrac{bh^3}{3} + b h y_0^2$

㉰ $\dfrac{bh^3}{12} - b h y_0^2$

㉱ $\dfrac{bh^3}{3} - b h y_0^3$

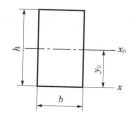

• 해설 평행축 정리

$$I_x = I_{x0} + A \cdot y^2 = \frac{bh^3}{12} + b \cdot h \cdot Zy_0^{\,2}$$

22. 그림과 같은 이등변삼각형에서 y축에 대한 단면2차모멘트를 구하면?

㉮ $\dfrac{hb^3}{48}$

㉯ $\dfrac{bh^3}{48}$

㉰ $\dfrac{hb^3}{96}$

㉱ $\dfrac{bh^3}{96}$

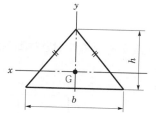

• 해설

$$I_x = \frac{bh^3}{12}$$

$$I_y = \frac{h \left(\frac{b}{2} \right)^3}{12} \times 2 = \frac{hb^3}{48}$$

23. 단면2차모멘트 $I = 3,140 \text{cm}^4$(도심축)인 원형 단면의 지름은 얼마인가?

㉮ 약 8cm

㉯ 약 16cm

㉰ 약 32cm

㉱ 약 38cm

• 해설

$$I_x = \frac{\pi D^4}{64} = \frac{\pi r^4}{4} = \frac{3.14 \times D^4}{64} = 3,140$$

$$D^4 = \frac{3,140 \times 64}{3.14}$$

$$\therefore D = 15,905 \text{cm}$$

24. 그림과 같은 타원도형의 X축에 대한 단면2차모멘트는?

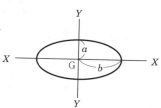

㉮ $\dfrac{\pi ab^3}{3}$

㉯ $\dfrac{\pi ab^3}{4}$

㉰ $\dfrac{\pi a^3 b}{3}$

㉱ $\dfrac{\pi a^3 b}{4}$

◆ 해설 타원의 단면2차모멘트

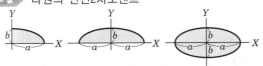

$$I_x = \frac{\pi ab^3}{16} \qquad I_x = \frac{\pi ab^3}{8} \qquad I_x = \frac{\pi ab^3}{4}$$

$$I_y = \frac{\pi a^3 b}{16} \qquad I_y = \frac{\pi a^3 b}{8} \qquad I_y = \frac{\pi a^3 b}{4}$$

25. 다음에서 x축의 단면2차모멘트는?

㉮ $\dfrac{bh^3}{12}$

㉯ $\dfrac{bh^2}{6}$

㉰ $\dfrac{bh^2}{12}$

㉱ $\dfrac{bh^3}{3}$

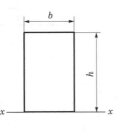

◆ 해설 $I_x = I_X + Ay_0{}^2 = \dfrac{bh^3}{12} + bh\left(\dfrac{h}{2}\right)^2 = \dfrac{bh^3}{3}$

26. 다음 그림에서 y축에 관한 단면2차모멘트의 값은?

㉮ 3,333cm^4

㉯ 6,666cm^4

㉰ 1,666cm^4

㉱ 1,416cm^4

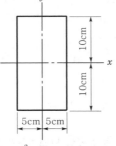

◆ 해설 $I_y = \dfrac{hb^3}{12} = \dfrac{20 \times 10^3}{12} = 1,666.7\text{cm}^4$

27. $X-X$축의 단면2차모멘트는?

㉮ $\dfrac{a^4}{3}$

㉯ $\dfrac{a^4}{8}$

㉰ $\dfrac{a^4}{12}$

㉱ $\dfrac{a^4}{24}$

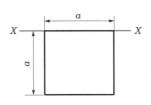

◆ 해설 $I_x = I_X + A \cdot y_0{}^2 = \dfrac{a^4}{12} + a^2 \times \left(\dfrac{a}{2}\right)^2$

$$= \dfrac{a^4}{12} + \dfrac{a^4}{4} = \dfrac{4a^4}{12} = \dfrac{a^4}{3}$$

28. 단면적 A인 도형의 중립축에 대한 단면2차모멘트를 I_G라 하고, 중립축에서 y만큼 떨어진 축에 대한 단면2차모멘트를 I라 하면, 이 때 I는?

㉮ $I = I_G + Ay^2$

㉯ $I = I_G + A^2 y$

㉰ $I = I_G - Ay^2$

㉱ $I = I_G - A^2 y$

◆ 해설 $I_x = I_X + Ay_0{}^2$

29. 그림과 같은 정사각형 단면의 대칭축 $x-y$에 대하여 30° 기울어진 $X-Y$축에 대한 단면2차모멘트 I_x의 값은?

㉮ $I_x = 1,667\text{cm}^4$

㉯ $I_x = 1,250\text{cm}^4$

㉰ $I_x = 625\text{cm}^4$

㉱ $I_x = 833\text{cm}^4$

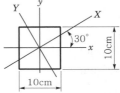

◆ 해설 $I_x = \dfrac{bh^3}{12} = \dfrac{a^4}{12} = \dfrac{(10)^4}{12} = 833.3\text{cm}^4$

30. 다음 그림과 같은 단면의 $X-X$축에 관한 단면2차모멘트 I_{X-X}를 표시한 값은?

㉮ $\dfrac{h^3}{24}$

㉯ $\dfrac{h^3}{3}$

㉰ $\dfrac{h^4}{6}$

㉱ $\dfrac{h^4}{12}$

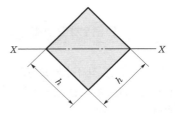

◆ 해설 삼각형 밑면에 대한 단면2차모멘트는 $\dfrac{bh^3}{12}$이고,

$$b = \sqrt{2}\,h$$

$$h = \dfrac{h}{\sqrt{2}}$$

$$I_x = 2 \cdot \dfrac{\sqrt{2}\,h}{12} \cdot \left(\dfrac{h}{\sqrt{2}}\right)^3 = \dfrac{h^4}{12}$$

31. 다음 그림에서 A-A축에 대한 단면2차모멘트 값은?

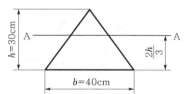

㉮ $30,000\text{cm}^4$ ㉯ $90,000\text{cm}^4$

㉰ $270,000\text{cm}^4$ ㉱ $330,000\text{cm}^4$

> **해설**
> $I_X = I_x + A \cdot y_0^2$
> $I_X = \dfrac{40 \times 30^3}{36} + \dfrac{40 \times 30}{2} \times (10)^2$
> $= 30,000 + 60,000 = 90,000\text{cm}^4$

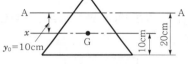

32. 다음 삼각형 ABC의 $X-X$축에 관한 단면2차모멘트의 값은?

㉮ $\dfrac{1}{3}bh^3$

㉯ $\dfrac{1}{4}bh^3$

㉰ $\dfrac{1}{6}bh^3$

㉱ $\dfrac{1}{12}bh^3$

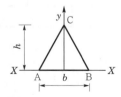

33. 다음 도형에서 $x-x$축에 대한 단면2차모멘트는?

㉮ $\dfrac{bh^3}{4}$

㉯ $\dfrac{7bh^3}{36}$

㉰ $\dfrac{bh^3}{2}$

㉱ $\dfrac{5bh^3}{36}$

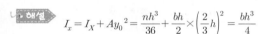

> **해설**
> $I_x = I_X + Ay_0^2 = \dfrac{nh^3}{36} + \dfrac{bh}{2} \times \left(\dfrac{2}{3}h\right)^2 = \dfrac{bh^3}{4}$

34. 그림과 같은 원형 단면의 x축에 대한 단면2차모멘트를 구한 값은?

㉮ $20\pi\text{cm}^4$

㉯ $30\pi\text{cm}^4$

㉰ $40\pi\text{cm}^4$

㉱ $50\pi\text{cm}^4$

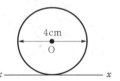

> **해설**
> $I_x = I_X + A \cdot y^2$
> $= \dfrac{\pi D^4}{64} + \dfrac{\pi D^2}{4}\left(\dfrac{D}{2}\right)^2$
> $= \dfrac{\pi D^4}{64} + \dfrac{\pi D^4}{16} = \dfrac{5\pi D^4}{64}$
> $I_x = \dfrac{5\pi D^4}{64} = 20\pi\text{cm}^4$

35. 그림과 같이 높이가 a인 (A), (B), (C)에서 도심을 지나는 $X-X$축에 대한 단면2차모멘트의 크기의 순서로서 맞는 것은 다음 중 어느 것인가?

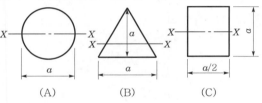

(A)   (B)   (C)

㉮ A>B>C ㉯ B<C<A

㉰ A<B<C ㉱ B>C>A

> **해설**
> $I_A = \dfrac{\pi a^4}{64} = 0.049a^4$
> $I_B = \dfrac{a^4}{36} = 0.028a^4$
> $I_C = \dfrac{a^4}{24} = 0.042a^4$
> $\therefore\ I_A > I_C > I_B$

36. 반지름 2cm인 반원의 도심에 대한 단면2차모멘트 I_{x0}를 구한 값은 얼마인가?

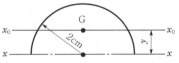

㉮ 1.75cm^4 ㉯ 1.85cm^4

㉰ 1.95cm^4 ㉱ 2.00cm^4

• 해설▷

$$I_{x0} = I_x - A \cdot y^2$$

$$\begin{cases} I_x = \dfrac{\pi D^4}{64} \times \dfrac{1}{2} = 6.283\text{cm}^4 \\ A = \dfrac{\pi D^2}{4} \times \dfrac{1}{2} = 6.283\text{cm}^4 \\ y = \dfrac{4r}{3\pi} = 0.849\text{cm} \end{cases}$$

$$\therefore \ I_{x0} = 6.283 - 6.283 \times (0.849)^2 = 1.754\text{cm}^4$$

37. 4분원의 도심을 지나는 x축에 대한 단면2차모멘트는?

㉮ $\dfrac{\pi r^4}{16} - \dfrac{2r^4}{9\pi}$

㉯ $\dfrac{\pi r^4}{16} - \dfrac{3r^4}{9\pi}$

㉰ $\dfrac{\pi r^4}{16} - \dfrac{4r^4}{9\pi}$

㉱ $\dfrac{\pi r^4}{16} - \dfrac{5r^4}{9\pi}$

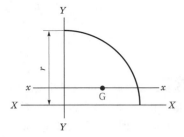

• 해설▷ 평행축 정리

$$I_x = I_X - Ay^2$$

$$I_X = \dfrac{\pi r^4}{4} \times \dfrac{1}{4} = \dfrac{\pi r^4}{16}$$

$$A = \dfrac{\pi r^2}{4}, \ y = \dfrac{4r}{3\pi}$$

$$I_x = \dfrac{\pi r^4}{16} - \dfrac{\pi r^2}{4}\left(\dfrac{4r}{3\pi}\right)^2 = \dfrac{\pi r^4}{16} - \dfrac{4r^4}{9\pi}$$

38. 사선 친 도형의 x축에 대한 단면2차모멘트는?

㉮ $\dfrac{11}{64} \times \pi r^4$

㉯ $\dfrac{9}{64} \times \pi r^4$

㉰ $\dfrac{9}{64} \times \pi r^4$

㉱ $\dfrac{5}{72} \times \pi r^4$

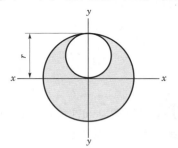

• 해설▷

$$I_x = \dfrac{\pi (2r)^4}{64} - \left[\dfrac{\pi r^4}{64} + \dfrac{\pi r^2}{4}\left(\dfrac{r}{2}\right)^2 \right]$$

$$= \dfrac{\pi r^4}{64}(16 - 1 - 4)$$

$$\therefore \ I_x = \dfrac{11}{64}\pi r^4$$

39. 단면적 350cm^2, I_x=28,600cm^{4}일 때 중립축의 단면2차모멘트는?

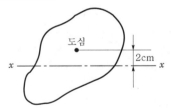

도심

x ⟶ 2cm ⟵ x

㉮ 26,600cm^4

㉯ 27,200cm^4

㉰ 28,400cm^4

㉱ 36,200cm^4

• 해설▷

$$I_x = I_X + A \cdot y_0^2$$

$$I_X = I_x - A \cdot y_0^2 = 28,600 - 350 \times 2^2$$

$$= 27,200\text{cm}^4$$

40. 그림과 같은 I형 단면의 도심축에 대한 단면2차모멘트는?

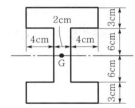

2cm 3cm

4cm 4cm 6cm

G

6cm

3cm

㉮ 3,375cm^4

㉯ 3,420cm^4

㉰ 3,708cm^4

㉱ 3,880cm^4

• 해설▷

$$I = \dfrac{bh^3}{12} = \dfrac{10 \times 18^3}{12} - \dfrac{8 \times 12^3}{12}$$

$$= 4,860 - 1,152 = 3,708\text{cm}^4$$

41. 밑변 b, 높이 h인 삼각형 단면의 밑변을 지나는 수평축에 관한 단면2차모멘트 값은?

㉮ $\dfrac{bh^3}{3}$

㉯ $\dfrac{bh^3}{12}$

㉰ $\dfrac{bh^3}{24}$

㉱ $\dfrac{bh^3}{36}$

• 해설▷

$$I_x = I_X + A \cdot y_0^2$$

$$= \dfrac{bh^3}{36} + \dfrac{b \cdot h}{2} \cdot \left(\dfrac{h}{3}\right)^2 = \dfrac{bh^3}{12}$$

42. 도심축에 대하여 단면2차모멘트 I_x 는 얼마인가?

㉮ 1,263cm⁴
㉯ 1,869cm⁴
㉰ 2,394cm⁴
㉱ 3,524cm⁴

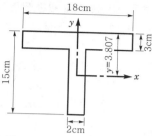

해설

$$I_x = \frac{18 \times (3)^3}{12} + 3 \times 18 \times (2.307)^2 +$$

$$\frac{2 \times (12)^3}{12} + 2 \times 12 \times (5.193)^2$$

$$= 1,263.11 \text{cm}^4$$

43. 다음 그림에서 사선 부분의 도심축 x 의 단면2차모멘트의 값은 얼마인가?

㉮ 약 3.19cm⁴
㉯ 약 2.19cm⁴
㉰ 약 1.19cm⁴
㉱ 약 0.19cm⁴

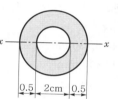

해설

$$I_x = \frac{\pi D^4}{64} - \frac{\pi d^4}{64}$$

$$= \frac{\pi}{64}(D^4 - d^4)$$

$$= \frac{\pi}{64}(3^4 - 2^4)$$

$$= 3.19 \text{cm}^4$$

44. 12cm×8cm 단면에서 지름 2cm인 원을 떼어 버린다면 도심축 X에 관한 단면2차모멘트는?

㉮ 556.4cm⁴
㉯ 511.2cm⁴
㉰ 499.4cm⁴
㉱ 550.2cm⁴

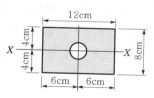

해설

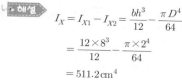

$$I_X = I_{X1} - I_{X2} = \frac{bh^3}{12} - \frac{\pi D^4}{64}$$

$$= \frac{12 \times 8^3}{12} - \frac{\pi \times 2^4}{64}$$

$$= 511.2 \text{cm}^4$$

45. 다음 도형에서 X축에 대한 단면2차모멘트값 중 옳은 것은?

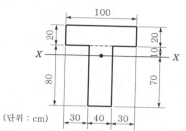

(단위 : cm)

㉮ $\dfrac{100 \times 20^3}{12} + \dfrac{40 \times 80^3}{12}$

㉯ $\dfrac{100 \times 20^3}{12} + 100 \times 20 \times 10^2 + \dfrac{40 \times 80^3}{12}$
$+ 40 \times 80 \times 20^2$

㉰ $\dfrac{100 \times 20^3}{12} + 100 \times 20 \times 15^2 + \dfrac{40 \times 80^3}{12}$

㉱ $\dfrac{100 \times 20^3}{12} + 100 \times 20 \times 20^2 + \dfrac{40 \times 80^3}{12}$
$+ 40 \times 80 \times 30^2$

해설

$$I_x = I_X + A y_0^2$$

$$I_X = \frac{100 \times 20^3}{12} + 100 \times 20 \times 20^2$$

$$+ \frac{40 \times 80^3}{12} + 40 \times 80 \times 30^2$$

46. 반지름이 R인 원형 단면2차모멘트의 표현으로서 적합한 것은? (단, I_x는 x축에 대한 단면2차모멘트)

㉮ $I_x = \dfrac{1}{2}\displaystyle\int_0^R 2\pi r^3 dr$

㉯ $I_x = \dfrac{1}{2}\displaystyle\int_0^R r^2 2\pi \, dA$

㉰ $I_x = 2\displaystyle\int_0^R 2\pi r^2 dr$

㉱ $I_x = 2\displaystyle\int_0^R r^2 2\pi \, dA$

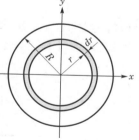

해설 극점에 대하여 x, y축으로 적분한 것이므로 I_p이다.

$$I_p = I_x + I_y = 2I_x$$

$$\therefore I_x = \frac{1}{2} I_p$$

$$dA = 2\pi r dr \text{ 이므로}$$

$$I_x = \frac{1}{2}\int_0^R r^2 dA = \frac{1}{2}\int_0^R 2\pi r^3 dr$$

47. 다음 빗금친 부분의 x축에 관한 단면2차모멘트는?

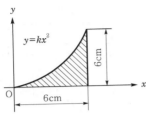

⑦ $I_x = 60\text{cm}^4$ ⑭ $I_x = 61\text{cm}^4$

⑭ $I_x = 62\text{cm}^4$ ⑭ $I_x = 63\text{cm}^4$

해설
$x = 0$일 때 $y = 0$
$x = 6$일 때 $y = 6$

$y = \dfrac{1}{6}x^2 \rightarrow x = \sqrt{6y}$

$I_x = \displaystyle\int_0^6 y^2(6-x)\,dy$

$= \displaystyle\int_0^6 y^2(6 - \sqrt{6y})\,dy$

$= \left[\dfrac{6}{3}y^3 - \sqrt{6}\cdot\dfrac{2}{7}y^{7/2}\right]_0^6$

$= 432 - 370 = 62\text{cm}^4$

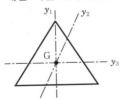

48. 정삼각형의 도심을 지나는 여러 축에 대한 단면2차모멘트 값에 대한 다음 설명 중 옳은 것은?

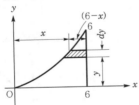

⑦ $I_{y1} > I_{y2}$ ⑭ $I_{y2} > I_{y1}$

⑭ $I_{y3} > I_{y2}$ ⑭ $I_{y1} = I_{y2} = I_{y3}$

해설 정삼각형 단면의 도심을 지나는 임의의 축에 대한 단면2차모멘트는 일정하다.

$I_{y1} = I_{y2} = I_{y3}$

49. 다음 도형의 도심축에 관한 단면2차모멘트를 I_g, 밑변을 지나는 축에 관한 단면2차모멘트를 I_x라 하면 I_x / I_g값은?

⑦ 2
⑭ 3
⑭ 4
⑭ 5

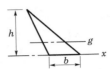

해설

$\dfrac{I_x}{I_g} = \dfrac{\dfrac{bh^3}{12}}{\dfrac{bh^3}{36}} = 3$

50. 다음 그림과 같은 불규칙한 단면의 $A-A$ 축에 대한 단면2차모멘트는 $35 \times 10^6 \text{mm}^4$이다. 만약 단면의 총면적이 $1.2 \times 10^4 \text{mm}^2$라면, $B-B$ 축에 대한 단면2차모멘트는 얼마인가? (단, $D-D$축은 단면의 도심을 통과한다.)

⑦ $15.8 \times 10^6 \text{mm}^4$

⑭ $17 \times 10^6 \text{mm}^4$

⑭ $17 \times 10^5 \text{mm}^4$

⑭ $15.8 \times 10^5 \text{mm}^4$

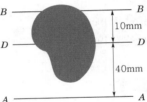

해설
$I_{DD} = I_{AA} - A \times (40)^2$
$= (35 \times 10^6) - (1.2 \times 10^4) \times (40)^2$
$= 15.8 \times 10^6 \text{mm}^4$

$I_{BB} = I_{DD} + A \times (10)^2$
$= (15.8 \times 10^6) + (1.2 \times 10^4) \times (10)^2$
$= 17 \times 10^6 \text{mm}^4$

51. 축으로부터 y_1 떨어진 축을 기준으로 한 단면2차모멘트의 크기가 I_{x1}일 때, 도심축으로부터 $3y_1$ 떨어진 축을 기준으로 한 단면2차모멘트의 크기는?

⑦ $I_{x1} + 2Ay_1^2$

⑭ $I_{x1} + 3Ay_1^2$

⑭ $I_{x1} + 4Ay_1^2$

⑭ $I_{x1} + 8Ay_1^2$

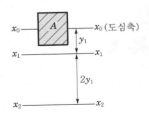

⇒ 정답   **47.** ⑭   **48.** ⑭   **49.** ⑭   **50.** ⑭   **51.** ⑭

해설

$$I_{x1} = I_{x0} + Ay_1{}^2$$
$$I_{x0} = I_{x1} - Ay_1{}^2$$
$$I_{x2} = I_{x0} + A(3y_1)^2$$
$$= (I_{x1} - Ay_1{}^2) + A(9y_1{}^2)$$
$$= I_{x1} + 8Ay_1{}^2$$

52. 사다리꼴 단면에서 x축에 대한 단면2차모멘트 값은?

㉮ $\dfrac{h^3}{12}(3b+a)$

㉯ $\dfrac{h^3}{12}(b+2a)$

㉰ $\dfrac{h^3}{12}(b+3a)$

㉱ $\dfrac{h^3}{12}(2b+a)$

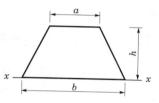

해설

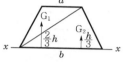

$$I_x = I_{x1} + I_{x2} = \frac{ah^3}{4} + \frac{bh^3}{2} = \frac{h^3}{12}(3a+b)$$

53. 그림에서 음영된 삼각형 단면의 X축에 대한 단면2차모멘트는 얼마인가?

㉮ $\dfrac{bh^3}{3}$

㉯ $\dfrac{bh^3}{4}$

㉰ $\dfrac{bh^3}{5}$

㉱ $\dfrac{bh^3}{6}$

해설

$$I_X = I_C + Ad^2$$
$$= \frac{bh^3}{36} + \frac{bh}{2} \times \left(\frac{2h}{3}\right)^2$$
$$= \frac{bh^3}{36} + \frac{2bh^3}{9} = \frac{9bh^3}{36}$$
$$= \frac{bh^3}{4}$$

54. 다음 그림에서 $A-A$축과 $B-B$축에 대한 빗금 부분의 단면2차모멘트가 각각 80,000cm⁴, 160,000cm⁴일 때 빗금 부분의 면적은 얼마가 되는가?

㉮ 800cm²

㉯ 606cm²

㉰ 806cm²

㉱ 700cm²

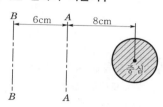

해설

$$I_A = I_o + A \cdot 8^2 = 80,000$$
$$I_o = 80,000 - 64A$$
$$I_B = I_o + A \cdot 14^2 = 160,000$$
$$(80,000 - 64A) + 196A = 160,000$$
$$132A = 80,000$$
$$A = 606\text{cm}^2$$

55. 그림과 같이 직경 d인 원형 단면의 $B-B$축에 대한 단면2차모멘트는?

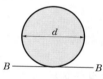

㉮ $\dfrac{3}{64}\pi d^4$

㉯ $\dfrac{5}{64}\pi d^4$

㉰ $\dfrac{7}{64}\pi d^4$

㉱ $\dfrac{9}{64}\pi d^4$

해설

$$I_x = I_X + A \cdot y^2$$
$$= \frac{1}{64}\pi d^4 + \frac{1}{4}\pi d^2 \times \left(\frac{d}{2}\right)^2 = \frac{5}{64}\pi d^4$$

56. 아래 그림의 단면에서 도심을 통과하는 z축에 대한 극관성모멘트(polar moment of inertia)는 23cm⁴이다. y축에 대한 단면2차모멘트가 5cm⁴이고, x'축에 대한 단면2차모멘트가 40cm⁴이다. 이 단면의 면적은? (단, x, y축은 이 단면의 도심을 통과한다.)

㉮ 4.44cm²

㉯ 3.44cm²

㉰ 2.44cm²

㉱ 1.44cm²

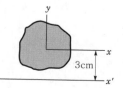

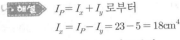

해설 $I_P = I_x + I_y$ 로부터

$$I_x = I_P - I_y = 23 - 5 = 18\text{cm}^4$$

$I_x' = I_x + Ay_o^2$ 로부터

$$A = \frac{I_x' - I_y}{y_o^2} = \frac{40 - 18}{3^2} = 2.4444\text{cm}^2$$

57. 다음과 같은 삼각형 단면에서 $X-X$축에 대한 단면2차모멘트 값은?

㉮ $112,500\text{cm}^4$

㉯ $142,500\text{cm}^4$

㉰ $172,500\text{cm}^4$

㉱ $202,500\text{cm}^4$

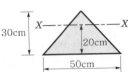

해설 $y_o = 10\text{cm}$

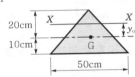

$$I_X = I_G + Ay_o^2$$
$$= \frac{50 \times 30^3}{36} + \frac{1}{2} \times 30 \times 50 \times 10^2 = 112,500\text{cm}^4$$

58. 단면의 성질 중에서 폭 b, 높이 h인 직사각형 단면의 1차모멘트 및 단면2차모멘트에 대한 설명으로 잘못된 것은?

㉮ 단면의 도심축을 지나는 단면1차모멘트는 0이다.

㉯ 도심축에 대한 단면2차모멘트는 $\frac{bh^3}{12}$ 이다.

㉰ 직사각형 단면의 밑변축에 대한 단면1차모멘트는 $\frac{bh^2}{6}$ 이다.

㉱ 직사각형 단면의 밑변축에 대한 단면2차모멘트는 $\frac{bh^3}{3}$ 이다.

해설

$$G_x = A \cdot y = bh \cdot \frac{h}{2} = \frac{bh^2}{2}$$

59. 다음 그림과 같은 단면의 $A-A$축에 대한 단면 2차모멘트는?

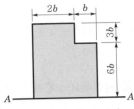

㉮ $558b^4$

㉯ $623b^4$

㉰ $685b^4$

㉱ $729b^4$

해설

$$I_A = \frac{2b \cdot (9b)^3}{3} + \frac{b \cdot (6b)^3}{3}$$
$$= 486b^4 + 72b^4 = 558b^4$$

60. 반경 3cm인 반원의 도심을 통하는 $X-X$축에 대한 단면2차모멘트값은?

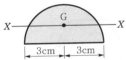

㉮ 4.89cm^4

㉯ 6.89cm^4

㉰ 8.89cm^4

㉱ 10.89cm^4

해설

$$I_x = \frac{\pi r^4}{8} = \frac{\pi \times 3^4}{8} = 31.8086\text{cm}^4$$

$$I_X = I_x - Ay_o^2$$

$$= 31.8086 - \frac{\pi \times 3^2}{2} \times \left(\frac{4 \times 3}{3\pi}\right)^2$$

$$= 31.8086 - 22.9183 = 8.8903\text{cm}^4$$

61. 반경 r인 원형 단면에서 도심축에 대한 단면2차 모멘트는?

㉮ $\dfrac{\pi r^4}{64}$

㉯ $\dfrac{\pi r^4}{32}$

㉰ $\dfrac{\pi r^4}{16}$

㉱ $\dfrac{\pi r^4}{4}$

해설 $I_x = \dfrac{\pi D^4}{64} = \dfrac{\pi r^4}{4}$

62. 그림과 같은 I형 단면에서 중립축 $x-x$에 대한 단면2차모멘트는?

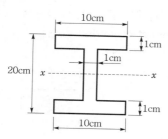

㉮ 4374.00cm^4

㉯ 6666.67cm^4

㉰ 2292.67cm^4

㉱ 3574.76cm^4

 해설

$$I_x = \frac{BH^3}{12} - \frac{bh^3}{12}$$

$$= \frac{10 \times 20^3}{12} - \frac{9 \times 18^3}{12}$$

$$= 2292.67\,\text{cm}^4$$

단면2차극모멘트

63. 그림과 같은 직사각형 단면의 A점에 대한 단면2차극모멘트는?

㉮ $\dfrac{bh}{3}(b^2 + h^2)$

㉯ $\dfrac{bh}{3}(b^3 + h^3)$

㉰ $\dfrac{bh}{6}(b^2 + h^2)$

㉱ $\dfrac{bh}{6}(b^3 + h^3)$

 해설

$$I_P = I_x + I_y = \frac{bh^3}{3} + \frac{hb^3}{3}$$

$$= \frac{bh}{3}(b^2 + h^2)$$

64. 반지름이 r인 원형 단면의 원주상 한 점에 대한 단면2차극모멘트는?

㉮ $\dfrac{5\pi r^4}{2}$

㉯ $\dfrac{3\pi r^4}{2}$

㉰ $\dfrac{4\pi r^4}{3}$

㉱ $\dfrac{2\pi r^4}{3}$

해설 단면2차극모멘트 $I_P = I_x + I_y$

$$I_P = \frac{\pi r^4}{4} + \pi r^2 (r)^2 + \frac{\pi r^4}{4}$$

$$= \frac{3}{2}\pi r^4$$

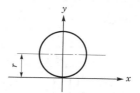

65. 그림과 같은 원형 단면의 지름이 d일 때 중심 O에 관한 극2차모멘트는?

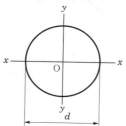

㉮ $\dfrac{\pi d^4}{32}$

㉯ $\dfrac{\pi d^4}{64}$

㉰ $\dfrac{\pi d^3}{16}$

㉱ $\dfrac{\pi d^3}{32}$

해설

$$I_P = I_x + I_y$$

$$I_P = \frac{\pi d^4}{64} + \frac{\pi d^4}{64}$$

$$= \frac{\pi d^4}{32}$$

66. 어떤 평면도형의 극점 O에 대한 단면2차극모멘트가 1600cm^{4}이다. O점을 지나는 x축에 대한 단면2차모멘트가 1,024cm^{4}이면 x축과 직교하는 y축에 대한 단면2차모멘트는?

㉮ 288cm^4

㉯ 576cm^4

㉰ 1,152cm^4

㉱ 2,304cm^4

해설

$$I_P = I_x + I_y$$

$$I_y = I_P - I_x$$

$$= 1,600 - 1,024$$

$$= 576\,\text{cm}^4$$

67. 한 등변 L형강(100×100×10)의 단면적 $A=$ 19.0cm² 1축과 2축의 단면2차모멘트 $I_1=I_2=$175cm⁴ 이고 1축과 45°를 이루는 U축의 $I_U=$278cm⁴이면 V축 의 단면2차모멘트 I_V는? (단, 여기서 C는 도심을 나 타내는 거리임.)

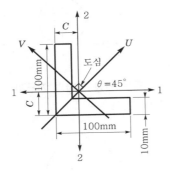

㉮ 72cm⁴
㉯ 175cm⁴
㉰ 139cm⁴
㉱ 350cm⁴

• 해설 ▸ $I_1+I_2=I_U+I_V=I_P$

$\therefore I_V=(I_1+I_2)-I_U$

$=175\times2-278=72$cm⁴

68. 다음 직사각형 단면에서 0점에 대한 단면2차극 모멘트 I_P는?

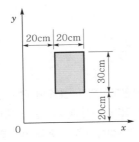

㉮ 1,350,000cm⁴
㉯ 1,250,000cm⁴
㉰ 1,340,000cm⁴
㉱ 1,240,000cm⁴

• 해설 ▸ $I_P=I_x+I_y=(I_x+Ay_o{}^2)+(I_y+Ax_o{}^2)$

$=\left(\dfrac{20\times30^3}{12}+20\times30\times35^2\right)$

$+\left(\dfrac{30\times20^3}{12}+30\times20\times30^2\right)$

$=1,340,000$cm⁴

---

69. 그림과 같은 도형의 X, Y축에 대한 단면상승 모멘트(product of inertia) I_{xy}는?

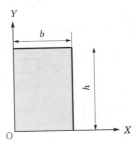

㉮ $\dfrac{bh^3}{3}$
㉯ $\dfrac{b^3h}{3}$
㉰ $\dfrac{b^2h^2}{4}$
㉱ $\dfrac{bh^3+b^3h}{3}$

• 해설 ▸ $I_{xy}=\int x_0y_0\,dA=Ax_0y_0$

$=b\cdot h\cdot\dfrac{b}{2}\cdot\dfrac{h}{2}$

$=\dfrac{b^2h^2}{4}$

70. 도심을 지나는 X, Y축에 대한 단면상승모멘트 의 값으로 옳은 것은?

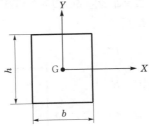

㉮ 0
㉯ $\dfrac{b^2h^2}{2}$
㉰ $\dfrac{b^2h^2}{4}$
㉱ $\dfrac{b^2h^2}{6}$

• 해설 ▸ 도심을 지나는 축에 대한 단면1차모멘트와 단 면상승모멘트는 0이다.

71. 그림과 같은 정사각형(abcd) 단면에 대하여 $x-y$축에 관한 단면상승모멘트(I_{xy})의 값은?

㉮ $I_{xy}=3.6\times10^5$cm⁴
㉯ $I_{xy}=32.4\times10^5$cm⁴
㉰ $I_{xy}=6.8\times10^5$cm⁴
㉱ $I_{xy}=8.4\times10^5$cm⁴

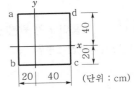

• 해설 ▸ $I_{xy}=x_0y_0\,dA=Ax_0y_0$

$=60\times60\times10\times10=3.6\times10^5$cm⁴

72. 다음 그림과 같은 삼각형 단면의 상승모멘트 (I_{xy})를 나타내는 식은?

㉮ $\dfrac{b^2 h^2}{12}$

㉯ $\dfrac{b^2 h^2}{24}$

㉰ $\dfrac{b^2 h^2}{32}$

㉱ $\dfrac{b^2 h^2}{36}$

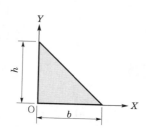

해설 비대칭 단면

x_0, y_0는 각각 y축과 x축으로부터

미소요소의 도심까지 거리 $x_0 = x$, $y_0 = \dfrac{y}{2}$

$I_{xy} = \displaystyle\int_A x_0 y_0 \, dA$

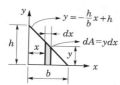

$$I_{xy} = \int_0^b x \cdot \frac{y}{2}(y\,dx) = \int_0^b \frac{1}{2} x\, y^2 \, dx$$

$$= \frac{1}{2}\int_0^b \left(\frac{h^2}{b^2}x^3 - 2\frac{h^2}{b}x^2 + h^2 x\right)dx$$

$$= \frac{1}{2}\left[\frac{h^2}{4b^2}x^4 - \frac{2h^2}{3b}x^3 + \frac{h^2}{2}x^2\right]_0^b$$

$$= \frac{b^2 h^2}{24}$$

73. 그림에서 O는 도심이고 Y는 대칭축일 때 다음 중 옳은 것은?

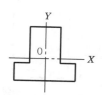

㉮ 단면상승모멘트 I_{xy}는 "0"이다.

㉯ 단면2차모멘트 I_x는 "0"이다.

㉰ 단면1차모멘트 G_y는 "0"이 아니다.

㉱ 확실한 치수가 없으므로 "0"인지 아닌지 단정할 수 없다.

74. 그림과 같은 단면의 단면상승모멘트 I_{xy}는?

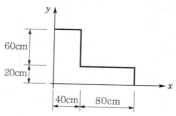

㉮ 384,000cm⁴ ㉯ 3,840,000cm⁴

㉰ 3,350,000cm⁴ ㉱ 3,520,000cm⁴

해설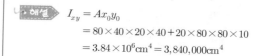
$I_{xy} = A x_0 y_0$
$= 80 \times 40 \times 20 \times 40 + 20 \times 80 \times 80 \times 10$
$= 3.84 \times 10^6 \text{cm}^4 = 3,840,000 \text{cm}^4$

75. 그림에서 직사각형의 도심축에 대한 단면상승모멘트 I_{xy}의 크기는?

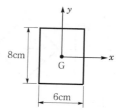

㉮ 576cm⁴ ㉯ 256cm⁴

㉰ 142cm⁴ ㉱ 0cm⁴

해설 도심축에 대한 단면상승모멘트는 0이다.

단면계수와 회전반경

76. 그림과 같은 가로 6cm, 높이 12cm인 직사각형 단면의 x축에 대한 단면계수 S는?

㉮ 72cm³

㉯ 144cm³

㉰ 100cm³

㉱ 200cm³

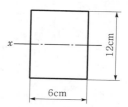

해설 구형 단면의 단면계수는 $\dfrac{bh^2}{6}$

$$S = \frac{6 \times 12^2}{6} = 144 \text{cm}^3$$

77. 다음 단면에서 중립축 상단의 단면계수는?

㉮ 10,800cm³

㉯ 8,800cm³

㉰ 5,300cm³

㉱ 5,400cm³

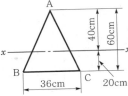

해설 단면계수 $Z = \dfrac{I}{y}$

$$I = \frac{bh^3}{36} = \frac{36 \times 60^3}{36} = 216,000 cm^4$$

$y = 40cm$ (상단이므로)

$$\therefore Z = \frac{216,000}{40} = 5,400 cm^3$$

78. 그림 (a), (b)에서 x축에 관한 단면2차모멘트와 단면계수에 관하여 옳은 것은?

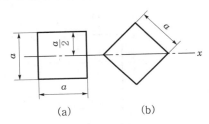

(a)　　　　　(b)

㉮ 단면2차모멘트와 단면계수가 서로 같다.

㉯ 단면2차모멘트는 같고, 단면계수는 (a)쪽이 크다.

㉰ 단면2차모멘트는 같고, 단면계수는 (b)쪽이 크다.

㉱ 단면2차모멘트와 단면계수가 서로 다르다.

해설 (a) $I = \dfrac{a^4}{12}$

$$Z = \frac{\dfrac{a^4}{12}}{\dfrac{a}{2}} = \frac{a^3}{6}$$

(b) $I = \dfrac{\sqrt{2} \cdot a \left(\dfrac{a}{\sqrt{2}}\right)^3}{12} \times 2 = \dfrac{a^4}{12}$

$$Z = \frac{\dfrac{a^4}{12}}{\dfrac{a}{\sqrt{2}}} = \frac{\sqrt{2}}{12} a^3$$

∴ 단면2차모멘트는 같고, 단면계수는 (a)쪽이 크다.

79. 지름 D인 원형 단면의 단면계수는?

㉮ $\dfrac{\pi D^4}{64}$　　　㉯ $\dfrac{\pi D^3}{64}$

㉰ $\dfrac{\pi D^4}{32}$　　　㉱ $\dfrac{\pi D^3}{32}$

해설 $z = \dfrac{I}{y}$

$$= \frac{\dfrac{\pi D^4}{64}}{\dfrac{D}{2}} = \frac{2\pi D^4}{64 \times D}$$

$$= \frac{\pi D^3}{32}$$

80. 단면적이 같은 정사각형과 원의 단면계수비로 옳은 것은? (단, 정사각형 단면의 일변은 h이고, 원형 단면의 지름은 D임.)

㉮ 1 : 3.58　　　㉯ 1 : 0.85

㉰ 1 : 1.18　　　㉱ 1 : 0.46

해설 $h^2 = \dfrac{\pi D^2}{4}$

$$h = \sqrt{\frac{\pi}{4}} D = 0.88623 D$$

정사각형 단면계수 : 원의 단면계수

$$= \frac{h^2}{6} : \frac{\pi D^3}{32}$$

$$\therefore \frac{(0.88623D)^3}{6} : \frac{\pi}{32}D^3 = 0.116 D^3 : 0.0982 D^3$$

$$= 1 : 0.8466$$

81. $b \times h$인 구형 단면에서 X축에 관한 단면계수는?

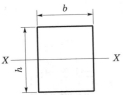

㉮ $\dfrac{bh^2}{3}$　　　㉯ $\dfrac{bh^2}{12}$

㉰ $\dfrac{bh^2}{8}$　　　㉱ $\dfrac{bh^2}{6}$

해설 $Z = \dfrac{I_x}{y} = \dfrac{bh^2}{6}$

82. 그림과 같은 단면의 단면계수는 얼마인가?

㉮ 2,333cm²

㉯ 2,555cm²

㉰ 38,333cm²

㉱ 45,000cm²

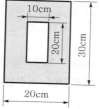

> **해설** $Z = \dfrac{I}{y}$, $I = \dfrac{1}{12}(BH^3 - bh^3)$
>
> $Z = \dfrac{1}{15}\left[\dfrac{1}{12}(20 \times 30^3 - 10 \times 20^3)\right] = 2,555\text{cm}^3$

83. 그림과 같은 지름 d인 원형 단면에서 최대 단면 계수를 가지는 직사각형 단면을 얻으려면 b/h는?

㉮ 1

㉯ 1/2

㉰ $1/\sqrt{2}$

㉱ $1/\sqrt{3}$

> **해설** $Z = \dfrac{bh^2}{6}$
>
> $d^2 = b^2 + h^2$
>
> $h^2 = d^2 - b^2$
>
> $\therefore Z = \dfrac{b}{6}(d^2 - b^2)$
>
> $\dfrac{dZ}{db} = \dfrac{1}{6}(d^2 - 3b^2) = 0$
>
> $\therefore b = \dfrac{d}{\sqrt{3}}$, $h = \dfrac{\sqrt{2}}{\sqrt{3}}d$
>
> $\therefore \dfrac{b}{h} = \dfrac{1}{\sqrt{2}}$

84. 다음 중 옳지 않은 것은?

㉮ 직사각형 도심축을 지나는 단면2차모멘트는 $bh^3/12$이다.

㉯ 원의 도심축을 지나는 단면2차모멘트는 $\pi r^4/4$이다.

㉰ 단면계수의 단위는 kg/cm²이다.

㉱ 도심축을 지나는 단면1차모멘트는 0이다.

> **해설** 단면계수의 단위는 cm³ 또는 m³이다.

85. 단면의 성질 중에서 폭 b, 높이가 h인 직사각형 단면의 단면1차모멘트 및 단면2차모멘트, 단면계수에 대한 설명으로 잘못된 것은?

㉮ 단면의 도심축을 지나는 단면1차모멘트는 0이다.

㉯ 도심축에 대한 단면2차모멘트는 $\dfrac{bh^3}{12}$이다.

㉰ 도심축에 대한 단면계수는 $\dfrac{bh^3}{6}$이다.

㉱ 직사각형 단면의 밑변축에 대한 단면2차모멘트는 $\dfrac{bh^3}{3}$이다.

> **해설** $Z = \dfrac{I}{y} = \dfrac{bh^2}{6}$

86. 다음 직사각형 단면의 최소 회전반지름은?

㉮ 약 5.8m

㉯ 약 8.7m

㉰ 약 11.5m

㉱ 약 17.3m

> **해설** $r = \sqrt{\dfrac{I}{A}} = \dfrac{h}{\sqrt{12}} = \dfrac{20}{\sqrt{12}} = 5.77\text{cm}$

87. 다음 그림과 같은 삼각형 단면의 2차반지름을 구한 값은? (단, $n-n$축은 도심축이다.)

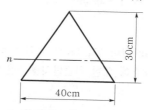

㉮ 12.56cm

㉯ 8.25cm

㉰ 7.07cm

㉱ 5.67cm

> **해설** $r = \sqrt{\dfrac{I}{A}} = \dfrac{h}{\sqrt{18}} = \dfrac{30}{\sqrt{18}} = 7.07\text{cm}$

88. 다음 단면에 대한 관계식 중 옳지 않은 것은?

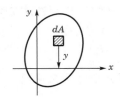

㉮ 단면1차모멘트 $Q_z = \int y\,dA$

㉯ 단면2차모멘트 $I_x = \int y^2\,dA$

㉰ 도심 $y_0 = \int \dfrac{Qy}{A}$

㉱ 회전반지름 $r_x = \sqrt{\dfrac{I_x}{A}}$

89. 다음 중 정(+)의 값뿐만 아니라 부(−)의 값도 갖는 것은?

㉮ 단면계수   ㉯ 단면2차모멘트

㉰ 단면2차반경   ㉱ 단면상승모멘트

$I_{xy} = \int_A xy\,dA = I_{XY} + Ax_0 y_0$

90. 지름 d인 원형 단면의 회전반경은?

㉮ $\dfrac{d}{2}$ ㉯ $\dfrac{d}{3}$

㉰ $\dfrac{d}{4}$ ㉱ $\dfrac{d}{8}$

해설 $r = \sqrt{\dfrac{I}{A}} = \sqrt{\dfrac{\frac{\pi d^4}{64}}{\frac{\pi d^2}{4}}} = \dfrac{d}{4}$

91. 그림과 같이 b가 12cm, h가 15cm인 직사각형 단면의 $y-y$축에 대한 회전반지름 r은?

㉮ 3.1cm

㉯ 3.5cm

㉰ 3.9cm

㉱ 4.3cm

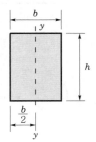

해설 $I_y = \dfrac{hb^3}{12} = \dfrac{15 \times 12^3}{12} = 2{,}160\,\text{cm}^4$

$r_y = \sqrt{\dfrac{I_y}{A}} = \sqrt{\dfrac{2{,}160}{15 \times 12}} = 3.4641\,\text{cm}$

92. 그림과 같은 직사각형 도형의 도심을 지나는 X, Y 두 축에 대한 최소 회전반지름의 크기는?

㉮ 9.48cm

㉯ 13.86cm

㉰ 17.32cm

㉱ 27.71cm

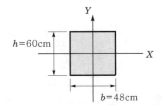

해설 $I_{\min} = \dfrac{hb^3}{12} = \dfrac{60 \times 48^3}{12} = 552{,}960\,\text{cm}^4$

$r_{\min} = \sqrt{\dfrac{I_{\min}}{A}} = \sqrt{\dfrac{552{,}960}{60 \times 48}} = 13.8564\,\text{cm}$

93. 다음 그림과 같은 T형 단면의 $x-x$축에 대한 회전반지름 r_{x-x}의 크기는 얼마인가?

㉮ 7.16cm

㉯ 8.54cm

㉰ 7.97cm

㉱ 9.62cm

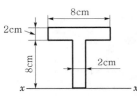

해설 $I_x = \dfrac{8 \times 2^3}{12} + 8 \times 2 \times 9^2 + \dfrac{2 \times 8^3}{3}$

$= 1{,}642.6\,\text{cm}^4$

$A = 16 + 16 = 32\,\text{cm}^2$

$r_x = \sqrt{\dfrac{I_x}{A}} = \sqrt{\dfrac{1{,}642.6}{32}} = 7.165\,\text{cm}$

94. 다음 그림과 같은 T형 단면의 도심축($x-x$)에 대한 회전반지름(r)은?

㉮ 116mm

㉯ 136mm

㉰ 156mm

㉱ 176mm

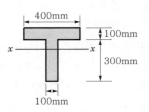

해설

$$y = \frac{G_x}{A}$$

$$= \frac{400 \times 100 \times 350 + 300 \times 100 \times 150}{70,000}$$

$$= 264mm$$

$$A = 400 \times 100 + 300 \times 100 = 70,000mm^2$$

$$I_x = \frac{400 \times 100^3}{12} + 400 \times 100 \times (50 + 36)^2$$

$$+ \frac{100 \times 300^3}{12} + 300 \times 100 \times (150 - 36)^2$$

$$= 9.4405 \times 10^8 mm^4$$

$$r = \sqrt{\frac{I}{A}}$$

$$= \sqrt{\frac{9.4405 \times 10^8}{70,000}} = 116.13mm$$

95. 그림과 같은 T형 단면의 x축에 대한 회전반경은?

㉮ 8.47cm

㉯ 9.12cm

㉰ 10.37m

㉱ 11.52cm

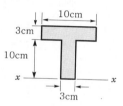

해설

$$I_x = \frac{10 \times 13^3}{3} - \frac{7 \times 10^3}{3} = 4,990cm^4$$

$$A = 10 \times 3 + 10 \times 3 = 60cm^2$$

$$\therefore r_x = \sqrt{\frac{I}{A}}$$

$$= \sqrt{\frac{4,990}{60}} = 9.1196cm$$

주단면2차모멘트

96. 다음은 단면의 주축에 관한 설명이다. 옳지 않은 것은?

㉮ 단면의 주축은 단면의 도심을 지난다.

㉯ 단면의 주축은 직교한다.

㉰ 단면의 주축에 관한 상승모멘트는 최대이다.

㉱ 단면의 주축에 관한 2차모멘트는 최대 또는 최소이다.

해설 단면의 주축에 관한 상승모멘트는 0이다.

97. 그림과 같은 직사각형 단면의 O점을 지나는 주축의 방향을 표시하는 식은?

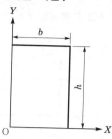

㉮ $\tan 2 \cdot a = -\dfrac{3bh}{2(b^2 - h^2)}$

㉯ $\tan 2 \cdot a = -\dfrac{2bh}{3(b^2 - h^2)}$

㉰ $\tan 2 \cdot a = -\dfrac{3bh}{2(h^2 - b^2)}$

㉱ $\tan 2 \cdot a = -\dfrac{2bh}{3(h^2 - b^2)}$

해설

$$\tan 2\theta = -\frac{2I_{xy}}{I_x - I_y} = -\frac{2 \times \dfrac{b^2 h^2}{4}}{\dfrac{bh^3}{3} - \dfrac{hb^3}{3}}$$

$$= -\frac{3bh}{2(h^2 - b^2)} = \frac{3bh}{2(b^2 - h^2)}$$

98. 도심 C점의 좌표($x_c = 4a/3\pi$, $y_c = 4b/3\pi$), 단면적 $A = \pi ab/4$인 $\frac{1}{4}$의 타원형을 x축 둘레로 회전시켰을 때 생기는 반원체의 체적을 구한 값은?

㉮ $\dfrac{\pi ab^2}{6}$

㉯ $\dfrac{y^2 b}{3}$

㉰ $\dfrac{2\pi ab^2}{3}$

㉱ $\dfrac{\pi a^2 b}{6}$

해설

$$V = \int 2\pi y \, ds = 2\pi y_o A$$

$$= \frac{\pi}{4} ab \times \frac{4b}{3\pi} \times 2\pi$$

$$= \frac{2\pi ab^2}{3}$$

99. Pappus의 정리를 이용하여 다음 그림과 같은 반지름 r인 1/4 원호의 도심의 y좌표 y_c를 구한 값은? (단, 반지름 r인 구의 표면적은 $4\pi r^2$이다.)

㉮ $\dfrac{4r}{3\pi}$

㉯ $\dfrac{3r}{4\pi}$

㉰ $\dfrac{2r}{3\pi}$

㉱ $\dfrac{2r}{\pi}$

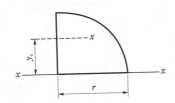

해설 Pappus 정리

표면적＝선분의 길이×도심이 이동한 거리

표면적 : $4\pi r^2 \times \dfrac{1}{8} = \dfrac{\pi}{2}r^2$

선분의 길이 : $2\pi r \times \dfrac{1}{4} = \dfrac{\pi}{2}r$

도심이 이동한 거리(90°회전) : $2\pi \cdot y_c \cdot \dfrac{1}{4}$
$$= \dfrac{\pi}{2} \cdot y_c$$

Pappus 정리에서

$\dfrac{\pi}{2}r^2 = \dfrac{\pi}{2}r \cdot \dfrac{\pi}{2}y_c$

$\therefore y_c = \dfrac{2r}{\pi}$

100. 그림과 같은 길이 10cm인 선분 AB를 y축을 중심으로 한 바퀴 회전시켰을 때 생기는 표면적은?

㉮ 471.24cm^2

㉯ 481.24cm^2

㉰ 13.500cm^2

㉱ 27.000cm^2

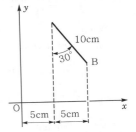

해설 파푸스 제1정리 표면적에 대한 정리를 적용하면

표면적＝중심의 회전한 길이×선분의 길이
$$= \dfrac{(5+10)}{2} \times 2 \times \pi \times 10$$
$$= 471.239\text{cm}^2$$

chapter 4

정정보

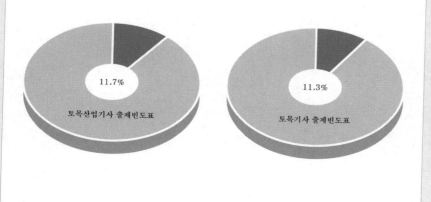

11.7%

토목산업기사 출제빈도표

11.3%

토목기사 출제빈도표

4 정정보

01 정정보의 개요

① 정정보

(1) 정정보의 정의

힘의 평형조건식($\Sigma H=0$, $\Sigma V=0$, $\Sigma M=0$)에 의하여 해석이 가능한 보를 정정보라고 한다.

(2) 보(beam)의 정의

부재(部材)의 축에 직각의 방향으로 작용하는 하중을 지지하는 휨 부재를 보라고 한다.

(3) 보의 종류

① 단순보(simple beam)
② 캔틸레버보(cantilever beam)
③ 내민보(overhanging beam)
④ 게르버보(gerber beam)

② 외력

(1) 주동외력

외부에서 보에 작용하는 모든 힘 즉, 하중을 말한다.

(2) 수동외력

평형을 유지하기 위해 부재 내부에서 발생하는 힘 즉, 반력이다.

③ 단면력

(1) 보에 외력이 작용할 때 외력에 저항하기 위해 부재 단면 내부에서 발생하는 힘을 단면력이라 한다.

알·아·두·기·

▶ 보의 종류

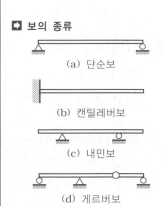

(a) 단순보

(b) 캔틸레버보

(c) 내민보

(d) 게르버보

85

(2) 전단력

① 부재를 2축의 수직방향
으로 절단하려는 힘

② 단위 : kgf, tonf(힘의
단위와 동일)

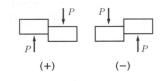

(a) 전단력

(3) 휨모멘트

① 부재를 구부리려고 하
는 힘

② 단위 : kgf · cm, tonf · m
(모멘트 단위와 동일)

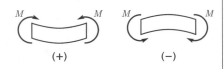

(b) 휨모멘트

(4) 축방향력

① 부재의 축방향으로 작용
하는 힘

② 단위 : kgf, tonf(힘의
단위와 동일)

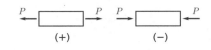

(c) 축방향력

(5) 단면력도(section force diagram)

① 단면력을 그림으로 표시
한 그림

② 전단력도(S.F.D)

③ 휨모멘트도(B.M.D)

④ 축방향력도(A.F.D)

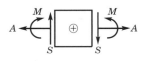

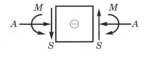

(d) 단면력의 표기

【그림 4-1】 단면력

▶ 변형

① 전단 변형

② 휨 변형

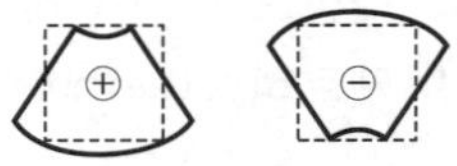

4 휨모멘트와 전단력과 하중과의 관계

(1) 미분관계

$$\frac{d^2 M_x}{dx^2} = \frac{dS_x}{dx} = -w_x, \quad \frac{dM_x}{dx} = S_x$$

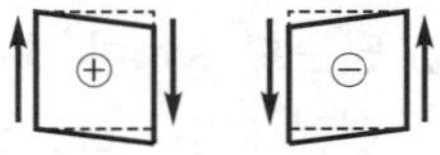

(2) 적분관계

$$M = \int S dx = -\int\int w dx dx, \quad S = -\int w dx$$

(3) 전단력을 거리로 미분하면 단위하중에 (−)의 부호를 붙인 것과 같다.

(4) 휨모멘트를 거리로 미분하면 그 단면에 작용하는 전단력이 된다.

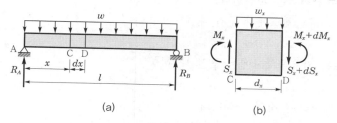

【그림 4-2】 하중, 전단력, 휨모멘트의 관계

02 단순보

① 일반정리

(1) 보의 휨모멘트의 극대 및 극소는 전단력이 0인 단면에서 생기며, 이 반대도 성립한다.

(2) 집중하중만을 받는 보의 극대 또는 극소 휨모멘트는 그 좌우에 있어서 전단력의 부호가 바뀌는 단면에서 생긴다. 그러므로 반드시 하중이 작용하는 점에서 생긴다.

(3) 하중이 없는 부분의 전단력도는 기선과 나란한 직선이 되고, 또 이 부분의 휨모멘트도 역시 직선이 된다.

(4) 모멘트가 아닌 하중을 받는 보의 임의의 단면에서 휨모멘트의 절댓값은 그 단면의 좌측 또는 우측에서 전단력도의 넓이의 절댓값과 같다.

(5) 단순보에 모멘트하중이 작용하지 않을 경우 전단력도의 (+)의 면적과 (−)의 면적은 같다.

🔵 보의 해석과정

(1) 모든 구조물의 해석 시 제일 먼저 미지의 반력을 구하는 일이다.
  ① 지점의 상태에 따라 반력의 형태를 표시하고 반력의 방향을 가정한다.
  ② 힘의 평형조건식($\Sigma H = 0$, $\Sigma V = 0$, $\Sigma M = 0$)에 의하여 반력을 계산한다. 이때의 개념은 모멘트하중 개념이다.
(2) 각 구간별로 자유물체도를 그려서 단면력을 계산한다.
  ① 임의의 점 x에 대한 전단력은 자유물체도에서 구간 내 하중(수직력)의 대수합이다.
  ② 임의의 점 x에 대한 휨모멘트는 자유물체도에서 구간 내 하중에 의한 모멘트의 대수합이다.
  ③ 전단력은 좌측에서 우측으로 계산하는 것이 편리하다
  ④ 휨모멘트는 지점의 위치에 관계없이 자유단에서 시작하는 것이 편리하다.
(3) 단면력도(S.F.D, B.M.D, A.F.D)를 그린다.
(4) 보의 변형을 생각한다.

🔵 단순보의 해석

(1) 집중하중이 작용하는 경우

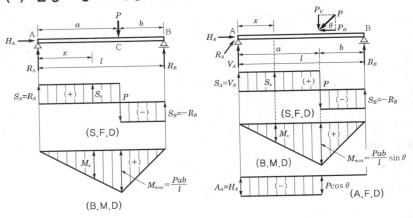

【그림 4-3】 개략도

(2) 등분포하중이 작용하는 경우

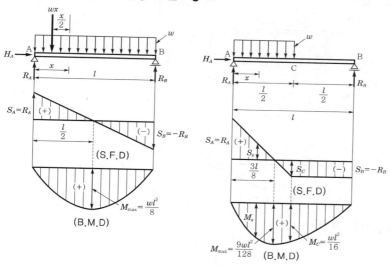

【그림 4-4】 개략도

(3) 등변분포하중이 작용하는 경우

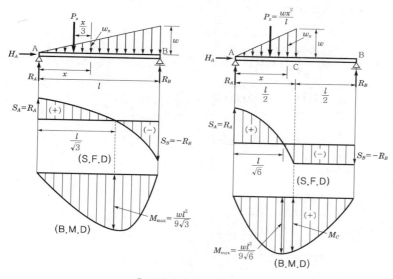

【그림 4-5】 개략도

(4) 작용하중에 따른 단면력도의 곡선 변화

단면력	집중하중	등분포하중	등변분포하중
전단력(S)	기선과 나란한 직선 변화	1차 사선 변화	2차 곡선 변화
휨모멘트(M)	1차 사선 변화	2차 곡선 변화	3차 곡선 변화

(5) 모멘트하중이 작용하는 경우

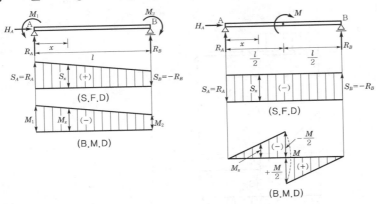

【그림 4-6】 개략도

(6) 간접하중이 작용하는 경우

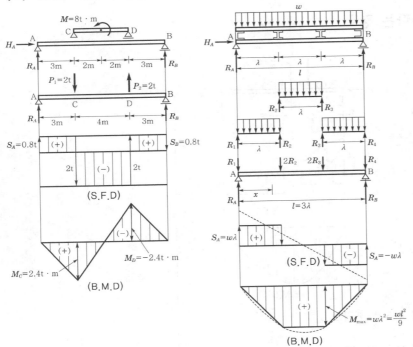

【그림 4-7】 개략도

④ 절대 최대 단면력

(1) 최대 반력

단순보에 이동하중이 작용할 경우, 최대 반력은 하중이 지점에 위치할 때이다.

(2) 절대 최대 전단력

단순보에 이동연행하중이 작용할 때, 절대 최대 전단력은 지점에 무한히 가까운 단면에서 일어나고, 그 값은 최대 반력과 같다. 즉,

절대 최대 전단력＝최대 반력

(3) 절대 최대 휨모멘트

연행하중이 단순보 위를 지날 때의 절대 최대 휨모멘트는 보에 실리는 전하중의 합력(R)의 작용점과 그와 가장 가까운 하중(또는 큰 하중)과의 1/2되는 점이 보의 중앙에 있을 때 큰 하중 바로 밑의 단면에서 생긴다.

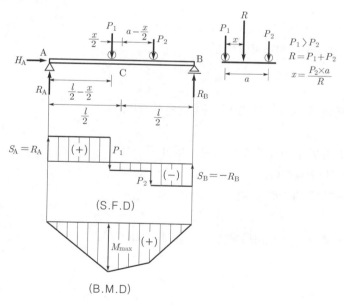

【그림 4-8】 절대 최대 휨모멘트

03 캔틸레버보

① 캔틸레버보의 성질

(1) 반력
① 캔틸레버는 고정단에 수직, 수평, 모멘트 반력이 생긴다.
② 모멘트하중만이 작용할 때는 모멘트 반력만 생긴다.
③ 지점이 하나이므로 작용하는 수직 및 수평 하중의 대수합이
   곧 수직 및 수평 반력이다.

(2) 전단력
① 캔틸레버(cantilever)의 전단력은 하중이 하향 또는 상향으로
   만 작용하는 경우 고정단에서 최대이다.
② 전단력의 계산은 고정단의 위치에 관계없이 좌측에서 우측으
   로 계산해 나간다.
③ 캔틸레버에 모멘트하중만 작용할 경우에는 전단력도는 기선과
   같다.
④ 전단력의 부호는 고정단이 좌측이면 (+), 우측이면 (−)이다. 단,
   하중방향이 상향일 경우는 이와 반대이다.

(3) 휨모멘트
① 휨모멘트 계산은 고정단의 위치에 관계없이 자유단에서 시작
   한다.
② 휨모멘트 부호는 하향일 경우 고정단의 위치에 관계없이 (−)이
   다. 단, 상향일 때는 이와 반대이다.
③ 자유단에서 임의의 단면까지 전단력의 면적은 그 단면의 휨모
   멘트 크기와 같다.
④ 캔틸레버에서 하중이 하향 또는 상향일 때는 고정단에서 최대
   이다.

⌬ 개략도

(1) 집중하중과 등분포하중이 작용하는 경우

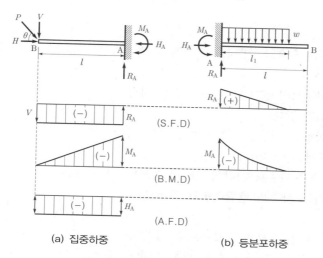

(a) 집중하중   (b) 등분포하중

【그림 4-9】 캔틸레버보의 개략도

(2) 모멘트하중과 등변분포하중이 작용하는 경우

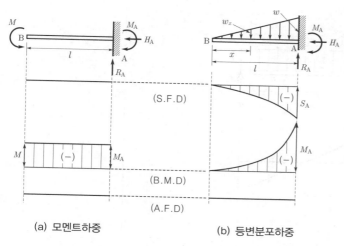

(a) 모멘트하중   (b) 등변분포하중

【그림 4-10】 캔틸레버보의 개략도

04 내민보

① 내민보의 성질

(1) 한 지점의 내민 부분에 하중이 작용할 때는 반대측 지점에서 (−) 반력이 생긴다.

(2) 단면력 계산 시 중앙부 구간은 단순보와 같고, 내민부 구간은 지점을 고정지점으로 하는 캔틸레버보와 같다.

(3) 내민 부분의 전단력은 하중이 하향일 경우는 캔틸레버와 같이 지점 좌측에서는 (−), 지점 우측에서는 (+)이다.

(4) 내민보의 중앙부에 작용하는 하중은 단순보와 같이 (+)의 휨모멘트가 생기며, 내민 부분에 작용하는 하중은 캔틸레버와 같이 (−) 휨모멘트를 일으킨다.

(5) 내민보의 양지점 사이의 해법은 내민 부분의 휨모멘트를 먼저 구하고, 그 휨모멘트를 지점에 작용하여 모멘트하중을 받는 단순보 해법과 같다.

② 내민보의 해석

(1) 한쪽 내민보

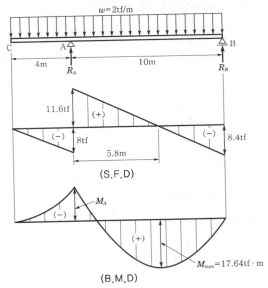

【그림 4-11】 내민보의 개략도

(2) 양쪽 내민보

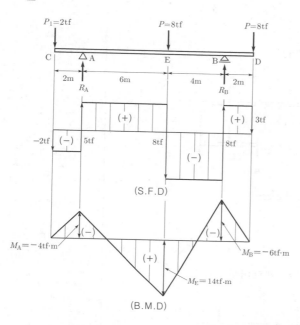

【 그림 4-12 】 내민보의 개략도

05 게르버보

① 게르버보의 성질

(1) 부정정 연속보에 (지점 반력수−3)개의 활절(hinge)을 넣어 정정
보로 전환된 보이므로 힘의 평형방정식으로 풀 수 있다.

(2) 게르버보는 구조상 내민보와 단순보 또는 캔틸레버와 단순보를 조
합한 보로서 해법의 순서로는 단순보의 반력을 구해 그 반력을 외
력으로 작용시켜 다른 하중과 함께 푼다.

(3) 활절 지점에서 전단력은 그대로 전달되며 휨모멘트는 0이다.

(4) 전단력이 0이 되는 곳에서 정(+), 부(−)의 극대 모멘트가 생기며,
그 중의 큰 값을 최댓값으로 취한다.

게르버보의 종류와 해법

(1) 게르버보의 종류

① 활절(hinge)이 1개 있는 게르버보

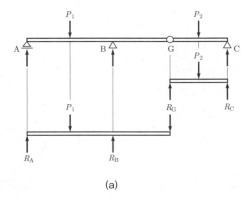

(a)

② 측경간 활절(hinge)이 2개 있는 게르버보

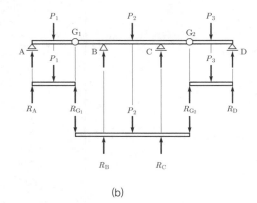

(b)

③ 중앙경간 활절(hinge)이 2개 있는 게르버보

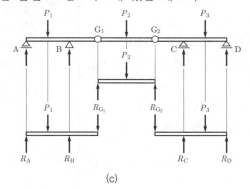

(c)

④ 특수 게르버보

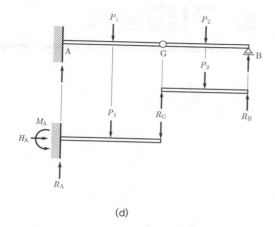

(d)

【그림 4-13】 게르버보의 종류

(2) 게르버보의 해법

① 주어진 게르버보를 단순보 구간, 내민보 구간과 캔틸레버보 구간 등으로 구분한다.

② 단순보 구간을 먼저 해석한다. 힌지를 지점으로 생각하여 반력을 산정한다.

③ 산정한 반력을 해당하는 부분에, 크기는 같고 방향이 반대인 하중으로 작용시켜 다른 하중과 함께 해석한다.

④ 구조상 단순보에 실린 하중은 내민보 부분의 지점반력이나 단면력에 영향을 주지만, 내민보에 실린 하중은 단순보에 아무런 영향을 주지 못한다.

정정보의 개요

1. 정정보의 종류가 아닌 것은?
㉮ 단순보　　　　　　㉯ 캔틸레버보
㉰ 내민보　　　　　　㉱ 연속보

2. 다음 중 단면력의 종류가 아닌 것은?
㉮ 축방향력　　　　　㉯ 집중하중
㉰ 전단력　　　　　　㉱ 휨모멘트

3. 하중, 전단력, 휨모멘트의 관계식으로 옳은 것은?
㉮ $M = \int w \cdot dx = -\iint S \cdot dx \cdot dx$
㉯ $S = \int w \cdot dx = -\iint M \cdot dx \cdot dx$
㉰ $M = \int S \cdot dx = -\iint w \cdot dx \cdot dx$
㉱ $W = \int M \cdot dx = -\iint S \cdot dx \cdot dx$

▶해설
$$M = \int S_x \cdot dx = -\iint w_x \cdot dx \cdot dx$$
$$S_x = -\int w_x \cdot dx$$

4. 전단력과 휨모멘트의 관계식으로 맞는 것은?
㉮ $\dfrac{d^2 M_x}{dx^2} = S_x$　　　　㉯ $\dfrac{d M_x}{dx} = S_x$

㉰ $M_x = S_x$　　　　㉱ $\dfrac{d^3 M_x}{dx^3} = S_x$

▶해설
$$\frac{d^2 M_x}{dx^2} = \frac{d S_x}{dx} = -w_x$$
$$\frac{d M_x}{dx} = S_x$$

5. 처짐각, 처짐, 전단력 및 굽힘모멘트에 대한 관계식 중 잘못된 것은? (단, 적분상수는 생략한다. w : 등분포하중, θ : 처짐각, y : 처짐, S : 전단력, M : 모멘트)

㉮ $\theta = -\int \dfrac{M}{EI} dx$

㉯ $y = -\iint \dfrac{S}{EI} dx \cdot dx$

㉰ $S = -\int w \, dx$

㉱ $M = -\iint w \, dx \cdot dx$

▶해설
$$S = -\int w \, dx$$
$$M = \int S \, dx = -\iint w \, dx \cdot dx$$
$$\theta = -\int \frac{M}{EI} dx$$
$$y = -\iint \frac{M}{EI} dx \cdot dx$$

6. 분포하중(W), 전단력(S) 및 굽힘모멘트(M) 사이의 관계가 옳은 것은?

㉮ $-W = \dfrac{dS}{dx} = \dfrac{d^2 M}{dx^2}$

㉯ $-W = \dfrac{dM}{dx} = \dfrac{d^2 S}{dx^2}$

㉰ $W = \dfrac{dM}{dx} = \dfrac{d^2 M}{dx^2}$

㉱ $W = \dfrac{dM}{dx} = \dfrac{d^2 S}{dx^2}$

7. 단순보에 작용하는 하중과 전단력과 휨모멘트와의 관계를 나타내는 설명으로 틀린 것은?
㉮ 하중이 없는 구간에서의 전단력의 크기는 일정하다.
㉯ 하중이 없는 구간에서의 휨모멘트선도는 직선이다.
㉰ 등분포하중이 작용하는 구간에서의 전단력은 2차 곡선이다.
㉱ 전단력이 0인 점에서의 휨모멘트는 최대 또는 최소이다.

▶해설 등분포하중이 작용하는 구간에서 전단력은 직선이다.

단순보

8. 다음 그림은 한 부재에 작용하는 작용력을 그린 것이다. 이 때, 모멘트 M_x는? (단, 하중 w의 단위는 kg/m, 길이 x의 단위는 m이고, V_x는 전단력을 나타낸다.)

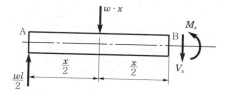

㉮ $\dfrac{wl}{2}x$

㉯ $w\dfrac{x^2}{2}$

㉰ $\dfrac{wl}{2} - wx$

㉱ $\dfrac{wl}{2}x - \dfrac{w}{2}x^2$

> **해설** $\Sigma M_B = 0$
> $$\dfrac{wl}{2} \cdot x - w \cdot x \cdot \dfrac{x}{2} - M_x = 0$$
> $$\therefore M_x = \dfrac{wl}{2}x - \dfrac{w}{2}x^2$$

9. 10t의 하중을 받는 단순보에서 4.6t의 R_B가 발생하려면 A점으로부터 하중의 위치는?

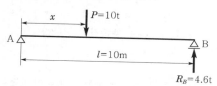

㉮ 4.0m

㉯ 5.4m

㉰ 4.6m

㉱ 3.6m

> **해설** $\Sigma M_A = 0$
> $$4.6 \times 10 - 10 \times x = 0$$
> $$x = 4.6\text{m}$$

10. 다음 그림과 같은 단순보에 연행하중이 작용할 때 R_A가 R_B의 3배가 되기 위한 x의 크기는?

㉮ 2.5m

㉯ 3.0m

㉰ 3.5m

㉱ 4.0m

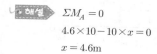

> **해설** $R_A + R_B = 1,200\text{kg}$ ·········· ①
> $$R_A = 3R_B \text{ ·········· ②}$$
> $$4R_B = 1,200$$
> $$\therefore R_B = 300\text{kg}$$
> $$\therefore R_A = 900\text{kg} \quad R_B = 300\text{kg}$$
> $$\Sigma M_A = 0$$
> $$-300 \times 15 + 700 \times x + 500 \times (3+x) = 0$$
> $$x = \dfrac{3,000}{1,200} = 2.5\text{m}$$

11. 길이 20m인 단순보 위를 하나의 집중하중 8t이 통과한다. 최대 전단력 S와 최대 휨모멘트 M의 값은 얼마인가?

㉮ $S=4$t, $M=40$t · m

㉯ $S=4$t, $M=80$t · m

㉰ $S=8$t, $M=40$t · m

㉱ $S=8$t, $M=80$t · m

> **해설** ① 최대 전단력은 하중이 지점에 위치할 때
> $$S_{\max} = 8\text{t}$$
> ② 최대 휨모멘트는 하중이 보의 중앙에 위치할 때
> $$M_{\max} = \dfrac{Pl}{4} = \dfrac{8 \times 20}{4} = 40\text{t} \cdot \text{m}$$

12. 그림과 같은 구조물에서 A점의 수평방향의 반력의 크기는?

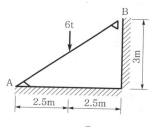

㉮ 4t

㉯ 5t

㉰ 4.5t

㉱ 5.5t

> **해설** $\Sigma M_A = 0$
> $$R_B \times 3 = 6 \times 2.5$$
> $$R_B = 5\text{t}$$
> $$\Sigma H = 0$$
> $$H_A = R_B = 5\text{t}$$

13. 지점 A, B의 반력이 같기 위한 x의 위치는?

㉮ 1.5m

㉯ 2.5m

㉰ 3.5m

㉱ 4.5m

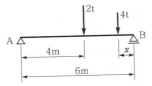

• 해설 $\Sigma M_B = 0$

$R_A \times 6 - 2 \times 2 - 4 \times x = 0$

$\therefore R_A = \dfrac{4+4x}{6}$

$\Sigma M_A = 0$

$2 \times 4 + 4(6-x) - R_B \times 6 = 0$

$\therefore R_B = \dfrac{32-4x}{6}$

$R_A = R_B$

$4 + 4x = 32 - 4x$

$\therefore x = \dfrac{32-4}{8} = 3.5m$

14. 다음 구조물의 지점 A, B에서 받는 반력 R_A, R_B는?

	R_A	R_B
㉮	0.67P	1.2P
㉯	1.2P	0.67P
㉰	0.67P	0.78P
㉱	P	1.2P

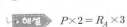

• 해설 $P \times 2 = R_A \times 3$

$\therefore R_A = \dfrac{2}{3}P = 0.67P = H_B$

$\Sigma M_A = 0$

$\dfrac{2}{3}P \times 3 + P \times 2 - V_B \times 4 = 0$

$V_B = P$

$\therefore R_B = \sqrt{1^2 + \left(\dfrac{2}{3}\right)^2} = 1.2019P$

15. 다음 그림과 같은 단순보에서 n점이 받는 힘은?

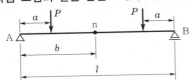

㉮ 비틀림모멘트와 전단력을 받는다.

㉯ 전단력과 휨모멘트를 받는다.

㉰ 전단력만 받는다.

㉱ 휨모멘트만 받는다.

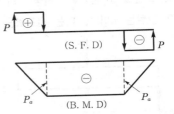

16. 지간 10m인 단순보 위를 1개의 집중하중 $P = 20t$이 통과할 때 이 보에 생기는 최대 전단력 S와 휨모멘트 M이 옳게 된 것은?

㉮ $S=10t$, $M=50t \cdot m$

㉯ $S=10t$, $M=100t \cdot m$

㉰ $S=20t$, $M=50t \cdot m$

㉱ $S=20t$, $M=100t \cdot m$

• 해설 한 개의 집중하중이 단순보 위를 이동하는 경우

① 최대 휨모멘트 : 집중하중이 보의 중앙에 작용할 때 하중 재하점의 휨모멘트

$M_{max} = \dfrac{PL}{4} = \dfrac{20 \times 10}{4} = 50t \cdot m$

② 최대 전단력 : 집중하중이 보의 지점에 작용할 때 하중 재하점의 전단력

$S_{max} = P = 20t$

17. 그림과 같은 보에서 A점의 반력이 B점의 반력의 두 배가 되도록 하는 거리 x의 값으로 맞는 것은?

㉮ 2.5m

㉯ 3m

㉰ 3.5m

㉱ 4m

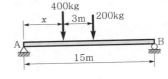

• 해설 $\Sigma V = 0$

$R_A + R_B - 600 = 0$

$(2R_B) + R_B = 600$

$R_B = 200kg(\uparrow)$

$\Sigma M_A = 0$

$400x + 200(x+3) - 200 \times 15 = 0$

$x = 4m(\rightarrow)$

18. 다음 그림과 같은 단순보에서 B점의 수직반력 R_B가 5t까지의 힘을 받을 수 있다면 하중 8t은 A점에서 몇 m까지 이동할 수 있는가?

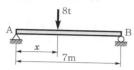

㉮ 2.823m
㉯ 3.375m
㉰ 3.823m
㉱ 4.375m

• 해설
$R_B \leq 5t$

$\Sigma M_A = 0$

$8 \times x - R_B \times 7 = 0$

$R_B = \frac{8}{7}x$

$\frac{8}{7}x \leq 5$

$\therefore \ x \leq 5 \times \frac{7}{8} = 4.375\text{m}$

19. 다음 단순보에서 A점 반력이 B점 반력의 3배가 되기 위한 거리 x는 얼마인가?

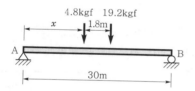

㉮ 3.75m
㉯ 5.04m
㉰ 6.06m
㉱ 6.66m

• 해설
① $R_A = 3R_B$

② $\Sigma V = 0$

$R_A + R_B = 3R_B + R_B = 24$

$4R_B = 24$

$R_B = 6\text{kgf}(\uparrow)$

$R_A = 3R_B = 3 \times 6 = 18\text{kgf}(\uparrow)$

③ $\Sigma M_A = 0$

$4.8x + 19.2(x + 1.8) - 6 \times 30 = 0$

$x = 6.06\text{m}$

20. 다음 그림에서 나타낸 단순보 b점에 하중 5tf가 연직방향으로 작용하면 c점에서의 휨모멘트는?

㉮ 3.33tf · m
㉯ 5.4tf · m
㉰ 6.67tf · m
㉱ 10.0tf · m

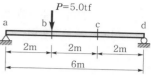

• 해설
$\Sigma M_a = 0$

$-R_d \times 6 + 5 \times 2 = 0$

$R_d = 1.67\text{t}(\uparrow)$

$M_c = 1.67 \times 2 = 3.33\text{t} \cdot \text{m}$

21. 다음 단순보에서 지점의 반력을 계산한 값으로 옳은 것은?

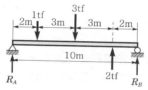

㉮ $R_A = 1\text{tf}, \ R_B = 1\text{tf}$
㉯ $R_A = 1.9\text{tf}, \ R_B = 0.1\text{tf}$
㉰ $R_A = 1.4\text{tf}, \ R_B = 0.6\text{tf}$
㉱ $R_A = 0.1\text{tf}, \ R_B = 1.9\text{tf}$

• 해설
$\Sigma M_B = 0$

$R_A \times 10 - 1 \times 8 - 3 \times 5 + 2 \times 2 = 0$

$R_A = 1.9\text{t}(\uparrow)$

$\Sigma V = 0$

$R_A + 2 + R_B = 1 + 3$

$R_B = 0.1\text{t}(\uparrow)$

22. 다음 그림과 같은 보에서 B의 수평반력 H_B는?

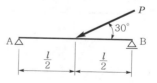

㉮ $\dfrac{\sqrt{3}}{2}P$
㉯ 0
㉰ $\dfrac{1}{2}P$
㉱ P

• 해설
① $H_A = P \cdot \cos 30° = \dfrac{\sqrt{3}}{2}P$

② $H_B = 0$

23. 그림과 같이 단순보에 하중 P가 경사지게 작용할 때 A점에서의 수직반력 V_A를 구하면?

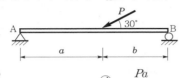

㉮ $\dfrac{Pb}{(a+b)}$　　　㉯ $\dfrac{Pa}{2(a+b)}$

㉰ $\dfrac{Pa}{(a+b)}$　　　㉱ $\dfrac{Pb}{2(a+b)}$

해설 $\Sigma M_B = 0$

$V_A \times (a+b) - P\sin 30° \times b = 0$

$V_A = \dfrac{Pb}{2(a+b)}$ (↑)

24. 단순보의 전구간에 등분포하중이 작용할 때 지점의 반력이 2t이었다. 등분포하중의 크기는? (단, 지간 10m이다.)

㉮ 0.1t/m　　　㉯ 0.3t/m

㉰ 0.2t/m　　　㉱ 0.4t/m

해설 $R_A = \dfrac{wl}{2} = \dfrac{w \times 10}{2} = 2$

$\therefore w = 0.4\text{t/m}$

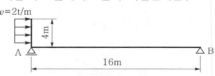

25. 다음 구조물에서 A점의 지점반력은?

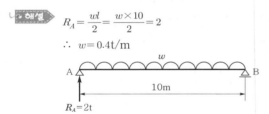

㉮ 1.6t(↑)　　　㉯ 1.6t(↓)

㉰ 1.0t(↑)　　　㉱ 1.0t(↓)

해설 $M_A = 2 \times 4 \times 2 = 16\text{t} \cdot \text{m}$

$\Sigma M_B = 0$

$R_A \cdot 16 + 16 = 0$

$\therefore R_A = -1\text{t}(\downarrow)$

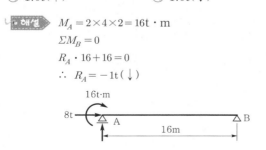

26. 다음 그림에서 C점의 전단력은?

㉮ $\dfrac{P}{2} + \dfrac{wl}{2}$

㉯ $\dfrac{wl}{2}$

㉰ $\dfrac{P}{2}$

㉱ $\dfrac{Pl}{4} = \dfrac{wl^2}{3}$

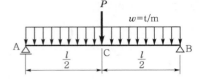

해설 $\Sigma M_B = 0$

$R_A \cdot l - wl \cdot \dfrac{l}{2} - P \cdot \dfrac{l}{2} = 0$

$R_A = \dfrac{wl}{2} + \dfrac{P}{2}$

$S_{C(좌)} = \dfrac{wl}{2} + \dfrac{P}{2} - \dfrac{wl}{2} = \dfrac{P}{2}$

$S_{C(우)} = \dfrac{wl}{2} + \dfrac{P}{2} - \dfrac{wl}{2} - P = -\dfrac{P}{2}$

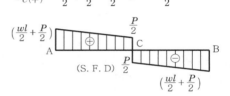

27. 다음 그림은 단순보의 전단력도이다. 전단력도를 이용하여 최대 휨모멘트를 구한 값은?

㉮ 14.71t · m

㉯ 15.21t · m

㉰ 16.21t · m

㉱ 17.31t · m

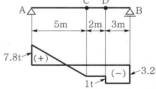

해설 최대 휨모멘트는 전단력이 0이 되는 곳에서 생기며, 그 값은 전단력도의 넓이와 같다.

$10 : 7.8 = 5 : x$

$x = 3.9\text{m}$

$M_{\max} = 7.8 \times 3.9 \times \dfrac{1}{2}$

$\therefore M_{\max} = 15.21\text{t} \cdot \text{m}$

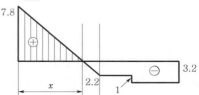

28. 그림과 같은 보에서 최대 휨모멘트는 A점에서 B점 쪽으로 얼마의 위치(x)에서 일어나며, 그 크기($M_{\max}$)는?

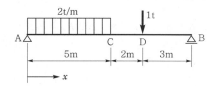

	x	$M_{\max}$		x	$M_{\max}$
㉮	2.5m	14t · m	㉯	3.9m	14t · m
㉰	2.5m	15.21t · m	㉱	3.9m	15.21t · m

• 해설 모멘트의 최댓값은 전단력이 0이 되는 곳에서 생긴다.

$\Sigma M_B = 0$

$R_A \cdot 10 - 2 \times 5 \times 7.5 - 1 \times 3 = 0$

$R_A = 7.8t$

전단력 $S_x = 7.8 - 2x$ 이므로 $S_x = 0$에서

$x = 3.9m$

$M_{\max} = 7.8 \times 3.9 - 2 \times 3.9 \times \dfrac{3.9}{2} = 15.21t \cdot m$

29. 중앙점 C의 휨모멘트 M_C는? (단, C는 보의 중앙임.)

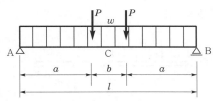

㉮ $\dfrac{wl^2}{4} + Pa$

㉯ $\dfrac{wl^2}{8} + \dfrac{Pa}{2}$

㉰ $\dfrac{wl^2}{8} + Pa$

㉱ $\dfrac{wl^2}{5} + \dfrac{Pl}{8}$

• 해설
$M_C = \dfrac{wl^2}{8} + P \times \left(a + \dfrac{b}{2}\right) - P \times \dfrac{b}{2}$

$= \dfrac{wl^2}{8} + Pa$

30. 다음 단순보에 하중이 작용하였을 때 단면 D의 휨모멘트 M_D는?

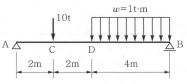

㉮ 5.5t · m ㉯ 9.0t · m

㉰ 11.0t · m ㉱ 14.0t · m

• 해설
$\Sigma M_B = 0$

$R_A \times 8 - 10 \times 6 - 4 \times 2 = 0$

$R_A = 8.5t$

$M_D = 8.5 \times 4 - 10 \times 2 = 14t \cdot m$

31. 다음 그림과 같은 단순보에서 C점의 휨모멘트 값은?

㉮ $\dfrac{wl^2}{16}$

㉯ $\dfrac{3wl^2}{8}$

㉰ $\dfrac{3}{32}wl^2$

㉱ $\dfrac{wl^2}{10}$

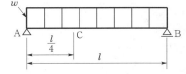

• 해설 좌우대칭이므로,

$R_A = \dfrac{wl}{2}$

$M_C = \dfrac{wl}{2} \times \dfrac{l}{4} - \dfrac{wl}{4} \times \dfrac{l}{4} \times \dfrac{1}{2}$

$= \dfrac{wl^2}{8} - \dfrac{wl^2}{32} = \dfrac{3wl^2}{32}$

32. 다음 그림과 같은 보에서 C점의 휨모멘트는?

㉮ 0t · m

㉯ 40t · m

㉰ 45t · m

㉱ 50t · m

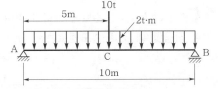

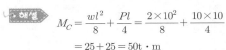

• 해설
$M_C = \dfrac{wl^2}{8} + \dfrac{Pl}{4} = \dfrac{2 \times 10^2}{8} + \dfrac{10 \times 10}{4}$

$= 25 + 25 = 50t \cdot m$

33. 다음 보에서 지점 A부터 최대 휨모멘트가 생기는 단면은?

㉮ $1/3l$
㉯ $1/4l$
㉰ $2/5l$
㉱ $3/8l$

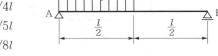

해설
$$R_A = \frac{3}{8}wl$$
$$S_x = \frac{3}{8}wl - wx = 0$$
$$\therefore \ x = \frac{3}{8}l$$

34. 다음 그림과 같은 단순보의 지점 A로부터 최대 휨모멘트가 생기는 위치는?

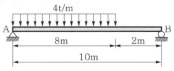

㉮ 4.8m
㉯ 5m
㉰ 5.2m
㉱ 5.4m

해설 $\Sigma M_B = 0$
$$R_A \times 10 - 4 \times 8 \times \left(2 + 8 \times \frac{1}{2}\right) = 0$$
$$R_A = 19.2t(\uparrow)$$

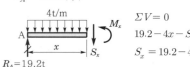

$\Sigma V = 0$
$19.2 - 4x - S_x = 0$
$S_x = 19.2 - 4x$

최대 휨모멘트(M_{max})는 $S_x = 0$인 곳에서 발생한다.
$S_x = 19.2 - 4x = 0$
$x = 4.8m(\rightarrow)$

35. 길이 6m인 단순보에 그림과 같이 집중하중 7t, 2t이 작용할 때 최대 휨모멘트는?

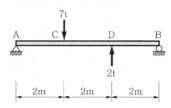

㉮ 7t·m
㉯ 10.5t·m
㉰ 8t·m
㉱ 7.5t·m

해설 $\Sigma M_B = 0$
$R_A \times 6 - 7 \times 4 + 2 \times 2 = 0$, $R_A = 4t(\uparrow)$
$\Sigma V = 0$
$R_A - 7 + 2 + R_B = 0$
$R_B = 5 - R_A = 5 - 4 = 1t(\uparrow)$

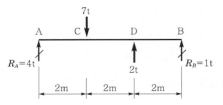

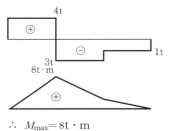

$$\therefore \ M_{max} = 8t \cdot m$$

36. 단순보에 등분포하중과 집중하중이 작용할 경우 최대 모멘트 값은?

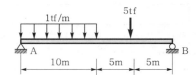

㉮ 41.6tf·m
㉯ 40.2tf·m
㉰ 38.3tf·m
㉱ 37.5tf·m

해설 $\Sigma M_B = 0$
$$R_A = \frac{1 \times 10 \times 15 + 5 \times 5}{20}$$
$$= 8.75t(\uparrow)$$
$S_x = 8.75 - x = 0$
$x = 8.75m$
$$M_{max} = 8.75 \times 8.75 - 1 \times 8.75 \times \frac{8.75}{2}$$
$$= 38.28t \cdot m$$

37. 다음과 같은 이동등분포하중이 단순보 AB 위를 지날 때 C점에서 최대 휨모멘트가 생길려면 등분포하중의 앞단에서 C점까지의 거리가 얼마일 때가 되겠는가?

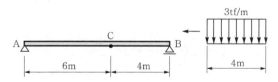

㉮ 2.0m   ㉯ 2.4m

㉰ 2.7m   ㉴ 3.0m

• 해설

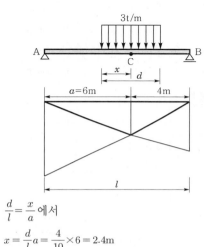

$\dfrac{d}{l} = \dfrac{x}{a}$ 에서

$x = \dfrac{d}{l}a = \dfrac{4}{10} \times 6 = 2.4\text{m}$

38. 지간 길이 l인 단순보에 그림과 같은 삼각형 분포하중이 작용할 때 발생하는 최대 휨모멘트의 크기는?

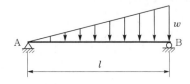

㉮ $\dfrac{wl^2}{9}$ ㉯ $\dfrac{wl^2}{9\sqrt{2}}$

㉰ $\dfrac{wl^3}{9\sqrt{2}}$ ㉴ $\dfrac{wl^2}{9\sqrt{3}}$

• 해설 $\Sigma M_B = 0$

$R_A \cdot l - wl \cdot \dfrac{1}{2} \times \dfrac{l}{3} = 0$

$R_A = \dfrac{wl}{6}$

$S_x = \dfrac{wl}{6} - \dfrac{wx^2}{2l} = 0, \quad x = \dfrac{l}{\sqrt{3}}$

$M_x = \dfrac{wl}{6} \cdot x - \dfrac{wx^2}{2l} \cdot \dfrac{x}{3}$

$= \dfrac{wl}{6} \cdot \dfrac{l}{\sqrt{3}} - \dfrac{w}{6l}\left(\dfrac{l}{\sqrt{3}}\right)^3$

$= \dfrac{wl^2}{9\sqrt{3}}$

39. 다음 보에서 최대 휨모멘트가 발생하는 위치는 지점 A로부터 얼마인가?

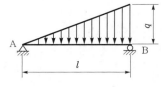

㉮ $\dfrac{4}{5}l$ ㉯ $\dfrac{2}{3}l$

㉰ $\dfrac{l}{\sqrt{3}}$ ㉴ $\dfrac{l}{\sqrt{2}}$

• 해설   전단력이 0이 되는 곳에서 모멘트의 최댓값이 생기므로

$S_x = R_A - \dfrac{qx^2}{2l} = \dfrac{ql}{6} - \dfrac{qx^2}{2l} = 0$

$x^2 = \dfrac{l^2}{3}$

$\therefore \quad x = \dfrac{l}{\sqrt{3}}$

40. 다음 그림에서 $x = \dfrac{l}{2}$인 점의 전단력(S.F)은?

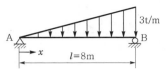

㉮ 4t   ㉯ 3t

㉰ 2t   ㉴ 1t

• 해설 $\Sigma M_B = 0$

$R_A = \left(\dfrac{1}{2} \times 8 \times 3 \times \dfrac{8}{3}\right) \times \dfrac{1}{8} = 4\text{t}$

$S_{x=\frac{l}{2}} = 4 - \dfrac{1}{2} \times 4 \times 1.5 = 1\text{t}$

41. 그림에서 중앙점 C의 휨모멘트 M_C는?

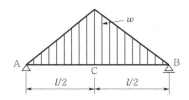

㉮ $\dfrac{1}{20}wl^2$　　　　㉯ $\dfrac{5}{96}wl^2$

㉰ $\dfrac{1}{6}wl^2$　　　　㉱ $\dfrac{1}{12}wl^2$

해설　$R_A = \dfrac{1}{2}\times w \times \dfrac{l}{2} = \dfrac{wl}{4}$

$M_C = \dfrac{wl}{4}\times\dfrac{l}{2} - \dfrac{wl}{4}\times\dfrac{l}{2}\times\dfrac{1}{3} = \dfrac{wl^2}{12}$

42. 그림 (b)는 그림 (a)와 같은 단순보에 대한 전단력선도(shear force diagram)이다. 보 AB에는 어떠한 하중이 실려 있는가?

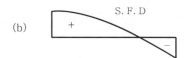

㉮ 집중하중　　　　㉯ 등분포하중

㉰ 등변분포하중　　　　㉱ 모멘트하중

43. 다음 단순보의 개략적인 전단력도는?

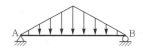

44. 다음 그림과 같은 단순보에서 A점으로부터 0.5m 되는 C점의 휨모멘트(M_C)와 전단력(V_C)은 각각 얼마인가?

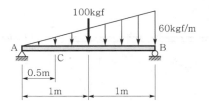

㉮ M_C=34.375kgf·m, V_C=66.25kgf

㉯ M_C=44.375kgf·m, V_C=66.25kgf

㉰ M_C=34.375kgf·m, V_C=85.50kgf

㉱ M_C=44.375kgf·m, V_C=85.50kgf

해설　$\Sigma M_B = 0$에서

$2\times R_A - 1\times100 - \left(\dfrac{1}{2}\times2\times60\right)\times\left(\dfrac{1}{3}\times2\right) = 0$

$R_A = 70\text{kgf}(\uparrow)$

$\therefore\; V_C = 70 - \dfrac{1}{2}\times0.5\times15$

$\qquad = 66.25\text{kgf}$

$M_C = 70\times0.5 - \dfrac{1}{2}\times0.5\times15\times\left(\dfrac{1}{3}\times0.5\right)$

$\qquad = 34.375\text{kgf·m}$

45. 그림과 같은 단순보에 모멘트하중 M_1과 M_2가 작용할 경우 C점의 휨모멘트를 구하는 식은? (단, 부호의 규약은 ⊕ 이다.)

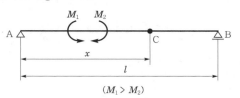

$(M_1 > M_2)$

㉮ $\dfrac{M_1 - M_2}{l}x + M_1 - M_2$

㉯ $\dfrac{M_2 - M_1}{l}x - M_1 + M_2$

㉰ $\dfrac{M_1 + M_2}{l}x + M_1 - M_2$

㉱ $\dfrac{M_1 - M_2}{l}x - M_1 + M_2$

해설 $\Sigma M_A = 0$

$$- R_B \cdot l - M_1 + M_2 = 0$$

$$\therefore R_B = \frac{M_2 - M_1}{l}$$

$$M_c = \frac{M_2 - M_1}{l}(l - x)$$

$$= \frac{M_1 - M_2}{l}x - M_1 + M_2$$

46. 그림과 같은 보에서 A, B, C, D 점에 각각 모멘트 M이 작용할 때 C-D 구간의 전단력 및 휨모멘트는?

㉮ $S = 0$, $M = 0$

㉯ $S \neq 0$, $M = 0$

㉰ $S = 0$, $M \neq 0$

㉱ $S \neq 0$, $M \neq 0$

해설 $\Sigma M_B = 0$

$$R_A \cdot l - M + M - M + M = 0$$

$$R_A = R_B = 0$$

$$\therefore S = 0$$

$$M = 0$$

47. 그림과 같은 단순보에서 C점의 전단력의 크기는 다음 중 어느 것인가?

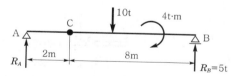

㉮ 1t

㉯ 5t

㉰ 9t

㉱ 19t

해설 $\Sigma V = 0$

$$R_A + R_B = 10$$

$$R_A = 5t \quad S_C = 5t$$

48. 아래 그림에서의 지점 A의 반력을 구한 값은?

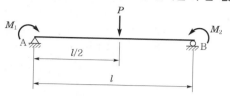

㉮ $R_A = \dfrac{P}{3} - \dfrac{M_2 - M_1}{l}$ ㉯ $R_A = \dfrac{P}{3} + \dfrac{M_1 - M_2}{l}$

㉰ $R_A = \dfrac{P}{2} - \dfrac{M_2 + M_1}{l}$ ㉱ $R_A = \dfrac{P}{2} + \dfrac{M_2 - M_1}{l}$

해설 $\Sigma M_B = 0$

$$R_A \times l + M_1 - P \times \frac{l}{2} - M_2 = 0$$

$$\therefore R_A = \frac{P}{2} + \frac{M_2 - M_1}{l}$$

49. 단순보의 양 지점에 그림과 같은 모멘트가 작용할 때 이 보에 일어나는 휨모멘트도(B.M.D)가 옳게 된 것은?

㉮ (a)

㉯ (b)

㉰ (c)

㉱ (d)

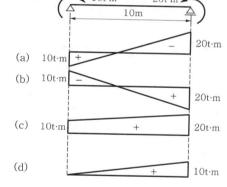

해설 $\Sigma M_B = 0$

$$R_A = \frac{20 - 10}{10} = 1t$$

$$\Sigma V = 0$$

$$R_B = R_A = 1t$$

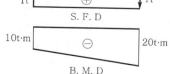

50. 그림과 같은 단순보의 A 지점의 반력은?

㉮ 10t
㉯ 14t
㉰ 10.4t
㉱ 1.4t

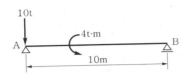

> **해설** $\Sigma M_B = 0$
> $R_A \times 10 - 10 \times 10 - 4 = 0$
> $R_A = \dfrac{104}{10} = 10.4\text{t}$

51. 다음 보에서 반력 R_A를 구한 값은?

㉮ 2t(↓)
㉯ 2t(↑)
㉰ 8t(↓)
㉱ 8t(↑)

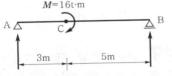

> **해설** $\Sigma M_B = 0$
> $R_A \times 8 + 16 = 0$
> $R_A = -\dfrac{16}{8} = -2\text{t}(\downarrow)$

52. 다음 보에서 D~B 구간의 전단력은?

㉮ 0.79t
㉯ −3.65t
㉰ −4.22t
㉱ 5.05t

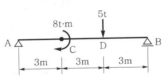

> **해설** $\Sigma M_A = 0$
> $-R_B \times 9 + 5 \times 6 + 8 = 0$
> $R_B = 4.22\text{t}$
> $\therefore S_{D \sim B} = -4.22\text{t}$

53. 다음 그림과 같은 단순보의 중앙점의 휨모멘트 M_C는?

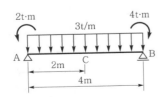

㉮ 3t · m
㉯ 4t · m
㉰ 5t · m
㉱ 6t · m

> **해설** $\Sigma M_B = 0$
> $\therefore R_A \times 4 - 2 - 12 \times 2 + 4 = 0$
> $R_A = \dfrac{22}{4}$
> $= 5.5\text{t}$
> $M_C = 5.5 \times 2 - 2 - 6 \times 1$
> $= 3\text{t} \cdot \text{m}$

54. 그림과 같은 단순보에서 C점에 3t · m의 모멘트가 작용할 때 A점의 반력은 얼마인가?

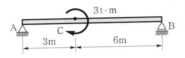

㉮ $\dfrac{1}{3}$ t(↑)
㉯ $\dfrac{1}{3}$ t(↓)
㉰ $\dfrac{1}{2}$ t(↑)
㉱ $\dfrac{1}{2}$ t(↓)

> **해설** $\Sigma M_B = 0$
> $-R_A \times 9 + 3 = 0$
> $R_A = \dfrac{1}{3}\text{t}(\downarrow)$

55. 단순보에 그림과 같이 하중이 작용시 C점에서의 모멘트값은?

㉮ $\dfrac{3PL}{20}$
㉯ $-\dfrac{3PL}{20}$
㉰ $\dfrac{PL}{8}$
㉱ $-\dfrac{PL}{8}$

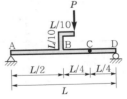

> **해설** $\Sigma M_A = 0$ 에서
> $R_o \cdot L - P \times \left(\dfrac{L}{2} + \dfrac{L}{10} \right) = 0$
> $R_D = \dfrac{3}{5}P$
> $\therefore M_C = \dfrac{3}{5}P \times \dfrac{L}{4} = \dfrac{3PL}{20}$

56. 다음과 같은 단순보에서 A점의 반력(R_A)으로 옳은 것은?

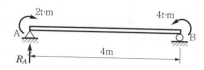

㉮ 0.5t($\downarrow$)

㉯ 2.0t($\downarrow$)

㉰ 0.5t($\uparrow$)

㉱ 2.0t($\uparrow$)

• 해설 $\Sigma M_B = 0$

$R_A \times 4 + 2 - 4 = 0$

$\therefore R_A = 0.5t(\uparrow)$

57. 다음 단순보에서 A점에서 반력을 구한 값은?

㉮ 10.5t

㉯ 11.5

㉰ 12.5t

㉱ 13.5t

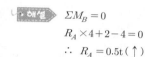

• 해설 $\Sigma M_B = 0$

$R_A \cdot 9 - 2 \times 9 \times 4.5 - 3 \times 9 \times \frac{1}{2} \times 3 = 0$

$\therefore R_A = 13.5t$

58. 보에서 휨모멘트의 크기는?

㉮ 활절에서는 언제나 0이 된다.

㉯ 내민부분에서는 언제나 0이 된다.

㉰ 전단력의 크기와 무관하다.

㉱ 고정지점에서는 언제나 0이 된다.

• 해설 보에서 휨모멘트는 활절(hinge)에서 0이 된다.

59. 그림과 같은 단순보에서 간접하중이 작용할 경우 M_D를 구하면?

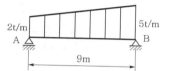

㉮ 7t · m

㉯ 6t · m

㉰ 9t · m

㉱ 8t · m

• 해설 $\Sigma M_D = 0$

$R_C \times 5 - 3 \times 2 = 0$

$\therefore R_C = 1.2t$

$\therefore R_D = 3 - 1.2 = 1.8t$

$\Sigma M_A = 0$

$R_B \cdot 15 - 1.8 \times 10 - 1.2 \times 5 = 0$

$R_B = 1.6t$

$M_D = 1.6 \times 5 = 8.0t \cdot m$

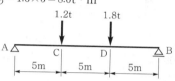

60. 그림과 같은 간접하중을 받는 단순보의 E점의 휨모멘트는?

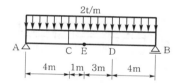

㉮ 28t · m

㉯ 30t · m

㉰ 32t · m

㉱ 35t · m

• 해설 $R_A = 4 + 8$

$= 12t$

$M_C = 12 \times 5 - 4 \times 5 - 8 \times 1$

$= 32t \cdot m$

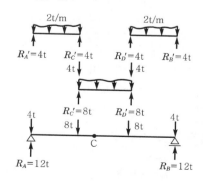

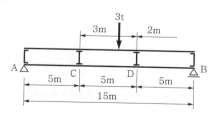

캔틸레버보

61. 다음에 보이는 그림은 외팔보에 힘 $P=10t$이 축방향과 30°의 각을 이루며 작용한다. 이때, m점에 작용하는 전단력은? (단, 외팔보의 길이 $l=2.0m$이다.)

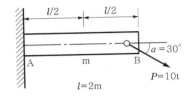

㉮ 5.0t

㉯ 8.66t

㉰ 10.0t

㉱ 8.66t · m

• 해설 $S_m = P \sin\alpha = 10\sin30° = 5t$

62. 다음 그림에서 연행하중으로 인한 최대 반력은?

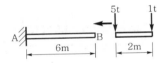

㉮ 6t

㉯ 5t

㉰ 3t

㉱ 1t

• 해설 $R_a = 5+1 = 6t(\uparrow)$

63. 그림과 같은 보에서 고정지점 A의 전단력 S_A와 휨모멘트 M_A가 옳게 된 것은?

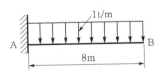

㉮ $S_A=4t$, $M_A=16t \cdot m$

㉯ $S_A=-2t$, $M_A=8t \cdot m$

㉰ $S_A=8t$, $M_A=-32t \cdot m$

㉱ $S_A=-16t$, $M_A=64t \cdot m$

• 해설
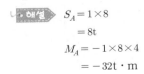
$$S_A = 1\times8$$
$$= 8t$$
$$M_A = -1\times8\times4$$
$$= -32t \cdot m$$

64. 그림과 같은 캔틸레버보에서 C점의 휨모멘트는?

㉮ $-\dfrac{1}{8}wl^2$

㉯ $-\dfrac{1}{6}wl^2$

㉰ $-\dfrac{1}{4}wl^2$

㉱ $-\dfrac{1}{2}wl^2$

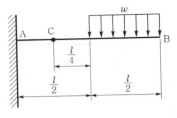

• 해설 $M_C = -w\times\dfrac{l}{2}\times\left(\dfrac{l}{4}+\dfrac{l}{4}\right) = -\dfrac{wl^2}{4}$

65. 다음 캔틸레버(cantileber)에서 M_A와 M_B의 비 $(M_A : M_B)$는?

㉮ 1 : 1

㉯ 2 : 1

㉰ 3 : 1

㉱ 4 : 1

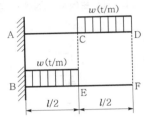

• 해설 $M_A = w \cdot \dfrac{l}{2} \cdot \left(\dfrac{l}{2}+\dfrac{l}{4}\right) = \dfrac{3}{8}wl^2$

$M_B = w \cdot \dfrac{l}{2} \cdot \dfrac{l}{4} = \dfrac{1}{8}wl^2$

$\therefore M_A : M_B = \dfrac{3}{8}wl^2 : \dfrac{1}{8}wl^2 = 3 : 1$

66. 그림과 같은 캔틸레버보의 C점의 휨모멘트는 얼마인가? (단, 자중은 무시한다.)

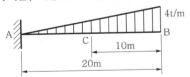

㉮ $-30.0t \cdot m$

㉯ $-80.5t \cdot m$

㉰ $120.1t \cdot m$

㉱ $-166.7t \cdot m$

• 해설 $M_C = -\left(2\times10\times\dfrac{10}{2}+2\times10\times\dfrac{1}{2}\times\dfrac{20}{3}\right)$

$= -166.7t \cdot m$

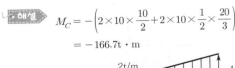

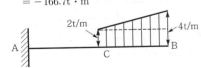

67. 다음 그림과 같은 캔틸레버보에서 C점의 휨모멘트는?

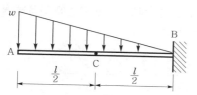

㉮ $-\dfrac{wl^2}{8}$ ㉯ $-\dfrac{5wl^2}{12}$

㉰ $-\dfrac{5wl^2}{24}$ ㉱ $-\dfrac{5wl^2}{48}$

해설 $P_1 = \dfrac{1}{2} \times \dfrac{l}{2} \times \dfrac{w}{2} = \dfrac{wl}{8}$

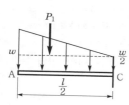

$$P_2 = \dfrac{w}{2} \times \dfrac{l}{2} = \dfrac{wl}{4}$$

$$\therefore M_C = -\dfrac{wl}{8} \times \dfrac{l}{2} \times \dfrac{2}{3} - \dfrac{wl}{4} \times \dfrac{l}{2} \times \dfrac{1}{2}$$

$$= -\dfrac{wl^2}{24} - \dfrac{wl^2}{16} = -\dfrac{5wl^2}{48}$$

68. 다음과 같은 힘이 작용할 때 생기는 전단력도의 모양은 어떤 형태인가?

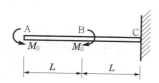

㉮
```
A    B
[////]     C
```

㉯
```
A    B
  [////]  C
```

㉰
```
A    B
[////]
      [////] C
```

㉱
```
A _____ C
```

69. 그림과 같은 캔틸레버보에서 휨모멘트도(B.M.D)로서 옳은 것은?

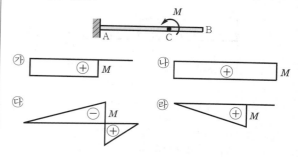

㉮ $\boxed{\oplus}\ M$ ㉯ $\boxed{\quad\oplus\quad}\ M$

㉰ $\ominus\ M$ $\oplus$ ㉱ $\oplus\ M$

70. 그림과 같이 외팔보에 수평력이 작용한다면 m점에서의 축력은?

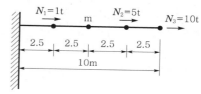

㉮ 1t ㉯ 5t

㉰ 10t ㉱ 15t

해설 $A_m = 10 + 5 = 15t$

내민보

71. 그림과 같은 내민보에서 D점에 집중하중 3t이 가해질 때, C점의 휨모멘트는 얼마인가?

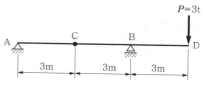

㉮ $-4.5t \cdot m$ ㉯ $-9.0t \cdot m$

㉰ $-3.0t \cdot m$ ㉱ $-3.3t \cdot m$

해설 $\Sigma M_B = 0$

$R_A \cdot 6 + 3 \times 3 = 0$

$R_A = -1.5t\ (\downarrow)$

$M_C = R_A \cdot 3 = -1.5 \times 3 = -4.5t \cdot m$

72. 다음 내민보에서 지점 A로부터 우측으로 반곡점이 있는 점까지의 거리는?

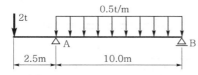

㉮ 1.5m   ㉯ 2.0m

㉰ 2.5m   ㉱ 3.0m

해설
$$\Sigma M_B = 0$$
$$R_A \cdot 10 - 2 \times 12.5 - 0.5 \times 10 \times 5 = 0$$
$$R_A = 5.0t$$
$$M_x = -2(x+2.5) + 5x - \frac{0.5}{2} \cdot x^2$$
$$= -2x - 5 + 5x - 0.25x^2$$
$$M_x = x^2 - 12x + 20 = 0$$
$$= (x-2)(x-10) = 0$$
$$x = 2m, \ 10m$$
$$\therefore \ x = 2m$$

73. 다음 내민보에서 그림과 같은 하중이 작용할 때 지점 A의 반력(R_A)은?

㉮ 0t

㉯ 10t

㉰ 15t

㉱ 20t

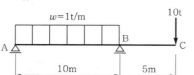

해설
$$\Sigma M_B = 0$$
$$R_A \times 10 - 10 \times 5 + 10 \times 5 = 0$$
$$\therefore \ R_A = 0$$

74. 다음 그림에서 지점 C의 반력이 0이 되기 위해 B점에 작용시킬 집중하중의 크기는?

㉮ 8t

㉯ 10t

㉰ 12t

㉱ 14t

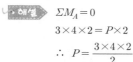

해설
$$\Sigma M_A = 0$$
$$3 \times 4 \times 2 = P \times 2$$
$$\therefore \ P = \frac{3 \times 4 \times 2}{2}$$
$$= 12t$$

75. 다음과 같은 내민보에서 C단에 힘 $P=2,400kg$의 하중이 $150°$의 경사로 작용하고 있다. A단의 연직반력 R_A를 0으로 하려면 AB 구간에 작용될 등분포하중 W의 크기는?

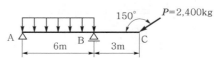

㉮ 224.42kg/m   ㉯ 300.00kg/m

㉰ 200.00kg/m   ㉱ 346.41kg/m

해설
$$\Sigma M_B = 0$$
$$R_A \cdot 6 - W \times 6 \times 3 + 2,400 \cdot \sin 30° \times 3 = 0$$
$$R_A = 0 \text{이 되려면}$$
$$18W = 3,600$$
$$\therefore \ W = 200kg/m$$

76. 그림의 보에서 지점 B의 휨모멘트가 옳게 된 것은?

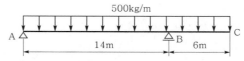

㉮ $-500kg \cdot m$ ㉯ $-1,500kg \cdot m$

㉰ $-3,000kg \cdot m$ ㉱ $-9,000kg \cdot m$

해설 $M_B = -500 \times 6 \times 3 = -9,000kg \cdot m$

77. 그림과 같은 내민보에서 D점의 휨모멘트가 맞는 것은?

㉮ $-32t \cdot m$

㉯ $160t \cdot m$

㉰ $88t \cdot m$

㉱ $40t \cdot m$

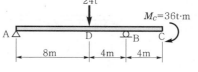

해설
$$\Sigma M_B = 0$$
$$R_A \times 12 - 24 \times 4 + 36 = 0$$
$$R_A = 5t (\uparrow)$$

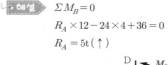

$$\Sigma M_D = 0$$
$$5 \times 8 - M_D = 0$$
$$M_D = 40t \cdot m$$

78. 그림과 같은 내민보에서 C점의 휨모멘트가 영(零)이 되게 하기 위해서는 x가 얼마가 되어야 하는가?

㉮ $x = \dfrac{l}{3}$

㉯ $x = \dfrac{2}{3}l$

㉰ $x = \dfrac{l}{4}$

㉱ $x = \dfrac{l}{2}$

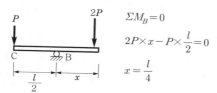

해설

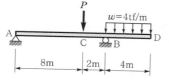

$\Sigma M_B = 0$

$2P \times x - P \times \dfrac{l}{2} = 0$

$x = \dfrac{l}{4}$

79. 그림과 같은 단순 지지된 보의 A점에서 수직반력이 '0'이 되게 하려면 C점의 하중 P는?

㉮ 4tf

㉯ 6tf

㉰ 8tf

㉱ 16tf

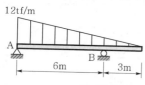

해설

$\Sigma V = 0$

$P + 4 \times 4 - R_B = 0$

$R_B = P + 16$

$\Sigma M_A = 0$

$8 \times P - 10(P + 16) + 4 \times 4 \times 12 = 0$

$\therefore P = 16\text{tf}$

80. 그림과 같은 보의 지점 B의 반력 R_B는?

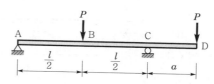

㉮ 18.0 tf

㉯ 27.0 tf

㉰ 36.0 tf

㉱ 40.5 tf

해설

$\Sigma M_A = 0$

$-R_B \times 6 + \dfrac{1}{2} 9 \times 12 \times 3 = 0$

$R_B = 27\text{tf}(\uparrow)$

81. 그림과 같은 내민보에서 C점의 휨모멘트가 영(零)이 되게 하기 위해서는 x가 얼마나 되어야 하는가?

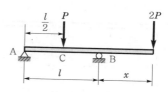

㉮ $x = \dfrac{l}{3}$ ㉯ $x = \dfrac{2l}{3}$

㉰ $x = \dfrac{l}{4}$ ㉱ $x = \dfrac{l}{2}$

해설

$\Sigma M_B = 0$

$2P \times x = P \times \dfrac{l}{2}$

$x = \dfrac{l}{4}$

82. 다음 내민보에서 B점의 모멘트와 C점의 모멘트의 절댓값의 크기를 같게 하기 위한 $\dfrac{l}{a}$의 값을 구하면?

㉮ 6 ㉯ 4.5

㉰ 4 ㉱ 3

해설

$\Sigma M_C = 0$

$V_A \times l - \dfrac{Pl}{2} + Pa = 0$

$V_A = \dfrac{P}{2l}(l - 2a)$

$\therefore M_B = \dfrac{P}{2l}(l - 2a) \times \dfrac{l}{2} = \dfrac{P}{4}(l - 2a)$

$\therefore M_C = Pa$

$M_B = M_C$

$a = \dfrac{1}{4}(l - 2a)$

$\therefore \dfrac{l}{a} = 6$

83. 그림과 같은 내민보에서 A지점에서 5m 떨어진 C점의 전단력 V_C와 휨모멘트 M_C는?

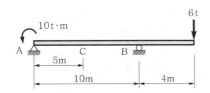

㉮ $V_C = -1.4t$, $M_C = -17t \cdot m$

㉯ $V_C = -1.8t$, $M_C = -24t \cdot m$

㉰ $V_C = 1.4t$, $M_C = -24t \cdot m$

㉱ $V_C = 1.8t$, $M_C = -17t \cdot m$

> **해설** $\Sigma M_B = 0$
> $-R_A \times 10 - 10 + 6 \times 4 = 0$
> $R_A = 1.4t(\downarrow)$
> $\therefore V_C = -1.4t$
> $M_C = -1.4 \times 5 - 10 = -17t \cdot m$

84. 그림과 같은 내민보에서 D점에 집중하중 $P = 5t$이 작용할 경우 C점의 휨모멘트는 얼마인가?

㉮ $-2.5t \cdot m$

㉯ $-5t \cdot m$

㉰ $-7.5t \cdot m$

㉱ $-10t \cdot m$

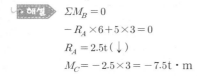

> **해설** $\Sigma M_B = 0$
> $-R_A \times 6 + 5 \times 3 = 0$
> $R_A = 2.5t(\downarrow)$
> $M_C = -2.5 \times 3 = -7.5t \cdot m$

85. 그림과 같은 보에서 $w \cdot l = P$일 때, 이 보의 중앙점에서의 휨모멘트가 0으로 된다면 a/l은?

㉮ $\dfrac{1}{2}$

㉯ $\dfrac{1}{4}$

㉰ $\dfrac{1}{6}$

㉱ $\dfrac{1}{8}$

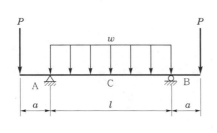

> **해설** $w \cdot l = P$
> $R_A = R_B = 1.5P$
> $M_C = -P\left(a + \dfrac{l}{2}\right) + 1.5 \cdot P \cdot \dfrac{l}{2} - \dfrac{P}{2} \cdot \dfrac{l}{4} = 0$
> $\therefore a = \dfrac{l}{8}$
> $\therefore \dfrac{a}{l} = \dfrac{1}{8}$

86. 그림과 같은 내민보에서 AB점의 휨모멘트가 $-\dfrac{Pl}{8}$이면 a의 길이는?

㉮ $\dfrac{l}{2}$

㉯ $\dfrac{l}{6}$

㉰ $\dfrac{l}{4}$

㉱ $\dfrac{l}{8}$

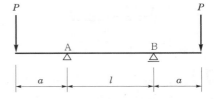

> **해설** $M_A = P \times a = \dfrac{Pl}{8}$
> $\therefore a = \dfrac{l}{8}$

87. 그림과 같은 양단 내민보 전구간에 등분포하중이 균일하게 작용할 때, 보의 중앙점과 두 지점에서의 절대 최대 휨모멘트가 같게 되려면 l과 a의 관계는?

㉮ $l = \sqrt{2a}$

㉯ $l = \sqrt{2}\,a$

㉰ $l = 2\sqrt{2a}$

㉱ $l = 2\sqrt{2}\,a$

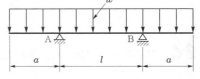

> **해설** $M_A = M_C$가 되어야 하므로
> $M_A = \dfrac{wa^2}{2}$, $M_C = \dfrac{wl^2}{8} \times \dfrac{1}{2} = \dfrac{wl^2}{16}$
> $\dfrac{wa^2}{2} = \dfrac{wl^2}{16}$
> $\therefore l = 2\sqrt{2}\,a$

88. 그림과 같이 단순지지된 보에 등분포하중 q가 작용하고 있다. 지점 C의 부모멘트와 보의 중앙에 발생하는 정모멘트의 크기를 같게 하여 등분포하중 q의 크기를 제한하려고 한다. 지점 C와 D는 보의 대칭거동을 유지하기 위하여 각각 A와 B로부터 같은 거리에 배치하고자 한다. 이때 보의 A점으로부터 지점 C의 거리 x는?

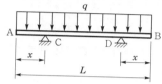

㉮ $x = 0.207L$ ㉯ $x = 0.250L$

㉰ $x = 0.333L$ ㉱ $x = 0.444L$

▸**해설**

$$M_C = -\frac{qx^2}{2}$$

$$M_E = -\frac{qx^2}{2} + \frac{q(L-2x)^2}{8}$$

$$M_C + M_E = -\frac{qx^2}{2} - \frac{qx^2}{2} + \frac{q(L-2x)^2}{8}$$

$$= 0$$

$$\therefore x = \frac{\sqrt{2}-1}{2}L = 0.207L$$

89. 양단 내민보에 그림과 같이 등분포하중 $W = 100kg/m$가 작용할 때 C점의 전단력은 얼마인가?

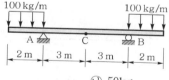

㉮ 0kg   ㉯ 50kg

㉰ 100kg   ㉱ 150kg

▸**해설** $\Sigma M_B = 0$

$-100 \times 2 \times 7 + R_A \times 6 + 100 \times 2 \times 1 = 0$

$R_A = 200kg(\uparrow)$

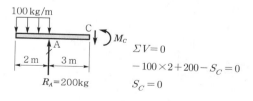

$\Sigma V = 0$

$-100 \times 2 + 200 - S_C = 0$

$S_C = 0$

90. 다음 내민보에서 B지점의 반력 R_B의 크기가 집중하중 300kg과 같게 하기 위해서는 L_1의 길이는 얼마이어야 하는가?

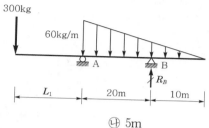

㉮ 0m   ㉯ 5m

㉰ 10m   ㉱ 20m

▸**해설** $\Sigma M_A = 0$

$$(-300 \times L_1) + \left(\frac{1}{2} \times 60 \times 30\right) \times \frac{30}{3}$$

$$-(R_B \times 20) = 0$$

$$L_1 = 30 - \frac{20}{300}R_B$$

$R_B = 300kg$이므로 $L_1 = 30 - \frac{20}{300} \times 300 = 10m$

게르버보

91. 다음과 같은 구조물에서 A지점의 반력모멘트는?

㉮ $0.5Pa$

㉯ $1.0Pa$

㉰ $1.5Pa$

㉱ $2.0Pa$

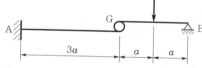

▸**해설** $R_G = \frac{P}{2}$

$$\therefore M_A = \frac{P}{2} \times 3a = 1.5P \cdot a$$

92. 다음 구조물에 생기는 최대 부모멘트의 크기는 얼마인가? (단, C점에 힌지가 있는 구조물이다.)

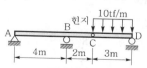

㉮ $-11.3tf \cdot m$ ㉯ $-15.0tf \cdot m$

㉰ $-30.0tf \cdot m$ ㉱ $-45.0tf \cdot m$

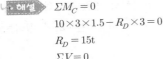

$\Sigma M_C = 0$

$10 \times 3 \times 1.5 - R_D \times 3 = 0$

$R_D = 15t$

$\Sigma V = 0$

$S_C - 10 \times 3 + 15 = 0$

$S_C = 15t$

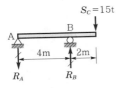

$\Sigma M_B = 0$

$15 \times 2 - R_A \times 4 = 0$

$R_A = 7.5t(\downarrow)$

$\Sigma V = 0$

$-7.5 + R_B - 15 = 0$

$R_B = 22.5t(\uparrow)$

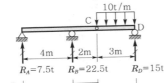

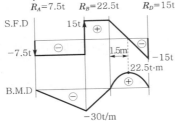

따라서, 최대 부모멘트는 B지점에서 발생되며, 그 크기는 $-30t \cdot m$이다.

93. 그림의 보에서 G는 힌지(hinge)이다. 지점 B에서의 휨모멘트가 옳게 된 것은?

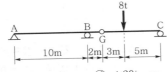

㉮ $-10t \cdot m$ ㉯ $+20t \cdot m$
㉰ $-40t \cdot m$ ㉱ $+50t \cdot m$

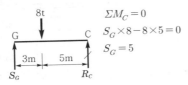

$\Sigma M_C = 0$

$S_G \times 8 - 8 \times 5 = 0$

$S_G = 5$

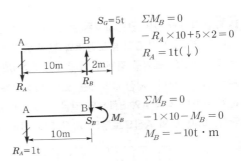

$\Sigma M_B = 0$

$-R_A \times 10 + 5 \times 2 = 0$

$R_A = 1t(\downarrow)$

$\Sigma M_B = 0$

$-1 \times 10 - M_B = 0$

$M_B = -10t \cdot m$

94. 그림의 보에서 A점의 휨모멘트는?

㉮ $+12t \cdot m$
㉯ $-12t \cdot m$
㉰ $-15t \cdot m$
㉱ $+15t \cdot m$

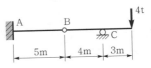

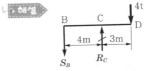

BD 부재에서
$\Sigma M_C = 0$
$-S_B \times 4 + 4 \times 3 = 0$
$S_B = 3t$

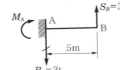

AB 부재에서
$\Sigma M_A = 0$
$M_A - 3 \times 5 = 0$
$\therefore M_A = 15t \cdot m$

95. 그림과 같은 게르버보의 A점의 휨모멘트는?

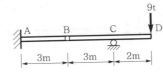

㉮ $72t \cdot m$ ㉯ $36t \cdot m$
㉰ $27t \cdot m$ ㉱ $18t \cdot m$

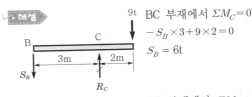

BC 부재에서 $\Sigma M_C = 0$
$-S_B \times 3 + 9 \times 2 = 0$
$S_B = 6t$

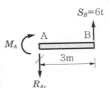

AB 부재에서 $\Sigma M_A = 0$
$M_A - 6 \times 3 = 0$
$M_A = 18t \cdot m$

96. 그림과 같은 게르버보의 C점에서 전단력의 절 댓값 크기는?

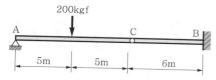

㉮ 0kgf

㉯ 50kgf

㉰ 100kgf

㉱ 200kgf

🔹 **해설** AC 부재에서 좌우대칭이므로

$$R_A = R_C = 100 \text{kgf} = S_C$$

97. 그림의 게르버보에서 A점의 수직반력은?

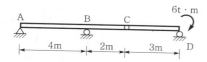

㉮ 1t(↑) ㉯ 2t(↑)

㉰ 3t(↑) ㉱ 4t(↑)

🔹 **해설**

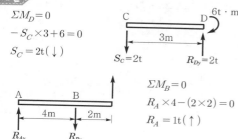

$$\Sigma M_D = 0$$
$$-S_C \times 3 + 6 = 0$$
$$S_C = 2t(↓)$$

$$\Sigma M_B = 0$$
$$R_A \times 4 - (2 \times 2) = 0$$
$$R_A = 1t(↑)$$

98. 그림과 같은 게르버보의 A점의 전단력으로 맞는 것은?

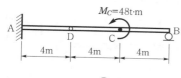

㉮ 4t ㉯ 6t

㉰ 12t ㉱ 24t

🔹 **해설**

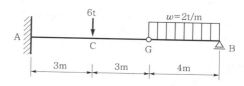

$$\Sigma M_B = 0$$
$$R_D \times 8 - 48 = 0$$
$$R_D = 6t(↑)$$

AD 부재에서

$$\Sigma V = 0$$
$$R_A = 6t(↑)$$
$$\therefore\ S_A = 6t$$

99. 다음 그림과 같은 정정보에서 A점의 연직반력은?

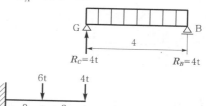

㉮ 6t ㉯ 8t

㉰ 10t ㉱ 12t

🔹 **해설**

$$\Sigma M_B = 0$$
$$R_G = \frac{2 \times 4 \times 2}{4} = 4t$$
$$\therefore\ R_A = 6 + 4 = 10t$$

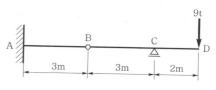

100. 그림과 같은 보의 A점의 휨모멘트는?

㉮ 72t · m ㉯ 36t · m

㉰ 27t · m ㉱ 18t · m

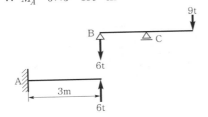

해설 $\Sigma M_C = 0$

$-R_B \times 3 + 9 \times 2 = 0$

$R_B = 6t(\downarrow)$

$\therefore M_A = 6 \times 3 = 18t \cdot m$

101. 그림과 같은 게르버보의 A점의 휨모멘트는?

㉮ $3.0t \cdot m$

㉯ $4.5t \cdot m$

㉰ $6.0t \cdot m$

㉱ $21.0t \cdot m$

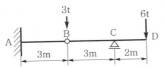

해설 $\Sigma M_C = 0$

$-R_B \times 3 + 6 \times 2 = 0$

$R_B = 4t$

$M_A = -3 \times 3 + 4 \times 3 = 3t \cdot m$

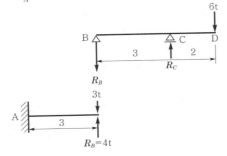

102. 그림과 같은 구조물에서 B점의 휨모멘트는 다음 중 어느 것인가?

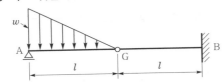

㉮ $M_B = -\dfrac{wl^2}{2}$

㉯ $M_B = -\dfrac{wl^2}{3}$

㉰ $M_B = -\dfrac{wl^2}{6}$

㉱ $M_B = -\dfrac{wl^2}{12}$

해설 $\Sigma M_A = 0$

$-R_G \times l + \dfrac{wl}{2} \times \dfrac{l}{3} = 0$

$\therefore R_G = \dfrac{wl}{6}$

$M_B = -\dfrac{wl}{6} \times l = -\dfrac{wl^2}{6}$

103. 다음 그림에서 지점 A의 연직반력(R_A)과 모멘트 반력(M_A)의 크기는?

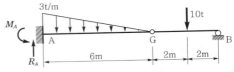

㉮ $R_A = 9.0t$, $M_A = 4.5t \cdot m$

㉯ $R_A = 9.0t$, $M_A = 18t \cdot m$

㉰ $R_A = 14.0t$, $M_A = 48t \cdot m$

㉱ $R_A = 14.0t$, $M_A = 58t \cdot m$

해설

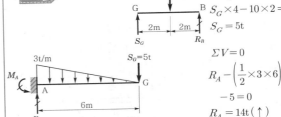

$\Sigma M_B = 0$

$S_G \times 4 - 10 \times 2 = 0$

$S_G = 5t$

$\Sigma V = 0$

$R_A - \left(\dfrac{1}{2} \times 3 \times 6\right)$

$-5 = 0$

$R_A = 14t(\uparrow)$

$\Sigma M_A = 0$

$\left(\dfrac{1}{2} \times 3 \times 6\right) \times \left(6 \times \dfrac{1}{3}\right) + 5 \times 6 - M_A = 0$

$M_A = 48t \cdot m$

절대 최대 휨모멘트

104. 경간 $l = 10m$인 단순보에 그림과 같은 방향으로 이동하중이 작용할 때 절대 최대 휨모멘트를 구한 값은?

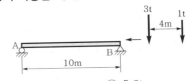

㉮ $4.5t \cdot m$

㉯ $5.2t \cdot m$

㉰ $6.8t \cdot m$

㉱ $8.1t \cdot m$

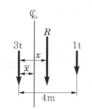

$$R = 3+1 = 4t$$
$$x = \frac{1 \times 4}{4} = 1m$$
$$\bar{x} = \frac{x}{2} = 0.5m$$

⑦ 98.8t · m

④ 94.2t · m

⑤ 80.3t · m

⑥ 74.8t · m

• 해설 ▶ M_C Inf−L

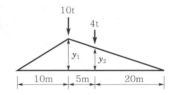

$$y_1 = \frac{10 \times 25}{35} = 7.143$$

$$25 : y_1 = 20 : y_2$$

$$y_2 = \frac{20 \times 7.143}{25}$$
$$= 5.714$$

$$M_{C max} = 10 \times 7.143 + 4 \times 5.714$$
$$= 94.29t \cdot m$$

$$y_1 = \frac{ab}{l} = \frac{4.5 \times 5.5}{10} = 2.475m$$

$$5.5 : y_1 = 1.5 : y_2$$

$$y_2 = \frac{y_1 \times 1.5}{5.5} = \frac{2.475 \times 1.5}{5.5} = 0.675m$$

$$M_{abs \cdot max} = 3 \times 2.475 + 1 \times 0.675 = 8.1t \cdot m$$

105. 연행하중이 절대 최대 휨모멘트가 생기는 위치에 왔을 때 지점 A에서 하중 1t까지의 거리는?

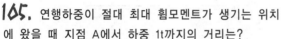

⑦ 0.2m　　　④ 0.4m

⑤ 0.8m　　　⑥ 1.0m

• 해설 ▶

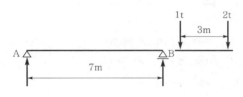

106. 단순보 AB 위에 그림과 같은 이동하중이 지날 때 C점의 최대 휨모멘트는?

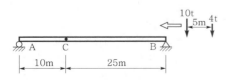

107. 다음 그림과 같은 단순보에 이동하중이 작용하는 경우 절대 최대 휨모멘트는 얼마인가?

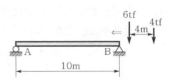

⑦ 17.64tf · m　　④ 16.72tf · m

⑤ 16.20tf · m　　⑥ 12.51tf · m

• 해설 ▶

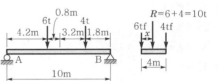

$$\Sigma M_B = 0$$

$$x = \frac{4 \times 4}{10} = 1.6m$$

$$R_A \times 10 - 6 \times 5.8 - 4 \times 1.8 = 0$$

$$R_A = 4.2t (\uparrow)$$

$$M_{max} = 4.2 \times 4.2$$
$$= 17.64t \cdot m$$

108. 그림 (a)와 같은 하중이 그 진행방향을 바꾸지 아니하고, 그림 (b)와 같은 단순보 위를 통과할 때, 이 보에 절대 최대 휨모멘트를 일어나게 하는 하중 9t의 위치는? (단, B지점으로 부터의 거리임.)

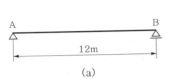

(a)　　　　　(b)

㉮ 2m 　　　　㉯ 5m

㉰ 6m 　　　　㉲ 7m

해설 합력과 가까운 하중과의 $\frac{1}{2}$점이 보의 중앙에 위치할 때 큰 하중 밑에서 절대 최대 휨모멘트가 발생한다.

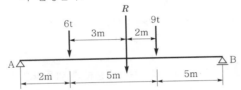

109. 그림과 같은 단순보에 하중이 우에서 좌로 이동할 때 절대 최대 휨모멘트는 얼마인가?

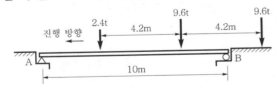

㉮ 22.86t · m

㉯ 25.86t · m

㉰ 29.86t · m

㉲ 33.86t · m

해설 ① 하중작용점

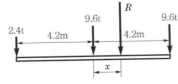

$$R = 2.4 + 9.6 + 9.6 = 21.6t$$

$$x = \frac{9.6 \times 4.2 - 2.4 \times 4.2}{21.6} = 1.4m$$

② 절대 최대 휨모멘트

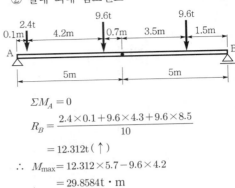

$$\Sigma M_A = 0$$

$$R_B = \frac{2.4 \times 0.1 + 9.6 \times 4.3 + 9.6 \times 8.5}{10}$$

$$= 12.312t (\uparrow)$$

$$\therefore M_{max} = 12.312 \times 5.7 - 9.6 \times 4.2$$

$$= 29.8584t \cdot m$$

110. 그림과 같이 2개의 집중하중이 단순보 위를 통과할 때 절대 최대 휨모멘트의 크기와 발생 위치 x는?

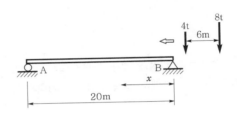

㉮ $M_{max} = 36.2t \cdot m$, $x = 8m$

㉯ $M_{max} = 38.2t \cdot m$, $x = 8m$

㉰ $M_{max} = 48.6t \cdot m$, $x = 9m$

㉲ $M_{max} = 50.6t \cdot m$, $x = 9m$

해설 ① 합력과 작용 위치

$$R = 8 + 4 = 12t$$

$$e = \frac{4 \times 6}{12} = 2m$$

② 절대 최대 휨모멘트

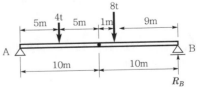

$$\Sigma M_A = 0$$

$$-R_B \times 20 + 4 \times 5 + 8 \times 11 = 0$$

$$R_B = 5.4t (\uparrow)$$

$$\therefore M_{max} = 5.4 \times 9 = 48.6t \cdot m$$

111. 그림과 같은 구조물에서 B지점의 휨모멘트는?

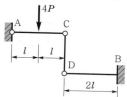

㉮ $-3Pl$

㉯ $-4Pl$

㉰ $-6Pl$

㉱ $-12Pl$

 해설

$$V_C = \frac{4P}{2} = 2P$$

$$V_B = 2P(\uparrow)$$

$$M_B = -2P \times 2l$$

$$= -4Pl$$

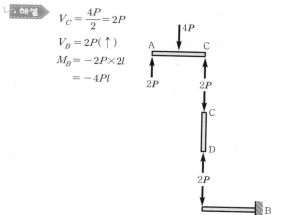

chapter 5

정정 라멘과 아치, 케이블

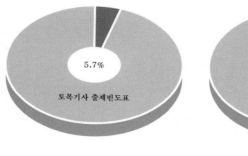

5.7%

토목기사 출제빈도표

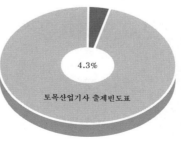

4.3%

토목산업기사 출제빈도표

5 정정 라멘과 아치, 케이블

01 정정 라멘

① 라멘의 정의 및 종류

(1) 라멘의 정의

2개 이상의 직선부재가 서로 고정 절점으로 되어 있는 구조로 구조물의 모양은 변하여도 부재각(절점각)은 변하지 않는다고 본다.

(2) 라멘의 종류

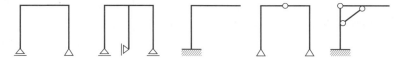

(a) 단순보형 라멘 (b) 3 이동지점 라멘 (c) 고정지점 라멘 (d) 3 활절 라멘 (e) 합성 라멘

【그림 5-1】 라멘의 종류

② 해법과 부재각

(1) 정정 라멘은 힘의 평형조건($\Sigma H=0$, $\Sigma V=0$, $\Sigma M=0$)에 의해서 반력을 구한다.

(2) 단면력은 단순보의 해법과 같은 방법으로 구한다. 단, 내측을 기준으로 한다.

(3) 자유물체도(F.B.D)를 그려 해석한다.

(4) 부재각 : 수평변위(가로흔들이, sideway)에 의해 부재가 이루는 각을 부재각이라고 한다.

$$R_1 = \frac{\Delta_1}{h_1}, \ R_2 = \frac{\Delta_2}{h_2} \text{이고,}$$

$$\Delta = \Delta_1 = \Delta_2 \text{이면} \ \Delta = R_1 h_1 = R_2 h_2$$

$$\therefore \ R_1 = \frac{h_2}{h_1} R_2$$

알・아・두・기・

☑ **부재각**

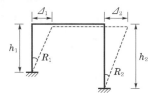

125

02 정정 아치와 케이블

① 아치의 정의 및 종류

(1) 아치의 정의

라멘에서 직선재 대신 곡선재로 형성되어 외력에 저항하는 구조물로서 휨모멘트를 감소시켜 주로 축방향력에 저항하는 구조물이다.

(2) 아치의 종류

(a) 단순보형 아치　(b) 3 활절형 아치　(c) 캔틸레버형 아치　(d) 타이드 아치

【그림 5-2】 아치의 종류

② 아치의 해법

(1) 힘의 평형조건식($\Sigma H = 0$, $\Sigma V = 0$, $\Sigma M = 0$)을 이용하여 지점 반력을 구한다.

(2) 부재 단면에서 발생하는 단면력은 임의의 점 D에서 그은 접선축에 대하여 계산한다.

(3) 임의의 점 D의 단면력

① 전단력

$$S_D = R_A \cos\theta - H_A \sin\theta - wx \cos\theta$$

② 축력

$$A_D = R_A \sin\theta + H_A \cos\theta - wx \sin\theta$$

③ 휨모멘트

$$M_D = R_A x - H_A y - \frac{wx^2}{2}$$

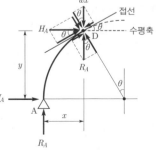

【그림 5-3】 아치의 단면력

③ 케이블

(1) 케이블(cable)의 특성

① 케이블은 현수교, 사장교, 케이블카 등에서 하중을 지지하는
주부재로서, 휨모멘트나 압축에는 저항이 불가능하며 오직 장
력(tension)만을 견디는 능력이 있다. 송신탑, 기중기 등에서
받침줄로 사용되기도 한다.

② 케이블의 일반정리

> 케이블에서 $H \cdot y_m$ = 대등한 단순보에서 M_m

(2) 이 정리는 임의의 수직하중에 대하여도 성립되며, 케이블의 현
이 수평이든 경사지든 간에 성립하고, 보통의 경우 케이블의 자
중은 무시한다.

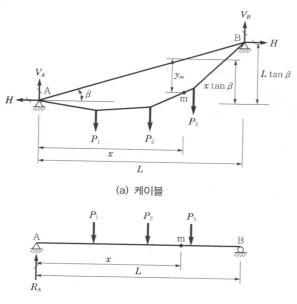

(a) 케이블

(b) 같은 길이의 단순보

【그림 5-4】 케이블의 일반정리

(3) 집중하중을 받는 케이블

① 같은 길이의 단순보(b)에서 $\Sigma M_B = 0$을 취하여 반력 R_A를
구한다.

② 이 단순보의 연직변위를 알고 있는 m점의 휨모멘트를 계산한다.

③ 케이블의 일반정리를 이용하여 수평반력(H)을 구한다. 이 경우 A, B점의 수평반력은 같다.

④ 케이블(a)에서 $\Sigma M_B = 0$을 취하여 연직반력 V_A를 구한다.

⑤ 힘의 평형조건식에 의하여 V_B를 계산한다.

⑥ 케이블의 최대장력

집중하중을 받는 케이블에서는 T_{max}는 경사가 가장 큰 지점에서 일어난다.

$$T_{max} = T_i = \sqrt{H^2 + V_i^{\,2}}$$

(4) 등분포하중을 받는 케이블(케이블 현이 수평인 경우)

집중하중을 받는 케이블과 동일하게 계산한다.

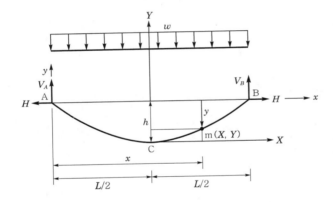

【그림 5-5】 등분포하중을 받는 케이블(포물선)

정정 라멘

1. 다음 라멘 C점의 휨모멘트가 4.5t·m가 되기 위한 P의 크기는?

㉮ 9t

㉯ 6t

㉰ 5t

㉱ 3t

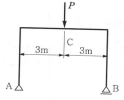

해설 $\Sigma M_B = 0$

$R_A \cdot 6 - P \cdot 3 = 0$

$\therefore R_A = \dfrac{P}{2}$

$M_C = R_A \cdot 3 = 4.5 \text{t·m}, \quad \dfrac{P}{2} \cdot 3 = 4.5 \text{t·m}$

$\therefore P = 3 \text{t}$

2. 다음 그림과 같은 라멘의 C점에 생기는 휨모멘트는 얼마인가?

㉮ 3t·m

㉯ 4t·m

㉰ 5t·m

㉱ 6t·m

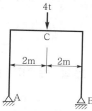

해설 $R_A = 2 \text{t}, \quad M_C = 2 \times 2 = 4 \text{t·m}$

3. 그림과 같은 라멘에서 C점의 휨모멘트는?

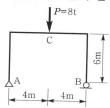

㉮ 12t·m

㉯ 16t·m

㉰ 24t·m

㉱ 32t·m

해설 $\Sigma M_B = 0$

$R_A \times 8 - 8 \times 4 = 0$

$R_A = 4 \text{t}(\uparrow)$

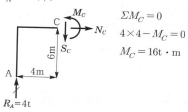

$\Sigma M_C = 0$

$4 \times 4 - M_C = 0$

$M_C = 16 \text{t·m}$

4. 그림과 같은 라멘의 B점의 휨모멘트 M_B는?

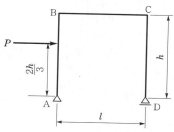

㉮ $\dfrac{3Ph}{2}$

㉯ $\dfrac{2Ph}{3}$

㉰ $\dfrac{2Ph}{3l}$

㉱ $\dfrac{3Ph}{2l}$

해설 $H_A = P$

$M_B = P \times h - P \times \dfrac{h}{3} = \dfrac{2}{3} Ph$

5. 다음 라멘의 B.M.D를 옳게 그린 것은?

㉮ A

㉯ B

㉰ C

㉱ D

➡ 정답   1. ㉱   2. ㉯   3. ㉯   4. ㉯   5. ㉰

6. 아래 그림에서 보이는 바와 같은 정정 라멘의 B단에 수평하중 P가 작용한다면 부재 DC의 중앙점 m에 작용하는 휨모멘트는?

㉮ $M_m = p \times l$

㉯ $M_m = p \times h$

㉰ $M_m = p \times \dfrac{l}{2}$

㉱ $M_m = 0$

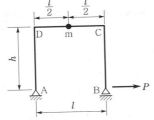

> **해설** $\Sigma H = 0,\ H_A = P$
> $\Sigma V = 0,\ V_A = 0$
> $M_m = P \times h = Ph$

7. 다음 그림과 같은 라멘에서 D지점의 반력은?

㉮ $0.5P(\uparrow)$

㉯ $P(\uparrow)$

㉰ $1.5P(\uparrow)$

㉱ $2.0P(\uparrow)$

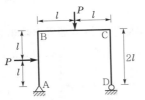

> **해설** $\Sigma M_A = 0$
> $P \times l + P \times l - R_D \times 2l = 0$
> $R_D = P(\uparrow)$

8. 다음 그림과 같은 단순보 형식의 정정 라멘에서 F점의 휨모멘트 M_F 값은 얼마인가?

㉮ $28.6\text{tf} \cdot \text{m}$

㉯ $21.6\text{tf} \cdot \text{m}$

㉰ $12.6\text{tf} \cdot \text{m}$

㉱ $18.6\text{tf} \cdot \text{m}$

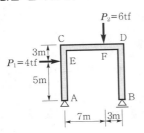

> **해설** $\Sigma M_A = 0$
> $4 \times 5 + 6 \times 7 - R_B \times 10 = 0$
> $R_B = 6.2\text{tf}(\uparrow)$
> $\Sigma M_F = 0$
> $M_F - 6.2 \times 3 = 0$
> $M_F = 18.6\text{tf} \cdot \text{m}$

9. 그림과 같은 정정 라멘에서 C점의 휨모멘트는?

㉮ $6.25\text{t} \cdot \text{m}$

㉯ $9.25\text{t} \cdot \text{m}$

㉰ $12.3\text{t} \cdot \text{m}$

㉱ $18.2\text{t} \cdot \text{m}$

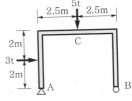

> **해설** $\Sigma M_A = 0$
> $-V_B \times 5 + 5 \times 2.5 + 3 \times 2 = 0,\ V_B = 3.7\text{t}(\uparrow)$
> $\therefore M_C = 3.7 \times 2.5 = 9.25\text{t} \cdot \text{m}$

10. 그림과 같은 라멘의 최대 휨모멘트 값은?

㉮ $\dfrac{9}{16}wl^2$

㉯ $\dfrac{9}{32}wl^2$

㉰ $\dfrac{9}{64}wl^2$

㉱ $\dfrac{9}{128}wl^2$

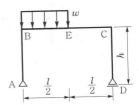

> **해설** $\Sigma M_D = 0$
> $R_A \times l - \dfrac{wl}{2} \times \dfrac{3}{4}l = 0$
> $R_A = \dfrac{3}{8}wl$
> $M_{\max} = \dfrac{3}{8}wl \times \dfrac{3}{8}l - \dfrac{3}{8}wl \times \dfrac{3}{8}l \times \dfrac{1}{2}$
> $= \dfrac{9wl^2}{64} - \dfrac{9wl^2}{128} = \dfrac{9wl^2}{128}$

11. 다음 그림과 같은 정정 라멘의 C점에서 휨모멘트는?

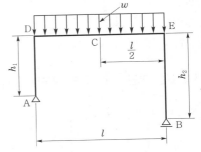

㉮ $\dfrac{wl}{8}(h_1 + h_2)$　　　㉯ $\dfrac{wl^2}{8} + \dfrac{wl}{2}h_1$

㉰ $\dfrac{wl^2}{4} + \dfrac{wl}{2}h_1$　　　㉱ $\dfrac{wl^2}{8}$

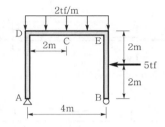

해설 $\Sigma M_A = 0$

$$-R_B \cdot l + \frac{wl^2}{2} = 0$$

$$R_B = \frac{wl}{2}$$

$$M_C = \frac{wl}{2} \cdot \frac{l}{2} - \frac{wl}{2} \cdot \frac{l}{4} = \frac{wl^2}{8}$$

12. 그림과 같은 라멘에서 B 지점의 연직반력 R_b 는? (단, A 지점은 힌지 지점이고 B 지점은 롤러 지점이다.)

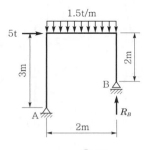

㉮ 6t

㉯ 7t

㉰ 8t

㉱ 9t

해설 $\Sigma M_A = 0$

$$-R_B \times 2 + 1.5 \times 2 \times 1 + 5 \times 3 = 0$$

$$R_B = \frac{18}{2} = 9t (\uparrow)$$

13. 정정 구조의 라멘에 분포하중 w 가 작용시 최대 모멘트를 구하면?

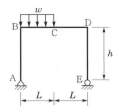

㉮ $0.186wL^2$

㉯ $0.219wL^2$

㉰ $0.250wL^2$

㉱ $0.281wL^2$

해설 $\Sigma M_A = 0$

$$wL\frac{L}{2} - R_E \cdot 2L = 0$$

$$R_E = \frac{wL}{4}$$

$\Sigma V = 0$

$$R_A + R_E - wL = 0$$

$$R_A = \frac{3}{4}wL$$

전단력이 0 되는 곳에서 최대 모멘트 발생

$$x : \frac{3wL}{4} = L : wL$$

$$x = \frac{3}{4}L$$

$$M_{max} = \frac{3wL}{4} \cdot \frac{3}{4}L - w \cdot \frac{3}{4}L \cdot \frac{1}{2} \cdot \frac{3}{4}L$$

$$= 0.281wL^2$$

14. 그림과 같은 라멘에서 C점의 휨모멘트는?

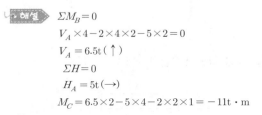

㉮ $-11tf \cdot m$

㉯ $-14tf \cdot m$

㉰ $-17tf \cdot m$

㉱ $-20tf \cdot m$

해설 $\Sigma M_B = 0$

$$V_A \times 4 - 2 \times 4 \times 2 - 5 \times 2 = 0$$

$$V_A = 6.5t (\uparrow)$$

$\Sigma H = 0$

$$H_A = 5t (\rightarrow)$$

$$M_C = 6.5 \times 2 - 5 \times 4 - 2 \times 2 \times 1 = -11t \cdot m$$

15. 그림과 같은 구조에서 절댓값이 최대로 되는 휨모멘트의 값은?

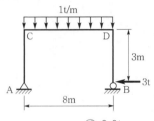

㉮ $8.0t \cdot m$

㉯ $9.0t \cdot m$

㉰ $4.0t \cdot m$

㉱ $3.0t \cdot m$

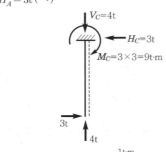

해설 $\Sigma M_B = 0$

$V_A \times 8 - 8 \times 1 \times 4 = 0$

$V_A = 4\text{t}(\uparrow)$

$\Sigma V = 0$

$V_B = 8 - 4 = 4\text{t}(\uparrow)$

$\Sigma H = 0$

$H_A = 3\text{t}(\rightarrow)$

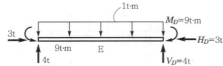

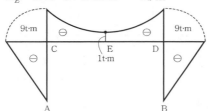

$M_E = 4 \times 4 - 9 - 1 \times 4 \times 2 = -1\text{t/m}$

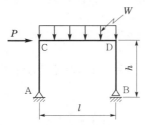

\<B.M.D\>

16. 다음 라멘의 C점의 휨모멘트 값은?

P W

㉮ $Pl + \dfrac{Wl^2}{2}$ ㉯ Pl

㉰ Ph ㉱ $Ph + \dfrac{Wl^2}{2}$

해설 $H_A = P$

$\therefore M_C = P \cdot h$

17. 다음과 같은 구조물에 우력이 작용할 때 모멘트도로 옳은 것은?

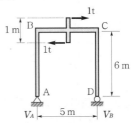

㉮ 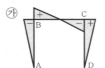   ㉯

㉰ 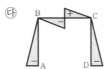   ㉱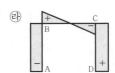

18. 그림과 같은 구조물의 D점에 5t의 상향반력이 생길 때, 모멘트 크기 M의 값은?

㉮ 12t · m

㉯ 15t · m

㉰ 20t · m

㉱ 25t · m

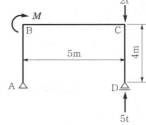

해설 $\Sigma M_A = 0$

$-R_D \cdot 5 + 2 \times 5 + M = 0$

여기서, $R_D = 5\text{t}$

$\therefore M = 25 - 10 = 15\text{t} \cdot \text{m}$

19. 다음 구조물에서 A점의 모멘트 크기를 구한 값은?

㉮ 1t · m

㉯ 2t · m

㉰ 7t · m

㉱ 9t · m

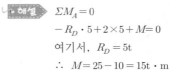

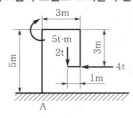

해설 $M_A = 5 + 2 \times 2 - 4 \times 2 = 1\text{t} \cdot \text{m}$

20. 그림의 라멘에서 자유단인 D점에 15t이 작용한다. A점의 휨모멘트는?

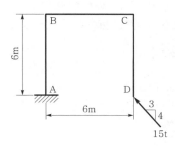

㉮ 54t·m ㉯ 64t·m
㉰ 72t·m ㉱ 70t·m

해설
$$V_D = 15 \times \frac{4}{5} = 12t$$
$$H_D = 15 \times \frac{3}{5} = 9t$$
$$M_A = 12 \times 6 + 9 \times 0$$
$$= 72t \cdot m$$

21. 다음 구조물에서 C점의 휨모멘트는? (단, 휨모멘트의 부호규약은 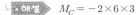 이다.)

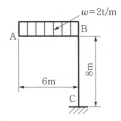

㉮ 32t·m ㉯ −36t·m
㉰ 42t·m ㉱ −48t·m

해설 $M_C = -2 \times 6 \times 3$
$$= -36t \cdot m$$

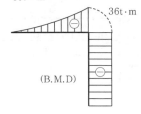

22. 그림에서 A–D점에 작용하는 6개의 힘에 대한 E점의 모멘트의 합은? (단, 부호의 규약은 ⊕↺ 로 한다.)

㉮ −26t·m
㉯ −38t·m
㉰ 26t·m
㉱ 38t·m

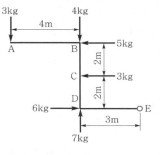

해설 $M_E = -3 \times 7 - 4 \times 3 - 5 \times 4 - 3 \times 2$
$$+ 7 \times 3 + 6 \times 0$$
$$= -38t \cdot m$$

23. 고정단 A점의 굽힘모멘트로서 옳은 것은?

㉮ −6t·m
㉯ 6t·m
㉰ −12t·m
㉱ 12t·m

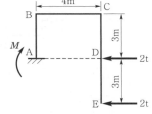

해설 $\Sigma M_A = 0$
$$M_A + 2 \times 3 = 0$$
$$M_A = -6t \cdot m$$

24. 다음 라멘에서 AB부재의 중간점인 C점의 휨모멘트는?

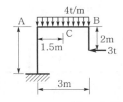

㉮ −6.5t·m ㉯ −8.5t·m
㉰ −10.5t·m ㉱ −12.5t·m

해설 $M_C = -3 \times 2 - 4 \times 1.5 \times \frac{1.5}{2}$
$$= -10.5t \cdot m$$

25. 다음 구조물에서 A점의 모멘트 크기를 구한 값은?

㉮ 1t · m

㉯ 2t · m

㉰ 7t · m

㉱ 9t · m

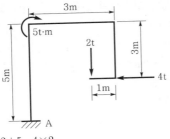

> **해설**
> $M_A = 2 \times 2 + 5 - 4 \times 2$
> $= 1 \text{t} \cdot \text{m}$

26. 그림과 같은 3활절 라멘의 지점 A의 수평반력 (H_A)은?

㉮ $\dfrac{Pl}{h}$

㉯ $\dfrac{Pl}{2h}$

㉰ $\dfrac{Pl}{4h}$

㉱ $\dfrac{Pl}{8h}$

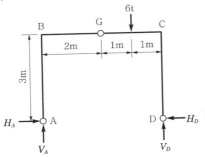

> **해설**
> $\Sigma M_E = 0$
> $R_a \times l - P \times \dfrac{3}{4}l = 0$
> $R_a = \dfrac{3P}{4}$
> $\Sigma M_C = 0$
> $\dfrac{3P}{4} \times \dfrac{l}{2} - H_A \times h - P \times \dfrac{l}{4} = 0$
> $H_A = \dfrac{Pl}{8h}(\nearrow)$

27. 그림과 같은 라멘의 수평반력 H_A 및 H_D가 옳은 것은?

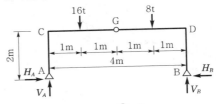

㉮ $H_A = 1\text{t}(\rightarrow)$, $H_D = 1\text{t}(\leftarrow)$

㉯ $H_A = 1\text{t}(\leftarrow)$, $H_D = 1\text{t}(\rightarrow)$

㉰ $H_A = 2\text{t}(\rightarrow)$, $H_D = 2\text{t}(\leftarrow)$

㉱ $H_A = 2\text{t}(\leftarrow)$, $H_D = 2\text{t}(\rightarrow)$

> **해설**
> $\Sigma M_D = 0$
> $V_A \times 4 - 6 \times 1 = 0$, $V_A = 1.5\text{t}(\uparrow)$
> $M_G(\text{좌}) = 0$
> $1.5 \times 2 - H_A \cdot 3 = 0$
> $H_A = 1\text{t}(\rightarrow)$
> $\Sigma H = 0$
> $H_A - H_D = 0$
> $H_D = 1\text{t}(\leftarrow)$

28. 그림의 라멘에서 수평반력 H를 구한 값은?

㉮ 9.0tf

㉯ 4.5tf

㉰ 3.0tf

㉱ 2.25tf

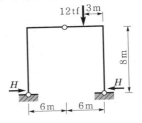

> **해설**
> $\Sigma M_B = 0$
> $-12 \times 3 + V_A \times 12 = 0$
> $V_A = 3\text{tf}(\uparrow)$
>
>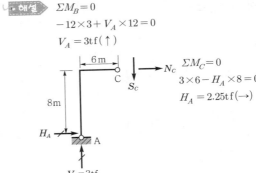
>
> $\Sigma M_C = 0$
> $3 \times 6 - H_A \times 8 = 0$
> $H_A = 2.25\text{tf}(\rightarrow)$

29. 다음 그림과 같은 3힌지 라멘의 수평지점 반력 H_A는 얼마인가?

㉮ 2t

㉯ 4t

㉰ 6t

㉱ 8t

• 해설 $\Sigma M_B = 0$

$V_A \times 4 - 16 \times 3 - 8 \times 1 = 0$

$V_A = 14\text{t}$

$\Sigma M_G = 0$

$14 \times 2 - H_A \times 2 - 16 \times 1 = 0$

$H_A = 6\text{t}$

30. 그림과 같은 3힌지 라멘에 등분포하중이 작용할 경우 A점의 수평반력은?

㉮ 0

㉯ $\dfrac{wl^2}{8} \ (\rightarrow)$

㉰ $\dfrac{wl^2}{4h} \ (\rightarrow)$

㉱ $\dfrac{wl^2}{8h} \ (\rightarrow)$

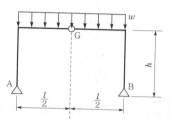

• 해설 $\Sigma M_B = 0$

$V_A \times l - wl \times \dfrac{l}{2} = 0$

$V_A = \dfrac{wl}{2} \ (\uparrow)$

$\Sigma M_G = 0$

$\dfrac{wl}{2} \times \dfrac{l}{2} - H_A \times h - \dfrac{wl}{2} \times \dfrac{l}{4} = 0$

$\therefore H_A = \dfrac{wl^2}{8h} \ (\rightarrow)$

31. 그림과 같은 3힌지 라멘의 휨모멘트 선도(B.M.D.)는 어느 것인가?

㉮

㉯

㉰

㉱

32. 그림과 같은 3활절 라멘의 수평반력 H_A 값은?

㉮ $\dfrac{wl^2}{4h}$

㉯ $\dfrac{wl^2}{8h}$

㉰ $\dfrac{wl^2}{16h}$

㉱ $\dfrac{wl^2}{24h}$

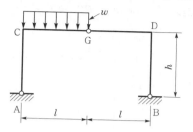

• 해설 $\Sigma M_B = 0$

$V_A \cdot 2l - w \cdot l \cdot \left(l + \dfrac{l}{2}\right) = 0$

$V_A = \dfrac{3}{4}wl$

$\Sigma M_C = 0$

$V_A \cdot l - H_A \cdot h - \dfrac{wl^2}{2} = 0$

$H_A = \dfrac{1}{h}\left(\dfrac{3}{4}wl^2 - \dfrac{wl^2}{2}\right)$

$\therefore H_A = \dfrac{wl^2}{4h}$

33. 그림과 같은 라멘 구조에서 반력 H_D의 크기는?

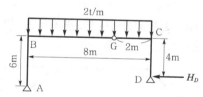

㉮ 2.67t

㉯ 4t

㉰ 7.33t

㉱ 8.67t

• 해설 $\Sigma V = 0, \ R_A + R_D = 16\text{t}$ ·················· ①

$\Sigma H = 0, \ H_A - H_D = 0$ ·················· ②

$\Sigma M_G = 0, \ R_A \times 6 - H_A \times 6 - 2 \times 6 \times 3 = 0$

$R_A - H_A = 6$ ·················· ③

$\Sigma M_D = 0, \ R_A \times 8 - H_A \times 2 - 2 \times 8 \times 4 = 0$

$4R_A - H_A = 32$ ·················· ④

$\begin{array}{r} 4R_A - H_A = 32 \\ -) \quad R_A - H_A = 6 \\ \hline 3R_A \qquad = 26 \end{array}$

$\therefore R_A = 8.67\text{t} \quad \therefore R_D = 16 - 8.67 = 7.33\text{t}$

$\therefore H_A = 8.67 - 6 = 2.67\text{t} \quad \therefore H_D = 2.67\text{t}$

34. 다음 그림과 같은 3활절 라멘에서 B점의 휨모멘트가 $-6t \cdot m$이면 P의 크기는?

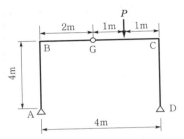

㉮ 9t

㉯ 10t

㉰ 11t

㉱ 12t

해설

$M_B = -6t \cdot m$

$H_A \times 4 = 6$

$H_A = 1.5(\rightarrow)$

$\Sigma M_G = 0$에서

$R_A \times 2 - 1.5 \times 4 = 0$

$R_A = 3t$

$\Sigma M_D = 0$에서

$3 \times 4 - P \times 1 = 0$

$\therefore P = 12t$

35. 다음 3힌지 라멘에서 B점의 휨모멘트의 크기를 구한 값은?

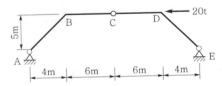

㉮ $20t \cdot m$

㉯ $25t \cdot m$

㉰ $30t \cdot m$

㉱ $35t \cdot m$

해설

$\Sigma M_E = 0$

$R_A \times 20 - 20 \times 5 = 0$

$R_A = 5t$

$\Sigma M_C = 0$

$5 \times 10 - H_A \times 5 = 0$

$H_A = 10t(\rightarrow)$

$\therefore M_B = 5 \times 4 - 10 \times 5 = -30t \cdot m$

36. 그림과 같은 3활절 문형 라멘에 일어나는 최대 휨모멘트는?

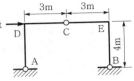

㉮ $9t \cdot m$

㉯ $12t \cdot m$

㉰ $15t \cdot m$

㉱ $18t \cdot m$

해설

$\Sigma M_B = 0$

$-V_A \times 6 + 6 \times 4 = 0$

$V_A = 4t(\downarrow)$

$\Sigma M_C = 0$

$-4 \times 3 + H_A \times 4 = 0$

$H_A = 3t(\leftarrow)$

$\therefore M_D = 3 \times 4 = 12t \cdot m$

37. 다음 라멘의 B.M.D.가 옳게 그려진 것은?

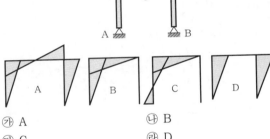

㉮ A

㉯ B

㉰ C

㉱ D

해설

① 지점의 경계조건이 단순지지 → $M_A = M_B$

② 수평부재의 내부 힌지 → $M_G = 0$

③ 강절점에서 수직·수평 각 부재의 M은 동일

38. 아래 그림은 좌우대칭인 라멘의 모멘트도이다. 다음 어느 경우의 모멘트도인가?

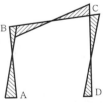

㉮ A와 D 고정, AB, BC 및 CD에 등분포하중

㉯ A와 D 고정, B에 수평집중하중

㉰ A와 D 고정, AB, BC에 등분포하중

㉱ A 및 D에 힌지 지점, B에 수평집중하중

39. 다음 라멘의 B.M.D.는?

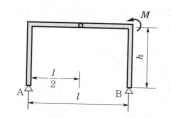

㉮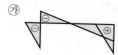

㉯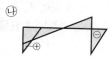

㉰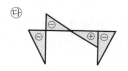

㉱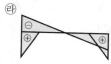

해설

$\Sigma M_B = 0$

$V_A \times l - M = 0$

$V_A = \dfrac{M}{l}(\uparrow)$

$\Sigma V = 0$

$V_A - V_B = 0$

$V_B = \dfrac{M}{l}(\downarrow)$

$\Sigma M_G = 0$

$\dfrac{M}{l} \times \dfrac{l}{2} - H_A \times h = 0$

$H_A = \dfrac{M}{2h}(\rightarrow)$

$\Sigma X = 0$

$\dfrac{M}{2h} - H_B = 0$

$H_B = \dfrac{M}{2h}(\leftarrow)$

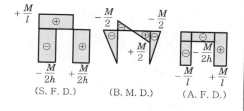

(S. F. D.)　　(B. M. D.)　　(A. F. D.)

40. 그림과 같은 라멘에서 휨모멘트도(B.M.D.)가 옳게 그려진 것은?

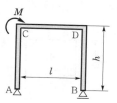

㉮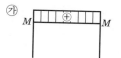

㉯

㉰

㉱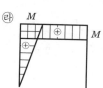

해설

① 지점의 경계조건은 단순지지이고, AC, BD 두 수직부재의 내력은 축방향력만 존재한다.

② CD 부재의 C점의 모멘트는 M이고, D점의 모멘트는 0이다.

41. 그림과 같은 정정 라멘 구조에서 H_A의 크기는?

㉮ $\dfrac{M}{l}$

㉯ 0

㉰ $\dfrac{-M}{l}$

㉱ $\dfrac{M}{2h}$

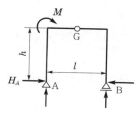

해설

$\Sigma M_B = 0$

$R_A \times l + M = 0$

$R_A = -\dfrac{M}{l}$

$\Sigma M_G = 0$

$-\dfrac{M}{l} \times \dfrac{l}{2} - H_A \times h + M = 0$

$H_A = \dfrac{M}{2h}$

42. 그림과 같은 부정정 라멘이 외력을 받으면 기둥은 일반적으로 부재각(부재각)을 이룬다. 지금 기둥 CD의 부재각을 R 라고 하면 AB 기둥의 부재각은?

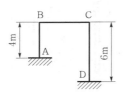

㉮ R

㉯ $1.5R$

㉰ $2R$

㉱ $2.5R$

▶**해설** $\Delta = R_1 h_1 = R_2 h_2$ 로부터

$$R_1 = \frac{h_2}{h_1} R_2$$

$$R_A = \frac{6}{4} R_B$$

$$\therefore \ R_A = 1.5 R_B$$

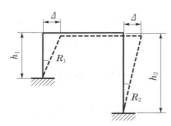

정정 아치

43. 다음 아치(arch)의 특성에 대하여 잘못 설명한 것은?

㉮ 부재는 곡선이며 주로 축방향 압축력을 지지한다.

㉯ 강재로 된 3활절 아치는 지간의 길이가 180m 이내인 교량에 많이 사용한다.

㉰ 수평반력은 각 단면에서의 휨모멘트를 감소시킨다.

㉱ 휨모멘트나 압축에는 저항이 불가능하며, 오직 장력만을 견딘다.

▶**해설** 아치(arch) : 곡선부재로 형성된 구조물로서 단면내력으로는 축방향력, 전단력, 그리고 휨모멘트가 발생할 수 있지만 주로 축방향 압축력에 저항하도록 만든 구조물이다.

44. 축선이 포물선인 3활절 아치가 등분포하중을 받을 때 이 아치에 일어나는 단면력이 옳게 된 것은?

㉮ 축압력만 작용한다.

㉯ 휨모멘트만 작용한다.

㉰ 전단력만 작용한다.

㉱ 축압력, 휨모멘트, 전단력이 작용한다.

45. 그림과 같은 지간 10m인 반원형 단순 아치(arch)에서 크라운 C점의 전단력 S_C의 크기는?

㉮ 2.2t

㉯ 2.4t

㉰ 6.3t

㉱ 9.6t

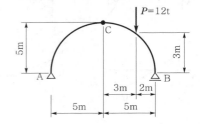

▶**해설** $\Sigma M_B = 0$

$$R_A \times 10 - 12 \times 2 = 0$$

$$R_A = 2.4t$$

$$\therefore \ S_C = R_A = 2.4t$$

46. 다음 하중을 받고 있는 아치(arch)에서 A지점 반력의 합력을 구한 값은?

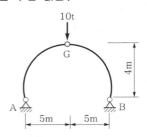

㉮ 5.0t

㉯ 6.25t

㉰ 8.0t

㉱ 9.35t

▶**해설** 좌우대칭이므로

$$R_A = 5t (\uparrow)$$

$$\Sigma M_G = 0$$

$$5 \times 5 - H_A \times 4 = 0$$

$$H_A = 6.25t (\rightarrow)$$

$$\therefore \ R = \sqrt{5^2 + 6.26^2}$$

$$= 8.004t$$

47. 다음 그림과 같은 3힌지 아치(arch)에 힌지인 G점에 집중하중이 작용하고 있다. 중심각도 45°일 때 C점에서의 전단력은 얼마인가?

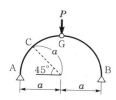

㉮ $\dfrac{P}{2}$ㅤㅤㅤㅤㅤㅤ㉯ $-\dfrac{P}{2}$

㉰ $\dfrac{\sqrt{2}}{2}P$ㅤㅤㅤㅤㅤ㉱ 0

해설ㅤ$\Sigma M_B = 0$

$V_A \times 2a - P \times a = 0$

$V_A = \dfrac{P}{2}(\uparrow)$

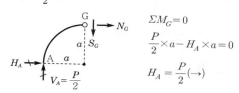

$\Sigma M_G = 0$

$\dfrac{P}{2} \times a - H_A \times a = 0$

$H_A = \dfrac{P}{2}(\rightarrow)$

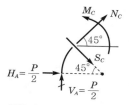

$\Sigma H = 0$

$\dfrac{P}{2} + N_C \cos 45° + S_C \cos 45° = 0$

$\dfrac{P}{2} + \dfrac{\sqrt{2}}{2} N_C + \dfrac{\sqrt{2}}{2} S_C = 0$ ·················· ①

$\Sigma V = 0$

$\dfrac{P}{2} + N_C \sin 45° - S_C \sin 45° = 0$

$\dfrac{P}{2} + \dfrac{\sqrt{2}}{2} N_C - \dfrac{\sqrt{2}}{2} S_C = 0$ ·················· ②

식 ①, ②를 연립하여 풀면,

$S_C = 0$

$N_C = -\dfrac{1}{\sqrt{2}}P$

48. 다음 그림과 같은 반원형 3힌지 아치에서 A점의 수평반력은?

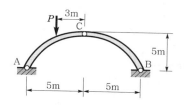

㉮ Pㅤㅤㅤㅤㅤㅤ㉯ $P/2$

㉰ $P/4$ㅤㅤㅤㅤㅤ㉱ $P/5$

해설ㅤ$\Sigma M_B = 0$

$V_A \times 10 - P \times 8 = 0$

$\therefore \ V_A = \dfrac{4}{5}P(\uparrow)$

$\Sigma M_C = 0$

$\dfrac{4}{5}P \times 5 - H_A \times 5 - P \times 3 = 0$

$\therefore \ H_A = \dfrac{P}{5}(\rightarrow)$

49. 그림과 같은 3힌지(hinge) 아치가 $P=10t$의 하중을 받고 있다. B지점에서 수평반력은?

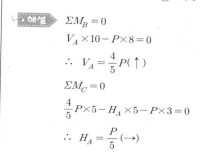

㉮ 2.0t

㉯ 2.5t

㉰ 3.0t

㉱ 3.5t

해설ㅤ$\Sigma M_A = 0$

$-V_B \times 10 + 10 \times 2.5 = 0$

$V_B = 2.5t$

$\Sigma M_G = 0$

$H_B \cdot 5 - V_B \cdot 5 = 0$

$H_B = 2.5t(\leftarrow)$

50. 다음 아치에서 A점의 수평반력은?

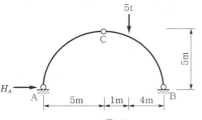

㉮ 1t ㉯ 2t

㉰ 2.5t ㉱ 3t

> **해설** $\Sigma M_B = 0$
>
> $R_A \times 10 - 5 \times 4 = 0$
>
> $R_A = 2t\,(\uparrow)$
>
> $\Sigma M_C = 0$
>
> $2 \times 5 - H_A \times 5 = 0$
>
> $H_A = 2t\,(\rightarrow)$

51. 다음과 같은 아치(arch)의 휨모멘트도로 옳은 것은?

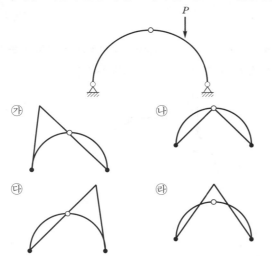

52. 그림과 같은 3활절 아치에서 D점에 연직하중 20t이 작용할 때 A점에 작용하는 수평반력 H_A는?

㉮ 5.5t

㉯ 6.5t

㉰ 7.5t

㉱ 8.5t

> **해설** $\Sigma M_B = 0$
>
> $V_A \times 10 - 20 \times 7 = 0$
>
> $\therefore\ V_A = \dfrac{20 \times 7}{10} = 14t\,(\uparrow)$
>
> $\Sigma M_C = 0$
>
> $14 \times 5 - 20 \times 2 - H_A \times 4 = 0$
>
> $\therefore\ H_A = \dfrac{70 - 40}{4}$
>
> $= \dfrac{30}{4} = 7.5t\,(\rightarrow)$

53. 그림과 같은 반경이 r인 반원 아치에서 D점의 축방향력 N_D의 크기는 얼마인가?

㉮ $N_D = \dfrac{P}{2}(\cos\theta - \sin\theta)$

㉯ $N_D = \dfrac{P}{2}(r\cos\theta - \sin\theta)$

㉰ $N_D = \dfrac{P}{2}(\cos\theta - r\sin\theta)$

㉱ $N_D = \dfrac{P}{2}(\sin\theta + \cos\theta)$

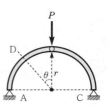

> **해설** $\Sigma V = 0$
>
> $V_A = \dfrac{P}{2}\,(\uparrow)$
>
> $\Sigma M_G = 0$
>
> $\dfrac{P}{2} \times r - H_A \times r = 0$
>
> $H_A = \dfrac{P}{2}\,(\rightarrow)$
>
> $N_D = R_A \sin\theta + H_A \cos\theta - wx\sin\theta$
>
> $= \dfrac{P}{2}\sin\theta + \dfrac{P}{2}\cos\theta - 0$
>
> $= \dfrac{P}{2}(\sin\theta + \cos\theta) - 압축$

54. 그림과 같은 3활절 정정 아치 구조물에서 A점의 수평반력 H_A를 구하면?

㉮ 6.35t

㉯ 6.55t

㉰ 6.75t

㉱ 6.95t

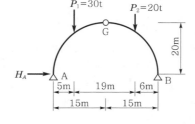

◆ 해설▶
$$\Sigma M_B = 0$$
$$V_A \times 30 - 30 \times 25 - 20 \times 6 = 0$$
$$V_A = 29t\,(\uparrow)$$

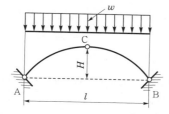

$$\Sigma M_G = 0$$
$$29 \times 15 - 30 \times 10$$
$$- H_A \times 20 = 0$$
$$H_A = 6.75t\,(\rightarrow)$$

55. 그림과 같은 3활절 포물선 아치의 수평반력의 크기는?

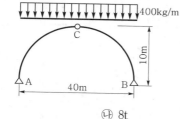

㉮ 0

㉯ $\dfrac{wl^2}{8H}$

㉯ $\dfrac{3wl^2}{8H}$

㉱ $\dfrac{5wl^2}{8H}$

◆ 해설▶
$$\Sigma M_B = 0$$
$$V_A \cdot l - \frac{wl^2}{2} = 0, \quad V_A = \frac{wl}{2}$$
$$\Sigma M_C = 0$$
$$V_A \cdot \frac{l}{2} - H_A \cdot H - \frac{wl}{2} \cdot \frac{l}{4} = 0$$
$$H_A = \frac{1}{H}\left(\frac{wl^2}{4} - \frac{wl^2}{8}\right)$$
$$\therefore\ H_A = \frac{wl^2}{8H}\,(\rightarrow)$$

56. 그림과 같은 3-hinge 아치의 수평반력 H_A는?

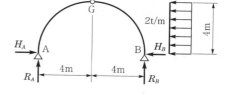

㉮ 6t

㉯ 8t

㉯ 10t

㉱ 12t

◆ 해설▶
$$P = wl = 0.4 \times 40 = 16t$$
좌우대칭이므로
$$V_A = 8t\,(\uparrow)$$
$$\Sigma M_C = 0$$
$$8 \times 20 - H_A \times 10 - 8 \times 10 = 0$$
$$H_A = \frac{160 - 80}{10} = 8t\,(\rightarrow)$$

57. 그림과 같은 3힌지 아치에서 있어서 A점의 수직반력 $V_A = 11.4t$으로 된다. 이때, A점의 수평반력 H_A는?

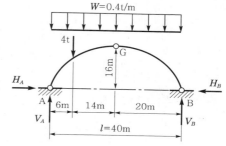

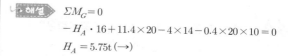

㉮ 11.40t

㉯ 12.00t

㉯ 6.25t

㉱ 5.75t

◆ 해설▶
$$\Sigma M_G = 0$$
$$- H_A \cdot 16 + 11.4 \times 20 - 4 \times 14 - 0.4 \times 20 \times 10 = 0$$
$$H_A = 5.75t\,(\rightarrow)$$

58. 다음 3활절 아치에서 등분포하중이 수평으로 작용할 때의 수평반력의 H_A는?

㉮ 4t

㉯ 2t

㉯ 6t

㉱ 0

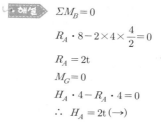

◆ 해설▶
$$\Sigma M_B = 0$$
$$R_A \cdot 8 - 2 \times 4 \times \frac{4}{2} = 0$$
$$R_A = 2t$$
$$M_G = 0$$
$$H_A \cdot 4 - R_A \cdot 4 = 0$$
$$\therefore\ H_A = 2t\,(\rightarrow)$$

59. 다음 3힌지 아치에서 수평반력 H_B를 구하면?

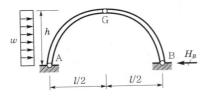

㉮ $\dfrac{1}{4wh}$

㉯ $\dfrac{1}{2wh}$

㉰ $\dfrac{wh}{4}$

㉱ $2wh$

• 해설 $\Sigma M_A = 0$

$- V_B \times l + wh \times \dfrac{h}{2} = 0$

$V_B = \dfrac{wh^2}{2l}\ (\uparrow)$

$\Sigma M_G = 0$

$H_B \times h - \dfrac{wh^2}{2l} \times \dfrac{l}{2} = 0$

$\therefore\ H_B = \dfrac{wh}{4}\ (\leftarrow)$

60. 다음 3활절 아치에서 A점의 수평반력은?

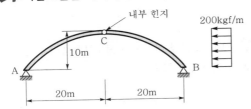

㉮ 500kgf

㉯ 750kgf

㉰ 1,000kgf

㉱ 1,500kgf

• 해설 $\Sigma M_B = 0$

$V_A \times 40 - 200 \times 10 \times 5 = 0$

$V_A = 250 \text{kgf}\ (\uparrow)$

$\Sigma M_C = 0$

$250 \times 20 - H_A \times 10 = 0$

$H_A = 500 \text{kgf}\ (\rightarrow)$

61. 그림과 같은 비대칭 3힌지 아치에서 힌지 C에 $P = 20t$이 수직으로 작용한다. A지점의 수평반력 R_H는?

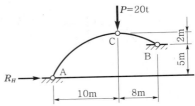

㉮ $R_H = 21.05t$

㉯ $R_H = 22.05t$

㉰ $R_H = 23.05t$

㉱ $R_H = 24.05t$

• 해설 $\Sigma M_B = 0$

$18R_A - 5R_H = 20 \times 8$ ⋯⋯⋯⋯⋯⋯ ①

$\Sigma M_C = 0$

$10R_A - 7R_H = 0$ ⋯⋯⋯⋯⋯⋯ ②

연립방정식을 풀면

$\therefore\ R_H = 21.05t\ (\rightarrow)$

케이블

62. 그림과 같은 케이블에서 C, D점에 각각 10kN의 집중하중이 작용하여 C점이 지점 A보다 1m 아래로 쳐졌다. 지점 A에 대한 수평반력(kN)과 케이블에 걸리는 최대 장력(kN)은? (단, 케이블의 자중은 무시한다.)

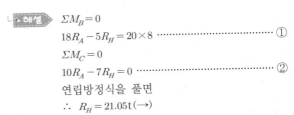

	H_A	$T_{\max}$
㉮	40kN	50.25kN
㉯	40kN	52.20kN
㉰	50kN	50.25kN
㉱	50kN	52.20kN

◦ 해설▷ ① 수평반력

케이블의 일반정리로부터

$$H_A \cdot y_C = M_C$$

$$H_A \times (1+1) = 10 \times 10$$

$$\therefore \ H_A = 50\text{kN} (\leftarrow)$$

$$H_B = 50\text{kN} (\rightarrow)$$

② 최대 장력은 B점에서 발생한다.

$\Sigma M_B = 0$ 으로부터

$$V_A \times 30 + 50 \times 3 - 10 \times 20 - 10 \times 10 = 0$$

$$\therefore \ V_A = 5\text{kN} (\uparrow)$$

$$V_B = 20 - 5 = 15\text{kN} (\uparrow)$$

$$T_{max} = \sqrt{H_B{}^2 + V_B{}^2}$$

$$= \sqrt{50^2 + 15^2}$$

$$= 52.20\text{kN}$$

63. 다음 그림과 같은 케이블에서 수평반력(H_A)의 크기(kN)는? (단, C는 중앙점이고, 케이블의 자중은 무시한다.)

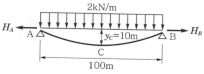

㉮ 100kN ㉯ 150kN

㉰ 200kN ㉱ 250kN

◦ 해설▷ 케이블의 일반정리로부터

$$H_A \cdot y_C = M_C$$

$$H_A \times 10 = \frac{2 \times 100^2}{8}$$

$$H_A = 250\text{kN} (\leftarrow)$$

 MEMO

chapter 6

정정 트러스

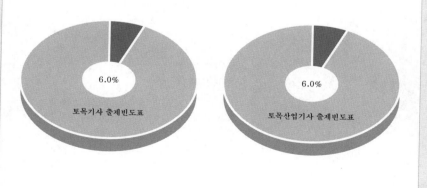

6.0%

토목기사 출제빈도표

6.0%

토목산업기사 출제빈도표

6 정정 트러스

01 트러스(truss) 개요

① 정의

(1) 트러스(truss)란 2개 이상의 직선 부재의 양단을 전혀 마찰이 없는 힌지(hinge)에 의하여 삼각형 형상으로 결합하여 만든 구조물을 말하고, 해법상 가정에 의하여 축방향력(인장, 압축)만을 부담하게 된다. 이 축방향력을 부재력이라고 한다.

(2) 실제 트러스는 입체 트러스이나 해석상 이것을 평면으로 분해하여 해석한다.

② 트러스 부재의 명칭

(1) 현재(chord member)
- ① 상현재(uppor chord) : U
- ② 하현재(lower chord) : L

(2) 복부재(web member)
- ① 수직재(vertical member) : V
- ② 사재(diagonal member) : D

(3) 단사재(단주) : 트러스의 좌·우측단의 사재

(4) 기타
- ① 격점(panel point, 절점) : A, B, C, D
- ② 격간장(panel length) : 격간의 길이 λ

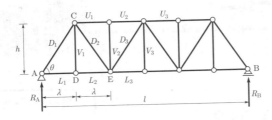

【그림 6-1】 트러스 부재의 명칭

❸ 트러스의 종류

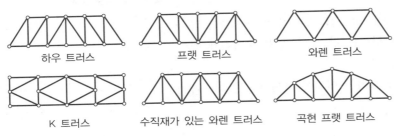

하우 트러스   프랫 트러스   와렌 트러스

K 트러스   수직재가 있는 와렌 트러스   곡현 프랫 트러스

지붕 트러스

【그림 6-2】 트러스의 종류

02 트러스의 해석

❶ 트러스의 해법상 가정

(1) 각 부재는 마찰 없는 힌지로 결합되어 있다.

(2) 각 부재는 직선재이다.

(3) 격점의 중심을 맺는 직선은 부재의 축과 일치한다.

(4) 외력은 모두 격점에 작용한다.

(5) 모든 외력의 작용선은 트러스와 동일 평면 내에 있다.

(6) 부재응력은 그 구조 재료의 탄성한도 이내에 있다.

(7) 트러스의 변형은 미소하여 이것을 무시한다. 따라서 하중이 작용
한 후에도 격점의 위치에는 변화가 없다.

② 트러스의 해법

(1) 트러스 해법의 일반
① 트러스의 지점반력은 단순보나 라멘과 같이 힘의 평형조건식 ($\Sigma M=0$, $\Sigma V=0$, $\Sigma H=0$)으로 구한다.
② 트러스의 부재력은 축방향력으로 인장력, 압축력만 생기며 편의상 인장력을 ($+$), 압축력을 ($-$)로 생각한다.

(2) 절점법(격점법)
부재의 한 절점에 대하여 힘의 평형조건식을 적용하여 미지의 부재력을 구하는 방법으로 비교적 간단한 트러스에 적용시킨다.($\Sigma V=0$, $\Sigma H=0$)

(3) 단면법(절단법)
① 모멘트법 : 상현재나 하현재의 부재력을 구할 때 적용($\Sigma M=0$)
② 전단력법 : 수직재나 사재의 부재력을 구할 때 적용($\Sigma V=0$)

③ 트러스 응력상의 여러 특징

(1) 두 개의 부재가 모이는 절점에 외력이 작용하지 않을 때는 이 두 부재의 응력은 0이다.

(2) 절점에 외력이 한 부재의 방향에 작용할 때는 그 부재의 응력은 외력과 같고 다른 부재의 응력은 0이다.

(3) 절점에 동일 직선상에 있지 않은 부재의 외력 P가 작용할 때, 이 부재의 응력은 외력 P와 같고 동일 직선상에 있는 두 개의 부재 응력은 서로 같다.

(4) 한 절점에 4개의 부재가 교차해 있고 그 절점에 외력이 작용하지 않을 때, 동일 선상에 있는 두 개의 부재 응력은 서로 같다.

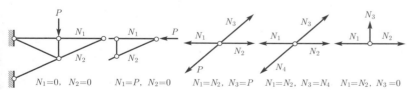

【그림 6-3】

▶ 절점법의 부호 약속
① 압축 : 절점을 향하여 들어가는 부재력($-$)
② 인장 : 절점에서 밖으로 나오는 부재력($+$)

▶ 트러스의 해법
1. 절점(격점)법
2. 단면법(절단법)
　① 모멘트법
　② 전단력법
3. 도해법
　① Cremona의 방법
　② Culmann의 방법
4. 영향선에 의한 방법
5. 부재(단면) 치환법
6. 응력 계수법

(5) 영부재

① 트러스 해석상의 가정에서 변형을 무시하므로 계산상 부재력이 영(0)이 되는 부재가 존재한다. 이 부재를 영부재라고 한다.

② 영부재를 설치하는 이유는 다음의 역학적 의미가 있어서 넣는다.

　㉠ 변형을 감소시키기 위해서

　㉡ 처짐을 감소시키기 위해서

　㉢ 구조적 안정을 유지하기 위해서

③ 영부재의 판별법

　㉠ 트러스 응력의 특징을 고려하여 절점을 중심으로 고립시켜 판정한다.

　㉡ 외력이나 반력이 작용하지 않는 절점을 기준으로 판정한다.

　㉢ 3개 이하의 부재가 만나는 절점을 기준으로 판정한다.

　㉣ 4개의 부재가 만나는 절점이라도 일직선상에 있는 한 부재가 영부재이면 나머지 한 부재도 영부재이다. 단, 각각 서로의 부재는 일직선에 있어야 하고, 부재가 이루는 각은 관계없다.

　㉤ 영부재로 판정되면 이 부재를 제거하고, 다시 위의 과정을 반복한다.

❹ 트러스의 변위(수직·수평변위)

$$\Delta l_1 = \frac{S_1 l_1}{A_1 E}, \ \Delta l_2 = \frac{S_2 l_2}{A_2 E} \ \cdots\cdots$$

$$\therefore \ \delta = \overline{S_1} \cdot \Delta l_1 + \overline{S_2} \cdot \Delta l_2 + \cdots\cdots = \frac{\overline{S_1} S_1 l_1}{A_1 E} + \frac{\overline{S_2} S_2 l_2}{A_2 E} + \cdots\cdots$$

여기서, E : 탄성계수

　　　l : 부재길이

　　　S : 부재력

　　　δ_V : 수직변위

　　　A : 부재의 단면적

　　　Δl : 부재의 변형량

　　　$\overline{S_1}$: 단위하중에 의한 부재력

　　　δ_H : 수평변위

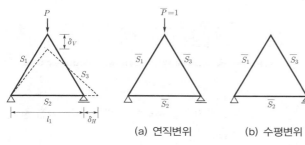

(a) 연직변위　　　　(b) 수평변위

【그림 6-4】 트러스의 변위

예상 및 기출문제

트러스의 부재력 산정

1. 다음의 트러스 중 프랫(Pratt) 트러스는?

⑦ : 와렌 트러스
④ : 하우 트러스
④ : 수직재가 있는 와렌 트러스

2. 다음 트러스의 부정정차수는?

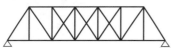

⑦ 내적 1차, 외적 1차
④ 내적 2차
④ 내적 3차
④ 내적 2차, 외적 1차

해설 $n = m + r + 2j$
$\quad\quad = 28 + 3 - 2 \times 14$
$\quad\quad = 3차$

3. 트러스의 부재력은 다음과 같은 가정하에서 계산된다. 틀린 것은?

⑦ 부재는 고정 결합되어 있다고 본다.
④ 트러스의 부재축과 외력은 동일 평면 내에 있다.
④ 외력은 격점에만 작용하고, 격점을 연결하는 직선은 부재의 축과 일치한다.
④ 외력에 의한 트러스의 변형은 무시한다.

해설 트러스의 각 부재는 힌지로 결합되어 있다고 가정한다.

4. 트러스를 해석하기 위한 기본 가정 중 옳지 않은 것은?

⑦ 부재들은 마찰이 없는 힌지로 연결되어 있다.
④ 부재 양단의 힌지 중심을 연결한 직선은 부재축과 일치한다.
④ 모든 외력은 절점에 집중하중으로 작용한다.
④ 하중작용으로 인한 트러스 각 부재의 변형을 고려한다.

해설 하중작용으로 인한 트러스각 부재의 변형은 무시한다.

5. 트러스를 정적으로 1차 응력을 해석하기 위한 다음 가정 사항 중 틀린 것은?

⑦ 절점을 잇는 직선은 부재축과 일치한다.
④ 하중은 절점과 부재 내부에 작용하는 것으로 한다.
④ 모든 하중 조건은 Hooke의 법칙에 따른다.
④ 각 부재는 마찰이 없는 핀 또는 힌지로 결합되어 자유로이 회전할 수 있다.

해설 모든 하중은 절점에만 작용하는 것으로 가정한다.

6. 트러스의 해법이 아닌 것은?

⑦ 격점법   ④ 단면법
④ 도해법   ④ 휨응력법

해설 트러스의 해법
① 절점법(격점법)
② 단면법(절단법)
   ⊙ 전단력법
   ⊙ 모멘트법
③ 도해법
④ 부재치환법
⑤ 응력계수법
⑥ 영향선에 의한 법

7. 트러스의 임의의 상·하현재의 부재력을 구할 때 가장 편리한 방법은?

㉮ 격점법
㉯ 단면법의 전단력법
㉰ 도해법
㉱ 단면법의 모멘트법

8. 그림과 같은 트러스의 부재력이 압축인 것은?

㉮ D_1
㉯ D_2
㉰ L_1
㉱ L_2

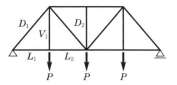

9. 다음에서 T부재의 부재력은?

㉮ 16t(인장)
㉯ 14t(인장)
㉰ 12t(인장)
㉱ 10t(인장)

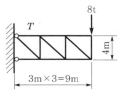

• 해설 $\Sigma M_A = 0$

$- T \times 4 + 8 \times 6 = 0$

$\therefore T = 12t \,(\text{인장})$

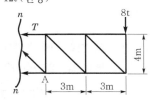

10. 그림과 같은 트러스에 있어서 D부재에 일어나는 부재내력은?

㉮ 10t
㉯ 8t
㉰ 6t
㉱ 5t

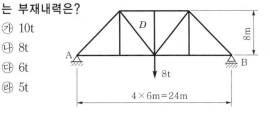

• 해설 $\Sigma V = 0$

$4 - D \cdot \sin\theta = 0$

$D = \dfrac{4}{0.8} = 5t$

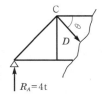

11. 그림과 같은 대칭 단순 트러스에서 대칭하중이 작용할 때의 $\overline{U_1 U_2}$ 부재력을 구한 값은? (단, $\overline{U_1 U_2}$의 길이는 6m이다.)

㉮ 9t(압축)
㉯ 10t(압축)
㉰ 11t(압축)
㉱ 12t(압축)

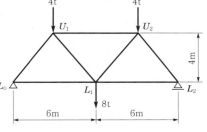

• 해설 $M_{L_1} = 0$

$8 \times 6 - 4 \times 3 + \overline{U_1 U_2} \times 4 = 0$

$\overline{U_1 U_2} = -9t \,(\text{압축})$

12. 다음 트러스의 부재 V_2의 응력은?

㉮ 0
㉯ $-0.5P$
㉰ $-P$
㉱ $-1.5P$

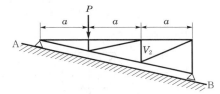

• 해설 $\Sigma M_A = 0$

$P \cdot a + V_2 \cdot 2a = 0$

$\therefore V_2 = -0.5P$

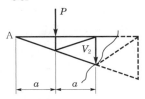

13. 그림과 같은 트러스에 사하중이 작용할 때, A와 B에 경사 부재는 각기 어떤 종류의 내력이 생기는가?

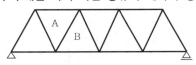

㉮ A와 B가 모두 축장력
㉯ A와 B가 모두 축압축
㉰ A는 축장력, B는 축압력
㉱ A와 B가 모두 휨모멘트와 전단력

절점 ①에서 전단력

$4wl - wl - A \cdot \sin\theta = 0$

$A = \dfrac{3wl}{\sin\theta}$ (축장력)

절점 ②에서 전단력

$4wl - 2wl - B\sin\theta = 0$

$B = \dfrac{2wl}{\sin\theta}$ (축압력)

∴ A는 축장력(인장)

　　B는 축압력(압축)

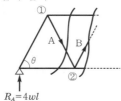

14. 그림과 같은 정정 트러스의 S_1, S_2, S_3 부재의 부재력을 구하면 다음과 같다. 옳은 것은? (단, 인장은 (＋)이다.)

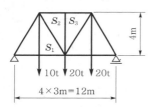

㉮ $S_1 = 10t$, $S_2 = 15.625t$, $S_3 = 0t$

㉯ $S_1 = -10t$, $S_2 = -15.625t$, $S_3 = 10t$

㉰ $S_1 = 10t$, $S_2 = 15.625t$, $S_3 = 10t$

㉱ $S_1 = 10t$, $S_2 = -15.625t$, $S_3 = 0t$

①－① 단면에서 : $S_1 = +10t$

②－② 단면에서 : $22.5 - 10 - S_2 \cdot \sin\theta = 0$

　　　　　　　　　　$S_2 = +15.625t$

③－③ 단면에서 : $S_2 = 0t$

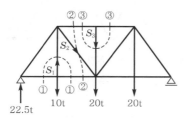

15. 그림의 트러스에서 부재 DC의 부재력은 얼마인가?

㉮ ＋5t(인장)

㉯ －5t(압축)

㉰ ＋10t(인장)

㉱ －10t(압축)

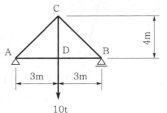

$\Sigma V = 0$

$\overline{DC} = 10t$(인장)

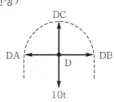

16. 그림에서 D가 받는 힘의 크기는?

㉮ 12kg

㉯ 8kg

㉰ 4kg

㉱ 0kg

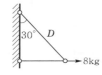

$\Sigma V = 0$

$D = 0$

17. 그림과 같은 트러스에 수직하중 3t이 작용했을 때 하현재 L_2의 부재력은 얼마인가?

㉮ 1.0t

㉯ 1.2t

㉰ 1.5t

㉱ 2.0t

$R_A = \dfrac{3 \times 4}{12} = 1t$

∴ $L_2 = \dfrac{1 \times 6}{5} = 1.2t$(인장)

18. 다음 트러스에서 상현재 U의 부재력은?

㉮ 12t(압축)

㉯ 8t(압축)

㉰ 8t(인장)

㉱ 12t(인장)

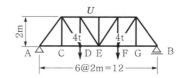

해설 $R_A = 4t$

$\Sigma M_E = 0$

$4 \times 6 - 4 \times 2 + U \times 2 = 0$

$U = -\dfrac{16}{2} = -8t\,(압축)$

19. 그림과 같은 트러스에서 AC의 부재력은?

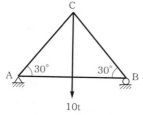

㉮ 5t(인장)

㉯ 5(압축)

㉰ 10t(인장)

㉱ 10t(압축)

해설 $\Sigma M_B = 0$

$R_A = 5t\,(\uparrow)$

절점 A에서

$\Sigma V = 0$

$AC\sin 30° = 5t$

$\therefore AC = 10t\,(압축)$

20. 다음 트러스(truss)에서 U_1 부재의 부재력을 계산한 값은? (단, 부재들은 힌지로서 연결되어 있다.)

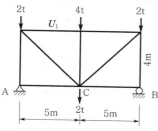

㉮ 3.75t(압축)

㉯ 3.05t(압축)

㉰ 2.83t(압축)

㉱ 2.83t(인장)

해설 $\Sigma M_B = 0$

$V_A = 5t\,(\uparrow)$

$\Sigma M_C = 0$

$5 \times 5 - 2 \times 5 + U_1 \times 4 = 0$

$U_1 = -\dfrac{15}{4}$

$= -3.75t\,(압축)$

21. 다음 트러스의 D부재의 부재력을 구하면?

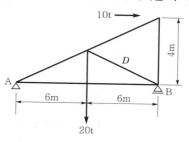

㉮ $-31.623t$

㉯ $-30.623t$

㉰ $-27.623t$

㉱ $-25.623t$

해설 $\Sigma M_B = 0$

$R_A \times 12 + 10 \times 4 - 20 \times 6 = 0$

$R_A = \dfrac{20}{3}t\,(\uparrow)$

A 절점에서

$\Sigma V = 0$

$D_1 \sin\theta = \dfrac{20}{3}$

$D_1 = \dfrac{10\sqrt{40}}{3}$

$\Sigma H = 0$

$L = D_1\cos\theta + 10 = 30t\,(인장)$

B 절점에서

$\Sigma H = 0$

$D\cos\theta + 30 = 0$

$D = -30 \times \dfrac{\sqrt{40}}{6}$

$= -31.6228t$

$\therefore D = 31.623t\,(압축)$

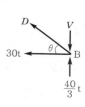

22. 그림과 같은 트러스에서 부재력 D는?

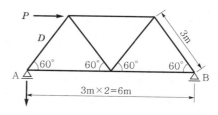

㉮ $+\dfrac{P}{\sqrt{2}}$

㉯ $+\dfrac{P}{\sqrt{3}}$

㉰ $+\dfrac{P}{2}$

㉱ $+\dfrac{P}{3}$

해설

$$\Sigma M_B = 0$$

$$R_A = \frac{P \times 3 \sin 60°}{6} = \frac{\sqrt{3}}{4}P(\downarrow)$$

$$\Sigma V = 0$$

$$D \sin 60° = \frac{\sqrt{3}}{4}P$$

$$\therefore D = 0.5P(\text{인장})$$

23. 그림의 트러스에서 D의 부재력은?

㉮ $-6t$

㉯ $3.75t$

㉰ $8t$

㉱ $10t$

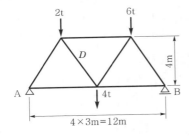

해설 $R_A = \frac{2 \times 9 + 6 \times 3 + 4 \times 6}{12} = 5t(\uparrow)$

$$\Sigma V = 0$$

$$5 - 2 - D\frac{4}{5} = 0$$

$$D = 3 \times \frac{5}{4} = 3.75t(\text{인장})$$

24. 그림에서와 같은 트러스에서 B부재의 응력은?

㉮ $\dfrac{P}{\sin 60°}$ (압축)

㉯ $\dfrac{P}{\cos 60°}$ (압축)

㉰ $\dfrac{Pl}{h}$ (압축)

㉱ $\dfrac{Ph}{l}$ (압축)

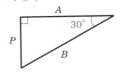

해설 $\dfrac{B}{\sin 90°} = \dfrac{P}{\sin 30°}$

$$\therefore B = \frac{P}{\sin 30°} = \frac{P}{\cos 60°} (\text{압축})$$

sin 법칙에 의해서

25. 그림과 같은 트러스의 부재 AD, AB의 부재력은 몇 t인가? (단, 인장력은 (+)이다.)

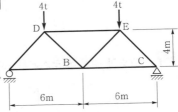

	AD부재	AB부재
㉮	$-5t$	$+4t$
㉯	$-5t$	$+3t$
㉰	$+5t$	$-3t$
㉱	$+5t$	$-4t$

해설 ① $AD \sin\theta = -4 \left(\sin\theta = \dfrac{4}{5} \right)$

$$AD = -4 \times \frac{5}{4} = -5t (\text{압축})$$

② $R_A \times 3 = AB \times 4$

$$AB = 4 \times 3/4$$

$$\therefore AB = 3t(\text{인장})$$

26. 그림과 같은 캔틸레버 트러스에서 DE 부재의 부재력은?

㉮ $4t$

㉯ $5t$

㉰ $6t$

㉱ $8t$

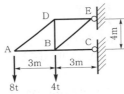

해설 $\Sigma M_B = 0$

$$8 \times 3 = DE \times 4$$

$$\therefore DE = \frac{24}{4} = 6t (\text{인장})$$

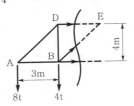

27. 그림의 트러스에서 a부재의 부재내력을 구한 값은?

㉮ $3.75t$

㉯ $7.5t$

㉰ $11.25t$

㉱ 18.75

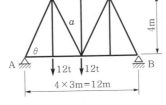

해설 $R_A = \dfrac{12 \times 9 + 12 \times 6}{12} = 15t\,(\uparrow)$

$\Sigma V = 0$

$15 - 12 - a\sin\theta = 0$

$a = 3 \times \dfrac{5}{4} = 3.75t\,(인장)$

28. 다음 트러스에서 A점의 반력의 크기(R_A)와 방향(θ)은 어느 것인가?

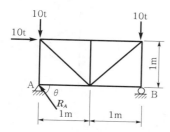

㉮ $R_A = 5t$, $\theta = 82.36°$

㉯ $R_A = 10t$, $\theta = 90°$

㉰ $R_A = 11.18t$, $\theta = 26.57°$

㉱ $R_A = 20.86t$, $\theta = 32.48°$

해설 $\Sigma M_B = 0$

$V_A \times 2 - 10 \times 2 + 10 \times 1 = 0$

$V_A = 5t\,(\uparrow)$

$\Sigma H = 0$

$H_A = 10t\,(\leftarrow)$

$R_A = \sqrt{10^2 + 5^2} = 11.18t$

$\tan\theta = \dfrac{5}{10}$

$\therefore\ \theta = 26.565°$

29. 그림과 같은 와렌 트러스의 부재력(U)는? (단, $+$: 인장, $-$: 압축임.)

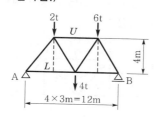

㉮ 3.75t

㉯ $-3.75t$

㉰ 6t

㉱ $-6t$

해설 $\Sigma M_B = 0$

$R_A \times 12 - 2 \times 9 - 4 \times 6 - 6 \times 3 = 0$

$\therefore\ R_A = \dfrac{60}{12} = 5t\,(\uparrow)$

$\Sigma M_C = 0$

$5 \times 6 - 2 \times 3 + U \times 4 = 0$

$U = -\dfrac{24}{4} = -6t\,(압축)$

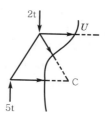

30. 오른쪽 그림과 같은 트러스의 절점 C에 작용하는 수평력 P로 인하여 부재 DF에 생기는 부재력을 구한 값은?

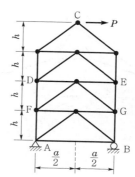

㉮ $+\dfrac{2Ph}{a}$

㉯ $-\dfrac{2Ph}{a}$

㉰ $+\dfrac{2Pa}{h}$

㉱ $-\dfrac{2Pa}{h}$

해설 $\Sigma M_E = -FD \times a + P \times 2h = 0$

$\therefore\ DF = \dfrac{2Ph}{a}$

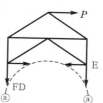

31. 다음 트러스에서 U 부재의 부재력은?

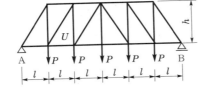

㉮ $\dfrac{5Pl}{h}$

㉯ $\dfrac{2Pl}{h}$

㉰ $\dfrac{4Pl}{h}$

㉱ $\dfrac{6Pl}{h}$

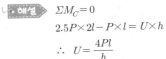 $\Sigma M_C = 0$

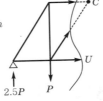

$$2.5P \times 2l - P \times l = U \times h$$

$$\therefore \ U = \frac{4Pl}{h}$$

32. 그림과 같은 트러스에서 DE 부재의 부재력 값은?

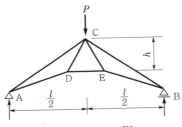

㉮ $\dfrac{Pl}{2h}$ ㉯ $\dfrac{Ph}{2l}$

㉰ $\dfrac{Pl}{4h}$ ㉱ $\dfrac{Ph}{4l}$

해설 $\Sigma M_C = 0$

$$\frac{P}{2} \times \frac{l}{2} = \overline{DE} \times h$$

$$\therefore \ \overline{DE} = \frac{Pl}{4h}$$

33. 그림과 같은 트러스(truss)의 S 부재의 부재력은?

㉮ $R_A - P_2$

㉯ $P_2 - R_A$

㉰ $P_1 + P_2 + P_1 - R_A$

㉱ $-P_2$

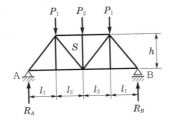

해설 $\Sigma V = 0$

$$P_2 + S = 0$$

$$\therefore \ S = -P_2 \,(압축)$$

34. 다음 트러스 구조물에서 CB 부재의 부재력은 얼마인가?

㉮ $2\sqrt{3}$ t

㉯ 2t

㉰ 1t

㉱ $2\sqrt{3}$ t

해설 $\Sigma V = 0$

$$\overline{CB} \sin 30° + \overline{AB} \sin 30° = 2$$

$$2 \cdot \overline{CB} \sin 30° = 2$$

$$\therefore \ \overline{CB} = 2t \,(인장)$$

35. 다음 트러스의 U 부재에 일어나는 압축 내력은?

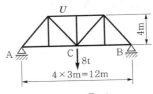

㉮ 3t ㉯ 4t

㉰ 6t ㉱ 8t

해설 $R_A = 8/2 = 4t$

$$\Sigma M_C = 0$$

$$4 \times 6 + U \times 4 = 0$$

$$U = -6t \,(압축)$$

36. 그림과 같이 트러스에 하중이 작용할 때 BD의 부재력을 구한 값은?

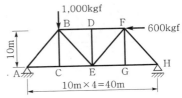

㉮ 600kgf(압축) ㉯ 700kgf(인장)

㉰ 800kgf(압축) ㉱ 700kgf(압축)

해설 $\Sigma M_H = 0$

$R_A \times 40 - 1000 \times 30 - 600 \times 10 = 0$

$R_A = 900 \text{kg}(\uparrow)$

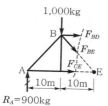

$\Sigma M_E = 0$

$900 \times 20 - 1,000 \times 10 + F_{BD} \times 10 = 0$

$F_{BD} = -800 \text{kg}(압축)$

37. 다음 트러스에서 ①부재의 부재력은 얼마인가?

㉮ 4.5kg

㉯ 6.0kg

㉰ 7.5kg

㉱ 8.0kg

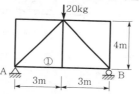

해설 $R_A = R_B = 10 \text{kg}(\uparrow)$

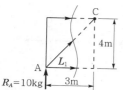

$\Sigma M_C = 0$

$10 \times 3 - F_{①} \times 4 = 0$

$L_1 = 7.5 \text{kg}(인장)$

38. 다음 트러스의 부재 $U_1 L_2$의 부재력은?

㉮ 2.5t(인장)

㉯ 2t(인장)

㉰ 2.5t(압축)

㉱ 2t(압축)

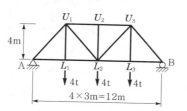

해설 $R_A = R_B = 6t(\uparrow)$

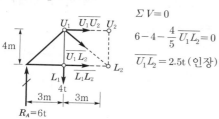

$\Sigma V = 0$

$6 - 4 - \dfrac{4}{5}\overline{U_1 L_2} = 0$

$\overline{U_1 L_2} = 2.5t(인장)$

39. 그림과 같은 트러스에서 사재(斜材) D의 부재력은?

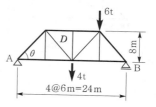

㉮ 3.112t

㉯ 4.375t

㉰ 5.465t

㉱ 6.522t

해설 $\Sigma M_B = 0$

$R_A \times 24 - 4 \times 12 - 6 \times 6 = 0$

$R_A = 3.5t(\uparrow)$

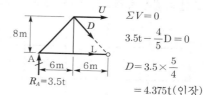

$\Sigma V = 0$

$3.5 - \dfrac{4}{5}D = 0$

$D = 3.5 \times \dfrac{5}{4}$

$= 4.375t(인장)$

40. 그림과 같은 트러스의 상현재 U의 부재력은?

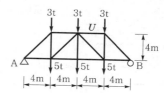

㉮ 인장을 받으며 그 크기는 16t이다.

㉯ 압축을 받으며 그 크기는 16t이다.

㉰ 인장을 받으며 그 크기는 12t이다.

㉱ 압축을 받으며 그 크기는 12t이다.

해설 $\Sigma M_A = 0$

$8 \times 4 + 8 \times 8 + 8 \times 12 - R_{By} \times 16 = 0$

$R_B = 12t(\uparrow)$

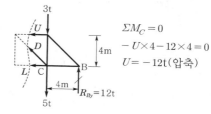

$\Sigma M_C = 0$

$-U \times 4 - 12 \times 4 = 0$

$U = -12t(압축)$

41. 그림과 같은 하우 트러스의 bc 부재의 부재력은?

㉮ 2t
㉯ 4t
㉰ 8t
㉱ 12t

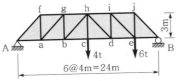

해설 $\Sigma M_B = 0$

$R_A \times 24 - 4 \times 12 - 6 \times 4 = 0$

$R_A = 3t(\uparrow)$

$\Sigma M_B = 0$

$3 \times 12 - L_{bc} \times 3 = 0$

$L_{bc} = 12t(인장)$

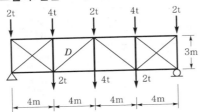

42. 그림과 같은 트러스의 사재 D의 부재력은?

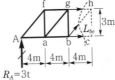

㉮ 5t(인장)
㉯ 5t(압축)
㉰ 3.75t(인장)
㉱ 3.75t(압축)

해설 $R = \dfrac{2 \times 5 + 4 \times 3}{2} = 11t$

$\Sigma V = 0$

$11 - 2 - 4 - 2 + F_D \cdot \dfrac{3}{5} = 0$

$F_D = 5t(압축)$

43. 다음 트러스에서 하현재인 U부재의 부재력은?

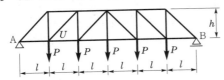

㉮ $\dfrac{Pl}{h}$

㉯ $\dfrac{2Pl}{h}$

㉰ $\dfrac{4Pl}{h}$

㉱ $\dfrac{6Pl}{h}$

해설 $\Sigma M_B = 0$

$R_A \times 6l - P \times (5l + 4l + 3l + 2l + l) = 0$

$R_A = 2.5P(\uparrow)$

$\Sigma M_D = 0$

$2.5P \times 2l - P \times l - U \times h = 0$

$U = \dfrac{4Pl}{h}$

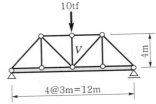

44. 그림의 트러스에서 연직부재 V의 부재력은?

㉮ 10tf(인장)
㉯ 10tf(압축)
㉰ 5tf(인장)
㉱ 5tf(압축)

해설 하중을 받고 있는 절점에서 절점법을 이용하면

$\Sigma V = 0$

$-10 - V = 0$

$V = -10tf(압축)$

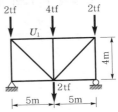

45. 다음 트러스(truss)에서 U_1 부재의 부재력은?

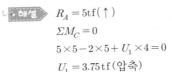

㉮ 3.75tf(압축)
㉯ 3.05tf(압축)
㉰ 2.83tf(압축)
㉱ 2.83tf(인장)

해설 $R_A = 5tf(\uparrow)$

$\Sigma M_C = 0$

$5 \times 5 - 2 \times 5 + U_1 \times 4 = 0$

$U_1 = 3.75tf(압축)$

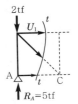

46. 그림과 같은 트러스에서 부재 V(중앙의 연직재)의 부재력은 얼마인가?

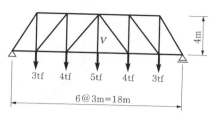

㉮ 5tf(압축) ㉯ 5tf(인장)

㉰ 4tf(압축) ㉱ 4tf(인장)

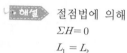 절점법에 의해

$\Sigma H = 0$

$L_1 = L_2$

$\Sigma V = 0$

$V = 5t$ (인장)

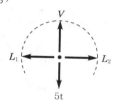

47. 다음 그림과 같은 하중을 받는 트러스에서 A지점은 힌지(hinge), B지점은 롤러(roller)로 되어 있을 때 A점의 반력의 합력 크기는?

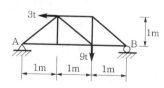

㉮ 3t ㉯ 4t

㉰ 5t ㉱ 6t

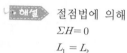 $\Sigma M_B = 0$

$V_A \times 3 - 3 \times 1 - 9 \times 1 = 0$

$\therefore V_A = 4t(\uparrow)$

$\Sigma H = 0$

$H_A - 3 = 0$

$\therefore H_A = 3t(\rightarrow)$

$\therefore R_A = \sqrt{V_A{}^2 + H_A{}^2}$

$\qquad = \sqrt{4^2 + 3^2} = 5t$

48. 그림과 같은 정정 트러스에 있어서 a부재에 일어나는 부재내력은?

㉮ 6t(압축)

㉯ 5t(인장)

㉰ 4t(압축)

㉱ 3t(인장)

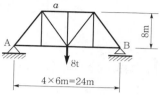

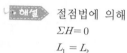 $\Sigma M_B = 0$

$V_A \times 24 - 8 \times 12 = 0$

$V_A = 4t(\uparrow)$

$\Sigma M_C = 0$

$4 \times 12 + a \times 8 = 0$

$a = -6t$ (압축)

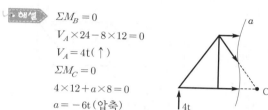

트러스의 영부재 판별

49. 다음 와렌 트러스(Warren truss)에서 V 부재의 부재력은 "0"인데 V 부재를 넣는 이유는 무엇인가?

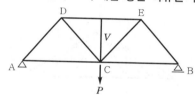

㉮ 역학적 의미가 있어 넣는다.

㉯ 미관상 넣는다.

㉰ 중심을 표시하기 위하여 넣는다.

㉱ 관례적으로 넣는다.

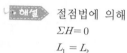 영부재 설치 이유

① 변형감소

② 처짐감소

③ 구조적 안정

50. 다음 그림과 같은 트러스의 부재력이 0인 부재 수는?

㉮ 1

㉯ 2

㉰ 3

㉱ 4

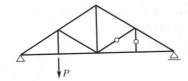

해설

51. 다음 구조물의 영부재의 개수는?

㉮ 3개
㉯ 4개
㉰ 5개
㉱ 6개

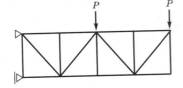

해설

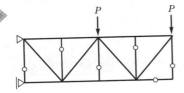

52. 다음 구조물의 영부재의 개수는?

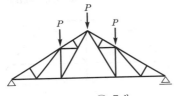

㉮ 6개
㉯ 7개
㉰ 8개
㉱ 9개

해설

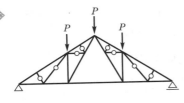

53. 그림과 같은 트러스에서 부재력이 0인 부재는?

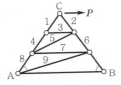

㉮ 2, 4, 6, 8
㉯ 3, 5, 6, 9
㉰ 3, 5, 7, 9
㉱ 2, 5, 7, 9

54. 그림과 같은 트러스에서 부재력이 0인 것은?

㉮ D_3
㉯ D_2
㉰ D_1
㉱ L

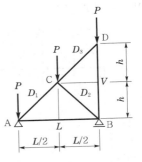

해설

$$\Sigma V = 0$$
$$V = -P (압축)$$
$$\Sigma H = 0$$
$$D_3 \cdot \sin\theta = 0$$
$$D_3 = 0$$

55. 다음 트러스에서 부재력이 0(zero)이 되는 것은?

㉮ A부재
㉯ B부재
㉰ C부재
㉱ D부재

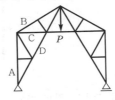

56. 다음 트러스에서 부재력이 0(zero)이 되는 것은?

㉮ A부재
㉯ B부재
㉰ C부재
㉱ D부재

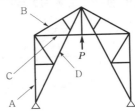

57. 다음 그림과 같은 와렌(Warren) 트러스에서 부재력이 0(영)인 부재는 몇 개인가?

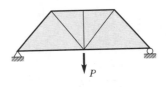

㉮ 0개
㉯ 1개
㉰ 2개
㉱ 3개

58. 다음 트러스의 부재력이 0인 부재는?

㉮ 부재 a-e

㉯ 부재 a-f

㉲ 부재 b-g

㉴ 부재 c-h

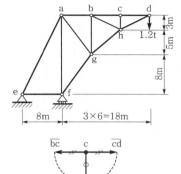

해설 $\Sigma H = 0$

$\overline{bc} = \overline{cd}$

$\Sigma V = 0$

$\overline{ch} = 0$

트러스의 변위

59. 다음은 가상일의 방법을 설명한 것이다. 틀린 것은?

㉮ 트러스의 처짐을 구할 경우 효과적인 방법이다.

㉯ 단위하중법(unit load method)이라고도 한다.

㉲ 처짐이나 처짐각을 계산하는 기하학적 방법이다.

㉴ 에너지 보존의 법칙에 근거를 둔 방법이다.

60. 트러스의 격점에 외력이 작용할 때 어떤 격점 i 의 특정방향으로의 처짐성분 Δi 를 가상일법으로 구하는 식은? (여기서, m, f, s 는 단위하중이 작용할 때 휨모멘트, 축력, 전단력이며, M, F, S 는 실하중에 의한 휨모멘트, 축방향력, 전단력이다.)

㉮ $\Delta i = \int \dfrac{m \cdot M}{EI} dx$

㉯ $\Delta i = \Sigma \dfrac{f \cdot F}{EA} l$

㉲ $\Delta i = \int \dfrac{\alpha \cdot s \cdot S}{GA} dx$

㉴ $\Delta i = \Sigma \left(\int \dfrac{m \cdot M}{EI} dx + \dfrac{f/F}{EA} l \right)$

해설 ① 보의 가상일의 원리(단위하중법)

$$\theta_c = \int \dfrac{M_m M}{EI} dx$$

$$y_c = \int \dfrac{M_m M_n}{EI} dx$$

② Truss의 변위

$$y = \Sigma \dfrac{f \cdot F}{EA} l$$

61. 그림과 같은 강재(sreel) 구조물이 있다. AC, BC 부재 단면적은 각각 10cm², 20cm²이고 그들의 길이는 5.0m, 4.0m이다. C점에 연직하중 $P=6$t이 작용할 때 C점의 연직처짐을 구한 값은? (단, 강재의 종 탄성계수는 2.05×10^6kg/cm²이다.)

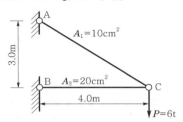

㉮ 1.022cm

㉯ 0.767cm

㉲ 0.511cm

㉴ 0.383cm

해설

$$\sin \theta = \dfrac{3}{5}$$

$$\cos \theta = \dfrac{4}{5}$$

$$\Delta l_{CA} = \dfrac{S_{CA} \cdot l_{CA}}{A \cdot E} = \dfrac{5}{20.5}$$

$$\Delta l_{CB} = \dfrac{S_{CB} \cdot l_{CB}}{A \cdot E} = \dfrac{1.6}{20.5}$$

$$\therefore \delta_v = \overline{S_{CA}} \cdot \Delta l_{CA} + \overline{S_{CB}} \cdot \Delta l_{CB}$$

$$= 0.511\text{cm}$$

62. 그림과 같은 강재(steel) 구조물이 있다. AC, BC 부재의 단면적은 각각 10cm², 20cm²이고 연직하중 $P=9$t이 작용할 때 C점의 연직처짐을 구한 값은? (단, 강재의 종탄성계수는 2.05×10^6kg/m²이다.)

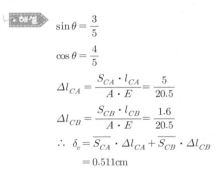

㉮ 1.022cm

㉯ 0.766cm

㉲ 0.518cm

㉴ 0.383cm

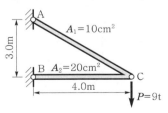

해설 AC 부재 : $A_1 = 10\text{cm}^2$, $l_1 = 5\text{m}$

BC 부재 : $A_2 = 20\text{cm}^2$, $l_2 = 4\text{m}$

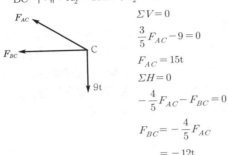

$\Sigma V = 0$

$\dfrac{3}{5} F_{AC} - 9 = 0$

$F_{AC} = 15\text{t}$

$\Sigma H = 0$

$-\dfrac{4}{5} F_{AC} - F_{BC} = 0$

$F_{BC} = -\dfrac{4}{5} F_{AC}$

$= -12\text{t}$

$\Sigma V = 0$

$\dfrac{3}{5} f_{AC} - 1 = 0$

$f_{AC} = \dfrac{5}{3}$

$\Sigma H = 0$

$-\dfrac{4}{5} f_{AC} - f_{BC} = 0$

$f_{BC} = -\dfrac{4}{5} f_{AC} = -\dfrac{4}{3}$

$y_C = \Sigma \dfrac{Ffl}{AE}$

$= \dfrac{(15 \times 10^3) \times \dfrac{5}{3} \times 500}{10 \times (2.05 \times 10^6)}$

$+ \dfrac{(-12 \times 10^3) \times \left(-\dfrac{4}{3}\right) \times 400}{20 \times (2.05 \times 10^6)}$

$= 0.766\text{cm}$

63. 그림과 같은 트러스의 C점에 300kg의 하중이 작용할 때 C점에서의 처짐을 계산하면? (단, $E = 2 \times 10^6 \text{kg/cm}^2$, 단면적=1cm²)

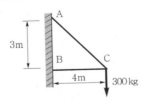

㉮ 0.158cm

㉯ 0.315cm

㉰ 0.473cm

㉱ 0.630cm

해설

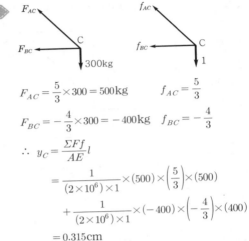

$F_{AC} = \dfrac{5}{3} \times 300 = 500\text{kg}$ $f_{AC} = \dfrac{5}{3}$

$F_{BC} = -\dfrac{4}{3} \times 300 = -400\text{kg}$ $f_{BC} = -\dfrac{4}{3}$

$\therefore y_C = \dfrac{\Sigma Ff}{AE} l$

$= \dfrac{1}{(2 \times 10^6) \times 1} \times (500) \times \left(\dfrac{5}{3}\right) \times (500)$

$+ \dfrac{1}{(2 \times 10^6) \times 1} \times (-400) \times \left(-\dfrac{4}{3}\right) \times (400)$

$= 0.315\text{cm}$

64. 다음과 같이 A점에 연직으로 하중 P가 작용하는 트러스에서 A점의 수직처짐량은? (단, AB부재의 축강도는 EA, AC부재의 축강도는 $\sqrt{3}\,EA$)

㉮ $\dfrac{17}{2} \dfrac{Pl}{EA}$

㉯ $\dfrac{17}{3} \dfrac{Pl}{EA}$

㉰ $\dfrac{17}{4} \dfrac{Pl}{EA}$

㉱ $\dfrac{17}{5} \dfrac{Pl}{EA}$

해설 ① P에 의한 부재력

$\Sigma V = 0$

$S_1 \sin 30° = P$

$S_1 = 2P$(압축)

$\Sigma H = 0$

$S_2 = S_1 \cos 30°$

$= \sqrt{3}\,P$(인장)

② 단위하중에 의한 부재력

$\overline{S_1} = -2$(압축)

$\overline{S_2} = \sqrt{3}$ (인장)

③ A점의 수직처짐

$$\delta_{AV} = \Sigma \frac{\overline{S} S l}{EA}$$

$$= \left(\frac{\sqrt{3}\,P \cdot \sqrt{3}}{EA} \cdot l \right.$$

$$\left. + \frac{(-2P)(-2)}{\sqrt{3}\,EA} \cdot \frac{2l}{\sqrt{3}} \right)$$

$$= \frac{3Pl}{EA} + \frac{8Pl}{3EA} = \frac{17Pl}{3EA}\,(\downarrow)$$

65. 그림과 같은 트러스에서 A점에 연직하중 P가 작용할 때 A점의 연직처짐은? (단, 부재의 축강도는 모두 EA이고, 부재의 길이는 AB＝$3l$, AC＝$5l$이며, 지점 B와 C의 거리는 $4l$이다.)

㉮ $8.0\dfrac{Pl}{AE}$

㉯ $8.5\dfrac{Pl}{AE}$

㉰ $9.0\dfrac{Pl}{AE}$

㉱ $9.5\dfrac{Pl}{AE}$

해설 $\Sigma V = 0$

$$-F_{AC} \times \frac{4}{5} - P = 0$$

$$F_{AC} = -\frac{5}{4}P$$

$\Sigma H = 0$

$$-F_{AB} - F_{AC} \cdot \frac{3}{5} = 0$$

$$F_{AB} = -F_{AC} \cdot \frac{3}{5}$$

$$= -\left(-\frac{5}{4}P\right) \cdot \frac{3}{5}$$

$$= \frac{3}{4}P$$

$$f_{AB} = \frac{3}{4}$$

$$f_{AC} = -\frac{5}{4}$$

$$\delta_A = \Sigma \frac{F \cdot f}{EA} l$$

$$= \frac{1}{EA}\left\{ \left(\frac{3}{4}P\right)\left(\frac{3}{4}\right) \cdot 3l + \left(-\frac{5}{4}P\right)\left(-\frac{5}{4}\right) \cdot 5l \right\}$$

$$= 9.5 \frac{Pl}{EA}$$

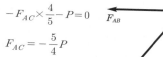

66. 그림과 같은 트러스의 점 C에 수평하중 P가 작용할 때 점 C의 수평변위량 δ_C는? (단, 모든 부재의 단면적＝A, 탄성계수＝E)

㉮ $\dfrac{3PL}{10EA}$

㉯ $\dfrac{179PL}{180EA}$

㉰ $\dfrac{26PL}{18EA}$

㉱ $\dfrac{76PL}{45EA}$

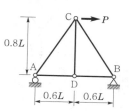

해설 ① $\overline{CD}$ 부재의 부재력은 0이다.

② 절점 A에서

$\Sigma V = 0$

$$S_{AC} \sin\theta = \frac{2}{3}P$$

$$S_{AC} = \frac{5}{6}P\,(인장)$$

$\Sigma H = 0$

$$S_{AD} = S_{AC} \cos\theta = \frac{P}{2}$$

③ 절점 C에서

 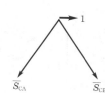

$\Sigma V = 0$

$$S_{CA} \cos\theta - S_{CB} \cos\theta = 0 \quad \cdots\cdots\cdots① $$

$$\therefore\ S_{CA} = S_{CB},\ \overline{S_{CA}} = \overline{S_{CB}}$$

$\Sigma H = 0$

$$S_{CA} \sin\theta + S_{CB} \sin\theta - P = 0 \quad \cdots\cdots② $$

$$2 S_{CA} \sin\theta = P$$

$$S_{CA} = \frac{P}{2\sin\theta} = \frac{5}{6}P = S_{CB}$$

$\Sigma H = 0$

$$\overline{S_{CA}} \sin\theta + \overline{S_{CB}} \sin\theta - 1 = 0$$

$$\overline{S_{CA}} = \frac{5}{6} = \overline{S_{CB}}$$

④ C점의 수평 변위

$$\delta_{CH} = \frac{1}{EA}(2 S_{AD} \cdot \overline{S_{AD}}(0.6L) + 2 S_{CA} \cdot \overline{S_{CA}} \cdot L)$$

$$= \frac{76PL}{45EA}$$

67. B점의 수직변위가 1이 되기 위한 하중의 크기 P는? (단, 부재의 축강성은 EA로 동일하다.)

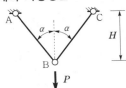

㉮ $\dfrac{E\cos^3\alpha}{AH}$ ㉯ $\dfrac{2E\cos^3\alpha}{AH}$

㉰ $\dfrac{E\cos^3\alpha}{H}$ ㉱ $\dfrac{2EA\cos^3\alpha}{H}$

해설

$\Sigma H = 0$

$-F_{AB}\cdot\sin\alpha + F_{BC}\cdot\sin\alpha = 0$

$F_{AB} = F_{BC}$

$\Sigma V = 0$

$F_{BC}\cdot\cos\alpha + F_{AB}\cdot\cos\alpha - P = 0$

$F_{AB} = F_{BC} = \dfrac{P}{2\cos\alpha}$

$\Sigma H = 0$

$-f_{AB}\cdot\sin\alpha + f_{BC}\cdot\sin\alpha = 0$

$f_{AB} = f_{BC}$

$\Sigma V = 0$

$f_{BC}\cdot\cos\alpha + f_{AB}\cdot\cos\alpha - 1 = 0$

$f_{AB} = f_{BC} = \dfrac{1}{2\cos\alpha}$

$y_B = \Sigma \dfrac{Ffl}{AE}$

$= 2\cdot\dfrac{1}{AE}\cdot\left(\dfrac{P}{2\cos\alpha}\right)\left(\dfrac{1}{2\cos\alpha}\right)\left(\dfrac{H}{\cos\alpha}\right)$

$= 1$

$P = \dfrac{2EA\cos^3\alpha}{H}$

68. 다음 부재의 종류와 단면력과의 관계 중 옳지 않은 것은?

㉮ 보에는 휨모멘트와 전단력이 작용한다.

㉯ 트러스의 부재에 축방향력과 전단력이 작용한다.

㉰ 편심하중을 받는 기둥에는 축방향력과 휨모멘트가 작용한다.

㉱ 라멘의 부재에는 휨모멘트, 전단력, 축방향력이 작용한다.

해설 트러스에서의 단면력은 축방향력만이 작용한다. 특히, 트러스에서 축력을 부재력이라 한다.

chapter 7

재료의 역학적 성질

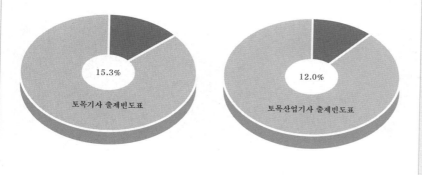

15.3%

토목기사 출제빈도표

12.0%

토목산업기사 출제빈도표

7 재료의 역학적 성질

01 응력(stress)

알·아·두·기·

① 응력의 정의

(1) 구조물에 외력이 작용하면 임의 부재에 단면력이 발생하게 되고 이 단면력에 의하여 내력이 발생하는데 이 내력을 응력(stress)이라고 한다.

▶ 단면력
① 전단력
② 휨모멘트
③ 축방향력
④ 비틀림모멘트

(2) 응력의 단위

- kgf/cm^2
- $tonf/m^2$
- $N/m^2 (=Pa)$
- $lb/in^2 (psi)$

(3) 단순응력의 기본개념

① 일반적으로 구조물이 하중에 저항하는 능력을 강도(strength)라고 하는데, 재료의 강도는 보통 응력으로 나타낸다.

$$\sigma = \frac{P}{A}$$

② 재료 단면에 수직(법선방향)으로 발생하기 때문에 수직응력(normal stress)이라고 한다.

③ 생베낭(Saint Venant) 원리

집중하중을 받는 점 바로 밑에서의 최고 응력은 평균응력보다 매우 크게 나타나고, 하중작용점에서 멀어질수록 최대 응력은 빨리 감소한다. 하중작용점에서 폭 b만큼 떨어진 위치에서 응력분포는 거의 균일하게 된다는 원리이다.

④ 응력집중(stress concentration) 현상

단면의 모양이 급작스런 변화를 가지는 곳에서는 평균응력(균일응력)보다 매우 큰 응력이 국부적으로 집중하여 나타나게 되는데 이 현상을 응력집중 현상이라고 한다.

⑤ 응력집중계수(K)

통상 최대 응력과 공칭응력의 비로 나타내며, 응력집중의 세기를 말한다.

$$K = \frac{\sigma_{\max}}{\sigma_{\text{nom}}}$$

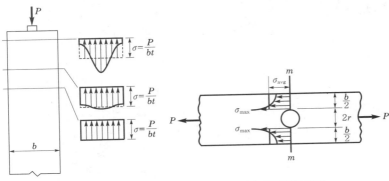

(a) 생베낭의 원리   (b) 응력집중 현상

【그림 7-1】 응력집중

② 응력의 종류

(1) 수직응력(축응력)

부재의 축방향으로 하중이 작용하는 경우에 발생하는 응력

① 인장응력 : $\sigma_t = + \dfrac{P}{A}$

② 압축응력 : $\sigma_c = - \dfrac{P}{A}$

(2) 전단응력

부재 축의 직각 방향으로 하중이 작용하는 경우에 발생하는 응력

$$\tau = \frac{S}{A} = \frac{SG}{I \cdot b}$$

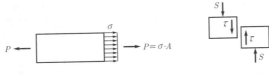

【그림 7-2】 수직응력   【그림 7-3】 전단응력

(3) 휨응력

휨모멘트를 받는 부재의 단면에서 발생하는 응력

$$\sigma = \pm \frac{M}{I}y = \pm \frac{M}{Z}$$

(4) 비틀림응력

비틀림모멘트를 받는 부재의 단면에서 발생하는 응력

$$\tau = \frac{T}{I_P}r$$

(5) 온도응력

온도 변화에 따른 변형에 의하여 부재의 단면에서 발생하는 응력

$$\sigma = E\varepsilon_t = E\alpha\Delta T$$

(6) 원환응력

원관 내의 압력에 의해 원환 속에 발생하는 응력(횡방향 응력)

$$\sigma_t = \frac{P}{A} = \frac{Pr}{t} = \frac{Pd}{2t} = \sigma_y$$

(7) 원통응력

원관 내의 압력에 의해 원통 속에 발생하는 응력(종방향 응력)

$$\sigma_x = \frac{1}{2}\sigma_y = \frac{1}{2} \cdot \frac{Pd}{2t} = \frac{Pd}{4t}$$

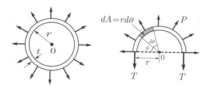

【그림 7-4】 원환응력

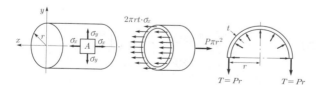

【그림 7-5】 원통응력

▶ 비틀림

① 단위비틀림각

$$\theta = \frac{\phi}{L} = \frac{T}{GI_P}$$

② 비틀림각

$$\phi = \frac{TL}{GI_P}$$

③ 비틀림응력

$$\tau_{\max} = Gr\theta = Gr\frac{T}{GI_P}$$

$$= \frac{T}{I_P}r$$

02 변형률(strain)

① 선변형률(길이 변형률)

(1) 정의

① 축방향력(인장력, 압축력)을 받았을 때

$$변형률 = \frac{변형된\ 길이(\Delta l)}{원래\ 길이(l)}$$

② 세로 변형률(축방향 변형률)

$$\varepsilon_x = \frac{\Delta l}{l}$$

③ 가로 변형률(횡방향 변형률)

$$\beta = \frac{\Delta d}{d}$$

 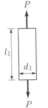 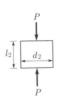

(a) 변형 전 단면   (b) 세로 변형도   (c) 가로 변형도

【그림 7-6】 변형률

(2) 푸아송비와 푸아송수

① 푸아송(Poisson)비

$$\nu = \frac{가로\ 변형률}{세로\ 변형률} = -\frac{1}{m} = \frac{\beta}{\varepsilon} = \frac{\Delta d/d}{\Delta l/l} = \frac{l \cdot \Delta d}{d \cdot \Delta l}$$

② 푸아송수(푸아송비의 역수)

$$m = \frac{\varepsilon}{\beta} = \frac{\Delta l/l}{\Delta d/d} = \frac{d \cdot \Delta l}{l \cdot \Delta d}$$

▶ 푸아송비
① 강재 $\nu = 0.3$
② 콘크리트 $\nu = 0.17$

② 기타 변형률

(1) 전단변형률(shear strain)

$$\gamma_s = \frac{\lambda}{l} \fallingdotseq \tan\phi$$

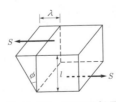

【그림 7-7】 전단변형률

(3) 체적변형률(bulk strain)

체적변형률은 선변형률의 3배이다.

$$\varepsilon_v = \frac{\Delta V}{V} = \pm 3 \frac{\Delta l}{l} = \pm 3 \varepsilon_x$$

(4) 온도변형률

$$\varepsilon_t = \frac{\Delta l}{l} = \frac{\alpha \cdot l \cdot \Delta T}{l} = \alpha \cdot \Delta T$$

(5) 휨변형률

$$\varepsilon_b = \frac{y}{R} = \frac{\Delta dx}{dx}$$

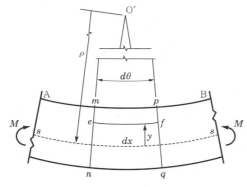

【그림 7-8】 보의 휨변형

03 응력-변형률 선도

① 훅의 법칙(Hooke's law)

재료의 탄성한도 내에서 응력은 변형률에 비례한다.

$$\sigma = E \cdot \varepsilon$$

$$E = \frac{\sigma}{\varepsilon} = \frac{P/A}{\Delta l/l} = \frac{P \cdot l}{A \cdot \Delta l}$$

$$\therefore \Delta l = \frac{Pl}{AE}$$

🔴 응력-변형률 선도

(1) 비례한도(P)

① 응력과 변형률이 비례하는 점

② Hooke의 법칙이 완전히 성립되는 한도

(2) 탄성한도(E)

① 하중을 제거하면 원상태로 회복하는 점

② 0.02%의 잔류변형이 발생하는 점

(3) 항복점(Y_U, Y_L)

① 하중을 제거해도 변형이 급격히 증가하는 점

② 0.2%의 잔류변형이 발생하는 점

(4) 극한강도(U)

① 하중이 감소해도 변형이 증가되는 점

② 최대 응력이 발생하는 점

(5) 파괴점(B)

재료가 파괴되는 점

(6) 공칭응력과 실응력

① 공칭응력($Y_L - U - B$) $= \dfrac{\text{작용하중}}{\text{변형 전 원래 단면적}}$

② 실응력($Y_L - U' - B'$) $= \dfrac{\text{작용하중}}{\text{줄어든 단면적}}$

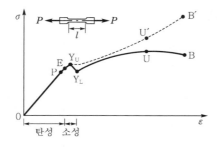

【 그림 7-9 】 응력-변형률 선도

③ 탄성계수

(1) 탄성계수의 정의

① $\sigma - \varepsilon$선도의 탄성 범위에서의 기울기를 의미한다.

② 훅의 법칙에서 비례상수 E를 탄성계수라고 한다.

$$E = \frac{\sigma}{\varepsilon} \, (\mathrm{kgf/cm^2})$$

(2) 탄성계수의 종류

① 탄성계수(영계수＝종탄성계수)

일반적으로 사용하는 탄성계수로 종방향 탄성계수를 의미한다.

$$E = \frac{\sigma}{\varepsilon} = \frac{P/A}{\Delta l/l} = \frac{P \cdot l}{A \cdot \Delta l} (\mathrm{kgf/cm^2})$$

② 전단탄성계수(횡탄성계수)

$$G = \frac{\tau}{\gamma} = \frac{S/A}{\lambda/l} = \frac{S \cdot l}{A \cdot \lambda} (\mathrm{kgf/cm^2})$$

③ 체적탄성계수

$$K = \frac{\sigma}{\varepsilon_v} = \frac{P/A}{\Delta V/V} = \frac{P \cdot V}{A \cdot \Delta V} (\mathrm{kgf/cm^2})$$

(3) 각 탄성계수의 관계

① G, E, ν의 관계(2축응력 변형 관계)

$$G = \frac{mE}{2(m+1)} = \frac{E}{2\left(1+\frac{1}{m}\right)} = \frac{E}{2(1+\nu)}$$

$$E = 2G(1+\nu)$$

$$\nu = \frac{1}{m} = \frac{E-2G}{2G}$$

② K, E, ν의 관계(3축응력 변형 관계)

$$K = \frac{E}{3(1-2\nu)}$$

$$E = 3K(1-2\nu)$$

$$\nu = \frac{1}{m} = \frac{3K-E}{6K}$$

04 합성재

① 정의

(1) 탄성계수가 다른 2개 이상의 합성된 재료가 하중을 받을 경우 동일한 변형이 일어나도록 만든 부재로 재질이 서로 다른 2개 이상의 부재가 일체가 되어 거동하는 부재를 합성부재 또는 조합부재라고 한다.

(2) 주로 재료를 절감하고, 자중을 줄이기 위하여 개발되었다.

(3) 합성부재의 변형률(ε)은 동일하다고 가정한다.

② 합성응력

(1) 일반적인 경우

$$\sigma_1 = \frac{PE_1}{E_1 A_1 + E_2 A_2} = \frac{P}{A_1 + nA_2}$$

$$\sigma_2 = \frac{PE_2}{E_1 A_1 + E_2 A_2} = \frac{nP}{A_1 + nA_2}$$

탄성계수비 $n = \dfrac{E_2}{E_1}$

(2) 철근콘크리트의 경우

$$\sigma_c = \frac{PE_c}{A_c E_c + A_s E_s} = \frac{P}{A_c + nA_s}$$

$$\sigma_s = \frac{PE_s}{A_c E_c + A_s E_s} = \frac{nP}{A_c + nA_s}$$

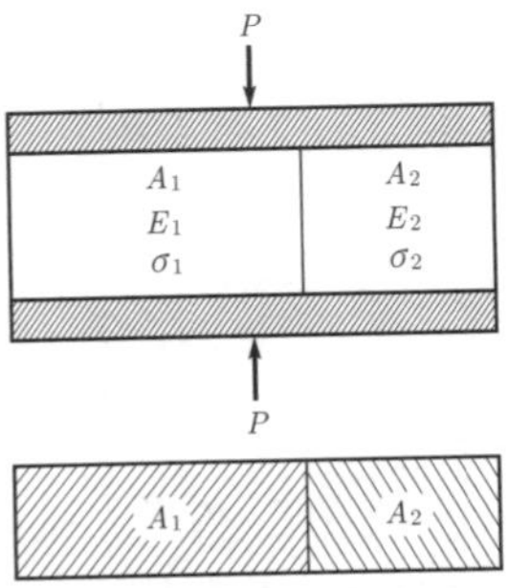

【그림 7-10】 합성재

> ▶ 합성부재
> ① 합성부재의 변형률
> $$\varepsilon = \frac{P}{\Sigma E_i A_i}$$
> ② 각 부재의 응력
> $$\sigma_i = \frac{PE_i}{\Sigma E_i A_i}$$
> ③ 각 부재의 분담하중
> $$P_i = \frac{PE_i A_i}{\Sigma E_i A_i}$$

05 구조물의 이음

① 리벳의 이음

리벳이음의 파괴 형태는 전단파괴와 지압파괴가 있다.

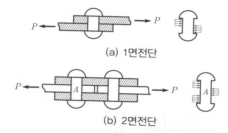

(a) 1면전단

(b) 2면전단

【그림 7-11】 리벳의 전단파괴

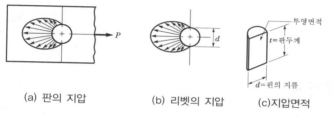

(a) 판의 지압   (b) 리벳의 지압   (c)지압면적

【그림 7-12】 리벳의 지압파괴

② 리벳의 세기(하중, 강도)

(1) 리벳의 전단세기(하중, 강도)

① 전단파괴에서 전단면은 1면전단과 2면전단을 구분하여야 한다.

② 1면전단의 전단세기 : $P_s = \tau_a \times \dfrac{\pi d^2}{4}$

③ 2면전단의 전단세기 : $P_s = \tau_a \times \dfrac{\pi d^2}{4} \times 2$

④ 단위 : kgf, tonf

(2) 리벳의 지압세기(하중, 강도)

① 지압파괴에서 지압은 판의 지압과 리벳의 지압을 고려하여 둘 중 작은 값을 사용한다.

② 지압파괴에서 지압면적은 투영된 면적을 고려한다.

③ 지압세기 : $P_b = \sigma_{ba} \cdot d \cdot t$

④ 단위 : kgf, tonf

구조물의 이음

① 리벳이음
② 볼트이음
③ 용접이음

강재의 파괴 형태

① 전단파괴
② 지압파괴
③ 할열파괴

(3) 리벳값

리벳의 전단세기와 지압세기 중 작은 값을 리벳값으로 한다.

(4) 리벳 소요개수

소수 이하는 무조건 올림(절상)이다.

$$n = \frac{P}{리벳값}$$

06 축하중 부재

① 강성도(stiffness)와 유연도(flexibility)

(1) 정의

① 강성도 : 단위변형($\Delta l = 1$)을 일으키는 데 필요한 힘의 크기
② 유연도 : 단위하중($P = 1$)으로 인한 변형

(2) 축하중 부재의 강성도와 유연도

① 축변형 $\Delta l = \delta = \dfrac{PL}{AE}$ 에서

$$강성도(k) = \frac{AE}{L}$$

$$유연도(f) = \frac{L}{AE}$$

② 강성도와 유연도는 역수관계이다.

$$\therefore \ k = \frac{1}{f}$$

② 축하중 부재의 변위

(1) 하중에 의한 봉의 변위

① 균일 단면 봉의 변위

$$\delta = \frac{P_2 L}{AE} - \frac{P_1 L_1}{AE}$$

여기서, AE : 축강도((+) : 인장, (−) : 압축)

② 변 단면 봉의 변위

$$\delta = \frac{(P_1 + P_2)L_1}{A_1 E_1} + \frac{P_2 L_2}{A_2 E_2}$$

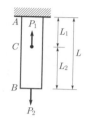

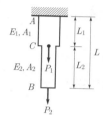

(a) 균일 단면 봉의 변위   (b) 변 단면 봉의 변위

【그림 7-13】 봉의 변위

(2) 자중에 의한 봉의 변위

$$\delta = \frac{PL}{AE}, \quad P_x = \gamma A x$$

$$\delta = \int \frac{P_x}{AE} dx = \int_0^L \frac{\gamma A x}{AE} dx = \int_0^L \frac{\gamma x}{E} dx = \frac{\gamma}{E}\left[\frac{x^2}{2}\right]_0^L = \frac{\gamma L^2}{2E}$$

(3) 등변단면 원형봉의 변위

① 임의의 점의 단면적

$$L_1 : d_1 = L_2 : d_2 = x : d_x \text{ 로부터}$$

$$\therefore \ d_x = \left(\frac{d_1}{L_1}\right) x \text{ 이다.}$$

$$A_x = \frac{\pi d_x^2}{4} = \frac{\pi}{4}\left(\frac{d_1}{L_1}x\right)^2 = \frac{\pi d_1^2 x^2}{4 L_1^2}$$

② 봉의 변위

$$\delta = \int_0^L d\delta = \int_0^L \frac{P_x}{EA_x} dx = \frac{4PL}{\pi E d_1 d_2}$$

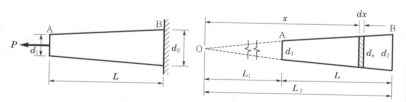

【그림 7-14】 등변단면 원형봉의 변위

(4) 트러스 부재의 변위

① 부재력 산정 : 힘의 평형조건식에서

$\Sigma V = 0$, $F_{AB} \cos \beta + F_{BC} \cos \beta = P$

$\Sigma H = 0$, $F_{AB} = F_{BC} = F$이므로 $2F \cos \beta = P$

$$\therefore \ F = \frac{P}{2 \cos \beta}$$

② 부재의 변위량(δ_1) : $L_1 \cos \beta = H$로부터 $L_1 = \dfrac{H}{\cos \beta}$

$$\therefore \ \delta_1 = \frac{FL_1}{EA} = \frac{P \cdot H}{2EA \cos^2 \beta}$$

③ B점의 수직처짐(δ_B) : Williot 변위선도에서

$$\therefore \ \delta_B = \frac{\delta_1}{\cos \beta} = \frac{P \cdot H}{2EA \cos^3 \beta}$$

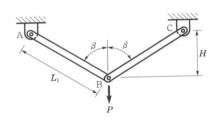 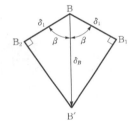

【그림 7-15】 트러스 부재의 변위

07 조합응력

① 단축(1축)응력

(1) 경사평면(θ)에 대한 응력

경사면에서

$A' = \dfrac{A}{\cos \theta}$

$N = P \cos \theta$

$S = P \sin \theta$

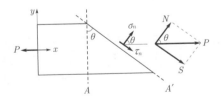

【그림 7-16】 1축응력

① 수직응력(법선응력)

$$\sigma_n = \frac{N}{A'} = \frac{P\cos\theta}{A/\cos\theta} = \frac{P}{A}\cos^2\theta = \sigma_x\cos^2\theta$$

② 전단응력(접선응력)

$$\tau_n = \frac{S}{A'} = \frac{P\sin\theta}{A/\cos\theta} = \frac{P}{A}\sin\theta \cdot \cos\theta$$

$$= \sigma_x\sin\theta \cdot \cos\theta = \frac{1}{2}\sigma_x\sin2\theta$$

(2) 경사평면($\theta + 90°$)에 대한 응력

① 법선응력($\sigma_n{}'$)

$$\sigma_n{}' = \sigma_x\cos^2(90° + \theta) = \sigma_x\sin^2\theta$$

② 접선응력($\tau_n{}'$)

$$\tau_n{}' = \frac{1}{2}\sigma_x\sin(180° + 2\theta) = -\frac{1}{2}\sigma_x\sin2\theta$$

(3) 공액응력

① 경사평면(θ)와 경사평면($\theta + 90°$)에서 생긴 두 쌍의 응력은 서로 직교하는 두 평면상에 있다. 이것을 공액응력(complementary stress)이라 한다.

② 공액응력의 관계는 두 축상 응력의 합은 서로 같다.

$$\sigma_n + \sigma_n{}' = \sigma_x\cos^2\theta + \sigma_x\sin^2\theta = \sigma_x = \frac{P}{A}$$

$$\tau_n + \tau_n{}' = \frac{1}{2}\sigma_x\sin2\theta - \frac{1}{2}\sigma_x\sin2\theta = 0$$

$$\therefore \tau_n = -\tau_n{}'$$

(4) 단축응력의 모어의 원(Mohr's circle)

$$\sigma_n = \mathrm{OF} = \mathrm{OC} + \mathrm{CF} = \frac{1}{2}\sigma_x + \frac{1}{2}\sigma_x\cos2\theta = \sigma_x\cos^2\theta$$

$$\tau_n = \mathrm{DF} = \mathrm{CD}\sin2\theta = \frac{1}{2}\sigma_x\sin2\theta$$

$$\sigma_n' = \mathrm{OF_1} = \mathrm{OC} - \mathrm{F_1C} = \frac{1}{2}\sigma_x - \frac{1}{2}\sigma_x\cos2\theta = \sigma_x\sin^2\theta$$

$$\tau_n' = -\mathrm{F_1D_1} = -\mathrm{CD}\sin2\theta = -\frac{1}{2}\sigma_x\sin2\theta$$

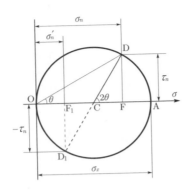

【그림 7-17】 모어의 원

> ▶ 삼각함수
> $$\sin^2\theta + \cos^2\theta = 1$$
> $$2\sin\theta\cos\theta = \sin 2\theta$$
> $$\cos^2\theta = \frac{1+\cos 2\theta}{2}$$
> $$\sin^2\theta = \frac{1-\cos 2\theta}{2}$$

② 2축응력

(1) 대응하는 2축에서 인장 또는 압축이 동시에 작용할 때의 응력을 2축응력이라 한다. 쐐기요소의 경사면(θ)에서

$$\cos\theta = \frac{A}{A'}$$
$$A = A'\cos\theta$$
$$\sin\theta = \frac{A''}{A'}$$
$$A'' = A'\sin\theta$$

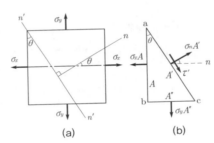

【그림 7-18】 2축응력

① 수직응력

$$\sigma_\theta A'' = (\sigma_x A)\cos\theta + (\sigma_y A'')\sin\theta$$
$$= (\sigma_x A'\cos\theta)\cos\theta + (\sigma_y A'\sin\theta)\sin\theta$$
$$\sigma_\theta = \sigma_x \cos^2\theta + \sigma_y \sin^2\theta$$
$$\therefore \ \sigma_\theta = \frac{1}{2}(\sigma_x + \sigma_y) + \frac{1}{2}(\sigma_x - \sigma_y)\cos 2\theta$$

② 전단응력

$$\tau_\theta A' = (\sigma_x A)\sin\theta - (\sigma_y A'')\cos\theta$$
$$= (\sigma_x A'\cos\theta)\sin\theta - (\sigma_y A'\sin\theta)\cos\theta$$
$$\tau_\theta = (\sigma_x - \sigma_y)\sin\theta\cos\theta$$
$$\therefore \ \tau_\theta = \frac{1}{2}(\sigma_x - \sigma_y)\sin 2\theta$$

(2) 2축응력($\theta + 90°$)

위의 식에 θ 대신 $\theta + 90°$를 대입하면

① 수직응력($\sigma_\theta{}'$)

$$\therefore \ \sigma_\theta{}' = \frac{1}{2}(\sigma_x + \sigma_y) - \frac{1}{2}(\sigma_x - \sigma_y)\cos 2\theta$$

② 전단응력($\tau_\theta{}'$)

$$\therefore \ \tau_\theta{}' = -\frac{1}{2}(\sigma_x - \sigma_y)\sin 2\theta$$

③ 공액응력

$$\therefore \ \sigma_\theta + \sigma_\theta{}' = \sigma_x + \sigma_y$$

$$\therefore \ \tau_\theta = -\tau_\theta{}'$$

위 식에서, $\theta = 0$일 때 $\sigma_\theta = \sigma_{max} = \sigma_x$

$$\theta = \frac{\pi}{4}$$ 일 때 $\tau_\theta = \tau_{max} = \frac{1}{2}(\sigma_x - \sigma_y)$

$$\theta = \frac{\pi}{2}$$ 일 때 $\sigma_\theta = \sigma_{min} = \sigma_y$

(3) 2축응력의 모어의 원

$$\sigma_\theta = \mathrm{OF} = \mathrm{OC} + \mathrm{CD}\cos 2\theta$$

$$\therefore \ \sigma_\theta = \frac{1}{2}(\sigma_x + \sigma_y) + \frac{1}{2}(\sigma_x - \sigma_y)\cos 2\theta$$

$$\tau_\theta = \mathrm{DF} = \mathrm{CD}\sin 2\theta$$

$$\therefore \ \tau_\theta = \frac{1}{2}(\sigma_x - \sigma_y)\sin 2\theta$$

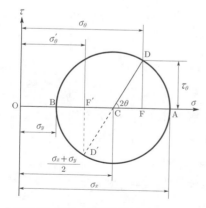

【그림 7-19】 2축응력의 모어의 원

③ 평면응력

(1) 2축 방향에서 생긴 응력 σ_x, σ_y와 동시에 τ_{xy}가 작용할 때, 임의 방향에서 구한 법선응력 σ_n과 전단응력 τ_n을 평면응력(plane stress)이라 한다. 단, $\tau_{xy} = 0$이면 2축응력과 같다.

(2) 쐐기요소의 경사면에서 힘의 평형조건식으로부터

① 수직응력(σ_n, 법선응력)

$$\sigma_n A' = (\sigma_x A)\cos\theta + (\sigma_y A'')\sin\theta + (\tau_{xy}A)\sin\theta + (\tau_{xy}A'')\cos\theta$$

$$\therefore \ \sigma_n = \frac{1}{2}(\sigma_x + \sigma_y) + \frac{1}{2}(\sigma_x - \sigma_y)\cos2\theta + \tau_{xy}\sin2\theta$$

② 전단응력(τ_n, 접선응력)

$$\tau_n \cdot A' = (\sigma_x A)\sin\theta - (\sigma_y A'')\cos\theta - (\tau_{xy}A)\cos\theta$$
$$+ (\tau_{xy}A'')\sin\theta$$

$$\therefore \ \tau_n = \frac{1}{2}(\sigma_x - \sigma_y)\sin2\theta - \tau_{xy}\cos2\theta$$

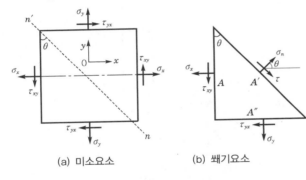

(a) 미소요소   (b) 쐐기요소

【그림 7-20】 평면응력

④ 주단면과 주응력

(1) 정의 및 특성

① 평면응력 상태에서 θ가 0°에서 360°까지 변함에 따라 σ_n이 최대, τ_n이 최소가 되는 단면을 주단면이라 하고, 이 때 2축방향에서 생긴 응력을 최대, 최소 주응력이라고 한다.

② 중립축에서 주응력의 크기는 최대 전단응력과 같고, 방향은 중립축과 45°방향이다. ($\sigma = 0$, $\tau = \tau_{max}$)

③ 연단에서의 주응력의 크기는 최대 휨응력과 같고 축과 90°방향이다. ($\sigma = \sigma_{max}$, $\tau = 0$)

(2) 최대, 최소 주응력의 크기

$$\sigma_{\max} = \frac{\sigma_x + \sigma_y}{2} + \frac{1}{2}\sqrt{(\sigma_x - \sigma_y)^2 + 4\tau_{xy}^2}$$

$$\sigma_{\min} = \frac{\sigma_x + \sigma_y}{2} - \frac{1}{2}\sqrt{(\sigma_x - \sigma_y)^2 + 4\tau_{xy}^2}$$

(3) 최대, 최소 주전단응력의 크기

$$\tau_{\max} = \text{CD} = \frac{1}{2}\sqrt{(\sigma_x - \sigma_y)^2 + 4\tau_{xy}^2}$$

$$\tau_{\min} = -\text{CD}' = \frac{1}{2}\sqrt{(\sigma_x - \sigma_y)^2 + 4\tau_{xy}^2}$$

(4) 주응력면

$$\tan 2\theta = \frac{\text{DF}}{\text{CF}} = \frac{2\tau_{xy}}{\sigma_x - \sigma_y}$$

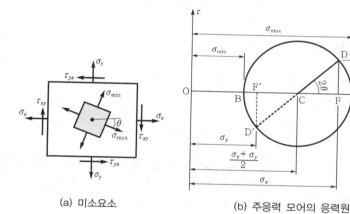

(a) 미소요소   (b) 주응력 모어의 응력원

【그림 7-21】 주응력

예상 및 기출문제

응력과 변형률, 탄성계수

1. 휨응력의 공식을 유도하는 데 있어서 가정으로 잘못된 것은 어느 것인가?

㉮ 훅의 법칙이 성립하는 탄성한도 내에서 변형과 응력을 생각한다.

㉯ 보에는 축방향력이 작용하지 않는다.

㉰ 보의 임의 단면이 변형하면 곡면(曲面)이 된다.

㉱ 하중에 의한 휨모멘트만을 생각한다.

> **해설** 부재축에 직각을 이루고 있는 단면은 휨 후에도 축에 직각인 평면을 이룬다.

2. 허용응력에 관한 설명으로 가장 관계가 없는 것은?

㉮ 재료의 극한강도를 안전율로 나누어 구한다.

㉯ 허용응력은 항상 재료에 발생하는 계산 응력값 이상이라야 한다.

㉰ 심리적으로 불안할 때는 안전율을 크게 하므로 허용응력은 작아진다.

㉱ 허용응력 내에서 응력은 변형률에 비례한다.

3. 안전율을 생각해야 할 이유로서 적합하지 않은 것은?

㉮ 반복하중 또는 예기하지 못한 큰 하중이 작용할 때가 있다.

㉯ 심리적인 불안감을 해소하기 위한 것이다.

㉰ 실제응력과 계산응력과는 차이가 있다.

㉱ 재료에는 계산하기 어려운 결함 또는 오랜 세월에 걸쳐 풍화부식이 일어나고 재료의 신뢰도가 문제가 된다.

> **해설** ① 재료의 신뢰성(공시체 실험결과의 불확실성)
> ② 재료의 불균질
> ③ 이론과 실체의 차이점
> ④ 시공의 불완전
> ⑤ 풍화작용에 의한 단면의 축소
> ⑥ 피로파괴 및 과다하중 재하

4. 지름 1cm의 강봉이 몇 kg의 인장력을 받을 수 있는가? (단, 허용인장응력은 1,200kg/cm²)

㉮ 625kg   ㉯ 742kg

㉰ 826kg   ㉱ 942kg

> **해설** $P = \sigma \cdot A$
>
> $P = 1,200 \times \dfrac{\pi(1)^2}{4} = 942.4$kg

5. 파괴압축응력 500kg/cm²인 정사각형 단면의 소나무가 압축력 5t을 안전하게 받을 수 있는 한 변의 최소 길이는? (단, 안전율은 10이다.)

㉮ 100cm   ㉯ 10cm

㉰ 5cm   ㉱ 3cm

> **해설** 안전율이 10이므로 압축력을 50t으로 생각하고 설계하면 된다.
>
> $A = \dfrac{P}{\sigma_a} = \dfrac{50,000}{500} = 100$cm²
>
> $\therefore \ \alpha = 10$cm

6. 40t의 압축을 받는 강관 기둥에서 바깥지름을 20cm로 하면 강관의 안지름은 얼마이면 되는가? (단, 허용응력을 1,200kg/cm²로 한다.)

㉮ 15.9cm   ㉯ 16.9cm

㉰ 17.9cm   ㉱ 18.9cm

> **해설** $\sigma = \dfrac{P}{A}$
>
> $A = \dfrac{P}{\sigma} = \dfrac{40,000}{1,200} = 33.33$cm²
>
> $A = \dfrac{\pi}{4}(D^2 - d^2)$
>
> $A = 314 - 0.785d^2 = 314 - 33.33$
>
> $\therefore \ d = 18.9$cm

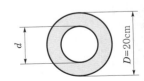

7. $\phi15 \times 30$cm의 그림과 같은 콘크리트 공시체가 45t의 축 압축하중을 받을 때, 이 공시체에 일어나는 최대 전단응력을 구한 값은?

㉮ 63.6kg/cm^2

㉯ 84.9kg/cm^2

㉰ 127.4kg/cm^2

㉱ 254.8kg/cm^2

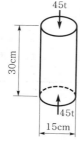

• 해설 단축응력에서 최대 전단응력

$$\tau = \frac{\sigma}{2} = \frac{P}{2 \cdot A} = \frac{4 \times 45,000}{2 \times \pi \times 15^2} = 127.39 \text{kg/cm}^2$$

8. 전단응력 S, 단면2차모멘트 I, 단면1차모멘트 Q, 단면 폭을 b라 할 때, 전단응력도의 크기는? (단, 직사각형 단면임.)

㉮ $\dfrac{Q \cdot S}{I \cdot b}$　　　　㉯ $\dfrac{I \cdot S}{Q \cdot b}$

㉰ $\dfrac{I \cdot b}{Q \cdot S}$　　　　㉱ $\dfrac{Q \cdot b}{I \cdot S}$

• 해설 전단응력 $\tau = \dfrac{S}{I \cdot b} \cdot Q$

τ : 전단응력(kg/cm^2)

S : 전단력(kg)

I : 단면2차모멘트(cm^4)

Q : 단면1차모멘트(cm^3)

b : 단면의 폭(cm)

9. 그림에 보인 것과 같은 T형 단면을 가진 단순보가 있다. 이 보의 지간은 3m이고, 오른쪽 지점으로부터 왼쪽으로 1m 떨어진 곳에 하중 $P=450$kg이 걸려 있다. 이 보속에 작용하는 최대 전단응력은?

㉮ 14.8kg/cm^2

㉯ 24.8kg/cm^2

㉰ 34.8kg/cm^2

㉱ 44.8kg/cm^2

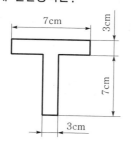

• 해설

$$\tau = \frac{S}{I \cdot b} G_x$$

$S = 300$kg

$$I = \frac{7 \times 3^3}{12} + 21 \times 2.5^2 + \frac{3 \times 7^3}{12} + 21 \times 2.5^2$$

$$= 364 \text{cm}^4$$

$$G_x = 6 \times 3 \times 3 = 54 \text{cm}^3$$

$$\tau = \frac{300 \times 54}{364 \times 3} = 14.84 \,(\text{kg/cm}^2)$$

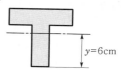

10. 어떤 재료의 탄성계수 E가 2,100,000kg/cm^2, 푸아송비 $\nu=0.25$, 전단변형률 $r=0.1$이라면 전단응력 τ는 얼마인가?

㉮ $84,000$kg/cm^2　　　㉯ $168,000$kg/cm^2

㉰ $410,000$kg/cm^2　　　㉱ $368,000$kg/cm^2

• 해설

$$G = \frac{\tau}{r} = \frac{E}{2(1+\nu)}$$

$$\tau = \frac{E \cdot r}{2(1+\nu)} = \frac{2,100,000 \times 0.1}{2(1+0.25)}$$

$$= 84,000 \text{kg/cm}^2$$

11. 그림과 같은 보 위를 2t/m의 이동하중이 지나갈 때 보에 생기는 최대 휨응력은? (단, 보의 단면은 8cm×12cm인 사각형이고 자중은 무시한다.)

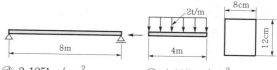

㉮ $3,125$kg/cm^2　　　㉯ $4,125$kg/cm^2

㉰ $5,525$kg/cm^2　　　㉱ $6,250$kg/cm^2

• 해설 $R_A = 4$t

$M_c = 4 \times 4 - 2 \times 2 \times 1 = 12$t · m

$$\sigma = \frac{M}{Z} = \frac{6 \times 12 \times 10^5}{8 \times 12^2} = 6,250 \text{kg/cm}^2$$

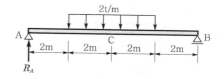

12. 지름 30cm의 원형 단면을 가진 보가 그림과 같이 하중을 받을 때 이 보에 생기는 최대 휨응력은?

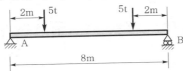

㉮ 485.6kg/cm²   ㉯ 377.4kg/cm²

㉰ 245.9kg/cm²   ㉲ 194.2kg/cm²

해설
$\Sigma M_B = 0$

$R_A \times 8 - 5 \times 6 - 5 \times 2 = 0$

$R_A = 5t$

$M_{max} = 5 \times 2 = 10t \cdot m$

$\sigma_{max} = \dfrac{M}{I}y$

$= \dfrac{1,000,000}{\dfrac{\pi 30^4}{64}} \times \dfrac{30}{2}$

$= 377.256 \text{kg/cm}^2$

13. 폭 b=15cm, 높이 h=30cm인 직사각형 단면 보에 그림과 같이 하중이 작용했을 때 보의 최대 인장응력은? (단, P는 수직하중, N은 축방향력이다.)

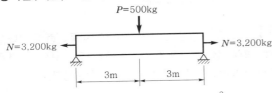

㉮ 25.6kg/cm²   ㉯ 38.7kg/cm²

㉰ 35.7kg/cm²   ㉲ 40.4kg/cm²

해설
$\sigma = \dfrac{N}{A} + \dfrac{M}{Z}$

$M = \dfrac{Pl}{4}$

$= \dfrac{500 \times 600}{4} = 75,000 \text{kg} \cdot \text{cm}$

$Z = \dfrac{15 \times 30^2}{6} = 2,250 \text{cm}^3$

$N = 3,200 \text{kg}$

$A = 450 \text{cm}^2$

$\sigma = \dfrac{3,200}{450} + \dfrac{75,000}{2,250}$

$= 40.44 \text{kg/cm}^2$

14. 높이 20cm, 폭 10cm의 직사각형 단면 단순보에 그림과 같이 등분포하중과 축방향 인장력이 작용할 때 이 보 속에 발생하는 최대 휨응력은 얼마인가? (단, 자중은 무시)

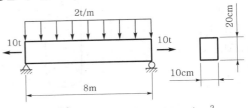

㉮ 3,000kg/cm²   ㉯ 2,750kg/cm²

㉰ 2,450kg/cm²   ㉲ 2,000kg/cm²

해설
$\sigma = \dfrac{N}{A} + \dfrac{M}{Z}$

$= \dfrac{10,000}{10 \times 20} + \dfrac{6 \times 1,600,000}{10 \times 20^2}$

$= 50 + 2400 = 2,450 \text{kg/cm}^2$

$\therefore M = \dfrac{wl^2}{8} = \dfrac{2 \times 8^2}{8} = 16t \cdot m$

15. 폭 5cm, 높이 10cm의 직사각형 단면의 보에 5,000kg · cm의 휨모멘트가 작용하면 연응력의 크기는?

㉮ 30kg/cm²   ㉯ 60kg/cm²

㉰ 90kg/cm²   ㉲ 120kg/cm²

해설
$\sigma = \dfrac{M}{I}y = \dfrac{M}{Z} = \dfrac{6M}{bh^2}$

$= \dfrac{6 \times 5,000}{5 \times 10^2} = 60 \text{kg/cm}^2$

16. 길이 10m인 단순보 중앙에 집중하중 P=2t이 작용할 때 중앙에서 곡률반지름 R은? (단, I=400cm⁴, E=2.1×10⁶kg/cm²임.)

㉮ 16.8m   ㉯ 10m

㉰ 6.8m   ㉲ 3.4m

해설
$M = \dfrac{Pl}{4} = \dfrac{2 \times 10}{4} = 5t \cdot m$

$\dfrac{1}{R} = \dfrac{M}{EI}$

$R = \dfrac{EI}{M} = \dfrac{2.1 \times 10^6 \times 400}{500,000}$

$= 1,680 \text{cm} = 16.8 \text{m}$

17. 지름 30cm의 원형 단면을 가지는 강봉을 최대 휨응력이 1,800kg/cm²를 넘지 않도록 하여 원형으로 휘게 할 수 있는 가능한 최소 반지름은? (단, 탄성계수 $E=2.1\times10^6$kg/cm²)

㉮ 175m
㉯ 350m
㉰ 500m
㉱ 545m

 해설

$$\sigma=\frac{M}{I}y \qquad \frac{1}{R}=\frac{M}{EI}$$

$$M=\frac{\sigma I}{y}=\frac{EI}{R}$$

$$R=\frac{Ey}{\sigma}=\frac{2.1\times10^6\times15}{1,800}=17,500\text{cm}$$

$$\therefore R=175\text{m}$$

18. 비틀력 T를 받는 반지름 r인 원형봉의 최대 전단응력 $\tau_{max}=T\cdot r/J$에서 식중 J에 대한 다음 사항 중 옳은 것은?

㉮ 단면의 도심축에 대한 단면2차모멘트이다.
㉯ 단면의 극관성모멘트이다.
㉰ $\pi r^4/4$이다.
㉱ $5\pi r^4/4$이다.

19. 그림과 같은 원형 및 정사각형 관이 동일 재료로서 관의 두께(t) 및 둘레($4b=2\pi r$)가 동일하고, 두 관의 길이가 일정할 때 비틀림 T에 의한 두 관의 전단응력의 비($\tau_{(a)}/\tau_{(b)}$)는 얼마인가?

㉮ 0.683
㉯ 0.786
㉰ 0.821
㉱ 0.859

(a)　　　　(b)

 해설

$$I_{Pa}=2\pi r^3t$$

$$\tau_a=\frac{Tr}{I_p}=\frac{T}{2\pi r^2t}$$

$$4b=2\pi r \rightarrow b=\frac{\pi r}{2}$$

$$A_m=b^2=\frac{\pi^2r^2}{4}$$

$$\tau_b=\frac{T}{2tA_m}=\frac{2T}{t\pi^2r^2}$$

$$\therefore \frac{\tau_a}{\tau_b}=\frac{\pi}{4}=0.786$$

20. 열응력에 대한 설명 중 틀린 것은?

㉮ 재료의 선팽창계수에 관계 있다.
㉯ 세로 탄성계수에 관계 있다.
㉰ 재료의 치수에 관계가 있다.
㉱ 온도 차에 관계가 있다.

 해설 　$\sigma=E\alpha\Delta T$

21. 양단에 고정되어 있는 지름 4cm의 강봉을 처음 10℃에서 20℃까지 가열했을 때 온도응력값은? (단, 탄성계수$=2.1\times10^6$kg/cm², 선팽창계수$=12\times10^{-6}/$℃이다.)

㉮ 120kg/cm²
㉯ 240kg/cm²
㉰ 420kg/cm²
㉱ 252kg/cm²

 해설

$$\sigma=E\cdot\varepsilon=E\cdot\alpha\cdot t$$
$$=2.1\times10^6\times12\times10^{-6}\times10$$
$$=252\text{kg/cm}^2$$

22. 지름이 2cm인 환강봉을 상온보다 10℃ 상승시켜 양단을 벽에 고정시켰을 때 봉의 단면에서 벽에 영향을 주는 힘은? (단, $E=2.1\times10^6$kg/cm², $\alpha=0.00001$)

㉮ 523.4kg
㉯ 659.7kg
㉰ 720.4kg
㉱ 754.4kg

 해설

$$\sigma=E\alpha t$$
$$=2.1\times10^6\times0.00001\times10=210\text{kg/cm}^2$$
$$P=\sigma\cdot A=210\times\frac{\pi\times2^2}{4}=659.73\text{kg}$$

23. 다음 그림과 같이 양단이 고정된 강봉이 상온에서 20℃만큼 온도가 상승했다면 강봉에 작용하는 압축력의 크기는? (단, 강봉의 단면적 $A=50$cm², $E=2.0\times10^6$kgf/cm², 열팽창계수 $\alpha=1.0\times10^{-5}$(1℃에 대해서)이다.)

㉮ 10tf
㉯ 15tf
㉰ 20tf
㉱ 25tf

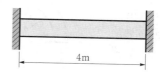

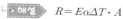

 해설

$$R=E\alpha\Delta T\cdot A$$
$$=2.0\times10^6\times1.0\times10^{-5}\times20\times50$$
$$=20,000\text{kgf}=20\text{tf}$$

24. 그림과 같이 부재의 자유단이 옆의 벽과 1mm 떨어져 있다. 부재의 온도가 현재보다 20℃ 상승할 때, 부재 내에 생기는 열응력의 크기는? (단, $E=$ 20,000kg/cm², $\alpha=10^{-5}$/℃이다.)

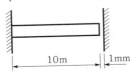

㉮ 1kg/cm²

㉯ 2kg/cm²

㉰ 3kg/cm²

㉱ 4kg/cm²

해설 $\Delta l = \alpha \Delta Tl$로부터 처음 1mm에 대한 온도차

$$\Delta T = \frac{\Delta l}{\alpha l} = \frac{1}{10^{-5} \times 10,000} = 10℃$$

따라서, 나중 10℃ 변화에 의한 응력만 검토하면 된다.

$$\therefore \ \sigma_T = E\alpha\Delta T$$
$$= 20,000 \times 10^{-8} \times (20-10)$$
$$= 2kg/cm²$$

25. 지름 50cm, 두께 0.5cm의 원형 파이프에 단위 면적당 내부압력이 10kg/cm²일 때 원응력(hoop stress)은?

㉮ 250kg/cm²

㉯ 500kg/cm²

㉰ 750kg/cm²

㉱ 900kg/cm²

해설 $\sigma = \dfrac{P \cdot r}{t} = \dfrac{P \cdot D}{2t}$

$$= \frac{10 \times 25}{0.5} = 500kg/cm²$$

26. 지름 $d=120$cm, 벽 두께 $t=0.6$cm인 긴 강관이 $q=20$kg/cm²의 내압을 받고 있다. 이 관벽 속에 발생하는 원환응력 σ의 크기는?

㉮ 300kg/cm²

㉯ 900kg/cm²

㉰ 1,800kg/cm²

㉱ 2,000kg/cm²

해설 $\sigma_t = \dfrac{PD}{2t} = \dfrac{20 \times 120}{2 \times 0.6} = 2,000kg/cm²$

27. 지름 2.5cm의 강봉을 1,000t으로 당길 때, 강봉의 지름 줄어든 값은? (단, 푸아송비는 1/5, 탄성계수는 21×10^5kg/cm²이다.)

㉮ 0.49cm

㉯ 0.054cm

㉰ 0.0054cm

㉱ 0.067cm

해설 Hooke의 법칙으로부터

$$\varepsilon = \frac{\sigma}{E} = \frac{P}{E \cdot A} = \frac{1,000,000}{21 \times 10^5 \times \dfrac{\pi \times 2.5^2}{4}} = 0.097$$

푸아송비 $\nu = \dfrac{\beta}{\varepsilon} = \dfrac{1}{5}$

$$\beta = \varepsilon \times \frac{1}{5} = 0.0194$$

$$\Delta d = \beta \cdot d = 0.0194 \times 2.5 = 0.0485cm$$

28. 단면이 일정한 강봉을 인장응력 210kg/cm²로 당길 때 0.02cm 늘어났다면 이 강봉의 처음 길이는? (단, 강봉의 탄성계수는 2,100,000kg/cm²이다.)

㉮ 3.5m

㉯ 3.0m

㉰ 2.5m

㉱ 2.0m

해설 $\sigma = \dfrac{P}{A} = E \cdot \varepsilon = E\dfrac{\Delta l}{l}$

$$l = \frac{E \cdot \Delta l}{\sigma} = 2m$$

29. 지름 1.5cm, 길이 50cm의 원봉이 인장력을 받아 0.032cm가 늘어났다. 이 때, 푸아송의 수를 $3\dfrac{1}{3}$이라 하면 가로 방향의 신장(Δd)은?

㉮ 0.00029cm

㉯ 0.0029cm

㉰ 0.00036cm

㉱ 0.0036cm

해설
$$\nu = \frac{1}{m} = \frac{\beta}{\varepsilon} = \frac{l\Delta d}{d\Delta l}$$

$$m = \frac{d\Delta l}{l\Delta d}$$

$$\Delta d = \frac{d\Delta l}{lm}$$

$$= \frac{1.5 \times 0.032}{50 \times \dfrac{10}{3}}$$

$$= 2.88 \times 10^{-4}cm$$

$$= 0.000288cm$$

30. 지름 $d=3.0$cm인 강봉을 $P=6,280$kg의 축방향력으로 당길 때 봉의 횡방향 수축량 δ를 구한 값은? (단, 이 재료의 푸아송비 $\nu=1/3$, 탄성계수 $E=2.0\times10^6$kg/cm²)

㉮ 0.0073mm ㉯ 0.0053mm
㉰ 0.0044mm ㉱ 0.0032mm

해설

$$\nu=\frac{1}{m}=\frac{\beta}{\varepsilon}=\frac{l\Delta d}{d\Delta l}$$

$$\beta=\nu\varepsilon$$

훅의 법칙 $\dfrac{P}{A}=\varepsilon E$

$$\frac{P}{A}=\frac{\beta}{\nu}E$$

$$\therefore \Delta d=\frac{PD\nu}{AE}$$

$$=\frac{6,280\times3\times\dfrac{1}{3}}{\dfrac{\pi3^2}{4}\times2\times10^6}$$

$$=0.000444\text{cm}=0.00444\text{mm}$$

31. 지름 25mm, 길이 1m인 원형 강철 부재에 3t의 인장력을 주었을 때 축방향 변형률이 0.0003이라면 지름의 줄어든 값은? (단, 탄성계수는 2.1×10^6kg/cm²이고 푸아송의 수는 3이다.)

㉮ 0.03cm ㉯ 0.01cm
㉰ 0.00075cm ㉱ 0.00025cm

해설

$$\nu=\frac{1}{m}=\frac{\beta}{\varepsilon}=\frac{l\Delta d}{d\Delta l}$$

$$\Delta d=\frac{\varepsilon d}{m}$$

$$=\frac{0.0003\times2.5}{3}=0.00025\text{cm}$$

32. 지름 10cm, 길이 25cm인 재료에 인장력을 작용시켰더니 지름이 9.98cm로 길이는 25.2cm로 변하였다. 이 재료의 푸아송(Poisson)수는?

㉮ 2.0 ㉯ 3.0
㉰ 4.0 ㉱ 5.0

해설

$$\nu=\frac{1}{m}=\frac{l\Delta d}{d\Delta l}$$

$$m=\frac{d\Delta l}{l\Delta d}=\frac{10\times0.2}{25\times0.02}=4$$

33. 푸아송비(Poisson's ratio)가 0.2일 때 푸아송수는?

㉮ 2 ㉯ 3
㉰ 5 ㉱ 8

해설

$$\nu=\frac{1}{m}$$

$$m=\frac{1}{0.2}=5$$

34. 지름 5cm의 강봉을 8t으로 당길 때 지름은 약 얼마나 줄어들겠는가? (단, 푸아송비는 $\nu=0.3$, 탄성계수는 $E=2.1\times10^6$kgf/cm²)

㉮ 0.00029cm ㉯ 0.0057cm
㉰ 0.000012cm ㉱ 0.003cm

해설

$$\sigma=\frac{P}{A}=E\cdot\varepsilon$$

$$\varepsilon=\frac{P}{EA}=\frac{8\times10^3}{(2.1\times10^6)\times\dfrac{\pi\times5^2}{4}}=0.000194$$

$$\nu=-\frac{\dfrac{\Delta d}{d}}{\dfrac{\Delta l}{l}}=-\frac{\dfrac{\Delta d}{d}}{\varepsilon}=-\frac{\Delta d}{d\varepsilon}$$

$$\Delta d=-\nu d\varepsilon$$

$$=-0.3\times5\times0.000194$$

$$=-0.000291\text{cm (수축)}$$

35. 지름 2cm의 강철봉을 8t의 힘으로 인장할 때 봉의 지름이 가늘어진 양은? (단, 푸아송비 $\nu=0.3$, 탄성계수 $E=2\times10^6$kg/cm²)

㉮ 0.00076mm ㉯ 0.0076mm
㉰ 0.042mm ㉱ 0.42mm

해설

$$\sigma=\frac{P}{A}=E\cdot\varepsilon$$

$$\varepsilon=\frac{P}{EA}=\frac{8\times10^3}{(2\times10^6)\times\dfrac{\pi\times2^2}{4}}=0.00127$$

$$\nu=-\frac{\dfrac{\Delta d}{d}}{\dfrac{\Delta l}{l}}=-\frac{\dfrac{\Delta d}{d}}{\varepsilon}$$

$$\Delta d=-\nu\varepsilon d$$

$$=-0.3\times0.00127\times2$$

$$=-0.000762\text{cm}=-0.00762\text{mm}$$

36. 지름 2cm의 강봉(鋼棒)에 10t의 축방향 인장력을 작용시킬 때 이 강봉은 얼마만큼 가늘어지는가? (단, 푸아송(Poisson)비 $\nu = \dfrac{1}{3}$, $E=2,100,000\text{kg/cm}^2$)

㉮ 0.0010cm ㉯ 0.0074cm
㉰ 0.0224cm ㉭ 0.0648cm

> **해설**
> $$\sigma = \frac{P}{A} = E \cdot \varepsilon$$
> $$\varepsilon = \frac{P}{AE} = \frac{10 \times 10^3}{\dfrac{\pi \times 2^2}{4} \times 2.1 \times 10^6} = 0.0015$$
> $$\nu = -\frac{\dfrac{\Delta d}{d}}{\dfrac{\Delta l}{l}} = -\frac{\dfrac{\Delta d}{d}}{\varepsilon} = -\frac{\Delta d}{\varepsilon \cdot d}$$
> $$\therefore \Delta d = -\nu \varepsilon d = -\frac{1}{3} \times 0.0015 \times 2$$
> $$= -0.001\text{cm}$$

37. 길이 50mm, 지름 10mm의 강봉을 당겼더니 5mm 늘어났다면 지름의 줄어든 값은 얼마인가? (단, 푸아송비 $\nu = \dfrac{1}{3}$ 이다.)

㉮ $\dfrac{1}{3}$mm ㉯ $\dfrac{1}{4}$mm
㉰ $\dfrac{1}{5}$mm ㉭ $\dfrac{1}{6}$mm

> **해설**
> $$\nu = -\frac{\beta}{\varepsilon} = -\frac{\dfrac{\Delta d}{d}}{\dfrac{\Delta l}{l}} = -\frac{\dfrac{\Delta d}{10}}{\dfrac{5}{50}} = \frac{1}{3}$$
> $$\Delta d = -\frac{1}{3}\text{mm(줄어든 길이)}$$

38. 지름이 5cm, 길이가 80cm인 둥근 막대가 인장력을 받아서 0.5cm 늘어나고 동시에 지름이 0.006cm만큼 줄었을 때 이 재료의 푸아송수는 얼마인가?

㉮ 3.2 ㉯ 4.2
㉰ 5.2 ㉭ 6.2

> **해설**
> $$m = -\frac{\varepsilon}{\beta} = -\frac{\Delta l/l}{\Delta d/d}$$
> $$= -\frac{0.5/80}{-0.006/5} = 5.2$$

39. 직경 50mm, 길이 2m의 봉이 힘을 받아 길이가 2mm 늘어났다면, 이때 이 봉의 직경은 얼마나 줄어드는가? (단, 이 봉의 푸아송(Poisson's)비는 0.3이다.)

㉮ 0.015mm ㉯ 0.030mm
㉰ 0.045mm ㉭ 0.060mm

> **해설**
> $$\nu = \frac{\beta}{\varepsilon} = \frac{\Delta d/d}{\Delta l/l} = \frac{l\Delta d}{d\Delta l}$$
> $$\Delta d = \frac{\Delta l \nu d}{l} = \frac{2 \times 0.3 \times 50}{2,000}$$
> $$= 0.015\text{mm}$$

40. 길이 20cm, 단면 20cm×20cm인 부재에 100t의 전단력이 가해졌을 때 전단변형량은? (단, 전단탄성계수 $G=80,000\text{kg/cm}^2$이다.)

㉮ 0.0625cm ㉯ 0.00625cm
㉰ 0.0725cm ㉭ 0.00725cm

> **해설**
> $$G = \frac{\tau}{\gamma} = \frac{S/A}{\lambda/l} = \frac{Sl}{A\lambda}$$
> $$\lambda = \frac{Sl}{GA}$$
> $$= \frac{100,000 \times 20}{80,000 \times 20 \times 20}$$
> $$= 0.0625\text{cm}$$

41. 훅(Hooke)의 법칙과 관계가 있는 것은?

㉮ 소성 ㉯ 연성
㉰ 탄성 ㉭ 취성

> **해설** 훅의 법칙은 탄성한도 내에서 응력은 그 변형도에 비례하므로 탄성과 관계가 있다.

42. P를 횡단면에 있어서 수직하중, l은 원래의 길이, A를 횡단면적, E를 탄성계수라 할 때 변형량 Δl은?

㉮ $\Delta l = \dfrac{P \cdot l}{E \cdot A}$ ㉯ $\Delta l = \dfrac{P \cdot A}{E \cdot l}$
㉰ $\Delta l = \dfrac{E \cdot A}{P \cdot l}$ ㉭ $\Delta l = \dfrac{A \cdot l}{P \cdot E}$

> **해설** Hooke의 법칙에서
> $$E = \frac{\sigma}{\varepsilon} = \frac{P \cdot l}{A \cdot \Delta l}$$
> $$\therefore \Delta l = \frac{P \cdot l}{A \cdot E}$$

43. 지름이 1cm, 길이가 1m인 원형의 강재단면에 1,000kg의 하중이 작용하였다. 자중을 무시할 때 늘어난 길이는? (단, 탄성계수는 $2.0 \times 10^6 kg/cm^2$임.)

㉮ 0.4785mm ㉯ 0.6366mm

㉰ 0.6987mm ㉱ 0.5911mm

해설 Hooke의 법칙에서

$$\Delta l = \frac{P \cdot l}{A \cdot E} = \frac{4 \times 1,000 \times 100}{2.0 \times 10^6 \times \pi \times 1^2}$$

$$= 0.06366cm$$

$$\therefore \ \Delta l = 0.6366mm$$

44. 지름 5cm, 길이 200cm의 강봉을 15mm만큼 늘어나게 하려면 얼마의 힘이 필요한가? (단, $E=2,100,000kg/cm^2$)

㉮ 307t ㉯ 308t

㉰ 309t ㉱ 310t

해설

$$\Delta l = \frac{Pl}{AE}$$

$$P = \frac{\Delta l A E}{l} = \frac{1.5 \times \pi \times 5^2 \times 2,100,000}{200 \times 4}$$

$$= 309,093.75kg \fallingdotseq 309.1t$$

45. 지름 2.5cm의 강봉을 1,000t으로 당길 때 강봉의 지름이 줄어든 값은? (단, 푸아송의 비는 1/5, 탄성계수는 $21 \times 10^5 kg/cm^2$이다.)

㉮ 0.049cm ㉯ 0.054cm

㉰ 0.0054cm ㉱ 0.067cm

해설

$$\Delta l = \frac{Pl}{AE}$$

$$\nu = \frac{1}{m} = \frac{\beta}{\varepsilon} = \frac{\Delta dl}{\Delta l d} = \frac{\Delta d A E}{P d}$$

$$\therefore \Delta d = \nu \times \frac{Pd}{AE} = \frac{1}{5} \times \frac{1,000 \times 1,000 \times 2.5 \times 4}{\pi \times 2.5^2 \times 21 \times 10^5}$$

$$= 0.04853cm$$

46. 단면이 일정한 강봉을 인장응력 $210kg/cm^2$로 당길 때 0.02cm가 늘어났다면 이 강봉의 처음 길이는? (단, 강봉의 탄성계수는 $2,100,000kg/cm^2$이다.)

㉮ 4.0m ㉯ 3.0m

㉰ 5.0m ㉱ 2.0m

해설

$$\Delta l = \frac{Pl}{AE}$$

$$l = \frac{\Delta l \cdot E}{\sigma}$$

$$= \frac{0.02 \times 2,100,000}{210} = 200cm = 2m$$

47. 다음 그림에서 AB 부재에 210kg의 하중이 작용할 때 AB 부재가 늘어나는 양은? (단, AB의 단면적은 $1cm^2$, 탄성계수는 $21,000kg/cm^2$)

㉮ 1.0cm

㉯ 1.5cm

㉰ 2.0cm

㉱ 2.5cm

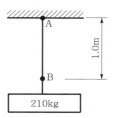

해설 $\Delta l = \frac{Pl}{AE} = \frac{210 \times 100}{1 \times 21,000} = 1cm$

48. 지름 1cm, 길이 1m, 탄성계수 $10,000kg/cm^2$의 철선에 무게 10kg의 물건을 매달았을 때 철선의 늘어나는 양은?

㉮ 1.27mm ㉯ 1.60mm

㉰ 2.24mm ㉱ 2.63mm

해설 $\Delta l = \frac{Pl}{EA} = \frac{Pl}{E \cdot \frac{\pi d^2}{4}} = \frac{4Pl}{E \pi d^2}$

$$= \frac{4 \times 10 \times 10^2}{10^4 \times \pi \times 1^2}$$

$$\fallingdotseq 0.127cm = 1.27mm$$

49. 직경 10cm, 길이 5m의 강봉에 10tf의 인장력을 가하면 이 강봉의 길이는 얼마나 늘어나는가? (단, 이 강재의 탄성계수 $E=2,000,000kgf/cm^2$이다.)

㉮ 0.22mm ㉯ 0.26mm

㉰ 0.29mm ㉱ 0.32mm

해설 $\Delta l = \frac{Pl}{AE}$

$$= \frac{10,000 \times 500 \times 4}{\pi \times 10^2 \times 2.0 \times 10^6}$$

$$= 0.0318cm = 0.319mm$$

50. 지름 2cm의 강철봉을 8t의 힘으로 인장할 때 봉의 지름이 가늘어진 양은? (단, 푸아송비 $\nu=0.3$, 탄성계수 $E=2\times10^6$kg/cm^2)

㉮ 0.00076mm ㉯ 0.0076mm

㉰ 0.042mm ㉱ 0.42mm

 해설

$$\nu=\frac{1}{m}=\frac{\beta}{\varepsilon}=\frac{\Delta d/d}{\Delta l/l}=\frac{l\Delta d}{d\Delta l}$$

$\Delta l=\dfrac{Pl}{EA}$ 로부터

$$\therefore \Delta d=\frac{\nu Pd}{EA}$$

$$=\frac{0.3\times8,000\times2\times4}{2\times10^6\times\pi\times2^2}$$

$$=0.0007639\text{cm}$$

$$=0.00764\text{mm}$$

51. 길이가 5m, 단면적 10cm^{2}의 강봉을 0.5mm 늘이는 데 필요한 인장력은? (단, $E=2\times10^6$kg/cm^2)

㉮ 2t ㉯ 3t

㉰ 4t ㉱ 5t

 해설

$\Delta l=\dfrac{Pl}{EA}$ 로부터

$$P=\frac{\Delta lEA}{l}$$

$$=\frac{0.05\times2\times10^6\times10}{500}$$

$$=2,000\text{kg}=2\text{t}$$

52. 길이가 l인 균일한 단면적 A를 가진 봉의 인장시험결과 탄성한도 내에서 변형 U는 인장력 P에 비례하며 $P=KU$로 나타낼 수 있다. 이 때, 계수 K의 값은? (단, 탄성계수 E, 단면2차모멘트는 I이다.)

㉮ $\dfrac{12EI}{l^3}$ ㉯ $\dfrac{6EI}{l^2}$

㉰ $\dfrac{EI}{l}$ ㉱ $\dfrac{EA}{l}$

 해설

$$\Delta l=\frac{Pl}{AE}$$

$$P=\frac{AE}{l}\Delta l=KU$$

$$\therefore K=\frac{AE}{l}$$

53. 그림과 같은 봉이 20℃의 온도 증가가 있을 때 변형률은? (단, 봉의 선팽창계수는 0.00001/℃이고, 봉의 단면적은 Acm^{2}이다.)

㉮ $\varepsilon=0.0002$

㉯ $\varepsilon=0.0001$

㉰ $\varepsilon=0.002$

㉱ $\varepsilon=0.001$

 해설

$$\Delta l=\alpha l\Delta t$$

$$=0.00001\times4\times20$$

$$=0.0008\text{m}$$

$$\varepsilon=\frac{\Delta l}{l}=\frac{0.0008}{4}=0.0002$$

54. 그림과 같은 어떤 재료의 인장시험도에서 점으로 표시된 위치의 명칭을 기록한 순서로 맞는 것은?

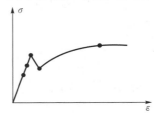

㉮ 탄성한도, 비례한도, 상항복점, 하항복점, 극한응력

㉯ 비례한도, 상항복점, 탄성한도, 하항복점, 극한응력

㉰ 비례한도, 탄성한도, 상항복점, 하항복점, 극한응력

㉱ 탄성한도, 하항복점, 비례한도, 하항복점, 극한응력

 해설 재료의 인장시험 결과 응력-변형도의 관계는 다음과 같다.

A : 비례한도

B : 탄성한도

C : 상항복점

D : 하항복점

E : 극한응력

55. 다음 그림은 응력-변형도 곡선을 나타낸 것이다. 강재의 탄성계수 E값은?

㉮ $8.1 \times 10^5 \text{kg/cm}^2$

㉯ $2.06 \times 10^5 \text{kg/cm}^2$

㉰ $8.1 \times 10^6 \text{kg/cm}^2$

㉱ $2.1 \times 10^6 \text{kg/cm}^2$

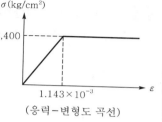

(응력-변형도 곡선)

 $E = \dfrac{\sigma}{\varepsilon} = \dfrac{2400}{1.143 \times 10^{-3}}$

$\qquad = 2.0997 \times 10^6 \text{kg/cm}^2$

56. 변형률이 0.015일 때 응력이 $1,200 \text{kg/cm}^2$이면 탄성계수(E)는?

㉮ $6 \times 10^4 \text{kg/cm}^2$

㉯ $7 \times 10^4 \text{kg/cm}^2$

㉰ $8 \times 10^4 \text{kg/cm}^2$

㉱ $9 \times 10^4 \text{kg/cm}^2$

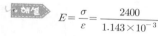 $E = \dfrac{\sigma}{\varepsilon} = \dfrac{1,200}{0.015} = 8 \times 10^4 \text{kg/cm}^2$

57. 단면이 15cm×15cm인 정사각형이고, 길이 1m 인 강재에 12t의 압축력을 가했더니 1mm가 줄어들었다. 이 강재의 탄성계수는?

㉮ 53.3t/cm^2

㉯ 53.3kg/cm^2

㉰ 83.3t/cm^2

㉱ 83.3kg/cm^2

해설 $\Delta l = \dfrac{Pl}{EA}$ 로부터

$E = \dfrac{Pl}{A \Delta l} = \dfrac{12 \times 100}{15 \times 15 \times 0.1} = 53.33 \text{t/cm}^2$

58. 지름 D=6cm, 길이 l=2m인 강봉에 축방향 인장력 P=14t을 작용시켰더니 길이가 1mm 늘어났고 지름이 0.009mm 줄었다. 이때, 전단탄성계수 G의 값은? (단, 강봉의 탄성계수 $E=2.04 \times 10^6 \text{kg/cm}^2$이다.)

㉮ $G = 6.85 \times 10^6 \text{kg/cm}^2$

㉯ $G = 7.85 \times 10^6 \text{kg/cm}^2$

㉰ $G = 6.85 \times 10^5 \text{kg/cm}^2$

㉱ $G = 7.85 \times 10^5 \text{kg/cm}^2$

 $\nu = \dfrac{\beta}{\varepsilon} = \dfrac{0.0009/6}{0.1/200} = 0.3$

$G = \dfrac{E}{2(1+\nu)} = \dfrac{2.04 \times 10^6}{2(1+0.3)}$

$\qquad = 7.85 \times 10^5 \text{kg/cm}^3$

59. 단면 4cm×4cm의 부재에 5t의 전단력을 작용시켜 전단변형도가 0.001rad일 때 전단탄성계수(G)는?

㉮ 312.5kg/cm^2

㉯ $3,125 \text{kg/cm}^2$

㉰ $31,250 \text{kg/cm}^2$

㉱ $312,500 \text{kg/cm}^2$

 $G = \dfrac{\tau}{\gamma} = \dfrac{S}{\gamma \cdot A} = \dfrac{5,000}{0.001 \times 4 \times 4}$

$\qquad = 312,500 \text{kg/cm}^2$

60. 세로 탄성계수 $E=2.1 \times 10^6 \text{kg/cm}^2$, 푸아송비 μ=0.3일 때 전단탄성계수 G를 구한 값은? (단, 등방이고 균질인 탄성체임.)

㉮ $0.72 \times 10^6 \text{kg/cm}^2$

㉯ $3.23 \times 10^6 \text{kg/cm}^2$

㉰ $1.5 \times 10^6 \text{kg/cm}^2$

㉱ $0.81 \times 10^6 \text{kg/cm}^2$

해설 $G = \dfrac{E}{2(1+\mu)} = \dfrac{2.1 \times 10^6}{2(1+0.3)}$

$\qquad = 8.0769 \times 10^5 \text{kg/cm}^2 = 0.81 \times 10^6 \text{kg/cm}^2$

61. 단면적 A=20cm², 길이 L=50cm인 강봉에 인장력 P=8t을 가하였더니 길이가 0.1mm 늘어났다. 이 강봉의 푸아송수 m=3이라면 전단탄성계수 G는 얼마인가?

㉮ $750,000 \text{kg/cm}^2$

㉯ $75,000 \text{kg/cm}^2$

㉰ $250,000 \text{kg/cm}^2$

㉱ $25,000 \text{kg/cm}^2$

해설 $\Delta l = \dfrac{Pl}{EA}$

$E = \dfrac{Pl}{\Delta l \cdot A} = \dfrac{(8 \times 10^3) \times 50}{0.01 \times 20}$

$\qquad = 2 \times 10^6 \text{kg/cm}^2$

$\nu = \dfrac{1}{m} = \dfrac{1}{3}$

$G = \dfrac{E}{2(1+\nu)} = \dfrac{2 \times 10^6}{2\left(1 + \dfrac{1}{3}\right)} = 750,000 \text{kg/cm}^2$

62. 탄성계수 $E=2.1\times10^6$kg/cm², 푸아송비 $\nu=$ 0.25일 때 전단탄성계수의 값은?

㉮ 8.4×10^5kg/cm² ㉯ 10.5×10^5kg/cm²

㉰ 16.8×10^5kg/cm² ㉱ 21.0×10^5kg/cm²

▸해설 $G=\dfrac{E}{2(1+\nu)}$

$=\dfrac{2.1\times10^6}{2(1+0.25)}=8.4\times10^5$kg/cm²

63. 탄성계수 E는 2,000,000kg/cm²이고 푸아송비 $\nu=0.3$일 때 전단탄성계수 G는 얼마인가?

㉮ 769,231kg/cm² ㉯ 751,372kg/cm²

㉰ 734,563kg/cm² ㉱ 710,201kg/cm²

▸해설 $G=\dfrac{E}{2(1+\nu)}$

$=\dfrac{2\times10^6}{2(1+0.3)}=769.231$kg/cm²

64. 지름 20mm, 길이 3m의 연강원축(軟鋼圓軸)에 3,000kg의 인장하중을 작용시킬 때 길이가 1.4mm가 늘어났고, 지름이 0.0027mm 줄어들었다. 이때 전단탄성계수는 약 얼마인가?

㉮ 2.63×10^6kg/cm² ㉯ 3.37×10^6kg/cm²

㉰ 5.57×10^6kg/cm² ㉱ 7.94×10^5kg/cm²

▸해설 $\sigma=E\varepsilon$으로부터

$E=\dfrac{Pl}{A\Delta l}=\dfrac{4\times3,000\times300}{\pi2^2\times0.14}$

$=2.0473\times10^6$kg/cm²

$\nu=\dfrac{1}{m}=\dfrac{l\Delta d}{d\Delta l}=\dfrac{3,000\times0.0027}{20\times1.4}=0.29$

$\therefore G=\dfrac{E}{2(1+\nu)}$

$=\dfrac{2.0473\times10^6}{2(1+0.29)}$

$=7.94\times10^5$kg/cm²

65. 푸아송의 수가 3인 강재의 전단탄성계수와 영계수의 관계는?

㉮ $G=E/6.0$ ㉯ $G=E/4.5$

㉰ $G=E/3.0$ ㉱ $G=E/2.7$

▸해설 $G=\dfrac{E}{2\left(1+\dfrac{1}{m}\right)}=\dfrac{E}{2\left(1+\dfrac{1}{3}\right)}=\dfrac{E}{8/3}=\dfrac{E}{2.67}$

66. 탄성계수 E, 전단탄성계수 G, 푸아송의 수 m 사이의 관계를 옳게 표시한 것은?

㉮ $G=\dfrac{E}{2(m+1)}$ ㉯ $G=\dfrac{mE}{2(m+1)}$

㉰ $G=\dfrac{E}{2(m-1)}$ ㉱ $G=\dfrac{m}{2(m+1)}$

 ▸해설 $G=\dfrac{E}{2(1+\nu)}=\dfrac{E}{2\left(1+\dfrac{1}{m}\right)}=\dfrac{mE}{2(m+1)}$

67. 탄성계수가 E, 푸아송비가 ν인 재료의 체적탄성계수 K는?

㉮ $K=\dfrac{E}{2(1-\nu)}$ ㉯ $K=\dfrac{E}{2(1-2\nu)}$

㉰ $K=\dfrac{E}{3(1-\nu)}$ ㉱ $K=\dfrac{E}{3(1-2\nu)}$

▸해설 $K=\dfrac{mE}{3(m-2)}=\dfrac{E}{3(1-2\nu)}$

68. 단면적이 1cm²이고 길이 2m인 강봉이 8t의 축방향인 장력을 받을 때 0.8cm 늘어났다. 이 봉재의 탄성계수(E)와 전단탄성계수(G)의 값을 구하면? (단, 푸아송비는 0.3이다.)

㉮ $E=2.0\times10^6$kg/cm², $G=8.1\times10^5$kg/cm²

㉯ $E=2.1\times10^6$kg/cm², $G=8.1\times10^5$kg/cm²

㉰ $E=2.1\times10^6$kg/cm², $G=7.7\times10^5$kg/cm²

㉱ $E=2.0\times10^6$kg/cm², $G=7.7\times10^5$kg/cm²

▸해설 $\sigma=\dfrac{P}{A}=\dfrac{8,000}{1}=8,000$kg/cm²

$\varepsilon=\dfrac{\Delta l}{l}=\dfrac{0.8}{200}=0.004$

$\therefore E=\dfrac{\sigma}{\varepsilon}=\dfrac{8,000}{0.004}=2,000,000$kg/cm²

$\therefore G=\dfrac{E}{2(1+\nu)}$

$=\dfrac{2,000,000}{2(1+0.3)}=769,230.77$

$=7.7\times10^5$kg/cm²

합성재

69. 그림과 같이 단면적과 탄성계수가 서로 다른 재료가 압축력을 받을 때 각 재료의 응력과 탄성계수의 관계식을 옳게 표시한 것은?

㉮ $\sigma_1 E_1 = \sigma_2 E_2$

㉯ $\sigma_1 E_2 = \sigma_2 E_1$

㉰ $\sigma_1 + E_1 = \sigma_2 + E_2$

㉱ $\sigma_1 + E_2 = \sigma_2 + E_1$

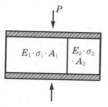

• 해설 $\varepsilon_1 = \varepsilon_2$ (적합조건식)

$$\frac{\sigma_1}{E_1} = \frac{\sigma_2}{E_2}$$

$$\sigma_1 E_2 = \sigma_2 E_1$$

70. 그림과 같이 강선과 동선으로 조립되어 있는 구조물에 200kgf의 하중이 작용하면 동선에 발생하는 힘은? (단, 강선과 동선의 단면적은 같고, 각각의 탄성계수는 강선이 2.0×10^6 kgf/cm^{2}이고 동선은 1.0×10^6 kgf/cm^{2}이다.)

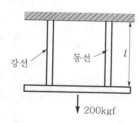

㉮ 100.0kgf

㉯ 133.3kgf

㉰ 66.7kgf

㉱ 33.3kgf

• 해설 $n = \dfrac{E_S}{E_C} = \dfrac{2.0 \times 10^6}{1.0 \times 10^6} = 2$

$A_C = A_S$

$\sigma_C = \dfrac{P}{A_C + nA_S} = \dfrac{200}{A_C + 2A_C} = \dfrac{200}{3A_C}$

$P_C = \sigma_C \cdot A_C = \dfrac{200}{3A_C} \times A_C = 66.7\text{kgf}$

71. 무게 3t인 물체를 단면적이 2cm^{2}인 1개의 동선과 양쪽에 단면이 1cm^{2}인 2개의 철선으로 매달았다면

동선의 인장응력 σ값은? (단, 철선의 탄성계수 E_s는 2,100,000kg/cm^2, 동선의 탄성계수 E_c는 1,060,000 kg/cm^{2}이다.)

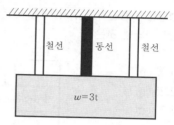

㉮ 1,993.67kg/cm^2

㉯ 1,006.33kg/cm^2

㉰ 996.84kg/cm^2

㉱ 503.16kg/cm^2

• 해설 $\sigma_1 = \dfrac{PE_1}{A_1 E_1 + A_2 E_2}$

$\sigma_{동선} = \dfrac{3,000 \times 1,060,000}{2 \times 1,060,000 + 2 \times 2,100,000}$

$= 503.165\text{kg/cm}^2$

72. 무게 3,000kg인 물체를 단면적이 2cm^{2}인 1개의 동선과 양쪽에 단면적이 1cm^{2}인 철선으로 매달았다면 철선과 동선의 인장응력 σ_s, σ_c는 얼마인가? (단, 철선의 탄성계수 $E_s = 2.1 \times 10^6$ kg/cm^2, 동선의 탄성계수 $E_c = 1.05 \times 10^6$ kg/cm^{2}이다.)

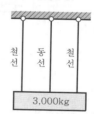

㉮ $\sigma_s = 1,000$ kg/cm^2, $\sigma_c = 1,000$ kg/cm^2

㉯ $\sigma_s = 1,000$ kg/cm^2, $\sigma_c = 500$ kg/cm^2

㉰ $\sigma_s = 500$ kg/cm^2, $\sigma_c = 1,500$ kg/cm^2

㉱ $\sigma_s = 500$ kg/cm^2, $\sigma_c = 500$ kg/cm^2

• 해설 $n = \dfrac{E_s}{E_c} = \dfrac{2.1 \times 10^6}{1.05 \times 10^6} = 2$

$\sigma_s = \dfrac{nP}{A_c + nA_s} = \dfrac{2 \times 3,000}{2 + 2 \times 1 \times 2} = 1,000\text{kg/cm}^2$

$\sigma_c = \dfrac{nP}{A_c + nA_s} = \dfrac{3,000}{2 + 2 \times 1 \times 2} = 500\text{kg/cm}^2$

73. 다음 그림과 같이 두 개의 재료로 이루어진 합성단면이 있다. 이 두 재료의 탄성계수비가 $\dfrac{E_2}{E_1}=5$일 때 이 합성단면의 중립축의 위치 C를 단면상단으로부터의 거리로 나타낸 것은?

㉮ $C=7.75\ cm$

㉯ $C=10.00\ cm$

㉰ $C=12.25\ cm$

㉱ $C=13.75\ cm$

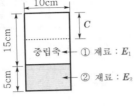

해설 $n=\dfrac{E_2}{E_1}=5$

$$C=\dfrac{G_x}{A}=\dfrac{10\times15\times7.5+5\times10\times5\times17.5}{10\times15+5\times10\times5}$$

$$=13.75\,cm$$

구조물의 이음

74. 다음 rivet joint에서 $P=628kg$의 힘으로 인장할 때 rivet에 생기는 전단응력은? (단, rivet의 지름은 2cm이다.)

㉮ $200kg/cm^2$

㉯ $250kg/cm^2$

㉰ $300kg/cm^2$

㉱ $350kg/cm^2$

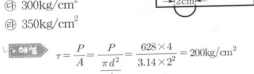

해설 $\tau=\dfrac{P}{A}=\dfrac{P}{\dfrac{\pi d^2}{4}}=\dfrac{628\times4}{3.14\times2^2}=200kg/cm^2$

75. 그림과 같이 인장판이 전단을 받을 때 리벳은 몇 개가 필요한가? (단, 판의 허용인장응력 : $\sigma_{ta}=1,200kgf/cm^2$, 리벳의 허용전단응력 : $\tau_{Ra}=800kgf/cm^2$, 리벳의 허용지압응력 : $\sigma_{Rb}=1,600kgf/cm^2$)

㉮ 6개

㉯ 7개

㉰ 8개

㉱ 10개

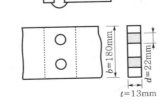

해설 ① 판의 인장강도

$$P_t=\sigma_{ta}\times t\times(b_g-2d)$$

$$=1,200\times1.3\times(18-2\times2.2)=21.216\,tf$$

② 리벳강도

  ㉠ 전단강도 : $P_s=\tau_a\times\dfrac{\pi d^2}{4}$

  $$=800\times\dfrac{\pi}{4}(2.2)^2=3.041\,tf$$

  ㉡ 지압강도 : $P_b=\sigma_b\times t\times d$

  $$=1,600\times1.3\times2.2=4.576\,tf$$

  ㉢ 리벳강도 : $P_R=3.041\,tf$

③ 리벳 개수 : $n=\dfrac{P_t}{P_R}=\dfrac{21.216}{3.041}=6.98$

2열 배열이므로 ∴ $n=8$개

76. 그림과 같은 강판의 응력을 구하시오. (단, 판의 두께는 3mm이며, 리벳 구멍은 19mm이다.)

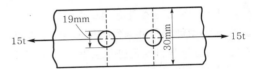

㉮ $1,280kg/cm^2$

㉯ $1,480kg/cm^2$

㉰ $1,580kg/cm^2$

㉱ $1,780kg/cm^2$

해설 $\sigma=\dfrac{P}{A}=\dfrac{15,000}{(30-1.9)\times0.3}=1,780kg/cm^2$

축하중 부재

77. 부재 AB의 강성도(stiffness)를 바르게 나타낸 것은?

㉮ $\dfrac{1}{\left(\dfrac{L_1}{E_1A_1}+\dfrac{L_2}{E_2A_2}\right)}$

㉯ $\dfrac{E_1A_1}{L_1}+\dfrac{E_2A_2}{L_2}$

㉰ $\dfrac{E_1A_1+E_2A_2}{L_1+L_2}$

㉱ $\dfrac{L_1}{E_1A_1}+\dfrac{L_2}{E_2A_2}$

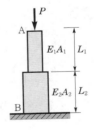

해설

$$\Delta l_1 = \frac{PL_1}{E_1 A_1}$$

$$\Delta l_2 = \frac{PL_2}{E_2 A_2}$$

$$\Delta l = \Delta l_1 + \Delta l_2 = \frac{PL_1}{E_1 A_1} + \frac{PL_2}{E_2 A_2}$$

$$= \frac{P(L_1 E_2 A_2 + L_2 E_1 A_1)}{E_1 A_1 E_2 A_2}$$

$$(\Delta l = 1 \rightarrow P = k)$$

$$\therefore \; k = \frac{A_1 E_1 A_2 E_2}{A_1 E_1 L_2 + A_2 E_2 L_1}$$

$$= \frac{1}{\left(\dfrac{L_1}{E_1 A_1} + \dfrac{L_2}{E_2 A_2}\right)}$$

78. 다음 그림과 같은 봉(棒)이 천장에 매달려 B, C, D점에서 하중을 받고 있다. 전구간의 축강도 AE 가 일정할 때 이 강이 하중하에서 BC 구간이 늘어나는 길이는?

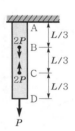

㉮ $-\dfrac{2PL}{3EA}$　　　　㉯ 0

㉰ $-\dfrac{PL}{3EA}$　　　　㉱ $-\dfrac{3PL}{2EA}$

해설

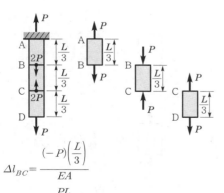

$$\Delta l_{BC} = \frac{(-P)\left(\dfrac{L}{3}\right)}{EA}$$

$$= -\frac{PL}{3EA}$$

79. 다음 봉재의 단면적이 A이고 탄성계수가 E일 때 C점의 수직처짐은?

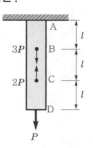

㉮ $\dfrac{4Pl}{EA}$　　　　㉯ $\dfrac{3Pl}{EA}$

㉰ $\dfrac{2Pl}{EA}$　　　　㉱ $\dfrac{Pl}{EA}$

해설

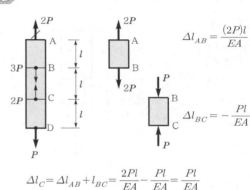

$$\Delta l_{AB} = \frac{(2P)l}{EA}$$

$$\Delta l_{BC} = -\frac{Pl}{EA}$$

$$\Delta l_C = \Delta l_{AB} + l_{BC} = \frac{2Pl}{EA} - \frac{Pl}{EA} = \frac{Pl}{EA}$$

80. 균질한 균일 단면봉이 그림과 같이 P_1, P_2, P_3 의 하중을 B, C, D점에서 받고 있다. 각 구간의 거리 $a = 1.0m$, $b = 0.4m$, $c = 0.6m$이고, $P_2 = 10tf$, $P_3 = 5tf$ 의 하중이 작용할 때 D점에서의 수직방향 변위가 일어나지 않기 위한 하중 P_1은 얼마인가?

㉮ 5 tf
㉯ 6 tf
㉰ 8 tf
㉱ 24 tf

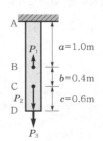

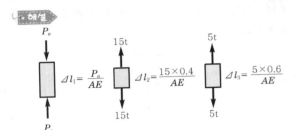

$$\Delta l_1 = \frac{P_o}{AE} \qquad \Delta l_2 = \frac{15 \times 0.4}{AE} \qquad \Delta l_3 = \frac{5 \times 0.6}{AE}$$

$$\delta_D = 0$$
$$\Delta l_1 = \Delta l_2 + \Delta l_3$$
$$P_D = 15 \times 0.4 + 5 \times 0.6 = 9t$$
$$\therefore \ P_1 = P_D + 10 + 5$$
$$= 24t$$

81. 다음 인장 부재의 수직변위를 구하는 식으로 옳은 것은? (단, 탄성계수는 E이다.)

㉮ $\dfrac{PL}{EA}$

㉯ $\dfrac{3PL}{2EA}$

㉰ $\dfrac{2PL}{EA}$

㉱ $\dfrac{5PL}{2EA}$

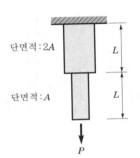

단면적 : $2A$

단면적 : A

L

L

P

$$\Delta l = \frac{PL}{(2A)E} + \frac{PL}{AE}$$
$$= \frac{PL}{2AE} + \frac{PL}{AE}$$
$$= \frac{3PL}{2AE}$$

82. 그림과 같은 봉에서 작용 힘들에 의한 봉 전체의 수직처짐은 얼마인가?

㉮ $\dfrac{3PL}{4A_1E_1}$ ($\downarrow$)

㉯ $\dfrac{2PL}{3A_1E_1}$ ($\downarrow$)

㉰ $\dfrac{4PL}{3A_1E_1}$ ($\downarrow$)

㉱ $\dfrac{3PL}{2A_1E_1}$ ($\downarrow$)

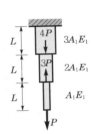

L $4P$ $3A_1E_1$

L $3P$ $2A_1E_1$

L A_1E_1

P

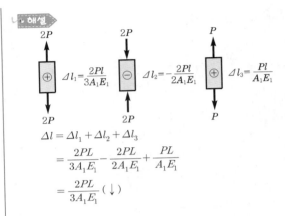

$$\Delta l_1 = \frac{2Pl}{3A_1E_1} \qquad \Delta l_2 = -\frac{2Pl}{2A_1E_1} \qquad \Delta l_3 = \frac{Pl}{A_1E_1}$$

$$\Delta l = \Delta l_1 + \Delta l_2 + \Delta l_3$$
$$= \frac{2PL}{3A_1E_1} - \frac{2PL}{2A_1E_1} + \frac{PL}{A_1E_1}$$
$$= \frac{2PL}{3A_1E_1} \ (\downarrow)$$

83. 다음 그림과 같은 봉(棒)이 천장에 매달려 B, C, D점에서 하중을 받고 있다. 전구간의 축강도 EA가 일정할 때 이같은 하중하에서 BC 구간이 늘어나는 길이는?

㉮ $-\dfrac{2PL}{3EA}$

㉯ 0

㉰ $-\dfrac{PL}{3EA}$

㉱ $-\dfrac{3PL}{2EA}$

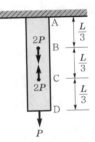

A
$2P$ B $\frac{L}{3}$
$2P$ C $\frac{L}{3}$
D $\frac{L}{3}$
P

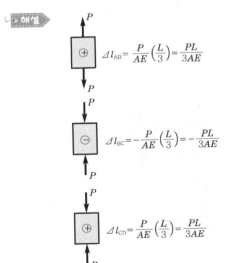

$$\Delta l_{AB} = \frac{P}{AE}\left(\frac{L}{3}\right) = \frac{PL}{3AE}$$

$$\Delta l_{BC} = -\frac{P}{AE}\left(\frac{L}{3}\right) = -\frac{PL}{3AE}$$

$$\Delta l_{CD} = \frac{P}{AE}\left(\frac{L}{3}\right) = \frac{PL}{3AE}$$

$$\therefore \ \Delta l_{BC} = -\frac{PL}{3AE}$$

84. 다음과 같은 부재에서 길이의 변화량 δ는 얼마인가? (단, 보는 균일하며 단면적 A와 탄성계수 E는 일정하다고 가정한다.)

㉮ $\dfrac{PL}{EA}$

㉯ $\dfrac{1.5PL}{EA}$

㉲ $\dfrac{3PL}{EA}$

㉴ $\dfrac{4PL}{EA}$

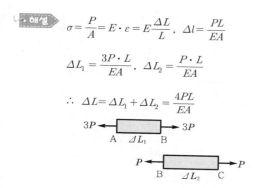

해설

$$\sigma = \frac{P}{A} = E \cdot \varepsilon = E\frac{\Delta L}{L}, \quad \Delta l = \frac{PL}{EA}$$

$$\Delta L_1 = \frac{3P \cdot L}{EA}, \quad \Delta L_2 = \frac{P \cdot L}{EA}$$

$$\therefore \Delta L = \Delta L_1 + \Delta L_2 = \frac{4PL}{EA}$$

85. 그림과 같은 강봉이 2개의 다른 정사각형 단면적을 가지고 하중 P를 받고 있을 때 AB가 1,500kg/cm²의 응력(normal stress)을 가지면 BC에서의 응력은 얼마인가?

㉮ 1,500kg/cm²

㉯ 3,000kg/cm²

㉲ 4,500kg/cm²

㉴ 6,000kg/cm²

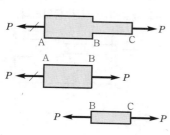

해설

$$P = \sigma_{AB} \cdot A_{AB} = \sigma_{BC} \cdot A_{BC}$$

$$\sigma_{BC} = \frac{A_{AB}}{A_{BC}} \cdot \sigma_{AB} = \frac{5^2}{2.5^2} \times 1,500 = 6,000\text{kg/cm}^2$$

86. 다음 부재의 전체 축방향 변위는? (단, E는 탄성계수, A는 단면적이다.)

㉮ $\dfrac{Pl}{EA}$

㉯ $\dfrac{2Pl}{EA}$

㉲ $\dfrac{3Pl}{EA}$

㉴ 0

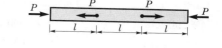

해설

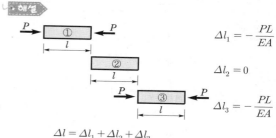

$$\Delta l_1 = -\frac{Pl}{EA}$$

$$\Delta l_2 = 0$$

$$\Delta l_3 = -\frac{Pl}{EA}$$

$$\Delta l = \Delta l_1 + \Delta l_2 + \Delta l_3$$
$$= -\frac{Pl}{EA} + 0 - \frac{Pl}{EA} = -\frac{2Pl}{EA} \text{ (수축량)}$$

87. 단면적이 2cm²인 강봉이 그림과 같은 하중을 받는다면 이 강봉이 늘어난 값은 몇 cm인가? (단, 강봉의 탄성계수는 2×10^6kg/cm²이다.)

㉮ 1.93cm

㉯ 1.83cm

㉲ 1.73cm

㉴ 1.63cm

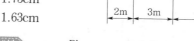

해설

$$\Delta l_1 = \frac{Pl}{EA}$$
$$= \frac{10,000 \times 200}{2 \times 10^6 \times 2}$$
$$= 0.5\text{cm}$$

$$\Delta l_2 = \frac{Pl}{EA}$$
$$= \frac{7,000 \times 300}{2 \times 10^6 \times 2}$$
$$= 0.525\text{cm}$$

$$\Delta l_3 = \frac{Pl}{EA}$$
$$= \frac{9,000 \times 400}{2 \times 10^6 \times 2}$$
$$= 0.9\text{cm}$$

$$\therefore \Delta l = \Delta l_1 + \Delta l_2 + \Delta l_3 = 1.925\text{cm}$$

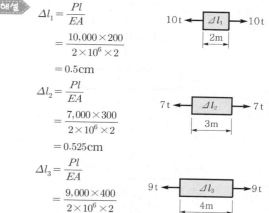

88. 단면적 5cm²인 강봉이 그림과 같은 힘을 받을 때 이 강봉은 얼마나 늘어나겠는가? (단, $E=2,100,000 kgf/cm^2$이다.)

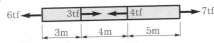

㉮ 0.424cm

㉯ 0.504cm

㉰ 0.586cm

㉱ 0.619cm

해설

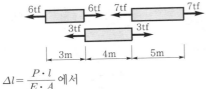

$\Delta l = \dfrac{P \cdot l}{E \cdot A}$ 에서

$\Delta l = \dfrac{1}{2,100,000 \times 5}(6,000 \times 300 + 3,000 \times 400$

$\qquad + 7,000 \times 500)$

$\qquad = 0.619cm$

89. 단면적이 10cm²인 강봉이 그림과 같은 힘을 받을 때 이 강봉이 늘어난 길이는? (단, $E=2.0 \times 10^6 kg/cm^2$)

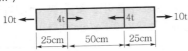

㉮ 0.05cm

㉯ 0.04cm

㉰ 0.03cm

㉱ 0.02cm

해설

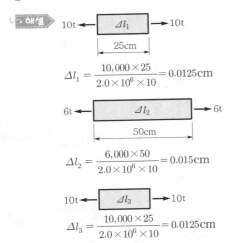

$\Delta l_1 = \dfrac{10,000 \times 25}{2.0 \times 10^6 \times 10} = 0.0125cm$

$\Delta l_2 = \dfrac{6,000 \times 50}{2.0 \times 10^6 \times 10} = 0.015cm$

$\Delta l_3 = \dfrac{10,000 \times 25}{2.0 \times 10^6 \times 10} = 0.0125cm$

$\therefore \ \Delta l = \Delta l_1 + \Delta l_2 + \Delta l_3$

$\qquad = 0.0125 \times 2 + 0.015 = 0.04cm$

90. 상하단이 고정인 기둥에 그림과 같이 힘 P가 작용한다면 반력 R_A, R_B 값은?

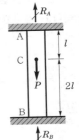

㉮ $R_A = \dfrac{P}{2}$, $R_B = \dfrac{P}{2}$

㉯ $R_A = \dfrac{P}{3}$, $R_B = \dfrac{2P}{3}$

㉰ $R_A = \dfrac{2P}{3}$, $R_B = \dfrac{P}{3}$

㉱ $R_A = P$, $R_B = 0$

해설

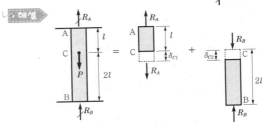

① $\delta_{C1} = +\dfrac{R_A l}{EA}$

$\quad \delta_{C2} = -\dfrac{R_B(2l)}{EA}$

② 적합조건식

$\quad |\delta_{C1}| = |\delta_{C2}|$

$\quad R_A = 2R_B$

③ 평형방정식

$\quad R_A + R_B = P$

$\quad 2R_B + R_B = P$

$\therefore \ R_B = \dfrac{P}{3}$, $R_A = 2R_B = \dfrac{2P}{3}$

91. 다음 그림에서 점 C에 하중 P가 작용할 때 A점에 작용하는 반력 R_A는? (단, 재료의 단면적은 A_1, A_2이고, 기타 재료의 성질은 동일하다.)

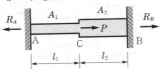

㉮ $\dfrac{A_1 l_1 P}{A_1 l_1 + A_2 l_2}$

㉯ $\dfrac{A_1 l_2 P}{A_1 l_1 + A_2 l_2}$

㉰ $\dfrac{A_1 l_2 P}{A_1 l_2 + A_2 l_1}$

㉱ $\dfrac{A_2 l_1 P}{A_1 l_2 + A_2 l_1}$

해설 $\Sigma H = 0$

$$P + R_B - R_A = 0$$
$$R_B = R_A - P$$

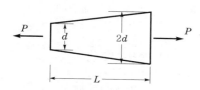

$$\Delta l_1 = \frac{R_A l_1}{EA_1} \qquad \Delta l_2 = \frac{R_B l_2}{EA_2}$$

$$\Delta l_1 + \Delta l_2 = \frac{R_A l_1}{EA_1} + \frac{R_B l_2}{EA_2} = 0$$

$$R_A = -\frac{A_1}{l_1} \cdot \frac{l_2}{A_2} R_B = -\frac{A_1 l_2}{A_2 l_2} (R_A - P)$$

$$R_A = \frac{A_1 l_2}{A_1 l_2 + A_2 l_1} P$$

92. 다음과 같은 단면의 지름이 $2d$ 에서 d 로 선형적으로 변하는 원형 단면부에 하중 P가 작용할 때, 전체 축방향 변위를 구하면? (단, 탄성계수 E는 일정하다.)

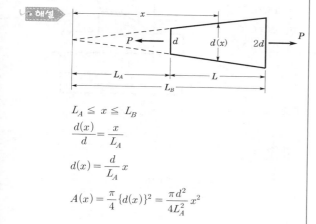

㉮ $\dfrac{2PL}{3\pi d^2 E}$ ㉯ $\dfrac{3PL}{2\pi d^2 E}$

㉰ $\dfrac{2PL}{\pi d^2 E}$ ㉱ $\dfrac{3PL}{3\pi d^2 E}$

• 해설

$$L_A \leqq x \leqq L_B$$

$$\frac{d(x)}{d} = \frac{x}{L_A}$$

$$d(x) = \frac{d}{L_A} x$$

$$A(x) = \frac{\pi}{4}\{d(x)\}^2 = \frac{\pi d^2}{4 L_A^2} x^2$$

$$\delta = \int_{L_A}^{L_B} \frac{P}{EA(x)} \, dx$$

$$= \int_{L_A}^{L_B} \frac{P}{E} \cdot \frac{4 L_A^2}{\pi d^2} \cdot \frac{1}{x^2} \, dx$$

$$= \frac{4 P L_A^2}{E \pi d^2} \int_{L_A}^{L_B} \frac{1}{x^2} \, dx$$

$$= \frac{4 P L_A^2}{E \pi d^2} \left[-\frac{1}{x} \right]_{L_A}^{L_B}$$

$$= \frac{4 P L_A^2}{E \pi d^2} \left[-\frac{1}{L_B} + \frac{1}{L_A} \right]$$

$$= \frac{4 P L_A^2}{E \pi d^2} \cdot \frac{L_B - L_A}{L_A L_B}$$

$$= \frac{4 P L_A}{E \pi d^2} \cdot \frac{L}{L_B}$$

$$= \frac{4 P L}{E \pi d^2} \cdot \frac{L_A}{L_B}$$

$$= \frac{4 P L}{E \pi d^2} \cdot \frac{d}{2d}$$

$$= \frac{2 P L}{E \pi d^2}$$

93. 다음 그림과 같은 탄소성 재료로 만들어진 두 개의 강선 AB 및 CB에 대한 항복하중 P_y는 얼마인가? (단, 두 개의 강선은 단면적이 모두 0.25cm^2이고, 항복응력은 모두 $2,500\text{kg/cm}^2$이다.)

㉮ $P_y = 427.5\text{kg}$

㉯ $P_y = 526.8\text{kg}$

㉰ $P_y = 647.2\text{kg}$

㉱ $P_y = 721.7\text{kg}$

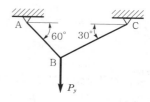

• 해설 ① 강선이 받을 수 있는 힘
$$P = \sigma_y \times A = 2,500 \times 0.25 = 625\text{kg}$$
② $\overline{\text{AB}}$ 강선이 견딜 수 있는 하중
$$P_y \cdot \sin 60° = 625\text{kg}$$
$$P_y = 721.7\text{kg}$$
③ $\overline{\text{BC}}$ 강선이 견딜 수 있는 하중
$$P_y \cdot \sin 30° = 625\text{kg}$$
$$P_y = 1,250.0\text{kg}$$
④ 약한 쪽이 먼저 항복하므로
$$\therefore P_y = 721.7\text{kg}$$

94. 그림과 같은 부재에 연직하중 P가 200kg 작용할 때 변위 δ_{AB}와 δ_{BC}를 구한 값은? (단, 부재 BC는 지름 3mm의 강선이고 AB는 일변 3cm의 정사각형 단면의 나무기둥이며, 강선의 탄성계수 E는 $2.1×10^6$kg/cm², 나무의 탄성계수 E는 $0.1×10^6$kg/cm²이다.)

	δ_{AB}	δ_{BC}
㉮	0.091cm,	-0.042cm
㉯	-0.042cm,	0.091cm
㉰	0.091cm,	0.121cm
㉱	-0.151cm,	0.181cm

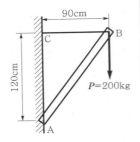

> **해설** $\dfrac{S_{AB}}{\sin 90°} = \dfrac{200}{\sin \theta_1} = \dfrac{S_{BC}}{\sin \theta_2}$

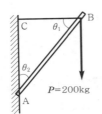

$$S_{AB} = \dfrac{200}{120/150}$$
$$= 250\text{kg(압축)}$$
$$S_{BC} = \dfrac{90/120}{120/150}×200$$
$$= 150\text{kg(인장)}$$

$$\therefore \delta_{AB} = \dfrac{S_{AB}l_{AB}}{AE} = -\dfrac{250×150}{3×3×0.1×10^6}$$
$$= -0.042\text{cm}$$

$$\delta_{BC} = \dfrac{S_{BC}l_{BC}}{AE} = \dfrac{150×90×4}{3.14×0.3^2×2.1×10^6}$$
$$= 0.091\text{cm}$$

95. 길이 3m인 ABC 막대가 하중을 받으면서 수평을 유지하고 있다. 수직재 BD의 단면적이 50cm²이다. BD 부재의 수직응력이 450kgf/cm²일 때 하중 P는?

㉮ 10tf

㉯ 12tf

㉰ 15tf

㉱ 8tf

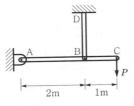

> **해설** $\Sigma M_A = 0$
> $$-F×2 + P×3 = 0$$
> $$\therefore F = \dfrac{3}{2}P$$

$$\sigma = \dfrac{F}{A} = \dfrac{3P}{2A}$$
$$\therefore P = \dfrac{2A\sigma}{3}$$
$$= \dfrac{2×50×450}{3}$$
$$= 15,000\text{kgf} = 15\text{tf}$$

96. 다음 그림과 같은 구조물에서 수평봉은 강체이고, 두 개의 수직강선은 동일한 탄소성 재료로 만들어졌다. 이 구조물의 A점에 연직으로 작용할 수 있는 극한하중을 구하시오. (단, 수직강선의 $\sigma_y = 2,000$kg/cm²이고, 단면적은 모두 0.1cm²이다.)

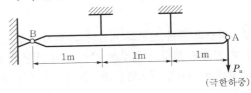

(극한하중)

㉮ 200kg

㉯ 300kg

㉰ 400kg

㉱ 500kg

> **해설** $\Sigma M_B = 0$
> $$\sigma_y \cdot A(1+2) = P_u × 3$$
> $$\therefore P_u = \sigma_y \cdot A$$
> $$= 2,000×0.1 = 200\text{kg}$$

97. 그림과 같은 옹벽 구조물에 하중 30t이 작용할 경우 최대 압축응력은?

㉮ 14t/m²

㉯ 18t/m²

㉰ 20t/m²

㉱ 22t/m²

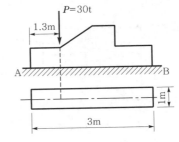

> **해설** $\sigma = \dfrac{P}{A} + \dfrac{M}{Z}$
> $$= \dfrac{30}{1×3} + \dfrac{6×30×0.2}{1×3^2}$$
> $$= 10+4 = 14\text{t/m}^2$$

조합응력

 98. 한 변의 길이가 10cm인 정사각형 단면의 직선 부재에 축방향 인장력 $P = 120$ton이 작용할 때, 부재축과 60° 경사진 평면상에 일어나는 수직응력도 σ는?

㉮ 300kg/cm^2 ㉯ 600kg/cm^2

㉰ 900kg/cm^2 ㉱ 1,600kg/cm^2

해설
$$\sigma = \frac{P}{A} = \frac{120,000}{100} = 1,200 \text{kg/cm}^2$$
$$\sigma_\theta = \sigma \cdot \cos^2\theta$$
부재축과 60°이므로
$\theta = 30°$이다.
$$\sigma_\theta = 1,200 \cdot \cos^2 30° = 900 \text{kg/cm}^2$$

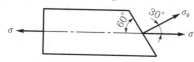

 **99.** σ_x가 그림과 같이 작용할 때 1-2 단면에서 작용하는 σ_n(normal stress)의 값은 얼마인가?

㉮ σ_x

㉯ $2\sigma_x$

㉰ $\dfrac{\sigma_x}{2}$

㉱ $3\sigma_x$

해설
$$\sigma_n = \sigma_x \cos^2\theta$$
$$\tau_n = \frac{1}{2}\sigma_x \sin 2\theta$$
$$\sigma_n = \sigma_x \cos^2 45° = \frac{\sigma_x}{2}$$

 **100.** 단면적 20cm^{2}인 구형봉에 $P = 10$t인 수직하중이 작용할 때 그림과 같은 45° 경사면에 생기는 전단응력의 크기는?

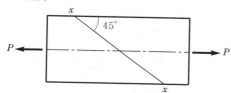

㉮ 750kg/cm^2 ㉯ 500kg/cm^2

㉰ 250kg/cm^2 ㉱ 633kg/cm^2

해설
$$\sigma_t = \frac{P}{A} = \frac{10,000}{20} = 500 \text{kg/cm}^2$$
$$\tau = \sigma_t \cdot \sin\theta \cdot \cos\theta = 500 \times \frac{1}{2} = 250 \text{kg/cm}^2$$

101. 축 인장하중 $P = 2$t을 받고 있는 지름 10cm의 원형봉 속에 발생하는 최대 전단응력은 얼마인가?

㉮ 12.73kg/cm^2 ㉯ 15.15kg/cm^2

㉰ 17.56kg/cm^2 ㉱ 19.98kg/cm^2

해설
$\tau_n = \dfrac{1}{2}\sigma_n \sin 2\theta$에서 $\theta = 45°$인 경우
$$\tau_{\max} = \frac{4P}{2\pi d^2} = \frac{4 \times 2,000}{2 \times \pi \times 10^2}$$
$$= 12.7324 \text{kg/cm}^2$$

102. 단면적이 10cm^{2}인 막대가 100kg의 축방향 인장력을 받을 때, 그 막대 내부에 일어나는 최대 전단응력의 값은?

㉮ 5kg/cm^2 ㉯ 10kg/cm^2

㉰ 20kg/cm^2 ㉱ 2.5kg/cm^2

해설
$$\tau_\theta = \frac{\sigma}{2} \cdot \sin 2\theta$$
$\theta = 45°$일 때 최대
$$\therefore \tau_{\max} = \frac{P}{2A} = \frac{100}{2 \times 10} = 5 \text{kg/cm}^2$$

103. 인장력 P를 받고 있는 막대에서 $t-t$ 단면의 수직응력과 전단응력의 크기가 같은 값을 가지는 경사각 α의 크기는? (단, 막대의 단면적은 Acm^{2}이다.)

㉮ 60°

㉯ 45°

㉰ 30°

㉱ 25°

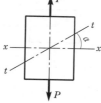

해설
① 수직응력 $\sigma_\alpha = \sigma_x \cdot \cos^2\alpha$

② 전단응력 $\tau_\alpha = \dfrac{\sigma_x}{2} \cdot \sin 2\alpha$

$$\therefore \sigma_\alpha = \tau_\alpha$$
$$2\cos^2\alpha = \sin 2\alpha$$
$$\therefore \alpha = 45°$$

104. 다음 그림과 같이 단면적이 10cm^2인 균일 단면 봉에 축 인장하중 $1,000\text{kg}$이 작용하고 있다. 이때, 경사단면 ab에 작용하는 수직응력(σ_θ) 및 전단응력(τ_θ)을 구한 값은?

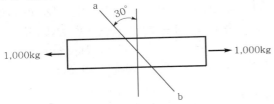

㉮ 64.3kg/cm^2, 39.8kg/cm^2
㉯ 75.0kg/cm^2, 43.3kg/cm^2
㉰ 83.6kg/cm^2, 64.5kg/cm^2
㉱ 86.8kg/cm^2, 76.0kg/cm^2

· 해설
$$\sigma_\theta = \frac{P}{A}\cos^2\theta = \sigma_x\cos^2\theta$$
$$= \frac{1,000}{10}\cos^2 30°$$
$$= 75.0\text{kg/cm}^2$$
$$\tau_\theta = \frac{P}{2A}\sin 2\theta = \frac{\sigma_x}{2}\sin 2\theta$$
$$= \frac{1,000}{10\times 2}\sin(2\times 30°)$$
$$= 43.3\text{kg/cm}^2$$

105. 두 주응력의 크기가 다음 그림과 같다. 이 면과 $\theta = 45°$를 이루고 있는 면의 응력은?

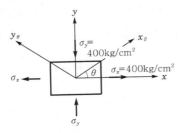

㉮ $\sigma_\theta = 0\text{kg/cm}^2$, $\tau = 0\text{kg/cm}^2$
㉯ $\sigma_\theta = 800\text{kg/cm}^2$, $\tau = 0\text{kg/cm}^2$
㉰ $\sigma_\theta = 0\text{kg/cm}^2$, $\tau = 400\text{kg/cm}^2$
㉱ $\sigma_\theta = 400\text{kg/cm}^2$, $\tau = 400\text{kg/cm}^2$

· 해설
$$\sigma_x = 400\text{kg/cm}^2$$
$$\sigma_y = -400\text{kg/cm}^2$$

$$\tau_{xy} = 0$$
$$\theta = 45°$$
$$\sigma_\theta = \frac{1}{2}(\sigma_x + \sigma_y) + \frac{1}{2}(\sigma_x - \sigma_y)\cos 2\theta + \tau_{xy}\sin 2\theta$$
$$= \frac{1}{2}(400 - 400) + \frac{1}{2}(400 + 400)\cos 90° + 0\times\sin 90°$$
$$= 0$$
$$\tau_\theta = \frac{1}{2}(\sigma_x - \sigma_y)\sin 2\theta - \tau_{xy}\cos 2\theta$$
$$= \frac{1}{2}(400 + 400)\sin 90° - 0\times\cos 90°$$
$$= 400\text{kg/cm}^2$$

106. 그림과 같이 한 탄성체 내의 한 점 A에서 응력이 $\sigma_x = -400\text{kg/cm}$(압축), $\sigma_y = 400\text{kg/cm}$(인장), $\tau_{xy} = 0$이다. x축에서 그림과 같이 $45°$ 기울어진 단면에서의 응력 $45°$(직응력) 및 $45°$(전단응력)은?

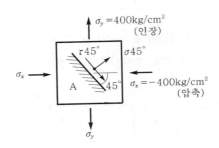

σ	τ
㉮ $45° = 0$,	$45° = 400\text{kg/cm}^2$
㉯ $45° = 0$,	$45° = -400\text{kg/cm}^2$
㉰ $45° = 400\text{kg/cm}^2$,	$45° = 0$
㉱ $45° = -400\text{kg/cm}^2$,	$45° = 0$

· 해설
$$\sigma_\theta = \frac{\sigma_x + \sigma_y}{2} + \frac{\sigma_x - \sigma_y}{2}\cos 2\theta$$
$$= \frac{-400 + 400}{2} + \frac{-400 - 400}{2}\cos(2\times 45°)$$
$$= 0$$
$$\tau_\theta = \frac{\sigma_x - \sigma_y}{2}\sin 2\theta$$
$$= \frac{-400 - 400}{2}\sin(2\times 45°)$$
$$= -400\text{kg/cm}^2$$

107. 그림과 같은 단면에 $\sigma_x = 400\text{kg/cm}^2$, $\sigma_y = -400\text{kg/cm}^2$이 작용할 때 단면 내부에 생기는 최대 전단응력의 값은?

㉮ 0
㉯ 400kg/cm^2
㉰ 800kg/cm^2
㉱ 200kg/cm^2

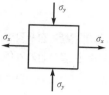

 해설

$$\tau = \frac{\sigma_x - \sigma_y}{2} \cdot \sin 2\theta$$

이 값이 최대가 되려면 $\theta = 45°$일 때이므로

$$\tau_{\max} = \frac{400 - (-400)}{2} \cdot \sin 90° = 400\text{kg/cm}^2$$

108. 그림과 같이 한 탄성체 내부의 0점 부근의 응력 상태가 전단응력만 존재하고 수직응력은 모두 0일 때 법선이 x축에서 45°되는 단면(아래 그림 참조)에서의 수직응력 $\delta45°$의 값은? (단, δ는 인장응력을 (+)로 본다.)

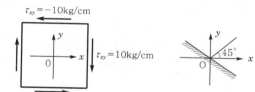

㉮ $10\sqrt{2}\ \text{kg/cm}^2$
㉯ $-10\sqrt{2}\ \text{kg/cm}^2$
㉰ -10kg/cm^2
㉱ 10kg/cm^2

해설

$$\sigma_\theta = \frac{\sigma_x + \sigma_y}{2} + \frac{\sigma_x - \sigma_y}{2}\cos 2\theta + \tau_{xy}\sin 2\theta$$

$$\tau_\theta = \frac{\sigma_x - \sigma_y}{2}\sin 2\theta - \tau_{xy}\cos 2\theta$$

$$\sigma_x = \sigma_y = 0$$

$$\tau_{xy} = -10\text{kg/cm}^2$$

$$\sigma_\theta = -10 \cdot \sin 90° = -10\text{kg/cm}^2$$

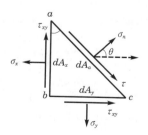

109. 그림과 같이 이축응력을 받고 있는 요소의 체적 변화율은? (단, 이 요소의 탄성계수 $E = 2 \times 10^6\text{kg/cm}^2$, 푸아송비 $\nu = 0.3$이다.)

㉮ 3.6×10^{-4}
㉯ 4.6×10^{-4}
㉰ 4.4×10^{-4}
㉱ 4.8×10^{-4}

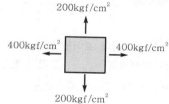

해설

$$\varepsilon_v = \frac{\Delta V}{V} = \frac{1 - 2 \cdot \nu}{E}(\sigma_x + \sigma_y)$$

$$= \frac{1 - 2 \times 0.3}{2 \times 10^6}(1,000 + 1,200)$$

$$= 0.00044$$

110. 그림과 같은 2축응력을 받고 있는 요소의 체적 변형률은? (단, 탄성계수 $E = 2 \times 10^6\text{kgf/cm}^2$, 푸아송비 $\nu = 0.2$이다.)

㉮ 1.8×10^{-4}
㉯ 3.6×10^{-4}
㉰ 4.4×10^{-4}
㉱ 6.2×10^{-4}

해설

$$\varepsilon_v = \frac{1 - 2\nu}{E}(\sigma_x + \sigma_y)$$

$$= \frac{1 - 2 \times 0.2}{2 \times 10^6} \times (400 + 200) = 1.8 \times 10^{-4}$$

111. 평면응력(plane stress) 상태에서의 주응력 (principal stress)에 관한 설명 중 옳은 것은?

㉮ 전단응력이 0인 경사평면에서의 법선응력으로 최대 및 최소 법선응력을 말한다.
㉯ 최대 전단응력이 작용하는 경사평면에서의 법선응력을 말한다.
㉰ 주평면에 작용하는 응력으로서 최대 법선응력과 최소 법선응력의 산술평균 응력을 말한다.
㉱ 순수 전단응력이 작용하는 경사평면에서의 법선응력으로서 최대 법선응력을 말한다.

해설 주응력은 임의 평면에서의 최대 및 최소 법선응력을 의미하여 주응력면에서 전단응력은 0이다.

112. 평면응력 상태하에서의 모어(Mohr)의 응력원에 대한 설명 중 옳지 않은 것은?

㉮ 최대 전단응력의 크기는 두 주응력의 차이와 같다.

㉯ 모어원의 중심의 x좌표값은 직교하는 두 축의 수직 응력의 평균값과 같고 y좌표값은 0이다.

㉰ 모어원이 그려지는 두 축 중 연직(y)축은 전단응력의 크기를 나타낸다.

㉱ 모어원으로부터 주응력의 크기와 방향을 구할 수 있다.

 해설
$$\tau_{max} = \frac{\sigma_x - \sigma_y}{2}$$

113. 보의 주응력 값을 구하는 식은?

㉮ $\dfrac{\sigma}{2} \pm \dfrac{1}{2}\sqrt{\sigma^2 \times \tau^2}$

㉯ $\dfrac{\sigma}{2} \pm \sqrt{\dfrac{\sigma^2}{4} + \tau^2}$

㉰ $\dfrac{\sigma}{2} \pm \sqrt{\sigma^2 + 4\tau^2}$

㉱ $\dfrac{\sigma}{2} \pm \dfrac{1}{2}\sqrt{4\sigma^2 + \tau^2}$

해설
$$\sigma_{1 \atop 2} = \frac{\sigma}{2} \pm \frac{1}{2}\sqrt{\sigma^2 + 4\tau^2} = \frac{\sigma}{2} \pm \sqrt{\frac{\sigma^2}{4} + \tau^2}$$

114. 그림에 보이는 것과 같이 한 요소에 x, y 방향의 법선응력 σ_x, σ_y 그리고 전단응력 τ_{xy}가 작용한다면, 이 때 생기는 주응력은?

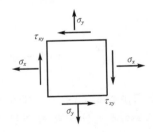

㉮ $\sigma_{1 \atop 2} = \dfrac{\sigma_x + \sigma_y}{2} \pm \sqrt{\left(\dfrac{\sigma_x - \sigma_y}{2}\right)^2 + \tau_{xy}^2}$

㉯ $\sigma_{1 \atop 2} = \dfrac{\sigma_x - \sigma_y}{2} \pm \sqrt{\left(\dfrac{\sigma_x + \sigma_y}{2}\right)^2 + \tau_{xy}^2}$

㉰ $\sigma_{1 \atop 2} = \dfrac{\sigma_x}{2} \pm \sqrt{\left(\dfrac{\sigma_x}{2}\right)^2 + \tau_{xy}^2}$

㉱ $\sigma_{1 \atop 2} = \dfrac{\sigma_y}{2} \pm \sqrt{\left(\dfrac{\sigma_x}{2}\right)^2 + \tau_{xy}^2}$

해설
$$\sigma_{1 \atop 2} = \frac{\sigma_x + \sigma_y}{2} \pm \sqrt{\left(\frac{\sigma_x - \sigma_y}{2}\right)^2 + \tau_{xy}^2}$$
$$= \frac{\sigma_x + \sigma_y}{2} \pm \frac{1}{2}\sqrt{(\sigma_x - \sigma_y)^2 + 4\tau_{xy}^2}$$

115. 그림과 같은 정사각형 미소단면에 응력이 작용할 때 주응력은 얼마인가? (단, $\sigma_x = 400\text{kg/cm}^2$, $\sigma_y = 800\text{kg/m}^2$, $\tau_{xy} = \tau_{yx} = 100\text{kg/cm}^2$)

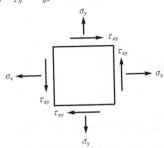

㉮ $200 \pm 447.2\text{kg/cm}^2$

㉯ $600 \pm 223.6\text{kg/cm}^2$

㉰ $1,200 \pm 400\text{kg/cm}^2$

㉱ $1,300 \pm 100\text{kg/cm}^2$

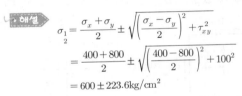 해설
$$\sigma_{1 \atop 2} = \frac{\sigma_x + \sigma_y}{2} \pm \sqrt{\left(\frac{\sigma_x - \sigma_y}{2}\right)^2 + \tau_{xy}^2}$$
$$= \frac{400 + 800}{2} \pm \sqrt{\left(\frac{400 - 800}{2}\right)^2 + 100^2}$$
$$= 600 \pm 223.6\text{kg/cm}^2$$

116. 평면응력을 받는 요소가 다음과 같이 응력을 받고 있다. 최대 주응력은 어느 것인가?

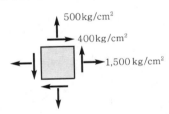

㉮ 640kg/cm^2

㉯ $1,640\text{kg/cm}^2$

㉰ $3,600\text{kg/cm}^2$

㉱ $1,360\text{kg/cm}^2$

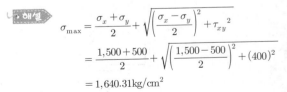 해설
$$\sigma_{max} = \frac{\sigma_x + \sigma_y}{2} + \sqrt{\left(\frac{\sigma_x - \sigma_y}{2}\right)^2 + \tau_{xy}^2}$$
$$= \frac{1,500 + 500}{2} + \sqrt{\left(\frac{1,500 - 500}{2}\right)^2 + (400)^2}$$
$$= 1,640.31\text{kg/cm}^2$$

117. 수직응력 $\sigma_x = 10\text{kg/cm}^2$, $\sigma_y = 20\text{kg/cm}^2$와 전단응력 $\tau_{xy} = 5\text{kg/cm}^2$을 받고 있는 아래 그림과 같은 평면응력 요소의 최대 주응력을 구하면?

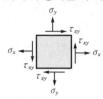

㉮ 22.1kg/cm^2 ㉯ 23.1kg/cm^2

㉰ 24.1kg/cm^2 ㉱ 25.1kg/cm^2

해설
$$\sigma_{\max} = \frac{\sigma_x + \sigma_y}{2} + \frac{1}{2}\sqrt{(\sigma_x - \sigma_y)^2 + 4\tau_{xy}^2}$$
$$= \frac{10+20}{2} + \frac{1}{2}\sqrt{(10-20)^2 + 4\times 5^2}$$
$$= 22.1\text{kg/cm}^2$$

118. 보의 중립축에서의 전단응력을 τ라 할 때, 주응력의 크기는?

㉮ $\pm 2\tau$ ㉯ $\pm \tau$

㉰ $\pm \dfrac{\tau}{2}$ ㉱ 0

해설
$$\sigma = \frac{\sigma_x}{2} \pm \sqrt{\left(\frac{\sigma_x}{2}\right)^2 + \tau^2}$$
여기서 중립축이므로 $\sigma = 0$
$$\therefore \ \sigma = \pm\tau$$

119. 주응력과 주전단응력의 설명 중 잘못된 것은?

㉮ 주응력면은 서로 직교한다.

㉯ 주전단응력면은 서로 직교한다.

㉰ 주응력면과 주전단응력면은 45°의 차이가 있다.

㉱ 주전단응력면에서는 주응력은 생기지 않는다.

해설 $\theta = 0$일 때
$$\tau_1 = \tau_{\max}$$

120. 모어(Mohr)의 응력원이 다음 그림과 같이 하나의 점으로 나타난다면 이 때의 응력 상태 중 옳은 것은?

㉮ $\sigma_1 = \sigma_2, \ \tau > 0$

㉯ $\sigma_1 < \sigma_2, \ \tau = 0$

㉰ $\sigma_1 = \sigma_2, \ \tau = 0$

㉱ $\sigma_1 > \sigma_2, \ \tau = 0$

해설 $\sigma_1 = \sigma_2, \ \tau = 0$
단면에 동일한 수직인장응력만 존재하는 상태로 이때의 응력은 주응력이다.

121. 순수전단을 유발하는 응력 상태의 Mohr원은?

㉮   ㉯

㉰   ㉱

해설 $\sigma = 0, \ \tau = R$

122. 그림과 같은 2축응력의 Mohr 응력원의 σ_θ 및 τ_θ의 표현 중 옳은 것은?

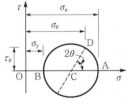

㉮ $\sigma_\theta = \text{OC} + \text{CD}\cos 2\theta, \ \tau_\theta = \text{CD}\sin 2\theta$

㉯ $\sigma_\theta = \text{OC} + \text{CD}\sin 2\theta, \ \tau_\theta = \text{CD}\cos 2\theta$

㉰ $\sigma_\theta = \text{OC} + \text{CD}\cos\theta, \ \tau_\theta = \text{CD}\sin\theta$

㉱ $\sigma_\theta = \text{OC} + \text{CD}\sin\theta, \ \tau_\theta = \text{CD}\cos\theta$

해설 $\sigma_\theta = \text{OC} + \text{CE} = \text{OC} + \text{CD}\cos 2\theta$
$$\tau_\theta = \text{DE} = \text{CD}\sin 2\theta$$

chapter 8

보의 응력

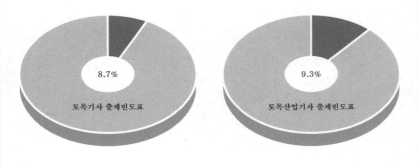

8.7%

토목기사 출제빈도표

9.3%

토목산업기사 출제빈도표

8 보의 응력

01 보의 휨응력

알·아·두·기·

① 베르누이(Bernoulli)-오일러(Euler)의 가정

(1) 부재의 축에 직각인 단면은 휨모멘트를 받아 휨 후에도 축에 직각인 평면을 가진다.(평면보존의 법칙)
(2) 탄성한도 이내에서는 응력과 변형률은 비례한다.(훅의 법칙)
(3) 재질은 균질(homogeneous)하고 등방성(isotropic)일 것.
(4) 충격하중(impact load)이 아닐 것.
(5) 보는 비틀림(torsion), 좌굴(buckling)로 변형되지 않고, 순수휨(pure bending)에 의한 변형을 고려한다.

▶ 중립축(neutral axis)
축방향의 길이 변화가 없는 축으로 축방향 변형률이 0인 축

② 보의 휨응력

(1) 단면의 중립축을 경계로 하여 단면의 상측은 압축하여 압축응력이 생기고, 하측은 늘어나서 인장응력이 생길 때 발생하는 응력을 말한다.

(2) **순수굽힘 상태의 휨응력**

$$\sigma_x = \frac{M}{I_x} y = \frac{M}{Z}$$

(3) **축방향력이 작용할 때의 휨응력**

$$\sigma_x = \frac{M}{I_x} y \pm \frac{N}{A}$$

▶ 휨응력

$\varepsilon_x = \dfrac{\Delta dx}{dx}$, $\sigma_x = E\varepsilon_x$로부터

$\Delta dx = \dfrac{\sigma_x}{E} dx$ ······ ①

$R : dx = y : \Delta dx$로부터

$\Delta dx = \dfrac{y}{R} dx$ ······ ②

①, ②식으로부터

$\therefore \sigma_x = \dfrac{E}{R} y$ ······ ③

$M = \displaystyle\int \sigma_x y dA = \sigma_x \int_A y dA$

$= \dfrac{E}{R} \displaystyle\int_A y^2 dA = \dfrac{EI}{R}$

$\therefore \dfrac{1}{R} = \dfrac{M}{EI}$ ······ ④

$\therefore \sigma_x = \dfrac{M}{I} y$

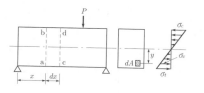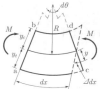

【그림 8-1】 보의 휨응력

(4) 휨응력의 특성

① 휨응력은 중립축에서는 0이다.

② 상하단에서 최대가 된다.

③ 중간에서는 직선 변화한다.

④ 휨응력은 중립축으로부터 거리에 비례한다.

⑤ 휨모멘트만 작용할 때의 중립축은 도심축이다.

⑥ 축하중이 작용하는 경우에는 중립축과 도심축이 일치하지 않는다.

02 보의 전단응력

① 전단응력

(1) 단면에 작용하는 전단력에 의한 응력을 말한다.

① 전단응력의 일반식(수평 전단응력)

$$\tau = \frac{G_x \cdot S}{I \cdot b}$$

② 평균 전단응력(수직 전단응력)

$$\tau = \frac{S}{A}$$

③ 임의 단면에서 수평 전단응력과 수직 전단응력의 크기는 같다.

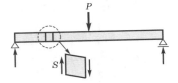

(a) 수직 전단응력

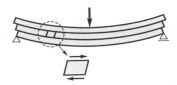

(b) 수평 전단응력

【그림 8-2】 전단응력

(2) 전단응력의 특성

① 전단응력은 보통 중립축에서 최대이다.

② 상하 양단에서는 0이다.

③ 전단응력도는 곡선 변화한다.

④ 순수굽힘이 작용하는 단면에서의 전단응력은 0이다.

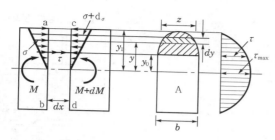

【그림 8-3】 보의 전단응력

❷ 단면의 최대 전단응력

(1) 구형 단면

$$\tau = \frac{S}{Ib}G_z = \frac{3}{2} \times \frac{S}{bh^3}(h^2 - 4y_0{}^2)$$

$$\tau_{max} = \frac{3}{2} \times \frac{S}{bh^3} \times h^2 = \frac{3}{2}\frac{S}{bh} = \frac{3}{2}\frac{S}{A}$$

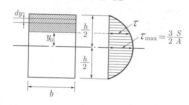

【그림 8-4】 구형 단면의 전단응력

(2) 원형 단면

$$\tau = \frac{S}{Ib}G_z$$

$$G_x = \frac{2}{3}r^3\sin^3\alpha, \ b = 2r\sin\alpha, \ \sin\alpha = \frac{b}{2r}$$

$$= \frac{2}{3}r^3\left(\frac{b}{2r}\right)^3 = \frac{b^3}{12}$$

$$\therefore \ \tau_{max} = \frac{4}{3}\frac{S}{\pi r^2} = \frac{4}{3}\frac{S}{A}$$

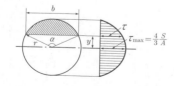

【그림 8-5】 원형 단면의 전단응력

▶ 최대 전단응력

① 직사각형(구형)

$$\tau_{max} = \frac{3}{2}\frac{S}{A}$$

② 원형

$$\tau_{max} = \frac{4}{3}\frac{S}{A}$$

③ 삼각형

$$\tau_G = \frac{4}{3}\frac{S}{A}$$

$$\tau_{max} = \frac{3}{2}\frac{S}{A}$$

▶ 전단응력 분포도

(3) 삼각형 단면

$$\tau = \frac{S}{Ib}G_x$$

$$I = \frac{bh^3}{36}$$

$$\tau_{max} = \frac{12S}{bh^3}\left(\frac{h^2}{2} - \frac{h^2}{4}\right) = \frac{12S}{4bh} = 3\frac{S}{bh} = \frac{3}{2}\frac{S}{A}$$

$$\tau_G = \frac{12S}{bh^3}\left(\frac{2h^2}{3} - \frac{4h^2}{9}\right) = \frac{24}{9}\frac{S}{bh} = \frac{4}{3}\frac{S}{A}$$

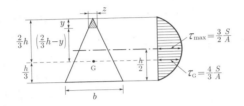

【그림 8-6】 삼각형 단면의 전단응력

03 전단중심

① 전단흐름

(1) 전단흐름(Shear flow, 전단류)의 정의

① 전단응력을 단위길이에 대한 것으로 표시한 것 즉, 단위길이당 전단응력을 전단흐름이라고 한다.

② 전단흐름은 그 점에서의 전단응력에 두께를 곱하여 구한다. 여기서, 판의 두께가 얇기 때문에 $b = t$이다.

③ 그림의 ㄷ단면(channel)을 이용하면

$$F = \tau \cdot t = \frac{S}{I}G = \frac{1}{2}\tau tb = \frac{1}{2}bt\frac{bhP}{2I} = \frac{b^2htP}{4I}$$

여기서, $\tau \cdot t$: 전단흐름(kgf/cm)

S : 전단력(kgf)

G : 단면1차모멘트(cm^3)

I : 단면2차모멘트(cm^4)

(2) 폐쇄된 단면의 전단흐름

① 폐쇄된 단면에서는 단면의 두께에 관계없이 전단흐름은 항상 일정하다.

$$f = \tau_1 \cdot t_1 = \tau_2 \cdot t_2 = \frac{T}{2 \cdot A} = 일정$$

$$\therefore \ f = \tau \cdot t = \frac{T}{2 \cdot A}$$

여기서, T : 비틀림모멘트(tf·cm)

A : shear flow 내부의 면적(cm^2)

② 가장 큰 전단응력은 두께가 가장 작은 곳에서 생긴다.

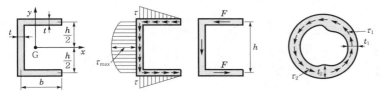

(a) channel 단면　　　　　　(b) 폐쇄된 단면

【그림 8-7】 전단흐름(전단류)

② 전단중심

(1) 전단중심의 정의

① 임의의 단면에 하중이 작용할 때 비틀림이 없는 단순굽힘 상태 (순수휨 상태)를 유지하기 위한 각 단면에서 전단응력의 합력이 통과하는 위치나 점을 전단중심(shear center)이라고 한다.

② 하중이 전단중심에 작용하면 순수휨만 생긴다. 그러나 하중이 전단중심에 작용하지 않으면 단면에서 휨과 비틀림이 동시에 발생한다.

(2) 전단중심의 위치

① 양축에 대칭(2축 대칭)인 단면의 전단중심(shear center)은 도심과 일치한다.

② 어느 한 축에 대칭(1축 대칭)인 단면의 전단중심(shear center) 은 대칭축상에 존재한다.

③ 어느 축에도 대칭이 아닌 경우(비대칭)의 전단중심은 축상에 위치하지 않을 경우가 많다. 두 개의 직사각형 단면으로 구성 된 경우 두 단면의 연결부에 위치하나 대부분 비대칭의 단면 의 전단중심은 일정하지 않다.

▣ 전단중심거리

$P \cdot e = F \cdot h$

$$\therefore \ e = \frac{Fh}{P} = \frac{h}{P} \times \frac{b^2 ht P}{4I}$$

$$= \frac{b^2 h^2 t}{4I}$$

$$\therefore \ e = \frac{b^2 h^2 t}{4I}$$

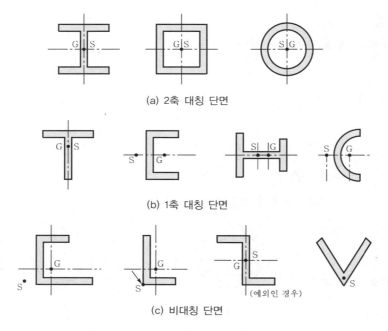

(a) 2축 대칭 단면

(b) 1축 대칭 단면

(예외인 경우)

(c) 비대칭 단면

【그림 8-8】 도심과 전단중심의 위치

(3) 전단중심의 거리

전단류에 의한 우력모멘트와 하중에 의한 모멘트는 서로 같아야 단면이 회전하지 않는다.

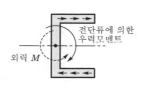

(a) 전단류에 의한 우력모멘트 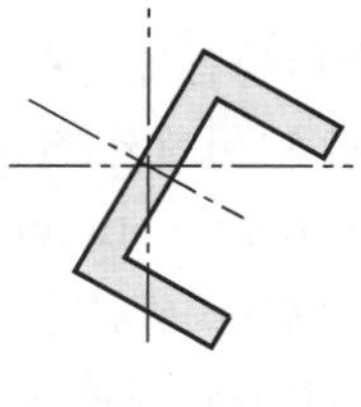   (b) 전단류에 의한 단면의 회전

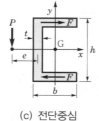

(c) 전단중심

【그림 8-9】 전단중심의 거리

04 보의 소성이론

① 소성 해석 일반

(1) 정의

보의 응력이 재료의 비례한도를 넘을 때까지 하중을 가하여 재료가 훅의 법칙을 따르지 않을 때 일어나는 보의 휨을 비탄성 휨이라고 하고, 이 현상의 가장 간단한 경우는 보가 탄소성 재료일 때 발생하는 소성휨(plastic bending)이다.

(2) 탄소성 재료는 인장과 압축에 대해 동일한 항복응력과 동일한 탄성계수를 갖는다.

(3) 소성휨의 해법상 가정

① 변형률은 중립축으로부터 비례한다.
② 응력–변형률의 관계는 정점 항복점 σ_y 에 도달할 때까지는 탄성이며, σ_y 에 도달한 후에는 일정 응력 σ_y 에 무제한 소성흐름이 생긴다.
③ 압축측의 응력–변형률의 관계는 인장측과 동일한 것으로 한다.

② 단면의 형상계수

(1) 항복모멘트(M_y) 계산 → 탄성설계, 허용응력설계

$$T = C = \sigma_y \cdot \frac{bh}{4}$$

$$y_1 + y_2 = \frac{2}{3}h$$

$$M_y = \sigma_y \cdot \frac{bh}{4} \cdot \frac{2}{3}h$$

$$= \sigma_y \cdot \frac{bh^2}{6}$$

$$\therefore M_y = \sigma_y \cdot Z$$

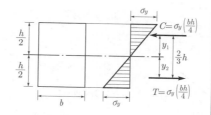

【그림 8-10】 항복모멘트

여기서, 탄성단면계수 $Z = \dfrac{bh^2}{6}$

(2) 소성모멘트(M_P) 계산 → 소성설계, 강도설계

$$T = C = \sigma_y \cdot \frac{bh}{2}$$

$$y_1 + y_2 = \frac{h}{2}$$

$$M_P = \sigma_y \cdot \frac{bh}{2} \cdot \frac{h}{2} = \sigma_y \cdot \frac{bh^2}{4}$$

$$M_P = \sigma_y \cdot Z_0$$

여기서, 소성단면계수 $Z_0 = \dfrac{bh^2}{4}$

【그림 8-11】 소성모멘트

(3) 형상계수(f)

구형 단면의 경우

$$f = \frac{\text{소성모멘트}}{\text{항복모멘트}} = \frac{M_P}{M_y} = \frac{\sigma_y \cdot \dfrac{bh^2}{4}}{\sigma_y \cdot \dfrac{bh^2}{6}} = \frac{3}{2} = 1.5$$

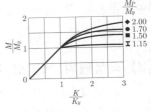
❸ 소성 해석

(1) 소성 해석의 의미

탄소성 보에서 극한하중을 계산하고 소성힌지의 위치를 결정하는 것을 말한다.

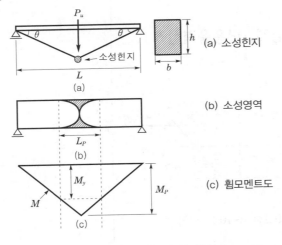

【그림 8-12】 소성 해석

(2) 집중하중이 작용하는 단순보의 소성 해석

① 소성영역(L_P) : 소성힌지의 범위

$$L_P = L\left(1 - \frac{M_y}{M_P}\right) = L\left(1 - \frac{1}{f}\right) = L\left(1 - \frac{1}{1.5}\right)$$

$$\therefore L_P = \frac{L}{3} \text{ (구형 단면의 경우)}$$

② 극한하중(P_u) : 소성힌지를 일으킬 수 있는 하중

$$P_u\left(\frac{L}{2}\theta\right) - M_P(2\theta) = 0$$

$$\therefore P_u = \frac{4M_P}{L}$$

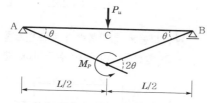

【그림 8-13】 단순보의 극한하중

보의 휨응력

1. 보에서 휨모멘트로 인한 최대 휨응력이 생기는 위치는 어느 곳인가?

㉮ 중립축
㉯ 중립축과 상단의 중간점
㉰ 상·하단
㉱ 중립축과 하단의 중간점

해설 휨응력 : $\sigma = \dfrac{M}{I} \cdot y$

중립축에서 0이고, 상·하단에서 그 최댓값이 나타난다.

2. 다음 보의 응력에 관한 설명 중 옳지 않은 것은?

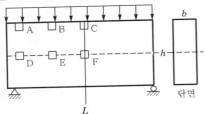

㉮ 휨응력을 가장 크게 받는 부분은 C 부분이다.
㉯ 전단응력을 가장 크게 받는 부분은 A 부분이다.
㉰ F 부분은 휨응력과 전단응력이 최소가 되는 점이다.
㉱ D 부분에서 응력 상태를 표시하면 ☐ 꼴이 된다.

3. 다음은 보의 응력에 대한 설명이다. 틀린 것은?

㉮ 보의 휨응력은 중립축에서 0이고, 상하 양단에서 최대이다.
㉯ 보의 단면의 임의의 점의 휨응력도 σ를 구하는 식은 $\sigma = \dfrac{M}{I}y$이다.
㉰ 중립축에 대하여 대칭인 단면의 전단응력도는 단면의 형상에 관계없이 모두 중립축에서 최대이다.
㉱ 전단응력도의 분포는 포물선이다.

해설 ① 휨응력 분포도

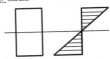

② 전단응력 분포도

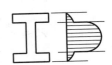

4. 다음은 축방향력과 휨모멘트를 동시에 받고 있는 보의 합성응력에 관한 설명이다. 틀린 것은?

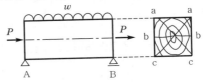

㉮ 축방향력 P가 인장력일 때 보의 상연 a–a면에서의 휨압축응력이 감소한다.
㉯ 축방향력 P가 압축력이면 보의 하연 c–c면에서는 휨인장응력이 감소한다.
㉰ P가 압축력이든 인장력이든 중립축을 통과하는 b–b 면에서는 합성응력이 항상 0이다.
㉱ 휨모멘트에 의한 연단응력과 축방향력에 의한 응력이 같으면 보의 상연 또는 하연 중 어느 하나의 합성응력은 0으로 된다.

5. 보를 해석하거나 설계하는 데 사용되는 기본식 중에 $\sigma = \dfrac{M}{I}y$가 있다. 이 식에 대한 설명 중 옳지 않은 것은?

㉮ σ=단면 내 임의의 점에서 휨응력으로 단위는 kg/cm^2이다.
㉯ 휨모멘트 M의 단위는 $kg \cdot m$이다.
㉰ I=중립축에 대한 단면2차모멘트로 단위는 cm^4이다.
㉱ y=중립축으로부터 최대 휨모멘트까지의 거리로 단위는 cm이다.

해설 y는 단면의 최상단, 최하단 또는 구하고자 하는 점까지의 거리

6. 보의 휨응력(bending stress)에 대하여 틀린 것은?

㉮ 휨모멘트의 크기에 비례
㉯ 보의 중립축에서 0
㉰ 단면2차모멘트에 반비례
㉱ 보의 중립축에서 최대

해설 $\sigma = \frac{M}{I}y = \frac{M}{Z} = \frac{6M}{bh^2}$

7. 그림과 같은 단순보에서 A점으로부터 x만큼 떨어진 점의 휨응력은? (단, y : 도심축에서의 거리)

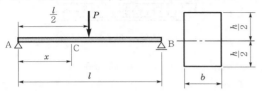

㉮ $\frac{6Px}{bh^3}y$ ㉯ $\frac{3Px}{bh^2}y$

㉰ $\frac{Px}{6bh^3}y$ ㉱ $\frac{Px}{3bh^2}y$

해설 $\sigma = \frac{M}{I}\cdot y$이고 $I = \frac{bh^3}{12}$

$M = R_A \cdot x = \frac{P}{2}\cdot x$

$\sigma = \frac{\frac{Px}{2}}{\frac{bh^3}{12}}\cdot y = \frac{6Px}{bh^3}y$

8. 경간 $l=8$m, 단면 30cm×40cm 되는 단순보의 중앙에 10t 되는 집중하중이 작용할 때 최대 휨응력은?

㉮ 200kg/cm²
㉯ 210kg/cm²
㉰ 250kg/cm²
㉱ 270kg/cm²

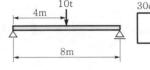

해설 $M = \frac{Pl}{4} = \frac{10\times 8}{4} = 20$t·m

$\sigma = \frac{6M}{bh^2} = \frac{6\times 2,000,000}{30\times 40^2} = 250$kg/cm²

9. 그림과 같은 목재로 된 보의 휨응력에 대한 내력의 가장 적당한 단면의 높이는 얼마로 하는 것이 좋은가? (단, 단면의 폭은 15cm, 목재의 허용휨응력은 90kg/cm²이다.)

㉮ 5.0cm
㉯ 10.0cm
㉰ 50.0cm
㉱ 100.0cm

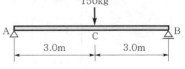

해설 $M = \frac{Pl}{4} = \frac{150\times 6}{4} = 225$kg·m

$\sigma = \frac{M}{Z} = \frac{6M}{bh^2}$

$h = \sqrt{\frac{6M}{\sigma b}} = \sqrt{\frac{6\times 22,500}{90\times 15}} = 10$cm

10. 그림의 보에서 단면의 폭을 구한 값은? (단, 보의 높이는 40cm, 허용휨응력은 187.5kg/cm²임.)

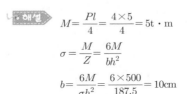

㉮ 10cm   ㉯ 12cm
㉰ 16cm   ㉱ 19cm

해설 $M = \frac{Pl}{4} = \frac{4\times 5}{4} = 5$t·m

$\sigma = \frac{M}{Z} = \frac{6M}{bh^2}$

$b = \frac{6M}{\sigma h^2} = \frac{6\times 500}{187.5} = 10$cm

11. 최대 휨모멘트 8,000kg·m를 받는 목재보의 직사각형 단면에서 폭 $b=25$cm일 때 높이 h는 얼마인가? (단, 자중은 무시하고 허용휨응력 $\sigma_a=120$kg/cm²이다.)

㉮ 40cm   ㉯ 42cm
㉰ 46cm   ㉱ 48cm

해설 $\sigma = \frac{M}{Z} = \frac{6M}{bh^2}$

$h = \sqrt{\frac{6M}{b\cdot\sigma}} = \sqrt{\frac{6\times 800,000}{25\times 120}} = 40$cm

12. 만재 등분포하중을 받는 길이 8m의 단순보에서 그림과 같은 단면을 사용하고 허용응력이 $\sigma_a = 100kg/cm^2$일 때 재하 가능한 최대 하중강도 w의 크기를 구한 값은?

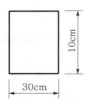

10cm

30cm

㉮ 2.0t/m ㉯ 1.5t/m
㉰ 1.0t/m ㉱ 0.5t/m

> **해설**
> $$M = \frac{wl^2}{8}$$
> $$\sigma = \frac{6M}{bh^2} = \frac{3wl^2}{4bh^2}$$
> $$w = \frac{4bh^2\sigma}{3l^2} = \frac{4 \times 30 \times (40)^2}{3 \times (800)^2} \times 100$$
> $$= 10kg/cm = 1t/m$$

13. 길이 l인 단순보에 등분포하중이 만재되었을 때 휨응력이 σ이면 하중강도 w는? (단, 보의 단면은 폭 b, 높이 h인 구형이다.)

㉮ $\dfrac{3\sigma bh^2}{4l^2}$ ㉯ $\dfrac{4\sigma b^2 h}{3l^2}$
㉰ $\dfrac{4\sigma bh^2}{3l^2}$ ㉱ $\dfrac{3\sigma b^2 h}{4l^2}$

> **해설**
> $$\sigma = \frac{M}{Z}$$
> $$Z = \frac{bh^2}{6}, \quad M = \frac{wl^2}{8}$$
> $$\sigma = \frac{3wl^2}{4bh^2}$$
> $$\therefore w = \frac{4\sigma bh^2}{3l^2}$$

14. 한 변의 길이가 1m인 정사각형 단면에서 중립축이 도형의 도심축과 일치할 때 여기에 외부 모멘트 M이 $5 t \cdot m$ 크기를 가지고 이 부재에 작용한다면 이 단면의 최연단, 즉 A점이나 B점에 생기는 휨응력의 크기는 얼마인가?

㉮ $30t/m^2$
㉯ $15t/m^2$
㉰ $3t/m^2$
㉱ $5t/m^2$

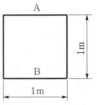

A

1m

B

1m

> **해설**
> $$\sigma = \frac{M}{Z} = \frac{5}{\dfrac{1^3}{6}} = 30t/m^2$$

15. 그림과 같은 등분포하중에서 최대 휨모멘트가 생기는 위치에서 휨응력이 $1,200kg/cm^2$라고 하면 단면계수는?

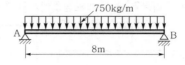

750kg/m

A   B

8m

㉮ $400cm^3$ ㉯ $450cm^3$
㉰ $500cm^3$ ㉱ $550cm^3$

> **해설**
> $$\sigma = \frac{M}{Z}$$
> $$M = \frac{wl^2}{8} = \frac{0.75 \times 8^2}{8} = 6t \cdot m$$
> $$Z = \frac{M}{\sigma} = \frac{6 \times 10^5}{1,200}$$
> $$\therefore Z = 500cm^3$$

16. 다음 그림에서 최대 휨응력도는?

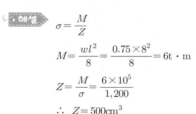

w=2t/m

A   B

4m

20cm

12cm

㉮ $250kg/cm^2$ ㉯ $500kg/cm^2$
㉰ $750kg/cm^2$ ㉱ $1,000kg/cm^2$

> **해설**
> $$M = \frac{wl^2}{8} = \frac{2 \times 4^2}{8} = 4t \cdot m$$
> $$Z = \frac{bh^2}{6} = \frac{12 \times 20^2}{6} = 800cm^3$$
> $$\sigma = \frac{M}{Z} = \frac{4 \times 10^5}{800} = 500kg/cm^2$$

17. 경간 l, 단면의 폭 b, 높이 h인 직사각형 단면의 단순보가 최대 휨모멘트 M일 때 단면의 최대 휨응력은 얼마인가?

㉮ $\pm \dfrac{M}{b^2 h}$ ㉯ $\pm \dfrac{6M}{bh^2}$

㉰ $\pm \dfrac{M}{bh^2}$ ㉭ $\pm \dfrac{M}{6bh^2}$

해설 $\sigma = \pm \dfrac{M}{I}y = \pm \dfrac{M}{Z} = \pm \dfrac{6M}{bh^2}$

18. 길이 100cm이고 폭 4cm, 높이 6cm의 직사각형 단면을 가진 단순보의 허용휨응력이 400kg/cm²이라면 이 단순보의 중앙에 작용시킬 수 있는 최대 집중하중은?

㉮ 136kg ㉯ 242kg

㉰ 384kg ㉭ 420kg

해설 $M = \dfrac{Pl}{4}$

$\sigma = \dfrac{M}{Z} = \dfrac{6}{bh^2} \times \dfrac{Pl}{4} = \dfrac{6Pl}{4bh^2}$

$P = \dfrac{2\sigma bh^2}{3l} = \dfrac{2 \times 400 \times 4 \times 6^2}{3 \times 100} = 384\text{kg}$

19. BM=64,000kg·cm를 받는 단순보에서 구형 단면보의 높이가 20cm일 때 단면 폭은? (단, $\sigma_a = 80$kg/cm²)

㉮ 12cm ㉯ 15cm

㉰ 18cm ㉭ 20cm

해설 $\sigma = \dfrac{M}{Z} = \dfrac{6M}{bh^2}$

$b = \dfrac{6M}{\sigma h^2} = \dfrac{6 \times 64,000}{80 \times 20^2} = 12\text{cm}$

20. 다음 그림과 같은 단순보에서 최대 휨응력 값은?

㉮ $\dfrac{3wl^2}{4bh^2}$

㉯ $\dfrac{3wl^2}{8bh^2}$

㉰ $\dfrac{27wl^2}{32bh^2}$

㉭ $\dfrac{27wl^2}{64bh^2}$

해설 $M_{max} = \dfrac{9wl^2}{128}$

$\sigma = \dfrac{M}{Z} = \dfrac{6M}{bh^2} = \dfrac{6 \times 9wl^2}{bh^2 \times 128} = \dfrac{27wl^2}{64bh^2}$

21. 폭 20cm, 높이 30cm인 직사각형 단순보가 1,000kg/m의 등분포하중을 받을 때 이 보에 생기는 최대 휨응력(σ_{max})을 구한 값은?

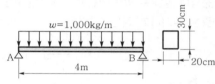

㉮ 6,666kg/cm² ㉯ 666.7kg/cm²

㉰ 66.7kg/cm² ㉭ 6.7kg/cm²

해설 $M_{max} = \dfrac{wl^2}{8} = \dfrac{1 \times 4^2}{8} = 2\text{t·m}$

$\sigma = \dfrac{M}{z} = \dfrac{6M}{bh^2} = \dfrac{6 \times 200,000}{20 \times 30^2} = 66.67\text{kg/cm}^2$

22. 폭 20cm, 높이 30cm인 사각형 단면의 목재보가 있다. 이 보에 작용하는 최대 휨모멘트가 1.8 tf·m일 때 최대 휨응력은?

㉮ 60kgf/cm² ㉯ 120kgf/cm²

㉰ 260kgf/cm² ㉭ 300kgf/cm²

해설 $\sigma = \dfrac{M}{Z} = \dfrac{6M}{b \cdot h^2}$

$= \dfrac{6 \times 1.8 \times 10^5}{20 \times 30^2} = 60\text{kgf/cm}^2$

23. 그림과 같은 단면이 267.5t·m의 휨모멘트를 받을 때 플랜지와 복부의 경계면 mn에 일어나는 휨응력이 옳게 된 것은?

㉮ 1,284kg/cm²
㉯ 1,500kg/cm²
㉰ 2,500kg/cm²
㉭ 2,816kg/cm²

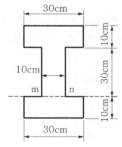

해설

$$I = \frac{30 \times 50^3}{12} - \frac{20 \times 30^3}{12} = 267,500 \text{cm}^4$$

$$M = 267.5 \times 10^5 \text{kg} \cdot \text{cm}$$

$$y = 15 \text{cm}$$

$$\sigma = \frac{M}{I} \cdot y = \frac{267.5 \times 10^5}{267,500} \times 15 = 1,500 \text{kg/cm}^2$$

24. 그림과 같은 지간 $l=12$m인 용접 I형 단면강의 단순보의 중앙에 실릴 수 있는 안전한 최대 집중하중 P는? (단, 자중은 무시하고 허용휨응력은 $\sigma_a = 1,300$kg/cm^2 이다.)

㉮ $P=3,460$kg

㉯ $P=3,960$kg

㉰ $P=4,460$kg

㉱ $P=4,490$kg

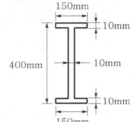

해설

$$M = \sigma_a \cdot Z$$

$$M = \frac{Pl}{4} = \frac{P \times 1,200}{4} = 300P \text{kg} \cdot \text{cm}$$

$$I = \frac{1}{12}(15 \times 40^3 - 14 \times 38^3) = 15,982.7 \text{cm}^4$$

$$Z = \frac{I}{y} = \frac{15,982.7}{20} = 799 \text{cm}^3$$

$$300P = 1,300 \times 799$$

$$\therefore P = 3,462 \text{kg}$$

25. 지름 D인 원형 단면보에 휨모멘트 M이 작용할 때 휨응력은?

㉮ $\dfrac{16M}{\pi D^3}$

㉯ $\dfrac{6M}{\pi D^3}$

㉰ $\dfrac{32M}{\pi D^3}$

㉱ $\dfrac{64M}{\pi D^3}$

해설

$$\sigma = \frac{M}{I}y = \frac{64M}{\pi D^4} \times \frac{D}{2} = \frac{32M}{\pi D^3}$$

26. 폭 b, 높이 h인 단순보에 등분포하중이 만재했을 때 보의 중앙지점 단면에서 최대 휨응력은? (단, 스팬은 l)

㉮ $\sigma_{\max} = \dfrac{5wl^2}{4bh^2}$

㉯ $\sigma_{\max} = \dfrac{3wl^2}{4bh^2} + \dfrac{3wl}{bh}$

㉰ $\sigma_{\max} = \dfrac{wl^2}{bh^2}$

㉱ $\sigma_{\max} = \dfrac{3wl^2}{4bh^2}$

해설

$$M_{\max} = \frac{wl^2}{8}$$

$$Z = \frac{bh^2}{6}$$

$$\sigma = \frac{M}{Z}$$

$$= \frac{6 \times wl^2}{bh^2 \times 8} = \frac{3wl^2}{4bh^2}$$

27. 그림에서 보의 단면이 12cm×20cm일 때 최대 휨응력 $\sigma_{\max}$은?

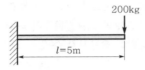

$l=5$m

㉮ 50kg/cm^2

㉯ 150kg/cm^2

㉰ 125kg/cm^2

㉱ 200kg/cm^2

해설

$$M_{\max} = 200 \times 500 = 100,000 \text{kg} \cdot \text{cm}$$

$$I = \frac{bh^3}{12} = \frac{12 \times 20^3}{12} = 8,000 \text{cm}^4$$

$$y = 10 \text{cm}$$

$$\therefore \sigma = \frac{M}{I}y = 125 \text{kg/cm}^2$$

28. 다음의 직사각형 단면을 갖는 캔틸레버보에서 최대 휨응력 σ는 얼마인가?

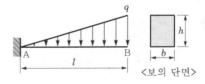

〈보의 단면〉

㉮ $\dfrac{ql^2}{bh^2}$

㉯ $\dfrac{1.5ql^2}{bh^2}$

㉰ $\dfrac{2ql^2}{bh^2}$

㉱ $\dfrac{2.5ql^2}{bh^2}$

해설

$$M_{\max} = \left(\frac{1}{2} \times q \times l\right) \times \left(\frac{2}{3}l\right) = \frac{ql^2}{3}$$

$$\sigma_{\max} = \frac{M_{\max}}{Z} = \frac{\frac{ql^2}{3}}{\frac{bh^2}{6}} = \frac{2ql^2}{bh^2}$$

29. 그림과 같은 구형 단면의 보가 최대 휨모멘트 900kg·m를 받고 있을 때 상단에서 5cm인 $n-n$ 단면에서의 휨응력의 절댓값은?

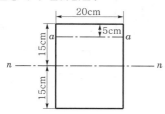

㉮ 30kg/cm
㉯ 25kg/cm^2
㉰ 20kg/cm^2
㉱ 15kg/cm^2

해설 $\sigma = \dfrac{M}{I}y = \dfrac{90,000 \times 12}{20 \times 30^3} \times 10 = 20\text{kg/cm}^2$

30. 그림과 같은 보의 단면이 2.7t·m의 휨모멘트를 받고 있을 때 중립축에서 10cm 떨어진 곳의 휨응력은 얼마인가?

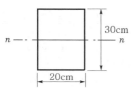

㉮ 60kg/cm^2
㉯ 75kg/cm^2
㉰ 80kg/cm^2
㉱ 95kg/cm^2

 $\sigma = \dfrac{M}{I}y = \dfrac{2.7 \times 10^5}{\dfrac{20 \times 30^3}{12}} \times 10 = 60\text{kg/cm}^2$

31. 휨모멘트가 M인 다음과 같은 직사각형 단면에서 $A-A$에서의 휨응력은?

㉮ $\dfrac{3M}{bh^2}$

㉯ $\dfrac{3M}{4bh^2}$

㉰ $\dfrac{3M}{2bh^2}$

㉱ $\dfrac{M}{4b^2h^2}$

해설 $\sigma = \dfrac{M}{I}y = \dfrac{12M}{b(2h)^3} \cdot \dfrac{h}{2} = \dfrac{3M}{4bh^2}$

32. 그림과 같은 직사각형 단면의 보가 최대 휨모멘트 $M_{max} = 2\text{t·m}$를 받을 때 a-a단면의 휨응력은?

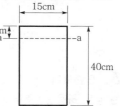

㉮ 22.5kg/cm^2
㉯ 37.5kg/cm^2
㉰ 42.5kg/cm^2
㉱ 46.5kg/cm^2

해설 $I_x = \dfrac{bh^3}{12} = \dfrac{15 \times 40^3}{12} = 80,000\text{cm}^4$

$\therefore \ \sigma = \dfrac{M}{I}y = \dfrac{200,000}{80,000} \times (20-5)$

$= 37.5\text{kg/cm}^2$

33. 단면계수 W인 단면에 휨모멘트 M이 작용할 때, 이 단면에 생기는 휨응력 σ는?

㉮ $\sigma = \pm \dfrac{W}{M}$

㉯ $\sigma = \pm \dfrac{M}{W}$

㉰ $\sigma = \pm (M \pm W)$

㉱ $\sigma = \pm WM$

해설 $\sigma = \pm \dfrac{M}{I}y = \pm \dfrac{M}{W}$

34. 폭 $b = 20\text{cm}$, 높이 $h = 30\text{cm}$ 되는 직사각형 단면보의 적당한 저항 휨모멘트는? (단, 허용휨응력도는 80kg/cm^{2}이다.)

㉮ 1.2t·m
㉯ 2.4t·m
㉰ 3.6t·m
㉱ 4.8t·m

해설 $\sigma = \dfrac{M}{Z} = \dfrac{6M}{bh^2}$

$\therefore M = \dfrac{\sigma bh^2}{6} = \dfrac{80 \times 20 \times 30^2}{6}$

$\therefore M = 240,000\text{kg·cm} = 2.4\text{t·m}$

35. 그림에서 보의 허용휨응력도가 1,000kg/cm^{2}일 때 필요 단면계수는?

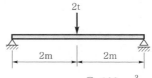

㉮ 100cm^3
㉯ 200cm^3
㉰ 300cm^3
㉱ 400cm^3

해설

$$M = \frac{Pl}{4} = \frac{2 \times 4}{4} = 2\text{t} \cdot \text{m}$$

$$\sigma = \frac{M}{z}$$

$$z = \frac{M}{\sigma} = \frac{200,000}{1,000} = 200\text{cm}^3$$

36. 단순보에 그림과 같이 집중하중 500kg이 작용하는 경우 허용휨응력이 200kg/cm²일 때 최소로 요구되는 단면계수는?

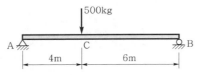

⑦ 300cm²

㉯ 600cm²

㉲ 625cm²

㉱ 500cm²

해설 $Z = \dfrac{M}{\sigma} = \dfrac{300 \times 400}{200} = 600\text{cm}^3$

37. 그림과 같은 보가 중앙점에 집중하중 P를 받고 있다. 이 재료의 허용휨응력 σ_a =80kg/cm²이고, 허용전단응력 τ_a =8kg/cm²이다. 이 보가 받을 수 있는 최대 하중은?

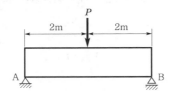

⑦ 240,000kg

㉯ 6,400kg

㉲ 2,400kg

㉱ 1,800kg

해설

① $M = \sigma \cdot Z$, $M = \dfrac{Pl}{4}$, $Z = \dfrac{bh^2}{6}$

$$\frac{P \cdot 400}{4} = 80 \times \frac{20 \times 30^2}{6}$$

$$P = 2,400\text{kg}$$

② $\tau = 1.5\dfrac{S}{A}$, $S = \dfrac{P}{2}$

$$\frac{P}{2} = \frac{1}{1.5} \times 8 \times (20 \times 30)$$

$$P = 6,400\text{kg}$$

둘 중 작은 값

∴ $P = 2,400\text{kg}$

38. 그림과 같은 단순보에서 허용휨응력 f_{ba} =50kg/cm², 허용전단응력 τ_a =5kg/cm²일 때 하중 P의 한계치는?

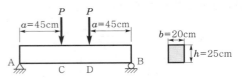

⑦ 1,666.7kg

㉯ 2,516.7kg

㉲ 2,500.0kg

㉱ 2,314.8kg

해설 ① 휨응력 검토

$$f_{ba} \geq f_{max} = \frac{M_{max}}{Z} = \frac{6P_b a}{bh^2}$$

$$P_b \leq \frac{bh^2 f_{ba}}{6a} = \frac{20 \times 25^2 \times 50}{6 \times 45}$$

$$= 2,314.8\text{kg}$$

② 전단응력 검토

$$\tau_a \geq \tau_{max} = \frac{3}{2} \cdot \frac{S_{max}}{A} = \frac{3P_s}{2bh}$$

$$P_s \leq \frac{2bh\tau_a}{3} = \frac{2 \times 20 \times 25 \times 5}{3}$$

$$= 1,666.7\text{kg}$$

③ 허용하중

$$P_a = [P_b, \ P_s]_{min} = 1,666.7\text{kg}$$

보의 전단응력

39. 보속의 전단응력의 크기는?

⑦ 보에 작용하는 하중의 영향을 받지 않는다.

㉯ 보에 작용하는 하중의 영향을 받는다.

㉲ 고정지점에서는 언제나 0이 된다.

㉱ 활절에서는 언제나 0이 된다.

40. 다음 그림과 같은 단순보의 중앙에 집중하중이 작용할 때 단면에 생기는 최대 전단응력은 얼마인가?

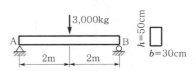

⑦ 1.0kg/cm²

㉯ 1.5kg/cm²

㉲ 2.0kg/cm²

㉱ 2.5kg/cm²

해설

$$\tau_{max} = \frac{3}{2} \cdot \frac{S_{max}}{A} = \frac{3}{2} \cdot \frac{\frac{P}{2}}{bh}$$

$$= \frac{3P}{4bh} = \frac{3 \times 3,000}{4 \times 30 \times 50} = 1.5 kg/cm^2$$

41. 다음과 같은 부재에 발생할 수 있는 최대 전단 응력은?

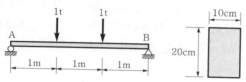

㉮ $6 kgf/cm^2$　　　　㉯ $6.5 kgf/cm^2$

㉰ $7.0 kgf/cm^2$　　　　㉱ $7.5 kgf/cm^2$

해설　$S_{max} = 1tf$

$$\tau_{max} = \frac{3}{2} \cdot \frac{S_{max}}{A} = \frac{3S_{max}}{2bh}$$

$$= \frac{3 \times (1 \times 10^3)}{2 \times 10 \times 20} = 7.5 kg/cm^2$$

42. 그림과 같은 단순보에서 최대 전단응력을 구한 값은?

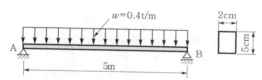

㉮ $100 kg/cm^2$　　　　㉯ $150 kg/cm^2$

㉰ $66.7 kg/cm^2$　　　　㉱ $133.2 kg/cm^2$

해설　$S_{max} = R_A = \frac{w \cdot l}{2} = \frac{0.4 \times 5}{2} = 1.0 t$

$$\tau_{max} = \frac{3S}{2A}$$

$$\tau_{max} = 1.5 \times \frac{1.0 \times 10^3}{2 \times 5} = 150 kg/cm^2$$

43. 단면이 $b \times h = 10 cm \times 20 cm$인 직사각형보에 전단력 $V = 4,000 kg$이 작용한다. 이때, 최대 전단응력은?

㉮ $40 kg/cm^2$　　　　㉯ $24 kg/cm^2$

㉰ $36 kg/cm^2$　　　　㉱ $30 kg/cm^2$

해설

$$\tau_{max} = \frac{3}{2} \cdot \frac{S}{A}$$

$$= 1.5 \times \frac{4,000}{10 \times 20} = 30 kg/cm^2$$

44. 구형 단면의 최대 전단응력은 평균 전단응력의 몇 배인가?

㉮ 같다.　　　　㉯ 1.5배

㉰ 2.0배　　　　㉱ 2.5배

해설　$\tau_{max} = 1.5 \frac{S}{A}$

45. 그림과 같은 단순보에서 전단력에 충분히 안전하도록 하기 위한 지간 l을 계산한 값은? (단, 최대 전단응력도는 $7 kg/cm^2$이다.)

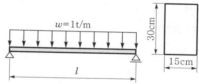

㉮ 450cm　　　　㉯ 440cm

㉰ 430cm　　　　㉱ 420cm

해설

$$\tau_{max} = \frac{3}{2} \cdot \frac{S}{A}$$

$$S = \frac{w \cdot l}{2} = 5 \cdot l \, (w = 1t/m = 10 kg/cm)$$

$$\tau_{max} = \frac{3}{2} \cdot \frac{5 \cdot l}{15 \cdot 30} \leq 7 kg/cm^2$$

$$\therefore l \leq 420 cm$$

46. 사각형 단면으로 된 보의 최대 전단력이 10t이었다. 허용전단응력이 $10 kg/cm^2$이고 보의 높이가 30cm일 때 이 전단력을 견딜 수 있게 하기 위해서는 보의 폭은 얼마 이상이 되어야 하는가?

㉮ 30cm　　　　㉯ 40cm

㉰ 50cm　　　　㉱ 60cm

해설

$$\tau_{max} = 1.5 \frac{S_{max}}{A}$$

$$= 1.5 \times \frac{10,000}{b \times 30}$$

$$= 10 kg/cm^2$$

$$\therefore b = 50 cm$$

47. 다음 하중을 받고 있는 캔틸레버상에서 발생되는 최대 전단응력의 크기를 구한 값은? (단, 부재는 균질의 직사각형(5cm×10cm) 강철보이며, 자중은 무시한다.)

㉮ 30kg/cm^2
㉯ 27kg/cm^2
㉰ 22kg/cm^2
㉱ 18kg/cm^2

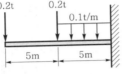

해설

$$S_{max} = 0.2+0.2+0.1\times5 = 0.9t$$
$$\tau_{max} = 1.5\times\frac{S_{max}}{A} = 1.5\times\frac{900}{5\times10} = 27kg/cm^2$$

48. 폭 10cm, 높이 20cm인 직사각형 단면의 단순보에서 전단력 $S=4tf$가 작용할 때 최대 전단응력은?

㉮ 10kgf/cm^2
㉯ 20kgf/cm^2
㉰ 30kgf/cm^2
㉱ 40kgf/cm^2

해설 $\tau_{max} = \frac{3}{2}\cdot\frac{S}{A} = \frac{3}{2}\cdot\frac{4,000}{10\times20} = 30kg/cm^2$

49. 30cm×50cm인 단면의 보에 9tf의 전단력이 작용할 때 이 단면에 일어나는 최대 전단응력은 몇 kgf/cm^{2}인가?

㉮ 4
㉯ 6
㉰ 8
㉱ 9

해설 $\tau_{max} = \frac{3}{2}\cdot\frac{S}{A} = \frac{3}{2}\cdot\frac{9,000}{30\times50} = 9kgf/cm^2$

50. 그림과 같이 단면의 폭이 b이고, 높이가 h인 단순보에서 발생하는 최대 전단응력 τ_{max}를 구하면?

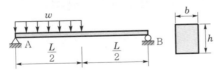

㉮ $\frac{wL}{2bh}$
㉯ $\frac{3wL}{8bh}$
㉰ $\frac{3wL}{4bh}$
㉱ $\frac{9wL}{16bh}$

해설
$$\Sigma M_B = 0$$
$$R_A\times L - \frac{wL}{2}\times\frac{3}{4}L = 0$$
$$R_A = \frac{3wL}{8}(\uparrow) = S_{max}$$
$$\therefore \tau_{max} = \frac{3}{2}\frac{S_{max}}{A} = \frac{3}{2}\times\frac{3wL}{8bh} = \frac{9wL}{16bh}$$

51. 지간이 10m이고, 폭이 20cm, 높이가 30cm인 직사각형 단면의 단순보에서 전 지간에 등분포하중 $w=2t/m$가 작용할 때 최대 전단응력은?

㉮ 25kg/cm^2
㉯ 30kg/cm^2
㉰ 35kg/cm^2
㉱ 40kg/cm^2

해설
$$S_{max} = R_{max} = \frac{wl}{2} = \frac{2\times10}{2} = 10t$$
$$\therefore \tau_{max} = \frac{3}{2}\cdot\frac{S_{max}}{A} = \frac{3}{2}\cdot\frac{10,000}{20\times30} = 25kg/cm^2$$

52. 각각 10cm의 폭을 가진 3개의 나무토막이 그림과 같이 아교풀로 접착되어 있다. 4,500kg의 하중이 작용할 때 접착부에 생기는 평균 전단응력은?

㉮ 20.00kg/cm^2
㉯ 22.50kg/cm^2
㉰ 40.25kg/cm^2
㉱ 45.00kg/cm^2

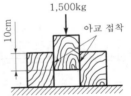

해설
$$S = \frac{4,500}{2} = 2,250kg$$
$$A = 10\times10 = 100cm^2$$
$$\tau = \frac{S}{A} = \frac{2,250}{100} = 22.5kg/cm^2$$

53. 반지름이 r인 원형 단면에 전단력 S가 작용할 때, 최대 전단응력 τ_{max}의 값은?

㉮ $\frac{3S}{4\pi r^2}$
㉯ $\frac{4S}{3\pi r^2}$
㉰ $\frac{3S}{2\pi r^2}$
㉱ $\frac{2S}{3\pi r^2}$

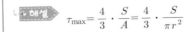

해설 $\tau_{max} = \frac{4}{3}\cdot\frac{S}{A} = \frac{4}{3}\cdot\frac{S}{\pi r^2}$

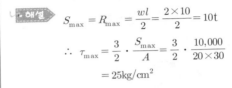

54. 그림과 같은 봉단면의 단순보가 중앙에 20t의 하중을 받을 때 최대 전단력에 의한 최대 전단응력은 얼마인가? (단, 자중은 무시한다.)

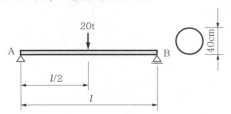

㉮ 10.62kg/cm^2

㉯ 11.94kg/cm^2

㉰ 42.46kg/cm^2

㉱ 47.77kg/cm^2

해설

$$\tau = \frac{4}{3} \cdot \frac{S}{A}$$
$$= \frac{4}{3} \times \frac{10,000}{\frac{\pi \cdot 40^2}{4}} = 10.62\text{kg/cm}^2$$

55. 다음의 캔틸레버보에서 허용하중 P_w는 얼마인가? (단, 이 보의 단면은 폭 10cm, 높이 20cm의 직사각형 단면이고 허용굽힘응력 $\sigma_w = 430\text{kg/cm}^2$, 허용전단응력 $\tau_w = 65\text{kg/cm}^2$이다.)

㉮ 6.9t

㉯ 7.8t

㉰ 8.7t

㉱ 9.6t

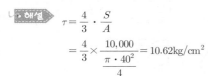

해설

① $\sigma = \dfrac{M}{Z} = \dfrac{6M}{bh^2} = \dfrac{6Pl}{bh^2}$

$$P = \frac{\sigma bh^2}{6l} = \frac{430 \times 10 \times 20^2}{6 \times 30}$$
$$= 9,555.56\text{kg} = 9.56\text{t}$$

② $\tau = \dfrac{3}{2}\dfrac{S}{A}$

$$P = \frac{2}{3}\tau \cdot A$$
$$= 65 \times 10 \times 20 \times \frac{2}{3}$$
$$= 8,666.67\text{kg} = 8.67\text{t}$$

∴ $P = 8.67\text{t}$ (둘 중 작은 값)

56. 지간 8m인 원형 단면(지름 10cm)을 가진 단순보가 있다. 자중에 의한 최대 전단응력은? (단, 자중은 80t/m³이다.)

㉮ 36.38kg/cm^2

㉯ 47.05kg/cm^2

㉰ 54.35kg/cm^2

㉱ 42.67kg/cm^2

해설

$$w = 80,000 \times \frac{\pi\,0.1^2}{4} = 628\text{kg/m}$$
$$S = \frac{wl}{2} = 2,512\text{kg}$$
$$\tau = \frac{4}{3} \cdot \frac{S}{A} = \frac{4}{3} \times \frac{4 \times 2512}{\pi 10^2} = 42.67\text{kg/cm}^2$$

57. 단면적 $A = 10\text{cm}^2$, 길이 $l = 100\text{cm}$인 직봉에 전단력 $P = 1,000\text{kg}$이 작용할 때 전단응력은?

㉮ 100kg/cm^2

㉯ 50kg/cm^2

㉰ 10kg/cm^2

㉱ 0

해설

$$\tau = \frac{S}{A} = \frac{1,000}{10} = 100\text{kg/cm}^2$$

58. 지름 d인 원형 단면의 도심축에 대한 최대 전단응력 값은? (단, S는 최대 전단력임.)

㉮ $\dfrac{4S}{3\pi d^2}$

㉯ $\dfrac{2S}{3\pi d^2}$

㉰ $\dfrac{16S}{3\pi d^2}$

㉱ $\dfrac{3S}{4\pi d^2}$

해설

$$\tau = \frac{4}{3} \cdot \frac{S}{A} = \frac{4}{3} \cdot \frac{4 \times S}{\pi D^2} = \frac{16S}{3\pi D^2}$$

59. 지간이 10m이고 지름 2cm인 원형 단면 단순보에 $w_x = 200\text{kg/m}$의 등분포하중이 작용한다. 최대 전단응력 $\tau_{\max}$의 값은?

㉮ 550kg/cm^2

㉯ 425kg/cm^2

㉰ 600kg/cm^2

㉱ 375kg/cm^2

해설

$$S_{\max} = \frac{1}{2} \times 200 \times 10 = 1,000\text{kg}$$
$$\tau_{\max} = \frac{4}{3} \cdot \frac{S}{A}$$
$$= \frac{4}{3} \cdot \frac{1,000}{\frac{\pi \times 2^2}{4}} = 424.6\text{kg/cm}^2$$

60. 다음 단면에서 직사각형 단면의 최대 전단응력도는 원형 단면의 최대 전단응력도의 몇 배인가? (단, 두 단면의 단면적과 작용하는 전단력의 크기는 같다.)

㉮ $\frac{9}{8}$ 배

㉯ $\frac{5}{6}$ 배

㉰ $\frac{8}{9}$ 배

㉱ $\frac{6}{5}$ 배

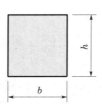

해설

$$\tau = \frac{S}{I \cdot b} \cdot G_x$$

구형 : $\tau = \frac{3}{2} \cdot \frac{S}{A}$

원형 : $\tau = \frac{4}{3} \cdot \frac{S}{A}$

$$\frac{구형}{원형} = \frac{\frac{3}{2}}{\frac{4}{3}} = \frac{9}{8} \ 배$$

61. 다음 그림과 같은 단면에 전단력 V가 작용할 때 구형 단면 (a)와 원형 단면(b)에 작용하는 최대 전단응력들의 비, 즉 $\dfrac{직사각형\ 단면의\ 최대\ 전단응력}{원형\ 단면의\ 최대\ 전단응력}$ 을 구한 값은 어느 것인가?

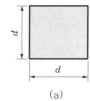 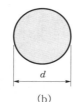

(a)   (b)

㉮ $\frac{3}{32}\pi$

㉯ $\frac{3\pi}{16}$

㉰ $\frac{9}{16}\pi$

㉱ $\frac{9}{32}\pi$

해설

$$\tau_a = \frac{3S}{2A} = \frac{3V}{2d^2}$$

$$\tau_b = \frac{4S}{3A} = \frac{16V}{3\pi d^2}$$

$$\therefore \ \frac{\tau_a}{\tau_b} = \frac{3V \times 3\pi d^2}{2d^2 \times 16V} = \frac{9}{32}\pi$$

62. 그림은 보의 단면에 일어나는 전단응력의 분포 성상을 표시한 것이다. 이 단면의 모양은?

㉮ □ 형

㉯ ○ 형

㉰ ◇ 형

㉱ ✚ 형

해설 전단응력 분포 형태

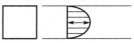
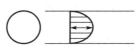
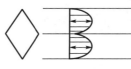

63. 그림과 같은 단면을 가진 보에서 $S_{max} = 3t$을 받을 경우 중립축의 전단응력은?

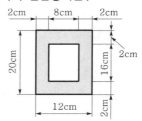

㉮ 48.96kg/cm^2

㉯ 45.96kg/cm^2

㉰ 40.96kg/cm^2

㉱ 35.96kg/cm^2

해설 $S = 3,000\text{kg}$

$$G_x = 12 \times 2 \times 9 + 2 \times 2 \times 8 \times 4 = 344\text{cm}^3$$

$$I = \frac{1}{12}(12 \times 20^3 - 8 \times 16^3) = 5,269.3\text{cm}^4$$

$$b = 4\text{cm}$$

$$\tau = \frac{S \cdot G_x}{I \cdot b}$$

$$= \frac{3,000 \times 344}{5,269.3 \times 4} = 48.96\text{kg/cm}^2$$

64. 속이 빈 정사각형 단면에 전단력 6tf가 작용하고 있다. 단면에 발생하는 최대 전단응력은?

㉮ 54.8kgf/cm^2

㉯ 76.3kgf/cm^2

㉰ 98.6kgf/cm^2

㉱ 126.2kgf/cm^2

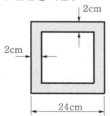

● 해설

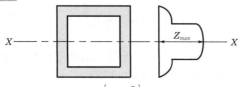

$$G_x = (24 \times 2) \times \left(10 + \frac{2}{2}\right) + 10 \times 2 \times 5 \times 2$$

$$= 728\text{cm}^3$$

$$I_x = \frac{24^4}{12} - \frac{20^4}{12} = 14,315\text{cm}^4$$

$$\tau_{max} = \frac{SG}{Ib} = \frac{6,000 \times 728}{14,315 \times 4} = 76.2836\text{kgf/cm}^2$$

65. 지름 32cm의 원형 단면보에서 3.14 t의 전단력이 작용할 때 최대 전단응력은?

㉮ 6.0kg/cm^2　　㉯ 5.21kg/cm^2

㉰ 12.2kg/cm^2　　㉱ 21.8kg/cm^2

● 해설

$$\tau_{max} = \frac{4}{3}\frac{S}{A} = \frac{4}{3}\frac{S}{\frac{\pi d^2}{4}} = \frac{16S}{3\pi d^2}$$

$$= \frac{16 \times (3.14 \times 10^3)}{3 \times \pi \times 32^2} = 5.21\text{kg/cm}^2$$

66. 그림과 같은 단순보의 최대 전단응력 τ_{max}를 구하면? (단, 보의 단면은 지름이 D인 원이다.)

㉮ $\dfrac{wL}{2\pi D^2}$

㉯ $\dfrac{9wL}{4\pi D^2}$

㉰ $\dfrac{3wL}{2\pi D^2}$

㉱ $\dfrac{2wL}{\pi D^2}$

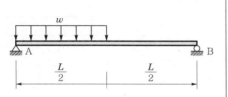

● 해설

$$\Sigma M_B = 0$$

$$R_A \times L - \frac{wL}{2} \times \frac{3}{4}L = 0$$

$$R_A = \frac{3}{8}wL(\uparrow) = S_{max}$$

$$\tau_{max} = \frac{4}{3} \cdot \frac{S_{max}}{A} = \frac{4}{3} \cdot \frac{4}{\pi D^2} \cdot \frac{3}{8}wL$$

$$= \frac{2wL}{\pi D^2}$$

67. 다음 I형 단면의 최대 전단응력으로 옳은 것은? (단, 전단력을 20t으로 한다.)

㉮ 60.28kg/cm^2

㉯ 68.24kg/cm^2

㉰ 70.21kg/cm^2

㉱ 64.56kg/cm^2

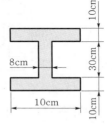

● 해설

$$I = \frac{1}{12}(40 \times 50^3 - 32 \times 30^3) = 344.667\text{cm}^4$$

$$b = 8\text{cm}$$

$$G_x = 10 \times 40 \times 20 + 8 \times 15 \times 7.5 = 8,900\text{cm}^3$$

$$\tau = \frac{S}{I \cdot b}G_x = \frac{20,000}{344,667 \times 8} \times 8,900$$

$$= 64.56\text{kg/cm}^2$$

68. 대칭 I형강 보의 어느 단면의 전단응력 분포도는 아래의 그림과 같다. 복판과 플랜지와의 접합면에서 전단응력의 크기는? (단, 단위는 mm이다.)

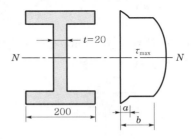

㉮ 2층으로 되며 b는 a의 4배이다.

㉯ 2층으로 되며 b는 a의 6배이다.

㉰ 2층으로 되며 b는 a의 8배이다.

㉱ 2층으로 되며 b는 a의 10배이다.

▶해설

$$\tau = \frac{SG}{Ib}$$

$$\tau_a = \frac{1}{200}$$

$$\tau_b = \frac{1}{20}$$

$$\therefore \ \frac{\tau_b}{\tau_a} = \frac{\frac{1}{20}}{\frac{1}{200}} = \frac{200}{20} = 10$$

69. 단면에 전단력 $V = 75t$이 작용할 때 최대 전단응력은?

㉮ 83kg/cm^2
㉯ 150kg/cm^2
㉰ 200kg/cm^2
㉱ 250kg/cm^2

(단위 : cm)

▶해설

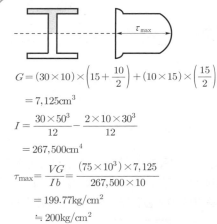

$$G = (30 \times 10) \times \left(15 + \frac{10}{2}\right) + (10 \times 15) \times \left(\frac{15}{2}\right)$$

$$= 7,125\text{cm}^3$$

$$I = \frac{30 \times 50^3}{12} - \frac{2 \times 10 \times 30^3}{12}$$

$$= 267,500\text{cm}^4$$

$$\tau_{max} = \frac{VG}{Ib} = \frac{(75 \times 10^3) \times 7,125}{267,500 \times 10}$$

$$= 199.77\text{kg/cm}^2$$

$$\fallingdotseq 200\text{kg/cm}^2$$

70. 그림과 같은 단면에 1,500kg의 전단력이 작용할 때 최대 전단응력의 크기는?

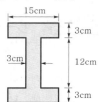

㉮ 35.2kg/cm^2
㉯ 43.6kg/cm^2
㉰ 49.8kg/cm^2
㉱ 56.4kg/cm^2

▶해설

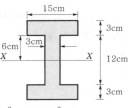

$$I_X = \frac{15 \times 18^3}{12} - \frac{12 \times 12^3}{12} = 5,562\text{cm}^4$$

$$G_X = 15 \times 3 \times 7.5 + 3 \times 6 \times 3 = 391.5\text{cm}^3$$

$$\therefore \ \tau_{max} = \frac{S \cdot G_X}{I_X \cdot b} = \frac{1,500 \times 391.5}{5,562 \times 3}$$

$$= 35.19\text{kg/cm}^2$$

71. 그림과 같은 I형 단면의 최대 전단응력은? (단, 작용하는 전단력은 4,000kg이다.)

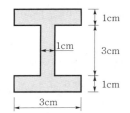

㉮ 897.2kg/cm^2
㉯ $1,065.4\text{kg/cm}^2$
㉰ $1,299.1\text{kg/cm}^2$
㉱ $1,444.4\text{kg/cm}^2$

▶해설

$$G_a = 3 \times 1 \times \left(\frac{3}{2} + \frac{1}{2}\right) + 1 \times \frac{3}{2} \times \left(\frac{3}{4}\right)\text{cm}$$

$$= 7.125\text{cm}^3$$

$b = 1\text{cm}$(최대 τ를 구하기 위해 최소 폭을 사용한다.)

$$I = \frac{3 \times 5^3}{12} - 2 \times \frac{1 \times 3^3}{12} = 26.75\text{cm}^4$$

$$\therefore \ \tau_{max} = \frac{S \cdot G_a}{I \cdot b} = \frac{4,000 \times 7.125}{26.75 \times 1}$$

$$= 1,065.4\text{kg/cm}^2$$

72. I형 단면의 최대 전단응력은? (단, 전단력은 10tf이다.)

㉮ 15kgf/cm^2
㉯ 25kgf/cm^2
㉰ 35kgf/cm^2
㉱ 45kgf/cm^2

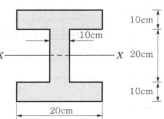

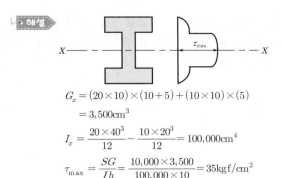

$$G_x = (20 \times 10) \times (10+5) + (10 \times 10) \times (5)$$
$$= 3,500 \text{cm}^3$$

$$I_x = \frac{20 \times 40^3}{12} - \frac{10 \times 20^3}{12} = 100,000 \text{cm}^4$$

$$\tau_{\max} = \frac{SG}{Ib} = \frac{10,000 \times 3,500}{100,000 \times 10} = 35 \text{kgf/cm}^2$$

73. 다음 그림과 같은 I형 단면에 전단력 $V = 15t$이 작용할 경우 최대 전단응력은 얼마인가?

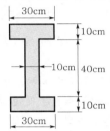

㉮ 18.62kg/cm^2 ㉯ 25.25kg/cm^2
㉰ 32.88kg/cm^2 ㉱ 44.33kg/cm^2

> **해설**
> $$G_x = 30 \times 10 \times 25 + 20 \times 10 \times 10$$
> $$= 9,500 \text{cm}^3$$
> $$I_x = \frac{30 \times 60^3}{12} - \frac{20 \times 40^3}{12}$$
> $$= 433,333.33 \text{cm}^4$$
> $$\therefore \ \tau_{\max} = \frac{SG}{Ib} = \frac{15,000 \times 9,500}{433,333.33 \times 10}$$
> $$= 32.8846 \text{kg/cm}^2$$

74. 다음 그림과 같은 I형 단면보에 8t의 전단력이 작용할 때 상연(上緣)에서 5cm 아래인 지점에서의 전단응력은? (단, 단면2차모멘트는 $100,000\text{cm}^4$이다.)

㉮ 5.25kg/cm^2
㉯ 7.0kg/cm^2
㉰ 12.25kg/cm^2
㉱ 16.0kg/cm^2

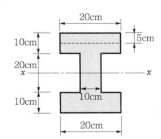

> **해설**
> $$G_x = 20 \times 5 \times 17.5 = 1,750 \text{cm}^3$$
> $$I_X = \frac{20 \times 40^3}{12} - \frac{10 \times 20^3}{12}$$
> $$= 100,000 \text{cm}^4$$
> $$b = 20 \text{cm}$$
> $$S = 8,000 \text{kg}$$
> $$\therefore \ \tau = \frac{SG}{Ib}$$
> $$= \frac{8,000 \times 1,750}{100,000 \times 20} = 7 \text{kg/cm}^2$$

75. 그림과 같은 T형 단면을 가진 단순보가 있다. 이 보의 지반은 3m이고, 지점으로부터 1m 떨어진 곳에 하중 $P = 450\text{kg}$이 작용하고 있다. 이 보에 발생하는 최대 전단응력은?

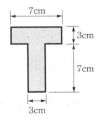

㉮ 14.8kg/cm^2 ㉯ 24.8kg/cm^2
㉰ 34.8kg/cm^2 ㉱ 44.8kg/cm^2

> **해설**
>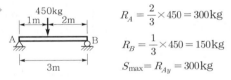
>
> $$R_A = \frac{2}{3} \times 450 = 300 \text{kg}$$
> $$R_B = \frac{1}{3} \times 450 = 150 \text{kg}$$
> $$S_{\max} = R_{Ay} = 300 \text{kg}$$
>
> $$G = 3 \times 7 \times 3.5 + 7 \times 3 \times 8.5$$
> $$= 252 \text{cm}^3 (\text{단면 하단으로부터})$$
> $$y_C = \frac{G}{A} = \frac{252}{3 \times 7 + 7 \times 3} = 6 \text{cm}$$
> $$I_C = \left(\frac{7 \times 3^3}{12} + 7 \times 3 \times 2.5^2\right)$$
> $$+ \left(\frac{3 \times 7^3}{12} + 3 \times 7 \times 2.5^2\right)$$
> $$= 364 \text{cm}^4$$
> $$G_C = 3 \times 6 \times 3 = 54 \text{cm}^3$$
> $$\tau_{\max} = \frac{S_{\max} \cdot G_C}{I_C b}$$
> $$= \frac{300 \times 54}{364 \times 3} = 14.8 \text{kg/cm}^2$$

76. 주어진 T형보 단면의 캔틸레버에서 최대 전단응력을 구하면 얼마인가? (단, T형보 단면의 $I_{N.A} = 86.8$ cm^{4}이다.)

㉮ 1,256.8kg/cm^2

㉯ 1,797.2kg/cm^2

㉰ 2,079.5kg/cm^2

㉱ 2,432.2kg/cm^2

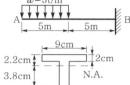

▶ 해설 $I_G = 86.8$cm^4, $b = 3$cm

$S_{max} = wl_1 = 5 \times 5 = 25t$

$G = 3 \times 3.8 \times \dfrac{3.8}{2} = 21.66$cm^3

$\tau_{max} = \dfrac{S_{max} \, G}{I_G b} = \dfrac{(25 \times 10^3) \times 21.66}{86.8 \times 3}$

$\qquad = 2,079.5$kg/cm^2

전단중심

77. 다음 그림과 같은 얇은 단면에서 전단중심까지의 거리 e의 값이 옳은 것은?

㉮ $\dfrac{b^2 h^2 t}{I}$

㉯ $\dfrac{b^2 h t}{4I}$

㉰ $\dfrac{b h^2 t}{4I}$

㉱ $\dfrac{b^2 h^2 t}{4I}$

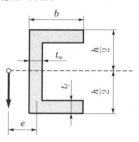

▶ 해설 ① 전단흐름(shear flow)

$F = \tau \cdot t$

$\quad = \displaystyle\int_0^b \tau_o \cdot d_s \cdot t$

$\quad = \dfrac{Pht}{2I} \displaystyle\int_0^b s \cdot d_s$

$\quad = \dfrac{P \cdot b^2 \cdot h \cdot t}{4I}$

② 전단중심

$e = \dfrac{F \cdot h}{P} = \dfrac{Pht \cdot b^2 \cdot h}{4IP}$

$\therefore \ e = \dfrac{b^2 \cdot h^2 \cdot t}{4I}$

78. 다음 그림과 같은 사각형 모양으로 형성된 박판 단면에서 전단흐름은? (단, 이 단면에 작용하는 비틀림 모멘트는 T이다.)

㉮ $\dfrac{T}{bht}$

㉯ $\dfrac{T}{2bh}$

㉰ $\dfrac{T}{2b^2 h^2 t}$

㉱ $\dfrac{T}{bh}$

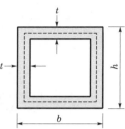

▶ 해설 전단흐름

$F = \tau \cdot t = \dfrac{SG}{I}$ (단위길이당)

$F = \tau \cdot t = \dfrac{T}{2A}$ (폐쇄된 단면)

79. 그림과 같이 두 개의 나무판이 못으로 조립된 T형보에서 $V = 155$kg이 작용할 때 한 개의 못이 전단력 70kg을 전달할 경우 못의 허용 최대 간격은 약 얼마인가? (단, $I = 11354.0$cm^4)

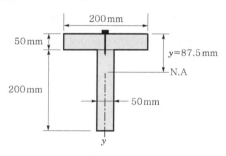

㉮ 7.5cm

㉯ 8.2cm

㉰ 8.9cm

㉱ 9.7cm

▶ 해설 $G = 200 \times 50 \times (87.5 - 25)$

$\quad = 625,000$mm^3

$\quad = 625$cm^3

$f = \dfrac{VG}{I}$

$\quad = \dfrac{155 \times 625}{11,354} = 8.5322$kg/cm

$\dfrac{F}{s} = f$ 로부터

$s = \dfrac{F}{f} = \dfrac{70}{8.5322} = 8.2042$cm

보의 소성이론

80. 다음 그림에서 보이는 바와 같은 구형 단면이 받을 수 있는 소성모멘트 M_P는? (단, 재료의 성질에서 탄성한도응력과 항복점응력 σ_y는 일치한다고 가정하고 A는 단면적을 나타낸다.)

㉮ $M_P = \dfrac{1}{12} Ah \times \sigma_y$

㉯ $M_P = \dfrac{1}{6} Ah \times \sigma_y$

㉰ $M_P = \dfrac{1}{4} Ah \times \sigma_y$

㉱ $M_P = \dfrac{1}{2} Ah \times \sigma_y$

해설 소성계수

$$J = \frac{bh^2}{4}$$

$$\therefore M_P = \sigma_y \cdot J = \sigma_y \cdot \frac{bh^2}{4} = \sigma_y \cdot A \cdot \frac{h}{4}$$

81. 다음 그림에 보이는 것과 같은 직사각형 단면의 소성단면계수(plastic section modulus)는?

㉮ $\dfrac{bh^2}{6}$

㉯ $\dfrac{bh^2}{4}$

㉰ $\dfrac{bh^2}{3}$

㉱ $\dfrac{bh^2}{2}$

해설

$$Z = \frac{A(y_1 + y_2)}{2} = \frac{bh\left(\frac{h}{4} + \frac{h}{4}\right)}{2} = \frac{bh^2}{4}$$

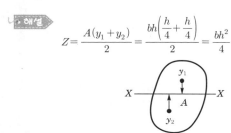

82. 정정보에서 형상계수(f)는? (단, M_P는 소성모멘트, M_y는 항복모멘트이다.)

㉮ $f = M_P \cdot M_y$

㉯ $f = \dfrac{M_P}{2M_y}$

㉰ $f = \dfrac{M_y}{2M_y}$

㉱ $f = \dfrac{M_P}{M_y}$

해설 $f = \dfrac{소성계수}{단면계수} = \dfrac{M_P}{M_y} = \dfrac{Z_P}{Z}$

83. 폭이 b, 높이가 h인 직사각형 단면의 형상계수는?

㉮ 2.0 ㉯ 1.8 ㉰ 1.5 ㉱ 1.2

해설
① 직사각형 단면 $f = 1.5$
② 원형 단면 $f = 1.7$
③ 마름모 단면 $f = 2.0$
④ I형 단면 $f = 1.1 \sim 1.2$

84. 다음 보에서 극한하중 P_u는? (단, M_P는 소성모멘트이다.)

㉮ $\dfrac{2M_P}{l}$

㉯ $\dfrac{3M_P}{l}$

㉰ $\dfrac{4M_P}{l}$

㉱ $\dfrac{5M_P}{l}$

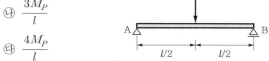

해설

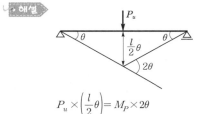

$$P_u \times \left(\frac{l}{2}\theta\right) = M_P \times 2\theta$$

$$\therefore P_u = \frac{4M_P}{l}$$

85. 강재에 탄성한도보다 큰 응력을 가한 후 그 응력을 제거한 후 장시간 방치하여도 얼마간의 변형이 남게 되는데, 이러한 변형을 무엇이라 하는가?

㉮ 탄성변형 ㉯ 피로변형 ㉰ 소성변형 ㉱ 취성변형

MEMO

chapter 9

기둥

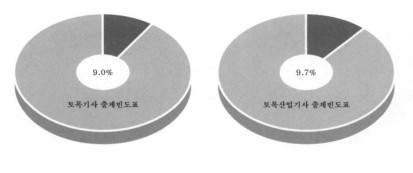

토목기사 출제빈도표 9.0%

토목산업기사 출제빈도표 9.7%

9 | 기둥

01 | 기둥의 개요

① 정의

(1) 기둥이란 축방향 압축력을 주로 받는 부재로 길이가 단면 최소치수의 3배 이상인 것을 말하고 3배 미만인 것은 받침대(pedestal)라고 한다. 단주와 장주가 있다.

(2) 기둥은 중심축하중만을 받는 경우는 드물고, 대부분의 기둥은 편심축하중을 받는 경우가 많다. 이 경우에 기둥 단면은 축응력과 휨응력이 동시에 발생한다.

② 기둥의 판별

(1) 기둥의 세장비를 이용하여 판별

$$\lambda = \frac{l}{r_{\min}} = \frac{l}{\sqrt{\dfrac{I_{\min}}{A}}}$$

(2) 단주

부재 단면의 압축응력이 재료의 압축강도에 도달하여 압축에 의한 파괴가 나타나는 기둥으로, 기둥의 길이에 비하여 단면이 크고 비교적 길이가 짧은 압축재의 기둥을 단주라고 한다. 세장비 $\lambda = \dfrac{l}{r} < 100$인 경우이다.

(3) 장주

부재 단면의 압축응력이 재료의 압축강도에 도달하기 전에 부재가 좌굴(buckling)되어 파괴가 나타나는 기둥으로, 기둥의 길이가 그 단면의 최소 회전반지름에 비하여 상당히 큰 기둥으로서 좌굴현상이 생긴다. $\lambda > 100$인 경우로 오일러(Euler)의 이론식에 의한다.

③ 오일러(Euler)의 이론식

(1) 오일러의 곡선

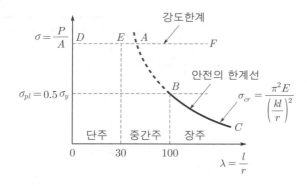

☑ Euler 장주 조건
$$\lambda = \frac{l}{r} = \frac{4l}{D} \geq 100$$
$$\therefore \ l \geq 25D$$

(2) 기둥의 종류

종 류	세장비(λ)	파괴형태	해석
단주	30~45	압축파괴, 좌굴 없음($\sigma \leq \sigma_y$)	Hooke의 법칙
중간주	45~100	비탄성 좌굴파괴($0.5\sigma_y < \sigma < \sigma_y$)	실험 공식
장주	100 이상	탄성 좌굴파괴($\sigma \leq 0.5\sigma_y$)	오일러 공식

02 단주의 해석

① 중심축하중이 작용하는 경우

압축을 (+), 인장을 (−)로 한다.

$$\sigma_c = \frac{P}{A}$$

여기서, σ_c : 압축응력

P : 중심축하중

A : 단면적(bh)

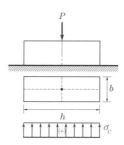

【그림 9-1】 중심축하중

❷ 1축 편심축하중이 작용하는 경우

(1) x축으로 편심된 경우

$$\sigma = \frac{P}{A} \pm \frac{P \cdot e_x}{I_y} \cdot x$$

(2) y축으로 편심된 경우

$$\sigma = \frac{P}{A} \pm \frac{P \cdot e_y}{I_x} \cdot y$$

▶ 1축 편심의 변형도

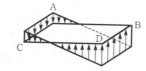

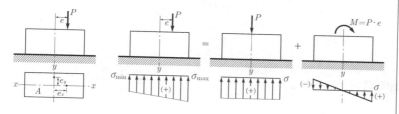

(a) 기둥 단면　　　　　(b)응력분포도

【그림 9-2】 1축 편심축하중

❸ 2축 편심축하중이 작용하는 경우

(1) 편심축응력

$$\sigma = \frac{P}{A} \pm \frac{P \cdot e_x}{I_y} \cdot x \pm \frac{P \cdot e_y}{I_x} \cdot y$$

▶ 2축 편심의 변형도

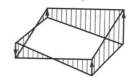

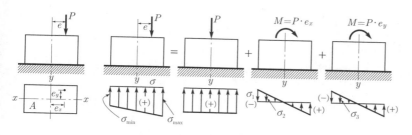

(a) 기둥 단면　　　　　(b) 응력분포도

【그림 9-3】 2축 편심축하중

(2) 편심거리에 따른 응력분포도

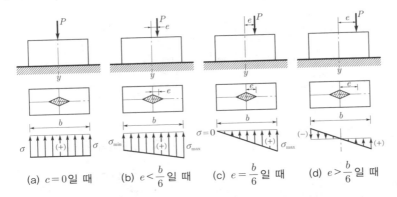

(a) $c=0$일 때   (b) $e<\dfrac{b}{6}$일 때   (c) $e=\dfrac{b}{6}$일 때   (d) $e>\dfrac{b}{6}$일 때

【그림 9-4】 응력분포도

④ 단면의 핵, 핵점

(1) 핵점($k_1 \sim k_4$)

단면 내에 압축응력만이 일어나는 하중의 편심거리의 한계점으로, 하중 P가 어떤 점에 작용하고 있을 때 반대편 단부의 응력이 0으로 되는 어떤 점을 말한다.

(2) 핵(core)

핵점에 의하여 둘러싸인 부분을 핵이라 한다.

(3) 핵거리

인장응력이 생기지 않는 편심거리를 말한다.

$\sigma_{\min}=0$ 인 경우 $0=\dfrac{P}{A}-\dfrac{P \cdot e}{I}y$

$\therefore \; e=\dfrac{I}{Ay}=\dfrac{r^2}{y}$

여기서, r : 최소 회전반지름$\left(=\sqrt{\dfrac{I}{A}}\right)$

y : 도심거리

▶ 각 단면의 핵거리

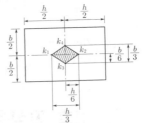

(a) 구형 단면

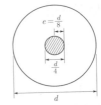

(b) 원형 단면

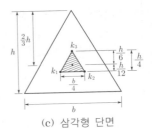

(c) 삼각형 단면

(4) 핵의 면적(A_c)과 주변장(둘레길이, L_c)

① 직사각형 단면의 핵의 면적과 주변장

$$A_c = \frac{bh}{18}, \ L_c = \frac{2}{3}\sqrt{b^2 + h^2}$$

② 원형 단면의 핵의 면적과 원주길이

$$A_c = \frac{\pi d^2}{64}, \ L_c = \frac{\pi d}{4}$$

③ 삼각형 단면의 핵의 면적과 주변장

$$A_c = \frac{bh}{32}, \ L_c = \frac{1}{4}\sqrt{4h^2 + b^2 + 2b}$$

03 장주의 해석

① 좌굴현상(buckling)

장주에 축하중이 증가하여 그 기둥의 고유한 임계값(극한값)에 도달하면 휘어져 있는 위치에서 평행상태를 유지하며, 중립평형상태를 조금이라도 초과하는 하중이 작용하면 기둥은 무한대로 휘어져 그 기능을 상실한다. 이러한 현상을 좌굴(buckling)이라 하며 그 축하중의 임계값을 좌굴하중(P_b) 또는 임계하중(P_{cr})이라고 한다.

② 오일러(Euler) 장주 공식

(1) 좌굴하중(임계하중)

$$P_b = \frac{n\pi^2 EI}{l^2} = \frac{\pi^2 EI}{(kl)^2}$$

(2) 좌굴응력(임계응력)

$$\sigma_b = \frac{P_b}{A} = \frac{n\pi^2 E}{\lambda^2}$$

▶ 좌굴방향
① 단면2차모멘트가 최대인 축의 방향
② 단면2차모멘트가 최소인 축의 직각방향

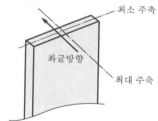

최소 주축

좌굴방향

최대 주축

(3) 장주의 계수

종 류	1단 자유 타단고정	양단힌지	1단 힌지 타단고정	양단고정
양단 지지상태	P_b	P_b	P_b	P_b
좌굴유효 길이(l_k)	$2l$	l	$0.7l$	$0.5l$
좌굴계수 (n)	1/4(1)	1(4)	2(8)	4(16)

▶ 유효길이계수와 좌굴계수 관계

$$k=\frac{1}{\sqrt{n}}\ ,\ \ n=\frac{1}{k^2}$$

▶ 기둥의 유효길이

장주의 처짐곡선에서 변곡점과 변곡점 사이의 거리로 모멘트가 0인 점의 사이거리

예상 및 기출문제

기둥의 개요

1. 기둥에 관한 사항 중 옳지 않은 것은?

㉮ 기둥은 단주, 중간주, 장주로 구분할 수 있다.

㉯ 기둥은 길이가 최소단면 치수의 3배 이상을 말한다.

㉰ 일반적으로 기둥의 재하능력은 기둥의 상·하 단부 조건과 단면의 형태와 기둥의 길이에 따라서도 달라진다.

㉱ 압축응력보다는 인장응력에 의해서 결정된다.

2. 기둥에 편심축하중이 작용할 때 다음의 어느 상태가 맞는가?

㉮ 압축력만 작용하며, 휨모멘트는 없다.

㉯ 휨모멘트만 작용하며, 압축력은 작용하지 않는다.

㉰ 압축력과 휨모멘트가 작용하며, 인장력이 작용하는 경우도 있다.

㉱ 압축력 및 인장력이 작용하며, 휨모멘트는 작용하지 않는다.

> **해설** 기둥은 압축부재이지만 편심으로 작용하는 하중에 의하여 압축력, 인장력 및 휨모멘트도 작용한다.

3. 세장비(slenderness ratio)라 함은?

㉮ 압축부재에서 단면의 최소폭을 부재의 길이로 나눈 비이다.

㉯ 압축부재에서 단면의 2차모멘트를 부재의 길이로 나눈 비이다.

㉰ 압축부재에서 단면의 최소2차모멘트를 부재의 길이로 나눈 비이다.

㉱ 압축부재에서 부재의 길이를 단면의 최소2차반지름으로 나눈 비이다.

4. 세장비를 바르게 표시한 것은?

㉮ 부재길이/최대 회전반지름

㉯ 부재길이/최소 회전반지름

㉰ 최소 회전반지름/부재길이

㉱ 단면계수/도심거리

> **해설** 세장비(slenderness ration)
> $$\lambda = \frac{부재길이}{최소\ 회전반지름} = \frac{l}{r} = \frac{l}{\sqrt{\dfrac{I}{A}}}$$

5. 길이가 3m이고, 가로 20cm, 세로 30cm인 직사각형 단면의 기둥이 있다. 이 기둥의 세장비는?

㉮ 1.6

㉯ 3.3

㉰ 52.0

㉱ 60.7

> **해설**
> $$r = \sqrt{\frac{I}{A}} = \frac{h}{\sqrt{12}} = \frac{20}{\sqrt{12}} = 5.77\text{cm}$$
> $$\lambda = \frac{l}{r} = \frac{300}{5.77} = 51.96$$
> $$\therefore \lambda = 52.0$$

6. 길이가 l인 원형기둥의 단면이 다음 그림과 같다. 단면의 도심을 지나는 축 $x-x$에 대한 세장비는?

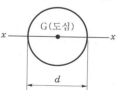

㉮ $\dfrac{8l}{d}$

㉯ $\dfrac{2\sqrt{2}\,l}{d}$

㉰ $\dfrac{2l}{d}$

㉱ $\dfrac{4l}{d}$

> **해설**
> $$\lambda = \frac{l}{\sqrt{\dfrac{I}{A}}} = \frac{l}{\sqrt{\dfrac{\pi d^4/64}{\pi d^2/4}}} = \frac{l}{\dfrac{d}{4}} = \frac{4l}{d}$$

---

7. 길이가 3m인 기둥의 단면이 직경 $D=30$cm인 원형 단면일 경우 단면의 도심축에 대한 세장비는?

㉮ 25 ㉯ 30

㉰ 40 ㉱ 50

 해설 $\lambda = \dfrac{4l}{D} = \dfrac{4\times3}{0.3} = 40$

8. 기둥의 길이가 6m이고, 단면의 지름은 30cm일 때 이 기둥의 세장비는?

㉮ 50 ㉯ 60

㉰ 70 ㉱ 80

해설 $r = \sqrt{\dfrac{I}{A}} = \dfrac{D}{4}$

$\lambda = \dfrac{l}{r} = \dfrac{4l}{D} = \dfrac{4\times600}{30} = 80$

9. 그림과 같이 변의 길이가 20cm인 정사각형 단면을 가진 기둥에서 $x-x$ 축에 대한 회전반경 r_x는 얼마인가?

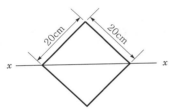

㉮ 15.334cm ㉯ 10.564cm

㉰ 8.334cm ㉱ 5.774cm

해설 $A = 20\times20 = 400\text{cm}^2$

$I_x = \dfrac{20^4}{12} = 13,333.33\text{cm}^4$

$r_x = \sqrt{\dfrac{I_x}{A}} = \sqrt{\dfrac{13,333.33}{400}} = 5.774\text{cm}$

10. 높이 l, 단면적 A인 장주(長柱)의 세장비를 표시하는 식은?

㉮ $\dfrac{l}{I/A}$ ㉯ $\dfrac{l}{A/I}$

㉰ $\dfrac{l}{\sqrt{A/I}}$ ㉱ $\dfrac{l}{\sqrt{I/A}}$

해설 $\lambda = \dfrac{\text{부재의 길이}}{\text{최소 회전반지름}} = \dfrac{l}{r}$

$r = \sqrt{\dfrac{I}{A}} = \dfrac{l}{\sqrt{\dfrac{I}{A}}}$

11. 다음 그림에서 세장비를 옳게 나타낸 것은?

㉮ $3.46\dfrac{l}{h}$

㉯ $3.46\dfrac{h}{l}$

㉰ $3.46l$

㉱ $3.46h$

해설 $\lambda = \dfrac{l}{r} = \dfrac{l}{\sqrt{\dfrac{I}{A}}} = \dfrac{l}{\sqrt{\dfrac{bh^3}{bh\times12}}}$

$= \dfrac{\sqrt{12}\,l}{h} = 3.464\dfrac{l}{h}$

12. 가로 8cm, 세로 12cm의 직사각형 단면을 가진 길이 3.45m의 양단힌지 기둥의 세장비(λ)는?

㉮ 99.6 ㉯ 69.7

㉰ 149.4 ㉱ 104.6

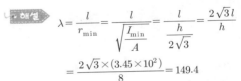 **해설** $\lambda = \dfrac{l}{r_{\min}} = \dfrac{l}{\sqrt{\dfrac{I_{\min}}{A}}} = \dfrac{l}{\dfrac{h}{2\sqrt{3}}} = \dfrac{2\sqrt{3}\,l}{h}$

$= \dfrac{2\sqrt{3}\times(3.45\times10^2)}{8} = 149.4$

13. 정사각형의 목재 기둥에서 길이가 5m라면 세장비가 100이 되기 위한 기둥 단면 한 변의 길이로서 옳은 것은?

㉮ 8.66cm ㉯ 10.38cm

㉰ 15.82cm ㉱ 17.32cm

해설 $r = \sqrt{\dfrac{I}{A}} = \sqrt{\dfrac{\frac{bh^3}{12}}{bh}} = \dfrac{h}{\sqrt{12}}$

$\lambda = \dfrac{l}{r} = \dfrac{l}{\dfrac{h}{\sqrt{12}}} = \dfrac{\sqrt{12}\,l}{h}$

$h = \dfrac{\sqrt{12}\,l}{\lambda} = \dfrac{\sqrt{12}\times500}{100} = 17.32\text{cm}$

14. 15cm×25cm의 직사각형 단면을 가진 길이 4.5m인 양단힌지 기둥이 있다. 세장비 λ는?

㉮ 62.4 ㉯ 124.7

㉰ 100.1 ㉭ 103.9

◆ 해설 $r = \sqrt{\dfrac{I}{A}} = \sqrt{\dfrac{25 \times 15^3}{15 \times 25 \times 12}} = 4.33\text{cm}$

$\lambda = \dfrac{l}{r} = \dfrac{450}{4.33} = 103.93$

15. 그림과 같이 가운데가 비어 있는 직사각형 단면 기둥의 길이가 $L = 10$m일 때 이 기둥의 세장비는?

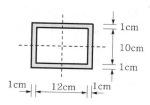

㉮ 1.9 ㉯ 191.9

㉰ 2.2 ㉭ 217.3

 ◆ 해설 $I_{\min} = \dfrac{14 \times 12^3}{12} - \dfrac{12 \times 10^3}{12} = 1016\text{cm}^4$

$r_{\min} = \sqrt{\dfrac{I_{\min}}{A}} = \sqrt{\dfrac{1016}{14 \times 12 - 12 \times 10}}$

$= 4.6\text{cm}$

$\lambda = \dfrac{l}{r} = \dfrac{1000}{4.6} = 217.39$

16. 지름 d의 원형 단면인 장주가 있다. 길이가 4m 일 때 세장비를 100으로 하려면 적당한 지름 d는?

㉮ 8 cm ㉯ 10 cm

㉰ 16 cm ㉭ 18 cm

◆ 해설 $\lambda = \dfrac{l}{r_{\min}} = \dfrac{l}{\sqrt{\dfrac{I_{\min}}{A}}}$

$= \dfrac{l}{\sqrt{\dfrac{\dfrac{\pi d^4}{64}}{\dfrac{\pi d^2}{4}}}} = \dfrac{4l}{d}$

$d = \dfrac{4l}{\lambda} = \dfrac{4 \times 400}{100} = 16\text{cm}$

17. 지름이 D이고 길이가 $50D$인 원형 단면으로 된 기둥의 세장비를 구하면?

㉮ 200 ㉯ 150

㉰ 100 ㉭ 50

 ◆ 해설 $\lambda = \dfrac{l}{r_{\min}} = \dfrac{l}{\sqrt{\dfrac{I_{\min}}{A}}}$

$= \dfrac{l}{\sqrt{\dfrac{\dfrac{\pi D^4}{64}}{\dfrac{\pi D^2}{4}}}} = \dfrac{l}{\dfrac{D}{4}}$

$= \dfrac{4l}{D} = \dfrac{4 \times 50D}{D}$

$= 200$

단주의 해석

18. 다음 단주에 대한 설명 중 옳지 않은 것은?

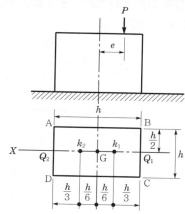

㉮ 하중 P가 도심 G에 작용할 때 단면에서 일어나는 압축력은 같으며 그 값은 P/A이다.

㉯ 하중 P가 k_1 위치에 작용할 때 AD면에서의 응력 은 0이다.

㉰ 하중 P가 $k_2 \sim Q_2$ 간에 작용할 때 BC면에서는 인 장응력이 일어난다.

㉭ 하중 P가 $k_2 \sim Q_2$ 간에 작용할 때 AD면의 응력도 는 $\sigma_{AD} = \dfrac{P}{A}\left(1 - \dfrac{6e}{h}\right)$이다.

19. 그림과 같이 편심하중을 받고 있는 단주에서 최대 압축응력은?

㉮ 40kg/cm^2

㉯ 50kg/cm^2

㉰ 90kg/cm^2

㉱ 140kg/cm^2

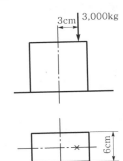

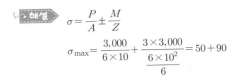

해설

$$\sigma = \frac{P}{A} \pm \frac{M}{Z}$$

$$\sigma_{max} = \frac{3,000}{6 \times 10} + \frac{3 \times 3,000}{\frac{6 \times 10^2}{6}} = 50 + 90$$

$$= 140\text{kg/cm}^2$$

20. 다음과 같은 직사각형 단면의 짧은 기둥의 응력에 관하여 옳은 것은?

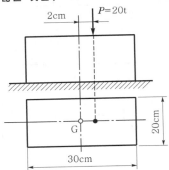

㉮ σ_{max}은 인장, σ_{min}은 압축

㉯ σ_{max}, σ_{min} 모두 인장

㉰ σ_{max}, σ_{min} 모두 압축

㉱ σ_{min}은 0

해설 하중이 단면의 핵 내부에 작용하므로 단면 모두에 압축이 생긴다.

$$e = \frac{b}{6} = \frac{30}{6} = 5\text{cm}$$

21. 기둥의 밑면에서 응력이 그림과 같을 때 하중의 편심거리가 가장 큰 단주는?

㉮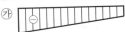

㉯

㉰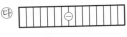

㉱

해설 ㉮ : 하중이 중심과 핵점 사이에 작용한다.

㉯ : 하중이 핵 밖에 작용한다.

㉰ : 하중이 중심점에 작용한다.

㉱ : 하중이 핵점에 작용한다.

$$\sigma = \frac{P}{A} \pm \frac{P \cdot e}{I} \cdot y$$

22. 그림과 같이 단주에 편심하중 $P=18$t이 작용할 때 단면 내에 응력이 0인 위치는 A점으로부터 얼마인가?

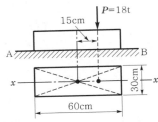

㉮ 6cm

㉯ 8cm

㉰ 10cm

㉱ 18cm

해설

$$\sigma = \frac{P}{A} \pm \frac{M}{I} \cdot y$$

$$= \frac{18,000}{30 \times 60} \pm \frac{12 \times 18,000 \times 15}{30 \times 60^3} \cdot y$$

$$= 0$$

$$y = 20\text{cm}$$

∴ A점으로부터 위치 $= 30 - 20$

$$= 10\text{cm}$$

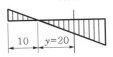

23. 다음의 짧은 기둥에 편심하중이 작용할 때 CD 부분의 연응력(緣應力)을 계산한 값은?

㉮ 50kg/cm^2(압축)

㉯ 70kg/cm^2(압축)

㉰ 50kg/cm^2(인장)

㉱ 70kg/cm^2(인장)

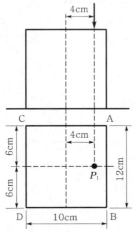

해설
$$\sigma = \frac{P}{A} - \frac{M}{Z}$$
$$= \frac{6,000}{12 \times 10} - \frac{6 \times 6000 \times 4}{12 \times 10^2}$$
$$= 50 - 120$$
$$= -70\text{kg/cm}^2 \text{(인장)}$$

24. 그림과 같은 단주에 $P=8.4\text{t}$, $M=168\text{kg} \cdot \text{m}$가 작용할 때에 기둥의 최대, 최소($\sigma_{\max}$, $\sigma_{\min}$) 응력은?

	$\sigma_{\max}$	$\sigma_{\min}$
㉮	35	35
㉯	35	14
㉰	56	35
㉱	56	14

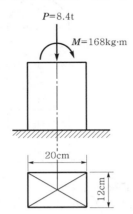

해설
$$\sigma = \frac{P}{A} \pm \frac{M}{Z}$$
$$= \frac{8,400}{12 \times 20} \pm \frac{6 \times 16,800}{12 \pm 20^2} = 35 \pm 21$$
$$\sigma_{\max} = 35 + 21 = 56\text{kg/cm}^2$$
$$\sigma_{\min} = 35 - 21 = 14\text{kg/cm}^2$$

25. 그림과 같이 $a \times 2a$의 단면을 갖는 기둥에 편심거리 $\frac{a}{2}$만큼 떨어져서 P가 작용할 때 기둥에 발생할 수 있는 최대 압축응력은? (단, 기둥은 단주이다.)

㉮ $\dfrac{4P}{7a^2}$

㉯ $\dfrac{7P}{8a^2}$

㉰ $\dfrac{5P}{4a^2}$

㉱ $\dfrac{13P}{2a^2}$

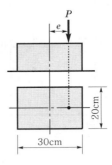

해설
$$\sigma_{\max} = \frac{P}{A}\left(1 + \frac{e_x}{K_x}\right)$$
$$= \frac{P}{bh}\left(1 + \frac{6e_x}{h}\right) = \frac{P}{2a \times a}\left(1 + \frac{6 \times \frac{a}{2}}{2a}\right)$$
$$= \frac{5P}{4a^2} \text{(압축)}$$

26. 그림과 같은 직사각형 단면의 기둥에서 $e=12\text{cm}$의 편심거리에 $P=100\text{t}$의 압축하중이 작용할 때 발생하는 최대 압축응력은? (단, 기둥은 단주이다.)

㉮ 153kgf/cm^2 ㉯ 180kgf/cm^2

㉰ 453kgf/cm^2 ㉱ 567kgf/cm^2

해설
$$\sigma_{\max} = -\frac{P}{A}\left(1 + \frac{6e_x}{h}\right)$$
$$= -\frac{100 \times 10^3}{30 \times 20} \times \left(1 + \frac{6 \times 12}{30}\right)$$
$$= 567\text{kgf/cm}^2$$

27. 그림과 같이 1방향 편심을 갖는 단주의 A점에 100tf의 하중(P)이 작용할 때, 이 기둥에 발생하는 최대 응력은?

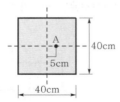

㉮ 46.9kgf/cm^2 ㉯ 62.5kgf/cm^2
㉰ 86.7kgf/cm^2 ㉱ 109.4kgf/cm^2

해설

$$\sigma_{max} = \frac{P}{A} + \frac{M}{Z}$$
$$= \frac{100,000}{40 \times 40} + \frac{6 \times 100,000 \times 5}{40 \times 40^2}$$
$$= 62.5 + 46.875$$
$$= 109.375 \text{kgf/cm}^2$$

28. 그림과 같은 편심하중을 받는 직사각형 단면의 단주의 최대 응력도는?

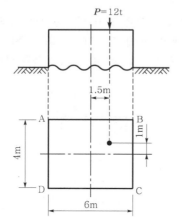

㉮ -0.5t/m^2 ㉯ -1.0t/m^2
㉰ -1.5t/m^2 ㉱ -2.0t/m^2

해설

$$\sigma = -\frac{P}{A} - \frac{M_x}{Z_x} - \frac{M_y}{Z_y}$$
$$= -\frac{12}{24} - \frac{12 \times 1}{\frac{6 \times 4^2}{6}} - \frac{12 \times 1.5}{\frac{4 \times 6^2}{6}}$$
$$= -0.5 - 0.75 - 0.75$$
$$= -2.0\text{t/m}^2$$

29. 강관으로 된 기둥이 있다. 이 기둥의 축방향에 30t의 압축을 주면 외경을 10cm로 할 때 내경은? (단, σ_{ca} =1,200kg/cm^2)

㉮ 6.65cm
㉯ 7.35cm
㉰ 8.25cm
㉱ 8.75cm

해설

$$\sigma = \frac{P}{A}$$
$$= \frac{4P}{\pi(D^2 - d^2)}$$
$$D^2 - d^2 = \frac{4P}{\sigma\pi}$$
$$d = \sqrt{D^2 - \frac{4P}{\sigma\pi}}$$
$$= \sqrt{10^2 - \frac{4 \times 30,000}{1200 \times \pi}}$$
$$= 8.256 \text{cm}$$

30. 지름 80cm의 원형 단면 기둥의 중심으로부터 10cm 떨어진 곳에 5t의 집중하중이 작용할 때 A점에 발생되는 응력의 크기를 구한 값은? (단, 기둥은 단주이다.)

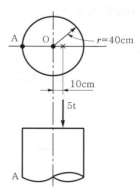

㉮ 2.352kg/cm^2(압축)
㉯ 1.990kg/cm^2(인장)
㉰ 0.995kg/cm^2(압축)
㉱ 0kg/cm^2

해설

$e = \dfrac{d}{8} = \dfrac{80}{8} = 10$cm, 핵점에 작용하므로

$\therefore \ \sigma_A = 0$

31. 편심축하중을 받는 다음 기둥에서 B점의 응력을 구한 값은? (단, 기둥단면의 지름 d=20cm, 편심거리 e=5cm, 편심하중 P=10t)

㉮ 31.84kg/cm²

㉯ 94.46kg/cm²

㉱ 95.54kg/cm²

㉲ 97.76kg/cm²

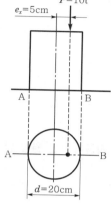

⟩ 해설

$$\sigma_B = \frac{P}{A} + \frac{M}{Z}$$

$$= \frac{4 \times 10,000}{\pi \cdot 20^2} + \frac{32 \times 10,000 \times 5}{\pi \times 20^3}$$

$$= 31.84 + 63.70$$

$$= 95.54 \text{kg/cm}^2$$

32. 그림과 같은 원형 단주가 기둥의 중심으로부터 10cm 편심하여 32t의 집중하중이 작용하고 있다. A점의 응력을 σ_A=0으로 하려면 기둥의 지름 d의 크기는?

㉮ 60cm

㉯ 80cm

㉱ 100cm

㉲ 120cm

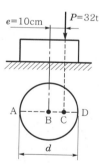

⟩ 해설

$$e = \frac{d}{8}$$

$$d = e \cdot 8 = 80 \text{cm}$$

33. 편심축하중을 받는 다음 기둥에서 B점의 응력을 구한 값은? (단, 기둥 단면의 지름 d=20cm, 편심거리 e=7.5cm, 편심하중 P=20t이다.)

㉮ 131.84kg/cm²

㉯ 254.65kg/cm²

㉱ 357.47kg/cm²

㉲ 426.91kg/cm²

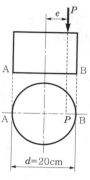

⟩ 해설

$$\sigma_B = \frac{P}{A} + \frac{Pe}{I}y$$

$$= \frac{4 \times 20,000}{\pi \, 20^2} + \frac{64 \times 20,000 \times 7.5}{\pi \, 20^4} \times 10$$

$$= 63.6619 + 190.9859 = 254.6478 \text{kg/cm}^2$$

34. 그림에서 ◇acbd는 □ABCD의 핵점(core)을 나타낸 것이다. x, y가 옳게 된 것은?

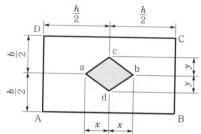

㉮ $x = \dfrac{h}{6}$, $y = \dfrac{b}{6}$ ㉯ $x = \dfrac{h}{6}$, $y = \dfrac{b}{3}$

㉱ $x = \dfrac{h}{3}$, $y = \dfrac{b}{6}$ ㉲ $x = \dfrac{h}{3}$, $y = \dfrac{b}{3}$

⟩ 해설 $x = \dfrac{h}{6}$, $y = \dfrac{b}{6}$

35. 다음과 같은 단주에서 편심거리 e에 P=300kg이 작용할 때, 단면에 인장력이 생기지 않기 위한 e의 한계는?

㉮ 4cm

㉯ 6cm

㉱ 8cm

㉲ 10cm

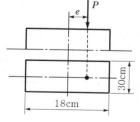

⟩ 해설 $e = \dfrac{h}{6} = \dfrac{48}{6} = 8 \text{cm}$

36. 그림과 같은 4각형 단면의 단주(短柱)에 있어서 핵거리(核距離) e 는?

㉮ $b/3$

㉯ $b/6$

㉰ $h/3$

㉱ $h/6$

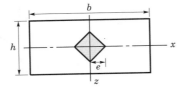

• 해설 $e = \dfrac{b}{6}$

37. 다음 그림과 같은 단면을 가지는 단주에서 핵의 면적은?

㉮ $\dfrac{bh}{6}$

㉯ $\dfrac{bh}{18}$

㉰ $\dfrac{bh}{36}$

㉱ $\dfrac{bh}{72}$

• 해설

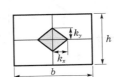

$k_x = \dfrac{b}{6}$

$k_y = \dfrac{h}{6}$

$$A = \frac{1}{2} \times (2k_x) \times (2k_y)$$

$$= 2k_x \cdot k_y = 2 \times \frac{b}{6} \times \frac{h}{6} = \frac{bh}{18}$$

38. 그림과 같은 단주에서 편심거리 e 에 $P=800$kg 이 작용할 때 단면에 인장력이 생기지 않기 위한 e 의 한 계는?

㉮ 10cm

㉯ 8cm

㉰ 9cm

㉱ 5cm

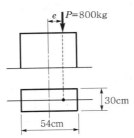

• 해설 $e = \dfrac{h}{6} = \dfrac{54}{6} = 9$cm

39. 반지름 R 인 원형 단면의 단주에 있어서 핵 반지름 e 는?

㉮ $R/2$

㉯ $R/3$

㉰ $R/4$

㉱ $R/6$

• 해설

$$\sigma = \frac{P}{A} - \frac{M}{Z} = 0$$

$$\frac{P}{\pi R^2} - \frac{P \cdot e}{\dfrac{\pi R^2}{4}} = 0$$

$$\therefore \; e = \frac{R}{4}$$

40. 지름이 d 인 원형 단면의 핵거리 e 는?

㉮ $\dfrac{d}{4}$

㉯ $\dfrac{d}{6}$

㉰ $\dfrac{d}{8}$

㉱ $\dfrac{d}{12}$

• 해설 $e = \dfrac{r^2}{y} = \dfrac{d}{8}$

41. 지름이 d 인 원형 단면의 핵(core)의 지름은?

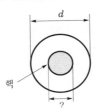

핵

?

㉮ $\dfrac{d}{2}$

㉯ $\dfrac{d}{3}$

㉰ $\dfrac{d}{4}$

㉱ $\dfrac{d}{6}$

• 해설

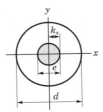

원형 단면의 핵거리 $k_x = \dfrac{d}{8}$

$$e = 2k_x$$

$$= 2 \times \frac{d}{8} = \frac{d}{4}$$

42. 그림과 같이 지름 $2R$인 원형 단면의 단주에서 핵거리 k의 값은?

㉮ R

㉯ $R/2$

㉰ $R/3$

㉱ $R/4$

• 해설 $k=2\times\dfrac{D}{8}=2\times\dfrac{2R}{8}=\dfrac{R}{2}$

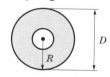

43. 외반경 R_1, 내반경 R_2인 중공(中空) 원형 단면의 핵은? (단, 핵의 반경을 e로 표시함.)

㉮ $e=\dfrac{(R_1{}^2+R_2{}^2)}{4R_1{}^2}$

㉯ $e=\dfrac{(R_1{}^2-R_2{}^2)}{4R_1{}^2}$

㉰ $e=\dfrac{(R_1{}^2+R_2{}^2)}{4R_1}$

㉱ $e=\dfrac{(R_1{}^2-R_2{}^2)}{4R_1}$

• 해설 $r^2=\dfrac{I}{A}=\dfrac{(R_1{}^2+R_2{}^2)}{4}$

$e=\dfrac{r^2}{y}=\dfrac{(R_1{}^2+R_2{}^2)}{4R_1}$

44. 그림과 같은 원형 단주가 기둥의 중심으로부터 10cm 편심하여 32tf의 집중하중이 작용하고 있다. A점의 응력을 $\sigma_A=0$으로 하려면 기둥의 지름 d의 크기는?

㉮ 40cm

㉯ 80cm

㉰ 120cm

㉱ 160cm

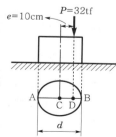

• 해설 $\sigma_A=\dfrac{P}{A}-\dfrac{P\cdot e}{I}y=0$에서 핵점에 P가 작용하면 $\sigma_A=0$이다.

$e=\dfrac{d}{8}$에서 $d=8e=8\times10=80$cm

45. 기둥에서 단면의 핵이란 단주(短柱)에서 인장응력이 발생되지 않도록 재하되는 편심거리로 정의된다. 반지름 10cm인 원형 단면의 핵은 중심에서 얼마인가?

㉮ 2.5cm

㉯ 5.0cm

㉰ 7.5cm

㉱ 10.0cm

• 해설 $e=\dfrac{D}{8}=\dfrac{10\times2}{8}=2.5$cm

46. 다음 그림에서 핵을 표시하였다. K_1과 K_2의 값은?

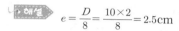

	K_1	K_2
㉮	$\dfrac{h}{6}$	$\dfrac{h}{12}$
㉯	$\dfrac{h}{12}$	$\dfrac{h}{6}$
㉰	$\dfrac{h}{4}$	$\dfrac{h}{3}$
㉱	$\dfrac{h}{3}$	$\dfrac{2}{3}h$

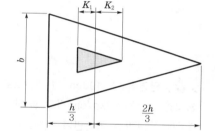

• 해설 $K_1=\dfrac{h}{12}$

$K_2=\dfrac{h}{6}$

장주의 해석

47. 좌굴현상에 대한 설명으로 옳은 것은?

㉮ 단면에 비해서 길이가 짧은 기둥에서 단순한 압축에 견디지 못하여 파괴되는 현상

㉯ 단면에 비해서 길이가 짧은 기둥에서 축과 직교하는 하중을 받아 휘어져 파괴되는 현상

㉰ 단면에 비해서 길이가 긴 기둥에 중심축하중이 증가하여 임계하중을 초과하면 압축강도에 도달하기 전 불안정상태가 되어 기둥이 휘어져 파괴되는 현상

㉱ 단면에 비해서 길이가 긴 기둥에서 편심하중을 받아 휘어져서 파괴되는 현상

48. 장주의 좌굴방향은?

㉮ 최대 주축과 같은 방향

㉯ 최소 주축과 같은 방향

㉲ 최대 주축과 직각 방향

㉴ 방향이 일정하지 않다.

해설 장주의 좌굴방향은 단면2차모멘트가 최대인 축이거나 최소인 축의 직각방향이다.

49. 기둥의 임계하중에 대한 설명 중에서 옳지 않은 것은?

㉮ 기둥의 탄성계수에 정비례한다.

㉯ 기둥 단면의 단면2차모멘트에 정비례한다.

㉲ 기둥의 휨강도에 반비례한다.

㉴ 기둥의 길이의 제곱에 반비례한다.

해설
$$P_b = \frac{n\pi^2 EI}{l^2}$$

$$\sigma_b = \frac{n\pi^2 E}{\lambda^2}$$

50. 단면적 $A = 190\text{cm}^2$인 연강으로 된 장주의 좌굴응력을 $\sigma_b = 829.4\text{kg/cm}^2$라고 할 때 이 기둥의 안전하중 P_5의 크기는 얼마인가? (단, 이 기둥의 안전율을 $S=5$로 한다.)

㉮ 31,517.2kg

㉯ 36,868.6kg

㉲ 43,426.8kg

㉴ 46,888.8kg

해설 안전율 = $\dfrac{\text{극한강도}}{\text{허용응력}}$

$$5 = \frac{829.4}{\dfrac{P}{190}}$$

$$\therefore P = 190 \times 829.4 \times \frac{1}{5} = 31,517.2\text{kg}$$

51. 상·하단이 완전한 힌지인 원형 단면의 기둥이 있다. 그림과 같은 축방향 하중이 작용할 때, 이 기둥의 좌굴하중을 결정하는 미분방정식은 오일러(Euler)에 의하면 $\dfrac{d^2 y}{dx^2} + P^2 y = 0$으로 주어진다. 이 중에서 P의 값은? (단, d=기둥의 지름)

㉮ $P = \dfrac{8}{d^2}\sqrt{\dfrac{P}{\pi E}}$

㉯ $P = \dfrac{64P}{d^2 \pi E}$

㉲ $P = \dfrac{4P}{d^2 \pi E}$

㉴ $P = \dfrac{2}{d^2}\sqrt{\dfrac{P}{\pi E}}$

해설
$$\frac{d^2 y}{dx^2} + \frac{P}{EI} \cdot y = 0$$

$$\therefore P^2 = \frac{P}{EI}$$

$$P = \sqrt{\frac{P}{EI}} = \sqrt{\frac{P64}{E\pi d^4}} = \frac{8}{d^2} \cdot \sqrt{\frac{P}{\pi E}}$$

52. 그림과 같은 양단힌지의 기둥의 좌굴하중이 옳은 것은? (단, I는 중립축에 대한 단면2차모멘트, E는 탄성계수이다.)

㉮ $P_{cr} = \dfrac{1}{4} \cdot \dfrac{\pi^2 EI}{l^2}$

㉯ $P_{cr} = 4 \cdot \dfrac{\pi^2 EI}{l^2}$

㉲ $P_{cr} = \dfrac{\pi^2 EI}{l^2}$

㉴ $P_{cr} = \dfrac{\pi^2 EI}{(0.7l)^2}$

해설
$$P = \frac{\pi^2 EI}{(kl)^2} = \frac{n\pi^2 EI}{(l^2)}$$

$$n = 1$$

$$\therefore P_{cr} = \frac{\pi^2 EI}{l^2}$$

53. 다음 그림에 보이는 기둥의 임계하중 P_{cr}은?

㉮ $P_{cr} = \dfrac{\pi^2 EI}{l^2}$

㉯ $P_{cr} = \dfrac{\pi^2 EI}{2l^2}$

㉲ $P_{cr} = \dfrac{\pi^2 EI}{3l^2}$

㉴ $P_{cr} = \dfrac{\pi^2 EI}{4l^2}$

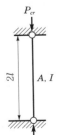

E : 탄성계수

A : 봉의 단면적

I : 단면2차모멘트

양단힌지의 경우 $n=1$

$$\therefore P_{cr} = \frac{n\pi^2 EI}{l^2}$$

$$= \frac{\pi^2 EI}{(2l)^2} = \frac{\pi^2 EI}{4l^2}$$

54. 길이 1.5m, 지름 30mm의 원형 단면을 가진 1단 고정, 타단자유인 기둥의 좌굴하중을 Euler의 공식으로 구하면? (단, $E=2.1 \times 10^6 \text{kg/cm}^2$, $\pi=3.14$이다.)

㉮ 914kg   ㉯ 785kg
㉰ 826kg   ㉱ 697kg

 $I = \frac{\pi 3^4}{64}$

$$= 3.974 \text{cm}^4$$

$$P_b = \frac{n\pi^2 EI}{l^2}$$

$$= \frac{1 \times \pi^2 \times 2.1 \times 10^6 \times 3.974}{4(150)^2}$$

$$= 914.26 \text{kg}$$

55. 그림과 같은 홈형강을 양단활절(hinge)로 지지 할 때 좌굴하중을 구한 것은 어느 것인가? (단, $E=2.1 \times 10^6 \text{kg/cm}^2$, $A=12 \text{cm}^2$, $I_x = 190 \text{cm}^4$, $I_y = 27 \text{ cm}^4$ 로 한다.)

㉮ 4.4t
㉯ 6.2t
㉰ 62.2t
㉱ 43.7t

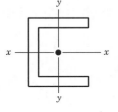
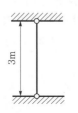

 $P_b = \frac{n\pi^2 EI}{l^2} = \frac{1 \times \pi^2 \times 2.1 \times 10^6 \times 27}{300^2}$

$$= 6,217 \text{kg}$$

56. 길이 3m의 I형강(250×125×10,555kg/m)을 양단 힌지의 기둥으로 사용한다. Euler의 공식에 의하면 좌굴하 중은 얼마인가? (단, 단면2차반지름 $r_y = 2.8\text{cm}$, $r_x = 10.2\text{cm}$, 단면적 $A=70.73 \text{cm}^2$, $E=2.1 \times 10^6 \text{kg/cm}^2$)

㉮ 94t   ㉯ 105t
㉰ 114t   ㉱ 128t

 $r = \sqrt{\dfrac{I}{A}}$

$$I = r^2 \cdot A = 2.81^2 \times 70.73 = 558.49$$

$$P_b = \frac{n\pi^2 EI}{l^2}$$

$$= \frac{1 \times \pi^2 \times 2.1 \times 10^6 \times 558.49}{(300)^2}$$

$$= 128,615 \text{kg} = 128 \text{t}$$

57. 길이 9m인 원목에 1t의 축하중을 받을 때 지름 d 는 얼마로 하여야 하는가? (단, $E=84,000 \text{kg/cm}^2$, 안전율=3임, 지지상태는 양단힌지이다.)

㉮ 10cm   ㉯ 12cm
㉰ 14cm   ㉱ 16cm

 $P_b = \frac{n\pi^2 EI}{l^2}$

$$3 \times 1,000 = \frac{\pi^2 \times 84,000}{(900)^2} \times \frac{\pi D^4}{64}$$

$$\therefore D = 16 \text{cm}$$

58. 다음 1단고정 1단자유인 기둥 상단에 20t의 하 중이 작용한다면 기둥이 좌굴하는 높이 l 은? (단, 기둥 의 단면적은 폭 5cm, 높이 10cm인 직사각형이고 탄성 계수 E는 2,100,000kg/cm^{2}이며, 20t의 하중은 단면 중앙에 작용한다.)

㉮ 1.64m   ㉯ 2.56m
㉰ 3.29m   ㉱ 3.50m

 $P_b = \frac{n\pi^2 EI}{l^2}$

$$l^2 = \frac{\pi^2 \cdot E \cdot I}{4P}$$

$$= \frac{\pi^2 \times 2.1 \times 10^6}{4 \times 20,000} \times \frac{10 \times 5^3}{12}$$

$$= 26,987 \text{cm}^2$$

$$\therefore l = 1.64 \text{m}$$

59. 그림과 같이 길이가 5m이고, 휨강도(EI)가 100t·m²인 기둥의 최소 임계하중은?

㉮ 8.4t

㉯ 9.9t

㉰ 11.4t

㉱ 12.9t

• 해설

$$P_{cr} = \frac{\pi^2 EI}{(kl)^2} = \frac{\pi^2 \times 100}{(2 \times 5)^2} = 9.9 \text{ t}$$

60. 다음 그림과 같은 장주의 최소 좌굴하중을 옳게 나타낸 것은?

㉮ $\dfrac{\pi EI}{2l^2}$

㉯ $\dfrac{\pi^2 EI}{2l^2}$

㉰ $\dfrac{\pi EI}{4l^2}$

㉱ $\dfrac{\pi^2 EI}{4l^2}$

EI=일정

• 해설

$$P_{cr} = \frac{\pi^2 EI}{(kl)^2}$$

$$k(\text{유효길이계수}) = 2, (\text{고정} - \text{자유})$$

$$\therefore P_{cr} = \frac{\pi^2 EI}{4l^2}$$

61. 길이가 6m인 양단힌지 기둥은 I-250×125 ×10×19(단위 : mm)의 단면으로 세워졌다. 이 기둥이 좌굴에 대해서 지지하는 임계하중(critical load)은 얼마인가? (단, 주어진 I-형강의 I_1과 I_2는 각각 7,340cm⁴와 560cm⁴이며, 탄성계수 $E = 2 \times 10^6 \text{kgf/cm}^2$이다.)

㉮ 30.7tf

㉯ 42.6tf

㉰ 307tf

㉱ 402.5tf

• 해설 단면이 약한 쪽으로 좌굴하므로 단면2차모멘트는 작은 값을 사용한다.

$$P_{cr} = \frac{\pi^2 \cdot E \cdot I_{\min}}{l^2}$$

$$= \frac{\pi^2 \times (2 \times 10^6) \times (560)}{600^2}$$

$$= 30,705 \text{kgf}$$

$$= 30.7 \text{tf}$$

62. 그림과 같이 길이가 5m이고 휨강도(EI)가 100tf·m²인 기둥의 최소 임계하중은?

㉮ 8.4tf

㉯ 9.9tf

㉰ 11.4tf

㉱ 12.9tf

• 해설

$$P_{cr} = \frac{n\pi^2 EI}{l^2} = \frac{\pi^2 \times 100}{4 \times 5^2} = 9.8696 \text{t}$$

63. 그림과 같이 일단고정 타단힌지의 장주에 P_a라는 압축력이 작용할 때, 이 단면의 좌굴응력 값은? (단, $E = 21 \times 10^5 \text{kg/cm}^2$)

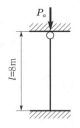

d=3.2cm

㉮ 332.8kg/cm²

㉯ 284.5kg/cm²

㉰ 51.4kg/cm²

㉱ 41.4kg/cm²

• 해설

$$\sigma_b = n\pi^2 E / \lambda^2$$

$$\lambda^2 = \frac{A \cdot l^2}{I} = \frac{16 \times l^2}{D^2} = 1,000,000$$

$$\sigma_b = \frac{2 \times \pi^2 \times 21 \times 10^5}{10^6} = 41.45 \text{kg/cm}^2$$

64. 오일러 장주 공식에서 좌굴응력은 $\sigma_{cr} = \dfrac{\pi^2 E}{\left(\dfrac{KL}{r}\right)^2}$

이다. 여기서, KL은 장주의 유효길이이다. 다음 설명 중 잘못된 것은?

㉮ 양단고정의 경우 : $\sigma_{cr} = \dfrac{\pi^2 E}{(L/2r)^2}$

㉯ 양단힌지의 경우 : $\sigma_{cr} = \dfrac{\pi^2 E}{(L/r)^2}$

㉰ 1단고정 타단힌지의 경우 : $\sigma_{cr} = \dfrac{\pi^2 E}{(0.7L/r)^2}$

㉱ 1단고정 타단자유의 경우 : $\sigma_{cr} = \dfrac{\pi^2 E}{(4L/r)^2}$

▸**해설** 1단고정 타단자유인 기둥의 좌굴길이 : $2L$

65. 장주에서 좌굴응력에 대한 설명 중 틀린 것은?

㉮ 탄성계수에 비례한다.

㉯ 세장비에 비례한다.

㉰ 좌굴길이의 제곱에 반비례한다.

㉱ 단면2차모멘트에 비례한다.

▸**해설**
$$\sigma_{cr} = \frac{P_{cr}}{A}$$
$$= \frac{1}{A} \cdot \frac{\pi^2 EI}{(kl)^2}$$
$$= \frac{\pi^2 E}{(k\lambda)^2}$$

장주에서 좌굴응력은 탄성계수, 단면2차모멘트에 비례하고 면적, 좌굴길이의 제곱, 세장비의 제곱에 반비례한다.

66. 그림과 같은 긴 기둥의 좌굴응력을 구하는 식은? (단, 기둥의 길이 l, 탄성계수 E, 세장비를 λ 라 한다.)

㉮ $\dfrac{\pi^2 E}{4\lambda^2}$

㉯ $\dfrac{2\pi^2 E}{\lambda^2}$

㉰ $\dfrac{4\pi^2 E}{\lambda^2}$

㉱ $\dfrac{\pi^2 EL}{l^2}$

67. 그림과 같이 양단고정인 기둥의 좌굴응력을 오일러(Euler)의 공식에 의하여 계산한 값은? (단, 기둥 단면은 그림과 같으며 $E = 4.0 \times 10^5 \text{kg/cm}^2$)

㉮ 635kg/cm^2 ㉯ 458kg/cm^2

㉰ 783kg/cm^2 ㉱ 526kg/cm^2

▸**해설**
$$r_{\min} = \sqrt{\frac{I_{\min}}{A}} = \sqrt{\frac{\frac{hb^3}{12}}{bh}}$$
$$= \frac{b}{2\sqrt{3}} = \frac{20}{2\sqrt{3}} = 5.77 \text{cm}$$
$$\lambda = \frac{l}{r_{\min}}$$
$$= \frac{10 \times 100}{5.77} = 173.3$$
$$\sigma_{cr} = \frac{\pi^2 E}{(k\lambda)^2}$$
$$= \frac{\pi^2 \times (4 \times 10^5)}{(0.5 \times 173.3)^2} = 526 \text{kg/cm}^2$$

68. 기둥의 중심에 축방향으로 연직하중 $P = 120$t이, 기둥의 휨 방향으로 풍하중이 역삼각형 모양으로 분포하여 작용할 때 기둥에 발생하는 최대 압축응력은?

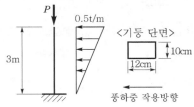

㉮ 375kg/cm^2 ㉯ 625kg/cm^2

㉰ $1,000 \text{kg/cm}^2$ ㉱ $1,625 \text{kg/cm}^2$

▸**해설**
$$M_{\max} = \left(\frac{1}{2} \times 0.5 \times 3\right) \times \left(\frac{2}{3} \times 3\right) = 1.5 \text{t} \cdot \text{m}$$
$$\sigma_{\max} = \frac{P}{A} + \frac{M_{\max}}{I} y$$
$$= \frac{(120 \times 10^3)}{(12 \times 10)} + \frac{(1.5 \times 10^5)}{\left(\dfrac{10 \times 12^3}{12}\right)} \times 6$$
$$= 1,625 \text{kg/cm}^2$$

응|용|역|학

69. 길이 2m, 지름 4cm의 원형 단면을 가진 일단고정, 타단힌지의 장주에 중심축하중이 작용할 때 이 단면의 좌굴응력은? (단, $E=2\times10^6 \text{kg/cm}^2$이다.)

㉮ 769kg/cm²
㉯ 987kg/cm²
㉰ 1,254kg/cm²
㉱ 1,487kg/cm²

해설 $n=2$

$$r=\sqrt{\frac{I}{A}}=\frac{D}{4}=\frac{4}{4}=1$$

$$\lambda=\frac{l}{r}=200$$

$$\therefore \sigma_b=\frac{n\pi^2 E}{\lambda^2}$$

$$=\frac{2\times\pi^2\times2\times10^6}{200^2}$$

$$=986.96\text{kg/cm}^2$$

70. 그림과 같이 양단고정인 기둥의 좌굴응력을 오일러(Euler)의 공식에 의하여 계산한 값은? (단, 기둥 단면은 그림과 같으며 $E=4.0\times10^5 \text{kg/cm}^2$)

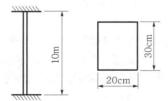

㉮ 635kg/cm²
㉯ 458kg/cm²
㉰ 783kg/cm²
㉱ 526kg/cm²

해설 $r=\sqrt{\frac{I}{A}}=\frac{h}{\sqrt{12}}$

$$=\frac{20}{\sqrt{12}}=5.8\text{cm}$$

$$\lambda=\frac{l}{r}$$

$$=\frac{1,000}{5.8}=172.4$$

$$\therefore \sigma_b=\frac{n\pi^2 E}{\lambda^2}$$

$$=\frac{4\times\pi^2\times4.0\times10^5}{172.4^2}$$

$$=531.3\text{kg/cm}^2$$

71. 양단고정의 장주에 중심축하중이 작용할 때 이 기둥의 좌굴응력은? (단, $E=2.1\times10^6 \text{kg/cm}^2$이고, 기둥은 지름이 4cm인 원형 기둥이다.)

㉮ 33.5kg/cm²
㉯ 67.2kg/cm²
㉰ 129.5kg/cm²
㉱ 259.1kg/cm²

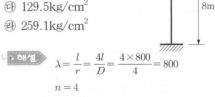

해설 $\lambda=\frac{l}{r}=\frac{4l}{D}=\frac{4\times800}{4}=800$

$$n=4$$

$$\therefore \sigma=\frac{n\pi^2 E}{\lambda^2}=\frac{4\times\pi^2\times2.1\times10^6}{800^2}$$

$$=129.54\text{kg/cm}^2$$

72. 다른 조건이 같을 때 양단고정 기둥의 좌굴하중은 양단힌지 기둥의 좌굴하중의 몇 배인가?

㉮ 1.5배　　　　㉯ 2배
㉰ 3배　　　　㉱ 4배

해설 $P_{cr}=\frac{\pi^2 EI}{(kl)^2}=\frac{c}{k^2}$　$\left(c=\frac{\pi^2 EI}{l^2}\right)$

$$P_{cr}(\text{양단고정})=\frac{c}{(0.5)^2}=4c$$

$$P_{cr}(\text{양단힌지})=\frac{c}{(1)^2}=c$$

$$\frac{P_{cr}(\text{양단고정})}{P_{cr}(\text{양단힌지})}=\frac{4c}{c}=4$$

73. 오일러의 좌굴하중 공식은 $P_{cr}=\frac{\pi^2 EI}{(kl)^2}$이다. 다음 기둥의 좌굴하중 공식에서 K값은?

㉮ 2l
㉯ l
㉰ 0.7l
㉱ 0.5l

해설

n	$\frac{1}{4}$	1	2	4
l_k	2l	l	0.7l	0.5l

$$n=\frac{1}{k^2}$$

정답　69. ㉯　70. ㉱　71. ㉰　72. ㉱　73. ㉰

74. 재료의 단면적과 길이가 서로 같은 장주에서 양단활절 기둥의 좌굴하중과 양단고정 기둥의 좌굴하중과의 비는?

㉮ 1 : 2 ㉯ 1 : 4

㉰ 1 : 8 ㉱ 1 : 16

 해설 $n = \frac{1}{4} : 1 : 2 : 4 = 1 : 4 : 8 : 16$

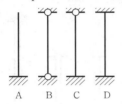

A B C D

75. 단면의 길이가 같으나 지지 조건이 다른 그림과 같은 2개의 장주가 있다. 장주 (a)가 3tf의 하중을 받을 수 있다면, 장주 (b)가 받을 수 있는 하중은?

㉮ 12tf

㉯ 24tf

㉰ 36tf

㉱ 48tf

(a) (b)

해설 $P_b = \frac{n\pi^2 EI}{l^2}$, $n = \frac{1}{4} : 1 : 2 : 4$

$P_a : P_b = \frac{1}{4} : 4$

$P_b = 16P_a = 16 \times 3 = 48\text{tf}$

76. 그림과 같은 장주의 길이가 같을 경우 기둥(a)의 임계하중이 4tf라면 기둥(b)의 임계하중은? (단, EI는 일정하다.)

㉮ 4tf

㉯ 16tf

㉰ 32tf

㉱ 64tf

(a) (b)

해설 $P_b = \frac{n\pi^2 EI}{l^2}$

$n = \frac{1}{4}(1) : 1(4) : 2(8) : 4(16)$

$P_b = 16P_a = 16 \times 4 = 64\text{t}$

77. 동일 재료, 동일 단면, 동일 길이를 가지는 다음 두 기둥이 중심축하중을 받을 때 (b)의 한계좌굴하중은 (a)의 몇 배인가?

㉮ 0.5배

㉯ 약 4배

㉰ 약 3배

㉱ 약 2배

(a) (b)

해설 (a)의 n은 1, (b)의 n은 2이므로 (b)는 (a)의 2배

78. 그림 (a)와 같은 장주가 10t의 하중에 견딜 수 있다면 (b)의 장주가 견딜 수 있는 하중의 크기는? (단, 기둥은 등질, 등단면이다.)

㉮ 10t

㉯ 20t

㉰ 30t

㉱ 40t

(a) (b)

해설 $n = \frac{1}{4} : 1 : 2 : 4$

$P_b = 4P_a = 4 \times 10 = 40\text{t}$

79. 그림과 같은 동질, 동단면의 장주의 강도가 옳게 표시된 것은?

㉮ A > B > C

㉯ A > B = C

㉰ A = B = C

㉱ A = B < C

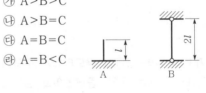

A B C

해설 $P_b = \frac{n\pi^2 EI}{l^2}$

A : $P_b = \frac{\frac{1}{4}}{l^2} = \frac{1}{4l^2}$

B : $P_b = \frac{1}{(2l)^2} = \frac{1}{4l^2}$

C : $P_b = \frac{4}{(3l)^2} = \frac{4}{9l^2}$

∴ A = B < C

80. 그림과 같은 장주의 강도를 옳게 표시한 것은? (단, 재질 및 단면은 같다.)

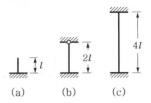

(a)   (b)   (c)

㉮ (a) > (b) > (c)　　　㉯ (a) < (b) = (c)

㉰ (c) > (b) > (a)　　　㉱ (a) = (c) < (b)

해설 $P_{cr} = \dfrac{\pi^2 EI}{(kl)^2} = \dfrac{c}{(kl)^2}$ ($c = \pi^2 EI$ 라 두면)

$P_{cr(a)} : P_{cr(b)} : P_{cr(c)}$

$= \dfrac{c}{(2 \times l)^2} : \dfrac{c}{(0.7 \times 2l)^2} : \dfrac{c}{(0.5 \times 4l)^2}$

$= 0.25 : 0.51 : 0.25$

$\therefore$ (a) = (c) < (b)

81. 오일러의 탄성곡선 이론에 의한 기둥 공식에서 좌굴하중의 비는?

　　A B C D

㉮ 1 : 4 : 8 : 16

㉯ 1 : 4 : 8 : 12

㉰ 1 : 2 : 4 : 12

㉱ 1 : 2 : 4 : 16

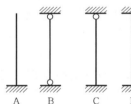

A　B　C　D

해설 $A : B : C : D = \dfrac{1}{4} : 1 : 2 : 4 = 1 : 4 : 8 : 16$

82. 다음 4가지 종류의 기둥에 강도의 크기순으로 옳게 된 것은? (단, 부재는 동일, 등단면이고 길이는 같다.)

㉮ (a) > (b) > (c) > (d)

㉯ (a) > (c) > (b) > (d)

㉰ (d) > (b) > (c) > (a)

㉱ (d) > (c) > (b) > (a)

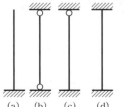

(a)　(b)　(c)　(d)

해설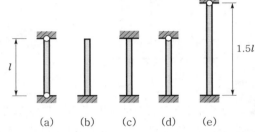

$P_b = \dfrac{n\pi^2 EI}{l^2}$

$n = \dfrac{1}{4} : 1 : 2 : 4$

83. 단면의 형상과 재료가 같은 아래 그림의 장주에 축하중이 작용할 때 강도가 큰 순서로 된 것은? (단, (a), (b), (c), (d) 기둥의 길이는 같다.)

(a)　(b)　(c)　(d)　(e)

㉮ (a) > (b) > (c) > (d) > (e)

㉯ (b) > (c) > (a) > (d) > (e)

㉰ (c) > (d) > (a) > (b) > (e)

㉱ (c) > (d) > (a) > (e) > (b)

해설 $P_{cr} = \dfrac{n\pi^2 EI}{l^2}$

$\sigma_{cr} = \dfrac{n\pi^2 E}{\lambda^2} = \dfrac{n\pi^2 E \cdot r^2}{l^2}$

$n_a : n_b : n_c : n_d : n_e = 1 : \dfrac{1}{4} : 4 : 2 : 2$

$= 4 : 1 : 16 : 8 : 8$

$\therefore P_{cr}$ 의 크기는

a : b : c : d : e = 4 : 1 : 16 : 8 : $\dfrac{8}{1.5^2}$ 이므로

(c) > (d) > (a) > (e) > (b)이다.

chapter 10

탄성변형에너지

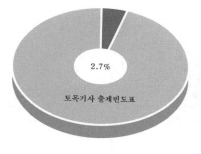

2.7%

토목기사 출제빈도표

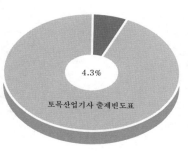

4.3%

토목산업기사 출제빈도표

01 일(work)과 에너지(energy)

① 일의 정의와 크기

(1) 물체에 힘 P가 작용하여 힘이 가해진 방향으로 물체의 변위가 생기는 것을 일이라 하며, 물체가 거리 S만큼 이동했을 때 힘은 일을 했다고 한다.

(2) 일의 크기

① 힘이 작용한 방향으로 이동한 경우

$W = P \cdot S =$ 힘×이동거리

② 힘이 θ의 각으로 작용할 경우

$W = P\cos\theta \cdot S = P \cdot S\cos\theta$

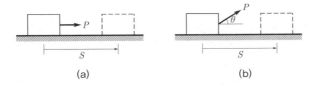

(a)   (b)

【 그림 10-1 】 일

② 일의 단위

(1) 절대 단위계

① MKS 단위 : $1J = 1N \cdot m = 1kg \cdot m^2/sec^2 = 10^7 erg$

② CGS 단위 : $1erg = 1dyn \cdot cm = 1g \cdot cm^2/sec^2$

(2) 중력 단위계

① MKS 단위 : $1kgf \cdot m = 9.8N \cdot m = 9.8J$

② CGS 단위 : $1gf \cdot cm = 980dyn \cdot cm = 980erg$

❸ 에너지의 정의 및 분류

(1) 물체가 일을 할 수 있는 능력을 말하며, 일의 양으로 표시되고, 단위도 일의 단위와 같다.

(2) 분류

① 위치에너지(potential energy) : 물체의 위치나 변형 때문에 가지는 에너지를 말한다.

$$W = F \cdot s = m \cdot g \cdot h$$
$$= E_p$$

② 운동에너지(kinetic energy) : 운동하기 때문에 갖는 에너지를 말한다.

$$W = F \cdot s = m \cdot a \cdot s$$
$$= m \cdot \frac{V^2}{2s} \cdot s = \frac{1}{2} m V^2$$
$$= E_k$$

③ 탄성에너지(elastic energy) : 물체의 변위와 변형 때문에 갖는 에너지를 말한다.

$$F = k x$$
$$W = \frac{1}{2} F x = \frac{1}{2} k x^2$$
$$= E_e$$

02 외적 일과 내적 일

① 외력이 하는 일(W_e)

(1) 외력 P가 행한 일

① 가변적인 힘 F에 의한 일

$$dW = F \cdot ds$$
$$dW = k \cdot sds \, (\because \ F = k \cdot s)$$
$$W = \int_0^\delta k \cdot sds = \frac{1}{2} k \delta^2 = \frac{1}{2} P\delta \, (\triangle \text{OAB의 넓이})$$

▶ 일의 원리
1. 지레
   ① 1종 지레 : 지렛대, 가위
   ② 2종 지레 : 작두, 병뚜껑 따개
   ③ 3종 지레 : 핀셋, 집게
2. 도르래
   ① 고정도르래 : $F = W$
   ② 움직도르래 : $F = \dfrac{W}{2}$
   ③ 복합도르래

∴ 선형탄성체 내에서 외적 일＝외력의 평균치×변위

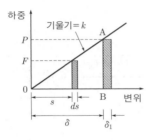

【그림 10-2】 외력 일

② 축방향 하중 P가 행한 일 : 〔그림 $10-3$(a)〕

$$W_e = \frac{1}{2}P\delta = \frac{P}{2} \cdot \frac{Pl}{AE} = \frac{P^2l}{2AE} = \frac{\sigma Pl}{2E} = \frac{\sigma^2 Al}{2E}$$

$$\left(\because \ \delta = \Delta l = \frac{Pl}{AE} \right)$$

③ 수직하중 P가 행한 일 : 〔그림 $10-3$(b)〕

$$W_e = \frac{1}{2}P\delta$$

④ P_1이 행한 일 : P_1이 작용한 후에 P_2가 작용한 경우, 〔그림 $10-3$(c)〕

$$W_e = \frac{1}{2}P_1\delta_1 + P_1\delta_2$$

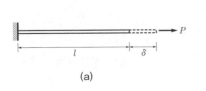

(a)

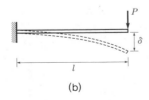

(b)

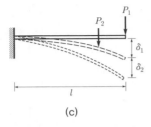

(c)

【그림 10-3】 외력이 행한 일

> ▣ 하중의 분류
> 1. 정하중
>   ① 가변하중
>   : 일정하게 변하는 하중
>   ② 유지하중
>   : 일정하게 작용하는 하중
> 2. 동하중

(2) 모멘트가 행한 일

외력 P가 행한 일과 같다.

$$d\,W = \int_0^\theta M d\theta$$

$$W_e = \frac{1}{2} M\theta$$

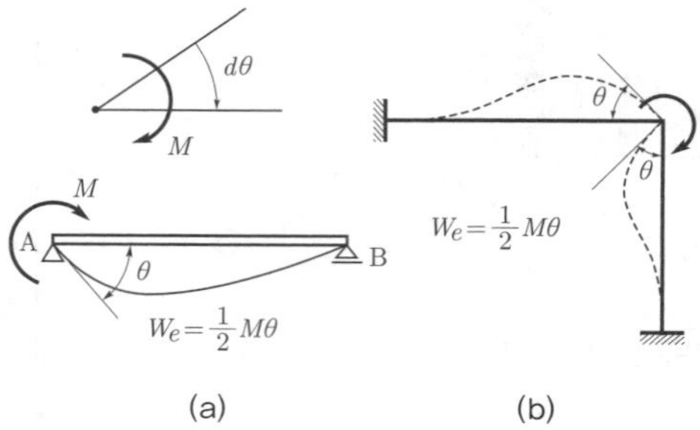

【그림 10-4】 모멘트가 행한 일

❷ 내력이 하는 일(W_i)

(1) 정의

구조물에 외력이 작용하면 내력(응력)이 발생한다. 이때 응력(내력)이 한 일을 내력 일이라 한다.

① 휨응력이 하는 일

$$W = \frac{1}{2} M\theta$$

$$d\,W = \frac{1}{2} M d\theta = \frac{M}{2} \cdot \frac{M}{EI} dx = \frac{M^2}{2EI} dx$$

$$\therefore \;\; W_{iM} = \int_0^l \frac{M^2}{2EI} dx$$

② 축응력이 하는 일

$$d\,W = \frac{1}{2} N\delta = \frac{N}{2} \cdot \frac{N}{EA} l = \frac{N^2 l}{2AE}$$

$$\therefore \;\; W_{iN} = \Sigma \frac{N^2 l}{2AE} = \int_0^l \frac{N^2}{2AE} dx$$

③ 전단응력이 하는 일

$$d\,W = \frac{1}{2} S\delta = \frac{S}{2} \cdot \frac{kS}{GA} l = \frac{kS^2}{2GA} l$$

$$\therefore \;\; W_{iS} = \int_0^l \frac{kS^2}{2GA} dx$$

▶ 휨 변형

$$d\theta = \frac{dx}{R}$$

$$\frac{1}{R} = \frac{M}{EI}$$

$$\therefore \;\; d\theta = \frac{M}{EI} dx$$

▶ 축방향 변형

$$\sigma = \frac{N}{A}, \;\; \varepsilon = \frac{\delta}{l} \text{에서}$$

$$\delta = \varepsilon \cdot l$$

$$= \frac{\sigma}{E} l = \frac{N}{EA} l$$

④ 비틀림응력이 하는 일

$$dW = \frac{1}{2} Td\phi = \frac{T}{2} \cdot \frac{Tl}{GI_P} = \frac{T^2 l}{2GI_P}$$

$$\therefore \ W_{iT} = \int_0^l \frac{T^2}{2GI_P} dx$$

(2) 내력 일

① (휨응력이 하는 일+축응력이 하는 일+전단응력이 하는 일 +비틀림응력이 하는 일)이다.

$$W_i = W_{iM} + W_{iN} + W_{iS} + W_{iT}$$로 부터

$$= \int_0^l \frac{M^2}{2EI} dx + \int_0^l \frac{N^2}{2AE} dx + \int_0^l \frac{kS^2}{2GA} dx + \int_0^l \frac{T^2}{2GI_P} dx$$

② 보의 전단력, 축력, 비틀림력에 의한 변형은 휨에 의한 변형에 비하여 매우 작으므로 무시하는 것이 보통이다.

▶ **고려하는 내력 일**
① 보 : W_{iM}만 고려
② 트러스 : W_{iN}만 고려
③ 라멘 : $W_{iM} + W_{iN}$

❸ 탄성변형에너지(elastic strain energy)

(1) 정의

① 내력 일은 외력으로 인한 변형에 저항하기 위하여 부재가 지니고 있는 에너지이므로 탄성변형에너지 또는 변형에너지 (strain energy)라 한다.

② 탄성변형에너지는 하중이 제거될 때 원형으로 회복 가능한 에너지이다.

▶ **내력 일**
$$W_i = W_{iM} + W_{iN} + W_{iS} + W_{iT}$$

(2) 종류

① 휨모멘트에 의한 변형에너지

$$\therefore \ W_{iM} = \int_0^l \frac{M^2}{2EI} dx$$

② 축방향력(축력)에 의한 변형에너지

$$\therefore \ W_{iN} = \Sigma \frac{N^2 l}{2AE} = \int_0^l \frac{N^2}{2AE} dx$$

③ 전단력에 의한 변형에너지

$$\therefore \ W_{iS} = \int_0^l \frac{kS^2}{2GA} dx$$

▶ 탄성변형에너지는 중첩의 원리가 성립되지 않는다. 2개 이상의 하중이 재하된 경우, 동시에 하중을 재하시켜 계산해야 한다.

▶ **전단계수(k)**
① 직사각형 단면 : $k = \frac{6}{5} = 1.2$
② 원형 단면 : $k = \frac{10}{9}$

④ 비틀림력에 의한 변형에너지

$$\therefore \ W_{iT} = \int_0^l \frac{T^2}{2GI_P} \, dx$$

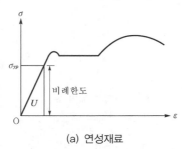

(a) 연성재료

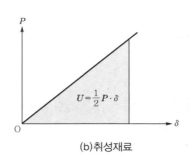

(b)취성재료

【그림 10-5】 탄성변형에너지

(3) 변형에너지 밀도(strain energy density)

① 정의 : 단위 체적당의 변형에너지

② 축방향력의 변형에너지 밀도

$$u = \frac{W_{iN}}{AL} = \frac{N^2 L}{2EA}\left(\frac{1}{AL}\right) = \frac{\sigma^2}{2E} = \frac{(\varepsilon E)^2}{2E} = \frac{E\varepsilon^2}{2}$$

③ 전단력의 변형에너지 밀도

$$u = \frac{W_{iS}}{AL} = \frac{S^2 L}{2GA}\left(\frac{1}{AL}\right) = \frac{\tau^2}{2G} = \frac{(G \cdot \gamma)^2}{2G} = \frac{G \cdot \gamma^2}{2}$$

(4) 레질리언스계수(modulus of resilience, u_r)

① 부재가 비례한도(또는 탄성한도)에 해당하는 응력(σ)을 받고 있을 때의 최대 변형에너지 밀도를 말한다.

$$u_r = \frac{W_i}{AL} = \frac{W_i}{V} = \frac{\sigma^2}{2E}$$

② 레질리언스란 재료가 탄성범위 내에서 에너지를 흡수할 수 있는 능력을 말하고, 레질리언스계수의 단위는 응력의 단위와 같다.

(5) 인성계수(modulus of toughness, u_t, 터프니스)

① 인성계수 : 재료가 파괴점까지의 응력을 받았을 때의 변형에너지 밀도

② 인성 : 재료가 파괴 시까지 에너지를 흡수할 수 있는 능력

▶ 에너지 보존의 법칙(탄성변형의 정리)
외력 일=내력 일
$W_e = W_i$

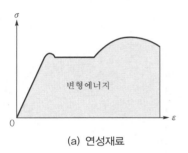

(a) 연성재료

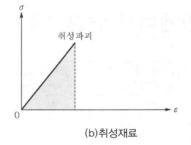

(b)취성재료

【그림 10-6】 파단 시 변형에너지

④ 축하중 부재의 변형에너지

(1) 하중에 의한 봉의 변형에너지

$$U = \frac{1}{2}P\delta = \frac{P}{2} \cdot \frac{PL}{AE} = \frac{P^2L}{2AE}$$

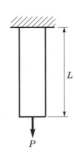

【그림 10-7】 하중에 의한 변형에너지

(2) 자중에 의한 봉의 변형에너지

$$U = \frac{P^2L}{2AE} \text{ 에서}$$

$$dU = \frac{P_x^2 dx}{2AE}$$

$$\therefore \ U = \int dU = \int_0^l \frac{\{\gamma \cdot A \cdot (L-x)\}^2}{2AE} \, dx = \frac{\gamma^2 \cdot A \cdot L^3}{6E}$$

여기서, $P_x = \gamma \cdot A(L-x)$
γ : 봉의 단위중량

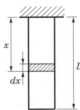

【그림 10-8】 자중에 의한 변형에너지

03 탄성변형에너지(단일하중)

연번	하중상태	휨모멘트에 대한 변형에너지	전단력에 대한 변형에너지
1	A—B, P, l	$M_x = -Px$ $\dfrac{P^2 l^3}{6EI}$	$S_x = P$ $\dfrac{k \cdot P^2 l}{2GA}$
2	A—B, w, l	$M_x = -\dfrac{w}{2}x^2$ $\dfrac{w^2 l^5}{40EI}$	$S_x = wx$ $\dfrac{k \cdot w^2 l^3}{6GA}$
3	A—B, $\dfrac{l}{2}$, P, l	$M_x = \dfrac{P}{2}x$ $\dfrac{P^2 l^3}{96EI}$	$S_x = \dfrac{P}{2}$ $\dfrac{k \cdot P^2 l}{8GA}$
4	A—B, w, l	$M_x = \dfrac{wl}{2}x - \dfrac{w}{2}x^2$ $\dfrac{w^2 l^5}{240EI}$	$S_x = \dfrac{wl}{2} - wx$ $\dfrac{k \cdot w^2 l^3}{24GA}$
5	A—C—B, $\dfrac{l}{2}$, P, l	$M_x = -Px$ $\dfrac{P^2 l^3}{48EI}$	$S_x = P$ $\dfrac{k \cdot P^2 l}{4GA}$
6	A—C—B, w, $\dfrac{l}{2}$, $\dfrac{l}{2}$	$M_x = -\dfrac{w}{2}x^2$ $\dfrac{w^2 l^5}{1,280EI}$	$S_x = wx$ $\dfrac{k \cdot w^2 l^3}{48GA}$
7	A—B, M, l	$M_x = -M$ $\dfrac{M^2 l}{2EI}$	$S_x = 0$ 0
8	A—C—B, M, $\dfrac{l}{2}$, $\dfrac{l}{2}$	$M_x = M$ $\dfrac{M^2 l}{4EI}$	$S_x = 0$ 0
9	A—B, M_A, l	$M_x = \dfrac{M}{l}x$ $\dfrac{M^2 l}{6EI}$	$S_x = -\dfrac{M}{l}$ $\dfrac{k \cdot M^2}{2GA\,l}$

보의 변형에너지

1. 다음 중 변형에너지(strain energy)에 속하지 않는 것은?

㉮ 외력의 일(external work)
㉯ 축방향 내력의 일
㉰ 휨모멘트에 의한 내력의 일
㉱ 전단력에 의한 내력의 일

해설
$$W_i = W_{iM} + W_{iN} + W_{iS} + W_{iT}$$
$$= \int \frac{M^2}{2EI} dx + \int \frac{N^2}{2AE} dx + \int \frac{kS^2}{2GA} dx$$
$$+ \int \frac{T^2}{2GI_P} dx$$

2. 다음은 완성되지 않은 내적 가상일의 식이다. 괄호 안을 완성한 정답은? (단, N : 축방향력, M : 모멘트, S : 전단력, A : 단면적, I : 중립축을 지나는 축에 대한 단면2차모멘트, E : 일반탄성계수, G : 전단탄성계수, k : 상수이다.)

$$W_i = \int_l \frac{\overline{N}N}{(1)} dx + \int_l \frac{\overline{M}M}{(2)} dx + k\int_l \frac{\overline{S}S}{(3)} dx$$

(1)　　(2)　　(3)
㉮ (EI), (EA), (GA)
㉯ (EA), (EI), (GA)
㉰ (EI), (GA), (EA)
㉱ (EA), (GA), (EI)

해설
$$W_i = \int_l \frac{\overline{N}N}{EA} dx + \int_l \frac{\overline{M}M}{EI} dx + k\int \frac{\overline{S}S}{GA} dx$$

3. 가상변위 및 가상일의 원리에 대한 설명 중 잘못된 것은?

㉮ 가상변위를 주었을 때 일의 합은 일정하다.
㉯ 외력에 의한 가상일과 내력의 가상일은 같다.
㉰ 힘의 상대적인 관계는 조금도 변화하지 않은 임의의 미소변위이다.
㉱ 가상변위의 원인은 작용하는 힘과 전연 관계가 없는 것으로 본다.

4. 탄성에너지에 대한 다음 설명으로 옳은 것은?

㉮ 응력에 반비례하고 탄성계수에 비례한다.
㉯ 응력의 자승에 반비례하고 탄성계수에 비례한다.
㉰ 응력에 비례하고 탄성계수 자승에 비례한다.
㉱ 응력의 자승에 비례하고 탄성계수에 반비례한다.

해설 탄성에너지=변형에너지= $U = W$
$$U = \frac{P}{2} \cdot \delta \quad \left(\delta = \frac{P \cdot l}{AE} \right)$$
$$= \frac{1}{2} \cdot \frac{P^2 l}{AE}$$
$$= \frac{1}{2}\sigma^2 \cdot A \cdot \frac{l}{E} = \frac{\sigma^2 Al}{2E}$$

5. 길이 l인 부재의 단면2차모멘트 I인 균일 단면봉에서 휨모멘트 M에 의한 내부변형에너지에 관한 사항 중 옳지 않은 것은?

㉮ M의 제곱에 비례한다.　㉯ E에 반비례한다.
㉰ l에 반비례한다.　　　　㉱ I에 반비례한다.

해설
$$W_i = \int \frac{M_x^2}{2EI} dx$$

6. 에너지 불변의 법칙을 옳게 기술한 것은?

㉮ 탄성체에 외력이 작용하면 이 탄성체에 생기는 외력의 일과 내력이 한 일의 크기는 같다.
㉯ 탄성체에 외력이 작용하면 외력의 일과 내력이 한 일의 크기의 비가 일정하게 변화한다.
㉰ 외력의 일과 내력의 일이 일으키는 $P.M$의 값이 불변이다.
㉱ 외력과 내력에 의한 처짐비가 불변이다.

7. 휨모멘트를 받는 보의 탄성에너지(strain energy)를 나타내는 식으로 옳은 것은?

㉮ $U = \int_0^L \frac{M^2}{2EI}\,dx$ ㉯ $U = \int_0^L \frac{2EI}{M^2}\,dx$

㉰ $U = \int_0^L \frac{EI}{2M^2}\,dx$ ㉱ $U = \int_0^L \frac{M^2}{EI}\,dx$

8. 휨모멘트 M을 받는 보에 생기는 탄성변형에너지를 옳게 표시한 것은? (단, 휨강성은 EI이고, A는 단면적이다.)

㉮ $\int \frac{M^2}{2EI}\,dx$ ㉯ $\int \frac{M^2}{EI}\,dx$

㉰ $\int \frac{M^2}{EA}\,dx$ ㉱ $\int \frac{2M^2}{EI}\,dx$

9. 다음 그림에서 처음에 P_1이 작용했을 때 자유단의 처짐 δ_1이 생기고, 다음에 P_2를 가했을 때 자유단의 처짐이 δ_2만큼 증가되었다고 한다. 이때 외력 P_1이 행한 일은?

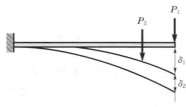

㉮ $\frac{1}{2}P_1\delta_1 + P_1\delta_2$ ㉯ $\frac{1}{2}P_1\delta_1 + P_2\delta_2$

㉰ $\frac{1}{2}(P_1\delta_1 + P_1\delta_2)$ ㉱ $\frac{1}{2}(P_1\delta_1 + P_2\delta_2)$

10. P_1, P_2가 0으로부터 작용하였다. B점의 처짐이 P_1으로 인하여 δ_1, P_2로 인하여 δ_2가 생겼다면 P_1이 먼저 작용하였을 때 P_1이 하는 일은?

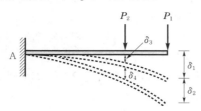

㉮ $\frac{1}{2}P_1 \cdot \delta_1 + \frac{1}{2}P_2 \cdot \delta_2$

㉯ $\frac{1}{2}P_1 \cdot \delta_1 + \frac{1}{2}P_1 \cdot \delta_2$

㉰ $\frac{1}{2}P_1 \cdot \delta_1 + P_2 \cdot \delta_2$

㉱ $\frac{1}{2}P_1 \cdot \delta_1 + P_1 \cdot \delta_2$

▶해설 $W_1 = \frac{1}{2}P_1 \cdot \delta_1 + P_1 \cdot \delta_2$

11. 그림과 같은 구조물에서 P_1으로 인하여 B점의 처짐 $\delta_1 = 3$cm, P_2로 인하여 B점의 처짐 $\delta_2 = 2$cm이었다 P_1이 작용한 후 P_2가 작용할 때 P_1이 하는 일은?

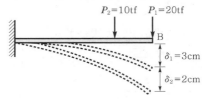

㉮ 70,000kgf · m ㉯ 100,000kgf · m

㉰ 120,000kgf · m ㉱ 150,000kgf · m

▶해설 $W_1 = \frac{1}{2}P_1 \cdot \delta_1 + P_1 \cdot \delta_2$

$= \frac{20 \times 10^3}{2} \times 3 + 20 \times 10^3 \times 2$

$= 70,000\text{kgf} \cdot \text{m}$

12. 그림과 같은 보에 저장되는 탄성에너지는? (단 전단변형에 의한 에너지는 무시)

㉮ $\frac{P^2 l^3}{96EI}$

㉯ $\frac{P^2 l^2}{6EI}$

㉰ $\frac{P^2 l^2}{96EI}$

㉱ $\frac{P^2 l^3}{6EI}$

▶해설 $W_e = U = \frac{1}{2}P \cdot \delta$

$= \frac{P}{2} \times \frac{P \cdot l^3}{48EI} = \frac{P^2 l^3}{96EI}$

13. 다음 보에서 휨 변형에너지는? (단, EI는 일정하다.)

㉮ $\dfrac{P^2a^2b^2}{3lEI}$

㉯ $\dfrac{P^2a^2b^2}{12lEI}$

㉰ $\dfrac{P^2ab}{6lEI}$

㉱ $\dfrac{P^2a^2b^2}{6lEI}$

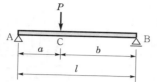

해설

$$W_e = U$$
$$= \frac{1}{2}P \cdot \delta_c$$
$$= \frac{P}{2} \times \frac{Pa^2b^2}{3EI \cdot l}$$
$$= \frac{P^2a^2b^2}{6EIl}$$

14. 그림과 같은 단순보에서 휨모멘트에 의한 변형에너지를 옳게 구한 것은? (단, E : 탄성계수, I : 단면 2차모멘트이다.)

㉮ $\dfrac{w^2l^5}{385EI}$

㉯ $\dfrac{w^2l^5}{240EI}$

㉰ $\dfrac{w^2l^5}{96EI}$

㉱ $\dfrac{w^2l^5}{40EI}$

 해설

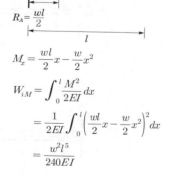

$$R_A = \frac{wl}{2}$$

$$M_x = \frac{wl}{2}x - \frac{w}{2}x^2$$

$$W_{iM} = \int_0^l \frac{M^2}{2EI} dx$$
$$= \frac{1}{2EI} \int_0^l \left(\frac{wl}{2}x - \frac{w}{2}x^2\right)^2 dx$$
$$= \frac{w^2l^5}{240EI}$$

15. 그림과 같은 단순보에 축적되는 변형에너지(strain energy)는?

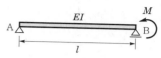

㉮ $\dfrac{M^2l}{12EI}$ ㉯ $\dfrac{M^2l}{6EI}$

㉰ $\dfrac{M^2l}{4EI}$ ㉱ $\dfrac{M^2l}{3EI}$

해설

$$W_e = U = \frac{1}{2}M \cdot \theta$$
$$= \frac{M}{2} \times \frac{M \cdot l}{3EI} = \frac{M^2l}{6EI}$$

16. 그림과 같은 단순보에 저장되는 변형에너지는?

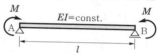

㉮ $\dfrac{M^2l}{2EI}$ ㉯ $\dfrac{M^2l}{4EI}$

㉰ $\dfrac{M^2l}{6EI}$ ㉱ $\dfrac{M^2l}{8EI}$

해설

$$W_e = U = \int_0^l \frac{M_x^2}{2EI} dx$$
$$= \frac{1}{2EI} \int_0^l M^2 dx = \frac{M^2l}{2EI}$$

17. 그림과 같은 캔틸레버에 저장되는 탄성변형에너지는?

㉮ $\dfrac{P^2l^3}{2EI}$ ㉯ $\dfrac{P^2l^3}{3EI}$

㉰ $\dfrac{P^2l^3}{4EI}$ ㉱ $\dfrac{P^2l^3}{6EI}$

해설

$$W_e = U = \frac{1}{2}P \cdot \delta$$
$$= \frac{P}{2} \times \frac{P \cdot l^3}{3EI} = \frac{P^2l^3}{6EI}$$

18. 다음 보의 휨 변형에너지는? (단, EI는 일정)

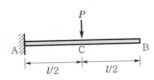

㉮ $\dfrac{P^2l^3}{48EI}$ ㉯ $\dfrac{P^2l^3}{24EI}$

㉰ $\dfrac{P^2l^3}{16EI}$ ㉱ $\dfrac{P^2l^3}{8EI}$

해설

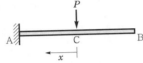

$M_x = -P \cdot x$

$W_{iM} = \int \dfrac{M_x^{\,2}}{2EI}\,dx = \int_0^{l/2} \dfrac{(-P \cdot x)^2}{2EI}\,dx$

$= \dfrac{P^2}{2EI} \int_0^{l/2} x^2\,dx = \dfrac{P^2}{2EI}\left[\dfrac{x^3}{3}\right]_0^{l/2}$

$= \dfrac{P^2l^3}{48EI}$

19. 그림과 같이 재료와 단면이 같은 두 개의 외팔보가 있다. 이때 보(A)에 저장되는 변형에너지는 보(B)에 저장되는 변형에너지의 몇 배인가?

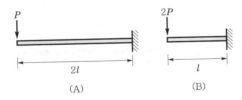

(A)   (B)

㉮ 0.5배 ㉯ 1배

㉰ 2배 ㉱ 4배

해설

$W_e = U_A = \dfrac{1}{2}P \cdot \delta_A = \dfrac{P}{2} \times \dfrac{P \cdot (2l)^3}{3EI}$

$= \dfrac{4P^2l^3}{3EI}$

$W_e = U_B = \dfrac{1}{2}P \cdot \delta_B = \dfrac{2P}{2} \times \dfrac{2Pl^3}{3EI}$

$= \dfrac{2P^2L^3}{3EI}$

$\therefore\ U_A = 2U_B$

20. 그림과 같은 캔틸레버에서 변형에너지를 옳게 구한 것은? (단, E : 탄성계수, I : 단면2차모멘트이다.)

㉮ $\dfrac{w^2l^5}{20EI}$

㉯ $\dfrac{w^2l^5}{40EI}$

㉰ $\dfrac{w^2l^5}{96EI}$

㉱ $\dfrac{w^2l^5}{128EI}$

해설

$M_x = \dfrac{w(l-x)^2}{2}$

$W_{iM} = \int_0^l \dfrac{M^2}{2EI}\,dx$

$= \int_0^l \dfrac{1}{2EI} \cdot \dfrac{w^2(l-x)^4}{4}\,dx$

$= \dfrac{w^2}{8EI} \int_0^l (l-x)^4\,dx$

$l - x = Z$로 놓으면 $dx = -dZ$

$W_{iM} = \dfrac{w^2}{8EI} \int_0^l Z^4(-dZ)$

$= \dfrac{w^2}{8EI}\left[-\dfrac{Z^5}{5}\right]_0^l$

$= \dfrac{w^2l^5}{40EI}$

21. 다음 캔틸레버보의 휨 변형에너지는? (단, EI는 일정)

㉮ $\dfrac{w^2l^5}{40EI}$

㉯ $\dfrac{w^2l^5}{80EI}$

㉰ $\dfrac{w^2l^5}{1280EI}$

㉱ $\dfrac{w^2l^5}{96EI}$

해설 $M_x = -\dfrac{w}{2}x^2$

$M_x = -\dfrac{w}{2}x^2$

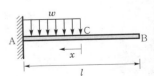

$$W_{iM} = \int \frac{M_x^2}{2EI} dx$$

$$= \int_0^{l/2} \frac{\left(-\frac{w}{2}x^2\right)^2}{2EI} dx$$

$$= \frac{w^2}{8EI} \int_0^{l/2} x^4 dx$$

$$= \frac{w^2}{8EI} \left[\frac{x^5}{5}\right]_0^{l/2}$$

$$= \frac{w^2 l^5}{1,280EI}$$

22. 그림과 같은 자유단에 휨모멘트 M이 작용할 때, 캔틸레버보에 저장되는 탄성변형에너지는?

㉮ $\dfrac{M^2 L}{2EI}$

㉯ $\dfrac{ML^2}{EI}$

㉰ $\dfrac{M^2 L}{3EI}$

㉱ $\dfrac{M^2 L}{EI}$

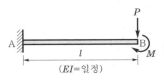

▶해설

$$W = \int_0^L \frac{N^2}{2AE} dx + \int_0^L \frac{M^2}{2EI} dx$$

$$+ \int_0^L \frac{kS^2}{2GA} dx$$

$$= 0 + \int_0^L \frac{M^2}{2EI} dx + 0$$

$$= \frac{M^2 L}{2EI}$$

23. 그림과 같은 캔틸레버의 끝단에 수직하중 P와 모멘트 M이 작용하는 경우 이 보에 저장되는 탄성에너지는 다음 중 어느 식으로 주어지는가? (단, 전단변형에 의한 에너지는 무시한다.)

㉮ $U = \dfrac{P^2 l^2}{2EI} + \dfrac{M^2 l}{2EI}$

㉯ $U = \dfrac{P^2 l^3}{3EI} + \dfrac{M^2 l}{2EI}$

㉰ $U = \dfrac{P^2 l^3}{EI} + \dfrac{M^2 l}{EI}$

㉱ $U = \dfrac{P^2 l^3}{6EI} + \dfrac{M^2 l}{2EI}$

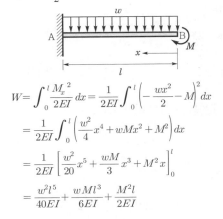

$(EI=일정)$

▶해설

$$M_x = -Px - M$$

$$W_i = \int \frac{M^2}{2EI} dx = \frac{1}{2EI} \int (-Px - M)^2 dx$$

$$= \frac{1}{2EI} \int_0^l (-Px)^2 dx + \frac{1}{2EI} \int_0^l (-M)^2 dx$$

$$+ \frac{1}{2EI} \int_0^l (2PMx) dx$$

$$= \frac{P^2}{2EI} \left[\frac{x^3}{3}\right]_0^l + \frac{M^2}{2EI} [x]_0^l + \frac{PM}{EI} \left[\frac{x^2}{2}\right]_0^l$$

$$W_i = \frac{P^2 l^3}{6EI} + \frac{M^2 l}{2EI} + \frac{PM l^2}{2EI}$$

24. 다음 보에 저장되는 탄성에너지는?

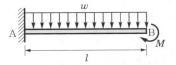

㉮ $\dfrac{w^2 l^5}{40EI} + \dfrac{wM l^3}{3EI} + \dfrac{M^2 l}{2EI}$

㉯ $\dfrac{w^2 l^5}{40EI} + \dfrac{wM l^3}{4EI} + \dfrac{M^2 l}{2EI}$

㉰ $\dfrac{w^2 l^5}{40EI} + \dfrac{wM l^3}{6EI} + \dfrac{M^2 l}{2EI}$

㉱ $\dfrac{w^2 l^5}{40EI} + \dfrac{wM l^3}{8EI} + \dfrac{M^2 l}{2EI}$

▶해설 탄성변형에너지는 중첩의 원리가 성립되지 않는다. 따라서 하중을 동시에 재하시켜 계산해야 한다.

$$M_x = -\frac{wx^2}{2} - M$$

$$W = \int_0^l \frac{M_x^2}{2EI} dx = \frac{1}{2EI} \int_0^l \left(-\frac{wx^2}{2} - M\right)^2 dx$$

$$= \frac{1}{2EI} \int_0^l \left(\frac{w^2}{4}x^4 + wMx^2 + M^2\right) dx$$

$$= \frac{1}{2EI} \left[\frac{w^2}{20}x^5 + \frac{wM}{3}x^3 + M^2 x\right]_0^l$$

$$= \frac{w^2 l^5}{40EI} + \frac{wM l^3}{6EI} + \frac{M^2 l}{2EI}$$

25. 양단고정 보의 지간 중앙에 집중하중 P가 작용할 때의 변형에너지는? (단, EI는 일정)

㉮ $\dfrac{P^2 l^3}{96EI}$

㉯ $\dfrac{P^2 l^3}{240EI}$

㉰ $\dfrac{P^2 l^3}{576EI}$

㉱ $\dfrac{P^2 l^3}{384EI}$

$$\delta_C = \frac{Pl^3}{192EI}$$

$$\therefore\ W_e = \frac{1}{2}P \cdot \delta_C = \frac{P}{2} \times \frac{Pl^3}{192EI} = \frac{P^2 l^3}{384EI}$$

축하중 부재의 변형에너지

26. 축방향력 N, 단면적 A, 탄성계수 E일 때 축방향 변형에너지는?

㉮ $\displaystyle\int_0^l \frac{N^2}{2EA}\,dx$

㉯ $\displaystyle\int_0^l \frac{N}{2EA}\,dx$

㉰ $\displaystyle\int_0^l \frac{N^2}{EA}\,dx$

㉱ $\displaystyle\int_0^l \frac{N}{EA}\,dx$

$$W_{iN} = \int_0^l \frac{N^2}{2AE}\,dx$$

27. 단면적 A, 길이 l의 강철 사각보가 수직으로 매달려 있다. 단위중량이 γ일 때 자중에 의한 탄성에너지는?

㉮ $\dfrac{\gamma}{2AE}$

㉯ $\dfrac{\gamma^2 A}{2E}$

㉰ $\dfrac{\gamma^2 A l^3}{6E}$

㉱ $\dfrac{\gamma^2 A^2 l^2}{6E}$

축방향력 $N = A \cdot x \cdot \gamma$

$$U = \int_0^l \frac{N^2}{2AE}\,dx$$

$$= \frac{1}{2AE}\int_0^l A^2 \gamma^2 x^2\,dx$$

$$= \frac{A\gamma^2}{2E}\left[\frac{x^3}{3}\right]_0^l = \frac{\gamma^2 A l^3}{6E}$$

28. 봉의 변형에너지를 신장량의 함수로 표시한 ~은? (단, L : 봉의 길이, EA : 봉의 축강성, δ : 신장량이다.)

㉮ $V = \dfrac{EA\delta}{L}$

㉯ $V = \dfrac{EA\delta^2}{2L^2}$

㉰ $V = \dfrac{EA\delta^2}{2L}$

㉱ $V = \dfrac{E^2 A\delta}{L}$

$$V = \frac{P \cdot \delta}{2}$$

$$\delta = \frac{PL}{AE}$$

$$P = \frac{AE \cdot \delta}{L}$$

$$V = \frac{\delta}{2} \cdot \frac{AE\delta}{L}$$

$$\therefore\ V = \frac{AE\delta^2}{2L}$$

29. 길이 l, 직경 d인 원형 단면봉이 인장하중 P를 받고 있다. 응력이 단면에 균일하게 분포한다고 가정할 때, 이 봉에 저장되는 변형에너지를 구한 값은? (단, 봉의 탄성계수는 E)

㉮ $\dfrac{4P^2 l}{\pi d^2 E}$

㉯ $\dfrac{2P^2 l}{\pi d^2 E}$

㉰ $\dfrac{4Pl^2}{\pi d^2 E}$

㉱ $\dfrac{4Pl^2}{\pi d^2 E}$

$$W_e = U = \frac{P}{2} \cdot \delta = \frac{P^2 l}{2EA}$$

$$\therefore\ W_e = \frac{P^2 l}{2E\left(\dfrac{\pi d^2}{4}\right)} = \frac{2P^2 l}{\pi d^2 E}$$

30. 길이 20cm이고 단면적이 10cm³인 균일 단면봉이 2,000kgf의 압축하중을 받고 있다. 이 봉의 탄성계수가 2.0×10^5kgf/cm²일 때 이 봉 속에 저장되는 변형에너지는?

㉮ 1kgf · cm

㉯ 2kgf · cm

㉰ 4kgf · cm

㉱ 5kgf · cm

$$U = \frac{P^2 l}{2AE}$$

$$= \frac{(2,000)^2 \times 20}{2 \times 10 \times 2 \times 10^6} = 2\text{kgf} \cdot \text{cm}$$

31. 다음 봉에서 변형에너지는? (단, AE는 일정하다.)

㉮ $\dfrac{P^2l}{5EA}$

㉯ $\dfrac{P^2l}{4EA}$

㉰ $\dfrac{P^2l}{3EA}$

㉱ $\dfrac{P^2l}{2EA}$

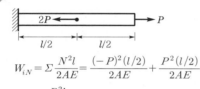

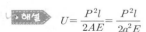

$$W_{iN} = \Sigma\,\frac{N^2l}{2AE} = \frac{(-P)^2(l/2)}{2AE} + \frac{P^2(l/2)}{2AE}$$

$$= \frac{P^2l}{2AE}$$

32. 그림과 같은 봉의 내부에 저장되는 변형에너지 (strain energy)는? (단, P : 인장하중, A : 봉의 단면적, E : 탄성계수, δ : 이때 생기는 신장의 크기, U : 변형에너지)

㉮ $U = \dfrac{1}{2}P\delta$

㉯ $U = P\delta$

㉰ $U = \dfrac{1}{2}P \cdot \dfrac{P^2l}{AE}$

㉱ $U = \dfrac{1}{2}P \cdot \dfrac{AE\delta^2}{l}$

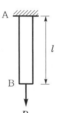

33. 그림과 같은 정사각형 막대 단면의 변형에너지는?

㉮ $\dfrac{P^2l}{2a^2E}$

㉯ $\dfrac{2P^2l}{a^2E}$

㉰ $\dfrac{2a^2l}{P^2E}$

㉱ $\dfrac{2El}{a^2P^2}$

$$U = \frac{P^2l}{2AE} = \frac{P^2l}{2a^2E}$$

34. 강봉에 400kgf의 축하중이 작용하여 축방향으로 4mm가 변형되었다면 탄성변형에너지는?

㉮ 60kgf · cm

㉯ 80kgf · cm

㉰ 100kgf · cm

㉱ 120kgf · cm

$$U = W_e = \frac{1}{2}P\delta = \frac{400}{2} \times 0.4 = 80\text{kgf} \cdot \text{cm}$$

35. 비틀림모멘트 T를 받는 길이가 L인 봉의 비틀림에너지는? (단, 비틀림강성은 $G \cdot J$임.)

㉮ $U = \dfrac{T \cdot L}{2G \cdot J}$

㉯ $U = \dfrac{T^2 \cdot L}{2G \cdot J}$

㉰ $U = \dfrac{T \cdot L^2}{2G \cdot J}$

㉱ $U = \dfrac{T^2 \cdot L^2}{2G \cdot J}$

$$W_E = U = \frac{1}{2}T \cdot \phi = \frac{T}{2} \times \frac{T \cdot L}{GI_P} = \frac{T^2 \cdot L}{2GI_P}$$

(GI_P : 비틀림강성)

36. 다음 동일 재질의 봉의 비틀림 변형에너지는? (단, T는 비틀림모멘트, GJ는 비틀림강도이다.)

㉮ $\dfrac{3T^2l}{GJ}$

㉯ $\dfrac{3T^2l}{2GJ}$

㉰ $\dfrac{T^2l}{GJ}$

㉱ $\dfrac{3T^2l}{4GJ}$

$$W_{iT} = \frac{T^2l}{2GJ} + \frac{T^2l}{2G(2J)} = \frac{3T^2l}{4GJ}$$

37. 레질리언스계수란?

㉮ 재료의 항복시의 응력에 해당하는 변형에너지이다.

㉯ 재료의 비례한도의 응력에 해당하는 변형에너지이다.

㉰ 재료의 파괴 시의 응력에 해당하는 변형에너지 밀도이다.

㉱ 재료의 극한응력에 응력에 해당하는 변형에너지 밀도이다.

레질리언스계수는 재료의 비례한도(또는 탄성한도)에 해당하는 응력을 받고 있을 때의 변형에너지 밀도이다.

38. 다음 중 레질리언스계수를 나타낸 식은 어느 것인가?

㉮ $\dfrac{\varepsilon^2}{2E}$

㉯ $\dfrac{\sigma^2}{2E}$

㉰ $\dfrac{\delta^2}{2E}$

㉱ $\dfrac{\gamma^2}{2E}$

해설 $U_r = \dfrac{W_i}{AL} = \dfrac{W_i}{V} = \dfrac{\sigma^2}{2E}$

39. 재료의 파단 시에 해당하는 응력을 받고 있을 때의 변형에너지 밀도를 무엇이라고 하는가?

㉮ 레질리언스

㉯ 레질리언스계수

㉰ 인성

㉱ 인성계수

해설 인성이란 파단 시까지 에너지를 흡수할 수 있는 능력을 의미하며, 재료의 파단 시 변형에너지 밀도를 인성계수라고 한다.

chapter 11

구조물의 변위

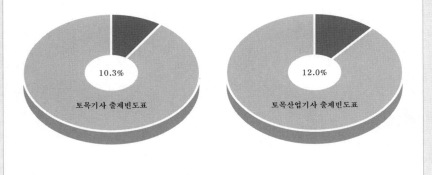

10.3%

토목기사 출제빈도표

12.0%

토목산업기사 출제빈도표

11 구조물의 변위

01 개요

① 탄성곡선(처짐곡선)

(1) 직선이었던 보가 하중을 받게 되면 부
재축은 변형되어 곡선을 이룬다. 이 곡
선을 탄성곡선(elastic curve) 또는 처
짐곡선(deflection curve)이라고 한다.

【그림 11-1】 처짐곡선

(2) 구조물의 형태가 변하는 것을 변
형(deformation)이라 하고, 변형된 곡선상 임의의 점에서의 이동
량을 변위(displacement)라고 한다.

② 처짐

(1) 보가 하중을 받아 변형하였을 때 그 축상의 임의의 점의 변위에 대
한 연직방향의 거리를 처짐이라고 한다.
(2) 부호 : 하향(↓)일 때 (+), 상향(↑)일 때 (−)

③ 처짐각

(1) 탄성곡선상의 한 점에서 그은 접선이 변형 전의 보의 축과 이루는
각을 처짐각(deflection angle)이라고 한다.

$$\tan \theta = \frac{dy}{dx} \fallingdotseq \theta$$

(2) 부호 : 시계 방향(⌒)일 때 (+), 반시계 방향(⌣)일 때 (−)

☑ 용어 정리
① 탄성곡선(처짐곡선)
  하중에 의해 변형된 곡선
② 변형(deformation)
  구조물의 형태가 변하는것
③ 변위(displacement)
  임의의 점의 이동량
④ 처짐(deflection)
  변위의 연직성분(≒변위)
⑤ 처짐각(deflection angle)

$$\tan \theta = \frac{dy}{dx} \fallingdotseq \theta$$

④ 처짐을 구하는 목적

(1) 사용성 문제
허용처짐량을 넘으면 구조물의 미관을 헤치고 구조물에 부착된 다른 부분이 손상을 받는다. 즉, 구조물 처짐의 허용한계점을 결정하기 위해서이다.

(2) 부정정 구조물의 해석
부정정 구조물을 해석할 때 이용한다.

02 처짐의 해법

① 처짐을 구하는 방법

(1) 기하학적 방법
① 탄성곡선식법(처짐곡선식법, 2중적분법, 미분방정식법) : 보, 기둥에 적용
② 모멘트면적법(Greene의 정리) : 보, 라멘에 적용
③ 탄성하중법(Mohr의 정리) : 보, 라멘에 적용
④ 공액보법 : 모든 보
⑤ New mark의 방법 : 비균일 단면의 보에 적용
⑥ 부재열법 : 트러스에만 적용
⑦ Willot Mohr도에 의한 법 : 트러스에만 적용
⑧ 중첩법(겹침법)

(2) Energy 방법
① 실제일의 방법(탄성변형, energy 불변의 정리) : 보에 적용
② 가상일의 방법(단위하중법) : 모든 구조물에 적용
③ Castigiliano의 제2정리 : 모든 구조물에 적용

(3) 수치해석법
① 유한차분법
② Rayleigh : Ritz method
③ 유한요소법
④ 경계요소법
⑤ 매트릭스법(matrix method)

> ▣ 처짐이 생기는 원인
> ① 하중, 온도, 제작오차, 지점침하 등의 요인
> ② 단면력(휨모멘트, 전단력, 축방향력, 비틀림력) 같은 여러 종류의 내력

❱ 탄성곡선식법(2중적분법, 미분방정식법)

(1) 탄성곡선식(미분방정식)

$$\frac{1}{R} = \frac{M_x}{EI}, \quad \frac{d^2y}{dx^2} = -\frac{M_x}{EI}$$

(2) 처짐각

$$\theta = \frac{dy}{dx} = -\int \frac{M_x}{EI}\,dx + C_1$$

$$\therefore \ EI\theta = -\int M_x\,dx + C_1$$

(3) 처짐

$$y = -\int\left(\int \frac{M_x}{EI}\,dx\right)dx + C_1x + C_2$$

$$= -\iint \frac{M_x}{EI}\,dxdx + C_1x + C_2$$

$$\therefore \ EIy = -\iint M_x\,dxdx + C_1x + C_2$$

여기서, C_1, C_2 : 적분상수

EI : 굴곡강성(휨강성)

(4) 적분상수 C_1, C_2는 경계조건의 원리에 의해 구한다.

▶ 탄성곡선식에서

$$y = -\iint \frac{M}{EI}\,dxdx + C_1x + C_2$$

$$y' = \theta = \frac{dy}{dx} = -\int \frac{M}{EI}\,dx + C_1$$

$$y'' = \frac{d^2y}{dx^2} = -\frac{M}{EI}$$

$$y''' = \frac{d^3y}{dx^3} = -\frac{S}{EI}$$

$$y'''' = \frac{d^4y}{dx^4} = \frac{w}{EI} \,(\text{등분포하중})$$

$$y''' = \frac{d^4y}{dx^4} = 0 \,(\text{집중하중})$$

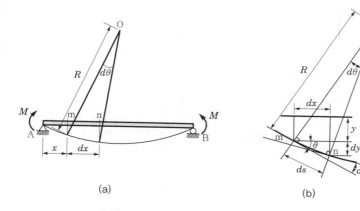

(a) (b)

【그림 11-2】 처짐과 곡률의 관계

❸ 모멘트면적법(Greene의 정리)

(1) 모멘트면적 제1정리

탄성곡선상에서 임의의 점 m과 n에서의 접선이 이루는 각은 이 두 점 간의 휨모멘트도의 면적을 EI로 나눈 값과 같다.

$$\theta = \int \frac{M}{EI} dx = \frac{A}{EI}$$

(2) 모멘트면적 제2정리

탄성곡선상에서 임의의 점 m에서 탄성곡선에 접하는 접선으로부터 그 탄성곡선상에서 다른 점 n까지의 수직거리는 이들 두 점 간의 휨모멘트도 면적의 m점을 지나는 축에 대한 단면1차모멘트를 EI로 나눈 값과 같다.

$$y_m = \int \frac{M}{EI} \cdot x_1 \cdot dx = \frac{A}{EI} \cdot x_1$$

$$y_n = \int \frac{M}{EI} \cdot x_2 \cdot dx = \frac{A}{EI} \cdot x_2$$

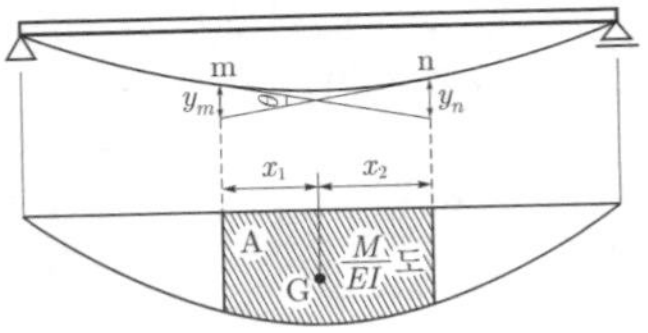

【그림 11-3】 모멘트면적법

❹ 탄성하중법(Mohr의 정리)

(1) 단순보의 임의의 점에서의 처짐각은 휨모멘트도를 하중으로 생각할 때 그 점에서 생기는 전단력을 EI로 나눈 값이다.

(2) 단순보의 임의의 점에서의 처짐은 휨모멘트도를 하중으로 생각할 때 그 점에서 생기는 휨모멘트를 EI로 나눈 값이다.

$$\theta_x = \frac{1}{EI}(R_A{}' - A_{AC})$$

$$y_x = \frac{1}{EI}(R_A{}'x - A_{AC} \cdot \overline{x})$$

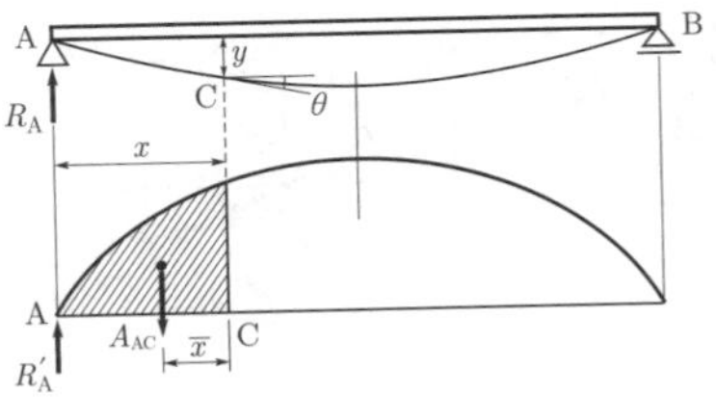

【그림 11-4】 탄성하중법

(3) 탄성하중법은 고정단에서 처짐과 처짐각이 발생한다는 모순이 생긴다.

⑤ 공액보법

(1) 탄성하중법의 원리를 적용시킬 수 있도록 단부의 조건을 변화시킨 보를 공액보라고 하며, 공액보에 $\dfrac{M}{EI}$도라는 탄성하중을 재하시켜서 탄성하중법을 그대로 적용하여 처짐과 처짐각을 구하는 방법이다.

(2) 단부 조건의 변화

① 고정단 → 자유단

② 자유단 → 고정단

③ 내측 힌지절점 → 내측 힌지지점

④ 내측 힌지지점 → 내측 힌지절점

(3) 실제보를 공액보로 표시하여 해석하고, 공액보법은 모든 보에 적용한다.

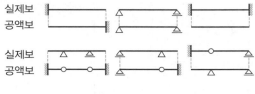

【그림 11-5】 공액보

⑥ 가상일의 원리(단위하중법)

(1) 하중에 의해 이루어진 외적인 일은 구조물에 저장된 내적인 탄성에너지와 같다.

(2) 휨 부재의 변위

$$\theta_c = \int \frac{M_m \, m}{EI} \, dx \,, \quad y_c = \int \frac{M_m \, m_n}{EI} \, dx$$

여기서, M_m : 실제하중에 의한 임의의 점의 휨모멘트

m : 처짐각을 구할 때 C점에 작용시킨 가상적인 단위모멘트하중($m_n = 1$)에 의한 임의의 점의 휨모멘트이다.

m_n : 처짐을 구할 때 C점에 작용시킨 가상적인 단위집중하중($P_n = 1$)에 의한 임의의 점의 휨모멘트이다.

(3) 트러스 부재의 변위

$$\delta_i = \Sigma \frac{fF}{EA}L$$

여기서, δ_i : 구하고자 하는 점의 처짐
　　　 f : 단위하중에 의한 부재력
　　　 F : 실제하중에 의한 부재력
　　　 L : 트러스 부재의 길이
　　　 EA : 부재의 축강성

⑦ Castigliano의 제2정리

(1) 구조물이 재료가 탄성적이고 온도변화나 지점침하가 없는 경우에 변형에너지의 어느 특정한 힘(또는 우력)에 관한 1차 편도함수는 그 힘의 작용점에서의 작용선 방향의 처짐(또는 기울기)과 같다.

(2) 처짐

$$\delta_i = \frac{\partial W_i}{\partial P_i}$$

$$W_i = \int_0^l \frac{M^2}{2EI}dx + \Sigma \frac{F^2 l}{2EA} \text{ 을 대입하면}$$

① 라멘의 처짐 : $\delta_i = \Sigma \int M\left(\frac{\partial M}{\partial P_i}\right)\frac{dx}{EI} + \Sigma F\left(\frac{\partial F}{\partial P_i}\right)\frac{l}{EA}$

② 보의 처짐 : $\delta_i = \Sigma \int M\left(\frac{\partial M}{\partial P_i}\right)\frac{dx}{EI}$

③ 트러스의 처짐 : $\delta_i = \Sigma F\left(\frac{\partial F}{\partial P_i}\right)\frac{l}{EA}$

(3) 기울기(처짐각)

$$\theta_i = \Sigma \int M\left(\frac{\partial M}{\partial M_A}\right)\frac{dx}{EI}$$

(4) 특성

① 모든 구조물에 적용하여 처짐, 기울기(처짐각)를 구할 수 있다.
② 지점침하나 온도변화 등으로 일어나는 처짐의 계산에는 이용할 수 없다.

03 상반정리

① Betti의 정리(상반일의 정리)

(1) 재료가 탄성적이고 Hooke의 법칙을 따르는 구조물에서 지점침하와 온도변화가 없을 때 한 역계 P_j에 의해 변형하는 동안에 다른 역계 P_i가 한 외적인 가상일은, P_i 역계에 의해 변형하는 동안에 P_j 역계가 한 외적인 가상일과 같다.

(2) Betti의 정리(상반일의 정리) 적용

① P_1을 작용시키고 나중에 P_2를 작용시킬 경우 외력의 일은

$$W_{12} = \frac{1}{2}P_1\delta_{11} + P_1\delta_{12} + \frac{1}{2}P_2\delta_{22}$$

② P_2를 먼저 작용시키고 나중에 P_1을 작용시킬 경우 외력의 일은

$$W_{21} = \frac{1}{2}P_2\delta_{22} + P_2\delta_{21} + \frac{1}{2}P_1\delta_{11}$$

③ 하중의 재하 순서에 관계없이 외력이 한 일은 같다. $W_{12} = W_{21}$ 로부터

$$\therefore P_1\delta_{12} = P_2\delta_{21}$$

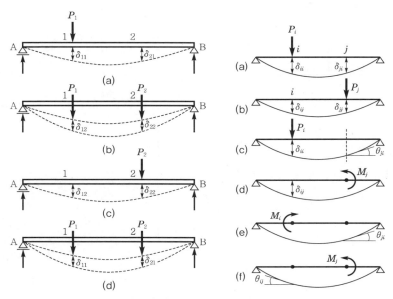

【그림 11-6】 Betti의 정리

④ 이는 모멘트와 처짐각에 대해서도 성립하며, 모멘트와 모멘트
관계에서도 성립한다. 일반적인 경우 다음과 같다.

$$\therefore \; P_i \delta_{ij} = P_j \delta_{ji}$$

$$\therefore \; P_i \delta_{ij} = M_j \theta_{ji}$$

$$\therefore \; M_i \theta_{ij} = M_j \theta_{ji}$$

② Maxwell의 정리(상반변위의 정리)

(1) 재료가 탄성적이고 Hooke의 법칙을 따르는 구조물에서 지점침
하와 온도변화가 없을 때, j점에 작용하는 P로 인한 i점의 처짐
δ_{ij}는 i점에 작용하는 다른 하중 P로 인한 j점의 처짐 δ_{ji}와 값
이 같다.

(2) Maxwell의 정리(상반변위의 정리) 적용

① 1점에 작용하는 하중 P에 의한 2점의 처짐은 2점에 하중 P를
작용시켰을 때의 1점의 처짐과 같다.

$$\therefore \; \delta_{21} = \delta_{12}$$

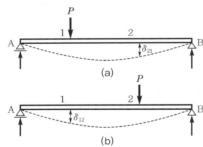

【그림 11-7】 Maxwell의 정리

② Betti 법칙의 특수한 경우로, Betti의 법칙에서 P_i, P_j, M_i,
M_j 모두 단위하중 또는 단위모멘트($P_i = P_j = M_i = M_j = 1$)
로 생각한 경우이다.

$$\therefore \; \delta_{ij} = \delta_{ji}$$

$$\therefore \; \delta_{ij} = \theta_{ji}$$

$$\therefore \; \theta_{ij} = \theta_{ji}$$

(3) 상반정리의 응용

① 앞의 Betti의 정리(상반일의 정리)와 Maxwell의 정리(상반변위의 정리)를 합하여 상반작용의 정리(Reciprocal theorem)라고 한다.

② 상반정리는 부정정 구조물 해석 시 변형일치법으로 적용하고, 부정정 구조물의 영향선을 그릴 때 적용한다.

❸ Müller–Breslau의 정리

(1) Müller-Breslau의 원리는 "구조물의 어떤 한 응력요소(반력, 축방향력, 전단력, 휨모멘트, 처짐)에 대한 영향선 종거는 구조물에서 그 응력요소에 대응하는 구속을 제거하고, 그 점에 응력요소에 대응하는 단위변위를 일으켰을 때의 처짐곡선의 종거와 같다."는 원리로서, 어느 특정기능(어느 특정한 점의 반력, 전단력, 휨모멘트, 부재력 또는 처짐)의 영향선은 그 기능이 단위변위만큼 움직였을 때 구조물의 처짐 모양과 같다.

(2) 변위의 적합조건식으로부터

$$\delta_{B1} - R_B\,\delta_{BB} = 0$$

$$\therefore\ R_B = \frac{\delta_{B1}}{\delta_{BB}}$$

상반정리에 의하여 $\delta_{B1} = \delta_{1B}$
이므로

$$\therefore\ R_B = \frac{\delta_{B1}}{\delta_{BB}} = \frac{\delta_{1B}}{\delta_{BB}}$$

따라서, R_B의 영향선은 그림 〔11-8(e)〕의 점선의 처짐곡선과 같다.

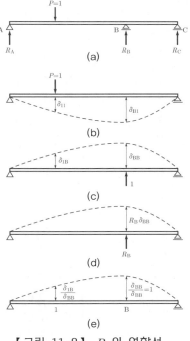

【그림 11-8】 R_B의 영향선

04 보의 처짐 및 처짐각

연번	하중상태	처짐각	처짐
1	A $\frac{l}{2}$ P B, l	$\theta_A = -\theta_B$ $\dfrac{Pl^2}{16EI}$	$y_{max} = \dfrac{Pl^3}{48EI}$
2	A a P b B, l	$\theta_A = \dfrac{Pb}{6EIl}(l^2 - b^2)$ $\theta_B = -\dfrac{Pa}{6EIl}(l^2 - a^2)$	$y_C = \dfrac{Pa^2 b^2}{3EIl}$
3	A w B, l	$\theta_A = -\theta_B$ $\dfrac{wl^3}{24EI}$	$y_{max} = \dfrac{5wl^4}{384EI}$
4	A w B, l	$\theta_A = \dfrac{7wl^3}{360EI}$ $\theta_B = -\dfrac{8wl^3}{360EI}$	$y_{max} = 0.0062 \times \dfrac{wl^4}{EI}$
5	A w B, l	$\theta_A = -\theta_B$ $\dfrac{5wl^4}{192EI}$	$y_{max} = \dfrac{wl^4}{120EI}$
6	A M_A M_B B, l	$\theta_A = \dfrac{l}{6EI}(2M_A + M_B)$ $\theta_B = -\dfrac{l}{6EI}(M_A + 2M_B)$	$M_A = M_B = M$ $y_{max} = \dfrac{Ml^2}{8EI}$
7	A M_A B, l	$\theta_A = \dfrac{M_A l}{3EI}$ $\theta_B = -\dfrac{M_A l}{6EI}$	
8	A B, M_A l	$\theta_A = -\dfrac{M_A l}{3EI}$ $\theta_B = \dfrac{M_A l}{6EI}$	
9	A P B, l	$\theta_B = \dfrac{Pl^2}{2EI}$	$y_B = \dfrac{Pl^3}{3EI}$
10	A a P b C B, l	$\theta_C = \theta_B = \dfrac{Pa^2}{2EI}$	$y_B = \dfrac{Pa^2}{6EI}(3l - a)$

연번	하중상태	처짐각	처짐
11	A C B, $\frac{l}{2}$, P, l	$\theta_C = \theta_B = \dfrac{Pl^2}{8EI}$	$y_B = \dfrac{5Pl^2}{48EI}$
12	A C B, P, $\frac{l}{2}$, P, $\frac{l}{2}$	$\theta_B = \dfrac{3Pl^2}{8EI}$	$y_B = \dfrac{11Pl^3}{48EI}$
13	A B, w, l	$\theta_B = \dfrac{wl^3}{6EI}$	$y_B = \dfrac{wl^4}{8EI}$
14	A C B, w, $\frac{l}{2}$, $\frac{l}{2}$	$\theta_C = \theta_B = \dfrac{wl^3}{48EI}$	$y_B = \dfrac{7wl^4}{384EI}$
15	A B, M, l	$\theta_B = \dfrac{Ml}{EI}$	$y_B = \dfrac{Ml^2}{2EI}$
16	A C B, M, $\frac{l}{2}$, $\frac{l}{2}$	$\theta_B = \dfrac{Ml}{2EI}$	$y_B = \dfrac{3Ml^2}{8EI}$
17	A C B, $\frac{l}{2}$, P, l	$\theta_B = -\dfrac{Pl^2}{32EI}$	$y_C = \dfrac{7Pl^3}{786EI}$
18	A B, w, l	$\theta_B = -\dfrac{wl^3}{8EI}$	$y_{\max} = \dfrac{wl^4}{185EI}$
19	A B, $\frac{l}{2}$, P, l		$y_{\max} = \dfrac{Pl^3}{192EI}$
20	A B, w, l		$y_{\max} = \dfrac{wl^4}{384EI}$
21	A B, M, l	$\theta_B = -\dfrac{Ml}{4EI}$	

예상 및 기출문제

변위의 개론

1. 처짐을 구하는 방법과 가장 관계가 먼 것은?

㉮ 탄성하중법　　　　㉯ 3연모멘트법
㉰ 모멘트면적법　　　㉱ 탄성곡선의 미분방정식

> **해설** 처짐을 구하는 방법
> ① 탄성곡선법(미분방정식, 2중적분법)
> ② 모멘트면적법
> ③ 탄성하중법
> ④ 공액보법
> ⑤ 가상일의 원리

2. 다음 처짐을 계산하는 방법이 아닌 것은?

㉮ 가상일의 방법　　　㉯ 2중적분법
㉰ 공액보법　　　　　㉱ Müler-Breslau의 원리

3. 균질한 단면을 가진 보에 작용하는 휨모멘트를 M, 보의 탄성계수를 E, 단면2차모멘트를 I라고 하면 보 중립축의 곡률반지름 R은?

㉮ $R = \dfrac{M}{EI}$

㉯ $\dfrac{1}{R} = \dfrac{MI}{E}$

㉰ $R = \dfrac{I}{EM}$

㉱ $\dfrac{1}{R} = \dfrac{M}{EI}$

> **해설** 훅의 법칙에서 $\dfrac{y}{R} = \varepsilon = \dfrac{\sigma}{E}$
>
> $\sigma = \dfrac{M}{I} \cdot y$
>
> $\dfrac{y}{R} = \dfrac{M}{EI} \cdot yZ$
>
> $\therefore \dfrac{1}{R} = \dfrac{M}{EI}$

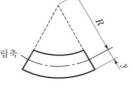

중립축

4. 보의 탄성곡선의 곡률반지름 $R = 1$일 때 휨강성 EI와 휨모멘트 M의 관계를 옳게 표시한 것은?

㉮ $M = EI$

㉯ $M = \dfrac{I}{E}$

㉰ $M = \dfrac{E}{I}$

㉱ $M = \sqrt{\dfrac{I}{EI}}$

> **해설** $\dfrac{1}{R} = \dfrac{M}{EI}$ 로부터
>
> $M = \dfrac{EI}{R}$ 에서
>
> $R = 1$ 이면 $M = EI$

5. 보의 휨(굴곡) 강성은 다음 중 어느 것인가?

㉮ $\dfrac{I}{EI}$

㉯ $\dfrac{I}{E}$

㉰ $\dfrac{E}{I}$

㉱ EI

> **해설** 강성(rigidity)
> EA : 축강도(축강성)
> EI : 휨강성
> GA : 전단강성
> $\dfrac{EA}{l}$: 강성도(stiffness)
> $\dfrac{l}{EA}$: 유연도(flexibility)
> GI_P : 비틀림강성
> $\therefore EI$: 휨강성

6. 보에 하중이 작용하게 되면 처짐을 일으키게 되어 보가 탄성곡선을 야기하게 된다. 이 탄성곡선의 곡률(曲率) K에 대한 설명 중에서 옳은 것은?

㉮ K는 보의 탄성계수에 정비례한다.
㉯ K는 보의 단면2차모멘트에 정비례한다.
㉰ K는 휨모멘트에 반비례한다.
㉱ K는 보의 휨강도에 반비례한다.

> **해설** 처짐에서 곡률 K는

$$K = \frac{1}{R} = \frac{M}{EI}$$

∴ 곡률은 휨강도(EI)에 반비례한다.

7. 보의 처짐과 EI와의 관계가 옳게 된 것은?

㉮ 보의 처짐은 EI에 비례한다.

㉯ 보의 처짐은 EI에 반비례한다.

㉰ 보의 처짐은 EI에 비례할 때도 있고 반비례할 때도 있다.

㉱ 보의 처짐은 EI와는 관계가 없다.

해설 $\delta = \int \frac{M_x}{EI} dx$

8. EI(E는 탄성계수, I는 단면2차모멘트)가 커짐에 따라 보의 처짐은?

㉮ 커진다.

㉯ 작아진다.

㉰ 커질 때고 있고 작아질 때도 있다.

㉱ EI는 처짐에 관계하지 않는다.

해설 $\delta = \int \frac{M_x}{EI} dx$

9. 처짐각, 처짐, 전단력 및 휨모멘트에 대한 관계식 중 틀리는 것은?

㉮ $\theta = -\int \frac{M}{EI} dx$

㉯ $s = -\int w dx$

㉰ $y = -\iint \frac{S}{EI} dx \cdot dx$

㉱ $M = -\iint w dx \cdot dx$

해설 $\dfrac{d^2 M_x}{dx^2} = \dfrac{ds_x}{dx} = -w_x$

$M_x = \int s_x dx$

$\quad = -\iint w_x\, dx\, dx$

$\theta = -\int \dfrac{M_x}{EI} dx + c_1$

$y = -\iint \dfrac{M_x}{EI} dx dx + c_1 x + c_2$

10. A에서의 접선으로부터 이탈된 B점의 처짐량은 (그림 참조) A와 B 사이에 있는 휨모멘트선도의 면적의 B에 관한 1차모멘트를 EI로 나눈 값과 같다. 이러한 정리의 명칭은?

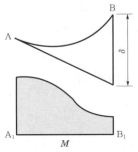

㉮ 모멘트면적법의 정리

㉯ 3연모멘트 정리

㉰ Castigliano의 제2정리

㉱ 탄성변형의 정리

11. 휨모멘트도를 하중으로 한 보를 무엇이라 하는가?

㉮ 탄성하중보 　　　 ㉯ 공액보

㉰ 모어(Mohr)의 보 　　 ㉱ 응력보

해설 $\theta_A = \dfrac{S_A{}'}{EI} = \dfrac{R_A{}'}{EI}$

$\theta_C = \dfrac{S_C{}'}{EI}, \quad \delta_C = \dfrac{M_C{}'}{EI}$

12. 그림과 같은 보의 처짐을 공액보의 방법에 의하여 풀려고 한다. 주어진 실제의 보에 대한 공액보(가상적인 보)는?

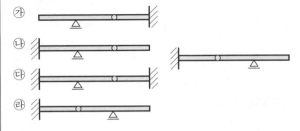

해설 단부조건

고정단 → 자유단

자유단 → 고정단

내측 힌지 → 내측 지점

13. "탄성체가 가지고 있는 탄성변형에너지를 작용하고 있는 하중으로 편미분하면 그 하중점에서의 작용방향의 변위가 된다."는 것은?

㉮ 맥스웰의 상반정리이다.
㉯ 모어의 모멘트면적정리이다.
㉰ 카스틸리아노의 제2정리이다.
㉱ 클라페 이론의 3연모멘트법이다.

해설 Castigliano의 정리

$$\delta_l = \frac{\partial W_i}{\partial P_i}$$

14. 폭이 20cm, 높이가 30cm인 직사각형 단면의 단순보에서 최대 휨모멘트가 $2t \cdot m$일 때 처짐곡선의 곡률반지름의 크기는? (단, E=100,000kg/cm²)

㉮ 4,500m ㉯ 450m
㉰ 2,250m ㉱ 225m

해설

$$\frac{1}{R} = \frac{M}{EI}$$

$$R = \frac{EI}{M}$$

$$= \frac{100,000 \times 20 \times 30^3}{200,000 \times 12}$$

$$= 22,500 \text{cm} = 225 \text{m}$$

15. 탄성곡선의 미분방정식으로 맞는 것은?

㉮ $\dfrac{d^2y}{dx^2} = -\dfrac{M}{EI}$

㉯ $\dfrac{d^2y}{dx^2} = \dfrac{M}{EI}$

㉰ $\dfrac{d^2y}{dx^2} = -\dfrac{M}{E}I$

㉱ $\dfrac{d^2y}{dx^2} = \dfrac{M}{I}$

해설 탄성곡선식

$$\frac{d^2y}{dx^2} = -\frac{M_x}{EI}$$

$$\theta = \frac{dy}{dx} = -\int \frac{M_x}{EI} dx + c_1$$

$$y = -\iint \frac{M_x}{EI} dxdx + c_1 x + c_2$$

16. 다음 그림과 같은 단순보에서 A에서 X거리의 처짐을 V라 할 때 $EI\dfrac{d^2V}{dx^2} = C_1 X^2 + C_2 X$의 관계가 성립한다. C_1, C_2의 옳은 값은? (단, EI는 보의 휨강도이다.)

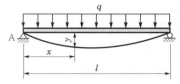

㉮ $C_1 = \dfrac{q}{2}$, $C_2 = \dfrac{ql}{2}$ ㉯ $C_1 = \dfrac{ql}{2}$, $C_2 = \dfrac{q}{2}$

㉰ $C_1 = \dfrac{q}{2}$, $C_2 = -\dfrac{ql}{2}$ ㉱ $C_1 = \dfrac{ql}{2}$, $C_2 = -\dfrac{q}{2}$

해설

$$M_x = \frac{wl}{2}x - \frac{w}{2}x^2$$

$$\frac{d^2y}{dx^2} = -\frac{M_x}{EI} = \frac{1}{EI}\left(\frac{w}{2}x^2 - \frac{wl}{2}x\right)$$

$$\therefore EI\frac{d^2y}{dx^2} = \frac{w}{2}x^2 - \frac{wl}{2}x$$

$$\therefore C_1 = \frac{q}{2}, \ C_2 = -\frac{ql}{2}$$

17. 단면 20cm×30cm, 길이 6m의 나무로 된 단순보의 중앙에 2t의 집중하중이 작용할 때 최대 처짐은? (단, E=10⁵kg/cm²)

㉮ 1cm ㉯ 2cm
㉰ 3cm ㉱ 4cm

해설

$$y = \frac{Pl^3}{48EI} = \frac{12 \times 2,000 \times 600^3}{48 \times 10^5 \times 20 \times 30^3} = 2.0 \text{cm}$$

18. 길이가 6m인 단순보의 중앙에 3t의 집중하중이 연직으로 작용하고 있다. 이 때, 이 단순보의 최대 처짐은 몇 cm인가? (단, 이 보의 E=2,000,000kg/cm², I=15,000cm⁴이다.)

㉮ 4.5cm ㉯ 0.45cm
㉰ 0.045cm ㉱ 0.0045cm

해설

$$y = \frac{Pl^3}{48EI} = \frac{3,000 \times 600^3}{48 \times 2,000,000 \times 15,000} = 0.45 \text{cm}$$

19. 그림과 같은 보의 최대 처짐은? (단, EI는 일정)

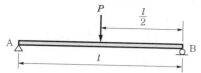

㉮ $\dfrac{Pl^3}{36EI}$　　　　㉯ $\dfrac{Pl^3}{16EI}$

㉰ $\dfrac{Pl^2}{24EI}$　　　　㉱ $\dfrac{Pl^3}{48EI}$

◆ 해설

$$R_A' = \frac{Pl}{4} \cdot \frac{l}{2} \cdot \frac{1}{2} = \frac{Pl^2}{16}$$

$$M_C' = \frac{Pl^2}{16}\left(\frac{l}{2} - \frac{1}{6}\right) = \frac{Pl^3}{48}$$

$$\therefore\ y_c = \frac{M_c'}{EI} = \frac{Pl^3}{48EI}$$

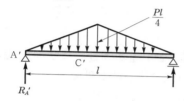

20. 중앙 단면에서 3t의 집중하중을 받는 단순보의 최대 처짐은 얼마인가? (단, EI는 일정하다.)

㉮ $39.1/EI$

㉯ $37.5/EI$

㉰ $57.2/EI$

㉱ $62.5/EI$

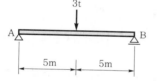

◆ 해설　$\delta_{max} = \dfrac{Pl^3}{48EI} = \dfrac{3 \times 10^3}{48EI} = \dfrac{62.5}{EI}$

21. 중앙에 집중하중을 받는 직사각형 단면의 단순보에서 최대 처짐에 대한 설명 중 옳지 않은 것은?

㉮ 보의 폭에 반비례한다.

㉯ 지간의 3제곱에 정비례한다.

㉰ 탄성계수에 반비례한다.

㉱ 보 높이의 제곱에 반비례한다.

◆ 해설　$\delta_{max} = \dfrac{Pl^3}{48EI} = \dfrac{12Pl^3}{48E\,bh^3} = \dfrac{Pl^3}{4E\,bh^3}$

22. 보의 단면이 그림고 같고 지간이 같은 단순보에서 중앙에 집중하중 P가 작용할 경우 처짐 y_1은 y_2의 몇 배인가?

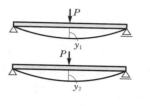

㉮ 1배　　　　㉯ 2배

㉰ 4배　　　　㉱ 8배

◆ 해설

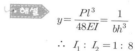

$$y = \frac{Pl^3}{48EI} = \frac{1}{bh^3}$$

$$\therefore\ I_1 : I_2 = 1 : 8$$

23. 다음 단순보에 m점에 생기는 하중방향의 처짐 변위 δ를 가상일의 원리를 이용하여 구하는 방법은? (단, M : 하중에 의한 휨모멘트, $\overline{M}$: 단위하중에 의한 휨모멘트)

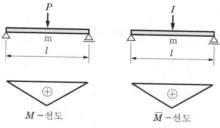

㉮ $\delta = \displaystyle\int_0^l M\overline{M}\,dx$　　㉯ $\delta = \displaystyle\int_0^l \frac{M\overline{M}}{EI}\,dx$

㉰ $\delta = \displaystyle\int_0^l \frac{M\overline{M}}{2EI}\,dx$　　㉱ $\delta = \displaystyle\int_0^l \frac{M^2\overline{M}}{EI}\,dx$

24. 폭 20cm, 높이 30cm의 단순보가 중앙점에 그림과 같은 집중하중을 받을 때 중앙점 C의 처짐 δ를 구한 값은? (단, $E=80,000\text{kgf/cm}^2$)

㉮ 1.23cm

㉯ 0.83cm

㉰ 0.74cm

㉱ 0.42cm

응용역학

해설

$$\delta_C = \frac{Pl^3}{48EI}$$

$$= \frac{12 \times 2,000 \times 400^3}{48 \times 80,000 \times 20 \times 30^3}$$

$$= 0.7407 \text{cm}$$

25. 폭 b, 높이 h인 단면을 가진 길이 l의 단순보 중앙에 집중하중 P가 작용할 경우에 대한 다음 설명 중 옳지 않은 것은? (단, E는 탄성계수이다.)

㉮ 최대 처짐은 E에 반비례

㉯ 최대 처짐은 h의 세제곱에 반비례

㉱ 지점의 처짐각은 l의 세제곱에 비례

㉲ 지점의 처짐각은 b에 반비례

해설

$$\theta_A = \frac{Pl^2}{16EI} = \frac{12Pl^2}{16Ebh^3}$$

$$\delta_c = \frac{Pl^3}{48EI} = \frac{12Pl^3}{48Ebh^3}$$

26. 그림과 같은 보에서 C점의 처짐을 구하면? (단, $EI = 2 \times 10^9 \text{kg} \cdot \text{cm}^2$이다.)

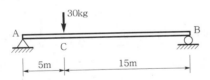

㉮ 0.821cm

㉯ 1.406cm

㉱ 1.641cm

㉲ 2.812cm

해설

$$\theta_A = \frac{Pab}{6EIl}(l+b) = \frac{Pb}{6EIl}(l^2 - b^2)$$

$$\therefore \ y_c = \frac{Pa^2b^2}{3EIl}$$

$$= \frac{30 \times 500^2 \times 1,500^2}{3 \times 2 \times 10^9 \times 2,000}$$

$$= 1.40625 \text{cm}$$

27. 다음 그림에서 처짐각 θ_A는?

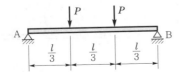

㉮ $\dfrac{Pl^2}{16EI}$

㉯ $\dfrac{Pl^2}{24EI}$

㉱ $\dfrac{Pl^2}{9EI}$

㉲ $\dfrac{Pl^2}{48EI}$

해설

$$R_A' = \frac{Pl}{3} \cdot \frac{l}{3} \cdot \frac{1}{2} + \frac{Pl}{3} \cdot \frac{l}{3} \cdot \frac{1}{2}$$

$$= \frac{Pl^2}{9}$$

$$\therefore \ \theta_A = \frac{R_A'}{EI}$$

$$= \frac{Pl^2}{9EI}$$

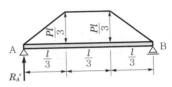

28. 보의 최대 처짐에 대한 다음 설명 중 틀린 것은? (단, 등분포하중 만재 시)

㉮ 하중 W에 정비례한다.

㉯ 지간 l의 제곱에 정비례한다.

㉱ 탄성계수 E에 반비례한다.

㉲ 단면2차모멘트 I에 반비례한다.

해설

$$y = \frac{5wl^4}{384EI}$$

$$\therefore \ \text{지간의 4제곱에 비례한다.}$$

29. 그림과 같은 보의 최대 처짐은?

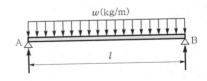

㉮ $\dfrac{2wl^4}{384EI}$

㉯ $\dfrac{3wl^4}{384EI}$

㉱ $\dfrac{4wl^4}{384EI}$

㉲ $\dfrac{5wl^4}{384EI}$

해설

$$y_{\max} = \frac{5wl^4}{384EI}$$

30. 그림과 같은 단순보에 등분포하중 W 가 만재하여 작용할 경우, 이 보의 처짐곡선에 대한 곡률반지름의 최솟값은 다음 중 어느 점에서 발생되는가?

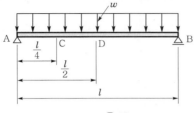

㉮ A   ㉯ B

㉰ C   ㉭ D

◆ 해설 $R = \dfrac{EI}{M_x}$

∴ D점의 모멘트가 가장 크므로 D점의 곡률반지름이 최소이다.

31. 그림과 같은 단순보에 등분포하중(w)이 작용하여 최대 처짐이 3cm이었다. 이때 작용한 w의 값은? (단, $I = 15 \times 10^4 \text{cm}^4$, $E = 1 \times 10^6 \text{kg/cm}^2$이다.)

㉮ 3,456kg/m

㉯ 3,856kg/m

㉰ 4,056kg/m

㉭ 4,156kg/m

◆ 해설 $\delta = \dfrac{5wl^4}{384EI}$

$$= \frac{5 \times w \times 1,000^4}{384 \times 10^6 \times 15 \times 10^4}$$

$$= 3\text{cm}$$

∴ $w = 34.56 \text{kg/cm} = 3,456 \text{kg/m}$

32. 등분포하중을 받는 단순보에서 지점 A의 처짐각으로서 옳은 것은?

㉮ $\dfrac{wl^3}{384EI}$

㉯ $\dfrac{wl^3}{48EI}$

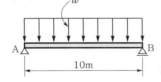

㉰ $\dfrac{wl^3}{24EI}$

㉭ $\dfrac{wl^3}{16EI}$

◆ 해설 $\theta = \dfrac{wl^3}{24EI}$

$$\delta = \frac{5wl^4}{384EI}$$

33. $E = 2.0 \times 10^6 \text{kg/cm}^2$인 재료로 된 경간이 10m인 단순보에 $W_x = 200 \text{kg/m}$의 등분포하중을 만재시켰다. 최대 처짐은? (단, I_n : 중립축에 관한 단면2차모멘트)

㉮ $\dfrac{5}{384} \times 10^6 / I_n \text{(cm)}$

㉯ $\dfrac{5}{384} \times 10^4 / I_n \text{(cm)}$

㉰ $\dfrac{5}{384} \times 2 \times 10^6 / I_n \text{(cm)}$

㉭ $\dfrac{5}{384} \times 4.5 \times 10^5 / I_n \text{(cm)}$

◆ 해설 $\delta_{\max} = \dfrac{5wl^4}{384EI} = \dfrac{5 \times 2 \times (10)^{12}}{384 \times 2 \times (10)^6 I_n}$

$$= \frac{5}{384} \times (10)^6 / I_n \text{(cm)}$$

34. 폭 b, 높이 h인 직사각형 단면의 단순보에 등분포하중이 작용할 때 다음 설명 중 옳지 않은 것은?

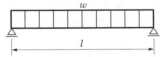

㉮ 휨모멘트는 중앙에서 최대이다.

㉯ 전단력은 단부에서 최대이다.

㉰ 처짐은 보의 높이 h의 4승에 반비례한다.

㉭ 처짐(δ)은 하중 크기에 비례한다.

◆ 해설 $\delta_{\max} = \dfrac{5wl^2}{384EI} = \dfrac{5 \times 12wl^4}{384Ebh^3}$

35. 다음 그림과 같은 단순보에서 최대 처짐으로 옳은 값은 어느 것인가? (단, $b = 16\text{cm}$, $h = 27\text{cm}$, $E = 78 \times 10^3 \text{kg/cm}^2$으로 한다.)

㉮ 0.33cm

㉯ 0.41cm

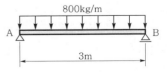

㉰ 0.57cm

㉭ 0.76cm

해설
$$y = \frac{5wl^4}{384EI}$$

$$y = \frac{5 \times 8 \times 300^4}{384 \times 78 \times 10^3 \times \frac{16 \times 27^3}{12}} = 0.412\text{cm}$$

36. 지간 8m, 높이 30cm, 폭 20cm의 단면을 갖는 단순보에 등분포하중 $w = 400$kg/m가 만재하여 있을 때 최대 처짐은? (단, $E = 100,000$kg/cm²)

㉮ 4.74cm
㉯ 2.10cm
㉰ 0.90cm
㉱ 0.009cm

해설
$$w = 400\text{kg/m} = 4\text{kg/cm}$$

$$y_{\max} = \frac{5wl^4}{384EI} = \frac{5wl^4}{32Ebh^3}$$

$$= \frac{5 \times 4 \times (8 \times 100)^4}{32 \times 10^5 \times 20 \times 30^3} = 4.74\text{cm}$$

37. 직사각형 단면의 단순보가 등분포하중 w를 받을 때 발생되는 최대 처짐각(지점의 처짐각)에 대한 설명 중 옳은 것은?

㉮ 보의 높이의 3승에 비례한다.
㉯ 보의 폭에 비례한다.
㉰ 보의 길이의 4승에 비례한다.
㉱ 보의 탄성계수에 반비례한다.

해설
$$\theta = \frac{wl^3}{24EI} = \frac{12wl^3}{24Ebh^3}$$

38. 길이가 같고 EI가 일정한 단순보 (a), (b)에서 (a)의 중앙처짐 $\triangle C$는 (b)의 중앙처짐 $\triangle C$의 몇 배인가?

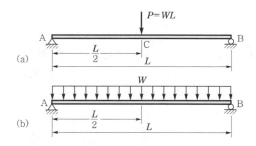

㉮ 1.6배
㉯ 2.4배
㉰ 3.2배
㉱ 4.8배

해설
보 (a)의 중앙처짐
$$\triangle C = \frac{PL^3}{48EI} = \frac{WL^4}{48EI}$$

보 (b)의 중앙처짐
$$\triangle C = \frac{5WL^4}{384EI}$$

$$\frac{(a)}{(b)} = \frac{\frac{1}{48}}{\frac{5}{384}} = 1.6$$

$$\therefore \ 1.6\text{배}$$

39. 그림 (a)와 (b)의 중앙점의 처짐이 같아지도록 그림 (b)의 등분포하중 w를 그림 (a)의 하중 P의 함수로 나타내면 얼마인가? (단, 재료는 같다.)

㉮ $1.2\dfrac{P}{l}$
㉯ $2.1\dfrac{P}{l}$
㉰ $4.2\dfrac{P}{l}$
㉱ $2.4\dfrac{P}{l}$

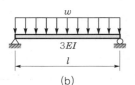

해설
$$y_{(a)} = \frac{Pl^3}{48(2EI)} = \frac{Pl^3}{96EI}$$

$$y_{(b)} = \frac{5wl^4}{384(3EI)} = \frac{5wl^4}{1,152EI}$$

$$y_{(a)} = y_{(b)}$$

$$\frac{Pl^3}{96EI} = \frac{5wl^4}{1,152EI}$$

$$w = \frac{12P}{5l} = 2.4\frac{P}{l}$$

40. 다음 균일한 단면을 가진 단순보의 A지점의 회전각은?

㉮ $\dfrac{Ml}{3EI}$
㉯ $\dfrac{Ml}{4EI}$
㉰ $\dfrac{Ml}{5EI}$
㉱ $\dfrac{Ml}{6EI}$

◆해설▶ 공액보법에서

$$\theta_A = \frac{R_A{'}}{EI}$$

$$\theta_A = \frac{Ml}{3EI}$$

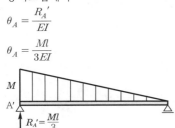

$$R_A{'} = \frac{Ml}{3}$$

41. 그림과 같은 단순보에서 B점에 모멘트하중이 작용할 때, A점과 B점의 처짐각의 비($\theta_A : \theta_B$)는?

㉮ 1 : 2
㉯ 2 : 1
㉰ 1 : 3
㉱ 3 : 1

◆해설▶
$$\theta_A = \frac{l}{6EI}(2M_A + M_B)$$

$$\theta_B = \frac{l}{6EI}(M_A + 2M_B)$$

$$M_A = 0$$
$$M_B = M$$

$$\theta_A = \frac{l}{6EI} \cdot M$$

$$\theta_B = \frac{l}{6E} \cdot 2M$$

$$\therefore \ \theta_A : \theta_B = 1 : 2$$

42. 그림과 같은 단순보에서 B단에 모멘트하중 M 이 작용할 때 경간 AB 중에서 수직처짐이 최대가 되는 지점의 거리 x는? (단, EI는 일정하다.)

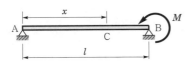

㉮ $x = 0.500l$
㉯ $x = 0.577l$
㉰ $x = 0.667l$
㉱ $x = 0.750l$

◆해설▶ 공액보에서

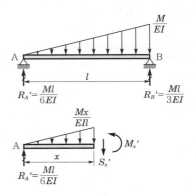

$$R_A{'} = \frac{Ml}{6EI} \qquad R_B{'} = \frac{Ml}{3EI}$$

$$\Sigma V = 0$$

$$\frac{Ml}{6EI} - \frac{1}{2} \cdot \frac{Mx}{EIl} \cdot x - S_x{'} = 0$$

$$S_x{'} = \theta_x$$

$$= \frac{Ml}{6EI} - \frac{Mx^2}{EIl}$$

$S_x{'} = \theta_x = 0$인 곳에서 최대 처짐(y_{max}) 발생

$$S_x{'} = \theta_x$$

$$= \frac{Ml}{6EI} - \frac{Mx^2}{2EIl} = 0$$

$$x = \frac{l}{\sqrt{3}}$$

$$= 0.577l$$

43. 그림과 같은 단순보에서 지점 B에 모멘트하중 이 작용할 때 B의 처짐각 크기로 옳은 것은? (단, EI는 일정하다.)

㉮ $\dfrac{Ml}{6EI}$

㉯ $\dfrac{Ml}{4EI}$

㉰ $\dfrac{Ml}{3EI}$

㉱ $\dfrac{Ml}{EI}$

◆해설▶
$$\theta_A = \frac{Ml}{6EI}$$

$$\theta_B = \frac{Ml}{3EI}$$

$$\theta_A = \frac{1}{2} \theta_B$$

44. 단순보의 중앙에 수평하중 P가 작용할 때 B점에서의 처짐각을 구하면?

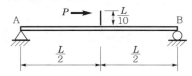

㉮ $-\dfrac{PL^2}{240EI}$ ㉯ $-\dfrac{PL^2}{120EI}$

㉰ $-\dfrac{3PL^2}{80EI}$ ㉱ $-\dfrac{3PL^2}{40EI}$

해설

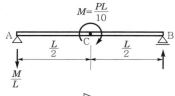

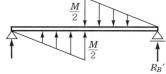

$\Sigma M_A = 0$

$-R'_B \times L + \dfrac{1}{2} \times \dfrac{M}{2} \times \dfrac{L}{2} \times \left(\dfrac{L}{2} + \dfrac{1}{3} \times \dfrac{L}{2}\right)$

$\qquad -\dfrac{1}{2} \times \dfrac{M}{2} \times \dfrac{L}{2} \times \dfrac{L}{2} \times \dfrac{2}{3} = 0$

$R'_B = \left(\dfrac{ML}{8} \times \dfrac{2L}{3} - \dfrac{ML^2}{24}\right)\dfrac{1}{L} = \dfrac{ML}{24}$

$\therefore \theta_B = \dfrac{R'_B}{EI} = \dfrac{ML}{24EI} = \dfrac{PL^2}{240EI}$ (반시계)

45. 그림과 같은 단순보의 A단에 $M_A(\curvearrowright)$, B단에 $M_B(\curvearrowleft)$가 작용한다. A 및 B단의 처짐각을 계산한 식은? (단, 회전각의 부호는 시침방향 회전을 플러스(+)로 생각하고, 보의 단면은 일정하다.)

M_A EI=일정 M_B A l B

㉮ $\theta_A = \dfrac{l}{6EI}(2M_A + M_B)$

$\quad \theta_B = \dfrac{-l}{6EI}(2M_B + M_A)$

㉯ $\theta_A = \dfrac{l}{6EI}(M_B - 2M_A)$

$\quad \theta_B = \dfrac{l}{6EI}(M_A - 2M_B)$

㉰ $\theta_A = \dfrac{l}{3EI}(2M_A + M_B)$

$\quad \theta_B = \dfrac{l}{3EI}(2M_B + 2M_A)$

㉱ $\theta_A = \dfrac{l}{3EI}(M_B - 2M_A)$

$\quad \theta_B = \dfrac{-l}{3EI}(M_A - 2M_B)$

해설 $\theta_A = \dfrac{l}{6EI}(2M_A + M_B)$

$\quad \theta_B = \dfrac{-l}{6EI}(M_A + 2M_B)$

$\qquad = \dfrac{-l}{6EI}(2M_B + M_A)$

46. 그림과 같은 단순보에 양단 모멘트 M_A, M_B가 작용할 때, 지점 A에서의 처짐각 θ_A는?

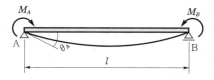

㉮ $\theta_A = \dfrac{l}{6EI}(M_A + M_B)$

㉯ $\theta_A = \dfrac{l}{6EI}(2M_A + M_B)$

㉰ $\theta_A = \dfrac{l}{6EI}(M_A - 2M_B)$

㉱ $\theta_A = \dfrac{l}{6EI}(2M_A - 2M_B)$

해설 $\theta_A = \dfrac{l}{6EI}(2M_A + M_B)$

$\quad \theta_B = \dfrac{l}{6EI}(M_A + 2M_B)$

47. 단순보의 양단에 모멘트하중 M이 작용할 경우 최대 처짐은? (단, EI는 일정하다.)

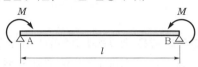

㉮ $\dfrac{Ml^2}{4EI}$　　　　㉯ $\dfrac{Ml^2}{16EI}$

㉰ $\dfrac{Ml^2}{8EI}$　　　　㉱ $\dfrac{Ml^2}{32EI}$

▸해설

$$M_{max}=\dfrac{Ml^2}{8}$$

$$\therefore y_{max}=\dfrac{Ml^2}{8EI}$$

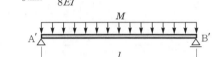

캔틸레버보의 변위

48. 그림과 같은 캔틸레버보에서 처짐 δ_{max}는 어느 것인가? (단, 보의 휨강성은 EI이다.)

㉮ $\delta_{max}=\dfrac{Pa^2}{6EI}(3l-a)$

㉯ $\delta_{max}=\dfrac{Pa^2}{3EI}(3l+a)$

㉰ $\delta_{max}=\dfrac{P^2a}{3EI}(3l-a)$

㉱ $\delta_{max}=\dfrac{P^2a}{6EI}(3l+a)$

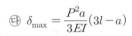

▸해설　공액보에서

$$M_B{}'=P\cdot a\cdot\dfrac{a}{2}\left(\dfrac{2}{3}a+b\right)=\dfrac{Pa^2}{6}(3l-a)$$

$$\delta_{max}=\dfrac{M_B{}'}{EI}=\dfrac{Pa^2}{6EI}(3l-a)$$

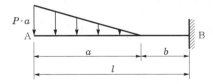

49. 그림과 같은 캔틸레버 중앙에 2t의 집중하중이 작용할 때, A점의 처짐량은? (단, $E=2\times10^6$kg/cm², $I=20,000$cm⁴)

㉮ 3.03cm

㉯ 4.55cm

㉰ 5.21cm

㉱ 6.08cm

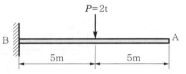

▸해설

$$y_a=\dfrac{5Pl^3}{48EI}=\dfrac{5\times2,000\times1,000^3}{48\times2\times10^6\times20,000}$$

$$=5.208\text{cm}$$

50. 그림과 같은 보의 C점에 대한 처짐은? (단, EI는 전경간에 걸쳐 일정하다.)

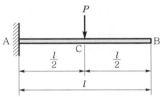

㉮ $y_c=\dfrac{Pl^3}{12EI}$　　　㉯ $y_c=\dfrac{Pl^3}{24EI}$

㉰ $y_c=\dfrac{Pl^3}{48EI}$　　　㉱ $y_c=\dfrac{Pl^3}{96EI}$

▸해설

$$y_c=\dfrac{M_c{}'}{EI}=\dfrac{1}{EI}\left[\dfrac{Pl}{2}\times\dfrac{l}{2}\times\dfrac{1}{2}\times\dfrac{l}{3}\right]$$

$$=\dfrac{Pl^3}{24EI}$$

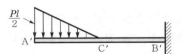

51. 다음 중 처짐각 θ_B, θ_C, θ_A의 관하여 옳은 것은? (단, EI는 일정하다.)

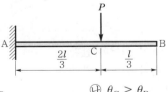

㉮ $\theta_A>\theta_B$　　　　㉯ $\theta_C>\theta_B$

㉰ $\theta_C<\theta_B$　　　　㉱ $\theta_C=\theta_B$

해설 공액보에서

$S_A' = 0$이므로 $\theta_A = 0$

$S_C' = S_B'$이므로 $\theta_C = \theta_B$

$\therefore \theta_A < \theta_C = \theta_B$

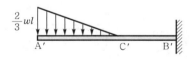

52. 그림과 같은 캔틸레버 빔에서의 자유단의 처짐을 구하는 공식은? (단, EI는 일정하다.)

㉮ $\dfrac{Pl^3}{8EI}$

㉯ $\dfrac{Pl^3}{6EI}$

㉰ $\dfrac{Pl^3}{3EI}$

㉱ $\dfrac{2Pl^3}{3EI}$

해설 $M_B' = Pl \cdot l \cdot \dfrac{1}{2} \cdot \dfrac{2}{3}l = \dfrac{Pl^3}{3}$

$\therefore y_B = \dfrac{M_B'}{EI} = \dfrac{Pl^3}{3EI}$

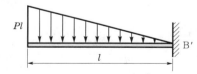

53. 그림과 같은 보에 일정한 단면적을 가진 길이 l의 B에 집중하중 P가 작용하여 B점의 처짐 δ가 4δ가 되려면 보의 길이는?

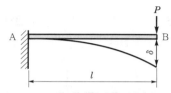

㉮ l의 1.2배가 되어야 한다.

㉯ l의 1.6배가 되어야 한다.

㉰ l의 2.0배가 되어야 한다.

㉱ l의 2.2배가 되어야 한다.

해설 $\delta_B = \dfrac{Pl^3}{3EI}$에서 $4\delta = l^3$

$l = \sqrt[3]{4} = 1.5874$

54. 그림과 같은 외팔보가 B점에서 5t의 연직방향 하중을 받고 있다. C점의 연직방향 처짐은 B점의 연직방향 처짐보다 얼마나 큰가? (단, $E = 2.1 \times 10^6 \text{kg/cm}^2$, $I = 20,000 \text{cm}^4$으로 모든 단면에서 일정하다.)

㉮ 약 2cm

㉯ 약 0.6cm

㉰ 약 1cm

㉱ 약 1.5cm

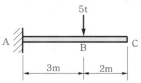

해설 $M_B' = \left(15 \times 3 \times \dfrac{1}{2}\right) \times \left(3 \times \dfrac{2}{3}\right) = 45\text{t} \cdot \text{m}^3$

$y_B = \dfrac{M_B'}{EI} = \dfrac{45 \times 10^9}{2.1 \times 10^6 \times 2 \times 10^4} = 1.07\text{cm}$

$M_C' = \left(15 \times 3 \times \dfrac{1}{2}\right) \times \left(3 \times \dfrac{2}{3} + 2\right) = 90\text{t} \cdot \text{m}^3$

$y_C = \dfrac{M_C'}{EI} = \dfrac{90 \times 10^9}{2.1 \times 10^6 \times 2 \times 10^4} = 2.14\text{cm}$

$\therefore y_C - y_B = 1.07\text{cm}$

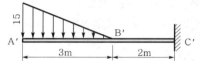

55. 그림과 같은 캔틸레버보의 최대 처짐이 옳게 된 것은?

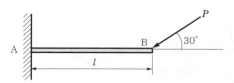

㉮ $y_{\max} = \dfrac{Pl^3}{2EI}$

㉯ $y_{\max} = \dfrac{Pl^3}{3EI}$

㉰ $y_{\max} = \dfrac{Pl^3}{6EI}$

㉱ $y_{\max} = \dfrac{Pl^3}{8EI}$

해설 $P_1 = P\sin 30° = \dfrac{P}{2}$

$y = \dfrac{P_1 l^3}{3EI} = \dfrac{Pl^3}{6EI}$

56. 다음 그림과 같은 캔틸레버보에서 자유단(B점)의 수직처짐(δ_{VB})과 처짐각(θ_C)은? (단, EI는 일정하다.)

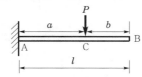

㉮ $\delta_{VB} = \dfrac{P \cdot b^2}{6EI}(3l - a)$, $\theta_C = \dfrac{P \cdot a^2}{2EI}$

㉯ $\delta_{VB} = \dfrac{P \cdot a^2}{6EI}(3l - a)$, $\theta_C = \dfrac{P \cdot a^2}{2EI}$

㉰ $\delta_{VB} = \dfrac{P \cdot a^2}{6EI}(2l + b)$, $\theta_C = \dfrac{P \cdot b^2}{3EI}$

㉱ $\delta_{VB} = \dfrac{P \cdot b^2}{6EI}(3l - b)$, $\theta_C = \dfrac{P \cdot b^2}{2EI}$

해설 공액보에서

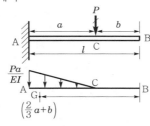

$$\delta_{VB} = \left(\frac{1}{2} \times \frac{Pa}{EI} \times a\right) \times \left(\frac{2}{3}a + b\right)$$
$$= \frac{Pa^2}{2EI}\left(l - \frac{1}{3}a\right) = \frac{Pa^2}{6EI}(3l - a)$$
$$\theta_C = \frac{1}{2} \times \frac{Pa}{EI} \times a = \frac{Pa^2}{2EI}$$

57. 균일한 단면을 가진 캔틸레버보의 자유단에 집중하중 P가 작용한다. 보의 길이가 L일 때 자유단의 처짐이 Δ라면, 처짐이 약 9Δ가 되려면 보의 길이 L은 몇 배가 되겠는가?

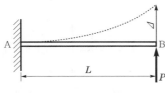

㉮ 1.6배   ㉯ 2.1배

㉰ 2.5배   ㉱ 3.0배

해설

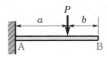

$$\Delta = \frac{PL^3}{3EI}$$
$$9\Delta = \frac{Px^3}{3EI}$$
$$9\left(\frac{PL^3}{3EI}\right) = \frac{Px^3}{3EI}$$
$$9L^3 = x^3$$
$$x = 2.08L$$

58. 다음 캔틸레버보에서 B점의 처짐은? (단, EI는 일정하다.)

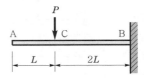

㉮ $\dfrac{Pb^2}{6EI}(2b + 3a)$ ㉯ $\dfrac{Pb^2}{6EI}(3b + 2a)$

㉰ $\dfrac{Pa^2}{6EI}(2b + 3a)$ ㉱ $\dfrac{Pa^2}{6EI}(3b + 2a)$

59. 다음 그림과 같은 집중하중이 작용하는 캔틸레버보(cantilever beam)의 A점의 처짐은? (단, EI는 일정하다.)

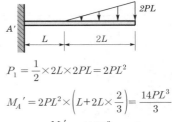

㉮ $\dfrac{14PL^3}{3EI}$ ㉯ $\dfrac{2PL^3}{EI}$

㉰ $\dfrac{8PL^3}{3EI}$ ㉱ $\dfrac{10PL^3}{3EI}$

해설 공액보법에서

$$P_1 = \frac{1}{2} \times 2L \times 2PL = 2PL^2$$
$$M_A' = 2PL^2 \times \left(L + 2L \times \frac{2}{3}\right) = \frac{14PL^3}{3}$$
$$\therefore \delta_A = \frac{M_A'}{EI} = \frac{14PL^3}{3EI}(\downarrow)$$

60. 다음 구조물에서 A점의 처짐이 0일 때, 힘 Q의 크기는?

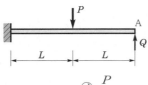

㉮ $\dfrac{5P}{16}$

㉯ $\dfrac{P}{2}$

㉰ $2P$

㉱ $\dfrac{2P}{3}$

$$\delta_{AP} = \frac{5P(2L)^3}{48EI} \ , \ \ \delta_{AQ} = \frac{Q(2L)^3}{3EI}$$
$$\delta_{AP} - \delta_{AQ} = 0$$
$$\delta_{AP} = \delta_{AQ}$$
$$\therefore \ Q = \frac{5}{16}P$$

61. 캔틸레버보 AB에 등간격으로 집중하중이 작용하고 있다. 자유단 B점에서의 연직변위 δ_B는? (단, 보의 EI는 일정하다.)

㉮ $\delta_B = \dfrac{Pl^3}{9EI}$

㉯ $\delta_B = \dfrac{16Pl^3}{81EI}$

㉰ $\delta_B = \dfrac{14Pl^3}{81EI}$

㉱ $\delta_B = \dfrac{2Pl^3}{9EI}$

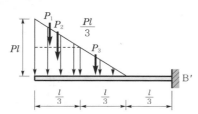

해설 공액보에서

$$P_1 = \frac{1}{2} \times \frac{l}{3} \times \frac{2}{3} Pl = \frac{Pl^2}{9}$$

$$P_2 = \frac{l}{3} \times \frac{Pl}{3} = \frac{Pl^2}{9}$$

$$P_3 = \frac{1}{2} \times \frac{l}{3} \times \frac{Pl}{3} = \frac{Pl^2}{18}$$

$$M_B{}' = \frac{Pl^2}{9}\left(\frac{l}{3} \times \frac{2}{3} + \frac{2l}{3}\right) + \frac{Pl^2}{9}\left(\frac{l}{3} \times \frac{1}{2} + \frac{2l}{3}\right)$$
$$+ \frac{Pl^2}{18}\left(\frac{l}{3} \times \frac{2}{3} + \frac{l}{3}\right)$$
$$= \frac{8Pl^3}{81} + \frac{5Pl^3}{54} + \frac{5Pl^3}{162} = \frac{2Pl^3}{9}$$
$$\therefore \ \delta_B = \frac{M_B{}'}{EI} = \frac{2Pl^3}{9EI}$$

62. 재질, 단면이 같은 2개의 캔틸레버의 자유단의 처짐을 같게 하려면 P_1/P_2의 값은?

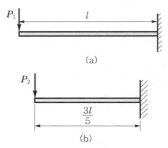

㉮ 0.217

㉯ 0.216

㉰ 0.215

㉱ 0.214

해설 $y = \dfrac{Pl^3}{3EI}$ 에서

$$P_1 \cdot l^3 = P_2\left(\frac{3}{5}l\right)^3$$

$$\therefore \ \frac{P_1}{P_2} = \frac{(0.6l)^3}{l^3} = 0.216$$

63. 전단면이 균일하고, 재질이 같은 2개의 캔틸레버보가 자유단의 처짐값이 동일하다. 이때 캔틸레버보 (B)의 휨강성 EI값은?

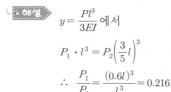

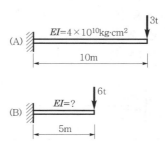

㉮ $0.5 \times 10^{10} \mathrm{kg \cdot cm^2}$

㉯ $1.0 \times 10^{10} \mathrm{kg \cdot cm^2}$

㉰ $2.0 \times 10^{10} \mathrm{kg \cdot cm^2}$

㉱ $3.0 \times 10^{10} \mathrm{kg \cdot cm^2}$

해설 캔틸레버보에서 집중하중이 연단에 작용하는 경우 처짐은

$\delta = \dfrac{Pl^3}{3EI}$, $\delta_A = \delta_B$이므로

$\dfrac{3,000 \times 1,000^3}{3 \times 4 \times 10^{10}} = \dfrac{6,000 \times 500^3}{3(EI)_B}$

$\therefore (EI)_B = 1 \times 10^{10} \mathrm{kg \cdot cm^2}$

64. 휨강성이 EI인 균열 단면의 캔틸레버에 강도가 w인 등분포하중이 만재되었을 때, 자유단의 처짐(deflection)은?

㉮ $\dfrac{wl^4}{3EI}$

㉯ $\dfrac{wl^4}{8EI}$

㉰ $\dfrac{wl^4}{24EI}$

㉱ $\dfrac{wl^4}{48EI}$

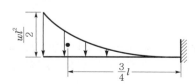

해설 $M_A{}' = \dfrac{wl^2}{2} \cdot l \cdot \dfrac{1}{3} \cdot \dfrac{3}{4}l$

$\qquad = \dfrac{wl^4}{8}$

$y = \dfrac{M_A{}'}{EI} = \dfrac{wl^4}{8EI}$

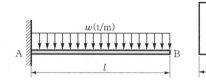

65. 그림과 같은 캔틸레버의 최대 처짐은?

㉮ $\dfrac{3wl^4}{2Ebh^3}$

㉯ $\dfrac{3wl^4}{4Ebh^3}$

㉰ $\dfrac{4wl^4}{3Ebh^3}$

㉱ $\dfrac{1wl^4}{8Ebh^3}$

해설 $y_{\max} = \dfrac{wl^4}{8EI}$

$I = \dfrac{bh^3}{12}$

$y_{\max} = \dfrac{12wl^4}{8Ebh^3} = \dfrac{3wl^4}{2Ebh^3}$

66. 그림과 같은 캔틸레버보의 자유단에 단위처짐이 발생하도록 하는 데 필요한 등분포하중 w의 크기는? (단, EI는 일정하다.)

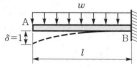

㉮ $\dfrac{6EI}{l^3}$

㉯ $\dfrac{8EI}{l^4}$

㉰ $\dfrac{3EI}{l^3}$

㉱ $\dfrac{12EI}{l^4}$

해설 $\delta_A = \dfrac{wl^4}{8EI}$

$w = \dfrac{8EI}{l^4} \times \delta_A = \dfrac{8EI}{l^4} \times 1 = \dfrac{8EI}{l^4}$

67. 그림과 같은 캔틸레버보에서 B점의 처짐각은?

㉮ $\dfrac{7wl^4}{384EI}$

㉯ $\dfrac{9wl^4}{384EI}$

㉰ $\dfrac{7wl^3}{48EI}$

㉱ $\dfrac{wl^3}{48EI}$

해설 $M_A = \dfrac{wl^2}{8}$

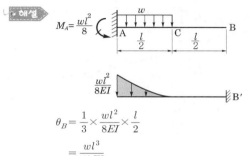

$\theta_B = \dfrac{1}{3} \times \dfrac{wl^2}{8EI} \times \dfrac{l}{2}$

$\qquad = \dfrac{wl^3}{48EI}$

68. 다음 그림과 같은 캔틸레버보의 B점 처짐은? (단, EI는 일정하다.)

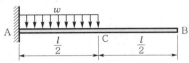

㉮ $\dfrac{3wl^4}{384EI}$　　　㉯ $\dfrac{5wl^4}{384EI}$

㉰ $\dfrac{11wl^4}{384EI}$　　　㉱ $\dfrac{7wl^4}{384EI}$

> **해설**
> $M_{\mathrm{B}}{}' = \dfrac{wl^2}{8} \times \dfrac{l}{2} \times \dfrac{1}{3} \times \dfrac{7}{8}l = \dfrac{7wl^4}{384}$
> $\therefore\ y_B = \dfrac{M_{\mathrm{B}}{}'}{EI} = \dfrac{7wl^4}{384EI}$

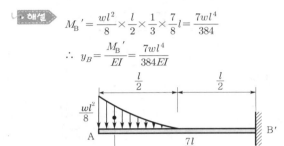

69. 그림과 같은 캔틸레버보에서 최대 처짐각(θ_B)은? (단, EI는 일정하다.)

㉮ $\dfrac{3wl^3}{48EI}$

㉯ $\dfrac{7wl^3}{48EI}$

㉰ $\dfrac{9wl^3}{48EI}$

㉱ $\dfrac{5wl^3}{48EI}$

> **해설**
>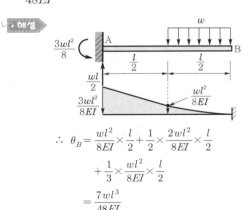
> $\therefore\ \theta_B = \dfrac{wl^2}{8EI} \times \dfrac{l}{2} + \dfrac{1}{2} \times \dfrac{2wl^2}{8EI} \times \dfrac{l}{2}$
> $\qquad + \dfrac{1}{3} \times \dfrac{wl^2}{8EI} \times \dfrac{l}{2}$
> $\quad = \dfrac{7wl^3}{48EI}$

70. 다음 그림에서 최대 처짐각비($\theta_B : \theta_D$)는?

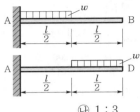

㉮ 1 : 2　　　㉯ 1 : 3
㉰ 1 : 5　　　㉱ 1 : 7

> **해설**
>
> $\theta_B = \dfrac{wl^3}{48EI},\ \ \theta_D = \dfrac{7wl^3}{48EI}$
> $\therefore\ \theta_B : \theta_D = 1 : 7$

71. 다음 그림과 같은 캔틸레버보의 단부에 휨모멘트하중 M이 작용할 경우 최대 처짐 $\delta_{\max}$의 값은? (단, 보의 휨강성은 EI임.)

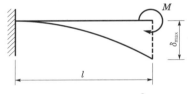

㉮ $\dfrac{Ml}{EI}$　　　㉯ $\dfrac{Ml^2}{2EI}$

㉰ $\dfrac{M^2 l}{2EI}$　　　㉱ $\dfrac{Ml^2}{6EI}$

72. 그림과 같은 캔틸레버에 모멘트하중이 작용할 때 B점의 처짐은? (단, 탄성계수 $E = 2.1 \times 10^6 \mathrm{kg/cm^2}$이다.)

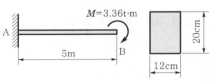

㉮ 1.5cm　　　㉯ 2.5cm
㉰ 3.5cm　　　㉱ 4.5cm

> **해설**
> $y_B = \dfrac{Ml^2}{2EI}$
> $\quad = \dfrac{336 \times 10^3 \times 500^2 \times 12}{2 \times 2.1 \times 10^6 \times 12 \times 20^3}$
> $\quad = 2.5\mathrm{cm}$

73. 그림과 같은 외팔보에서 C점의 처짐 y 의 값은?
(단, $E=10^5\text{kg/cm}^2$, $I=10^6\text{cm}^4$)

㉮ 0.4cm

㉯ 0.6cm

㉰ 0.8cm

㉱ 1.0cm

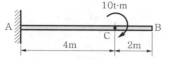

▸해설▸ 공액보에서

$$y_c = \frac{M_c{}'}{EI} = \frac{10 \times 10^5 \times 400 \times 200}{10^5 \times 10^6} = 0.8\text{cm}$$

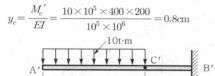

74. 다음 두 캔틸레버(cantilever)에 M_1, M_2가 각각 작용하고 있다. (a), (b)의 A점의 처짐이 같게 하려 할 때 M_1과 M_2의 크기 비로 옳은 것은? (단, (a)와 (b)의 EI는 일정하다.

㉮ $M_1 : M_2 = 4 : 3$

㉯ $M_1 : M_2 = 3 : 4$

㉰ $M_1 : M_2 = 5 : 3$

㉱ $M_1 : M_2 = 3 : 5$

(a)

(b)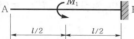

▸해설▸

(a)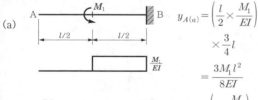

$$y_{A(a)} = \left(\frac{l}{2} \times \frac{M_1}{EI}\right)$$
$$\times \frac{3}{4}l$$
$$= \frac{3M_1 l^2}{8EI}$$

(b)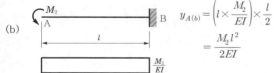

$$y_{A(b)} = \left(l \times \frac{M_2}{EI}\right) \times \frac{l}{2}$$
$$= \frac{M_2 l^2}{2EI}$$

$$y_{A(a)} = y_{A(b)}$$

$$\frac{3M_1 l^2}{8EI} = \frac{M_2 l^2}{2EI}$$

$$M_1 = \frac{4}{3}M_2$$

$$M_1 : M_2 = \frac{4}{3}M_2 : M_2 = 4 : 3$$

75. 다음 외팔보의 자유단에 힘 P와 C점 모멘트 M이 작용한다. 자유단에 발생하는 처짐과 처짐각을 구하면? (단, EI는 일정하다.)

㉮ $\theta_A = \dfrac{Pl^2}{2EI} - \dfrac{Mb}{EI}$, $y_A = \dfrac{Mb^2}{2EI} + \dfrac{Pl^2}{6EI}$

㉯ $\theta_A = \dfrac{Pl^2}{2EI} - \dfrac{Mb}{EI}$, $y_A = \dfrac{Mb^2}{2EI} + \dfrac{Pl^3}{3EI}$

㉰ $\theta_A = \dfrac{Mb}{2EI} - \dfrac{Pl^2}{6EI}$, $y_A = \dfrac{Mb^2}{2EI} + \dfrac{Pl^3}{3EI}$

㉱ $\theta_A = \dfrac{Mb}{EI} - \dfrac{Pl^2}{2EI}$, $y_A = \dfrac{Mb}{2EI}(1+a) + \dfrac{Pl^3}{3EI}$

▸해설▸

$$R_A{}' = Pl \cdot \frac{l}{2} - M \cdot b$$

$$\therefore \theta_A = -\frac{R_A{}'}{EI} = \frac{Mb}{EI} - \frac{Pl^2}{2EI}$$

$$M_A{}' = Pl \cdot \frac{l}{2} \cdot \frac{2}{3}l - M \cdot b\left(a + \frac{b}{2}\right)$$

$$= \frac{Pl^3}{3} - Mb\left(a + \frac{b}{2}\right)$$

$$y_A = \frac{M_A{}'}{EI} = \frac{Pl^3}{3EI} - \frac{Mb}{EI}\left(a + \frac{b}{2}\right)$$

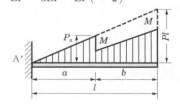

76. 다음 캔틸레버보에서 $M_o = \dfrac{Pl}{2}$이면 자유단의 처짐 δ는? (단, EI는 일정)

㉮ $\dfrac{Pl^3}{12EI}$

㉯ $\dfrac{Pl^3}{24EI}$

㉰ $\dfrac{Pl^3}{8EI}$

㉱ $\dfrac{Pl^3}{16EI}$

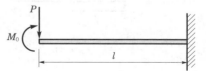

해설 ① 모멘트에 의한 처짐

$$\delta_M = -\frac{Pl^3}{4EI}(\uparrow)$$

② 집중하중에 의한 처짐

$$\delta_P = \frac{Pl^3}{3EI}(\downarrow)$$

$$\therefore \quad \delta = ① + ②$$

$$= -\frac{Pl^3}{4EI} + \frac{Pl^3}{3EI}$$

$$= \frac{Pl^3}{12EI}$$

77. 캔틸레버보에서 보의 B점에 집중하중 P와 우력 모멘트가 작용하고 있다. B점에서 처짐각(θ_B)은 얼마 인가?

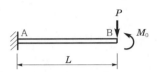

㉮ $\theta_B = \dfrac{PL^2}{4EI} - \dfrac{M_0L}{EI}$

㉯ $\theta_B = \dfrac{PL^2}{2EI} + \dfrac{M_0L}{EI}$

㉰ $\theta_B = \dfrac{PL^2}{2EI} - \dfrac{M_0L}{EI}$

㉱ $\theta_B = \dfrac{PL^2}{4EI} + \dfrac{M_0L}{EI}$

해설 $\theta_B = \dfrac{PL^2}{2EI} - \dfrac{M_0L}{EI}$

78. 내다지보의 B점에서 처짐을 구한 값은?

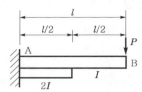

㉮ $\dfrac{5Pl^3}{16EI}$

㉯ $\dfrac{9Pl^3}{48EI}$

㉰ $\dfrac{5Pl^3}{96EI}$

㉱ $\dfrac{7Pl^3}{36EI}$

해설
$$M_B{}' = \left(\frac{Pl}{2}\times l\times\frac{1}{2}\right)\times\left(\frac{2}{3}l\right)$$
$$+ \left(\frac{Pl}{4}\times\frac{l}{2}\times\frac{1}{2}\right)\times\left(\frac{l}{2}\times\frac{2}{3}\right)$$
$$= \frac{Pl^3}{6} + \frac{Pl^3}{48}$$
$$= \frac{9Pl^3}{48}$$
$$\therefore \quad y_B = \frac{9Pl^3}{48EI} = \frac{3Pl^3}{16EI}$$

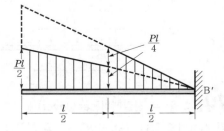

79. 다음 그림과 같은 변단면 캔틸레버보에서 A점 에서의 처짐량은? (단, 보의 재료의 탄성계수는 E임.)

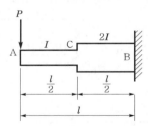

㉮ $\dfrac{3Pl^3}{32EI}$

㉯ $\dfrac{3Pl^3}{16EI}$

㉰ $\dfrac{6Pl^3}{16EI}$

㉱ $\dfrac{Pl^3}{8EI}$

해설
$$M_A{}' = P_1{}'(x_1 + x_2) + P_2{}'x_2$$
$$y = \frac{M_A{}'}{EI}$$
$$= \frac{3Pl^3}{16EI}$$

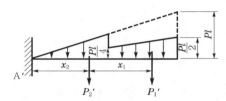

80. 다음 그림과 같은 정정 라멘에서 C점의 수직처짐은?

㉮ $\dfrac{PL^3}{3EI}(L+2H)$

㉯ $\dfrac{PL^2}{3EI}(3L+H)$

㉰ $\dfrac{PL^2}{3EI}(L+3H)$

㉱ $\dfrac{PL^3}{3EI}(2L+H)$

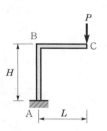

해설 B점의 $M_B = PL$에 의한 θ_B를 구하면

$$\theta_B = \frac{MH}{EI} = \frac{PLH}{EI}$$

$$\therefore \delta_C = \frac{PL^3}{3EI} + \theta_B \cdot L$$

$$= \frac{PL^3}{3EI} + \frac{PL^2H}{EI}$$

$$= \frac{PL^2}{3EI}(L+3H)$$

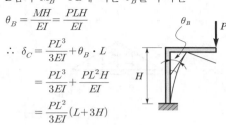

81. 다음 그림과 같은 구조물에서 C점의 수직처짐을 구하면? (단, $EI=2\times10^9 \text{kgf}\cdot\text{cm}^2$이며 자중은 무시한다.)

㉮ 2.7 mm

㉯ 3.6 mm

㉰ 5.4 mm

㉱ 7.2 mm

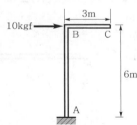

해설

$$\theta_B = \frac{Pl^2}{2EI} = \frac{10\times600^2}{2\times2\times10^9} = 0.0009$$

$$\delta_C = \overline{BC} \cdot \theta_C = 3000\times0.0009 = 2.7\text{mm}$$

82. 그림과 같은 구조물에서 C점의 수직처짐을 구하면? (단, $EI=2\times10^9\text{kg}\cdot\text{cm}^2$이며 자중은 무시한다.)

㉮ 2.70mm

㉯ 3.57mm

㉰ 6.24mm

㉱ 7.35mm

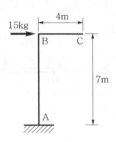

해설

$$\theta_B = \frac{Pl^2}{2EI}$$

$$= \frac{15\times700^2}{2\times2\times10^9}$$

$$= 1.8375\times10^{-3}\text{rad}$$

$$\therefore y_C = \theta_B \cdot l$$

$$= 1.8375\times10^{-3}\times400$$

$$= 0.735\text{cm} = 7.35\text{mm}$$

83. 그림과 같은 하중, 재질, 단면 및 길이가 같은 두 구조물에서 처짐량의 비(δ_1/δ_2)는?

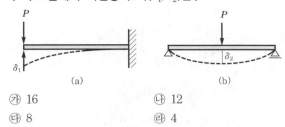

(a) (b)

㉮ 16

㉯ 12

㉰ 8

㉱ 4

해설

$$\delta_1 = \frac{Pl^3}{3EI}$$

$$\delta_2 = \frac{Pl^3}{48EI}$$

$$\delta_1/\delta_2 = \frac{1/3}{1/48} = 48/3 = 16$$

84. 다음 하중을 받고 있는 보 중 최대 처짐량이 가장 큰 것은? (단, 보의 길이, 단면 치수 및 재료는 동일하고 $P=wl$, l은 보의 길이이다.)

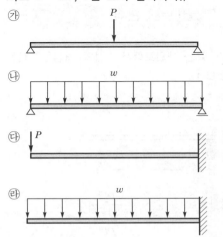

㉮ : $y = \dfrac{Pl^3}{48EI} = 0.0208\dfrac{Pl^3}{EI}$

㉯ : $R_A' = \dfrac{wl^2}{8} \times \dfrac{l}{2} \times \dfrac{2}{3} = \dfrac{wl^3}{24}$

$\quad M_C' = \dfrac{wl^3}{24} \times \dfrac{l}{2} - \dfrac{wl^3}{24} \times \dfrac{3}{16}l = \dfrac{5wl^4}{384}$

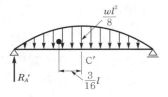

중앙점의 최대 처짐은 $w = \dfrac{P}{l}$

$y = \dfrac{5Pl^3}{384EI} = 0.0130\dfrac{Pl^3}{EI}$

㉰ : $y = \dfrac{Pl^3}{3EI} = 0.3333\dfrac{Pl^3}{EI}$

㉱ : $M_A' = \dfrac{wl^2}{2} \times l \times \dfrac{1}{3} \times \dfrac{3}{4}l = \dfrac{wl^4}{8}$

자유단의 최대 처짐은 $w = \dfrac{P}{l}$

$y = \dfrac{Pl^3}{8EI} = 0.125\dfrac{Pl^3}{EI}$

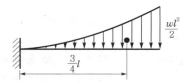

내민보의 변위

85. 그림과 같은 내민보에서 C점의 처짐은? (단, EI는 일정하다.)

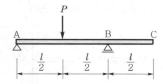

㉮ $\dfrac{Pl^3}{16EI}$ (상향)　　㉯ $\dfrac{Pl^3}{24EI}$ (상향)

㉰ $\dfrac{Pl^3}{32EI}$ (상향)　　㉱ $\dfrac{Pl^3}{48EI}$ (상향)

공액보에서

$R_B = \dfrac{1}{2} \times \dfrac{l}{2} \times \dfrac{Pl}{4} = \dfrac{Pl^2}{16}$

$M_C' = \dfrac{Pl^2}{16} \times \dfrac{l}{2} = \dfrac{Pl^3}{32}$

$\delta_C = \dfrac{M_c'}{EI} = \dfrac{Pl^3}{32EI}(\uparrow)$

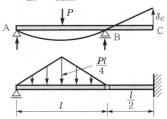

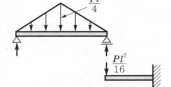

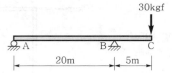

86. 그림과 같은 보의 C점의 연직처짐은? (단, $EI = 2 \times 10^9 \mathrm{kg \cdot cm^2}$이며 보의 자중은 무시한다.)

㉮ 1.525cm

㉯ 1.875cm

㉰ 2.525cm

㉱ 3.125cm

$y_C = \displaystyle\int_0^{20} \dfrac{7.5 \times 0.25x^2}{EI}dx + \int_0^5 \dfrac{30x^2}{EI}dx$

$\quad = \left[\dfrac{1.875x^3}{3EI}\right]_0^{20} + \left[\dfrac{10x^3}{EI}\right]_0^5 = \dfrac{6,250}{EI}$

$\quad = 3.125\mathrm{cm}$

87. 그림과 같은 내민보에서 자유단 C점의 처짐이 0이 되기 위한 P/Q는 얼마인가? (단, EI는 일정하다.)

㉮ 3

㉯ 4

㉰ 5

㉱ 6

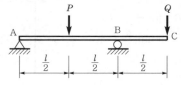

해설 하중 P에 의한 C점의 상향처짐

$$\delta_{C1} = \frac{Pl^3}{32EI}$$

Q 하중에 의한 C점의 하향 처짐

$$\delta_{C2} = \frac{Ql^3}{8EI}$$

$\delta_C = \delta_{C1} - \delta_{C2} = 0$으로부터

$$\delta_{C1} = \delta_{C2} \rightarrow \frac{P}{32} = \frac{Q}{8}$$

$$\therefore \frac{P}{Q} = 4$$

88. 그림과 같은 내민보에서 자유단의 처짐은? (단, $EI = 3.2 \times 10^{11} kg \cdot cm^2$)

㉮ 0.169cm

㉯ 16.9cm

㉲ 0.338cm

㉰ 33.8cm

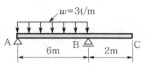

해설 $w = 3t/m = 30kg/cm$

$$\delta_c = \theta_B \cdot l_1 = \frac{wl^3 \cdot l_1}{24EI}$$

$$= \frac{30 \times 600^3 \times 200}{24 \times 3.2 \times 10^{11}}$$

$$= 0.1688cm (\uparrow)$$

89. 다음 보에서 C점의 처짐각으로 옳은 것은? (단, EI는 일정하다.)

㉮ $\dfrac{4ML}{5EI}$

㉯ $\dfrac{8ML}{5EI}$

㉲ $\dfrac{5ML}{6EI}$

㉰ $\dfrac{5ML}{3EI}$

해설 공액보에서

$$R_B' = \frac{Ml}{3}$$

$$R_C' = R_B' + \frac{Ml}{2} = \frac{Ml}{3} + \frac{Ml}{2} = \frac{5Ml}{6}$$

$$\therefore \theta_C = \frac{R_C'}{EI} = \frac{5Ml}{6EI}$$

게르버보의 변위

90. 다음 그림과 같은 게르버보에서 하중 P만에 의한 C점의 처짐은? (단, EI는 일정하고, $EI = 2.7 \times 10^{11} kg \cdot cm^2$이다.)

㉮ 0.7cm

㉯ 2.7cm

㉲ 1.0cm

㉰ 2.0cm

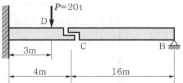

해설 AC 부재에서

$$P_1 = \frac{1}{2} \times 3 \times 60 = 90 \, t \cdot m^2$$

$$M_C' = 90 \times \left(3 \times \frac{2}{3} + 1\right) = 270 \, t \cdot m^3$$

$$\therefore \delta_C = \frac{M_C'}{EI} = \frac{270 \times 10^9}{2.7 \times 10^{11}} = 1.0cm$$

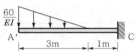

91. 다음 게르버(Gerber)보에 등분포하중이 작용할 때 B점에서의 수직처짐은?

㉮ $\dfrac{3wl^3}{32EI}$

㉯ $\dfrac{3wl^4}{32EI}$

㉲ $\dfrac{7wl^3}{24EI}$

㉰ $\dfrac{7wl^4}{24EI}$

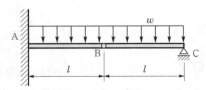

해설

$$\delta_B = \frac{wl^4}{8EI} + \frac{\frac{wl}{2} \times l^3}{3EI} = \frac{7wl^4}{24EI}$$

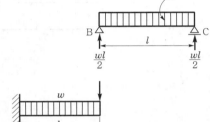

92. 그림과 같은 라멘에 등분포하중이 작용할 때 B점의 수평처짐은 얼마인가?

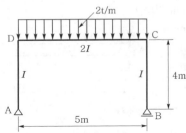

㉮ $\dfrac{41.7}{4EI}$　　　　㉯ $\dfrac{41.7}{EI}$

㉰ $\dfrac{208.3}{EI}$　　　　㉱ $\dfrac{208.3}{2EI}$

> **해설** 단위하중법(가상일의 원리)

부재	I	M	$\overline{M}$	$\int M\overline{M}dx$
A-D	I	0	x	0
D-C	$2I$	$5x-x^2$	4	$4\int_0^5 (5x-x^2)dx$
C-B	I	0	x	0

$$y_B = \frac{4}{2EI}\int_0^5 (5x-x^2)dx = \frac{2}{EI}\left[\frac{5}{2}x^2 - \frac{x^3}{3}\right]_0^5$$
$$= \frac{2}{EI}(62.5 - 41.67) = \frac{41.67}{EI}$$

93. 다음 그림과 같은 라멘에서 A점의 수평변위 U_A의 크기를 구하는 식은 다음 중 어느 것인가? (단, 보의 단면2차모멘트와 기둥의 단면2차모멘트는 I_B와 I_C로서 각각 일정하다.)

㉮ $\dfrac{wl^2h^3}{2EI_B}$

㉯ $\dfrac{wl^2h^2}{2EI_C}$

㉰ $\dfrac{wl^3h^2}{2EI_B}$

㉱ $\dfrac{wl^3h^3}{4EI_C}$

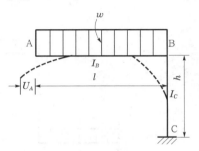

> **해설**
$$M_B = \frac{wl^2}{2}$$
$$U_A = \delta_B = \frac{Mh^2}{2EI_C} = \frac{h^2}{2EI_C} \times \frac{wl^2}{2}$$
$$= \frac{wl^2h^2}{4EI_C}$$

94. 그림과 같은 일단 고정보에서 B단에 M_B의 단모멘트가 작용한다. 단면이 균일하다고 할 때 B단의 회전각 θ_B는?

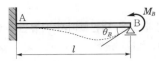

㉮ $\theta_B = \dfrac{l}{4EI}M_B$　　　　㉯ $\theta_B = \dfrac{l}{3EI}M_B$

㉰ $\theta_B = \dfrac{l}{2EI}M_B$　　　　㉱ $\theta_B = \dfrac{l}{6EI}M_B$

> **해설** $\theta_A = 0,\ \theta_B \neq 0,\ M_{BA} = M_B,\ M_{FBA} = 0$
$$M_{BA} = M_{FBA} + \frac{2EI}{l}(2\theta_B + \theta_A)$$
$$M_B = 0 + \frac{2EI}{l}(2\theta_B + 0)$$
$$\theta_B = \frac{l}{4EI}M_B$$

95. 길이 l인 균일 단면보의 A단에 모멘트 M_{AB}를 가했을 때 A단의 회전각 θ_A는? (단, 휨강성은 EI)

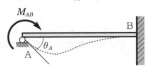

㉮ $\dfrac{M_{AB}l}{EI}$　　　　㉯ $\dfrac{4M_{AB}l}{EI}$

㉰ $\dfrac{M_{AB}l}{4EI}$　　　　㉱ $\dfrac{M_{AB}l}{3EI}$

> **해설** $\theta_A \neq 0,\ \theta_B = 0,\ M_{FAB} = 0$
$$M_{AB} = M_{FAB} + \frac{2EI}{l}(2\theta_A + \theta_B)$$
$$= 0 + \frac{4EI}{l}\theta_A$$
$$\therefore \theta_A = \frac{M_{AB} \cdot l}{4EI}$$

96. 그림과 같이 양단 고정보의 중앙점 C에 집중하중 P가 작용한다. C점의 처짐 δ_C는? (단, 보의 EI는 일정하다.)

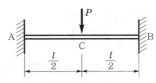

㉮ $\delta_C = 0.00521 \dfrac{Pl^3}{EI}$ ㉯ $\delta_C = 0.00511 \dfrac{Pl^3}{EI}$

㉰ $\delta_C = 0.00501 \dfrac{Pl^3}{EI}$ ㉱ $\delta_C = 0.00491 \dfrac{Pl^3}{EI}$

해설
$$\delta_C = \frac{Pl^3}{192EI} = 0.0052083 \frac{Pl^3}{EI}$$

97. 그림과 같이 지간의 비가 2 : 1 서로 직교하는 중앙점에서 강결되어 있다. 두 보의 휨강성 길이가 $2l$인 AB보의 중점에 대한 분담 하중이 P_{AB}=4,000kg이라면 CD보가 중점에서 받을 수 있는 분담 하중은?

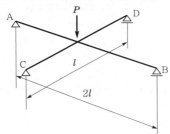

㉮ 4,000kg   ㉯ 8,000kg

㉰ 16,000kg   ㉱ 32,000kg

해설
$y = \dfrac{Pl^3}{48EI}$ 로부터

$$\frac{P_{AB}(2l)^3}{48EI} = \frac{P_{CD}l^3}{48EI}$$

$$P_{CD} = 8 \times 4,000 = 32,000\text{kg}$$

98. 단면이 일정하고 서로 똑같은 두 보가 중점에서 포개어 놓여 있다. 이 교차점 위에 수직중 P가 작용할 때 C점의 처짐 계산식 중 옳은 것은? (단, δ_A는 (B)보가 없을 때 (A)만에 의한 C점의 처짐이다.)

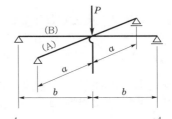

㉮ $\delta_C = \dfrac{a^4}{a^4 + b^4} \cdot \delta_A$ ㉯ $\delta_C = \dfrac{b^4}{a^4 + b^4} \cdot \delta_A$

㉰ $\delta_C = \dfrac{a^3}{a^3 + b^3} \cdot \delta_A$ ㉱ $\delta_C = \dfrac{b^3}{a^3 + b^3} \cdot \delta_A$

해설
$$P_A = \frac{(2b)^3 \times P}{(2a)^3 + (2b)^3} = \frac{b^3}{a^3 + b^3} \times P$$

99. 중앙점에서 서로 직교하는 2 단순보가 있다. EI는 일정하고 지간의 길이의 비는 1 : 2이다. 교점인 중앙점에 집중하중 P가 작용할 때 2보의 하중 분담률은?

㉮ 8 : 1
㉯ 9 : 1
㉰ 4 : 1
㉱ 2 : 1

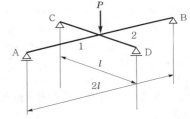

해설
$y_1 = y_2$ (AB보의 처짐=CD보의 처짐)

$$y_1 = \frac{P_1(2l)^2}{48EI}, \quad y_2 = \frac{P_2 l^3}{48EI}$$

$$8P_1 l^3 = P_2 l^3$$

$$\therefore P_2 : P_1 = 8 : 1$$

상반정리

100. P_i를 구조물의 i점에서 어떤 방향으로 작용하는 외력 Δi를 P_i 방향으로 i점의 처짐 W_i를 변형에너지라 하면, 카스틸리아노(Castigliano)의 제2정리를 수식으로 옳게 표시한 것은?

㉮ $P_i = \Delta i$ ㉯ $W_i = \Sigma \dfrac{1}{2} P_i \Delta i$

㉰ $P_i \Delta i = P_i W_i$ ㉱ $\Delta i = \dfrac{\partial W_i}{\partial P_i}$

101. 다음 정리들 가운데 관련성이 없는 것은?

㉮ 상반변위의 정리 ㉯ Betti의 정리

㉰ Maxwell의 정리 ㉲ 모멘트면적의 정리

> **해설** 상반일의 정리는 Betti의 정리이고, 상반변위의 정리는 Maxwell의 정리이다.

102. 일에 관한 다음 사항 중 옳지 않은 것은?

㉮ 카스틸리아노(Castiliano)의 정리에서 변위 "0"으로 한 것이 최소일의 원리다.

㉯ 맥스웰(Maxwell)의 정리에서 $P=1$로 한 것이 카스틸리아노의 정리다.

㉰ 베티(Betti)의 정리에서 하중을 1로 한 것이 맥스웰의 정리이다.

㉲ 맥스웰의 정리를 이용하여 부정정 구조물의 영향선을 구하면 편하다.

> **해설** 선형 탄성구조물에서 외력에 의한 일과 내력에 의한 일이 같다. 베티(Betti)의 상반일의 정리에서 $P=1$로 한 것이 맥스웰(Maxwell)의 상반변위의 정리이다.

103. 그림의 보에서 상반작용(相反作用)의 원리가 옳은 것은?

㉮ $P_a\delta_{aa}=P_b\delta_{bb}$

㉯ $P_a\delta_{ab}=P_b\delta_{ba}$

㉰ $P_a\delta_{ba}=P_b\delta_{ab}$

㉲ $P_a\delta_{bb}=P_b\delta_{aa}$

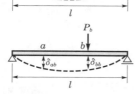

> **해설** Betti의 정리
> $$P_a \cdot \delta_{ab}=P_b \cdot \delta_{ba}$$

104. 다음 그림은 동일한 선형탄성구조물에 P_1, $2P_2$가 작용할 때 변위를 나타낸 것이다. Betti의 정리를 나타낸 식은?

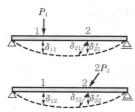

㉮ $P_1 \cdot \delta_{11}=P_2 \cdot \delta_{22}$ ㉯ $P_1 \cdot \delta_{12}=P_2 \cdot \delta_{21}$

㉰ $P_1 \cdot \delta_{12}=2P_2 \cdot \delta_{21}'$ ㉲ $P_1 \cdot \delta_{12}=2P_2 \cdot \delta_{21}'$

> **해설** Betti의 상반일의 정리에서 변위는 하중작용방향의 변위를 의미한다.
> $$\therefore P_1 \cdot \delta_{12}=2P_2 \cdot \delta_{21}$$

105. Betti-Maxwell의 법칙에 의할 때 다음에 보이는 그림에서 성립되는 관계식은? (단, δ_{11} : 하중 P가 점 1에 작용했을 때 이 점에서 하중방향으로 생기는 처짐, δ_{12} : 점 2에 작용하는 하중 P에 의하여 생기는 점 1에서의 처짐, δ_{21} : 하중 P가 점 1에 작용했을 때 점 2에 생기는 처짐, δ_{22} : 점 2에 작용하는 하중 P에 의하여 생기는 점 2에서의 처짐)

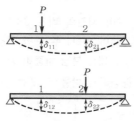

㉮ $\delta_{11}=\delta_{12}$ ㉯ $\delta_{11}=\delta_{22}$

㉰ $\delta_{21}=\delta_{22}$ ㉲ $\delta_{21}=\delta_{12}$

> **해설** Maxwell의 법칙은 Betti의 법칙의 특수한 경우로
> $$P_1=P_2=1$$
> $$\therefore \delta_{12}=\delta_{21}$$

106. 그림과 같은 단순보 내의 C, D에서 P_1 및 P_2가 각각 작용하였을 때, 어느 법칙에 의하면 $P_1\delta_{12}=P_2\delta_{21}$이라는 관계가 성립한다. 무슨 법칙인가?

㉮ 카스틸리아노의 법칙

㉯ 가상일의 원리

㉰ 모어의 법칙

㉲ 맥스웰의 법칙

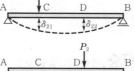

> **해설** 맥스웰의 법칙
> 베티의 정리($\Sigma P_m \delta_{mn} = \Sigma P_n \delta_{nm}$)에서 P_m, P_n역계를 단일 하중으로 생각한 법칙을 맥스웰의 상반법칙이라 한다. 즉, $\delta_{mn}=\delta_{nm}$

107. 그림에서 P_1이 단순보의 C점에 작용하였을 때, C 및 D점의 수직변위가 각각 0.4cm, 0.3cm이고, P_2가 D점에 단독으로 작용하였을 때 C, D점의 수직변위는 0.2cm, 0.25cm이었다. P_1과 P_2가 동시에 작용하였을 때 P_1 및 P_2가 하는 일은?

㉮ $W=2.05\text{tf} \cdot \text{cm}$

㉯ $W=1.45\text{tf} \cdot \text{cm}$

㉰ $W=2.85\text{tf} \cdot \text{cm}$

㉱ $W=1.90\text{tf} \cdot \text{cm}$

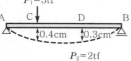
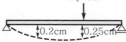

$$W_e = \frac{1}{2}P_1\delta_1 + P_1\delta_2 + \frac{1}{2}P_2\delta_2$$
$$= \frac{1}{2}\times3\times0.4+3\times0.2+\frac{1}{2}\times2\times0.25$$
$$= 0.6+0.6+0.25$$
$$= 1.45\text{tf} \cdot \text{cm}$$

108. 다음 그림의 보에서 C점에 $\Delta C = 0.2$cm의 처짐이 발생하였다. 만약 D점의 P를 C점에 작용시켰을 경우 D점에 생기는 처짐 ΔD의 값은?

㉮ 0.6cm

㉯ 0.4cm

㉰ 0.2cm

㉱ 0.1cm

Betti의 정리에서
$$P_C\delta_{CD} = P_D\delta_{DC}$$
$$P_C = P_D이면 \ \delta_{CD} = \delta_{DC} = 0.2\text{cm}$$

109. 단순보의 D점에 10t의 하중이 작용할 때 C점의 처짐량이 0.5cm라 하면 다음 그림과 같은 경우 D점의 처짐량을 구하면?

㉮ 0.2cm

㉯ 0.3cm

㉰ 0.4cm

㉱ 0.5cm

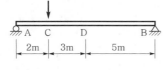

$$P_C\delta_{CD} = P_D\delta_{DC}$$
$$\delta_{DC} = \delta_{CD}\frac{P_C}{P_D} = 0.5\times\frac{8}{10} = 0.4\text{cm}$$

110. 그림과 같은 단순보의 B지점에서 $M=2\text{t} \cdot \text{m}$를 작용시켰더니 A 및 B 지점에서의 처짐각이 각각 0.08rad과 0.12rad이었다. 만일 A지점에서 $3\text{t} \cdot \text{m}$의 단모멘트를 작용시킨다면 B지점에서의 처짐각은?

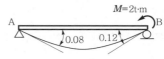

㉮ 0.08rad

㉯ 0.10rad

㉰ 0.12rad

㉱ 0.15rad

Betti의 정리

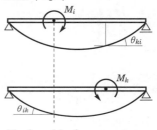

$$M_i \cdot \theta_{ik} = M_k \cdot \theta_{ki}$$
$$\therefore \ M_A\theta_{AB} = M_B\theta_{BA}$$
$$\theta_{BA} = \frac{M_A}{M_B}\theta_{AB} = \frac{3}{2}\times0.08 = 0.12\text{rad}$$

111. 그림과 같은 단순보 AB의 B단에 $M_B=2\text{tf} \cdot \text{m}$(↶)의 단모멘트를 주었더니 A 및 B에서의 기울기(slope : 처짐각)가 0.1 및 0.15이었다. A단에서 $M_A=3\text{tf} \cdot \text{m}$(↷)의 단모멘트를 주었을 때 B단의 기울기는?

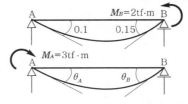

㉮ $\theta_B = 0.2\text{rad}$

㉯ $\theta_B = 0.1\text{rad}$

㉰ $\theta_B = 0.3\text{rad}$

㉱ $\theta_B = 0.15\text{rad}$

$$M_A\theta_{AB} = M_B\theta_{BA}$$
$$\theta_{BA} = \frac{M_A}{M_B}\theta_{AB} = \frac{3}{2}\times0.1 = 0.15\text{rad}$$

MEMO

chapter 12

부정정 구조물

15.7%

토목기사 출제빈도표

11.0%

토목산업기사 출제빈도표

12 부정정 구조물

01 부정정 구조물의 개요

① 정의

(1) 힘의 평형조건식($\Sigma H = 0$, $\Sigma V = 0$, $\Sigma M = 0$)만으로는 해석할 수 없는 구조물로서 경계조건이나 층방정식, 절점방정식 등을 추가 이용함으로써 부정정여력(부정정력)을 구하여 주고, 완전한 단면력은 다시 정정구조로 해석해야 한다.

(2) 부정정여력(부정정력)

정역학적 평형조건으로 해석하지 못하는 미지의 반력을 부정정력(잉여력)이라고 한다.

> ▶ **구조물의 분류**
> ┌ 안정 ┌ 정정($n=0$)
> │   └ 부정정($n>0$)
> └ 불안정($n<0$)

② 부정정력을 구하기 위한 추가 방정식

(1) 경계조건의 원리

이동지점(roller) 또는 회전지점(hinge)은 수직방향으로 움직이지 않아 처짐이 없으나 처짐각은 있을 수 있고, 고정지점(fixed)은 처짐 및 처짐각이 없다는 원리

구분(경계조건)	처짐	처짐각	단면력
단순지지(△, △)	$y=0$	$\theta = ?$	$M=0$
고정지지(▨——)	$y=0$	$\theta = 0$	$M= ?$

(2) 단층 라멘의 층방정식

층에서 전단력의 합은 그 층에 작용하는 외력 횡하중과 같다.

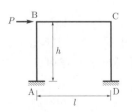

【그림 12-1】 층방정식

$$P = -\left(\frac{M_{AB} + M_{BA}}{h} + \frac{M_{CD} + M_{DC}}{h}\right)$$

$$M_{AB} + M_{BA} + M_{CD} + M_{DC} + Ph = 0$$

$$\Sigma(M_{상} + M_{하}) + (그\ 층의\ 수평력) \times (기둥의\ 높이) = 0$$

(3) 절점방정식

① 한 절점에 모인 각 부재의 재단모멘트의 합은 0이 되어야 한다. 절점방정식은 절점수 만큼 방정식이 생긴다.

② 절점 0점에 대한 절점방정식

$$\Sigma M_0 = 0$$

$$M - (M_{01} + M_{02} + M_{03} + M_{04}) = 0$$

$$\therefore M = M_{01} + M_{02} + M_{03} + M_{04}$$

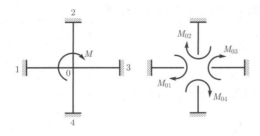

【그림 12-2】 절점방정식

③ 부정정 구조물의 장단점

(1) 장점

① 재료의 절감으로 경제적이다.

② 강성이 크므로 처짐이 작게 일어난다.

③ 정정 구조물에 비하여 지간의 길이가 크므로 외관상으로 우아하고 아름답다.

④ 과대응력을 재분배할 수 있는 기능이 있으므로 안정성이 있다.

(2) 단점

① 연약지반에서 지점의 침하 등으로 인한 응력을 발생한다.

② 정확한 응력해석과 최종설계가 이루어질 때까지 예비설계를 반복해야 한다.

③ 응력교체가 정정 구조물보다 많이 일어나므로 부가적인 부재가 필요하게 된다.

02 부정정 구조물의 해법

① 정확한 해법

(1) 응력법(유연도법, 적합법) : 부정정여력(부정정력)을 미지수로 취급
  ① 변위일치의 방법(변형일치법) : 처짐, 처짐각을 이용하는 방법, 모든 구조물에 적용
  ② 에너지법 : 최소일의 원리, 가상일의 원리
  ③ 3연모멘트법 : 연속보에 적용
  ④ 기둥유사법 : 연속보, 라멘에 적용

(2) 변위법(강성도법, 평형법) : 변위를 미지수로 취급
  ① 처짐각법 : 연속보, 라멘에 적용
  ② 모멘트분배법 : 연속보, 라멘에 적용
  ③ 모멘트면적법

(3) 수치 해석법
  ① Direct matrix method
  ② F.E.M(유한요소법)
  ③ F.D.M(유한차분법)

② 근사 해석법

시간이 너무 많이 걸리는 경우, 정해법 초기 단계의 개략 계산에 이용된다.

(1) 교문법(portal method)

(2) 캔틸레버법(cantilever method)

(3) 2 cycle method

(4) 모형 해석법
수학적 해석이 불가능한 경우에 이용되는 방법이다.

03 변형일치법(변위일치법)

① 원리

(1) 여분의 지점반력이나 응력을 부정정여력(부정정력)으로 간주하여 정정 구조물로 변환시킨 뒤, 처짐이나 처짐각의 값을 이용하여 구조물을 해석하는 방법이다.

(2) 경계조건의 원리를 이용하여 해석한다.

② 부정정 구조물을 해석하는 방법

(1) 처짐을 이용하는 방법

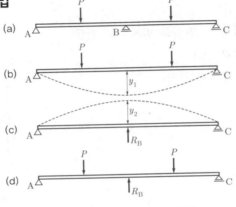

【그림 12-3】 처짐 이용법

(2) 처짐각을 이용하는 방법

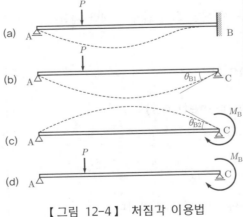

【그림 12-4】 처짐각 이용법

04　3연모멘트법

① 3연모멘트법의 개념

(1) 3연모멘트법은 부정정 연속보에서 연속된 3개의 지점에 대한 휨모
　멘트의 관계식으로, 연속된 3개의 지점에 대한 휨모멘트의 방정식
　을 만들어 해석한다.
(2) 3연모멘트법은 연속보 해석에 유리한 해석법이다.
(3) 3연모멘트법은 부재 내에 내부 힌지와 같은 불연속점이 있는 경우
　에는 적용할 수 없다.
(4) 고정단은 힌지지점으로 가정하고, 가상경간을 만들어 3연모멘트법
　을 적용하여 해석한다.

② 3연모멘트식(clapeyron)

(1) 지점침하가 있는 경우

처짐곡선은 연속되어 있으므로 어느 한 점(②점)에서 좌우의 처짐각
은 같다.

$$M_1\frac{l_1}{I_1}+2M_2\left(\frac{l_1}{I_1}+\frac{l_2}{I_2}\right)+M_3\frac{l_2}{I_2}=6E(\theta_{21}-\theta_{23})+6E(\beta_1-\beta_2)$$

여기서, θ : 구간을 단순보로 생각했을 때의 처짐각
　　　　β : 구간을 단순보로 생각했을 때의 침하에 의한 부재각

$$\beta_{21}=\frac{\delta_2-\delta_1}{l_1}$$

$$\beta_{23}=\frac{\delta_3-\delta_2}{l_2}$$

(2) 지점침하가 없는 경우

지점침하가 없는 경우에는 β_1, β_2가 0이 되므로

$$M_1\frac{l_1}{I_1}+2M_2\left(\frac{l_1}{I_1}+\frac{l_2}{I_2}\right)+M_3\frac{l_2}{I_2}=6E(\theta_{21}-\theta_{23})$$

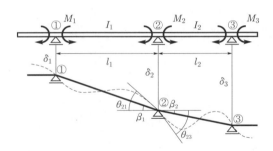

【그림 12-5】 3연모멘트법

05 처짐각법(요각법)

① 개요

(1) 직선 부재에 작용하는 하중과 하중으로 인한 변형에 의해서 절점에 생기는 절점각과 부재각을 함수로 표시한 기본식을 만들어 이 기본식을 적용한 절점방정식과 층방정식에 의해서 미지수인 절점각과 부재각을 구한다.
(2) 처짐각법은 부정정 라멘 구조나 연속보 해석에 유리한 해석법이다.

② 처짐각법의 계산 과정

(1) 하중항과 강비를 계산한다.
(2) 처짐각 기본식(재단모멘트)을 정한다.
(3) 절점방정식이나 층방정식(라멘)을 세운다.
(4) 방정식을 풀어 미지수(절점각, 부재각)를 구한다.
(5) 이 미지수를 기본식에 대입하여 재단모멘트를 구한다.
(6) 재단모멘트를 사용하여 지점반력을 구한다.

Sidebar:

▶ **처짐각법의 해법상의 가정**
① 부재는 직선재이다.
② 절점에 모인 각 부재는 모두 완전한 강절로 취급한다.
③ 휨모멘트에 의해서 생기는 부재의 변형은 고려한다.
④ 축방향력과 전단력에 의해서 생기는 부재의 변형은 무시한다.

❸ 처짐각법의 기본식

(1) 처짐각법의 기본공식

$$M_{AB} = 2EK_{AB}(2\theta_A + \theta_B - 3R) - C_{AB}$$

$$M_{BA} = 2EK_{BA}(\theta_A + 2\theta_B - 3R) + C_{BA}$$

여기서, E : 탄성계수

K : 강도$\left(\dfrac{I}{l}\right)$

R : 부재각$\left(\dfrac{\delta}{l}\right)$

C_{AB}, C_{BA} : 하중항

M_{AB}, M_{BA} : 재단모멘트

(＝접선각에 의한 모멘트＋부재각에 의한 모멘트＋하중에 의한 모멘트)

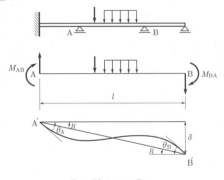

【그림 12-6】

▶ 타단이 힌지 또는 이동지점
$$M_{AB} = 3EK(\theta_A - R) - H_{AB}$$

(2) 처짐각법의 실용공식

기본공식에서 $\rho_A = 2EK_0\theta_A$

$\rho_B = 2EK_0\theta_B$

$\phi = -6EK_0R$

$k_{ab} = \dfrac{K_{AB}}{K_0}$ (K_0 : 기준강도)라 하면

$$M_{AB} = k_{ab}(2\rho_A + \rho_B + \phi) - C_{AB}$$

$$M_{BA} = k_{ba}(\rho_A + 2\rho_B + \phi) + C_{BA}$$

▶ 타단이 힌지 또는 이동지점
$$M_{AB} = k(1.5\rho_A + 0.5\phi) - H_{AB}$$

하중항

하중항이란 보의 재단모멘트를 의미한다.

연번	하중상태 (지간길이 : l)	양단고정보의 하중항		B단 힌지단
		C_{AB}	C_{BA}	H_{AB}
1		$-\dfrac{Pl}{8}$	$\dfrac{Pl}{8}$	$-\dfrac{3Pl}{16}$
2		$-\dfrac{Pab^2}{l^2}$	$\dfrac{Pa^2b}{l^2}$	$-\dfrac{Pab(l+b)}{2l^2}$
3		$-\dfrac{wl^2}{12}$	$\dfrac{wl^2}{12}$	$-\dfrac{wl^2}{8}$
4		$-\dfrac{wl^2}{30}$	$\dfrac{wl^2}{20}$	$-\dfrac{7wl^2}{120}$
5		$-\dfrac{2Pl}{9}$	$\dfrac{2Pl}{9}$	$-\dfrac{Pl}{3}$
6		$-\dfrac{(3w_a+2w_b)l^2}{60}$	$\dfrac{(2w_a+3w_b)l^2}{60}$	$-\dfrac{(8w_a+7w_b)l^2}{120}$
7		$-\dfrac{5wl^2}{96}$	$\dfrac{5wl^2}{96}$	$-\dfrac{5wl^2}{64}$
8		$-\dfrac{wl^2}{15}$	$\dfrac{wl^2}{15}$	$-\dfrac{wl^2}{10}$
9		$\dfrac{M}{4}$	$\dfrac{M}{4}$	$\dfrac{M}{8}$

알·아·두·기·

▶ 원단(far end)이 힌지 또는 이동지점인 경우

$$H_{AB}=-\left(\left|\,C_{AB}\,\right|+\dfrac{1}{2}C_{BA}\right)$$

$$H_{BA}=\left(C_{BA}+\dfrac{1}{2}\left|\,C_{AB}\,\right|\right)$$

연번	하중상태 (지간길이 : l)	양단고정보의 하중항		B단 힌지단
		C_{AB}	C_{BA}	H_{AB}
10	A B	$-\dfrac{Pa(l-a)}{l}$	$\dfrac{Pa(l-a)}{l}$	$-\dfrac{3Pa(l-a)}{2l}$

06 모멘트분배법

① 모멘트분배법의 개요

(1) 고차의 부정정 구조물을 해석하기 위해서 처짐각법을 적용할 때, 미지수의 증가 때문에 계산 과정을 손으로 처리하는 데는 한계가 있다. 이 한계를 어느 정도 극복한 것이 모멘트분배법(moment distribution method)이다.

(2) 이 방법은 일종의 반복법이며, 비교적 간단하게 손 계산으로 부정정인 보와 라멘의 재단모멘트(fixed end moment, F.E.M)를 얻을 수 있는 근사 해법이다.

② 해법 순서

(1) 강도(K) 및 강비(k, 상대강도) 계산

① 강비(k, stiffness ratio, 상대강도)
어느 강도를 표준강도(기준강도, 절대강도)로 나눈 값이다.

$$k = \frac{K}{K_0}$$

여기서, 표준강도(K_0)는 여러 강도 중에서 기준을 삼기 위해 임의로 지정한 강도이다.

② 유효강비(등가강비, effective stiffness)
부재의 양단이 고정된 경우를 기준으로 하여 상대 부재의 강비를 결정하여 분배율 계산에 이용한다. 수정된 강도계수이다.

▶ 강도(K)

$$K = \frac{I}{l}$$

▶ 강비(상대강도 : k)

$$k = \frac{K}{K_0}$$

단, 활절(힌지)인 경우는 $\dfrac{3}{4}$배

부재의 조건	유효강비
양단고정(또는 탄성고정)의 부재	$1k$ A⊢――P――⊣B
일단고정 타단활절(pin)의 부재	$\dfrac{3}{4}k$ M_{iA} i θ_i A
절점회전각이 대칭인 부재, 대칭 라멘이 대칭 하중을 받을 경우의 대칭축 부재	$\dfrac{1}{2}k$ M_{iB} i θ_i θ_B $M_{Bi}=M_{iB}$ B
절점회전각이 역대칭인 부재, 대칭 라멘이 역대칭 하중을 받을 경우의 대칭축 부재	$\dfrac{3}{2}k$ M_{iC} i θ_i θ_C $M_{Ci}=M_{iC}$ C

(2) 분배율(분배계수, distribution factor, D.F) 계산

둘 이상의 부재가 연결된 곳에 작용하는 불균형모멘트를 각 부재에 분배하는 비율을 말한다.

$$D.F = \frac{k}{\Sigma k}$$

(3) 하중항(고정단모멘트, fixed end moment, F.E.M) 계산

처짐각법의 하중항 공식으로 단부의 고정지지물이 보의 단부회전을 못하게 하는 모멘트이다.

(4) 절점에서 불균형모멘트(unbalanced moment, U.B.M) 계산

한 점에서 고정단모멘트의 대수합이다.

(5) 분배모멘트(distribution moment, D.M) 계산

작용모멘트 중 각 부재에 분배되는 분배모멘트를 말한다.
$$M_{ij} = M \times D.F$$

(6) 전달률(도달률, 도달계수, carry-over factor, C.O.F, C.F)

상대 단에 전달되는 모멘트의 비율을 말한다. 고정단의 경우 항상 $\dfrac{1}{2}$ 이다.

(7) 전달모멘트(도달모멘트, carry-over moment, C.O.M, C.M) 계산

전달률에 의해 상대 단에 전달되는 모멘트로, 같은 방향으로 반이 전달된다.

(8) 재단(최종)모멘트(final moment, F.M)

재단모멘트＝고정단모멘트＋분배모멘트＋전달모멘트

❸ 분배율과 분배모멘트 및 전달모멘트

(1) 분배율(D.F)

$$DF_{OA} = \frac{k_1}{k_1 + k_2 + \frac{3}{4}k_3}$$

$$DF_{OB} = \frac{k_2}{k_1 + k_2 + \frac{3}{4}k_3}$$

$$DF_{OC} = \frac{\frac{3}{4}k_3}{k_1 + k_2 + \frac{3}{4}k_3}$$

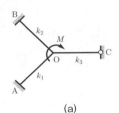

(a)

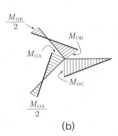

(b)

【그림 12-7】 모멘트분배법

(2) 분배모멘트(D.M)

$$M_{OA} = M \times DF_{OA}$$
$$M_{OB} = M \times DF_{OB}$$
$$M_{OC} = M \times DF_{OC}$$

(3) 전달모멘트(C.M)

$$M_{AO} = \frac{1}{2} \times M_{OA}$$
$$M_{BO} = \frac{1}{2} \times M_{OB}$$
$$M_{CO} = 0$$

예상 및 기출문제

1. 정정 구조물에 비해 부정정 구조물이 갖는 장점을 설명한 것 중 틀린 것은?

㉮ 설계모멘트의 감소로 부재가 절약된다.

㉯ 지점침하 등으로 인해 발생하는 응력이 적다.

㉰ 외관이 우아하고 아름답다.

㉱ 부정정 구조물은 그 연속성 때문에 처짐의 크기가 작다.

> **해설** 부정정 구조물의 단점
> ① 연약지반에서 지점의 침하 등으로 인한 응력이 발생한다.
> ② 최종설계가 이루어질 때까지 예비설계를 반복해야 한다.
> ③ 응력 교체가 많이 일어나므로 부가적인 재료가 필요하게 된다.

2. 다음 부정정 구조물의 해석법에 대한 설명으로 옳지 않은 것은?

㉮ 변위법은 변위를 미지수로 하고, 힘의 평형방정식을 적용하여 미지수를 구하는 방법으로 강성도법이라고도 한다.

㉯ 부정정력을 구하는 방법으로, 변위일치법과 3연모멘트법은 응력법이며, 처짐각법과 모멘트분배법은 변위법으로 분류된다.

㉰ 3연모멘트법은 부정정 연속보의 2경간 3개 지점에 대한 휨모멘트 관계방정식을 만들어 부정정을 해석하는 방법이다.

㉱ 처짐각법으로 해석할 때 축방향력과 전단력에 의한 변형은 무시하고, 절점에 모인 각 부재는 모두 강절점으로 가정한다.

> **해설** 휨모멘트에 의해서 생기는 부재의 변형은 고려한다.

3. 다음에서 부정정보의 해법으로 옳은 것은?

㉮ 변형일치의 방법

㉯ 모멘트면적법

㉰ 단위하중법

㉱ 공액보법

4. 다음 중 부정정 구조물의 해석 방법이 아닌 것은 어느 것인가?

㉮ 처짐각법

㉯ 단위하중법

㉰ 최소일의 정리

㉱ 모멘트분배법

5. 다음 중 부정정 구조물의 해법으로 틀린 것은?

㉮ 3연모멘트 정리

㉯ 처짐각법

㉰ 변위일치의 방법

㉱ 모멘트면적법

> **해설** 모멘트면적법은 구조물의 변위와 처짐각을 구하는 방법이다.

6. 부정정 구조물의 해석법 중 3연모멘트법을 적용하기에 가장 적당한 것은?

㉮ 트러스 해석

㉯ 연속보 해석

㉰ 라멘 해석

㉱ 아치 해석

> **해설** 3연모멘트법은 부정정 연속보를 해석할 경우에 유리한 해석법이다.

7. 부정정 구조물의 해석법인 처짐각법에 대하여 틀린 것은?

㉮ 보와 라멘에 모두 적용할 수 있다.

㉯ 고정단모멘트(fixed end moment)를 계산해야 한다.

㉰ 모멘트 분배율의 계산이 필요하다.

㉱ 지점침하나 부재가 회전했을 경우에도 사용할 수 있다.

8. 모멘트분배법의 적용이 적당한 예는?

㉮ 트러스의 처짐 계산

㉯ 트러스의 내력 계산

㉰ 아치의 해석

㉱ 라멘의 해석

해설 이는 연속보, 고정보, 부정정 라멘 구조의 해석에 편리하다.

9. 다음 중 전달률을 이용하여 부정정 구조물을 풀이하는 방법은?

㉮ 처짐각법

㉯ 모멘트분배법

㉰ 변형일치법

㉱ 3연모멘트법

해설 분배율과 전달률을 이용하여 부정정 구조를 해석하는 방법은 모멘트분배법이다.

10. 부정정 구조물의 여러 해법 중에서 연립방정식을 풀지 않고 도상에서 기계적인 계산으로 미지량을 구하는 방법은 어느 것인가?

㉮ 처짐각법

㉯ 3연모멘트법

㉰ 요각법

㉱ 모멘트분배법

11. 분배모멘트를 옳게 표시한 것은?

㉮ 배분율×재단모멘트

㉯ 배분율×불균형모멘트

㉰ 배분율×최대 휨모멘트

㉱ 배분율×최소 휨모멘트

해설 ① 분배율 $DF = \dfrac{k}{\Sigma k}$

② 분배모멘트=작용모멘트$\times DF$

③ 전달모멘트=$\dfrac{1}{2}\times$분배모맨트

12. 다음 설명 중에서 옳지 않은 것은?

㉮ 분배모멘트는 부재강도에 반비례한다.

㉯ 분배모멘트는 부재단면의 2차모멘트에 비례한다.

㉰ 분배모멘트는 부재길이에 반비례한다.

㉱ 등단면 부재에서 전달모멘트는 분배모멘트의 1/2이다.

해설 ① 분배모멘트는 부재강도에 비례한다.

② 부재강도는 단면2차모멘트에 비례하고 부재길이에 반비례한다.

③ 전달모멘트는 분배모멘트의 1/2이다.

13. 전달률을 옳게 기술한 것은?

㉮ 회전단에 작용시킨 모멘트와 이에 의해서 생긴 고정단모멘트의 비이다.

㉯ 배분율에 불균형모멘트를 곱한 것이다.

㉰ 전달될 모멘트에 배분율을 곱한 것이다.

㉱ 배분된 모멘트와 고정단모멘트의 대수차이다.

14. 모멘트분배법에서 부재의 조건이 타단 핀(pin) 부재일 경우, 다음 중 유효강비로 옳은 것은?

㉮ k

㉯ $0.75k$

㉰ $0.5k$

㉱ $1.5k$

해설 유효강비는 힌지일 경우 $\dfrac{3}{4}k$배를 취한다.

15. 그림과 같은 1차 부정정 구조물의 A지점의 반력은? (단, EI는 일정하다.)

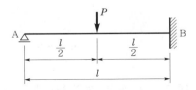

㉮ $\dfrac{5P}{16}$

㉯ $\dfrac{11P}{16}$

㉰ $-\dfrac{3Pl}{16}$

㉱ $-\dfrac{5Pl}{32}$

해설 $y_1 = y_2$

$y_1 = \dfrac{5Pl^3}{48EI}$

$y_1 = \dfrac{R_A \cdot l^3}{3EI}$

$\dfrac{R_A \cdot l^3}{3EI} = \dfrac{5Pl^3}{48EI}$

$\therefore R_A = \dfrac{5}{16}P$

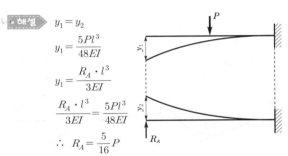

16. 다음 부정정보에서 B점의 수직반력은?

㉮ 10.67t

㉯ 9.33t

㉰ 8.4t

㉱ 7.6t

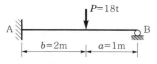

해설 $\delta_1 = \delta_2$

$$\therefore R_B = \frac{84}{9} = 9.33\text{t} (\uparrow)$$

$$\delta_1 = \frac{84}{EI}$$

$$\delta_2 = \frac{9R_B}{EI}$$

17. 그림과 같은 하중을 받고 있는 부정정 구조물 부재에 발생되는 최대 휨모멘트의 크기를 구한 값은?

㉮ −22.5t · m

㉯ +19.5t · m

㉰ +17.0t · m

㉱ −11.25t · m

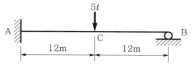

해설 $M_A = -\dfrac{3}{16}Pl$

$$M_C = \frac{5}{32}Pl$$

$$M_{\max} = -\frac{3}{16} \times 5 \times 24 = -22.5\text{t} \cdot \text{m}$$

18. 그림과 같은 부정정보의 휨모멘트도는 다음 중 어느 것인가?

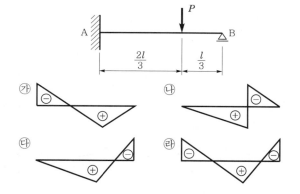

해설 $M_{AB} = \dfrac{P\left(\dfrac{2l}{3}\right)\left(\dfrac{l}{3}\right)}{2l^2} \cdot \left(l + \dfrac{l}{3}\right)$

$$M_{AB} = \frac{4}{27}Pl$$

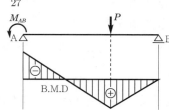

19. 그림과 같은 1차 부정정보의 부재 중에서 모멘트가 0이 되는 곳은 A점에서 얼마 떨어진 곳인가? (단, 자중은 무시한다.)

㉮ 3m

㉯ 2.50m

㉰ 1.96m

㉱ 1.50m

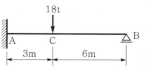

해설 $M_A = -\dfrac{Pab}{2l^2}(l+b) = -30\text{t} \cdot \text{m}$

$$R_B = \frac{Pa^2(3l-a)}{2l^3} = 2.67\text{t} (\uparrow)$$

$$M_C = R_B \times b = 16\text{t} \cdot \text{m}$$

$$30 : x = 16 : (3-x)$$

$$\therefore x = 1.96\text{m}$$

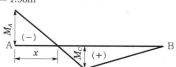

20. 그림과 같이 1차 부정정보에 등간격으로 집중하중이 작용하고 있다. 반력 R_A와 R_B의 비는?

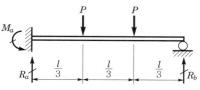

㉮ $R_A : R_B = \dfrac{5}{9} : \dfrac{4}{9}$ ㉯ $R_A : R_B = \dfrac{4}{9} : \dfrac{5}{9}$

㉰ $R_A : R_B = \dfrac{2}{3} : \dfrac{1}{3}$ ㉱ $R_A : R_B = \dfrac{1}{3} : \dfrac{2}{3}$

$M_A = \dfrac{Pl}{3}$ 이므로

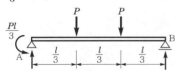

$\Sigma M_B = 0$

$R_A \times l - \dfrac{Pl}{3} - P \times \dfrac{2l}{3} - P \times \dfrac{l}{3} = 0$

$R_A = \dfrac{4}{3} Pl \,(\uparrow)$

$\Sigma V = 0$

$R_B = 2P - \dfrac{4}{3} Pl = \dfrac{2}{3} Pl \,(\uparrow)$

$\therefore\ R_A : R_B = \dfrac{4}{3} : \dfrac{2}{3} = \dfrac{2}{3} : \dfrac{1}{3}$

21. 그림과 같은 구조물에 등분포하중이 작용할 때 A점에 반력은 얼마인가?

㉮ $\dfrac{3}{4} wl$

㉯ $\dfrac{5}{8} wl$

㉰ $\dfrac{3}{8} wl$

㉱ $\dfrac{7}{8} wl$

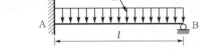

$R_B = \dfrac{3}{w} l$

$\Sigma V = 0$

$R_A + R_B = wl$

$R_A = wl - \dfrac{3}{8} wl = \dfrac{5}{8} wl$

22. 다음 부정정보에서 B점의 반력은?

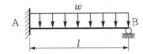

㉮ $\dfrac{5}{16} wl \,(\uparrow)$

㉯ $\dfrac{3}{4} wl \,(\uparrow)$

㉰ $\dfrac{3}{8} wl \,(\uparrow)$

㉱ $\dfrac{3}{16} wl \,(\uparrow)$

$R_B = \dfrac{3wl}{8} \,(\uparrow)$

23. 그림과 같은 구조물에서 B점에 발생하는 수직 반력 값은?

㉮ 6tf

㉯ 8tf

㉰ 10tf

㉱ 12tf

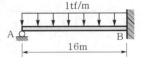

$R_A = \dfrac{3wl}{8} = \dfrac{3 \times 1 \times 16}{8} = 6\text{t} \,(\uparrow)$

$R_B = \dfrac{5wl}{8} = \dfrac{5 \times 1 \times 16}{8} = 10\text{t} \,(\uparrow)$

$M_B = -\dfrac{wl^2}{8} = -\dfrac{1 \times 16^2}{8} = -32\text{t} \cdot \text{m}$

24. 다음 그림과 같은 보에서 A지점의 반력은?

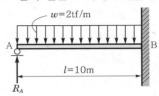

㉮ 6.0tf

㉯ 7.5tf

㉰ 8.0tf

㉱ 9.5tf

$R_B = \dfrac{3}{8} wl = \dfrac{3}{8} \times 2 \times 10 = 7.5\text{t} \,(\uparrow)$

25. 다음 그림과 같은 부정정보에서 A점으로부터 전단력이 0이 되는 위치 x값은?

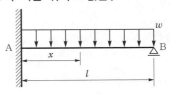

㉮ $\dfrac{3}{4} l$

㉯ $\dfrac{3}{8} l$

㉰ $\dfrac{5}{8} l$

㉱ $\dfrac{5}{11} l$

$R_A = \dfrac{5}{8} wl$

$S_x = \dfrac{5}{8} wl - wx = 0$

$\therefore\ x = \dfrac{5}{8} l$

26. 다음 그림에서 반력 R_B와 M_B는?

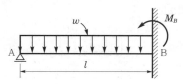

$$
\begin{array}{ccc}
& R_B & M_B \\
㉮ & \dfrac{5}{8}\cdot wl & \dfrac{1}{6}\cdot wl^2 \\
㉯ & \dfrac{3}{8}\cdot wl & \dfrac{1}{8}\cdot wl^2 \\
㉰ & \dfrac{5}{8}\cdot wl & \dfrac{1}{12}\cdot wl^2 \\
㉱ & \dfrac{5}{8}\cdot wl & \dfrac{1}{8}\cdot wl^2 \\
\end{array}
$$

해설
$$R_A = \frac{3}{8}wl$$
$$R_B = \frac{5}{8}wl$$
$$M_B = \frac{wl^2}{8}$$

27. 다음 부정정보의 a단에 작용하는 모멘트는?

㉮ $-\dfrac{1}{4}wl^2$

㉯ $-\dfrac{1}{8}wl^2$

㉰ $-\dfrac{1}{12}wl^2$

㉱ $-\dfrac{1}{24}wl^2$

해설 $M_a = -\dfrac{wl^2}{8}$

28. 다음 그림과 같은 보에서 C점의 모멘트를 구하면?

㉮ $\dfrac{1}{16}wL^2$

㉯ $\dfrac{1}{12}wL^2$

㉰ $\dfrac{3}{32}wL^2$

㉱ $\dfrac{1}{24}wL^2$

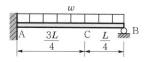

해설
$$R_B = \frac{3wL}{8}\ (\uparrow)$$
$$M_A = \frac{wL^2}{8}$$
$$M_C = \frac{3wL}{8}\times\frac{L}{4} - \frac{wL}{4}\times\frac{L}{8}$$
$$= \frac{3wL^2}{32} - \frac{wL^2}{32}$$
$$= \frac{wL^2}{16}$$

29. 그림과 같은 구조물에서 A지점의 모멘트 값은?

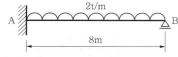

㉮ $-4\mathrm{t}\cdot\mathrm{m}$　　　㉯ $-8\mathrm{t}\cdot\mathrm{m}$

㉰ $-12\mathrm{t}\cdot\mathrm{m}$　　㉱ $-16\mathrm{t}\cdot\mathrm{m}$

해설 $M_A = -\dfrac{wl^2}{8} = \dfrac{-2\times8^2}{8} = -16\mathrm{t}\cdot\mathrm{m}$

30. 다음 그림과 같은 부정정 구조물에서 A점의 회전각 θ_A는 얼마인가?

㉮ $\dfrac{1}{12}\dfrac{wl^3}{EI}$

㉯ $\dfrac{1}{16}\dfrac{wl^3}{EI}$

㉰ $\dfrac{1}{24}\dfrac{wl^3}{EI}$

㉱ $\dfrac{1}{48}\dfrac{wl^3}{EI}$

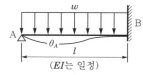

$(EI$는 일정$)$

해설
$$\theta_x = \frac{1}{EI}\left[\frac{3wl}{16}x^2 + \frac{w}{6}x^3 + \frac{wl^3}{48}\right]$$
$$\theta_{Ax=0} = \frac{1}{EI}\frac{wl^3}{48}$$
$$\theta_A{}' = \frac{wl^3}{24EI}$$
$$\theta_A{}'' = \frac{wl^3}{48EI}$$
$$\theta_A = \theta_A{}' - \theta_A{}''$$
$$= \frac{wl^3}{24EI} - \frac{wl^3}{48EI}$$
$$= \frac{wl^3}{48EI}$$

31. 그림과 같은 보의 지점 A에 10tf · m의 모멘트가 작용하면 B점에 발생하는 모멘트의 크기는?

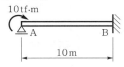

㉮ 1tf · m   ㉯ 2.5tf · m
㉰ 5tf · m   ㉱ 10tf · m

· 해설

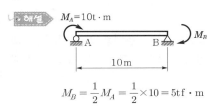

$$M_B = \frac{1}{2}M_A = \frac{1}{2} \times 10 = 5\text{tf} \cdot \text{m}$$

32. 다음 그림과 같은 1차 부정정보에서 지점 B의 반력은?

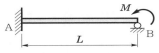

㉮ $\dfrac{1M}{L}$ ㉯ $\dfrac{1.5M}{L}$
㉰ $\dfrac{2M}{L}$ ㉱ $\dfrac{2.5M}{L}$

· 해설

 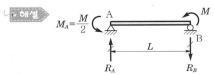

$$\Sigma M_A = 0$$
$$R_B \times L - \frac{3M}{2} = 0$$
$$R_B = \frac{3M}{2L} = \frac{1.5M}{L}(\downarrow)$$

33. 다음 보에서 B점의 수직반력은?

㉮ $\dfrac{M}{l}$

㉯ $\dfrac{2}{3}\dfrac{M}{l}$

㉰ $\dfrac{3}{2}\dfrac{M}{l}$

㉱ $\dfrac{1}{2}\dfrac{M}{l}$

· 해설

A점의 전달모멘트는 $M_A = \dfrac{M}{2}$ 이다.

$$\Sigma M_A = 0$$
$$-R_B \cdot l + M + \frac{M}{2} = 0$$
$$\therefore R_B = \frac{3}{2}\frac{M}{l}(\uparrow)$$

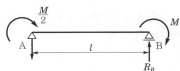

34. 그림과 같은 균일단면보 AB의 A단에 모멘트 M_{AB}를 가하였을 때 A단의 회전각 θ_A는?

㉮ $\theta_A = \dfrac{3M_{AB}l}{4EI}$

㉯ $\theta_A = \dfrac{M_{AB}l}{4EI}$

㉰ $\theta_A = \dfrac{M_{AB}l}{3EI}$

㉱ $\theta_A = \dfrac{2M_{AB}l}{3EI}$

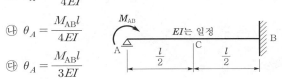

· 해설

$$\theta_A = \frac{l}{6EI}(2M_{AB} + M_{BA})$$
$$= \frac{l}{6EI}\left\{2M_{AB} + \left(-\frac{M_{BA}}{2}\right)\right\} = \frac{M_{AB}l}{4EI}$$

35. 다음 그림과 같이 A지점이 고정이고 B지점이 힌지(hinge)인 부정정보가 어떤 요인에 의하여 B지점이 B′로 △만큼 침하하게 되었다. 이때 B′의 지점반력은?

㉮ $\dfrac{3EI\Delta}{l^3}$

㉯ $\dfrac{4EI\Delta}{l^3}$

㉰ $\dfrac{5EI\Delta}{l^3}$

㉱ $\dfrac{6EI\Delta}{l^3}$

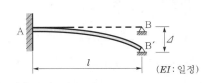

해설

$$M_{AB} = \frac{3EI\Delta}{l^2}$$

$\Sigma M_A = 0$에서 $-\frac{3EI\Delta}{l^2} + R_B \cdot l = 0$

$$\therefore R_B = \frac{3EI\Delta}{l^3}$$

36. 그림과 같은 양단 고정보의 하중점(C점)에서의 휨모멘트가 옳게 된 것은?

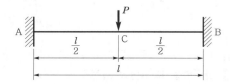

㉮ $M_C = \dfrac{Pl}{8}$ ㉯ $M_C = \dfrac{Pl^2}{8}$

㉰ $M_C = \dfrac{Pl}{16}$ ㉱ $M_C = \dfrac{Pl^2}{16}$

해설

$$M_A = -\frac{Pl}{8}$$

$$M_C = \frac{P}{2} \times \frac{l}{2} - \frac{Pl}{8} = \frac{Pl}{8}$$

37. 다음과 같은 부정정보에서 8t·m의 최대 휨모멘트가 작용한다면 몇 ton 이상의 집중하중으로서 보가 파괴되는가?

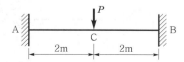

㉮ 12t 이상
㉯ 14t 이상
㉰ 16t 이상
㉱ 18t 이상

해설

$$M = \frac{Pl}{8} = 8t \cdot m$$

$$P = \frac{8 \times 8}{4} = 16t$$

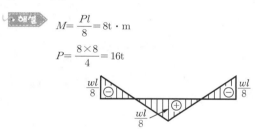

38. 다음 그림에서 B점의 고정단모멘트는? (단, EI는 일정)

㉮ 3t·m
㉯ 4t·m
㉰ 2.5t·m
㉱ 3.6t·m

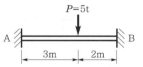

해설

$$M_B = \frac{Pa^2 b}{l^2} = \frac{5 \times 3^2 \times 2}{5^2} = 3.6t \cdot m$$

39. 양단 고정보에 집중이동하중 P가 작용할 때 A점의 고정단모멘트가 최대가 되기 위한 하중 P의 위치는?

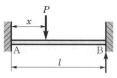

㉮ $x = \dfrac{l}{2}$ ㉯ $x = \dfrac{l}{3}$

㉰ $x = \dfrac{l}{4}$ ㉱ $x = \dfrac{l}{5}$

해설

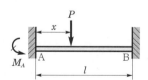

$$M_A = \frac{Px(l-x)^2}{l^2}$$

$$= \frac{P}{l^2}(x^3 - 2lx^2 + l^2 x)$$

$\dfrac{dM_A}{dx} = 0$인 곳에 집중이동하중 P가 작용할 경우 M_A는 최대 또는 최소가 된다.

$$\frac{dM_A}{dx} = \frac{P}{l^2}(3x^2 - 4lx + l^2)$$

$$= \frac{P}{l^2}(x-l)(3x-l)$$

$$= 0$$

$$\therefore x = \frac{l}{3}, \ l$$

$$M_{A,max} = M_A\left(x = \frac{l}{3}\right) = \frac{4}{27}Pl$$

$$M_{A,min} = M_A(x = 0) = 0$$

40. 그림과 같은 등질, 등단면인 2개의 보 (A), (B)에서 최대 휨모멘트가 같게 되기 위한 집중하중의 비 $P_1 : P_2$의 값은 얼마인가?

㉠ 5 : 1

㉡ 4 : 1

㉢ 3 : 1

㉣ 2 : 1

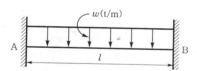

(A)

(B)

·해설 $M_{(A), \, max} = M_{(B), \, max}$

$$\frac{P_1 l}{8} = \frac{P_2 l}{4}$$

$$P_1 = 2P_2$$

$$P_1 : P_2 = 2P_2 : P_2 = 2 : 1$$

41. 다음 그림과 같은 양단 고정보에 등분포하중이 작용할 때 M_{AB}는?

㉠ $-\dfrac{wl^2}{12}$　　　　㉡ $-\dfrac{wl^2}{16}$

㉢ $-\dfrac{wl^2}{24}$　　　　㉣ $-\dfrac{wl^2}{48}$

·해설 $M_{AB} = -\dfrac{wl^2}{12}$

42. 그림과 같은 양단 고정보에 등분포하중이 작용하고 있을 때 보의 중앙점 C점의 휨모멘트 M_C는 얼마인가?

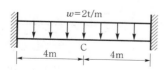

㉠ 5.33t · m　　　　㉡ 2.65t · m

㉢ 4.72t · m　　　　㉣ 3.68t · m

·해설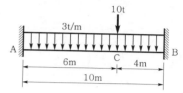

$$R_A = R_B = \frac{wl}{2} = 8t$$

$$M_A = -\frac{wl^2}{12} = \frac{-2 \times 8^2}{12} = -10.67 t \cdot m$$

$$M_C = R_A \times 4 - M_A - w \times 4 \times 2$$

$$= 32 - 10.67 - 16 = 5.33 t \cdot m$$

$$\therefore \ M_C = \frac{wl^2}{24}$$

43. 다음과 같이 양단 고정보 AB에 3t/m의 등분포하중과 10t의 집중하중이 작용할 때 A점의 휨모멘트를 구하면?

㉠ $-31.7t \cdot m$

㉡ $-34.6t \cdot m$

㉢ $-37.4t \cdot m$

㉣ $-39.6t \cdot m$

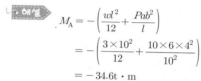

·해설 $M_A = -\left(\dfrac{wl^2}{12} + \dfrac{Pab^2}{l}\right)$

$$= -\left(\frac{3 \times 10^2}{12} + \frac{10 \times 6 \times 4^2}{10^2}\right)$$

$$= -34.6 t \cdot m$$

44. 다음 부정정보의 b단이 l^*만큼 아래로 처졌다면 a단에 생기는 모멘트는? (단, $l^*/l = 1/600$이다.)

㉠ $M_{ab} = +0.01\dfrac{EI}{l}$

㉡ $M_{ab} = -0.01\dfrac{EI}{l}$

㉢ $M_{ab} = +0.1\dfrac{EI}{l}$

㉣ $M_{ab} = -0.1\dfrac{EI}{l}$

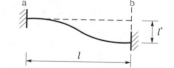

·해설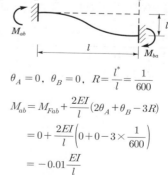

$$\theta_A = 0, \ \theta_B = 0, \ R = \frac{l^*}{l} = \frac{1}{600}$$

$$M_{ab} = M_{Fab} + \frac{2EI}{l}(2\theta_A + \theta_B - 3R)$$

$$= 0 + \frac{2EI}{l}\left(0 + 0 - 3 \times \frac{1}{600}\right)$$

$$= -0.01\frac{EI}{l}$$

45. 양단 고정보 AB의 왼쪽 지점이 그림과 같이 적은 각 θ만큼 회전할 때 생기는 반력을 구한 값은?

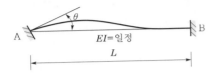

㉮ $R_A = \dfrac{6EI}{L^2}\theta$, $M_A = \dfrac{4EI}{L}\theta$

㉯ $R_A = \dfrac{12EI}{L^3}\theta$, $M_A = \dfrac{6EI}{L^2}\theta$

㉰ $R_A = \dfrac{4EI}{L}\theta$, $M_A = \dfrac{6EI}{L^2}\theta$

㉱ $R_A = \dfrac{2EI}{L^2}\theta$, $M_A = \dfrac{4EI}{L^2}\theta$

해설

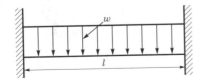

$\theta_A = -\theta$, $\theta_B = 0$

$M_{AB} = M_{FAB} + \dfrac{2EI}{L}(2\theta_A + \theta_B)$

$\quad = 0 + \dfrac{2EI}{L}(-2\theta + 0) = -\dfrac{4EI}{L}\theta$

$M_{BA} = M_{FBA} + \dfrac{2EI}{L}(2\theta_B + \theta_A)$

$\quad = 0 + \dfrac{2EI}{L}(0 - \theta) = -\dfrac{2EI}{L}$

$\Sigma M_B = 0$

$R_A \times L - \dfrac{4EI}{L}\theta - \dfrac{2EI}{L} = 0$

$R_A = \dfrac{6EI}{L^2}\theta$

46. 다음 그림에서 중앙점의 최대 처짐 δ는?

㉮ $\dfrac{wl^4}{24EI}$ ㉯ $\dfrac{5wl^4}{384EI}$

㉰ $\dfrac{wl^4}{384EI}$ ㉱ $\dfrac{41wl^4}{384EI}$

해설

$\delta = \delta_1 + \delta_2$

$\delta_1 = \dfrac{5wl^4}{384EI}$

$\delta_2 = \dfrac{-Ml^2}{8EI} = \dfrac{-wl^2}{96EI}$

$\delta = \dfrac{5wl^4}{384EI} - \dfrac{wl^4}{96EI} = \dfrac{wl^4}{384EI}(5-4)$

$\therefore \delta = \dfrac{wl^4}{384EI}$

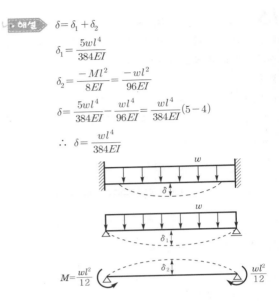

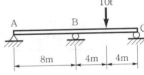

47. 다음 그림과 같은 연속보가 있다. B점과 C점 중간에 10t의 하중이 작용할 때 B점에서의 휨모멘트 M은? (단, 탄성계수 E와 단면2차모멘트 I는 전 구간에 걸쳐 일정하다.)

㉮ $-5t \cdot m$
㉯ $-7.5t \cdot m$
㉰ $-10t \cdot m$
㉱ $-15t \cdot m$

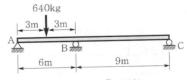

해설 경계조건 $M_A = M_C = 0$

$\delta = 0 \rightarrow \beta = 0$

$0 + 2M_B\left(\dfrac{l}{I} + \dfrac{l}{I}\right) + 0 = 6E\left(0 - \dfrac{Pl^2}{16EI}\right) + 0$

$\therefore M_B = -\dfrac{3Pl}{32} = -\dfrac{3}{32} \times 10 \times 8$

$\quad = -7.5t \cdot m$

48. 다음 그림과 같은 2경간 연속보에서 M_B의 크기는? (단, EI는 일정하다.)

㉮ 288kg·m ㉯ 248kg·m
㉰ 208kg·m ㉱ 168kg·m

해설

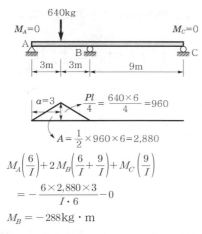

$$M_A\left(\frac{6}{I}\right) + 2M_B\left(\frac{6}{I}+\frac{9}{I}\right) + M_C\left(\frac{9}{I}\right)$$

$$= -\frac{6\times2,880\times3}{I\cdot6} - 0$$

$$M_B = -288\text{kg}\cdot\text{m}$$

49. 다음 그림과 같이 2경간 연속보의 첫 경간에 등분포하중이 작용한다. 중앙지점 B의 휨모멘트는?

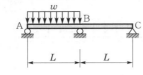

㉮ $-\dfrac{1}{24}wL^2$　　　　㉯ $-\dfrac{1}{16}wL^2$

㉰ $-\dfrac{1}{12}wL^2$　　　　㉱ $-\dfrac{1}{8}wL^2$

해설 3연모멘트 정리

$$M_A = M_C = 0, \quad \delta = 0 \rightarrow \beta = 0$$

$$0 + 2M_B\left(\frac{L}{I}+\frac{L}{I}\right) + 0 = 6E\left(-\frac{wL^3}{24EI}-0\right)+0$$

$$4M_B\cdot\frac{L}{I} = -6\times\frac{wL^3}{24I}$$

$$\therefore\ M_B = -\frac{wL^2}{16}$$

50. 단면이 일정한 그림과 같은 2경간 연속보의 중간 지점의 휨모멘트를 구해야 한다. 3연모멘트 방정식 (three moment equation)을 세우면 다음과 같이 된다. 다음 중 옳은 것은?

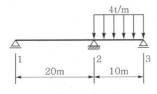

㉮ $20M_1 + 30M_2 + 10M_3 = -\dfrac{4\times10^3}{12}$

㉯ $0 + 60M_2 + 0 = -10^3$

㉰ $0 + 30M_2 + 0 = -6\times\dfrac{4\times10^3}{12}$

㉱ $20M_1 + 60M_2 + 0 = -6\times\dfrac{4\times10^3}{4}$

해설
$$2\left(\frac{l_{21}}{I}+\frac{l_{23}}{I}\right)M_B = 6E(\theta_{21}-\theta_{22})$$
$$2\left(\frac{20}{I}+\frac{10}{I}\right)M_B = 6E\left(0-\frac{W(l_{23})^3}{24EI}\right)$$
$$60M_B = \frac{6\times4\times(10)^3}{24} = -(10)^3$$

51. 다음 그림에 보이는 1차 부정정보의 중앙 지점에서의 휨모멘트는?

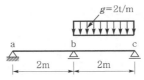

㉮ $-0.10\text{t}\cdot\text{m}$

㉯ $-0.25\text{t}\cdot\text{m}$

㉰ $-0.33\text{t}\cdot\text{m}$

㉱ $-0.50\text{t}\cdot\text{m}$

해설
$$M_1\frac{l_1}{I_1} + 2M_2\left(\frac{l_1}{I_1}+\frac{l_2}{I_2}\right) + M_3\frac{l_2}{I_2} = 6E(\theta_{21}-\theta_{23})$$
$$0 + 2M_B\left(\frac{l}{I}+\frac{l}{I}\right)+0 = 6E\left(0-\frac{wl^3}{24EI}\right)$$
$$\therefore\ M_B = -\frac{wl^2}{16} = -\frac{2\times2^2}{16} = -0.5\text{t}\cdot\text{m}$$

52. 그림과 같은 보에서 모멘트분배법으로 B점에서 BC 부재의 분배율은?

㉮ $\dfrac{1}{3}$　　　　　　　　㉯ $\dfrac{2}{3}$

㉰ 0.5　　　　　　　　㉱ 0.9

해설
$$K_{BA} = \frac{I}{l}, \quad K_{BC} = \frac{2I}{l}$$
$$DF_{BA} = \frac{K_{BA}}{\Sigma K} = \frac{1}{3}, \quad DF_{BC} = \frac{K_{BC}}{\Sigma K} = \frac{2}{3}$$

53. 그림과 같은 2경간 연속보의 재단모멘트가 다음 그림과 같은 크기와 방향을 가지고 있다면, 이 보에서 B점의 반력은?

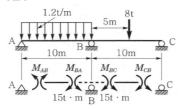

㉮ 4.5t ㉯ 2.5t
㉰ 13t ㉱ 7t

해설 $R_B = R_{B1} + R_{B2}$
(보 A−B)
$\Sigma M_A = 0$
$R_{B1} = 10 - 1.2 \times 10 \times 5 - 15 = 0$
$R_{B1} = 7.5t$
(보 B−C)
$\Sigma M_C = 0$
$R_{B2} = 10 - 8 \times 5 - 15 = 0$
$R_{B2} = 5.5t$
$\therefore R_B = 7.5 + 5.5 = 13.0t$

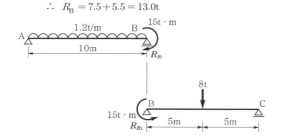

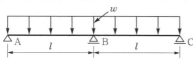

54. 다음과 같은 연속보의 전 구간에 등분포하중 w 가 만재하여 작용할 경우 B점의 연직반력 R_B의 크기는? (단, EI는 일정하다.)

㉮ 2.0wl ㉯ 1.87wl
㉰ 1.25wl ㉱ 0.72wl

해설 $R_B = \dfrac{5wl}{4}$
$= 1.25wl$

55. 다음 연속보에서 B점의 지점반력을 구한 값은?

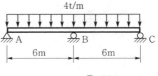

㉮ 24t ㉯ 28t
㉰ 30t ㉱ 32t

해설 $R_{By} = \dfrac{5wl}{4}$
$= \dfrac{5 \times 4 \times 6}{4} = 30t$

56. 다음과 같은 2경간 연속보에 등분포하중이 작용하고 있다. 중앙지점 B에서의 지점반력은? (단, $EI=$ 동일)

㉮ 2.25tf ㉯ 2.50tf
㉰ 3.50tf ㉱ 3.75tf

해설 $R_B = \dfrac{5}{4}wl$
$= \dfrac{5}{4} \times 1 \times 3 = 3.75tf(\uparrow)$

57. 그림과 같은 연속보에서 B점의 지점반력은?

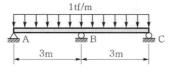

㉮ 5t ㉯ 2.67t
㉰ 1.5t ㉱ 1t

해설 $M_B = -\dfrac{wl^2}{8}$
$\therefore R_B = \dfrac{5}{4}wl$
$= \dfrac{5}{4} \times 2 \times 2$
$= 5t(\uparrow)$

58. 그림과 같은 2경간 연속보에 등분포하중 $w =$ 400kgf/m가 작용할 때 전단력이 0이 되는 지점 A로부터의 위치(x)는?

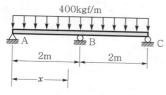

㉮ 0.65m
㉯ 0.75m
㉰ 0.85m
㉱ 0.95m

 해설

$$R_B = \frac{5}{4}wl = \frac{5}{4} \times 0.4 \times 2 = 1\text{t}\,(\uparrow)$$

$$R_A = \frac{(0.4 \times 4 - 1)}{2} = 0.3\text{t}\,(\uparrow)$$

$$S_x = 0.3 - 0.4 \times x = 0$$

$$x = 0.75\text{m}$$

59. 그림과 같은 연속보의 B점의 휨모멘트 M_B의 값은?

㉮ $-\dfrac{wl^2}{24}$

㉯ $-\dfrac{wl^2}{16}$

㉰ $-\dfrac{wl^2}{12}$

㉱ $-\dfrac{wl^2}{8}$

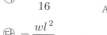

해설

$$R_B = \frac{5}{4}wl$$

$$M_B = \frac{wl^2}{8}$$

60. 그림과 같이 길이 20m인 단순보의 중앙점 아래 1cm 떨어진 곳에 지점 C가 있다. 이 단순보가 등분포하중 $w = 1$t/m를 받는 경우 지점 C의 수직반력 R_{Cy}는? (단, $EI = 2.0 \times 10^{12}$kg·cm²)

㉮ 200kg
㉯ 300kg
㉰ 400kg
㉱ 500kg

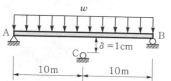

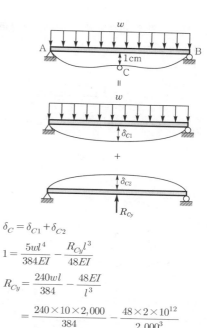

해설

$$\delta_C = \delta_{C1} + \delta_{C2}$$

$$1 = \frac{5wl^4}{384EI} - \frac{R_{Cy}l^3}{48EI}$$

$$R_{Cy} = \frac{240wl}{384} - \frac{48EI}{l^3}$$

$$= \frac{240 \times 10 \times 2,000}{384} - \frac{48 \times 2 \times 10^{12}}{2,000^3}$$

$$= 500\text{kg}$$

61. 다음 그림 (a)와 같이 하중을 받기 전에 지점 B와 보 사이에 △의 간격이 있는 보가 있다. 그림 (b)와 같이 이 보에 등분포하중 q를 작용시켰을 때 지점 B의 반력이 ql이 되게 하려면 △의 크기를 얼마로 하여야 하는가? (단, 보의 휨강도 EI는 일정하다.)

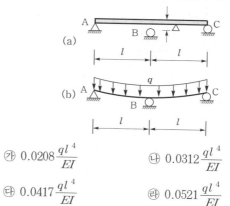

㉮ $0.0208 \dfrac{ql^4}{EI}$

㉯ $0.0312 \dfrac{ql^4}{EI}$

㉰ $0.0417 \dfrac{ql^4}{EI}$

㉱ $0.0521 \dfrac{ql^4}{EI}$

해설

$$\triangle = \frac{5q(2l)^4}{384EI} - \frac{ql(2l)^3}{48EI}$$

$$= 0.0417 \frac{ql^4}{EI}$$

62. 그림과 같은 연속보에서 B지점 모멘트 M_B는? (단, EI는 일정하다.)

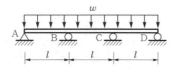

㉮ $-\dfrac{wl^2}{4}$　　　　㉯ $-\dfrac{wl^2}{8}$

㉰ $-\dfrac{wl^2}{10}$　　　　㉱ $-\dfrac{wl^2}{12}$

해설 ▶ 3연모멘트 정리에 의해 풀기로 한다.
좌우대칭이므로 $M_B = M_C$이고 경계조건은
$M_A = M_D = 0$, $\delta = 0 \rightarrow \beta = 0$

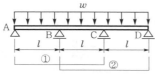

$$0 + 2M_B\left(\frac{l}{I} + \frac{l}{I}\right) + M_C \cdot \frac{l}{I}$$

$$= 6E\left(-\frac{wl^3}{24EI} - \frac{wl^3}{24EI}\right) + 0$$

$$4M_B + M_C = -\frac{wl^2}{2} \quad\cdots\cdots\cdots\cdots ①$$

$$M_B \cdot \frac{l}{I} + 2M_C\left(\frac{l}{I} + \frac{l}{I}\right) + 0$$

$$= 6E\left(-\frac{wl^3}{24EI} - \frac{wl^3}{24EI}\right) + 0$$

$$M_B + 4M_C = -\frac{wl^2}{2} \quad\cdots\cdots\cdots\cdots ②$$

$① \times 4 - ②$

$$16M_B + 4M_C = -\frac{4wl^2}{2}$$

$$-)\quad M_B + 4M_C = -\frac{wl^2}{2}$$

$$\overline{\qquad 15M_B = -\frac{3}{2}wl^2 \qquad}$$

$$\therefore M_B = -\frac{wl^2}{10}$$

63. 그림과 같은 3경간 연속보 위에 등분포하중이 만재되었을 때 옳게 그린 휨모멘트(B.M.D)는? (단, I, l은 같고 지점침하는 없다.)

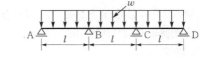

㉮

㉯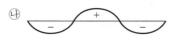

㉰

㉱

해설 ▶ 보의 중간지점에는 부휨모멘트(−)가 생기고 A, D 지점은 0이다.

64. 그림과 같은 등경간 일정 단면의 3경간 연속보에서 등분포하중이 작용한다. 이 경우 다음의 설명 중에서 옳지 않은 것은?

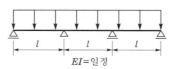

㉮ 휨모멘트의 최댓값(절댓값)은 중간지점 위치에서 생긴다.

㉯ 전단력의 최댓값(절댓값)은 중간지점 위치에서 생긴다.

㉰ 측경간의 휨모멘트가 0이 되는 곳을 힌지라고 생각하여도 반력은 불변이다.

㉱ 중앙경간의 휨모멘트가 0이 되는 곳을 힌지라고 보면 게르버보가 된다.

해설 ▶ $M_B = M_C = -\dfrac{wl^2}{10}$

$$M_{BC} = +\frac{wl^2}{40}$$

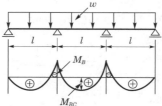

65. 그림 (b)는 그림 (a)와 같은 연속보에 대한 영향선이다. 무엇을 알기 위한 것인가?

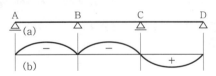

㉮ B 지점의 반력   ㉯ B 지점의 휨모멘트

㉰ C점의 반력   ㉱ C점의 휨모멘트

66. 그림과 같은 3경간 연속보에서 m점의 휨모멘트 영향선으로 맞는 것은?

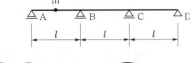

㉮

㉯

㉰

㉱

67. 그림의 보에서 지점모멘트 M_B의 크기는?

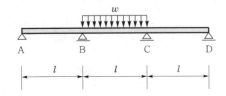

㉮ $-\dfrac{wl^2}{20}$ ㉯ $-\dfrac{wl^2}{10}$

㉰ $-\dfrac{wl^2}{5}$ ㉱ $-wl^2$

해설

$$M_A\left(\frac{l}{I}\right)+2M_B\left(\frac{l}{I}+\frac{l}{I}\right)+M_C\left(\frac{l}{I}\right)$$

$$=0-\frac{6\times\dfrac{wl^3}{12}\times\dfrac{l}{2}}{I\cdot l}$$

$$M_B=M_C$$

$$M_B=-\frac{wl^2}{20}$$

68. 그림과 같은 3경간 연속보의 B점이 5cm 아래로 침하하고 C점이 2cm 위로 상승하는 변위를 각각 했을 때 B점의 휨모멘트 M_B를 구한 값은? (단, $EI=8\times10^{10}\text{kg}\cdot\text{cm}^2$로 일정하다.)

㉮ $3.52\times10^6\text{kg}\cdot\text{cm}$

㉯ $4.85\times10^6\text{kg}\cdot\text{cm}$

㉰ $5.33\times10^6\text{kg}\cdot\text{cm}$

㉱ $6.23\times10^6\text{kg}\cdot\text{cm}$

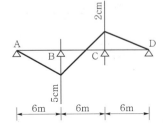

해설

$$4M_B+M_C=\frac{6EI}{(600)^2}(5+7)$$

$$M_B+4M_C=\frac{6EI}{(600)^2}(-7-2)$$

$$\therefore\ M_B=5.33\times10^6\text{kg}\cdot\text{cm}$$

69. 3연모멘트 방정식이 옳게 쓰여진 것은?

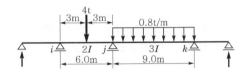

㉮ $3M_i+12M_j+3M_k=-\dfrac{6\times4\times6^2}{2\times16}-\dfrac{6\times0.8\times9^3}{3\times24}$

㉯ $4M_i+6M_j+3M_k=-\dfrac{6\times4\times6^3}{4\times16}-\dfrac{6\times0.8\times9^3}{3\times24}$

㉰ $3M_i+6M_j+6M_k=-\dfrac{6\times4\times6^3}{4\times16}-\dfrac{12\times0.8\times9^3}{3\times24}$

㉱ $4M_i+12M_j+3M_k=-\dfrac{6\times4\times6^2}{2\times16}-\dfrac{12\times0.8\times9^3}{3\times24}$

해설

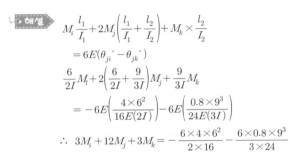

70.
다음 부정정 구조물을 모멘트분배법으로 해석하고자 한다. C점이 롤러지점임을 고려한 수정강도계수에 의하여 B점에서 C점으로 분배되는 분배율 f_{BC}를 구하면?

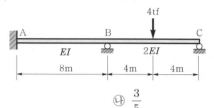

㉮ $\dfrac{1}{2}$ ㉯ $\dfrac{3}{5}$

㉰ $\dfrac{4}{7}$ ㉱ $\dfrac{5}{7}$

해설 유효강비

$$K_{BA} = \frac{I}{8} \times \frac{16}{I} = 2 = k_{BA}$$

$$K_{BC} = \frac{2I}{8} \times \frac{3}{4} \times \frac{16}{I} = 3 = k_{BC}$$

$$DF_{BA} = \frac{2}{2+3} = \frac{2}{5}$$

$$DF_{BC} = \frac{3}{2+3} = \frac{3}{5}$$

71.
그림과 같은 부정정보를 모멘트분배법으로 해석하고자 할 때 BC 부재의 분배율(DF_{BC})은 얼마인가? (단, EI는 일정하다.)

㉮ 0.60

㉯ 0.51

㉰ 0.49

㉱ 0.40

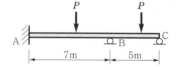

해설 강성비

$$K_{BA} = \frac{I}{l_{BA}} = \frac{I}{7}$$

$$K_{BC} = \frac{I}{l_{BC}} = \frac{I}{5}$$

표준강비를 $K_0 = \dfrac{I}{35}$라 하면,

$$K_{BA} = \frac{K_{BA}}{K_0} = \frac{I/7}{I/35} = 5$$

$$K_{BC} = \frac{K_{BC}}{K_0} \times \frac{3}{4} = 7 \times \frac{3}{4} = 5.25$$

$$\therefore DF_{BC} = \frac{5.25}{5+5.25} = 0.51$$

72.
다음과 같은 부정정 구조물에서 지점 B에서의 휨모멘트 $M_B = -\dfrac{wl^2}{14}$일 때, 고정단 A에서 휨모멘트는? (단, 휨모멘트의 부호는 (+), (−)이다.)

㉮ $\dfrac{wl^2}{28}$

㉯ $\dfrac{wl^2}{21}$

㉰ $\dfrac{wl^2}{14}$

㉱ $\dfrac{wl^2}{7}$

해설 $M_{AB} = \dfrac{1}{2} M_{BA} = \dfrac{1}{2} \times \dfrac{wl^2}{14} = \dfrac{wl^2}{28}$

73.
다음 구조물에서 모멘트 분배율을 r이라 할 때 B에서 BA로 분배되는 분배율 r_{BA}는?

㉮ 1

㉯ $\dfrac{2}{3}$

㉰ $\dfrac{1}{3}$

㉱ $\dfrac{1}{2}$

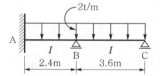

해설

$$K_{BA} = \frac{I}{2.4} \quad k_{BA} = 3$$

$$K_{BC} = \frac{I}{3.6} \quad k_{BC} = 2 \times \frac{3}{4} = 1.5$$

$$DF_{BA} = r_{BA} = \frac{3}{4.5} = \frac{1}{1.5} = \frac{2}{3}$$

74.
그림과 같은 연속보를 모멘트분배법으로 해석하려고 한다. 분배율 DF_{BC}, DF_{CB}는? (단, EI는 일정하다.)

	DF_{BC}	DF_{CB}
㉮	$\dfrac{1}{3}$,	$\dfrac{2}{3}$
㉯	1,	$\dfrac{1}{3}$
㉰	$\dfrac{2}{3}$,	$\dfrac{1}{3}$
㉱	$\dfrac{1}{3}$,	1

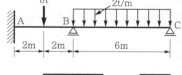

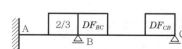

정답 70. ㉯ 71. ㉯ 72. ㉮ 73. ㉯ 74. ㉱

해설 ① 유효강비

$$k_{BA} = \frac{I}{4} \cdot \frac{8}{I} = 2$$

$$k_{BC} = \frac{I}{6} \cdot \frac{3}{4} \cdot \frac{8}{I} = 1$$

② $DF_{BC} = \dfrac{1}{3}$

③ $DF_{CB} = 1$

75. 다음 부정정보 C점에서 BC 부재에 모멘트가 분배되는 분배율의 값은?

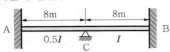

㉮ $\dfrac{2}{3}$ ㉯ $\dfrac{1}{3}$

㉰ $\dfrac{3}{4}$ ㉱ $\dfrac{1}{4}$

해설 $k_{AC} : k_{BC} = \dfrac{0.5I}{8} : \dfrac{I}{8} = 1 : 2$

$$DF_{BC} = \frac{k_{BC}}{\Sigma k_i} = \frac{2}{1+2} = \frac{2}{3}$$

76. 다음 연속보에서 B점의 분배율은?

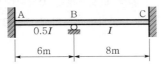

㉮ $DF_{BA} = \dfrac{2}{5}$, $DF_{BC} = \dfrac{3}{5}$

㉯ $DF_{BA} = \dfrac{3}{7}$, $DF_{BC} = \dfrac{4}{7}$

㉰ $DF_{BA} = \dfrac{4}{7}$, $DF_{BC} = \dfrac{3}{7}$

㉱ $DF_{BA} = \dfrac{3}{5}$, $DF_{BC} = \dfrac{2}{5}$

해설 $K_{BA} = \dfrac{0.5I}{6} = \dfrac{I}{12} \times \dfrac{24}{I} = 2 = k_{BA}$

$$K_{BC} = \frac{I}{8} \times \frac{24}{2} = 3 = k_{BC}$$

$$DF_{BA} = \frac{k}{\Sigma k} = \frac{2}{5}$$

$$DF_{BC} = \frac{3}{5}$$

77. 그림의 보에서 지점 B의 휨모멘트는? (단, EI는 일정하다.)

㉮ $-6.75\text{tf} \cdot \text{m}$

㉯ $-9.75\text{tf} \cdot \text{m}$

㉰ $-12\text{tf} \cdot \text{m}$

㉱ $-16.5\text{tf} \cdot \text{m}$

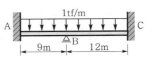

해설
$$M_{BA} = \frac{wl_{BA}^2}{12} + \frac{2EI}{l_{BA}}(\theta_A + 2\theta_B)$$

$$M_{BC} = -\frac{wl_{BC}^2}{12} + \frac{2EI}{l_{BC}}(2\theta_B + \theta_C)$$

$$\theta_A = \theta_C = 0$$

$$M_{BA} + M_{BC} = 0 \text{이므로}$$

$$\theta_B = \frac{6.75}{EI}$$

$$\therefore -M_{BA} = -\left[\frac{1 \times 9^2}{12} \times \frac{2EI}{9}\left(2 \times \frac{6.75}{EI}\right)\right]$$

$$= -9.75\text{tf} \cdot \text{m}$$

78. 다음 그림의 보에서 지점 B의 휨모멘트는? (단, EI는 일정하다.)

㉮ $-6.75\text{t} \cdot \text{m}$

㉯ $-9.75\text{t} \cdot \text{m}$

㉰ $-12\text{t} \cdot \text{m}$

㉱ $-16.5\text{t} \cdot \text{m}$

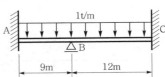

해설 ① 유효강비(k)

$$K_{BA} = \frac{I}{9} \times \frac{36}{I} = 4 = k_{BA}$$

$$K_{BC} = \frac{I}{12} \times \frac{36}{I} = 3 = k_{BC}$$

② 고정단모멘트(F.E.M)

$$C_{AB} = -\frac{wl^2}{12} = -\frac{1 \times 9^2}{12} = -6.75\text{t} \cdot \text{m}$$

$$C_{BA} = +6.75\text{t} \cdot \text{m}$$

$$C_{BC} = -\frac{wl^2}{12} = -\frac{1 \times 12^2}{12} = -12\text{t} \cdot \text{m}$$

$$C_{CB} = +12\text{t} \cdot \text{m}$$

③ 처짐각방정식

$$\phi_A = \phi_c = 0, \quad R = 0$$

$$M_{AB} = 4(0 + \phi_B + 0) - 6.75$$

$$= 4\phi_B - 6.75$$

$$M_{BA} = 4(0 + 2\phi_B + 0) + 6.75q$$

$$= 8\phi_B + 6.75$$

$$M_{BC} = 3(2\phi_B + 0 + 0) - 12$$
$$= 6\phi_B - 12$$
$$M_{CB} = 3(\phi_B + 0 + 0) + 12$$
$$= 3\phi_B + 12$$

④ 절점방정식
$$\Sigma M_B = 0, \quad M_{BA} + M_{BC} = 0$$
$$14\phi_B - 5.25 = 0$$
$$\therefore \quad \phi_B = 0.375$$

⑤ 재단모멘트
$$M_{AB} = 4 \times 0.375 - 6.75 = -5.25 \text{t} \cdot \text{m}$$
$$M_{BA} = 8 \times 0.375 + 6.75 = +9.75 \text{t} \cdot \text{m}$$
$$M_{BC} = 6 \times 0.375 - 12 = -9.75 \text{t} \cdot \text{m}$$
$$M_{CB} = 3 \times 0.375 + 12 = +13.125 \text{t} \cdot \text{m}$$

⑥ 단면력도

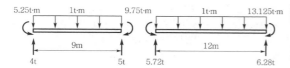

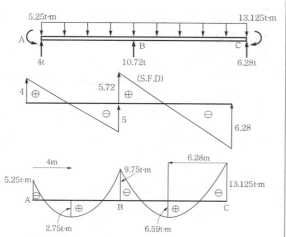

79. 그림과 같은 구조물에서 A점의 휨모멘트의 크기는?

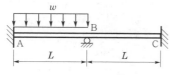

㉮ $\dfrac{1}{12} wL^2$　　　㉯ $\dfrac{7}{24} wL^2$

㉰ $\dfrac{5}{48} wL^2$　　　㉱ $\dfrac{11}{96} wL^2$

해설
$$M_{FAB} = -\frac{wL^2}{12}$$
$$M_{FBA} = \frac{wL^2}{12}$$
$$M_{FBC} = M_{FCB} = 0$$
$$k_{AB} = k_{BC} = \frac{EI}{L}, \quad \theta_A = \theta_C = 0$$
$$M_{AB} = -\frac{wL^2}{12} + \frac{2EI}{L}(2\theta_A + \theta_B)$$
$$= -\frac{wL^2}{12} + \frac{2EI}{L}\theta_B$$
$$M_{BA} = \frac{wL^2}{12} + \frac{2EI}{L}(2\theta_B + \theta_A) = \frac{wL^2}{12} + \frac{4EI}{L}\theta_B$$
$$M_{BC} = 0 + \frac{2EI}{L}(2\theta_B + \theta_C) = \frac{4EI}{L}\theta_B$$
$$M_{CB} = 0 + \frac{2EI}{L}(2\theta_C + \theta_B) = \frac{2EI}{L}\theta_B$$
$$M_{BA} + M_{BC} = 0$$
$$\frac{wL^2}{12} + \frac{4EI}{L}\theta_B + \frac{4EI}{L}\theta_B = 0$$
$$\theta_B = -\frac{wL^3}{96EI} \quad (\text{위의 } M_{AB}\text{에 대입})$$
$$M_{AB} = -\frac{5}{48}wL^2$$

80. 그림과 같은 부정정보의 자유단에 집중하중 P 가 작용했을 때 고정지점 A단의 휨모멘트 M_A는?

㉮ $\dfrac{2P \cdot a}{5}$

㉯ $\dfrac{P \cdot a}{4}$

㉰ $\dfrac{P \cdot a}{2}$

㉱ $\dfrac{P \cdot a}{3}$

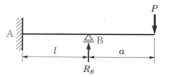

해설 $M_{BA} = P \cdot a$
$$M_{AB} = \frac{Pa}{2}$$

81. 그림과 같은 보의 고정단 A의 휨모멘트는?

㉮ 1t · m

㉯ 2t · m

㉰ 3t · m

㉱ 4t · m

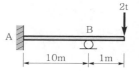

해설

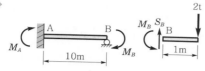

$$\Sigma M_B = 0$$
$$2 \times 1 - M_B = 0$$
$$M_B = 2t \cdot m$$
$$M_A = \frac{1}{2} M_B = \frac{1}{2} \times 2 = 1t \cdot m$$

82. 다음과 같은 부정정 구조물에서 B지점의 반력의 크기는? (단, 보의 휨강도 EI는 일정하다.)

㉮ $\frac{7}{3}P$

㉯ $\frac{7}{4}P$

㉰ $\frac{7}{5}P$

㉱ $\frac{7}{6}P$

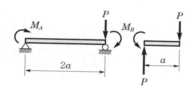

해설

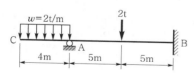

$$M_B = Pa$$
$$M_A = \frac{1}{2} M_B = \frac{Pa}{2}$$
$$\Sigma M_A = 0$$
$$- R_B \times 2a + Pa + \frac{Pa}{2} + P \times 2a = 0$$
$$R_B = \left(\frac{7}{2} Pa\right) \times \left(\frac{1}{2a}\right)$$
$$= \frac{7}{4} P(\uparrow)$$

83. 그림과 같은 구조물에서 B점의 모멘트는?

㉮ $-2.5t \cdot m$ ㉯ $-4.25t \cdot m$

㉰ $-5.7t \cdot m$ ㉱ $-6.75t \cdot m$

해설

$$M_{AC} = 2 \times 4 \times 2 = 16t \cdot m$$
$$M_{AB} = 2\phi_A - C_{AB} = 2\phi_A - 2.5$$
$$M_{BA} = \phi_A + 2.5$$
$$M_{AC} + M_{AB} = 0$$
$$\phi_A = -6.75$$
$$M_{AB} = -6.75 + 2.5 = 4.25t \cdot m$$
$$\therefore M_B = -4.25t \cdot m$$

84. 그림과 같은 라멘에서 기둥에 모멘트가 생기지 않도록 하기 위해서 필요한 P값은? (단, EI는 일정하다.)

㉮ $\frac{wl^2}{12a}$

㉯ $\frac{wl^2}{24a}$

㉰ $\frac{wl^2}{8a}$

㉱ $\frac{wl^2}{4a}$

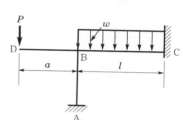

해설

$$\Sigma M_B = 0, \quad P \times a = \frac{wl^2}{12}$$
$$\therefore P = \frac{wl^2}{12a}$$

85. 다음 라멘에서 부재 BA에 휨모멘트가 생기지 않으려면 P 크기는?

㉮ 3.0t

㉯ 4.5t

㉰ 5.0t

㉱ 6.5t

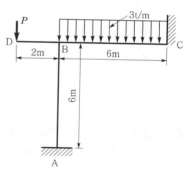

해설

$$M_{BD} + M_{BA} + M_{BC} = 0$$
$$M_{BD} + M_{BC} = 0$$
$$M_{BD} = P \cdot a = 2P$$
$$M_{BC} = \frac{wl^2}{12} = \frac{3 \times 6^2}{12} = 9t \cdot m$$
$$2P = 9t$$
$$\therefore P = 4.5t$$

86. 다음 그림과 같은 구조물에서 기둥 AB에 모멘트가 생기지 않게 하기 위한 l_1과 l_2의 비($l_1 : l_2$)는?

㉮ $1 : \sqrt{2}$

㉯ $1 : \sqrt{3}$

㉰ $1 : \sqrt{5}$

㉱ $1 : \sqrt{6}$

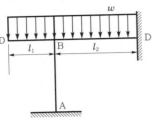

▶해설 $\Sigma M_B = 0$

$$w l_1 \times \frac{l_1}{2} = \frac{w l_2^2}{12}$$

$$\frac{l_1^2}{2} = \frac{l_2^2}{12}$$

$$\left(\frac{l_1}{l_2}\right)^2 = \frac{1}{6}$$

$$l_1 : l_2 = 1 : \sqrt{6}$$

87. 그림과 같은 구조물에서 AD 부재의 분배율을 구한 값은?

㉮ 0.2

㉯ 0.3

㉰ 0.5

㉱ 0.6

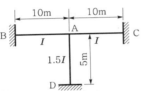

▶해설 $K_{AB} = \frac{I}{l} = \frac{I}{10} \rightarrow k_{AB} = 1$

$$K_{AC} = \frac{I}{10} \rightarrow k_{AC} = 1$$

$$K_{AD} = \frac{1.5I}{5} = \frac{3I}{10} \rightarrow k_{AD} = 3$$

$$DF_{AD} = \frac{k_{AD}}{k_{AB} + k_{AC} + k_{AD}} = \frac{3}{1+1+3} = 0.6$$

88. 절점 D는 이동하지 않으며, 재단 A, B, C는 고정일 때 M_{CD}는 얼마인가? (단, K는 강비이다.)

㉮ 2.5t · m

㉯ 3t · m

㉰ 3.5t · m

㉱ 4t · m

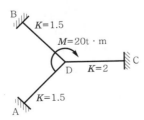

▶해설 DC 부재의 분배율

$$DF_{DC} = \frac{2}{1.5 + 2 + 1.5} = \frac{2}{5}$$

$$M_{DC} = DF_{DC} \times M = \frac{2}{3} \times 20 = 8t \cdot m$$

$$M_{CD} = \frac{1}{2} M_{DC} = 4t \cdot m$$

89. 다음 그림의 OA 부재의 분배율은? (단, I는 단면2차모멘트)

㉮ $\frac{2}{7.5}$

㉯ $\frac{4}{7.4}$

㉰ $\frac{2}{5}$

㉱ $\frac{3}{5}$

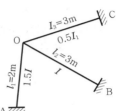

▶해설 $K_{OA} = \frac{1.5I}{2} \times \frac{6}{I} = 4.5 = k_{OA}$

$$K_{OB} = \frac{I}{3} \times \frac{6}{I} = 3 = k_{OB}$$

$$K_{OC} = \frac{0.5I}{3} \times \frac{6}{I} = 1 = k_{OC}$$

$$DF_{OA} = \frac{4.5}{4.5 + 2 + 1} = \frac{4.5}{7.5} = 0.5999 \doteqdot 0.6$$

$$\therefore 0.6 = \frac{3}{5}$$

90. 그림과 같은 부정정 구조물에서 OA, OB, OC 부재의 EI/l가 모두 동일하다면 A에서의 반력모멘트는?

㉮ $\frac{M}{6}$ (⤵)

㉯ $\frac{M}{6}$ (⤴)

㉰ $\frac{M}{3}$ (⤵)

㉱ $\frac{M}{3}$ (⤴)

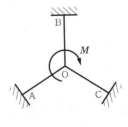

▶해설 $DF_{OA} = \frac{k}{\Sigma k} = \frac{1}{3}$

$$M_{OA} = \frac{1}{3} \times M = \frac{M}{3}$$

$$M_{AO} = \frac{1}{2} M_{OA} (\text{⤵}) = \frac{1}{2} \times \frac{M}{3} = \frac{M}{6} (\text{⤴})$$

91. 다음 그림에서 A점의 모멘트 반력은? (단, 각 부재의 길이는 동일함.)

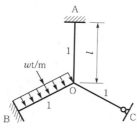

㉮ $M_A = \dfrac{wl^2}{12}$ ㉯ $M_A = \dfrac{wl^2}{24}$

㉰ $M_A = \dfrac{wl^2}{72}$ ㉱ $M_A = \dfrac{wl^2}{66}$

해설 $DF_{OA} = \dfrac{1}{1+1+\dfrac{3}{4}\times 1} = \dfrac{4}{11}$

$M_O = \dfrac{wl^2}{12}$

$M_{OA} = \dfrac{4}{11}\times\dfrac{wl^2}{12} = \dfrac{wl^2}{33}$

$M_{AO} = \dfrac{1}{2}M_{OA} = \dfrac{1}{2}\cdot\dfrac{wl^2}{33} = \dfrac{wl^2}{66}$

92. 다음 그림과 같은 구조물의 O점에 모멘트하중 8tf·m가 작용할 때 모멘트 M_{CO}의 값을 구한 것은?

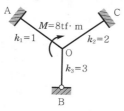

㉮ 4.0tf·m ㉯ 3.5tf·m

㉰ 2.5tf·m ㉱ 1.5tf·m

해설 ① 분배율

$DF_{OC} = \dfrac{2}{1+2+3\times\dfrac{3}{4}} = 0.38$

② 분배모멘트

$M_{OC} = 8\times 0.38 = 3.04\,t\cdot m$

③ 전달모멘트

$M_{CO} = 3.04\times\dfrac{1}{2} = 1.52\,t\cdot m$

93. 다음에서 D점은 힌지이고 k는 강비이다. B점에 생기는 모멘트는?

㉮ 5.0t·m

㉯ 9.0t·m

㉰ 10.0t·m

㉱ 4.5t·m

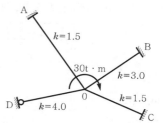

해설 $DF_{OB} = \dfrac{3}{1.5+3+1.5+4\times\dfrac{3}{4}} = \dfrac{3}{9} = \dfrac{1}{3}$

$M_{OB} = 30\times\dfrac{1}{3} = 10\,t\cdot m$

$M_{BO} = 10\times\dfrac{1}{2} = 5\,t\cdot m$

94. 그림의 구조물에서 유효강성계수를 고려한 부재 AC의 모멘트 분배율 DF_{AC}는 얼마인가?

㉮ 0.253

㉯ 0.375

㉰ 0.407

㉱ 0.567

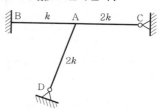

해설 $DF_{AC} = \dfrac{k}{\Sigma k} = \dfrac{2k\times\dfrac{3}{4}}{k+2k\times\dfrac{3}{4}+2k\cdot\dfrac{3}{4}}$

$= \dfrac{1.5}{4} = 0.375$

95. 다음 여러 가지 부재에서 처짐각법의 기본공식을 잘못 적용한 것은 어느 것인가?

㉮ $M_{AB} = -6EKR - C_{AB}$

㉯ $M_{AB} = -H_{AB}$

㉰ $M_{BA} = 3EK\theta_B + C_{BA}$

㉱ $M_{BA} = 2EK\theta_A + C_{BA}$

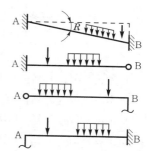

96. 그림과 같은 등분포하중을 받는 라멘에서 D점의 휨모멘트를 40t · m라 하면, B점의 휨모멘트는 얼마인가? (단, 40t · m는 분배모멘트이다.)

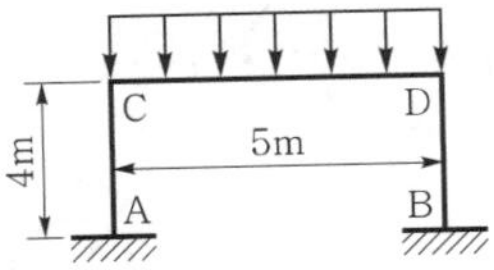

㉮ 10t · m　　㉯ 15t · m
㉰ 20t · m　　㉱ 25t · m

해설 $M_{BD}=\frac{1}{2}M_{DB}=\frac{1}{2}\times 40=20\mathrm{t\cdot m}$

97. 그림과 같은 부재 AB에 대하여 처짐각법의 공식을 사용할 때 다음 중 옳은 것은?

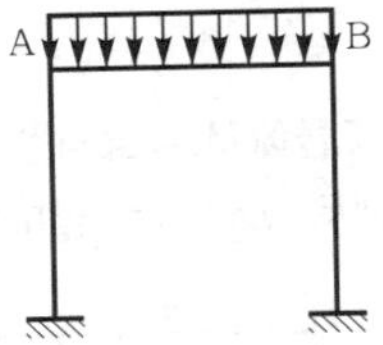

㉮ $\theta_A=-\theta_B$, $R=0$, $C_{AB}=-C_{BA}$
㉯ $\theta_A=\theta_B$, $R=0$, $M_{AB}=-M_{BA}$
㉰ $\theta_A=-\theta_B$, $R=0$, $M_{AB}=M_{BA}$
㉱ $\theta_A=\theta_B$, $R=0$, $C_{AB}=C_{BA}$

해설 $\theta_A=-\theta_B$, $R=0$, $C_{AB}=-C_{BA}$

98. 다음 라멘에서 1층에 대한 층방정식으로서 옳은 것은?

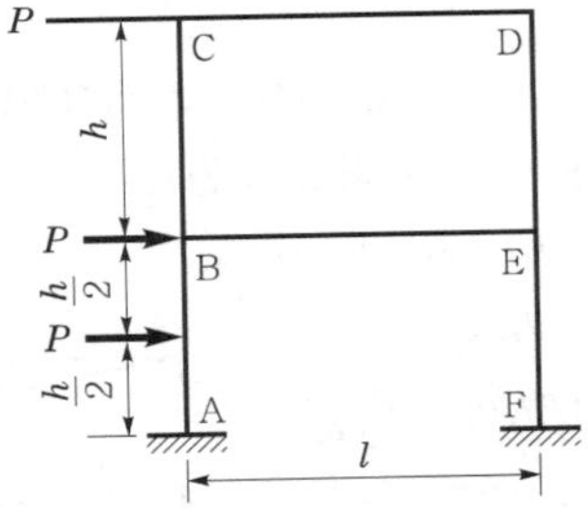

㉮ $M_{AB}+M_{BA}+M_{EF}+M_{FE}+2P\cdot h=0$
㉯ $M_{AB}+M_{BA}+M_{EF}+M_{FE}+2.5P\cdot h=0$
㉰ $M_{AB}+M_{BA}+M_{EF}+M_{FE}+3P\cdot h=0$
㉱ $M_{AB}+M_{BA}+M_{EF}+M_{FE}+1P\cdot h=0$

해설 $M_{AB}+M_{BA}+M_{EF}+M_{FE}+P\cdot h+P\cdot h+P\cdot\frac{h}{2}=0$

99. 다음 라멘에서 미지의 절점각과 부재각을 합한 최소수는?

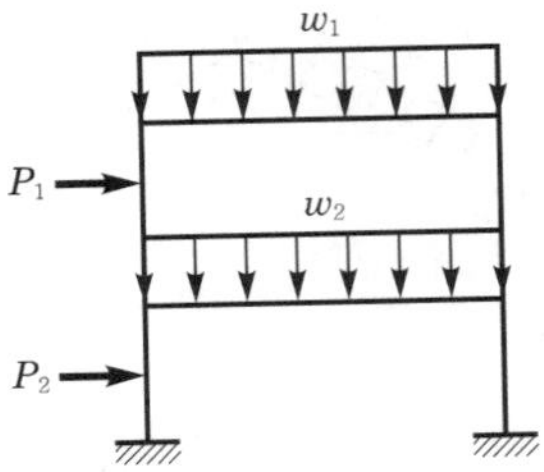

㉮ 3개　　㉯ 4개
㉰ 5개　　㉱ 6개

해설 ① 절점방정식 : 4개
② 층방정식 : 2개

100. 다음 구조물에서 B점의 수평방향 반력 R_B를 구한 값은? (단, EI는 일정)

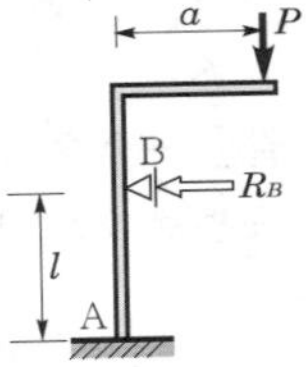

㉮ $\frac{3Pa}{2l}$　　㉯ $\frac{3Pl}{2a}$
㉰ $\frac{2Pa}{3l}$　　㉱ $\frac{2Pl}{3a}$

해설

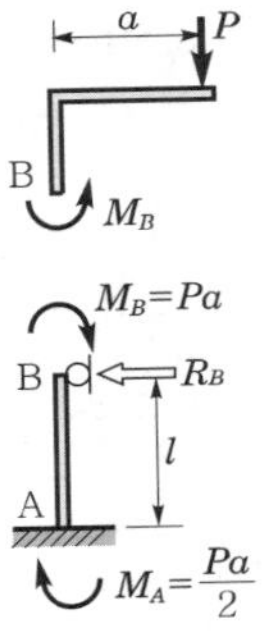

$\Sigma M_B=0$
$M_B=Pa$

$M_A=\frac{1}{2}M_B=\frac{Pa}{2}$
$\Sigma M_A=0$
$Pa+\frac{Pa}{2}-R_B\cdot l=0$
$\therefore\ R_B=\frac{3Pa}{2l}(\leftarrow)$

정답 96. ㉰ 97. ㉮ 98. ㉯ 99. ㉱ 100. ㉮

101. 2경간 연속보의 중앙지점 B에서의 반력은? (단, EI는 일정하다.)

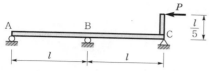

㉮ $\dfrac{1}{25}P$

㉯ $\dfrac{1}{15}P$

㉰ $\dfrac{1}{5}P$

㉱ $\dfrac{3}{10}P$

해설

$$\theta_{BC}=\frac{Ml}{6EI}=\frac{Pl^2}{30EI}$$

$$M_A=M_C=0$$

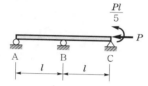

$$0+2M_B\left(\frac{l}{I}+\frac{l}{I}\right)+0=6E\left(0-\frac{Pl^2}{30EI}\right)+0$$

$$M_B=-\frac{Pl}{20}$$

$R_{B1}=\dfrac{P}{20}$ $R_{B2}=\dfrac{P}{4}$

$$\therefore\ R_B=R_{B1}+R_{B2}=\frac{P}{20}+\frac{P}{4}=\frac{3P}{10}\ (\uparrow)$$

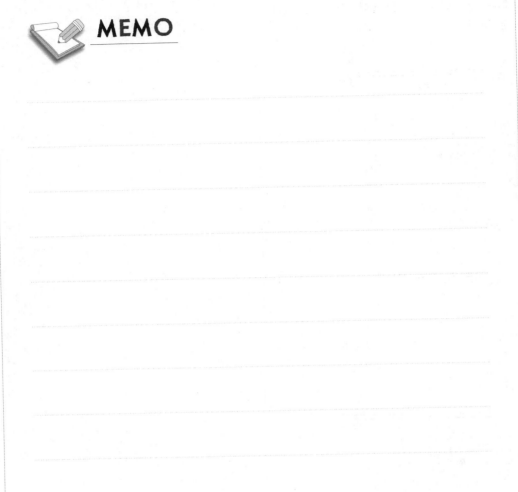

MEMO

부 록

- ❖ 기초수학 공식
- ❖ 과년도 출제문제

기초수학 공식

1. 미터량의 배수와 약수

배수	명칭	기호
10^{-1}	deci	d
10^{-2}	centi	c
10^{-3}	milli	m
10^{-6}	micro	µ
10^{-9}	nano	n
10^{-12}	pico	p
10	deca	da
10^{2}	hecto	h
10^{3}	kilo	k
10^{6}	mega	M
10^{9}	giga	G
10^{12}	tera	T

2. 그리스 문자

대문자	소문자	읽기
A	α	알파(alpha)
B	β	베타(beta)
Γ	γ	감마(gamma)
Δ	δ	델타(delta)
E	$\varepsilon, \in$	엡실론(epsilon)
Z	ζ	지타(zeta)
H	η	이타(eta)
Θ	θ, ∂	시타(theta)
I	ι	요타(iota)
K	κ	카파(kappa)
Λ	λ	람다(lambda)
M	μ	뮤(mu)
N	ν	뉴(nu)
Ξ	ξ	크사이(xi)
O	o	오미크론(omicron)
Π	π	파이(pi)
P	ρ	로(rho)
Σ	σ	시그마(야흠)
T	τ	타우(tau)
Y	υ	입실론(upsilon)
Φ	φ, ϕ	파이(phi)
X	χ	카이(chi)
Ψ	ψ	프사이(psi)
Ω	ω	오메가(omega)

3. 기본 상수(mathematical constants)

(1) $\pi = 3.141592654 \cdots$

$e = 2.718281828 \cdots$

$2\pi \text{radians} = 360 \text{degrees}$

(2) $1\text{radians} = \dfrac{180}{\pi}\text{degrees}$

$= 57.2958°$

$= 57°17'\ 44.81''$

(3) $1\text{degrees} = \dfrac{\pi}{180}\text{radians}$

$= 0.0174533\text{rad}$

4. 정식과 인수분해

(1) $(a+b)^2 = a^2 + 2ab + b^2$

$(a-b)^2 = a^2 - 2ab + b^2$

$(a+b)(a-b) = a^2 - b^2$

(2) $(x+a)(x+b) = x^2 + (a+b)x + ab$

$(ax+b)(cx+d) = acx^2 + (ad+bc)x + bd$

$(x+a)(x+b)(x+c) = x^3 + (a+b+c)x^2$
$\qquad\qquad\qquad + (ab+bc+ca)x + abc$

$(a+b+c)^2 = a^2 + b^2 + c^2 + 2ab + 2bc + 2ca$

(3) $(a+b)^3 = a^3 + 3a^2b + 3ab^2 + b^3$

$(a-b)^3 = a^3 - 3a^2b + 3ab^2 - b^3$

$(a+b)(a^2 - ab + b^2) = a^3 + b^3$

$(a-b)(a^2 + ab + b^2) = a^3 - b^3$

$(a+b+c)(a^2 + b^2 + c^2 - ab - bc - ca)$
$= a^3 + b^3 + c^3 - 3abc$

$(a^2 + ab + b^2)(a^2 - ab + b^2) = a^4 + a^2b^2 + b^4$

(4) $a^2 + b^2 = (a+b)^2 - 2ab$

$a^2 + b^2 = (a-b)^2 + 2ab$

$a^3 + b^3 = (a+b)^3 - 3ab(a+b)$

5. 지수법칙(exponents)

(1) 지수표기

$a = a^1 \mid 10^1 = 10$

$a \times a = a^2 \mid 10^2 = 10 \times 10 = 100$

$a \times a \times a = a^3 \mid 10^3 = 10 \times 10 \times 10 = 1,000$

$a \times a \times a \times a = a^4 \mid 10^4 = 10 \times 10 \times 10 \times 10 = 10,000$

$a \times a \times a \times a \times a = a^5 \mid 10^5 = 10 \times 10 \times 10 \times 10 \times 10 = 100,000$

$\dfrac{1}{a} = a^{-1} \mid 10^{-1} = \dfrac{1}{10} = 0.1$

$\dfrac{1}{a^2} = a^{-2} \mid 10^{-2} = \dfrac{1}{10^2} = \dfrac{1}{100} = 0.01$

$\dfrac{1}{a^3} = a^{-3} \mid 10^{-3} = \dfrac{1}{10^3} = \dfrac{1}{1000} = 0.001$

$\dfrac{1}{a^4} = a^{-4} \mid 10^{-4} = \dfrac{1}{10^4} = \dfrac{1}{10,000} = 0.0001$

(2) 지수법칙

$a^n \cdot a^m = a^{(n+m)}$

$a^n \div a^m = a^{(n-m)}$

$(a^n)^m = a^{nm}$

$(a \cdot b)^n = a^n b^n$

※ $a^0 = 1, \quad (7^0 = 1)$

ex) $\sqrt{a^4} = (a^4)^{\frac{1}{2}} = a^{4 \times \frac{1}{2}} = a^2$

$(\sqrt[4]{a})^{-7} = (a^{\frac{1}{4}})^{-7} = a^{-\frac{7}{4}}$

$\sqrt[3]{a^3} = (a^3)^{\frac{1}{3}} = a^{3 \times \frac{1}{3}} = a$

(3) 근의 공식

$ax^2 + bx + c = 0 \quad (a \neq 0)$

$x = \dfrac{-b \pm \sqrt{b^2 - 4ac}}{2a}$

$= \dfrac{-b' \pm \sqrt{b'^2 - ac}}{a}$

$b' = \dfrac{1}{2}b \,(\text{짝수공식})$

6. 로그함수(logarithms)

(1) $10^x = y \;\rightarrow\; \log y = x$

$e^x = y \;\rightarrow\; \ln y = x$

(2) $\log AB = \log A + \log B$

$\log \dfrac{A}{B} = \log A - \log B$

$\log \dfrac{1}{A} = -\log A$

(3) $\log A^n = n \log A$

$\log 1 = \ln 1 = 0$

$\log 10 = 1$

$\ln e = 1$

7. 삼각법

(1) $\sin\theta = \dfrac{\text{높이}}{\text{빗변}} = \dfrac{b}{c}$

$\cos\theta = \dfrac{\text{밑변}}{\text{빗변}} = \dfrac{a}{c}$

$\tan\theta = \dfrac{\text{높이}}{\text{밑변}} = \dfrac{b}{a}$

$\dfrac{\sin\theta}{\cos\theta} = \dfrac{b/c}{a/c} = \dfrac{b}{a} = \tan\theta$

(2) $\sin 45° = \dfrac{1}{\sqrt{2}} = 0.707$

$\cos 45° = \dfrac{1}{\sqrt{2}} = 0.707$

$\tan 45° = \dfrac{1}{1} = 1.09$

 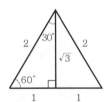

$\sin 30° = \dfrac{1}{2} = 0.50$

$\cos 30° = \dfrac{\sqrt{3}}{2} = 0.866$

$\tan 30° = \dfrac{1}{\sqrt{3}} = 0.577$

$\sin 60° = \dfrac{\sqrt{3}}{2} = 0.866$

$\cos 60° = \dfrac{1}{2} = 0.50$

$\tan 60° = \sqrt{3} = 1.732$

(3) 기본공식

$\tan\theta = \dfrac{\sin\theta}{\cos\theta}$

$\cot\theta = \dfrac{\cos\theta}{\sin\theta}$

$\sin^2\theta + \cos^2\theta = 1$

$\tan^2\theta + 1 = \sec^2\theta$

$\cot^2\theta + 1 = \csc^2\theta$

$\sin 2\alpha = 2\sin\alpha \cdot \cos\alpha$

$\sin^2\alpha = \dfrac{1 - \cos 2\alpha}{2}$

$\cos^2\alpha = \dfrac{1 + \cos 2\alpha}{2}$

(4) sine 법칙

$\dfrac{a}{\sin A} = \dfrac{b}{\sin B} = \dfrac{c}{\sin C} = 2R$

(5) cosine 법칙

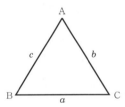

- 제 1 cosine 법칙

$a = b\cos C + c\cos B$

$a = c\cos A + a\cos C$

$c = a\cos B + b\cos A$

- 제 2 cosine 법칙

$a^2 = b^2 + c^2 - 2bc\cos A$

$b^2 = c^2 + a^2 - 2ca\cos B$

$c^2 = a^2 + b^2 - 2ab\cos C$

(6) 피타고라스 정리

$a^2 + b^2 = c^2$

$a = \sqrt{c^2 - b^2}$

$b = \sqrt{c^2 - a^2}$

$c = \sqrt{a^2 + b^2}$

8. 미분과 적분

(1) 미분공식

$$(x^n)' = nx^{n-1}$$

$$(e^x)' = e^x$$

$$(a^x)' = a^x \cdot \ln a \, (a \neq 1, \ a > 0)$$

$$(\sin x)' = \cos x$$

$$(\cos x)' = -\sin x$$

$$(\tan x)' = \sec^2 x$$

(2) 적분공식

$$\int x^n dx = \frac{x^{n+1}}{n+1} + c \, (n \neq -1)$$

$$\int \frac{1}{x} dx = \ln |x| + c$$

$$\int e^{ax} dx = \frac{1}{a} e^{ax} + c$$

$$\int \sin x \, dx = -\cos x + c$$

$$\int \cos x \, dx = \sin x + c$$

$$\int \tan x \, dx = -\ln |\cos x| + c$$

$$= \ln |\sec x| + c$$

1. 아래 그림과 같은 하중을 받는 단순보에 발생하는 최대 전단응력은?

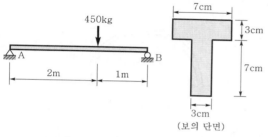

(보의 단면)

① 44.8kg/cm^2 　② 34.8kg/cm^2

③ 24.8kg/cm^2 　④ 14.8kg/cm^2

▶해설

$$\Sigma M_A = 0$$
$$-R_B \times 3 + 450 \times 2 = 0$$
$$R_B = 300\text{kg}(\uparrow), \ R_A = 450 - 300 = 150\text{kg}(\uparrow)$$
$$\therefore S_{\max} = 300\text{kg}$$
$$y_0 = \frac{G_x}{A} = \frac{7 \times 3 \times 8.5 + 3 \times 7 \times 3.5}{7 \times 3 + 3 \times 7} = 6\text{cm}$$
$$G_X = 3 \times 6 \times 3 = 54\text{cm}^3$$
$$I_X = \frac{7 \times 3^3}{12} + 7 \times 3 \times 2.5^2$$
$$\quad + \frac{3 \times 7^3}{12} + 3 \times 7 \times 2.5^2$$
$$= 364\text{cm}^4$$
$$\tau_{\max} = \frac{S_{\max} G_X}{I_X b} = \frac{300 \times 54}{364 \times 3} = 14.84\text{kg/cm}^2$$

2. 그림과 같은 구조물에서 단부 A, B는 고정, C지점은 힌지일 때 OA, OB, OC 부재의 분배율로 옳은 것은?

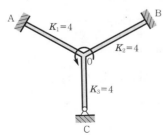

① $DF_{0A} = 3/10$, $DF_{0B} = 4/10$, $DF_{0C} = 4/10$

② $DF_{0A} = 4/10$, $DF_{0B} = 3/10$, $DF_{0C} = 3/10$

③ $DF_{0A} = 4/10$, $DF_{0B} = 3/10$, $DF_{0C} = 4/10$

④ $DF_{0A} = 3/10$, $DF_{0B} = 4/10$, $DF_{0C} = 3/10$

▶해설

$$\Sigma k = 4 + 3 + 4 \times \frac{3}{4} = 10$$
$$DF_{0A} = \frac{k}{\Sigma k} = \frac{4}{10}$$
$$DF_{0B} = \frac{3}{10}$$
$$DF_{0C} = \frac{4 \times \frac{3}{4}}{10} = \frac{3}{10}$$

3. 그림과 같은 내민보에서 자유단 C점의 처짐이 0이 되기 위한 P/Q는 얼마인가? (단, EI는 일정하다.)

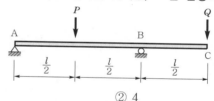

① 3 　　② 4

③ 5 　　④ 6

▶해설

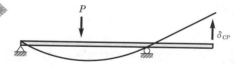

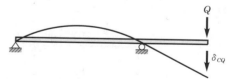

중첩의 원리 적용
$$\delta_{CP} = \delta_{CQ}$$
$$\frac{Pl^3}{32EI} = \frac{Ql^3}{8EI}$$
$$\therefore \frac{P}{Q} = 4$$

4. 그림과 같은 단순보의 중앙점(C점)에서 휨모멘트 M_C는?

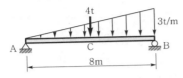

① 10t · m
② 20t · m
③ 30t · m
④ 40t · m

해설
$$R_A = \frac{3 \times 8}{6} + 2 = 6t\ (\uparrow)$$
$$M_C = 6 \times 4 - \frac{1}{2} \times 4 \times 1.5 \times 4 \times \frac{1}{3} = 20t \cdot m$$

5. 다음 인장부재의 수직변위를 구하는 식으로 옳은 것은? (단, 탄성계수는 E)

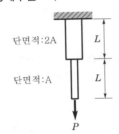

① $\dfrac{PL}{EA}$
② $\dfrac{3PL}{2EA}$
③ $\dfrac{2PL}{EA}$
④ $\dfrac{5PL}{2EA}$

해설
$$\delta = \frac{Pl}{E(2A)} + \frac{Pl}{EA} = \frac{3Pl}{2EA}\ (\downarrow)$$

6. 다음 그림과 같은 단면의 A-A 축에 대한 단면2차모멘트는?

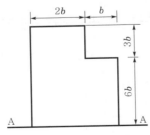

① $558b^4$
② $623b^4$
③ $685b^4$
④ $729b^4$

해설
$$I_A = \frac{bh^3}{3}$$
$$= \frac{(2b) \times (9b)^3}{3} + \frac{(b)(6b)^3}{3}$$
$$= 558b^4$$

7. 그림과 같은 3힌지(hinge) 원호 아치가 $P = 10t$의 하중을 받고 있다. B지점에서 수평반력(H_B)은?

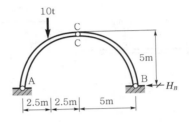

① 1.5t
② 2.0t
③ 2.5t
④ 3.0t

해설
$$\Sigma M_A = 0$$
$$-V_B \times 10 + 10 \times 2.5 = 0$$
$$V_B = 2.5t\ (\uparrow)$$
$$\Sigma M_C = 0$$
$$H_B \times 5 - 2.5 \times 5 = 0$$
$$H_B = 2.5t\ (\leftarrow)$$

8. 장주의 탄성좌굴하중(Elastic bucking Load) P_{cr}은 아래의 표와 같다. 기둥의 각 지지조건에 따른 n의 값으로 틀린 것은? (단, E : 탄성계수, I : 단면2차모멘트, l : 기둥의 높이)

$$\frac{n\pi^2 EI}{l^2}$$

① 일단고정 타단자유 : $n = \dfrac{1}{4}$
② 양단힌지 : $n = 1$
③ 일단고정 타단힌지 : $n = \dfrac{1}{2}$
④ 양단고정 : $n = 4$

해설
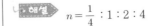
$n = \dfrac{1}{4} : 1 : 2 : 4$

9. 그림과 같은 트러스에서 AC 부재의 부재력은?

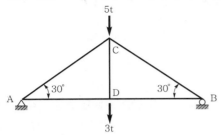

① 인장 4t
② 압축 4t
③ 인장 8t
④ 압축 8t

해설 좌우대칭이므로 $V_A = 4t(\uparrow)$

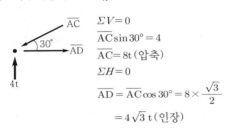

$$\Sigma V = 0$$
$$\overline{AC} \sin 30° = 4$$
$$\overline{AC} = 8t \,(압축)$$
$$\Sigma H = 0$$
$$\overline{AD} = \overline{AC} \cos 30° = 8 \times \frac{\sqrt{3}}{2}$$
$$= 4\sqrt{3}\, t \,(인장)$$

10. 다음의 단순보의 C점의 곡률반경을 구하면 얼마인가? (단, $E = 10,000 \text{kg/cm}^2$, $I = 40,000 \text{cm}^4$)

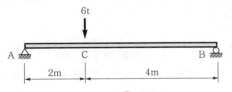

① 350cm
② 400cm
③ 450cm
④ 500cm

해설
$$\Sigma M_B = 0$$
$$R_A \times 6 - 6 \times 4 = 0$$
$$R_A = 4t(\uparrow)$$
$$M_C = 4 \times 2 = 8t \cdot m$$
$$\therefore R = \frac{EI}{M_C}$$
$$= \frac{10,000 \times 40,000}{800,000} = 500 \text{cm}$$

11. 그림과 같은 속이 찬 직경 6cm의 원형 축이 비틀림 $T = 400 \text{kg} \cdot \text{m}$를 받을 때 단면에서 발생하는 최대 전단응력은?

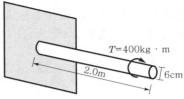

① 926.5kg/cm²
② 932.6kg/cm²
③ 943.1kg/cm²
④ 950.2kg/cm²

해설
$$I_P = I_X + I_Y$$
$$= \frac{\pi D^4}{32} = \frac{\pi \times 6^4}{32} = 127.2345 \text{cm}^4$$
$$\tau = \frac{T}{I_P} r$$
$$= \frac{40,000}{127.2345} \times 3 = 943.14 \text{kg/cm}^2$$

12. 지름 4cm, 길이 100cm의 둥근막대가 인장력을 받아서 길이가 0.6cm 늘어나고 동시에 지름이 0.008cm만큼 줄었을 때 이 재료의 푸아송수는?

① 1.5
② 2.0
③ 2.5
④ 3.0

해설
$$v = -\frac{1}{m} = \frac{\beta}{\alpha} = \frac{\Delta d/d}{\Delta l/l} = \frac{l\Delta d}{d\Delta l}$$
$$m = \frac{d\Delta l}{l\Delta d} = \frac{4 \times 0.6}{100 \times 0.008} = 3.0$$

13. 그림의 보에서 G는 내부 힌지(hinge)이다. 지점 B에서의 휨모멘트로 옳은 것은?

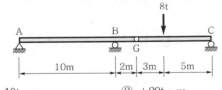

① $-10t \cdot m$
② $+20t \cdot m$
③ $-40t \cdot m$
④ $+50t \cdot m$

해설

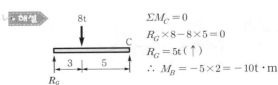

$$\Sigma M_C = 0$$
$$R_G \times 8 - 8 \times 5 = 0$$
$$R_G = 5t(\uparrow)$$
$$\therefore M_B = -5 \times 2 = -10t \cdot m$$

14. B점의 수직변위가 1이 되기 위한 하중의 크기 P는? (단, 부재의 축강성은 EA로 동일하다.)

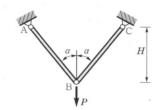

① $\dfrac{E\cos^3\alpha}{AH}$

② $\dfrac{2E\cos^3\alpha}{AH}$

③ $\dfrac{EA\cos^3\alpha}{H}$

④ $\dfrac{2EA\cos^3\alpha}{H}$

해설

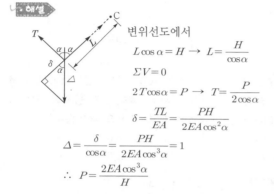

변위선도에서

$$L\cos\alpha = H \rightarrow L = \frac{H}{\cos\alpha}$$

$$\Sigma V = 0$$

$$2T\cos\alpha = P \rightarrow T = \frac{P}{2\cos\alpha}$$

$$\delta = \frac{TL}{EA} = \frac{PH}{2EA\cos^2\alpha}$$

$$\Delta = \frac{\delta}{\cos\alpha} = \frac{PH}{2EA\cos^3\alpha} = 1$$

$$\therefore P = \frac{2EA\cos^3\alpha}{H}$$

15. 그림과 같이 단순지지된 보에 등분포하중 q가 작용하고 있다. 지점 C의 부모멘트와 보의 중앙에 발생하는 정모멘트의 크기를 같게 하여 등분포하중 q의 크기를 제한하려고 한다. 각각 A와 B로부터 같은 거리에 배치하고자 한다. 이때 보의 A점으로부터 지점 C의 거리 x는?

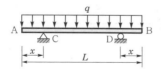

① $x = 0.207L$

② $x = 0.250L$

③ $x = 0.333L$

④ $x = 0.444L$

해설

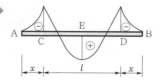

$$M_C = M_E \rightarrow \frac{w}{2}x^2 = \frac{wl^2}{8}\cdot\frac{1}{2}$$

$$l = 2\sqrt{2}\,x$$

$$L = 2x + l = (2 + 2\sqrt{2})x$$

$$x = \frac{1}{2 + 2\sqrt{2}}L = 0.2071L$$

16. 다음 그림과 같은 보에서 최대 처짐은 A로부터 얼마의 거리(X)에서 일어나는가? (단, EI는 일정하다.)

① 1.414m

② 1.633m

③ 1.871m

④ 1.923m

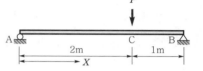

해설 ㉠ 임의의 점 x에서 처짐각(구간 $0 \le x \le a$)

$$\theta_x = \frac{Pb}{6EIl}(l^2 - b^2 - 3x^2)$$

$$y_x = \frac{Pb}{6EIl}x(l^2 - b^2 - x^2)$$

㉡ 최대 처짐은 처짐각이 0인 점에서 발생한다.

$$\theta_x = \frac{Pb}{6EIl}(l^2 - b^2 - 3x^2) = 0$$

$$3^2 - 1^2 - 3x^2 = 0$$

$$x = \sqrt{\frac{8}{3}} = 1.633\text{m}$$

17. 그림과 같은 2개의 캔틸레버보에 저장되는 변형에너지를 각각 $U_{(1)}$, $U_{(2)}$라고 할 때 $U_{(1)} : U_{(2)}$의 비는?

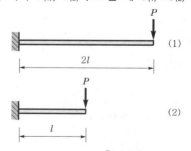

① 2 : 1

② 4 : 1

③ 8 : 1

④ 16 : 1

해설

$$U_{(1)} = \frac{1}{2}P\delta = \frac{P}{2}\cdot\frac{P(2l)^3}{3EI} = \frac{4P^2l^3}{3EI}$$

$$U_{(2)} = \frac{P}{2}\cdot\frac{Pl^3}{3EI} = \frac{P^2l^3}{6EI}$$

$$U_{(1)} : U_{(2)} = \frac{4}{3} : \frac{1}{6} = 8 : 1$$

18. 아래 그림에서 단면의 도심 $\bar{y}$를 구하면?

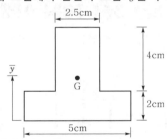

① 2.5cm

② 2.0cm

③ 1.5cm

④ 1.0cm

▶해설
$A = 2.5 \times 4 + 5 \times 2 = 20\text{cm}^2$

$G_x = 2.5 \times 4 \times 4 + 5 \times 2 \times 1 = 50\text{cm}^2$

$\bar{y} = \dfrac{G_x}{A} = \dfrac{50}{20} = 2.5\text{cm}$

19. 길이가 l이고, 지름이 D인 원형 단면 기둥의 세 장비는?

① $\dfrac{2l}{D}$

② $\dfrac{4l}{D}$

③ $\dfrac{l}{2D}$

④ $\dfrac{l}{D}$

▶해설
$r = \sqrt{\dfrac{I}{A}} = \dfrac{D}{4}$

$\lambda = \dfrac{l}{r} = \dfrac{l}{\dfrac{D}{4}} = \dfrac{4l}{D}$

20. 아래 그림과 같은 보에서 A점의 수직반력은?

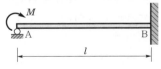

① $\dfrac{M}{l}\,(\uparrow)$

② $\dfrac{3M}{2l}\,(\downarrow)$

③ $\dfrac{3M}{2l}\,(\uparrow)$

④ $\dfrac{M}{l}\,(\downarrow)$

▶해설

$\Sigma M_B = 0$

$-R_A \times l + M + \dfrac{M}{2} = 0$

$R_A = \dfrac{3}{2} \cdot \dfrac{M}{l}\,(\downarrow)$

1. 변형에너지(strain energy)에 속하지 않는 것은?

① 외력의 일(external work)

② 축방향 내력의 일

③ 휨모멘트에 의한 내력의 일

④ 전단력에 의한 내력의 일

해설 탄성변형에너지(U)=내력일(W_i)

$$U = W_i$$
$$= W_{im} + W_{in} + W_{is} + W_{it}$$

2. 길이 10m, 지름 0.5cm의 강선을 1cm 늘리려 한다면 필요한 힘은? (단, $E=2.0\times10^6$kg/cm^2)

① 215.6kg

② 314.5kg

③ 392.7kg

④ 452.8kg

해설 $\sigma = E\varepsilon \rightarrow \Delta l = \dfrac{Pl}{EA}$

$$P = \frac{\Delta l E A}{l}$$
$$= \frac{1 \times 2.0 \times 10^6 \times \pi \times 0.5^2}{1,000 \times 4}$$
$$= 392.70 \text{kgf}$$

3. 지름 D, 길이 l인 원형 기둥의 세장비는?

① $\dfrac{4l}{D}$

② $\dfrac{8l}{D}$

③ $\dfrac{4D}{l}$

④ $\dfrac{8D}{l}$

해설
$$r = \sqrt{\frac{I}{A}} = \sqrt{\frac{\frac{\pi D^4}{64}}{\frac{\pi D^2}{4}}} = \frac{D}{4}$$
$$\lambda = \frac{l}{r} = \frac{l}{\frac{D}{4}} = \frac{4l}{D}$$

4. 다음 그림에서 힘들의 합력 R의 위치(x)는 몇 m 인가?

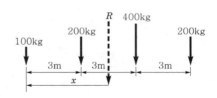

① $5\dfrac{2}{3}$

② $5\dfrac{1}{3}$

③ $4\dfrac{2}{3}$

④ $4\dfrac{1}{3}$

해설 $R = 100 + 200 + 400 + 200 = 900$kg

$$900 \cdot x = 200 \times 3 + 400 \times 6 + 200 \times 9$$
$$x = \frac{4800}{900} = \frac{16}{3}\text{m}$$

5. 그림과 같은 단면의 도심거리 Y를 구한 값으로 옳은 것은?

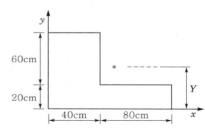

① 50cm

② 40cm

③ 30cm

④ 20cm

해설 $A = 80 \times 40 + 20 \times 80 = 4,800$cm^2

$$G_x = 40 \times 80 \times 40 + 20 \times 80 \times 10 = 144,000 \text{cm}^3$$
$$Y = \frac{G_x}{A} = \frac{144,000}{4,800} = 30 \text{cm}$$

6. 다음 그림과 같은 구조물의 부정정차수는?

① 1차 부정정

② 3차 부정정

③ 4차 부정정

④ 6차 부정정

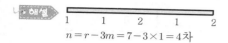

$n = r - 3m = 7 - 3 \times 1 = 4$차

7. 그림과 같은 보에서 D점의 전단력은?

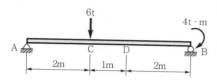

① +2.8t
② −2.8t
③ +3.2t
④ −3.2t

해설 $\Sigma M_A = 0$
$-R_B \times 5 + 6 \times 2 + 4 = 0$
$R_B = 3.2t(\uparrow)$
$R_A = 6 - 3.2 = 2.8t(\uparrow)$

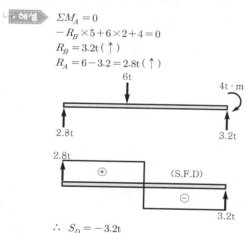

$\therefore S_D = -3.2t$

8. 그림과 같은 3활절 라멘에 일어나는 최대 휨모멘트는?

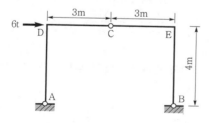

① 9t·m
② 12t·m
③ 15t·m
④ 18t·m

해설 $\Sigma M_B = 0$
$-V_A \times 6 + 6 \times 4 = 0$
$V_A = 4t(\downarrow)$
$\Sigma M_C = 0$
$-4 \times 3 + H_A \times 4 = 0$
$H_A = 3t(\leftarrow)$
$\therefore M_D = 3 \times 4 = 12t \cdot m$

9. 양단이 고정되어 있는 지름 3cm 강봉을 처음 10℃에서 25℃까지 가열하였을 때 온도응력은? (단, 탄성계수는 2×10^6kg/cm², 선팽창계수는 1.2×10^5/℃이다.)

① 280kg/cm²
② 360kg/cm²
③ 420kg/cm²
④ 480kg/cm²

해설 $\sigma = E\alpha\Delta T$
$= 2 \times 10^6 \times 1.2 \times 10^{-5} \times (25-10)$
$= 360$kg/cm²

10. 직사각형 단면의 단순보가 등분포하중 w를 받을 때 발생되는 최대 처짐에 대한 설명으로 옳은 것은?

① 보의 폭에 비례한다.
② 보의 높이의 3승에 비례한다.
③ 보의 길이의 2승에 반비례한다.
④ 보의 탄성계수에 반비례한다.

해설 $\delta_{max} = \dfrac{5wl^4}{384EI} = \dfrac{12 \times 5wl^4}{384Ebh^3}$

11. 직사각형 단면인 단순보의 단면계수가 2,000m³이고, 200,000t·m의 휨모멘트가 작용할 때 이 보의 최대 휨응력은?

① 50t/m²
② 70t/m²
③ 85t/m²
④ 100t/m²

해설 $\sigma = \dfrac{M}{I}y = \dfrac{M}{Z} = \dfrac{200,000}{2,000} = 100$t/m²

12. 그림과 같이 중량 300kg인 물체가 끈에 매달려 지지되어 있을 때, 끈 AB와 BC에 작용되는 힘은?

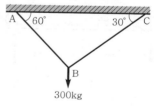

① AB=245kg, BC=180kg
② AB=260kg, BC=150kg
③ AB=275kg, BC=240kg
④ AB=230kg, BC=210kg

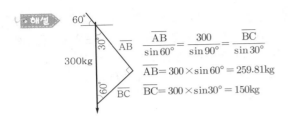

$$\frac{\overline{AB}}{\sin 60°} = \frac{300}{\sin 90°} = \frac{\overline{BC}}{\sin 30°}$$

$$\overline{AB} = 300 \times \sin 60° = 259.81\text{kg}$$

$$\overline{BC} = 300 \times \sin 30° = 150\text{kg}$$

13. 지름이 4cm인 원형 강봉을 10t의 힘으로 잡아당겼을 때 소성은 일어나지 않았고 탄성변형에 의해 길이가 1mm 증가하였다. 강봉에 축척된 탄성변형에너지는 얼마인가?

① 1.0t · mm

② 5.0t · mm

③ 10.0t · mm

④ 20.0t · mm

$$U = \frac{1}{2}P\delta$$

$$= \frac{1}{2} \times 10 \times 1 = 5\text{t} \cdot \text{mm}$$

14. 다음 부정정보에서 지점 B의 수직반력은 얼마인가? (단, EI는 일정함)

① $\frac{M}{l}$ (↑)

② $1.3\frac{M}{l}$ (↑)

③ $1.4\frac{M}{l}$ (↑)

④ $1.5\frac{M}{l}$ (↑)

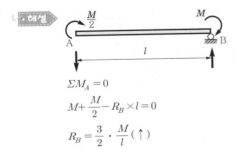

$$\Sigma M_A = 0$$

$$M + \frac{M}{2} - R_B \times l = 0$$

$$R_B = \frac{3}{2} \cdot \frac{M}{l} \ (↑)$$

15. 그림과 같은 게르버보의 C점에서 전단력의 절댓값 크기는?

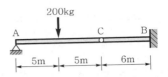

① 0kg

② 50kg

③ 100kg

④ 200kg

좌우대칭이므로 $S_A = S_C = 100$kg

16. 그림에서 음영된 삼각형 단면의 X축에 대한 단면2차모멘트는 얼마인가?

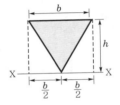

① $\frac{bh^3}{4}$

② $\frac{bh^3}{5}$

③ $\frac{bh^3}{6}$

④ $\frac{bh^3}{8}$

$$I_X = \frac{bh^3}{36}$$

$$I_{x_1} = I_x + Ay_o^2 = \frac{bh^3}{12}$$

$$I_{x_2} = I_x + Ay_o^2 = \frac{bh^3}{4}$$

17. 그림과 같은 트러스의 부재 EF의 부재력은?

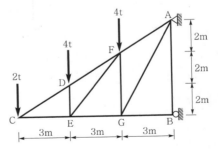

① 4.5t

② 5.0t

③ 5.5t

④ 6.0t

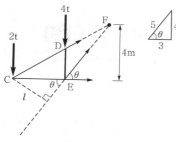

$$l = 3\sin\theta = \frac{12}{5}\text{m}$$

$$M_C = 0$$

$$-\overline{EF} \times l + 4 \times 3 = 0$$

$$\overline{EF} = \frac{4 \times 3 \times 5}{12} = 5\text{t (인장)}$$

18. 그림 (A)의 양단힌지 기둥의 탄성좌굴하중이 10t 이었다면, 그림 (B)기둥의 좌굴하중은?

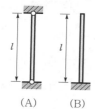

(A)   (B)

① 2.5t

③ 20t

② 10t

④ 40t

해설

$$n = \frac{1}{4} : 1 : 2 : 4$$

$$P_B = \frac{1}{4}P_A = \frac{10}{4} = 2.5\text{t}$$

19. 반지름 r인 원형 단면의 보가 전단력 S를 받고 있을 때 이 단면에 발생하는 최대 전단응력의 크기는?

① $\dfrac{3}{2} \cdot \dfrac{S}{\pi r^2}$

② $\dfrac{3}{4} \cdot \dfrac{S}{\pi r^2}$

③ $\dfrac{4}{3} \cdot \dfrac{S}{\pi r^2}$

④ $\dfrac{2}{3} \cdot \dfrac{S}{\pi r^2}$

해설

$$\tau_{\max} = \frac{4}{3} \cdot \frac{S}{A} = \frac{4}{3} \cdot \frac{S}{\pi r^2}$$

20. 길이가 6m인 단순보의 중앙에 3t의 집중하중이 연직으로 작용하고 있다. 이 때 단순보의 최대 처짐은몇 cm인가? (단, 보의 $E = 2.0 \times 10^6 \text{kg/cm}^2$, $I = 15,000\text{cm}^4$ 이다.)

① 0.45

② 0.27

③ 0.15

④ 0.09

해설

$$\delta_{\max} = \frac{Pl^3}{48EI}$$

$$= \frac{3,000 \times 600^3}{48 \times 2.0 \times 10^6 \times 15,000} = 0.45\text{cm}$$

1. 체적탄성계수 K를 탄성계수 E와 푸아송비 ν로 옳게 표시한 것은?

① $K = \dfrac{E}{3(1-2\nu)}$ ② $K = \dfrac{E}{2(1-3\nu)}$

③ $K = \dfrac{2E}{3(1-2\nu)}$ ④ $K = \dfrac{3E}{2(1-3\nu)}$

◆ 해설 ▶ ㉠ 전단탄성계수와의 관계

$$G = \frac{E}{2(1+\nu)} = \frac{E}{2\left(1+\dfrac{1}{m}\right)} = \frac{m \cdot E}{2(m+1)}$$

㉡ 체적탄성계수와의 관계

$$K = \frac{E}{3(1-2\nu)}$$

2. 다음 트러스에서 $\overline{L_1 U_1}$ 부재의 부재력은?

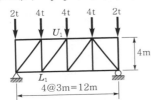

① 2.2t(인장)   ② 2.5t(인장)

③ 2.2t(압축)   ④ 2.5t(압축)

◆ 해설 ▶ $R_A = \dfrac{(4\times3+2\times2)}{2} = 8t(\uparrow)$

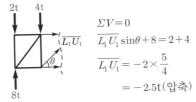

$\Sigma V = 0$

$\overline{L_1 U_1}\sin\theta + 8 = 2+4$

$\overline{L_1 U_1} = -2 \times \dfrac{5}{4}$

$\quad\quad = -2.5t(압축)$

3. 그림과 같이 밀도가 균일하고 무게가 W인 구(球)가 마찰이 없는 두 벽면 사이에 놓여 있을 때 반력 R_A의 크기는?

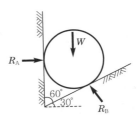

① $0.500\,W$ ② $0.577\,W$

③ $0.707\,W$ ④ $0.866\,W$

◆ 해설 ▶

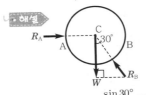

자유물체도에서 시력도를 생각하면

$$\frac{R_A}{\sin 30°} = \frac{W}{\sin 60°} = \frac{R_B}{\sin 90°}$$

$\therefore R_A = \dfrac{\sin 30°}{\sin 60°}W = \dfrac{1}{\sqrt{3}}W = 0.577\,W$

$\quad R_B = \dfrac{\sin 90°}{\sin 60°}W = \dfrac{2}{\sqrt{3}}W = 1.1547\,W$

4. 아래 그림과 같은 불규칙한 단면의 A-A축에 대한 단면2차모멘트는 $35\times10^6\,\text{mm}^4$이다. 만약 단면의 총 면적이 $1.2\times10^4\,\text{mm}^2$이라면, B-B축에 대한 단면2차모멘트는 얼마인가? (단, D-D축은 단면의 도심을 통과한다.)

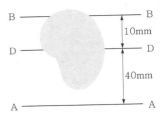

① $17\times10^6\,\text{mm}^4$ ② $15.8\times10^6\,\text{mm}^4$

③ $17\times10^5\,\text{mm}^4$ ④ $15.8\times10^5\,\text{mm}^4$

◆ 해설 ▶ $I_A = I_D + Ay_o^2$로부터

$I_D = I_A - Ay_o^2 = 35\times10^6 - 1.2\times10^4 \times 40^2$

$\quad = 15.8\times10^6\,\text{mm}^4$

$I_B = I_D + Ay_o^2 = 15.8\times10^6 + 1.2\times10^4 \times 10^2$

$\quad = 17.0\times10^6\,\text{mm}^4$

5. 지름 $d=120\text{cm}$, 벽두께 $t=0.6\text{cm}$인 긴 강관이 $q=20\text{kg/cm}^2$의 내압을 받고 있다. 이 관벽 속에 발생하는 원환응력 σ의 크기는?

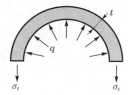

① 300kg/cm^2
② 900kg/cm^2
③ $1,800\text{kg/cm}^2$
④ $2,000\text{kg/cm}^2$

$$\sigma_t = \frac{qD}{2t} = \frac{20 \times 120}{2 \times 0.6} = 2,000\text{kg/cm}^2$$

6. 다음과 같은 부정정보에서 A의 처짐각 θ_A는? (단, 보의 휨강성은 EI이다.)

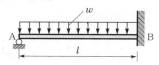

① $\dfrac{1}{12}\dfrac{wl^3}{EI}$
② $\dfrac{1}{24}\dfrac{wl^3}{EI}$
③ $\dfrac{1}{36}\dfrac{wl^3}{EI}$
④ $\dfrac{1}{48}\dfrac{wl^3}{EI}$

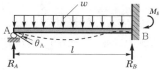
$$R_A = \frac{3}{8}wl, \quad R_B = \frac{5}{8}wl, \quad M_B = -\frac{wl^2}{8}$$
$$\theta_A = \frac{wl^3}{48EI}, \quad y_{\max} = \frac{wl^4}{185EI}$$

7. 단주에서 단면의 핵이란 기둥에서 인장응력이 발생되지 않도록 재하되는 편심거리로 정의된다. 지름 40cm인 원형 단면의 핵의 지름은?

① 2.5cm
② 5.0cm
③ 7.5cm
④ 10.0cm

$$e = \frac{d}{8} = \frac{40}{8} = 5\text{cm}$$
$$d_c = 2e = 2 \times 5 = 10\text{cm}$$

8. 다음 그림과 같은 T형 단면에서 도심축 C-C축의 위치 x는?

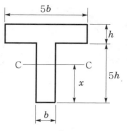

① $2.5h$
② $3.0h$
③ $3.5h$
④ $4.0h$

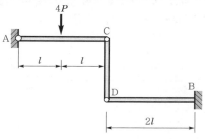
$$G_x = 5b \times h \times 5.5h + b \times 5h \times 2.5h = 40bh^2$$
$$A = 5b \times h + b \times 5h = 10bh$$
$$x = \frac{G_x}{A} = \frac{40bh^2}{10bh} = 4h$$

9. 그림과 같은 구조물에서 B지점의 휨모멘트는?

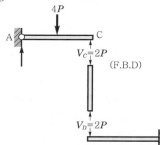

① $-3Pl$
② $-4Pl$
③ $-6Pl$
④ $-12Pl$

$$n = r - 3m = 9 - 3 \times 3 = 0$$
정정 구조물이다. 자유물체도에서
$$\Sigma M_A = 0$$
$$-V_C \times 2l + 4P \times l = 0$$
$$V_C = 2P(\uparrow)$$
CD 부재는 수직부재이므로 축력만 발생한다.
$$\therefore M_B = -2P \times 2l = -4Pl$$

10. 그림과 같은 3힌지(hinge) 아치에서 B점의 수평반력 H_B를 구하면?

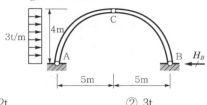

① 2t   ② 3t
③ 4t   ④ 6t

해설

$$\Sigma M_A = 0$$
$$-V_B \times 10 + 3 \times 4 \times 2 = 0$$
$$V_B = 2.4t(\uparrow)$$
$$\Sigma M_C = 0$$
$$H_B \times 4 - 2.4 \times 5 = 0$$
$$\therefore H_B = 3t(\leftarrow)$$

11. 다음 그림의 단순보에 이동하중이 작용할 때 절대 최대 휨모멘트를 구한 값은?

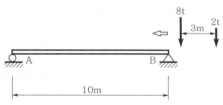

① 18.20t · m   ② 22.09t · m
③ 26.76t · m   ④ 32.80t · m

해설

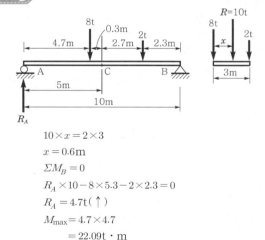

$$10 \times x = 2 \times 3$$
$$x = 0.6m$$
$$\Sigma M_B = 0$$
$$R_A \times 10 - 8 \times 5.3 - 2 \times 2.3 = 0$$
$$R_A = 4.7t(\uparrow)$$
$$M_{max} = 4.7 \times 4.7$$
$$= 22.09t \cdot m$$

12. 그림과 같은 단순보의 B 지점에 $M = 2t \cdot m$를 작용시켰더니 A 및 B 지점에서의 처짐각이 각각 0.08rad과 0.12rad이었다. 만일 A지점에서 3t · m의 단모멘트를 작용시킨다면 B지점에서의 처짐각은?

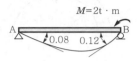

① 0.08rad   ② 0.10rad
③ 0.12rad   ④ 0.15rad

해설

$$M_A \theta_{AB} = M_B \theta_{BA}$$
$$\theta_{BA} = \frac{M_A}{M_B} \theta_{AB} = \frac{3}{2} \times 0.08 = 0.12rad$$

13. 그림과 같은 연속보에서 B 지점 모멘트는 M_B는? (단, EI는 일정하다.)

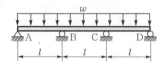

① $-\dfrac{wl^2}{4}$ ② $-\dfrac{wl^2}{8}$
③ $-\dfrac{wl^2}{10}$ ④ $-\dfrac{wl^2}{12}$

해설 3연모멘트법($M_A = M_D = 0$, $\delta = 0 \rightarrow \beta = 0$)

보 ABC에서

$$0 + 2M_B\left(\frac{l}{I} + \frac{l}{I}\right) + M_C \frac{l}{I} = 6E\left(-\frac{wl^3}{24EI} - \frac{wl^3}{24EI}\right) + 0$$

$$4M_B + M_C = -\frac{wl^2}{2} \quad\cdots\cdots\cdots\cdots ①$$

보 BCD에서

$$M_B \frac{l}{I} + 2M_C\left(\frac{l}{I} + \frac{l}{I}\right) + 0 = 6E\left(-\frac{wl^3}{24EI} - \frac{wl^3}{24EI}\right) + 0$$

$$M_B + 4M_C = -\frac{wl^2}{2} \quad\cdots\cdots\cdots\cdots\cdots ②$$

①×4−②

$$16M_B + 4M_C = -\frac{4wl^2}{2}$$
$$-\underline{\quad M_B + 4M_C = -\frac{wl^2}{2}\quad}$$
$$15M_B \qquad = -\frac{3}{2}wl^2 \quad\rightarrow\quad M_B = -\frac{wl^2}{10}$$

14. 균질한 강봉에 하중이 아래 그림과 같이 가해질 때 D점이 움직이지 않게 하기 위해서는 하중 P_3에 추가하여 얼마의 하중(P)이 더 가해져야 하는가? (단, P_1=12t, P_2=8t, P_3=6t이다.)

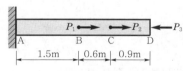

① 5.6t
② 7t
③ 11.6t
④ 14t

> **해설**

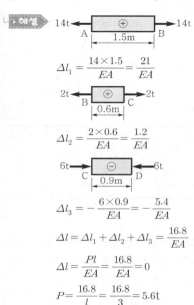

$$\Delta l_1 = \frac{14 \times 1.5}{EA} = \frac{21}{EA}$$

$$\Delta l_2 = \frac{2 \times 0.6}{EA} = \frac{1.2}{EA}$$

$$\Delta l_3 = -\frac{6 \times 0.9}{EA} = -\frac{5.4}{EA}$$

$$\Delta l = \Delta l_1 + \Delta l_2 + \Delta l_3 = \frac{16.8}{EA}$$

$$\Delta l = \frac{Pl}{EA} = \frac{16.8}{EA} = 0$$

$$P = \frac{16.8}{l} = \frac{16.8}{3} = 5.6\text{t}$$

15. 그림 (a)와 (b)의 중앙점의 처짐이 같아지도록 그림 (b)의 등분포하중 w를 그림 (a)의 하중 P의 함수로 나타내면 얼마인가?

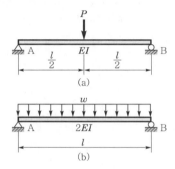

(a)

(b)

① $1.6\dfrac{P}{l}$
② $2.4\dfrac{P}{l}$
③ $3.2\dfrac{P}{l}$
④ $4.0\dfrac{P}{l}$

> **해설** $y_a = y_b$

$$\frac{Pl^3}{48EI} = \frac{5wl^4}{384(2EI)} \rightarrow w = 3.2\frac{P}{l}$$

16. 어떤 기둥의 지점조건이 양단고정인 장주의 좌굴하중이 100t이었다. 이 기둥의 지점조건이 일단힌지, 타단고정으로 변경되면 좌굴하중은?

① 50t
② 100t
③ 200t
④ 400t

> **해설** $n = \dfrac{1}{4} : 1 : 2 : 4$, $P_{cr} = \dfrac{n\pi^2 EI}{l^2}$

$$P_{cr} = \frac{2}{4} \times 100 = 50\text{t}$$

17. 그림과 같은 I형 단면에 작용하는 최대 전단응력은? (단, 작용하는 전단력은 4,000kg이다.)

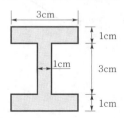

① 897.2kg/cm^2
② $1,065.4\text{kg/cm}^2$
③ $1,299.1\text{kg/cm}^2$
④ $1,444.4\text{kg/cm}^2$

> **해설** 최대 전단응력은 중립축에서 발생한다.

$$I_X = \frac{3 \times 5^3}{12} - \frac{2 \times 3^3}{12} = 26.75\text{cm}^4$$

$$G_X = 3 \times 1 \times 2 + 1 \times 1.5 \times 0.75 = 7.125\text{cm}^3$$

$$\tau_{\max} = \frac{SG_X}{Ib}$$

$$= \frac{4,000 \times 7.125}{26.75 \times 1} = 1,065.42\text{kg/cm}^2$$

18. 그림과 같은 단순보에서 B단에 모멘트하중 M 이 작용할 때 경간 AB 중에서 수직처짐이 최대가 되는 곳의 거리 x는? (단, EI는 일정하다.)

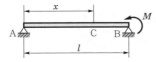

① $x = 0.500l$

② $x = 0.577l$

③ $x = 0.667l$

④ $x = 0.750l$

해설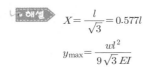

$$X = \frac{l}{\sqrt{3}} = 0.577l$$

$$y_{max} = \frac{wl^2}{9\sqrt{3}\,EI}$$

19. 그림과 같은 트러스에서 A점에 연직하중 P가 작용할 때 A점의 연직처짐은? (단, 부재의 축강도는 모두 EA이고, 부재의 길이는 AB$=3l$, AC$=5l$이며, 지점 B와 C의 거리는 $4l$이다.)

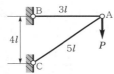

① $8.0\dfrac{Pl}{AE}$

② $8.5\dfrac{Pl}{AE}$

③ $9.0\dfrac{Pl}{AE}$

④ $9.5\dfrac{Pl}{AE}$

해설 ㉠ 부재력 산정(하중작용 시)

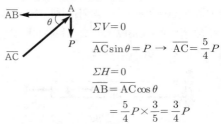

$\Sigma V = 0$

$\overline{AC}\sin\theta = P \rightarrow \overline{AC} = \dfrac{5}{4}P$

$\Sigma H = 0$

$\overline{AB} = \overline{AC}\cos\theta$

$\quad = \dfrac{5}{4}P \times \dfrac{3}{5} = \dfrac{3}{4}P$

㉡ 단위하중에 의한 부재력

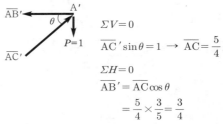

$\Sigma V = 0$

$\overline{AC}'\sin\theta = 1 \rightarrow \overline{AC} = \dfrac{5}{4}$

$\Sigma H = 0$

$\overline{AB}' = \overline{AC}\cos\theta$

$\quad = \dfrac{5}{4} \times \dfrac{3}{5} = \dfrac{3}{4}$

㉢ A점의 처짐

부재	L	F	f	fFL	처짐
AC	$5l$	$\dfrac{5}{4}P$	$\dfrac{5}{4}$	$7.8125\,Pl$	$y_A = \Sigma\dfrac{fFL}{EA}$
AB	$3l$	$\dfrac{3}{4}P$	$\dfrac{3}{4}$	$1.6875\,Pl$	$= 9.5\dfrac{Pl}{EA}$
				$\Sigma 9.5Pl$	

20. 구조 해석의 기본원리인 겹침의 원리(principle of superposition)를 설명한 것으로 틀린 것은?

① 탄성한도 이하의 외력이 작용할 때 성립한다.

② 부정정 구조물에서도 성립한다.

③ 외력과 변형이 비선형관계가 있을 때 성립한다.

④ 여러 종류의 하중이 실린 경우 이 원리를 이용하면 편리하다.

해설 비선형관계일 경우는 성립되지 않는다. 탄성한도 이내에서 성립한다.

토목산업기사(2013년 6월 2일 시행)

1. 다음 보에서 D~B 구간의 전단력은?

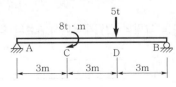

① 0.78t
② −3.65t
③ −4.22t
④ 5.05t

> **해설**
> $\Sigma M_A = 0$
> $-R_B \times 9 + 8 + 5 \times 6 = 0$
> $R_B = 4.22t (\uparrow)$
> $S_{D \sim B} = -4.22t$

2. 길이 1.5m, 지름 3cm의 원형 단면을 가진 1단고정, 타단자유인 기둥의 좌굴하중을 Euler의 공식으로 구하면? (단, $E = 2.1 \times 10^6 \text{kg/cm}^2$)

① 915kg
② 785kg
③ 826kg
④ 697kg

> **해설**
> $P_b = \dfrac{\pi^2 EI}{4l^2}$
> $= \dfrac{\pi^2 \times 2.1 \times 10^6 \times \pi 3^4}{4 \times 150^2 \times 64} = 915.65 \text{kg}$

3. 다음 그림과 같은 구조물에서 이 보의 단면이 받는 최대 전단응력의 크기는?

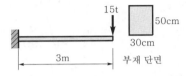

① 10kg/cm²
② 15kg/cm²
③ 20kg/cm²
④ 25kg/cm²

> **해설**
> $S_{\max} = 15t$
> $\tau_{\max} = \dfrac{3}{2} \dfrac{S}{A} = \dfrac{3}{2} \cdot \dfrac{15,000}{30 \times 50} = 15 \text{kg/cm}^2$

4. 다음 그림과 같은 양단고정인 기둥의 이론적인 유효세장비(λ_e)는 약 얼마인가?

① 38
② 48
③ 58
④ 68

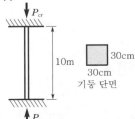

> **해설**
> $k = \sqrt{\dfrac{1}{n}} = \sqrt{\dfrac{1}{4}} = 0.5$
> $I = \dfrac{a^4}{12} = \dfrac{30^4}{12} = 67,500 \text{cm}^4$
> $r = \sqrt{\dfrac{I}{A}} = \sqrt{\dfrac{67,500}{30 \times 30}} = 8.66 \text{cm}$
> $\lambda_e = \dfrac{kl}{r} = \dfrac{0.5 \times 1,000}{8.66} = 57.74$

5. 푸아송비(Poisson's ratio)가 0.2일 때 푸아송수는?

① 2
② 3
③ 5
④ 8

> **해설**
> $\nu = -\dfrac{1}{m} \rightarrow m = \dfrac{1}{\nu} = \dfrac{1}{0.2} = 5$

6. 아래 그림과 같은 부정정보에서 C 점에 작용하는 휨모멘트는?

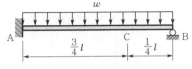

① $\dfrac{1}{16}wl^2$
② $\dfrac{1}{12}wl^2$
③ $\dfrac{3}{32}wl^2$
④ $\dfrac{5}{24}wl^2$

> **해설**
>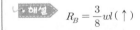
> $R_B = \dfrac{3}{8}wl (\uparrow)$

$$M_C = \frac{3}{8}wl \times \frac{l}{4} - \frac{wl}{4} \times \frac{l}{8} = \frac{wl^2}{16}$$

7. 그림과 같은 연속보에서 B점의 지점반력은?

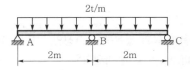

① 5t   ② 2.67t

③ 1.5t   ④ 1t

> **해설** $R_B = \frac{5}{4}wl = \frac{5}{4} \times 2 \times 2 = 5t(\uparrow)$

8. 지름 $d = 3cm$인 강봉을 $P = 10t$의 축방향력으로 당길 때 봉의 횡방향 수축량은? (단, 푸아송비 $\nu = \frac{1}{3}$, 탄성계수 $E = 2 \times 10^6 kg/cm^2$)

① 0.7cm

② 0.07cm

③ 0.007cm

④ 0.0007cm

> **해설**
> $$\Delta l = \frac{Pl}{EA}$$
> $$\Delta l = \frac{l\Delta d}{d\nu} \text{ 로부터}$$
> $$\Delta d = \frac{Pd\nu}{EA} = \frac{10,000 \times 3 \times \frac{1}{3} \times 4}{2.0 \times 10^6 \times \pi 3^2}$$
> $$= 7.07 \times 10^{-4} cm$$

9. 그림과 같은 라멘에서 C점의 휨모멘트는?

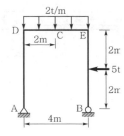

① $-11t \cdot m$ ② $-14t \cdot m$

③ $-17t \cdot m$ ④ $-20t \cdot m$

> **해설**
> $$\Sigma M_B = 0$$
> $$V_A \times 4 - 2 \times 4 \times 2 - 5 \times 2 = 0$$
> $$V_A = 6.5t(\uparrow)$$
> $$\Sigma H = 0$$
> $$H_A = 5t(\rightarrow)$$
> $$M_C = 6.5 \times 2 - 5 \times 4 - 2 \times 2 \times 1$$
> $$= -11t \cdot m$$

10. 다음 그림의 캔틸레버에서 A점의 휨모멘트는?

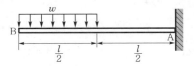

① $-\dfrac{wl^2}{8}$ ② $-\dfrac{2wl^2}{8}$

③ $-\dfrac{3wl^2}{4}$ ④ $-\dfrac{3wl^2}{8}$

> **해설** $M_A = -\dfrac{wl}{2} \times \left(\dfrac{l}{4} + \dfrac{l}{2} \right) = -\dfrac{3wl^2}{8}$

11. 밑변 6cm, 높이 12cm인 삼각형의 밑변에 대한 단면2차모멘트의 값은?

① $216cm^4$ ② $288cm^4$

③ $864cm^4$ ④ $1,728cm^4$

> **해설** $I_x = I_X + Ay_o^2 = \dfrac{bh^3}{12}$
> $$= \dfrac{6 \times 12^3}{12} = 864cm^4$$

12. 휨모멘트 M을 받는 보에 생기는 탄성변형에너지를 옳게 표시한 것은? (단, 휨강성은 EI이고, A는 단면적이다.)

① $\displaystyle\int \frac{M^2}{EI}dx$ ② $\displaystyle\int \frac{M^2}{2EI}dx$

③ $\displaystyle\int \frac{M^2}{EA}dx$ ④ $\displaystyle\int \frac{M^2}{2EA}dx$

> **해설**
> $$W_i = W_{iM} + W_{iN} + W_{iS} + W_{iT}$$
> $$= \int \frac{M^2}{2EI}dx + \int \frac{N^2}{2EA}dx$$
> $$+ \int \frac{kS^2}{2GA}dx + \int \frac{T^2}{2GI_p}dx$$

13. 집중하중을 받고 있는 다음 단순보의 C점에서 휨모멘트에 의하여 발생하는 최대 수직응력(σ)은?

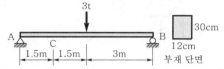

① 500kg/cm^2 ② 250kg/cm^2

③ 125kg/cm^2 ④ 62.5kg/cm^2

> **해설**
> $R_A = 1.5\text{t}(\uparrow)$
> $M_C = 1.5 \times 1.5 = 2.25\text{t} \cdot \text{m}$
> $\sigma_C = \dfrac{M}{Z} = \dfrac{6M}{bh^2} = \dfrac{6 \times 225{,}000}{12 \times 30^2} = 125\text{kg/cm}^2$

14. 힘의 3요소에 대한 설명으로 옳은 것은?

① 벡터양으로 표시한다.

② 스칼라양으로 표시한다.

③ 벡터양과 스칼라양으로 표시한다.

④ 벡터양과 스칼라양으로 표시할 수 없다.

> **해설** 힘의 3요소
> ㉠ 크기
> ㉡ 방향
> ㉢ 작용점

15. 그림과 같이 무게 1,000kg의 물체가 두 부재 AC 및 BC로서 지지되어 있을 때 각 부재에 작용하는 장력 T는?

① 696kg

② 707kg

③ 796kg

④ 807kg

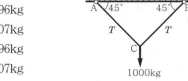

> **해설** 시력도에서
>
>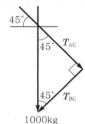
>
> $\dfrac{T_{AC}}{\sin 45°} = \dfrac{1{,}000}{\sin 90°} = \dfrac{T_{BC}}{\sin 45°}$
> $T_{AC} = T_{BC}$
> $\quad = 1{,}000 \sin 45° = 707.11\text{kg}$

16. 두 개의 집중하중이 그림과 같이 작용할 때 최대 처짐각은?

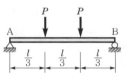

① $\dfrac{Pl^2}{6EI}$ ② $\dfrac{Pl^2}{4EI}$

③ $\dfrac{Pl^2}{9EI}$ ④ $\dfrac{Pl^2}{12EI}$

> **해설** 공액보에서 최대 처짐각은 지점에서 발생한다.
>
>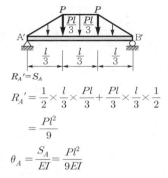
>
> $R_A' = S_A$
> $R_A' = \dfrac{1}{2} \times \dfrac{l}{3} \times \dfrac{Pl}{3} + \dfrac{Pl}{3} \times \dfrac{l}{3} \times \dfrac{1}{2}$
> $\quad = \dfrac{Pl^2}{9}$
> $\theta_A = \dfrac{S_A}{EI} = \dfrac{Pl^2}{9EI}$

17. 그림과 같은 라멘(Rahmen)을 판별하면?

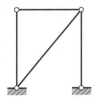

① 불안정

② 정정

③ 1차 부정정

④ 2차 부정정

> **해설**
>
>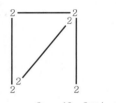
>
> $n = r - 3m = 12 - 3 \times 4 = 0\,(정정)$

18. 직경 D인 원형 단면의 단면계수는?

① $\dfrac{\pi D^3}{16}$ 　　　　② $\dfrac{\pi D}{16}$

③ $\dfrac{\pi D}{32}$ 　　　　④ $\dfrac{\pi D^3}{32}$

> **해설**
>
> $$Z = \frac{I}{y} = \frac{\dfrac{\pi D^4}{64}}{\dfrac{D}{2}} = \frac{\pi D^3}{32}$$

19. 다음 트러스에서 경사재인 A부재의 부재력은?

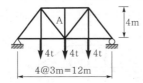

① 2.5t(인장) 　　　② 2t(인장)

③ 2.5t(압축) 　　　④ 2t(압축)

> **해설** $R_A = 6t(\uparrow)$
>
>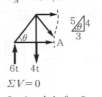
>
> $\Sigma V = 0$
>
> $6 - 4 - A\sin\theta = 0$
>
> $A = 2 \times \dfrac{5}{4} = 2.5t\,(인장)$

20. 지름이 5cm, 길이가 200cm인 탄성체 강봉을 15mm만큼 늘어나게 하려면 얼마의 힘이 필요한가? (단, 탄성계수 $E = 2.1 \times 10^6 \text{kg/cm}^2$)

① 약 2,061t 　　　② 약 206t

③ 약 3,091t 　　　④ 약 309t

> **해설** $\sigma = E\varepsilon$
>
> $$P = \frac{\Delta l E A}{l} = \frac{1.5 \times 2.1 \times 10^6 \times \pi 5^2}{200 \times 4} \times 10^{-3}$$
>
> $$= 309.25t$$

1. 다음 도형의 도심축에 관한 단면2차모멘트를 I_g, 밑변을 지나는 축에 관한 단면2차모멘트를 I_x라 하면 I_x/I_g 값은?

① 1
② 2
③ 3
④ 4

• 해설

$$I_g = \frac{bh^3}{36}, \quad I_x = \frac{bh^3}{12}$$

$$\therefore \quad \frac{I_x}{I_g} = 3$$

2. 그림과 같은 내민보에 대하여 지점 B에서의 처짐각을 구하면? (단 EI=일정)

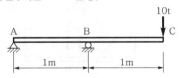

① $\dfrac{10}{3EI}$

② $\dfrac{20}{3EI}$

③ $\dfrac{9}{5EI}$

④ $\dfrac{15}{6EI}$

• 해설 공액보에서

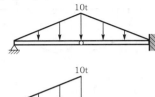

$$R_A = S_A = \frac{10}{6} \qquad R_B = S_B = \frac{10}{3}$$

$$\therefore \quad \theta_A = \frac{S_A}{EI} = \frac{10}{6EI}(\curvearrowleft)$$

$$\theta_B = \frac{S_B}{EI} = \frac{10}{3EI}(\curvearrowright)$$

3. 그림과 같은 강봉이 2개의 다른 정사각형 단면적을 가지고 하중 P를 받고 있을 때 AB가 1500kg/cm² 의 수직응력(Normal Stress)을 가지면, BC에서의 수직응력(Normal Stress)은 얼마인가?

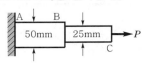

① 1,500kg/cm²
② 3,000kg/cm²
③ 4,500kg/cm²
④ 6,000kg/cm²

• 해설

$$\sigma = \frac{P}{A} \ \text{로부터}$$

$$P = \sigma_{AB} \cdot A = 1500 \times 5 \times 5 = 37,500\text{kg}$$

$$\sigma_{BC} = \frac{P}{A} = \frac{37,500}{2.5 \times 2.5} = 6,000\text{kg/cm}^2$$

4. 그림과 같이 단순보의 A점에 휨모멘트가 작용하고 있을 경우 A점에서의 전단력의 절댓값 크기는?

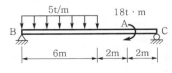

① 7.2t
② 10.8t
③ 12.6t
④ 25.2t

• 해설

$$\Sigma M_B = 0$$

$$-R_C \times 10 + 5 \times 6 \times 3 + 18 = 0$$

$$R_C = 10.8\text{t}(\uparrow)$$

$$\Sigma V = 0$$

$$R_B = 5 \times 6 - 10.8 = 19.2\text{t}(\uparrow)$$

$$S_x = 19.2 - 5x = 0$$

$$x = 3.84\text{m}$$

$$M_A = 10.8 \times 2 - 18 = 3.6\text{t} \cdot \text{m}$$

$$\therefore \quad S_A = -10.8\text{t}$$

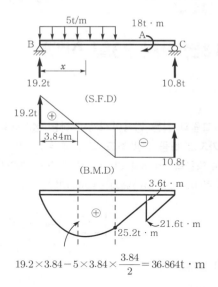

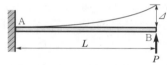

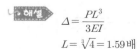

$$19.2 \times 3.84 - 5 \times 3.84 \times \frac{3.84}{2} = 36.864t \cdot m$$

5. 그림과 같이 균일한 단면을 가진 캔틸레버보의 자유단에 집중하중 P가 작용한다. 보의 길이가 L일 때 자유단의 처짐이 Δ라면, 처짐이 4Δ가 되려면 보의 길이 L은 약 몇 배가 되어야 하는가?

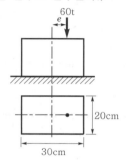

① 1.6배   ② 1.8배

③ 2.0배   ④ 2.2배

> **해설**
> $$\Delta = \frac{PL^3}{3EI}$$
> $$L = \sqrt[3]{4} = 1.59배$$

6. 다음 그림과 같은 직사각형 단면 기둥에서 $e = 10cm$인 편심하중이 작용할 경우 발생하는 최대 압축응력은? (단, 기둥은 단주로 간주한다.)

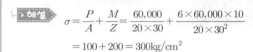

① $300kg/cm^2$ ② $350kg/cm^2$

③ $400kg/cm^2$ ④ $600kg/cm^2$

> **해설**
> $$\sigma = \frac{P}{A} + \frac{M}{Z} = \frac{60,000}{20 \times 30} + \frac{6 \times 60,000 \times 10}{20 \times 30^2}$$
> $$= 100 + 200 = 300kg/cm^2$$

7. 그림과 같은 단순보에 하중이 우에서 좌로 이동할 때 절대 최대 휨모멘트는 얼마인가?

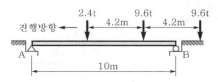

① $22.86t \cdot m$ ② $25.86t \cdot m$

③ $29.86t \cdot m$ ④ $33.86t \cdot m$

> **해설**
>
>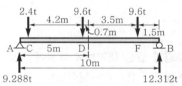
>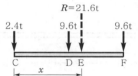
>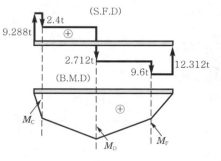
>
> $$R = 2.4 + 9.6 + 9.6 = 21.6t$$
> $$\Sigma M_C = 0$$
> $$21.6 \times x = 9.6 \times 4.2 + 9.6 \times 8.4$$
> $$x = \frac{120.96}{21.6} = 5.6m$$
> $$\frac{\overline{DE}}{2} = \frac{5.6 - 4.2}{2} = 0.7m$$
> $$\Sigma M_B = 0$$

$$R_A \times 10 - 2.4 \times 9.9 - 9.6 \times 5.7 - 9.6 \times 1.5 = 0$$

$$R_A = \frac{92.88}{10} = 9.288t(\uparrow)$$

$$\Sigma V = 0$$

$$R_B = 2.4 + 9.6 + 9.6 - 9.288 = 12.312t(\uparrow)$$

$$M_C = 9.288 \times 0.1 = 0.93t \cdot m$$

$$M_B = 9.288 \times 4.3 - 2.4 \times 4.2 = 29.8584t \cdot m$$

$$M_F = 12.312 \times 1.5 = 18.47t \cdot m$$

8. 같은 재료로 만들어진 반경 r 인 속이 찬 축과 외 반경 r 이고 내반경 $0.6r$ 인 속이 빈 축이 동일 크기의 비틀림모멘트를 받고 있다. 최대 비틀림응력의 비는?

① 1 : 1   ② 1 : 1.15

③ 1 : 2   ④ 1 : 2.15

해설

$$I_{p1} = I_x + I_y = \frac{\pi r^4}{2}$$

$$I_{p2} = \frac{\pi}{2}(r^4 - (0.6r)^4) = \frac{0.8704\pi r^4}{2}$$

$$I_1 : I_2 = \frac{T}{I_{p1}}r : \frac{T}{I_{p2}}r$$

$$= \frac{2}{\pi r^4} : \frac{2}{0.8704\pi r^4}$$

$$= 1 : 1.1489$$

9. 바닥은 고정, 상단은 자유로운 기둥의 좌굴 형상이 그림과 같을 때 임계하중은 얼마인가?

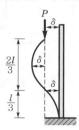

① $\dfrac{\pi^2 EI}{4l}$ ② $\dfrac{9\pi^2 EI}{4l^2}$

③ $\dfrac{13\pi^2 EI}{4l^2}$ ④ $\dfrac{25\pi^2 EI}{4l^2}$

해설 $l_k = kl = \dfrac{2}{3}l$

$$P_{cr} = \frac{\pi^2 EI}{(l_k)^2} = \frac{9\pi^2 EI}{4l^2}$$

10. 아래 그림과 같은 1차 부정정보에서 B점으로부터 전단력이 "0"이 되는 위치 x의 값은?

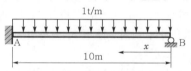

① 3.75m   ② 4.25m

③ 4.75m   ④ 5.25m

해설

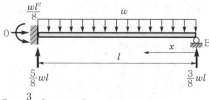

$$S_x = \frac{3}{8}wl - wx = 0$$

$$\therefore \ x = \frac{3}{8}l = \frac{3}{8} \times 10 = 3.75m$$

11. 그림과 같이 단순보에 하중 P가 경사지게 작용 시 A점에서의 수직반력 V_A를 구하면?

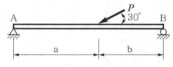

① $\dfrac{Pb}{(a+b)}$ ② $\dfrac{Pb}{2(a+b)}$

③ $\dfrac{Pa}{(a+b)}$ ④ $\dfrac{Pa}{2(a+b)}$

해설

$$P_V = P\sin 30° = \frac{P}{2}(\downarrow)$$

$$P_H = P\cos 30° = \frac{\sqrt{3}}{2}P(\leftarrow)$$

$$\Sigma M_B = 0$$

$$V_A \times (a+b) - \frac{P}{2} \times b = 0$$

$$V_A = \frac{Pb}{2(a+b)}(\uparrow)$$

$$\Sigma M_A = 0$$

$$-V_B \times (a+b) + \frac{P}{2} \times a = 0$$

$$V_B = \frac{Pa}{2(a+b)}(\uparrow)$$

$$\Sigma H = 0$$

$$H_B = \frac{\sqrt{3}}{2}P(\rightarrow)$$

12. 부정정 구조물의 해석법에 대한 설명으로 옳지 않은 것은?

① 변위법은 변위를 미지수로 하고, 힘의 평형방정식을 적용하여 미지수를 구하는 방법으로 강성도법이라고도 한다.

② 부정정력을 구하는 방법으로 변위일치법과 3연모멘트법은 응력법에 속하며, 처짐각법과 모멘트분배법은 변위법으로 분류된다.

③ 3연모멘트법은 부정정 연속보의 2경간 3개 지점에 대한 휨모멘트 관계방정식을 만들어 부정정을 해석하는 방법이다.

④ 처짐각법으로 해석할 때 축방향력과 전단력에 의한 변형은 무시하고, 절점에 모인 각 부재는 모두 강절점으로 가정한다.

13. 전단력 V가 작용하고 있는 그림과 같은 보의 단면에서 $\tau_1 - \tau_2$의 값으로 옳은 것은?

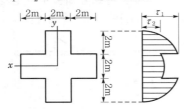

① $\dfrac{V}{29}$

② $\dfrac{2V}{29}$

③ $\dfrac{3V}{29}$

④ $\dfrac{4V}{29}$

> **해설**
> $G_x = 2 \times 2 \times 2 = 8\text{cm}^3$
>
> $I_X = \dfrac{2 \times 6^3}{12} + 2 \cdot \dfrac{2 \times 2^3}{12} = 36 + \dfrac{8}{3} = \dfrac{116}{3}\text{cm}^4$
>
> $\tau_1 = \dfrac{VG}{Ib} = \dfrac{3 \times 8 \times V}{116 \times 2} = \dfrac{3V}{29}$
>
> $\tau_2 = \dfrac{3 \times 8 \times V}{116 \times 6} = \dfrac{V}{29}$
>
> $\therefore \ \tau_1 - \tau_2 = \dfrac{2V}{29}$

14. 단면적 2cm×2cm인 정사각형의 직선봉이 축방향력 P=2,000kg을 받고 있다. 수직선에 대하여 30° 경사진 단면에서의 수직응력(σ_θ)은?

① 624kg/cm^2

② 587kg/cm^2

③ 425kg/cm^2

④ 375kg/cm^2

> **해설**
> $\sigma_\theta = \sigma_x \cos^2 \theta$
>
> $= \dfrac{2,000}{2 \times 2} \cos^2 30°$
>
> $= 375\text{kg/cm}^2$

15. 그림과 같이 폭(b)과 높이(h)가 모두 12cm인 2등변삼각형의 x, y축에 대한 단면상승모멘트 I_{xy}는?

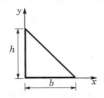

① 642cm^4

② 864cm^4

③ 1072cm^4

④ 1152cm^4

> **해설**
> $I_{xy} = \dfrac{b^2 h^2}{24} = \dfrac{12^4}{24} = 864\text{cm}^4$

16. 다음 트러스에서 부재력 U의 값으로 옳은 것은?

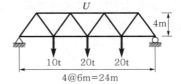

① 52.5t(압축)

② 63.5t(압축)

③ 74.5t(압축)

④ 85.5t(압축)

> **해설**
>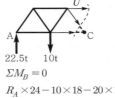
>
> $\Sigma M_B = 0$
>
> $R_A \times 24 - 10 \times 18 - 20 \times 12 - 20 \times 6 = 0$
>
> $R_A = 22.5\text{t}(\uparrow)$
>
> $\Sigma M_C = 0$
>
> $22.5 \times 12 - 10 \times 6 + U \times 4 = 0$
>
> $u = -\dfrac{210}{4} = -52.5\text{t}(압축)$

17. 탄성계수 $E=2.1\times10^6\text{kg/cm}^2$, 푸아송비 $\nu=0.25$ 일 때 전단탄성계수의 값으로 옳은 것은?

① $8.4\times10^5\text{kg/cm}^2$ ② $9.8\times10^5\text{kg/cm}^2$

③ $1.7\times10^6\text{kg/cm}^2$ ④ $2.1\times10^6\text{kg/cm}^2$

 · 해설

$$G=\frac{E}{2(1+v)}$$
$$=\frac{2.1\times10^6}{2(1+0.25)}=8.4\times10^5\,\text{kg/cm}^2$$

18. 그림과 같은 게르버보에서 하중 P만에 의한 C 점의 처짐은? (단, 여기서 EI는 일정하고 $EI=2.7\times 10^{11}\text{kg}\cdot\text{cm}^2$이다.)

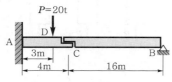

① 2.7cm ② 2.0cm

③ 1.0cm ④ 0.7cm

 · 해설

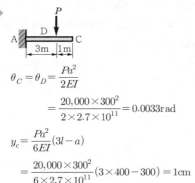

$$\theta_C=\theta_D=\frac{Pa^2}{2EI}$$
$$=\frac{20,000\times300^2}{2\times2.7\times10^{11}}=0.0033\text{rad}$$

$$y_c=\frac{Pa^2}{6EI}(3l-a)$$
$$=\frac{20,000\times300^2}{6\times2.7\times10^{11}}(3\times400-300)=1\text{cm}$$

19. 그림과 같은 3활절 아치에서 D점에 연직하중 20t이 작용할 때 A점에 작용하는 수평반력 H_A는?

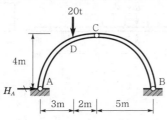

① 5.5t ② 6.5t

③ 7.5t ④ 8.5t

· 해설
$$\Sigma M_B=0$$
$$V_A\times10-20\times7=0$$
$$V_A=14\text{t}(\uparrow)$$
$$\Sigma M_C=0$$
$$14\times5-H_A\times4-20\times2=0$$
$$H_A=\frac{30}{4}=7.5\text{t}(\rightarrow)$$

20. 휨강성이 EI인 프레임의 C점의 수직처짐 δ_C를 구하면?

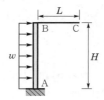

① $\dfrac{wLH^3}{2EI}$ ② $\dfrac{wLH^3}{3EI}$

③ $\dfrac{wLH^3}{6EI}$ ④ $\dfrac{wLH^3}{12EI}$

 **· 해설**

$$\theta_B=\frac{wH^3}{6EI}$$
$$\delta_{CV}=L\theta_B=\frac{wLH^3}{6EI}(\downarrow)$$

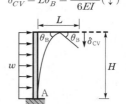

1. 양단이 고정되어 있는 길이 10m의 강(鋼)이 15℃에서 40℃로 온도상승할 때 응력은? (단, $E=2.1\times10^6\text{kg/cm}^2$, 선팽창계수, $\alpha=0.00001/℃$)

① 475kg/cm^2 ② 500kg/cm^2
③ 525kg/cm^2 ④ 538kg/cm^2

> **해설** 온도응력
> $$\sigma = E\alpha\Delta T$$
> $$= 2.1\times10^6\times0.00001\times(40-15)$$
> $$= 525\text{kg/cm}^2$$

2. 다음과 같은 부재에 발생할 수 있는 최대 전단응력은?

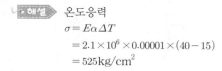

① 7.5kg/cm^2 ② 8.0kg/cm^2
③ 8.5kg/cm^2 ④ 9.0kg/cm^2

> **해설** $R_A = S_{\max} = 1\text{tf}$
> $$\tau_{\max} = \frac{3}{2}\frac{S}{A}$$
> $$= \frac{3}{2}\cdot\frac{1,000}{10\times20} = 7.5\text{kg/cm}^2$$

3. 다음 그림과 같은 봉(棒)이 천장에 매달려 B, C, D 점에서 하중을 받고 있다. 전 구간의 축강도 EA가 일정할 때 이 같은 하중하에서 BC 구간이 늘어나는 길이는?

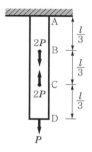

① $-\dfrac{2PL}{3EA}$ ② $-\dfrac{PL}{3EA}$
③ $-\dfrac{3PL}{2EA}$ ④ 0

> **해설** ㉠ 구간별 작용하는 하중
>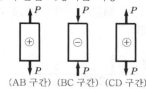
> (AB 구간) (BC 구간) (CD 구간)
> ㉡ BC 구간의 변형량
> $$\Delta l_{BC} = -\frac{P}{EA}\cdot\frac{L}{3} = -\frac{PL}{3EA}\text{(압축)}$$

4. 단면이 10cm×10cm인 정사각형이고, 길이 1m인 강재에 10t의 압축력을 가했더니 1mm가 줄어들었다. 이 강재의 탄성계수는?

① 50t/cm^2 ② 100t/cm^2
③ 150t/cm^2 ④ 200t/cm^2

> **해설** $E = \dfrac{Pl}{A\Delta l}$
> $$= \frac{10\times100}{10\times10\times0.1}$$
> $$= 100\text{t/cm}^2$$

5. 그림과 같은 단순보에 등분포하중이 작용할 때 이 보의 단면에 발생하는 최대 휨응력은?

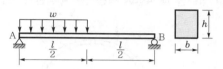

① $\dfrac{3wl^2}{64bh^2}$ ② $\dfrac{23wl^2}{64bh^2}$
③ $\dfrac{25wl^2}{64bh^2}$ ④ $\dfrac{27wl^2}{64bh^2}$

• 해설

$$\Sigma M_B = 0$$

$$R_A \times l - \frac{wl}{2} \times \frac{3l}{4} = 0$$

$$R_A = \frac{3}{8}wl(\uparrow)$$

$$S_x = \frac{3}{8}wl - wx = 0 \rightarrow x = \frac{3}{8}l$$

$$M_{max} = \frac{3}{8}wl \times \frac{3}{8}l - \frac{3}{8}wl \times \frac{3}{8}l \times \frac{1}{2}$$

$$= \frac{9wl^2}{128}$$

$$\sigma_{max} = \frac{M}{I}y = \frac{M}{Z} = \frac{9wl^2}{128} \times \frac{6}{bh^2} = \frac{27wl^2}{64bh^2}$$

6. 그림과 같은 음영 부분의 단면적 A인 단면에서 도심 y를 구한 값은?

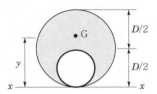

① $\dfrac{5D}{12}$ 　　　② $\dfrac{6D}{12}$

③ $\dfrac{7D}{12}$ 　　　④ $\dfrac{8D}{12}$

• 해설

$$G_x = \frac{\pi D^2}{4} \times \frac{D}{2} - \frac{\pi}{4}\left(\frac{D}{2}\right)^2 \times \frac{D}{4} = \frac{7\pi D^3}{64}$$

$$A = \frac{\pi D^2}{4} - \frac{\pi}{4}\left(\frac{D}{2}\right)^2 = \frac{3\pi D^2}{16}$$

$$y = \frac{G_x}{A} = \frac{7\pi D^3/64}{3\pi D^2/16} = \frac{7}{12}D$$

7. 어떤 재료의 탄성계수가 E, 푸아송비가 ν일 때 이 재료의 전단탄성계수 G는?

① $G = \dfrac{E}{1+\nu}$ 　　② $G = \dfrac{E}{2(1+\nu)}$

③ $G = \dfrac{E}{1-\nu}$ 　　④ $G = \dfrac{E}{2(1-\nu)}$

• 해설

$$G = \frac{E}{2(1+\nu)}$$

$$= \frac{E}{2\left(1+\dfrac{1}{m}\right)} = \frac{m \cdot E}{2(m+1)}$$

8. 다음의 트러스에서 부재 D_1의 응력은?

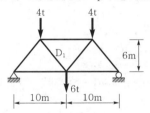

① 3.4t(인장) 　　　② 3.6t(인장)

③ 4.24t(인장) 　　　④ 3.91t(인장)

• 해설

$$R_A = \frac{14}{2} = 7t(\uparrow)$$

$$\Sigma V = 0$$

$$7 - 4 - D_1 \frac{6}{\sqrt{61}} = 0$$

$$D_1 = 3 \cdot \frac{\sqrt{61}}{6} = 3.9051t(인장)$$

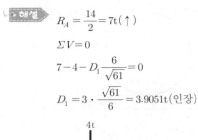

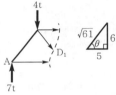

9. 에너지 불변의 법칙을 기술한 것은?

① 탄성체에 외력이 작용하면 이 탄성체에 생기는 외력의 일과 내력이 한 일의 크기는 같다.

② 탄성체에 외력이 적용하면 외력의 일과 내력이 한 일의 크기의 비가 일정하게 변화한다.

③ 외력의 일과 내력의 일이 일으키는 휨모멘트의 값은 변하지 않는다.

④ 외력과 내력에 의한 처짐비는 변하지 않는다.

• 해설 에너지 보존의 법칙(탄성변형의 정리)

$$W_e = W_i$$

10. 5t과 8t인 두 힘의 합력(R)이 10t일 때 두 힘 사이의 각 α는?

① 82.1°

② 83.8°

③ 51.3°

④ 67.0°

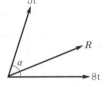

해설
$$R = \sqrt{P_1^2 + P_2^2 + 2P_1P_2\cos\alpha}$$
$$\cos\alpha = \frac{R^2 - P_1^2 - P_2^2}{2P_1P_2}$$
$$= \frac{10^2 - 5^2 - 8^2}{2 \times 5 \times 8} = 0.1375$$
$$\alpha = \cos^{-1}0.1375 = 82.0968° = 82°5'48.45''$$

11. 다음 그림과 같은 원의 X축에 대한 단면2차모멘트는?

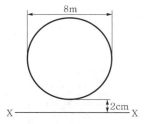

① $320\pi\,\mathrm{cm}^4$ 　　　② $480\pi\,\mathrm{cm}^4$
③ $640\pi\,\mathrm{cm}^4$ 　　　④ $720\pi\,\mathrm{cm}^4$

해설
$$I_X = I_x + Ay^2$$
$$= \frac{\pi 8^4}{64} + \frac{\pi 8^2}{4} \cdot 6^2 = 64\pi + 576\pi$$
$$= 640\pi\,\mathrm{cm}^4$$

12. 아래 그림과 같은 라멘의 부정정차수는?

① 16차 　　　② 17차
③ 18차 　　　④ 19차

해설 $n = r - 3m$
$$= 3 \times 13 + 2 - 3 \times 8$$
$$= 17\text{차}$$

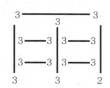

13. 부정정 구조물의 해석법인 처짐각법에 대한 설명으로 틀린 것은?
① 보와 라멘에 모두 적용할 수 있다.
② 고정단모멘트를 계산하여야 한다.
③ 모멘트 분배율의 계산이 필요하다.
④ 지점침하나 부재가 회전했을 경우에도 사용할 수 있다.

해설 모멘트 분배율은 모멘트분배법에서 필요하다.

14. 1방향 편심을 갖는 한 변이 30cm인 정4각형 단주에서 100t의 편심하중이 작용할 때, 단면에 인장력이 생기지 않기 위한 편심(e)의 한계는 기둥의 중심에서 얼마가 떨어진 곳인가?
① 5.0cm
② 6.7cm
③ 7.7cm
④ 8.0cm

해설 $e = \dfrac{b}{6} = \dfrac{30}{6} = 5\mathrm{cm}$

15. 재질과 단면적과 길이가 같은 장주에서 양단활절 기둥의 좌굴하중과 양단고정 기둥의 좌굴하중과의 비는?
① 1 : 16 　　　② 1 : 8
③ 1 : 4 　　　④ 1 : 2

해설 $n = \dfrac{1}{4} : 1 : 2 : 4$

16. 그림의 구조물에서 유효강성계수를 고려한 부재 AC의 모멘트 분배율 DF_{AC}는 얼마인가?

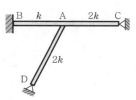

① 0.253 　　　② 0.375
③ 0.407 　　　④ 0.567

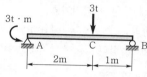

해설
$$DF_{AC} = \frac{k_{AC}}{\Sigma k}$$

$$= \frac{\frac{3}{4} \times 2k}{k + \frac{3}{4} \times 2k + \frac{3}{4} \times 2k}$$

$$= \frac{1.5k}{4k} = 0.375$$

17. 그림과 같은 보에서 C점의 휨모멘트는?

① 1t · m
② −1t · m
③ 2t · m
④ −2t · m

해설
$\Sigma M_A = 0$
$-R_B \times 3 + 3 \times 2 - 3 = 0$
$R_B = 1t(\uparrow)$
$M_C = 1 \times 1 = 1t \cdot m$

18. 다음 그림과 같은 단순보에서 지점 A로부터 2m 되는 C 단면에 발생하는 최대 전단응력은 얼마인가? (단, 이 보의 단면은 폭 10cm, 높이 20cm의 직사각형 단면이다.)

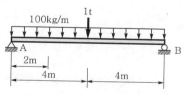

① 3.50kg/cm² ② 4.75kg/cm²
③ 5.25kg/cm² ④ 6.00kg/cm²

해설 좌우대칭이므로
$$R_A = \frac{100 \times 8}{2} + 500 = 900kg$$
$$S_c = 900 - 100 \times 2 = 700kg$$
$$\tau_c = \frac{3}{2} \frac{S_c}{A} = \frac{3}{2} \cdot \frac{700}{10 \times 20} = 5.25kg/cm^2$$

19. 단면 폭 20cm, 높이 30cm이고, 길이 6m의 나무로 된 단순보의 중앙에 2t의 집중하중이 작용할 때 최대 처짐은? (단, $E = 1.0 \times 10^5 kg/cm^2$이다.)

① 0.5cm ② 1.0cm
③ 1.5cm ④ 2.0cm

해설
$$\delta_{max} = \frac{Pl^3}{48EI}$$
$$= \frac{12 \times 2000 \times 600^3}{48 \times 1.0 \times 10^5 \times 20 \times 30^3} = 2cm(\downarrow)$$

20. 단일 집중하중 P가 길이 l인 캔틸레버보의 자유단 끝에 작용할 때 최대 처짐의 크기는? (단, EI는 일정하다.)

① $\frac{Pl^2}{2EI}$ ② $\frac{Pl^3}{2EI}$
③ $\frac{Pl^2}{3EI}$ ④ $\frac{Pl^3}{3EI}$

해설
$$\delta_{max} = \frac{Pl^3}{3EI}$$

1. 그림과 같은 δ부재 트러스의 B에 수평하중 P가 작용한다. B절점의 수평변위 δ_B는 몇 m인가? (단, EA는 두 부재가 모두 같다.)

① $\delta_B = \dfrac{0.45P}{EA}$

② $\delta_B = \dfrac{2.1P}{EA}$

③ $\delta_B = \dfrac{21P}{EA}$

④ $\delta_B = \dfrac{4.5P}{EA}$

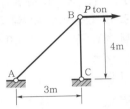

해설 ㉠ 부재력 산정

$\Sigma H = 0$

$AB \sin\theta = P$

$AB = \dfrac{5}{3}P$

$\Sigma V = 0$

$BC = AB \cos\theta = \dfrac{5}{3}P \times \dfrac{4}{5} = \dfrac{4}{3}P$

㉡ B점의 수평변위(단위하중법)

$\delta_{BH} = \Sigma \dfrac{fFL}{EA}$

$= \dfrac{1}{EA}\left(\dfrac{5}{3} \times \dfrac{5}{3}P \times 5 + \dfrac{4}{3} \times \dfrac{4}{3}P \times 4\right)$

$= \dfrac{1}{EA}\left(\dfrac{125}{9}P + \dfrac{64}{9}P\right) = \dfrac{189P}{9EA} = \dfrac{21P}{EA}(\rightarrow)$

2. 그림과 같이 세 개의 평행력이 작용할 때 합력 R의 위치 x는?

① 3.0m

② 3.5m

③ 4.0m

④ 4.5m

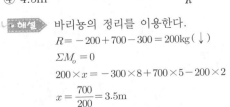

해설 바리뇽의 정리를 이용한다.

$R = -200 + 700 - 300 = 200 \text{kg}(\downarrow)$

$\Sigma M_o = 0$

$200 \times x = -300 \times 8 + 700 \times 5 - 200 \times 2$

$x = \dfrac{700}{200} = 3.5 \text{m}$

3. 동일 평면상의 한 점에 여러 개의 힘이 작용하고 있을 때, 여러 개의 힘의 어떤 점에 대한 모멘트의 합은 그 합력의 동일 점에 대한 모멘트와 같다는 것은 다음 중 어떤 정리에 대한 사항인가?

① Mohr의 정리　　② Lami의 정리

③ Castigliano의 정리　　④ Varignon의 정리

해설 바리뇽의 정리
합력에 의한 모멘트 = 분력에 의한 모멘트의 합

4. 단면과 길이가 같으나 지지 조건이 다른 그림과 같은 2개의 장주가 있다. 장주 (a)가 3t의 하중을 받을 수 있다면 장주 (b)가 받을 수 있는 하중은?

① 12t

② 24t

③ 36t

④ 48t

(a)　(b)

해설 $P_{cr} = \dfrac{n\pi^2 EI}{L^2}$

$n = \dfrac{1}{4} : 1 : 2 : 4$

$\therefore P_{(b)} = 16P_{(a)} = 16 \times 3 = 48 \text{t}$

5. 그림과 같은 내민보에서 C점의 휨모멘트가 영(零)이 되게 하기 위해서는 x가 얼마가 되어야 하는가?

① $x = \dfrac{l}{4}$

② $x = \dfrac{l}{3}$

③ $x = \dfrac{l}{2}$

④ $x = \dfrac{2l}{3}$

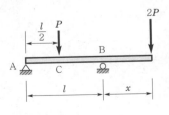

해설 A점의 반력이 0이면 C점의 휨모멘트가 0이 된다.

$\Sigma M_B = 0$으로부터 $2P \times x = P \times \dfrac{l}{2}$

$\therefore x = \dfrac{l}{4}$

6. 그림의 AC, BC에 작용하는 힘 F_{AC}, F_{BC}의 크기는?

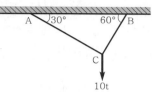

① $F_{AC}=10t$, $F_{BC}=8.66t$

② $F_{AC}=8.66t$, $F_{BC}=5t$

③ $F_{AC}=5t$, $F_{BC}=8.66t$

④ $F_{AC}=5t$, $F_{BC}=17.32t$

▶해설 라미의 정리로부터

$$\frac{\overline{AC}}{\sin 30°}=\frac{10}{\sin 90°}=\frac{\overline{BC}}{\sin 60°}$$

$$\therefore \overline{AC}=10\sin 30°=5t$$

$$\overline{BC}=10\sin 60°=8.66t$$

7. 다음 그림에서 처음에 P_1이 작용했을 때 자유단의 처짐 δ_1이 생기고, 다음에 P_2를 가했을 때 자유단의 처짐이 δ_2만큼 증가되었다고 한다. 이 때 외력 P_1이 행한 일은?

① $\frac{1}{2}P_1\delta_1+P_1\delta_2$

② $\frac{1}{2}P_1\delta_1+P_2\delta_2$

③ $\frac{1}{2}(P_1\delta_1+P_1\delta_2)$

④ $\frac{1}{2}(P_1\delta_1+P_2\delta_2)$

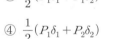

▶해설 $W_t=\frac{1}{2}P_1\delta_1+P_1\delta_2$

8. 그림과 같은 구조물에서 A 지점에 일어나는 연직 반력 R_a를 구한 값은?

① $\frac{1}{8}wl$

② $\frac{3}{8}wl$

③ $\frac{1}{4}wl$

④ $\frac{1}{3}wl$

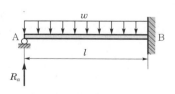

▶해설

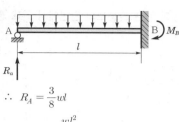

$$\therefore R_A=\frac{3}{8}wl$$

$$\therefore M_B=-\frac{wl^2}{8}$$

9. 그림과 같이 가운데가 비어있는 직사각형 단면 기둥의 길이가 $L=10m$일 때 이 기둥의 세장비는?

① 1.9

② 191.9

③ 2.2

④ 217.3

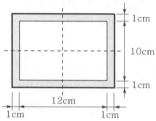

▶해설 $A=14\times 12-12\times 10=48cm^2$

$$I=\frac{1}{12}(14\times 12^3-12\times 10^3)=1,016cm^4$$

$$r=\sqrt{\frac{I}{A}}=4.6cm$$

$$\lambda=\frac{L}{r}=\frac{1,000}{4.6}=217.39$$

10. 다음 그림과 같은 $r=4m$인 3힌지 원호 아치에서 지점 A에서 2m 떨어진 E점의 휨모멘트의 크기는 약 얼마인가?

① 0.613t·m

② 0.732t·m

③ 0.827t·m

④ 0.916t·m

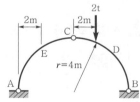

▶해설 ㉠ A점의 반력 산정

$$\Sigma M_B=0$$

$$V_A\times 8-2\times 2=0$$

$$\therefore V_A=0.5t(\uparrow)$$

$$\Sigma M_C=0$$

$$0.5\times 4-H_A\times 4=0$$

$$\therefore H_A=0.5t(\rightarrow)$$

㉡ E점의 휨모멘트 산정

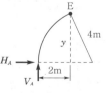

$$y=\sqrt{4^2-2^2}=3.4641m$$

$$\therefore M_E=0.5\times 2-0.5\times 3.4641=-0.732t\cdot m$$

11. 그림과 같은 단순보의 단면에서 최대 전단응력을 구한 값은?

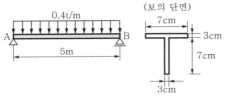

(보의 단면)

① 24.7kg/cm^2 ② 29.6kg/cm^2
③ 36.4kg/cm^2 ④ 49.5kg/cm^2

해설 ㉠ 도심의 위치 결정

$$y_o = \frac{G_x}{A}$$

$$= \frac{7 \times 3 \times 8.5 + 3 \times 7 \times 3.5}{7 \times 3 + 3 \times 7}$$

$$= \frac{252}{42} = 6 \text{cm}$$

㉡ 최대 전단응력은 중립축에서 발생한다.

$$S_{\max} = \frac{wl}{2}$$

$$= \frac{0.4 \times 5}{2}$$

$$= 1 \text{t}$$

$$G_x = 6 \times 3 \times 3 = 54 \text{cm}^3$$

$$I_x = \frac{7 \times 3^3}{12} + 7 \times 3 \times 2.5^2 + \frac{3 \times 7^3}{12} + 3 \times 7 \times 2.5^2$$

$$= 364 \text{cm}^4$$

$$\tau_{\max} = \frac{S \cdot G}{I \cdot b} = \frac{1,000 \times 54}{364 \times 3} = 49.45 \text{kg/cm}^2$$

12. 아래 그림과 같은 단순보의 지점 A에 모멘트 M_a가 작용할 경우 A점과 B점의 처짐각 비$\left(\dfrac{\theta_A}{\theta_B}\right)$의 크기는?

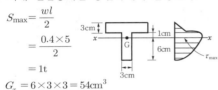

① 1.5   ② 2.0
③ 2.5   ④ 3.0

해설 $\theta_A = \dfrac{Ml}{3EI}$, $\theta_B = \dfrac{Ml}{6EI}$

$$\therefore \ \frac{\theta_A}{\theta_B} = 2.0$$

13. 반지름이 r인 중실축(中實軸)과 바깥 반지름이 r이고 안쪽 반지름이 $0.6r$인 중공축(中空軸)이 동일 크기의 비틀림모멘트를 받고 있다면 중실축(中實軸), 중공축(中空軸)의 최대 전단응력비는?

① $1 : 1.28$ ② $1 : 1.24$
③ $1 : 1.20$ ④ $1 : 1.15$

해설 ㉠ 중실축

$$I_{p1} = I_X + I_Y = 2I_X = \frac{\pi r^2}{2}$$

㉡ 중공축

$$I_{p2} = 2I_X = \frac{\pi}{2}[r^4 - (0.6r)^4] = 0.8704 \frac{\pi r^4}{2}$$

㉢ 최대 전단응력비

$\tau = \dfrac{T}{I_P} r$에서 I_p에 반비례한다.

$$\therefore \ \tau_1 : \tau_2 = \frac{1}{1} : \frac{1}{0.8704} = 1 : 1.1489$$

14. 다음 연속보에서 B점의 지점반력을 구한 값은?

① 10t
② 15t
③ 20t
④ 25t

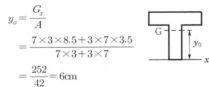

해설
$$R_B = \frac{5}{4}wl = \frac{5}{4} \times 2 \times 6 = 15\text{t}(\uparrow)$$

$$M_B = -\frac{wl^2}{8} = -\frac{2 \times 6^2}{8} = -9\text{t} \cdot \text{m}$$

15. 그림과 같은 2축응력을 받고 있는 요소의 체적변형률은? (단, 탄성계수 $E = 2 \times 10^6 \text{kg/cm}^2$, 푸아송비 $\nu = 0.2$이다.)

① 1.8×10^{-4}
② 3.6×10^{-4}
③ 4.4×10^{-4}
④ 6.2×10^{-4}

해설
$$\varepsilon_v = \frac{1 - 2v}{E}(\sigma_x + \sigma_y)$$

$$= \frac{1 - 2 \times 0.2}{2 \times 10^6} \times (400 + 200)$$

$$= 1.8 \times 10^{-4} = 0.00018$$

16. 보의 탄성변형에서 내력이 한 일을 그 지점의 반력으로 1차 편미분한 것은 "0"이 된다는 정리는 다음 중 어느 것인가?

① 중첩의 원리
② 맥스웰−베티의 상반 원리
③ 최소일의 원리
④ 카스틸리아노의 제1정리

해설 ㉠ Castigliano의 제2정리
탄성변형에너지를 어느 특정한 하중으로 1차 편미분하면 그 하중의 작용점에서 작용 방향의 변위가 된다.
$$\delta_i = \frac{\partial W}{\partial P} = \Sigma \int M\left(\frac{\partial M}{\partial P}\right)\frac{dx}{EI}$$
㉡ 최소일의 원리
탄성변형에너지를 그 지점의 반력으로 1차 편미분한 것은 "0"이 된다.
$$\delta_i = \frac{\partial W}{\partial P} = 0$$

17. 다음 그림과 같은 단순보의 중앙점 C에 집중하중 P가 작용하여 중앙점의 처짐 δ가 발생했다. δ가 0이 되도록 양쪽 지점에 모멘트 M을 작용시키려고 할 때 이 모멘트의 크기 M을 하중 P와 지간 L로 나타내면 얼마인가? (단, EI는 일정하다.)

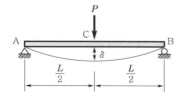

① $M = \dfrac{PL}{2}$ ② $M = \dfrac{PL}{4}$

③ $M = \dfrac{PL}{6}$ ④ $M = \dfrac{PL}{8}$

해설 $\delta_P = \dfrac{PL^3}{48EI}$, $\delta_M = \dfrac{ML^2}{8EI}$

$\delta_P = \delta_M \rightarrow \delta_C = 0$

$\dfrac{PL^3}{48EI} = \dfrac{ML^2}{8EI}$

$\therefore M = \dfrac{PL}{6}$

18. 균질한 균일 단면봉이 그림과 같이 P_1, P_2, P_3의 하중을 B, C, D점에서 받고 있다. $P_2 = 8t$, $P_3 = 4t$의 하중이 작용할 때 D점에서의 수직방향 변위가 일어나지 않기 위한 하중 P_1은 얼마인가?

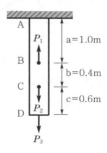

① 14.4t ② 19.2t
③ 24.0t ④ 28.6t

해설 $\Delta l = \dfrac{Pl}{EA}$ 에서

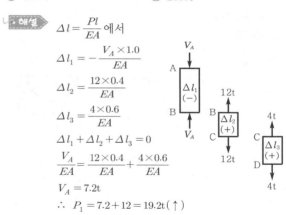

$\Delta l_1 = -\dfrac{V_A \times 1.0}{EA}$

$\Delta l_2 = \dfrac{12 \times 0.4}{EA}$

$\Delta l_3 = \dfrac{4 \times 0.6}{EA}$

$\Delta l_1 + \Delta l_2 + \Delta l_3 = 0$

$\dfrac{V_A}{EA} = \dfrac{12 \times 0.4}{EA} + \dfrac{4 \times 0.6}{EA}$

$V_A = 7.2t$

$\therefore P_1 = 7.2 + 12 = 19.2t(\uparrow)$

19. 아래 그림과 같은 트러스에서 응력이 발생하지 않는 부재는?

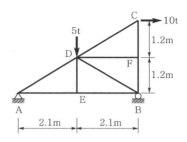

① DE 및 DF ② DE 및 DB
③ AD 및 DC ④ DB 및 DC

해설 영부재

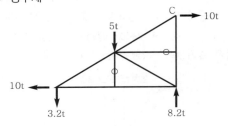

20. 다음 단면의 $X-X$축에 대한 단면2차모멘트는?

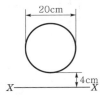

① 12,880cm^4 ② 252,349cm^4

③ 47,527cm^4 ④ 69,429cm^4

해설 $I_X = I_x + A \cdot y_o{}^2$

$\qquad = \dfrac{\pi \times 20^4}{64} + \dfrac{\pi \times 20^2}{4} \times 14^2$

$\qquad = 69,429.2\text{cm}^4$

1. 그림과 같은 트러스에서 사재(斜材) D의 부재력은?

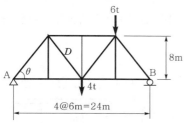

① 3.112t
② 4.375t
③ 5.465t
④ 6.522t

해설

3.5t

$\Sigma M_B = 0$

$R_A \times 24 - 4 \times 12 - 6 \times 6 = 0$

$R_A = \dfrac{84}{24} = 3.5\text{t}(\uparrow)$

$\Sigma V = 0$

$D\sin\theta - 3.5 = 0$

$D = 3.5 \times \dfrac{5}{4} = 4.375\text{t}$ (인장)

2. 다음 3힌지 라멘에 A점의 수평반력(H_A)은?

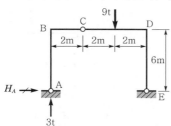

① 1t
② 2t
③ 3t
④ 4t

해설 $\Sigma M_E = 0$

$V_A \times 6 - 9 \times 2 = 0$

$V_A = 3\text{t}(\uparrow)$

$\Sigma M_C = 0$

$3 \times 2 - H_A \times 6 = 0$

$H_A = 1\text{t}(\rightarrow)$

3. 다음 중 부정정 구조의 해법이 아닌 것은?

① 처짐각법
② 변위일치법
③ 모멘트분배법
④ 공액보법

해설 공액보법은 처짐의 해법이다.

4. 기둥에서 단면의 핵이란 단주(短柱)에서 인장응력이 발생되지 않도록 재하되는 편심거리로 정의된다. 반지름 20cm인 원형 단면의 핵거리(e)는?

① 2.5cm
② 4cm
③ 5cm
④ 7.5cm

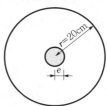

해설 $e = \dfrac{d}{8} = \dfrac{r}{4} = \dfrac{20}{4} = 5\text{cm}$

5. 무게 12t인 아래 그림과 같은 구조물을 밀어넘길 수 있는 수평 집중하중 P는?

① 1.2t
② 1.8t
③ 2.2t
④ 2.8t

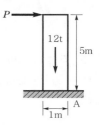

해설 A점을 기준으로 전도된다.

$P \times 5 \geq 12 \times 0.5$

$P \geq 1.2\text{t}$

6. 정사각형의 중앙에 지름 20cm의 원이 있는 그림과 같은 도형에서 빗금친 부분의 X축에 대한 단면2차모멘트를 구한 값은?

① $205,479\text{cm}^4$

② $215,479\text{cm}^4$

③ $225,479\text{cm}^4$

④ $235,479\text{cm}^4$

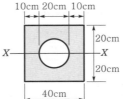

해설

$$I_X = \frac{bh^3}{12} - \frac{\pi D^4}{64} = \frac{40^4}{12} - \frac{\pi \times 20^4}{64}$$
$$= 205,479.35\text{cm}^4$$

7. 지름 D인 원형 단면에 전단력 S가 작용할 때 최대 전단응력의 값은?

① $\dfrac{4S}{3\pi D^2}$

② $\dfrac{2S}{3\pi D^2}$

③ $\dfrac{16S}{3\pi D^2}$

④ $\dfrac{3S}{4\pi D^2}$

해설

$$\tau_{\max} = \frac{4}{3} \cdot \frac{S}{A} = \frac{16}{3} \cdot \frac{S}{\pi D^2}$$

8. 다음 단순보의 지점 A에서의 처짐각 θ_A는 얼마인가? (단, EI는 일정하다.)

① $\dfrac{Pl^2}{6EI}$

② $\dfrac{Pl^2}{16EI}$

③ $\dfrac{Pl^2}{8EI}$

④ $\dfrac{Pl^2}{4EI}$

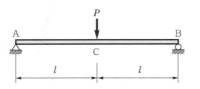

해설

$$\theta_A = \frac{Pl^2}{16EI} = \frac{P(2l)^2}{16EI} = \frac{Pl^2}{4EI}(\curvearrowright)$$

$$\delta_C = \frac{Pl^3}{48EI} = \frac{P(2l)^3}{48EI} = \frac{Pl^3}{6EI}(\downarrow)$$

9. 그림과 같이 ABC의 중앙점에 10t의 하중을 달았을 때 정지하였다면 장력 T의 값은 몇 t인가?

① 10

② 8.66

③ 5

④ 15

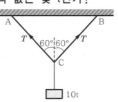

해설

sin법칙에 의하여 $T_{AC} = T_{BC} = 10t$

10. 다음 단순보에서 지점의 반력을 계산한 값으로 옳은 것은?

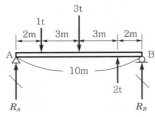

① $R_A = 1.0t,\ R_B = 1.0t$

② $R_A = 1.9t,\ R_B = 0.1t$

③ $R_A = 1.4t,\ R_B = 0.6t$

④ $R_A = 0.1t,\ R_B = 1.9t$

해설

$\Sigma M_B = 0$
$R_A \times 10 - 1 \times 8 - 3 \times 5 + 2 \times 2 = 0$
$R_A = 1.9t(\uparrow)$
$\Sigma V = 0$
$R_A - 1 - 3 + 2 + R_B = 0$
$R_B = 4 - 3.9 = 0.1t(\uparrow)$

11. 스팬 l인 양단고정보의 중앙에 집중하중 P가 작용할 때 고정단의 모멘트의 크기는?

① $\dfrac{Pl}{2}$

② $\dfrac{Pl}{4}$

③ $\dfrac{Pl}{8}$

④ $\dfrac{Pl}{16}$

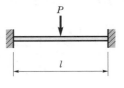

해설

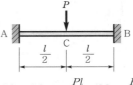

$$M_A = M_B = -\frac{Pl}{8}, \quad M_C = \frac{Pl}{8}$$

정답 6. ① 7. ③ 8. ④ 9. ① 10. ② 11. ③

12. 다음 그림에서와 같은 평행력(平行力)에 있어서 P_1, P_2, P_3, P_4의 합력의 위치는 O점에서 얼마의 거리에 있겠는가?

① 4.8m

② 5.4m

③ 5.8m

④ 6.0m

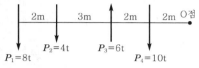

 바리뇽의 정리를 이용한다.

$R = +8+4-6+10 = 16t(\downarrow)$

$\Sigma M_O = 0$

$16 \times x = 8 \times 9 + 4 \times 7 - 6 \times 4 + 10 \times 2$

$\therefore x = \dfrac{96}{16} = 6m$

13. 모든 도형에서 도심을 지나는 축에 대한 단면1차 모멘트 값의 범위로 옳은 설명은?

① 0이다.

② 0보다 크다.

③ 0보다 작다.

④ 0에서 1사이의 값을 갖는다.

 도심축에 대한 단면1차모멘트는 0이다.

14. 그림과 같은 구조물은 몇 차 부정정 구조물인가?

① 7차

② 8차

③ 9차

④ 11차

$n = r - 3 \cdot m = 20 - 3 \times 4 = 8차$

15. 그림에서 (a)의 장주(長柱)가 4t에 견딜 수 있다면 (b)의 장주가 견딜 수 있는 하중은?

① 4t

② 8t

③ 16t

④ 64t

(a)　　　　(b)

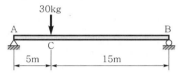

$P_b = \dfrac{n\pi^2 EI}{L^2}$

$n = \dfrac{1}{4} : 1 : 2 : 4$

$P_{(b)} = 4P_{(a)} = 4 \times 4 = 16t$

16. 그림과 같은 보에서 C점의 처짐을 구하면? (단, $EI = 2 \times 10^9 \text{kg} \cdot \text{cm}^2$이다.)

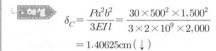

① 0.821cm

② 1.406cm

③ 1.641cm

④ 2.812cm

 $\delta_C = \dfrac{Pa^2b^2}{3EIl} = \dfrac{30 \times 500^2 \times 1,500^2}{3 \times 2 \times 10^9 \times 2,000}$

$= 1.40625cm(\downarrow)$

17. 단면적이 3cm^2인 강봉이 아래의 그림과 같은 힘을 받을 때 이 강봉의 늘어난 길이는? (단, 강봉의 탄성계수 $E = 2.0 \times 10^6 \text{kg/cm}^2$)

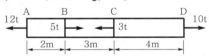

① 1.13cm

② 1.42cm

③ 1.68cm

④ 1.76cm

 $\Delta l = \dfrac{Pl}{EA}$

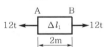

$\Delta l_1 = \dfrac{12 \times 2}{EA} = \dfrac{24}{EA}$

$\Delta l_2 = \dfrac{7 \times 3}{EA} = \dfrac{21}{EA}$

$\Delta l_3 = \dfrac{10 \times 4}{EA} = \dfrac{40}{EA}$

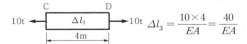

$\therefore \Delta l = \Delta l_1 + \Delta l_2 + \Delta l_3$

$= \dfrac{85}{EA} = \dfrac{85 \times 10^5}{2.0 \times 10^6 \times 3}$

$= 1.4167cm$

18. 그림과 같은 구형 단면보에서 휨모멘트 4.5t·m가 작용한다면 상단에서 5cm 떨어진 a-a 단면에서의 휨응력은?

① 92.3kg/cm²

② 100kg/cm²

③ 112.6kg/cm²

④ 121.4kg/cm²

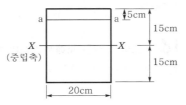

해설 $\sigma = \dfrac{M}{I}y = \dfrac{12 \times 4.5 \times 10^5}{20 \times 30^3} \times 10 = 100\text{kg/cm}^2$

19. 다음과 같은 단순보에서 A점의 반력(R_A)으로 옳은 것은?

① 0.5t(↓)

② 2.0t(↓)

③ 0.5t(↑)

④ 2.0t(↑)

해설 $\Sigma M_B = 0$
$R_A \times 4 + 2 - 4 = 0$
$R_A = 0.5\text{t}(\uparrow)$

20. 탄성에너지에 대한 설명으로 옳은 것은?

① 응력에 반비례하고 탄성계수에 비례한다.

② 응력의 제곱에 반비례하고 탄성계수에 비례한다.

③ 응력에 비례하고 탄성계수의 제곱에 비례한다.

④ 응력의 제곱에 비례하고 탄성계수에 반비례한다.

해설 $U = \dfrac{1}{2}P\delta = \dfrac{P}{2} \cdot \dfrac{Pl}{EA} = \dfrac{P^2 l}{2EA} = \dfrac{\sigma Pl}{2E} = \dfrac{\sigma^2 Al}{2E}$

1. 그림과 같은 3힌지 라멘의 휨모멘트선도(B.M.D)는?

①

②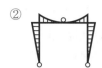

③

④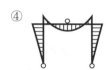

2. 아래 그림과 같은 단순보의 단면에서 발생하는 최대 전단응력의 크기는?

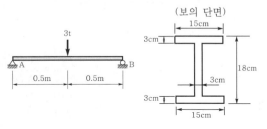

① 35.2kg/cm^2

② 38.6kg/cm^2

③ 44.5kg/cm^2

④ 49.3kg/cm^2

● 해설

㉠ 최대 전단력 산정 $S = \dfrac{3}{2} = 1.5\text{t}$

㉡ 단면의 성질

$$I_X = \frac{1}{2}(15 \times 18^3 - 12 \times 12^3) = 5,562\,\text{cm}^4$$

$$G_X = 3 \times 15 \times 7.5 + 3 \times 6 \times 3 = 391.5\,\text{cm}^3$$

㉢ 최대 전단응력

$$\tau = \frac{SG}{Ib} = \frac{1,500 \times 391.5}{5,562 \times 3} = 35.1942\,\text{kgf/cm}^2$$

3. 그림과 같은 직사각형 단면의 보가 최대 휨모멘트 $M_{\max} = 2\text{t} \cdot \text{m}$를 받을 때 a–a 단면의 휨응력은?

① 22.5kg/cm^2

② 37.5kg/cm^2

③ 42.5kg/cm^2

④ 46.5kg/cm^2

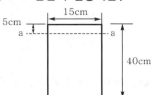

● 해설

$$\sigma = \frac{M}{I}y = \frac{12 \times 2 \times 10^5}{15 \times 40^3} \times 15 = 37.5\,\text{kgf/cm}^2$$

4. 아래 그림과 같은 캔틸레버보에서 휨모멘트에 의한 탄성변형에너지는? (단, EI는 일정)

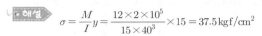

① $\dfrac{2P^2L^3}{3EI}$

② $\dfrac{P^2L^3}{3EI}$

③ $\dfrac{P^2L^3}{6EI}$

④ $\dfrac{P^2L^3}{2EI}$

● 해설

$$U = \frac{(2P)^2L^3}{6EI} = \frac{2P^2L^3}{3EI}$$

5. 그림의 수평부재 AB는 A지점은 힌지로 지지되고 B점에는 집중하중 Q가 작용하고 있다. C점과 D점에서는 끝단이 힌지로 지지된 길이가 L이고, 휨강성이 모두 EI로 일정한 기둥으로 지지되고 있다. 두 기둥의 좌굴에 의해서 붕괴를 일으키는 하중 Q의 크기는?

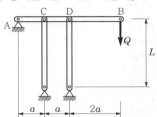

① $Q = \dfrac{2\pi^2 EI}{4L^2}$ ② $Q = \dfrac{3\pi^2 EI}{4L^2}$

③ $Q = \dfrac{3\pi^2 EI}{8L^2}$ ④ $Q = \dfrac{3\pi^2 EI}{16L^2}$

해설 기둥의 좌굴하중은 양단이 힌지이므로

$P_{cr} = \dfrac{\pi^2 EI}{L^2}$

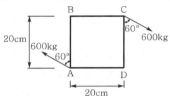

$\Sigma M_A = 0$

$Q(4a) = P_{cr}(a) + P_{cr}(2a)$

$Q = \dfrac{3}{4} P_{cr} = \dfrac{3\pi^2 EI}{4L^2}$

6. 600kg의 힘이 그림과 같이 A와 C의 모서리에 작용하고 있다. 이 두 힘에 의해서 발생하는 모멘트는?

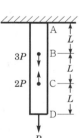

① 163.9kg·m   ② 169.7kg·m

③ 173.9kg·m   ④ 179.7kg·m

해설 $M_D = 600 \sin 60° \times 20 + 600 \cos 60° \times 20$

$= 16{,}392.3 \text{kg·cm} = 163.92 \text{kg·m}$

7. 다음 봉재의 단면적이 A이고, 탄성계수가 E일 때 C점의 수직처짐은?

① $\dfrac{4PL}{EA}$

② $\dfrac{3PL}{EA}$

③ $\dfrac{2PL}{EA}$

④ $\dfrac{PL}{EA}$

해설

$\Delta L_1 = \dfrac{2PL}{EA}$

$\Delta L_2 = \dfrac{-PL}{EA}$

$\therefore \delta_C = \Delta L_1 + \Delta L_2 = \dfrac{PL}{EA}$

8. 그림과 같은 단순보에서 A, B 구간의 전단력 및 휨모멘트의 값은?

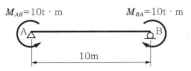

① $S = 10\text{t}, \ M = 10\text{t·m}$

② $S = 10\text{t}, \ M = 20\text{t·m}$

③ $S = 0, \ M = -10\text{t·m}$

④ $S = 20\text{t}, \ M = -10\text{t·m}$

해설 $\Sigma M_B = 0$

$R_A \times 10 - 10 + 10 = 0$

$R_A = 0$

$\therefore \ S = 0, \ M = -10\text{t·m}$

9. 캔틸레버보에서 보의 끝 B점에 집중하중 P와 우력모멘트 M_0가 작용하고 있다. B점에서의 연직변위는 얼마인가? (단, 보의 EI는 일정하다.)

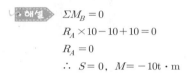

① $\delta_B = \dfrac{PL^3}{4EI} - \dfrac{M_0 L^2}{2EI}$ ② $\delta_B = \dfrac{PL^3}{3EI} + \dfrac{M_0 L^2}{2EI}$

③ $\delta_B = \dfrac{PL^3}{3EI} - \dfrac{M_0 L^2}{2EI}$ ④ $\delta_B = \dfrac{PL^3}{4EI} + \dfrac{M_0 L^2}{2EI}$

해설 중첩의 원리 적용 $\delta_B = \dfrac{PL^3}{3EI} - \dfrac{M_0 L^2}{2EI}$

10. 양단고정인 조건의 길이가 3m이고, 가로 20cm, 세로 30cm인 직사각형 단면의 기둥이 있다. 이 기둥의 좌굴응력은 약 얼마인가? (단, $E = 2.1 \times 10^5 \text{kg/cm}^2$이고, 이 기둥은 장주이다.)

① $2{,}432 \text{kg/cm}^2$

② $3{,}070 \text{kg/cm}^2$

③ $4{,}728 \text{kg/cm}^2$

④ $6{,}909 \text{kg/cm}^2$

해설

$$\lambda = \frac{l}{r} = \frac{l}{h/\sqrt{12}} = \frac{\sqrt{12} \times 300}{20}$$

$$n = 4$$

$$\sigma_b = \frac{n\pi^2 E}{\lambda^2} = \frac{4 \times \pi^2 \times 2.1 \times 10^5}{12 \times \frac{300^2}{20^2}}$$

$$= 3,070.54 \text{kg/cm}^2$$

11. 그림과 같이 단주에 편심하중이 작용할 때 최대 압축응력은?

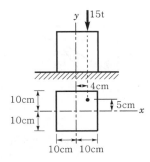

① 138.75kg/cm^2
② 172.65kg/cm^2
③ 245.75kg/cm^2
④ 317.65kg/cm^2

해설

$$\sigma_A = \frac{P}{A} + \frac{Pe_y}{Z_X} + \frac{Pe_x}{Z_Y}$$

$$= \frac{15,000}{20 \times 20} + \frac{6 \times 15,000 \times 5}{20 \times 20^2} + \frac{6 \times 15,000 \times 4}{20 \times 20^2}$$

$$= 37.5 + 56.25 + 45$$

$$= 138.75 \text{kg/cm}^2$$

12. 그림과 같은 3힌지 아치의 중간 힌지에 수평하중 P가 작용할 때 A지점의 수직반력과 수평반력은? (단, A지점의 반력은 그림과 같은 방향을 정(+)으로 한다.)

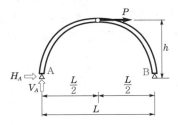

① $V_A = \frac{Ph}{L}$, $H_A = \frac{P}{2}$

② $V_A = \frac{Ph}{L}$, $H_A = -\frac{P}{2h}$

③ $V_A = -\frac{Ph}{L}$, $H_A = \frac{P}{2h}$

④ $V_A = -\frac{Ph}{L}$, $H_A = -\frac{P}{2}$

해설

$$\Sigma M_B = 0$$

$$V_A \times L + P \times h = 0$$

$$\therefore V_A = -\frac{Ph}{L}(\downarrow)$$

$$\Sigma M_G = 0$$

$$-\frac{Ph}{L} \times \frac{L}{2} - H_A \times h = 0$$

$$\therefore H_A = -\frac{P}{2}(\leftarrow)$$

13. 그림과 같은 트러스에서 부재 U_1 및 D_1의 부재력은?

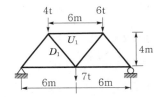

① $U_1 = 5t$(압축), $D_1 = 9t$(인장)

② $U_1 = 5t$(인장), $D_1 = 9t$(압축)

③ $U_1 = 9t$(압축), $D_1 = 5t$(인장)

④ $U_1 = 9t$(인장), $D_1 = 5t$(압축)

해설

$$\Sigma M_B = 0$$

$$R_A \times 12 - 4 \times 9 - 6 \times 3 - 7 \times 6 = 0$$

$$R_A = 8t(\uparrow)$$

$$\Sigma M_E = 0$$

$$8 \times 6 - 4 \times 3 + U_1 \times 4 = 0$$

$$U_1 = -9t \text{ (압축)}$$

$$\Sigma V = 0$$

$$4 + D_1 \sin\theta = 8$$

$$D_1 = 4 \times \frac{5}{4} = 5t \text{ (인장)}$$

14. 그림과 같은 단순보에서 허용휨응력 $f_{ba} = 50\text{kg/cm}^2$, 허용전단응력 $\tau_a = 5\text{kg/cm}^2$일 때 하중 P의 한계치는?

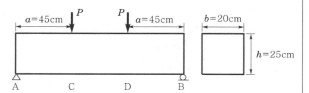

① 1,666.7kg
② 2,516.7kg
③ 2,500.0kg
④ 2,314.8kg

◎ 해설 ㉠ 단면력 산정 $S_{\max} = P$, $M_{\max} = 45P$
㉡ 휨응력 검토
$$\sigma = \frac{M}{I}y = \frac{M}{Z} = \frac{6M}{bh^2} = \frac{6 \times 45}{bh^2}P$$
$$P = \frac{\sigma bh^2}{6 \times 45} = \frac{50 \times 20 \times 25}{6 \times 45} = 2,314.81\text{kg}$$
㉢ 전단응력 검토
$$\tau = \frac{3}{2} \cdot \frac{S}{A} = \frac{3}{2} \cdot \frac{P}{bh}$$
$$P = \frac{2}{3}\tau bh = \frac{2}{3} \times 5 \times 20 \times 25 = 1,666.67\text{kg}$$
∴ 허용하중 $P = 1,666.67\text{kg}$

15. 그림과 같이 1차 부정정보에 등간격으로 집중하중이 작용하고 있다. 반력 R_a와 R_b의 비는?

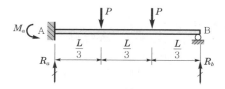

① $R_a : R_b = \dfrac{5}{9} : \dfrac{4}{9}$
② $R_a : R_b = \dfrac{4}{9} : \dfrac{5}{9}$

③ $R_a : R_b = \dfrac{2}{3} : \dfrac{1}{3}$
④ $R_a : R_b = \dfrac{1}{3} : \dfrac{2}{3}$

◎ 해설 $M_a = \dfrac{PL}{3}$이므로

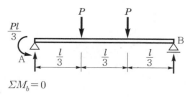

$$\Sigma M_b = 0$$

$$R_a \times L - \frac{PL}{3} - P \times \frac{2L}{3} - P \times \frac{L}{3} = 0$$
$$R_a = \frac{4}{3}PL(\uparrow)$$
$$\Sigma V = 0$$
$$R_b = 2P - \frac{4}{3}PL = \frac{2}{3}PL(\uparrow)$$
$$\therefore R_a : R_b = \frac{4}{3} : \frac{2}{3} = \frac{2}{3} : \frac{1}{3}$$

16. 그림과 같은 구조물에서 부재 AB가 받는 힘의 크기는?

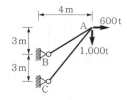

① 3,166.7t
② 3,274.2t
③ 3,368.5t
④ 3,485.4t

◎ 해설

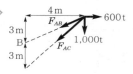

$$\Sigma H = 0$$
$$-\frac{4}{5}F_{AB} - \frac{4}{\sqrt{52}}F_{AC} + 600 = 0 \quad \cdots\cdots\cdots ㉠$$
$$\Sigma V = 0$$
$$-\frac{3}{5}F_{AB} - \frac{6}{\sqrt{52}}F_{AC} - 1,000 = 0 \quad \cdots\cdots\cdots ㉡$$
식 ㉠과 ㉡을 연립하여 풀면
$$F_{AB} = 3,166.7t\,(인장)$$
$$F_{AC} = -3,485.4t\,(압축)$$

17. 그림과 같은 단순보에 등분포하중 q가 작용할 때 보의 최대 처짐은? (단, EI는 일정하다.)

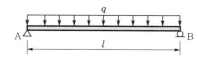

① $\dfrac{ql^4}{128EI}$
② $\dfrac{ql^4}{64EI}$

③ $\dfrac{ql^4}{38EI}$
④ $\dfrac{5ql^4}{384EI}$

> **해설** $\theta_A = -\theta_B = \dfrac{ql^3}{24EI}$
>
> $y_c = \dfrac{5ql^4}{384EI}$

18. 2경간 연속보의 중앙지점 B에서의 반력은? (단, EI는 일정하다.)

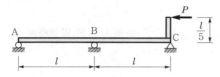

① $\dfrac{1}{25}P$ ② $\dfrac{1}{15}P$

③ $\dfrac{1}{5}P$ ④ $\dfrac{3}{10}P$

> **해설** $\theta_{BC} = \dfrac{ML}{6EI} = \dfrac{PL^2}{30EI}$
>
> $M_A = M_C = 0$
>
>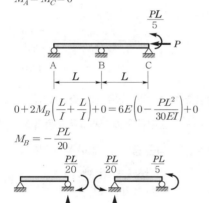
>
> $0 + 2M_B\left(\dfrac{L}{I} + \dfrac{L}{I}\right) + 0 = 6E\left(0 - \dfrac{PL^2}{30EI}\right) + 0$
>
> $M_B = -\dfrac{PL}{20}$
>
> $R_{B_1} = \dfrac{P}{20}$ $R_{B_2} = \dfrac{P}{4}$
>
> $\therefore R_B = R_{B_1} + R_{B_2}$
>
> $= \dfrac{P}{20} + \dfrac{P}{4} = \dfrac{3P}{10}\,(\uparrow)$

19. 전단중심(shear center)에 대한 다음 설명 중 옳지 않은 것은?

① 전단중심이란 단면이 받아내는 전단력의 합력점의 위치를 말한다.

② 1축이 대칭인 단면의 전단중심은 도심과 일치한다.

③ 하중이 전단중심 점을 통과하지 않으면 보는 비틀린다.

④ 1축이 대칭인 단면의 전단중심은 그 대칭축 선상에 있다.

> **해설** 1축이 대칭인 단면의 전단중심은 도심과 일치하는 경우도 있지만 일치하지 않는 경우도 있다.

20. 그림과 같은 4개의 힘이 작용할 때 G점에 대한 모멘트는?

① 3,825t · m   ② 2,025t · m

③ 2,175t · m   ④ 1,650t · m

> **해설** $M_G = 30 \times 55 - 20 \times 45 + 30 \times 30 + 25 \times 15$
>
> $= 2,025\,\text{t} \cdot \text{m}$

1. P_1, P_2가 0(zero)으로부터 작용하였다. B점의 처짐이 P_1으로 인하여 δ_1, P_2로 인하여 δ_2가 생겼다면 P_1이 하는 일은?

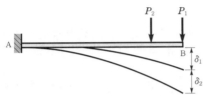

① $\dfrac{1}{2}P_1\delta_1 + \dfrac{1}{2}P_2\delta_2$　　② $\dfrac{1}{2}P_1\delta_1 + \dfrac{1}{2}P_1\delta_2$

③ $\dfrac{1}{2}P_1\delta_1 + P_2\delta_2$　　④ $\dfrac{1}{2}P_1\delta_1 + P_1\delta_2$

〔해설〕　P_1이 행한 일　$W = \dfrac{1}{2}P_1\delta_1 + P_1\delta_2$

2. 그림과 같은 단면의 X축에 대한 단면1차모멘트는 얼마인가?

① 128cm^3
② 138cm^3
③ 148cm^3
④ 158cm^3

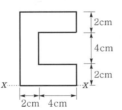

〔해설〕　$G_X = 6 \times 8 \times 4 - 4 \times 4 \times 4 = 128\,\text{cm}^3$

3. 그림과 같은 I형 단면에서 중립축 $X-X$에 대한 단면2차모멘트는?

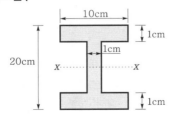

① $4,374.00\text{cm}^4$　　② $6,666.67\text{cm}^4$

③ $2,292.67\text{cm}^4$　　④ $3,574.76\text{cm}^4$

〔해설〕　$I_X = \dfrac{1}{12}(10 \times 20^3 - 9 \times 18^3) = 2,292.67\text{cm}^4$

4. 아래 그림과 같은 보의 단면에 발생하는 최대 휨응력은?

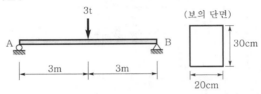

(보의 단면)

① 150kg/cm^2　　② 200kg/cm^2

③ 250kg/cm^2　　④ 300kg/cm^2

〔해설〕　$M_{max} = 1.5 \times 3 = 4.5\,\text{t·m}$

$\sigma_{max} = \dfrac{M}{I}y = \dfrac{M}{Z} = \dfrac{6M}{bh^2} = \dfrac{6 \times 4.5 \times 10^5}{20 \times 30^2}$

$= 150\text{kg/cm}^2$

5. 중심축하중을 받는 장주에서 좌굴하중은 Euler의 공식 $P_{cr} = n\dfrac{\pi^2 EI}{l^2}$로 구한다. 여기서 n은 기둥의 지지 상태에 따르는 계수인데, 다음 중에서 n값이 틀린 것은 어느 것인가?

① 일단고정, 일단자유단일 때, $n = \dfrac{1}{4}$

② 일단고정, 일단힌지일 때, $n = 3$

③ 양단고정일 때, $n = 4$

④ 양단힌지일 때, $n = 1$

〔해설〕　$n = \dfrac{1}{4} : 1 : 2 : 4 = 1 : 4 : 8 : 16$

6. 그림과 같은 보에서 C점의 전단력은?

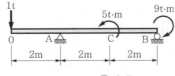

① -0.5t　　② 0.5t

③ -1t　　④ 1t

해설
$$\Sigma M_A = 0$$
$$-1 \times 2 - 5 + 9 - R_B \times 4 = 0$$
$$R_B = \frac{2}{4} = 0.5 \text{t} (\uparrow)$$
$$\Sigma V = 0$$
$$R_A = 1 - 0.5 = 0.5 \text{t} (\uparrow)$$
$$\therefore S_C = -0.5 \text{t}$$

7. 다음 그림과 같은 구조물에서 부재 AB가 받는 힘은 약 얼마인가?

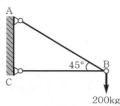

① 200kg   ② 215kg
③ 235kg   ④ 283kg

해설

$$\Sigma V = 0$$
$$\text{AB} \sin 45° = 200$$
$$\text{AB} = 200 \times \sqrt{2}$$
$$\qquad = 282.84 \text{kg}$$

8. 등분포하중(w)이 재하된 단순보의 최대 처짐에 대한 설명 중 틀린 것은?
① 하중 w에 비례한다.
② 탄성계수 E에 반비례한다.
③ 지간 l의 제곱에 반비례한다.
④ 단면2차모멘트 I에 반비례한다.

해설
$$\delta_{\max} = \frac{5wl^4}{384EI} = \frac{5 \times 12\,wl^4}{384\,Ebh^3}$$

9. 길이 1m, 지름 1.5cm의 강봉을 8t으로 당길 때 이 강봉은 얼마나 늘어나겠는가? (단, $E = 2.1 \times 10^6 \text{kg/cm}^2$)
① 2.2mm   ② 2.6mm
③ 2.8mm   ④ 3.1mm

해설
$$\Delta L = \frac{PL}{EA} = \frac{4 \times 8,000 \times 100}{2.1 \times 10^6 \times \pi \times 1.5^2} = 0.2156 \text{cm}$$

10. 단순보에 있어서 원형 단면에 분포되는 최대전단응력은 평균전단응력(V/A)의 몇 배가 되는가?

① 1.0배   ② $\frac{4}{3}$ 배
③ $\frac{2}{3}$ 배   ④ 1.5배

해설
㉠ 구형 단면 $\tau_{\max} = \frac{3}{2} \cdot \frac{S}{A}$
㉡ 원형 단면 $\tau_{\max} = \frac{4}{3} \cdot \frac{S}{A}$

11. 아래의 표에서 설명하는 부정정 구조물의 해법은?

> 요각법이라고도 불리우는 이 방법은 부재의 변형 즉, 탄성곡선의 기울기를 미지수로 하여 부정정 구조물을 해석하는 방법이다.

① 모멘트분배법   ② 최소일의 방법
③ 변위일치법   ④ 처짐각법

12. 지름이 6cm, 길이가 100cm의 둥근 막대가 인장력을 받아서 0.5cm 늘어나고 동시에 지름이 0.006cm 만큼 줄었을 때 이 재료의 푸아송 비(ν)는 얼마인가?
① 5   ② 2
③ 0.5   ④ 0.2

해설
$$\nu = \frac{\beta}{\varepsilon} = \frac{\Delta d/d}{\Delta l/l} = \frac{l \cdot \Delta d}{d \cdot \Delta l} = \frac{100 \times 0.006}{6 \times 0.5} = 0.2$$

13. 그림과 같은 단주에서 편심하중이 작용할 때 발생하는 최대 인장응력은? (단, 편심거리(e)는 10cm)

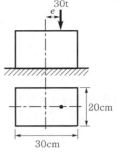

① 30kg/cm²   ② 50kg/cm²
③ 70kg/cm²   ④ 90kg/cm²

해설
$$\sigma_t = \frac{P}{A} - \frac{M}{Z} = \frac{30,000}{20 \times 30} - \frac{6 \times 30,000 \times 10}{20 \times 30^2}$$
$$\qquad = 50 - 100 = -50 \text{kg/cm}^2$$

14. 다음 중 처짐을 구하는 방법과 가장 관계가 먼 것?

① 탄성하중법

② 3연모멘트법

③ 모멘트면적법

④ 탄성곡선의 미분방정식 이용법

> **해설** 3연모멘트법은 부정적 구조 해법이다.

15. 그림과 같은 구조물에서 C점의 휨모멘트 값은?

① $\dfrac{Pl}{4}$

② $\dfrac{11Pl}{16}$

③ $\dfrac{5Pl}{32}$

④ $\dfrac{11Pl}{32}$

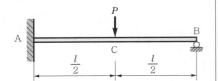

> **해설** $R_B = \dfrac{5}{16}P(\uparrow)$
>
> $\therefore M_C = \dfrac{5}{16}P \times \dfrac{l}{2} = \dfrac{5Pl}{32}$

16. 다음 그림의 트러스에서 DE의 부재력은?

① 0t

② 2t

③ 5t

④ 10t

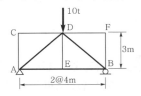

> **해설** 절점법에서
>
> $\Sigma H = 0$
>
> $AE = BE$
>
> $\Sigma V = 0$
>
> $DE = 0$

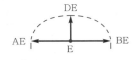

17. 다음의 라멘 구조에서 A점의 수평반력 H_A는 얼마인가?

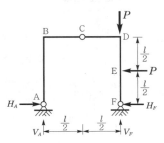

① $\dfrac{P}{2}(\leftarrow)$ **②** $\dfrac{P}{4}(\leftarrow)$

③ $\dfrac{P}{2}(\rightarrow)$ **④** $\dfrac{P}{4}(\rightarrow)$

> **해설** $\Sigma M_F = 0$
>
> $V_A \times l - P \times \dfrac{l}{2} = 0$
>
> $V_A = \dfrac{P}{2}(\uparrow)$
>
> $\Sigma M_C = 0$
>
> $\dfrac{P}{2} \times \dfrac{l}{2} - H_A \times l = 0$
>
> $H_A = \dfrac{P}{4}(\rightarrow)$

18. 다음 보의 지점 A에서 모멘트하중 M_0를 가할 때 타단 B의 고정단모멘트의 크기는?

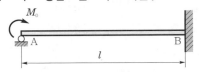

① M_0 ② $\dfrac{M_0}{2}$

③ $\dfrac{M_0}{3}$ ④ $\dfrac{M_0}{4}$

> **해설** 전달률은 $\dfrac{1}{2}$이다.
>
> $\therefore M_{BA} = \dfrac{1}{2}M_{AB} = \dfrac{1}{2}M_0 (\curvearrowleft)$

19. 다음 그림에서 지점 A의 반력이 영(零)이 되기 위해 C점에 작용시킬 집중하중의 크기(P)는?

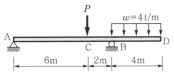

① 12t

② 16t

③ 20t

④ 24t

> **해설** $\Sigma M_B = 0$
>
> $P \times 2 - 4 \times 4 \times 2 = 0$
>
> $P = 16t(\downarrow)$

20. 그림과 같은 내민보에서 A지점에서 5m 떨어진 C점의 전단력 V_C와 휨모멘트 M_C는?

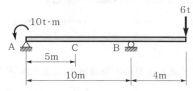

① $V_C = -1.4\text{t}, \ M_C = -17\text{t} \cdot \text{m}$

② $V_C = -1.8\text{t}, \ M_C = -24\text{t} \cdot \text{m}$

③ $V_C = 1.4\text{t}, \ M_C = -24\text{t} \cdot \text{m}$

④ $V_C = 1.8\text{t}, \ M_C = -17\text{t} \cdot \text{m}$

해설 $\Sigma M_B = 0$

$R_A \times 10 - 10 + 6 \times 4 = 0$

$\therefore \ R_A = -1.4\text{t}(\downarrow)$

$\therefore \ S_C = -1.4\text{t}$

$\therefore \ M_C = -1.4 \times 5 - 10 = -17\text{t} \cdot \text{m}$

1. 그림과 같은 반경이 r인 아치에서 D점의 축방향력 N_D의 크기는 얼마인가?

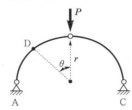

① $N_D = \dfrac{P}{2}(\cos\theta - \sin\theta)$

② $N_D = \dfrac{P}{2}(r\cos\theta - \sin\theta)$

③ $N_D = \dfrac{P}{2}(\cos\theta - r\sin\theta)$

④ $N_D = \dfrac{P}{2}(\sin\theta + \cos\theta)$

해설 ㉠ 반력산정

$$V_A = \frac{P}{2}(\uparrow), \quad H_A = \frac{P}{2}(\rightarrow)$$

㉡ 축방향력 산정

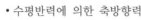

• 연직반력에 의한 축방향력

$$N_{D1} = \frac{P}{2}\sin\theta$$

• 수평반력에 의한 축방향력

$$N_{D2} = \frac{P}{2}\cos\theta$$

∴ $N_D = N_{D1} + N_{D2} = \dfrac{P}{2}(\sin\theta + \cos\theta)$

2. 직경 D인 원형 단면의 단면계수는?

① $\dfrac{\pi D^4}{64}$ ② $\dfrac{\pi D^3}{64}$

③ $\dfrac{\pi D^4}{32}$ ④ $\dfrac{\pi D^3}{32}$

해설 $Z = \dfrac{I}{y} = \dfrac{\pi D^4/64}{D/2} = \dfrac{\pi D^3}{32}$

3. 다음 트러스에서 AB 부재의 부재력으로 옳은 것은?

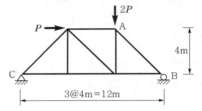

① $1.179P$(압축)

② $2.357P$(압축)

③ $1.179P$(인장)

④ $2.357P$(인장)

해설 $\Sigma M_C = 0$

$-R_B \times 12 + P \times 4 + 2P \times 8 = 0$

$R_B = \dfrac{5}{3}P(\uparrow)$

절점 B에서

$\Sigma V = 0$

$AB\sin\theta = \dfrac{5}{3}P$

$AB = \dfrac{5}{3}P \times \sqrt{2} = 2.357P$(압축)

4. 15cm×30cm의 직사각형 단면을 가진 길이 5m인 양단힌지 기둥이 있다. 세장비 λ는?

① 57.7

② 74.5

③ 115.5

④ 149

해설 ㉠ 최소 회전반경

$$r = \sqrt{\frac{I}{A}} = \frac{h}{\sqrt{12}} \text{ (여기서, } h\text{는 최솟값)}$$

㉡ 세장비

$$\lambda = \frac{l}{r} = \frac{\sqrt{12} \cdot l}{h} = \frac{\sqrt{12} \times 5}{0.15} = 115.47$$

5. 그림과 같이 단면적이 $A_1=100cm^2$이고, $A_2=50cm^2$인 부재가 있다. 부재 양 끝은 고정되어 있고 온도가 10℃ 내려갔다. 온도저하로 인해 유발되는 단면력은? (단, $E=2.1\times10^6kg/cm^2$, 선팽창계수$(\alpha)=1\times10^{-5}/℃$)

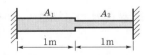

① 10,500kg   ② 14,000kg

③ 15,750kg   ④ 21,000kg

> **해설**
> $$\Delta l_T = \Delta l_1 + \Delta l_2 = \alpha \Delta T (l_1 + l_2)$$
> $$= 1\times10^{-5}\times10\times(100+100)$$
> $$= 0.02cm$$
> $$\Delta l_R = \left(\frac{l_1}{A_1}+\frac{l_2}{A_2}\right)\frac{R_B}{E}$$
> $$= \left(\frac{100}{100}+\frac{100}{50}\right)\times\frac{R_B}{2.1\times10^6}$$
> $$= 1.4286\times10^{-6}R_B$$
> $$\Delta l_T = \Delta l_R \text{ (적합조건)}$$
> $$\therefore R_B = \frac{0.02}{1.4286\times10^{-6}} = 14,000kg$$

6. 평면응력 상태하에서의 모어(Mohr)의 응력원에 대한 설명 중 옳지 않은 것은?

① 최대 전단응력의 크기는 두 주응력의 차이와 같다.

② 모어 원의 중심의 x 좌푯값은 직교하는 두 축의 수직응력의 평균값과 같고 y 좌푯값은 0이다.

③ 모어 원이 그려지는 두 축 중 연직(y)축은 전단응력의 크기를 나타낸다.

④ 모어 원으로부터 주응력의 크기와 방향을 구할 수 있다.

> **해설**
> ㉠ 수직응력(법선응력)
> $$\sigma_\theta = \frac{\sigma_x+\sigma_y}{2}+\frac{\sigma_x-\sigma_y}{2}\cos2\theta+\tau_{xy}\sin2\theta$$
> ㉡ 전단응력(접선응력)
> $$\tau_\theta = \frac{\sigma_x-\sigma_y}{2}\sin2\theta-\tau_{xy}\cos2\theta$$

7. 길이 20cm, 단면 20cm×20cm인 부재에 100t의 전단력이 가해졌을 때 전단변형량은? (단, 전단탄성계수 $G=80,000kg/cm^2$이다.)

① 0.0625cm   ② 0.00625cm

③ 0.0725cm   ④ 0.00725cm

> **해설**
> $$G = \frac{\tau}{r_s}=\frac{S/A}{\lambda/l}=\frac{Sl}{A\lambda} \text{ 로부터}$$
> $$\lambda = \frac{Sl}{AG}=\frac{100,000\times20}{20\times20\times80,000}$$
> $$= 0.0625cm$$

8. 다음 구조물에서 B점의 수평방향 반력 R_B를 구한 값은? (단, EI는 일정)

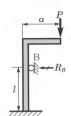

① $\frac{3Pa}{2l}$

② $\frac{3Pl}{2a}$

③ $\frac{2Pa}{3l}$

④ $\frac{2Pl}{3a}$

> **해설**
>
> $\Sigma M_B = 0$
> $M_B = Pa$
>
>
> $M_A = \frac{1}{2}M_B = \frac{Pa}{2}$
> $\Sigma M_A = 0$
> $$Pa+\frac{Pa}{2}-R_B\cdot l = 0$$
> $$\therefore R_B = \frac{3Pa}{2l}(\leftarrow)$$

9. 재질과 단면이 같은 아래 2개의 캔틸레버보에서 자유단의 처짐을 같게 하는 P_1/P_2의 값으로 옳은 것은?

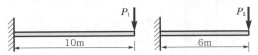

① 0.112   ② 0.187

③ 0.216   ④ 0.308

> **해설**
> $$\delta_B = \frac{Pl^3}{3EI}$$
> $$\frac{P_1\times10^3}{3EI}=\frac{P_2\times6^3}{3EI}$$
> $$\therefore \frac{P_1}{P_2}=\frac{6^3}{10^3}=0.216$$

10. 그림과 같은 단순보에 모멘트하중 M이 B단에 작용할 때 C점에서의 처짐은?

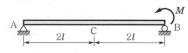

① $\dfrac{Ml^2}{8EI}$

② $\dfrac{Ml^2}{4EI}$

③ $\dfrac{Ml^2}{2EI}$

④ $\dfrac{Ml^2}{EI}$

해설

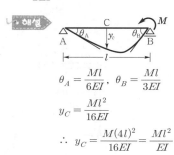

$$\theta_A = \frac{Ml}{6EI}, \quad \theta_B = \frac{Ml}{3EI}$$

$$y_C = \frac{Ml^2}{16EI}$$

$$\therefore \ y_C = \frac{M(4l)^2}{16EI} = \frac{Ml^2}{EI}$$

11. 강재에 탄성한도보다 큰 응력을 가한 후 그 응력을 제거한 후 장시간 방치하여도 얼마간의 변형이 남게 되는데 이러한 변형을 무엇이라 하는가?

① 탄성변형 ② 피로변형

③ 소성변형 ④ 취성변형

12. 그림과 같은 단면을 갖는 부재(A)와 부재(B)가 있다. 동일조건의 보에 사용하고 재료의 강도도 같다면, 휨에 대한 강성을 비교한 설명으로 옳은 것은?

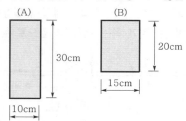

① 보(A)는 보(B)보다 휨에 대한 강성이 2.0배 크다.

② 보(B)는 보(A)보다 휨에 대한 강성이 2.0배 크다.

③ 보(B)는 보(A)보다 휨에 대한 강성이 1.5배 크다.

④ 보(A)는 보(B)보다 휨에 대한 강성이 1.5배 크다.

해설 휨에 대한 강성은 단면계수에 비례한다.

$$Z_A = \frac{10 \times 30^2}{6} = 1,500 \, \text{cm}^3$$

$$Z_B = \frac{15 \times 20^2}{6} = 1,000 \, \text{cm}^3$$

$$\therefore \ Z_A : Z_B = 1,500 : 1,000 = 1.5 : 1$$

A가 B보다 1.5배 강하다.

13. 다음 내민보에서 B점의 모멘트와 C점의 모멘트의 절댓값의 크기를 같게 하기 위한 $\dfrac{L}{a}$의 값을 구하면?

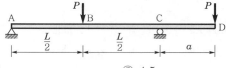

① 6 ② 4.5

③ 4 ④ 3

해설

$$\Sigma M_C = 0$$

$$R_A \times L - P \times \frac{L}{2} + Pa = 0$$

$$R_A = \frac{P}{L}\left(\frac{L}{2} - a\right)(\uparrow)$$

$$M_B = \frac{P}{L}\left(\frac{L}{2} - a\right) \times \frac{L}{2} = \frac{P}{2}\left(\frac{L}{2} - a\right) \ \cdots\cdots\cdots\cdots ㉠$$

$$M_C = Pa \ \cdots\cdots\cdots\cdots ㉡$$

$$M_B = M_C (㉠ = ㉡)$$

$$\frac{P}{2}\left(\frac{L}{2} - a\right) = Pa, \quad \frac{L}{2} = 3a$$

$$\therefore \ \frac{L}{a} = 6$$

14. 탄성변형에너지는 외력을 받는 구조물에서 변형에 의해 구조물에 축적되는 에너지를 말한다. 탄성체이며 선형거동을 하는 길이가 L인 캔틸레버보에 집중하중 P가 작용할 때 굽힘모멘트에 의한 탄성변형에너지는? (단, EI는 일정)

① $\dfrac{P^2L^2}{6EI}$

② $\dfrac{P^2L^2}{2EI}$

③ $\dfrac{P^2L^3}{6EI}$

④ $\dfrac{P^2L^3}{2EI}$

해설

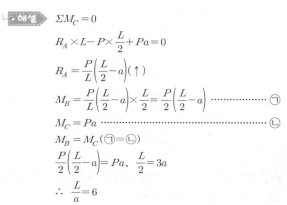

$$\delta_B = \frac{PL^3}{3EI}$$

$$U = W_e = W_i = \frac{1}{2}P\delta_B = \frac{P}{2} \cdot \frac{PL^3}{3EI} = \frac{P^2L^3}{6EI}$$

15. 그림과 같은 단면에 전단력 $V=60t$이 작용할 때 최대 전단응력은 약 얼마인가?

① $127kg/cm^2$

② $160kg/cm^2$

③ $198kg/cm^2$

④ $213kg/cm^2$

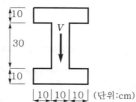

해설 최대 전단응력은 도심에서 발생한다.

$$I_X = \frac{1}{12}(30 \times 50^3 - 20 \times 30^3) = 267,500cm^4$$

$$G_X = 10 \times 30 \times 20 + 15 \times 10 \times 7.5 = 7,125cm^3$$

$$\tau_{max} = \frac{SG}{I \cdot b} = \frac{60,000 \times 7,125}{267,500 \times 10} = 159.81kg/cm^2$$

16. 그림과 같은 캔틸레버보에서 하중을 받기 전 B점의 1cm 아래에 받침부(B′)가 있다. 하중 20t이 보의 중앙에 작용할 경우 B′에 작용하는 수직반력의 크기는? (단, $EI=2.0\times10^{12}kg \cdot cm^2$이다.)

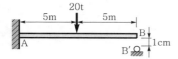

① 200kg

② 250kg

③ 300kg

④ 350kg

해설 ㉠ 하중에 의한 B점의 처짐

$$\delta_{B1} = \frac{5Pl^3}{48EI}$$

㉡ 반력에 의한 B점의 처짐

$$\delta_{B2} = \frac{R_B l^3}{3EI}$$

㉢ 중첩의 원리 적용

$$\delta_B = \delta_{B1} - \delta_{B2} = 1cm$$

$$\frac{5 \times 20,000 \times 1,000^3}{48 \times 2.0 \times 10^{12}} - \frac{R_B \times 1,000^3}{3 \times 2.0 \times 10^{12}} = 1$$

$$\therefore R_B = 250kg(\uparrow)$$

17. 그림과 같이 이축응력을 받고 있는 요소의 체적 변형률은? (단, 탄성계수 $E=2\times10^6 kg/cm^2$, 푸아송비 $\nu=0.3$)

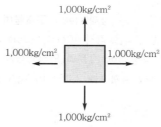

① 2.7×10^{-4}

② 3.0×10^{-4}

③ 3.7×10^{-4}

④ 4.0×10^{-4}

해설
$$\varepsilon_v = \frac{\Delta V}{V} = \frac{1-2\nu}{E}(\sigma_x + \sigma_y)$$

$$= \frac{1-2\times0.3}{2\times10^6}(1,000+1,000)$$

$$= 0.0004 = 4.0\times10^{-4}$$

18. 다음 그림에서 A점의 모멘트반력은? (단, 각 부재의 길이는 동일함.)

① $M_A = \frac{wL^2}{12}$

② $M_A = \frac{wL^2}{24}$

③ $M_A = \frac{wL^2}{72}$

④ $M_A = \frac{wL^2}{66}$

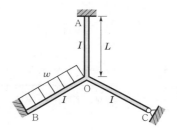

해설 ㉠ 유효강비 산정

$$k_{OA} = \frac{I}{L} \times \frac{4L}{I} = 4$$

$$k_{OB} = \frac{I}{L} \times \frac{4L}{I} = 4$$

$$k_{OC} = \frac{I}{L} \times \frac{3}{4} \times \frac{4L}{I} = 3$$

㉡ OA 부재 분배율

$$DF_{OA} = \frac{4}{11}$$

㉢ O점 발생모멘트

$$M_O = \frac{wL^2}{12}$$

㉣ OA 부재 분배모멘트

$$M_{OA} = \frac{wL^2}{12} \times \frac{4}{11} = \frac{wL^2}{33}$$

㉤ A점 전달모멘트

$$M_{AO} = \frac{wL^2}{33} \times \frac{1}{2} = \frac{wL^2}{66}$$

19. 그림과 같은 강재(steel) 구조물이 있다. AC, BC 부재의 단면적은 각각 10cm², 20cm²이고 연직하중 $P=9t$이 작용할 때 C점의 연직처짐을 구한 값은? (단, 강재의 종탄성계수는 $2.05 \times 10^6 \text{kg/cm}^2$이다.)

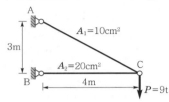

① 1.022cm ② 0.766cm
③ 0.518cm ④ 0.383cm

해설 단위하중법 적용($\delta = \Sigma \dfrac{fFL}{EA}$)

절점 C에서
$\Sigma V = 0$
$\text{AC} \sin\theta = 9$
$\text{AC} = 9 \times \dfrac{5}{3} = 15t \,(\text{인장})$
$\Sigma H = 0$
$\text{BC} = \text{AC}\cos\theta = 15 \times \dfrac{4}{5} = 12t \,(\text{압축})$

부재	F	$f(=\dfrac{F}{9})$	L	A	fFL/A
AC	+15t	+5/3t	5m	10cm²	$1.25 \times 10^6 \text{kg/cm}$
BC	-12t	-4/3t	4m	20cm²	$3.2 \times 10^5 \text{kg/cm}$

$\delta = \Sigma \dfrac{fFL}{EA} = \dfrac{1.57 \times 10^6}{E} = \dfrac{1.57 \times 10^6}{2.05 \times 10^6}$
$= 0.76585 \text{cm}\,(\downarrow)$

20. 단순보 AB 위에 그림과 같은 이동하중이 지날 때 A점으로부터 10m 떨어진 C점의 최대 휨모멘트는?

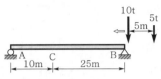

① 85t · m ② 95t · m
③ 100t · m ④ 115t · m

해설 큰 하중이 C점에 작용할 때 C점에서 최대 휨모멘트가 발생한다.

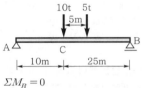

$\Sigma M_B = 0$
$R_A \times 35 - 10 \times 25 - 5 \times 20 = 0$
$R_A = 10t\,(\uparrow)$
$\therefore\ M_C = 10 \times 10 = 100t \cdot m$

1. 그림과 같은 라멘에서 A점의 휨모멘트 반력은?

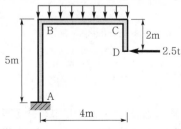

① $-9.5\text{t} \cdot \text{m}$
② $-12.5\text{t} \cdot \text{m}$
③ $-14.5\text{t} \cdot \text{m}$
④ $-16.5\text{t} \cdot \text{m}$

 $M_A = 2.5 \times (5-2) - 3 \times 4 \times 2 = -16.5\text{t} \cdot \text{m}$

2. 반지름이 r인 원형 단면의 단주에서 도심에서의 핵거리 e는?

① $\dfrac{r}{2}$

② $\dfrac{r}{4}$

③ $\dfrac{r}{6}$

④ $\dfrac{r}{8}$

해설 $e = \dfrac{d}{8} = \dfrac{r}{4}$

3. 단순보에서 하중이 작용할 때 다음 설명 중 옳지 않은 것은?
① 등분포하중이 만재될 때 중앙점의 처짐각이 최대가 된다.
② 등분포하중이 만재될 때 최대 처짐은 중앙점에서 일어난다.
③ 중앙에 집중하중이 작용할 때의 최대 처짐은 하중이 작용하는 곳에서 생긴다.
④ 중앙에 집중하중이 작용하면 양 지점에서의 처짐각이 최대로 된다.

해설 지점부분에서 처짐각이 최대이다.

4. 단면이 $30\text{cm} \times 30\text{cm}$인 정사각형 단면의 보에 1.8t의 전단력이 작용할 때 이 단면에 작용하는 최대 전단응력은?
① 1.5kg/cm^2
② 3.0kg/cm^2
③ 4.5kg/cm^2
④ 6.0kg/cm^2

해설 $\tau_{\max} = \dfrac{3}{2} \cdot \dfrac{S}{A} = \dfrac{3}{2} \cdot \dfrac{1,800}{30 \times 30}$
$= 3.0\text{kg/cm}^2$

5. 그림과 같은 단순보에서 최대 휨모멘트가 발생하는 위치는? (단, A점으로부터의 거리 x로 나타낸다.)

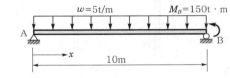

① 6m
② 7m
③ 8m
④ 9m

해설 $\Sigma M_B = 0$
$R_A \times 10 - 5 \times 10 \times 5 - 150 = 0$
$R_A = 40\text{t}(\uparrow)$
$\Sigma V = 0$
$R_B = 5 \times 10 - 40 = 10\text{t}(\uparrow)$

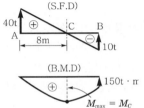

$S_x = 40 - 5x = 0$
$\therefore \ x = 8\text{m}$
$M_C = 40 \times 8 - 5 \times 8 \times 4 = 160\text{t} \cdot \text{m}$

6. 그림과 같이 2차 포물선 OAB가 이루는 면적의 y축으로부터 도심 위치는?

① 30cm

② 31cm

③ 32cm

④ 33cm

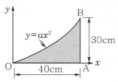

해설 포물선 단면의 도심

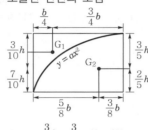

$$\therefore \; x = \frac{3}{4}b = \frac{3}{4} \times 40 = 30\text{cm}$$

7. 아래 그림과 같은 3힌지 라멘의 지점반력 H_A는?

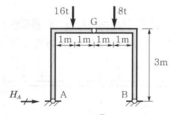

① -4t

② 4t

③ -8t

④ 8t

해설 $\Sigma M_B = 0$

$V_A \times 4 - 16 \times 3 - 8 \times 1 = 0$

$V_A = 14\text{t}(\uparrow)$

$\Sigma M_G = 0$

$14 \times 2 - H_A \times 3 - 16 \times 1 = 0$

$H_A = 4\text{t}(\rightarrow)$

8. 단면의 성질에 대한 다음 설명 중 잘못된 것은?

① 단면2차모멘트의 값은 항상 "0"보다 크다.

② 단면2차극모멘트의 값은 항상 극을 원점으로 하는 두 직교좌푯축에 대한 단면2차모멘트의 합과 같다.

③ 단면1차모멘트의 값은 항상 "0"보다 크다.

④ 단면의 주축에 관한 단면상승모멘트의 값은 항상 "0"이다.

해설 도심축에 대한 단면1차모멘트는 0이다.

9. 직경 20mm, 길이 2m인 봉에 20t의 인장력을 작용시켰더니 길이가 2.08m, 직경이 19.8mm로 되었다면 푸아송비는 얼마인가?

① 0.5

② 2

③ 0.25

④ 4

해설 $\Delta l = 2.08 - 2 = 0.08\text{m} = 80\text{mm}$

$\Delta d = 20 - 19.8 = 0.2\text{mm}$

$\nu = \dfrac{\beta}{\varepsilon} = \dfrac{l \cdot \Delta d}{d \cdot \Delta l} = \dfrac{2{,}000 \times 0.2}{20 \times 80} = 0.25$

10. 다음 그림과 같이 양단이 고정된 강봉이 상온에서 20℃ 만큼 온도가 상승했다면 강봉에 작용하는 압축력의 크기는? (단, 강봉의 단면적 $A = 50\text{cm}^2$, $E = 2.0 \times 10^6\text{kg/cm}^2$, 열팽창계수 $\alpha = 1.0 \times 10^{-5}$(1℃에 대해서)이다.)

① 10t

② 15t

③ 20t

④ 25t

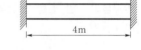

해설 $R = \sigma \cdot A = E\alpha\Delta T \cdot A$

$= 2.0 \times 10^6 \times 1.0 \times 10^{-5} \times 20 \times 50 \times 10^{-3}$

$= 20\,\text{t}$

11. 단면적이 10cm^2인 강봉이 그림과 같은 힘을 받을 때 이 강봉의 늘어난 길이는? (단, $E = 2.0 \times 10^6\text{kg/cm}^2$)

① 0.05cm

② 0.04cm

③ 0.03cm

④ 0.02cm

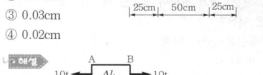

해설

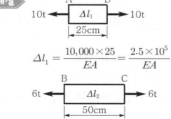

$\Delta l_1 = \dfrac{10{,}000 \times 25}{EA} = \dfrac{2.5 \times 10^5}{EA}$

$$\Delta l_2 = \frac{6,000 \times 50}{EA} = \frac{3.0 \times 10^5}{EA}$$

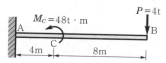

$$\Delta l_3 = \frac{10,000 \times 25}{EA} = \frac{2.5 \times 10^5}{EA}$$

$$\Delta l = \Delta l_1 + \Delta l_2 + \Delta l_3 = \frac{8.0 \times 10^5}{EA} = 0.04 \text{cm}$$

12. 단면이 원형(지름 D)인 보에 휨모멘트 M이 작용할 때 이 보에 작용하는 최대 휨응력은?

① $\dfrac{12M}{\pi D^3}$ ② $\dfrac{16M}{\pi D^3}$

③ $\dfrac{32M}{\pi D^3}$ ④ $\dfrac{64M}{\pi D^3}$

해설 $\sigma = \dfrac{M}{I} y = \dfrac{M}{Z} = \dfrac{M}{\pi D^3/32} = \dfrac{32M}{\pi D^3}$

13. 축 방향력만을 받는 부재로 된 구조물은?

① 단순보   ② 트러스
③ 연속보   ④ 라멘

14. 그림과 같은 캔틸레버보에서 B점의 처짐은? (단, M_C는 C점에 작용하며, 휨강성계수는 EI이다.)

① $\dfrac{384t \cdot m^3}{EI}$ ② $\dfrac{724t \cdot m^3}{EI}$

③ $\dfrac{1,024t \cdot m^3}{EI}$ ④ $\dfrac{1,428t \cdot m^3}{EI}$

해설   중첩의 원리를 적용한다.
   ㉠ 집중하중 P에 의한 처짐
$$\delta_{B1} = \frac{Pl^3}{3EI} = \frac{4 \times 12^3}{3EI} = \frac{2,304}{EI} (\downarrow)$$
   ㉡ 모멘트하중 M에 의한 처짐
$$\delta_{B2} = \frac{Ma}{2EI}(2l-a) = \frac{48 \times 4}{2EI}(2 \times 12 - 4)$$
$$= \frac{1,920}{EI}(\uparrow)$$
   ㉢ B점의 최종 처짐
$$\delta_B = \delta_{B1} - \delta_{B2} = \frac{2,304}{EI} - \frac{1,920}{EI} = \frac{384}{EI}(\downarrow)$$

15. 다음과 같은 그림에서 AB부재의 부재력은?

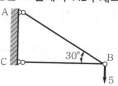

① 4.3t   ② 5.0t
③ 7.5t   ④ 10.0t

해설   절점 B에서

$$\Sigma V = 0$$
$$AB \sin\theta = 5t$$
$$AB = 5 \times 2 = 10t \text{(인장)}$$

16. 다음 중 부정정 구조물의 해법으로 틀린 것은?

① 3연모멘트정리
② 처짐각법
③ 변위일치의 방법
④ 모멘트면적법

해설   모멘트면적법은 처짐을 구하는 방법이다.

17. 다음의 2경간 연속보에서 지점 C에서의 수직반력은 얼마인가?

① $\dfrac{3wl}{32}$

② $\dfrac{wl}{16}$

③ $\dfrac{5wl}{32}$

④ $\dfrac{3wl}{16}$

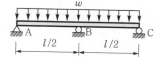

해설

$$M_B = -\frac{wl^2}{8}$$
$$\therefore R_C = \frac{3}{8}w\left(\frac{l}{2}\right) = \frac{3wl}{16}(\uparrow)$$

18. 그림과 같은 내민보의 자유단 A점에서의 처짐 δ_A는 얼마인가? (단, EI는 일정하다.)

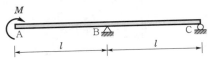

① $\dfrac{3Ml^2}{4EI}(\uparrow)$

② $\dfrac{3Ml}{4EI}(\uparrow)$

③ $\dfrac{5Ml^2}{6EI}(\uparrow)$

④ $\dfrac{5Ml}{6EI}(\uparrow)$

해설 공액보법을 적용하여 해석한다.

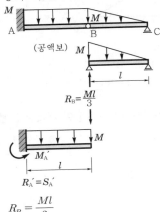

$$R_B = \frac{Ml}{3}$$

$$R_A' = \frac{Ml}{3} + Ml = \frac{4Ml}{3}$$

$$M_A' = \frac{Ml}{3} \times l + Ml \times \frac{l}{2} = \frac{5Ml^2}{6}$$

$$\therefore\ \theta_A = \frac{S_A'}{EI} = \frac{4Ml}{3EI}(\frown)$$

$$\therefore\ \delta_A = \frac{M_A'}{EI} = \frac{5Ml^2}{6EI}(\uparrow)$$

19. 장주의 좌굴하중(P)을 나타내는 아래의 식에서 양단고정인 장주인 경우 n값으로 옳은 것은? (단, E : 탄성계수, A : 단면적, λ : 세장비)

$$P = \frac{n\pi^2 EA}{\lambda^2}$$

① 4

② 2

③ 1

④ $\dfrac{1}{4}$

해설 $n = \dfrac{1}{4} : 1 : 2 : 4 = 1 : 4 : 8 : 16$

20. 다음 중 힘의 3요소가 아닌 것은?

① 크기

② 방향

③ 작용점

④ 모멘트

해설 힘의 3요소
- ㉠ 크기
- ㉡ 방향
- ㉢ 작용점

1. 「재료가 탄성적이고 Hooke의 법칙을 따르는 구조물에서 지점침하와 온도변화가 없을 때, 한 역계 P_n에 의해 변형되는 동안에 다른 역계 P_m이 하는 외적인 가상일은 P_m 역계에 의해 변형하는 동안에 P_n 역계가 하는 외적인 가상일과 같다.」 이것을 무엇이라 하는가?

① 가상일의 원리 ② 카스틸리아노의 정리
③ 최소일의 정리 ④ 베티의 법칙

2. 아래 그림과 같은 캔틸레버보에 80kg의 집중하중이 작용할 때 C점에서의 처짐(δ)은? (단, I=4.5cm^4, E=2.1×10^{6}kg/cm^2)

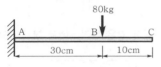

① 1.25cm ② 1.00cm
③ 0.23cm ④ 0.11cm

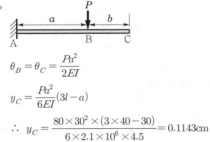

$$\theta_B = \theta_C = \frac{Pa^2}{2EI}$$

$$y_C = \frac{Pa^2}{6EI}(3l-a)$$

$$\therefore y_C = \frac{80\times30^2\times(3\times40-30)}{6\times2.1\times10^6\times4.5} = 0.1143\text{cm}$$

3. 다음 그림과 같은 3활절 포물선 아치의 수평반력(H_A)은?

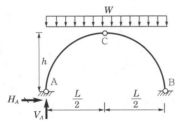

① $\dfrac{WL^2}{16h}$ ② $\dfrac{WL^2}{8h}$

③ $\dfrac{WL^2}{4h}$ ④ $\dfrac{WL^2}{2h}$

해설 $\Sigma V=0$, 좌우대칭이므로

$$V_A = \frac{WL}{2}(\uparrow)$$

$$\Sigma M_C = 0$$

$$\frac{WL}{2}\times\frac{L}{2} - H_A\times h - \frac{WL}{2}\times\frac{L}{4} = 0$$

$$\therefore H_A = \frac{WL^2}{8h}(\rightarrow)$$

4. 길이 L인 양단고정보 중앙에 100kg의 집중하중이 작용하여 중앙점의 처짐이 1mm 이하가 되려면 L은 최대 얼마 이하이어야 하는가? (단, E=2×10^{6}kg/cm^2, I=10cm^{4}임.)

① 0.72m ② 1m
③ 1.56m ④ 1.72m

해설
$$y_{\max} = \frac{PL^3}{192EI}$$

$$L = \left(\frac{y_{\max}\times192EI}{P}\right)^{\frac{1}{3}}$$

$$= \left(\frac{0.1\times192\times2\times10^6\times10}{100}\right)^{\frac{1}{3}}$$

$$= 156.5947\text{cm} = 1.57\text{m}$$

5. 그림과 같이 C점이 내부 힌지로 구성된 게르버보에서 B지점에 발생하는 모멘트의 크기는?

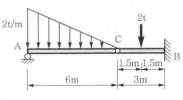

① 9t · m ② 6t · m
③ 3t · m ④ 1t · m

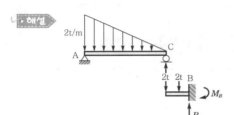

$$R_C = \frac{WL}{6} = \frac{2 \times 6}{6} = 2\text{t}$$

$$R_B = 2 + 2 = 4\text{t}$$

$$M_B = 2 \times 3 + 2 \times 1.5 = 9\text{t} \cdot \text{m}$$

6. 지름 D인 원형 단면보에 휨모멘트 M이 작용할 때 휨응력은?

① $\dfrac{64M}{\pi D^3}$　　　　　② $\dfrac{32M}{\pi D^3}$

③ $\dfrac{16M}{\pi D^3}$　　　　　④ $\dfrac{8M}{\pi D^3}$

해설

$$\sigma = \frac{M}{I}y = \frac{M}{z} = \frac{32M}{\pi D^3}$$

$$z = \frac{I}{y} = \frac{\pi D^4/64}{D/2} = \frac{\pi D^3}{32}$$

7. 그림과 같은 3경간 연속보의 B점이 5cm 아래로 침하하고 C점이 3cm 위로 상승하는 변위를 각각 보였을 때 B점의 휨모멘트 M_B를 구한 값은? (단, $EI = 8 \times 10^{10}\text{kg} \cdot \text{cm}^2$로 일정)

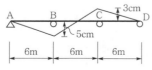

① $3.52 \times 10^6 \text{kg} \cdot \text{cm}$

② $4.85 \times 10^6 \text{kg} \cdot \text{cm}$

③ $5.07 \times 10^6 \text{kg} \cdot \text{cm}$

④ $5.60 \times 10^6 \text{kg} \cdot \text{cm}$

해설 3연모멘트 정리의 적용

$$\beta_{BA} = \frac{\delta_B - \delta_A}{l} = \frac{5-0}{600} = \frac{1}{120}$$

$$\beta_{BC} = \frac{\delta_C - \delta_B}{l} = \frac{-3-5}{600} = -\frac{1}{75}$$

$$\beta_{CB} = \frac{\delta_C - \delta_B}{l} = \frac{-3-5}{600} = -\frac{1}{75}$$

$$\beta_{CD} = \frac{\delta_D - \delta_C}{l} = \frac{0+3}{600} = \frac{1}{200}$$

$$M_A = M_D = 0$$

보 ABC에 대하여

$$0 + 2M_B\left(\frac{600}{I} + \frac{600}{I}\right) + M_C\frac{600}{I}$$

$$= 0 + 6E\left(\frac{1}{120} + \frac{1}{75}\right)$$

$$2,400M_B + 600M_C = \frac{78EI}{600}$$

$$4M_B + M_C = 1.7333 \times 10^7 \quad \cdots\cdots\cdots\cdots\cdots ㉠$$

보 BCD에 대하여

$$M_B \cdot \frac{600}{I} + 2M_C\left(\frac{600}{I} + \frac{600}{I}\right) + 0$$

$$= 0 + 6E\left(-\frac{1}{75} - \frac{1}{200}\right)$$

$$600M_B + 2,400M_C = -\frac{78EI}{600}$$

$$M_B + 4M_C = -1.7333 \times 10^7 \quad \cdots\cdots\cdots\cdots ㉡$$

㉠, ㉡ 식을 연립하여 풀면

$$M_B = 5.78 \times 10^6 \text{kg} \cdot \text{cm}$$

8. 아래 그림과 같은 트러스에서 부재 AB의 부재력은?

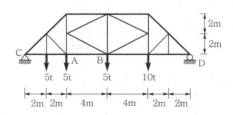

① 10.625t(압축)　　　② 15.05t(압축)

③ 10.625t(인장)　　　④ 15.05t(인장)

해설

$$\Sigma M_D = 0$$

$$R_A \times 16 - 5 \times 14 - 5 \times 12 - 5 \times 8 - 10 \times 4 = 0$$

$$R_A = 210/16 = 13.125\text{t}(\uparrow)$$

$$\Sigma M_E = 0$$

$$13.125 \times 4 - 5 \times 2 - \overline{AB} \times 4 = 0$$

$$\overline{AB} = 10.625\text{t}(인장)$$

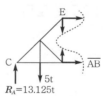

9. 다음과 같이 1변이 a인 정사각형 단면의 1/4을 절취한 나머지 부분의 도심(C)의 위치 y_0는?

① $\dfrac{5a}{12}$

② $\dfrac{6a}{12}$

③ $\dfrac{7a}{12}$

④ $\dfrac{8a}{12}$

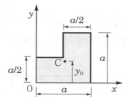

해설

$A = \dfrac{a}{2} \times \dfrac{a}{2} + \dfrac{a}{2} \times a = \dfrac{3}{4}a^2$

$G_X = \dfrac{a}{2} \times \dfrac{a}{2} \times \dfrac{a}{4} + \dfrac{a}{2} \times a \times \dfrac{a}{2} = \dfrac{5a^3}{16}$

$y_0 = \dfrac{G_X}{A} = \dfrac{5a^3/16}{3a^2/4} = \dfrac{5}{12}a$

10. 그림과 같은 내민보에서 A점의 처짐은? (단, $I = 16{,}000\,\text{cm}^4$, $E = 2.0 \times 10^6\,\text{kg/cm}^2$이다.)

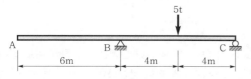

① 2.25cm

② 2.75cm

③ 3.25cm

④ 3.75cm

해설 공액보에서

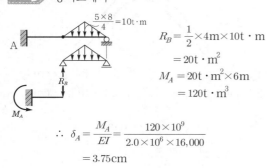

$R_B = \dfrac{1}{2} \times 4\text{m} \times 10\text{t} \cdot \text{m}$

$\quad = 20\text{t} \cdot \text{m}^2$

$M_A = 20\text{t} \cdot \text{m}^2 \times 6\text{m}$

$\quad = 120\text{t} \cdot \text{m}^3$

$\therefore \delta_A = \dfrac{M_A}{EI} = \dfrac{120 \times 10^9}{2.0 \times 10^6 \times 16{,}000}$

$\quad = 3.75\text{cm}$

11. 그림 (a)와 같은 하중이 그 진행 방향을 바꾸지 아니하고 그림 (b)와 같은 단순보 위를 통과할 때, 이 보에 절대 최대 휨모멘트를 일어나게 하는 하중 9t의 위치는? (단, B지점으로부터의 거리임.)

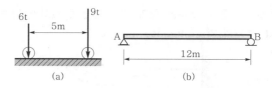

(a)   (b)

① 2m

② 5m

③ 6m

④ 7m

해설

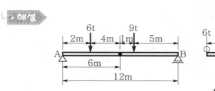

$R = 6 + 9 = 15\text{t}$

$x = \dfrac{6 \times 5}{15} = 2\text{m}$

12. 주어진 보에서 지점 A의 휨모멘트(M_A) 및 반력 R_A의 크기로 옳은 것은?

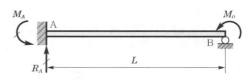

① $M_A = \dfrac{M_o}{2}$, $R_A = \dfrac{3M_o}{2L}$

② $M_A = M_o$, $R_A = \dfrac{M_o}{L}$

③ $M_A = \dfrac{M_o}{2}$, $R_A = \dfrac{5M_o}{2L}$

④ $M_A = M_o$, $R_A = \dfrac{2M_o}{L}$

해설

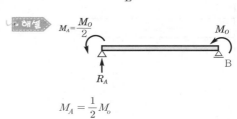

$M_A = \dfrac{1}{2}M_o$

$\Sigma M_B = 0$

$R_A \times L - \dfrac{M_o}{2} - M_o = 0$

$R_A = \dfrac{3}{2} \cdot \dfrac{M_o}{L}(\uparrow)$

13. 그림에 표시한 것과 같은 단면의 변화가 있는 AB 부재의 강도(stiffness factor)는?

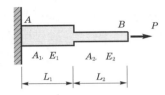

① $\dfrac{PL_1}{A_1E_1} + \dfrac{PL_2}{A_2E_2}$

② $\dfrac{A_1E_1}{PL_1} + \dfrac{A_2E_2}{PL_2}$

③ $\dfrac{A_1E_1}{L_1} + \dfrac{A_2E_2}{L_2}$

④ $\dfrac{A_1A_2E_1E_2}{L_1(A_2E_2) + L_2(A_1E_1)}$

▶ 해설 강성도(k) : 단위변형($\Delta l = 1$)을 일으키기 위한 힘의 크기

$$\Delta l = \frac{PL_1}{E_1A_1} + \frac{PL_2}{E_2A_2} = \left(\frac{L_1}{E_1A_1} + \frac{L_2}{E_2A_2}\right)P$$

$$k = \frac{1}{\dfrac{L_1}{E_1A_1} + \dfrac{L_2}{E_2A_2}} = \frac{1}{\dfrac{L_1(E_2A_2) + L_2(E_1A_1)}{E_1A_1E_2A_2}}$$

$$= \frac{E_1A_1E_2A_2}{L_1(E_2A_2) + L_2(E_1A_1)}$$

14. 아래의 그림과 같이 길이 L인 부재에서 전체 길이의 변화량(ΔL)은? (단, 보는 균일하며 단면적 A와 탄성계수 E는 일정)

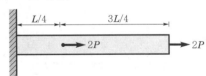

① $\dfrac{2PL}{EA}$

② $\dfrac{2.5PL}{EA}$

③ $\dfrac{3PL}{EA}$

④ $\dfrac{3.5PL}{EA}$

▶ 해설

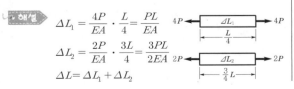

$\Delta L_1 = \dfrac{4P}{EA} \cdot \dfrac{L}{4} = \dfrac{PL}{EA}$

$\Delta L_2 = \dfrac{2P}{EA} \cdot \dfrac{3L}{4} = \dfrac{3PL}{2EA}$

$\Delta L = \Delta L_1 + \Delta L_2$

$= \dfrac{PL}{EA} + \dfrac{3PL}{2EA} = \dfrac{5PL}{2EA}$

$= \dfrac{2.5PL}{EA} (\rightarrow)$

15. 그림과 같은 단면에 1,500kg의 전단력이 작용할 때 최대 전단응력의 크기는?

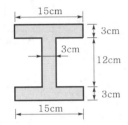

① 28.6kg/cm²   ② 35.2kg/cm²

③ 47.4kg/cm²   ④ 59.5kg/cm²

▶ 해설 $G_X = 15 \times 3 \times 7.5 + 6 \times 3 \times 3 = 391.5\text{cm}^3$

$I_X = \dfrac{1}{12}(15 \times 18^3 - 12 \times 12^3) = 5,562\text{cm}^4$

$\tau = \dfrac{SG}{Ib} = \dfrac{1,500 \times 391.5}{5,562 \times 3}$

$= 35.19\text{kg/cm}^2$

16. 지름이 d인 강선이 반지름 r인 원통 위로 굽어져 있다. 이 강선 내의 최대 굽힘모멘트 $M_{\max}$를 계산하면? (단, 강선의 탄성계수 $E = 2.0 \times 10^6\text{kg/cm}^2$, $d = 2$cm, $r = 10$cm)

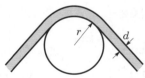

① $1.2 \times 10^5\text{kg} \cdot \text{cm}$ ② $1.4 \times 10^5\text{kg} \cdot \text{cm}$

③ $2.0 \times 10^5\text{kg} \cdot \text{cm}$ ④ $2.2 \times 10^5\text{kg} \cdot \text{cm}$

▶ 해설 $R = r + \dfrac{d}{2} = 10 + 1 = 11\text{cm}$

$I = \dfrac{\pi d^4}{64} = \dfrac{\pi \times 2^4}{64} = \dfrac{\pi}{4}$

$\dfrac{1}{R} = \dfrac{M}{EI}$ 으로부터

$\therefore M = \dfrac{EI}{R} = \dfrac{2 \times 10^6 \times \pi}{11 \times 4}$

$= 142,799.7\text{kg} \cdot \text{cm}$

$\fallingdotseq 1.43 \times 10^5\text{kg} \cdot \text{cm}$

17. 단면이 10cm×20cm인 장주가 있다. 그 길이가 3m일 때 이 기둥의 좌굴하중은 약 얼마인가? (단, 기둥의 $E = 2 \times 10^5 kg/cm^2$, 지지 상태는 양단힌지이다.)

① 36.6t ② 53.2t

③ 73.1t ④ 109.8t

해설

$$P_b = \frac{n\pi^2 EI}{L^2} = \frac{1 \times \pi^2 \times 2 \times 10^5 \times 20 \times 10^3}{300^2 \times 12} \times 10^{-3}$$
$$= 36.5541t$$

18. 그림과 같이 이축응력(二軸應力)을 받고 있는 요소의 체적변형률은? (단, 탄성계수 $E = 2 \times 10^6 kg/cm^2$, 푸아송비 $\nu = 0.3$)

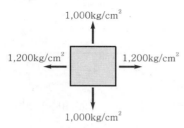

1,000kg/cm²

1,200kg/cm² 1,200kg/cm²

1,000kg/cm²

① 3.6×10^{-4} ② 4.0×10^{-4}

③ 4.4×10^{-4} ④ 4.8×10^{-4}

해설 2축응력에서 체적변형률은

$$\varepsilon_v = \frac{\Delta V}{V} = \frac{1-2\nu}{E}(\sigma_x + \sigma_y)$$
$$= \frac{1 - 2 \times 0.3}{2 \times 10^6}(1,200 + 1,000) = 4.4 \times 10^{-4}$$

19. 다음 중 정(+)의 값뿐만 아니라 부(−)의 값도 갖는 것은?

① 단면계수 ② 단면2차모멘트

③ 단면2차반경 ④ 단면상승모멘트

해설 부(−)의 값도 갖는 단면의 성질
  ㉠ 단면1차모멘트(G_X, G_Y)
  ㉡ 단면상승모멘트(I_{XY})

20. 다음 그림과 같이 정정 라멘에서 C점의 수직처짐은?

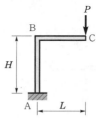

① $\frac{PL^3}{3EI}(L+2H)$ ② $\frac{PL^2}{3EI}(3L+H)$

③ $\frac{PL^2}{3EI}(L+3H)$ ④ $\frac{PL^3}{3EI}(2L+H)$

해설 B점의 $M_B = PL$에 의한 θ_B를 구하면

$$\theta_B = \frac{MH}{EI} = \frac{PLH}{EI}$$

$$\therefore \delta_C = \frac{PL^3}{3EI} + \theta_B \cdot L$$
$$= \frac{PL^3}{3EI} + \frac{PL^2 H}{EI}$$
$$= \frac{PL^2}{3EI}(L+3H)$$

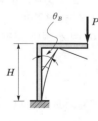

1. 그림과 같은 구조물에서 BC 부재가 받는 힘은 얼마인가?

① 1.8t

② 2.4t

③ 3.75t

④ 5.0t

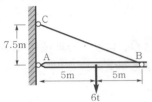

> **해설**
>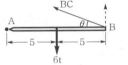
>
> $\Sigma M_A = 0$
>
> $\overline{BC}\sin\theta \times 10 = 6 \times 5$
>
> $\overline{BC} = \dfrac{6 \times 5}{10} \times \dfrac{12.5}{7.5} = 5t$ (인장)

2. 길이 $L = 3m$의 단순보가 등분포하중 $W = 0.4t/m$을 받고 있다. 이 보의 단면은 폭 12cm, 높이 20cm의 사각형 단면이고, 탄성계수 $E = 1.0 \times 10^5 kg/cm^2$이다. 이 보의 최대 처짐량을 구하면 몇 cm인가?

① 0.53cm

② 0.36cm

③ 0.27cm

④ 0.18cm

> **해설** $w = 0.4t/m = 4kg/cm$
>
> $y_{max} = \dfrac{5wL^4}{384EI} = \dfrac{5 \times 4 \times 300^4 \times 12}{384 \times 1.0 \times 10^5 \times 12 \times 20^3}$
>
> $= 0.5273cm$

3. 다음 그림의 보에서 C점에 $\triangle_C = 0.2cm$의 처짐이 발생하였다. 만약 D점의 P를 C점에 작용시켰을 경우 D점에 생기는 처짐 $\triangle_D$의 값은?

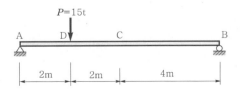

① 0.1cm

② 0.2cm

③ 0.4cm

④ 0.6cm

> **해설** Maxwell의 상반처짐의 법칙을 이용하면
> $\triangle_C = \triangle_D$

4. 반경 3cm인 반원의 도심을 통하는 X-X축에 대한 단면2차모멘트의 값은?

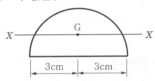

① 4.89cm^4

② 6.89cm^4

③ 8.89cm^4

④ 10.89cm^4

> **해설** ㉠ 밑변 축(x)에 대한 단면2차모멘트
> $$I_x = \dfrac{\pi r^4}{8} = \dfrac{\pi 3^4}{8} = 31.8086cm^4$$
> ㉡ 도심축(X)에 대한 단면2차모멘트
> $$I_x = I_X + Ay_o^2$$
> $$I_X = I_x - Ay_o^2 = 31.8086 - \dfrac{\pi 3^2}{2} \times \left(\dfrac{4 \times 3}{3\pi}\right)^2$$
> $$= 31.8086 - 22.9183 = 8.8903cm^4$$

5. 직경 3cm의 강봉을 7,000kg으로 잡아당길 때 막대기의 직경이 줄어드는 양은? (단, 푸아송비는 1/4, 탄성계수 $E = 2 \times 10^6 kg/cm^2$)

① 0.00375cm

② 0.00475cm

③ 0.000375cm

④ 0.000475cm

> **해설**
> $$\Delta l = \dfrac{Pl}{EA} \rightarrow \dfrac{\Delta l}{l} = \dfrac{P}{EA}$$
> $$v = \dfrac{\beta}{\varepsilon} = \dfrac{l\Delta d}{d\Delta l} = \dfrac{\Delta d}{d} \cdot \dfrac{EA}{P}$$
> $$\Delta d = \dfrac{vdP}{EA} = \dfrac{1 \times 3 \times 7,000 \times 4}{4 \times 2 \times 10^6 \times \pi \times 3^2}$$
> $$= 3.7136 \times 10^{-4}cm$$
> $$= 0.0003714cm$$

6. 다음 중 단면계수의 단위로서 옳은 것은?

① cm
② cm^2
③ cm^3
④ cm^4

7. 그림과 같은 사각형 단면을 가지는 기둥의 핵 면적은?

① $\dfrac{bh}{9}$
② $\dfrac{bh}{18}$

③ $\dfrac{bh}{16}$
④ $\dfrac{bh}{36}$

▶**해설** $A_c = \dfrac{b}{3} \times \dfrac{h}{3} \times \dfrac{1}{2} = \dfrac{bh}{18}$

8. 아래 그림의 보에서 C점의 수직처짐량은?

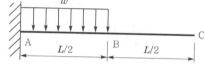

① $\dfrac{7wL^4}{384EI}$
② $\dfrac{5wL^4}{384EI}$

③ $\dfrac{7wL^4}{192EI}$
④ $\dfrac{5wL^4}{192EI}$

▶**해설** $y_c = \dfrac{7wL^4}{384EI}$

9. 길이 6m인 단순보에 그림과 같이 집중하중 7t, 2t 이 작용할 때 최대 휨모멘트는 얼마인가?

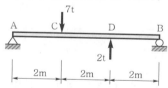

① $10.5t \cdot m$
② $8t \cdot m$

③ $7.5t \cdot m$
④ $7t \cdot m$

▶**해설**
$\Sigma M_B = 0$
$R_A \times 6 - 7 \times 4 + 2 \times 2 = 0$
$R_A = 4t(\uparrow)$
$\Sigma V = 0$

$R_A + R_B = 7 - 2$
$R_B = 5 - 4 = 1t(\uparrow)$
$M_C = 4 \times 2 = 8t \cdot m$
$M_D = 1 \times 2 = 2t \cdot m$
$\therefore$ 최대 휨모멘트는 $M_C = 8t \cdot m$ 이다.

10. 지름 2cm, 길이 1m, 탄성계수 10,000kg/cm²의 철선에 무게 10kg의 물건을 매달았을 때 철선의 늘어나는 양은?

① 0.32mm
② 0.73mm

③ 1.07mm
④ 1.34mm

▶**해설**
$\Delta l = \dfrac{PL}{EA} = \dfrac{4 \times 10 \times 100}{10,000 \times \pi \times 2^2}$
$= 0.03183cm$
$= 0.32mm$

11. 탄성계수 E와 전단탄성계수 G의 관계를 옳게 표시한 식은? (단, ν는 Poisson's비, m은 Poisson's 수이다.)

① $E = \dfrac{G}{2(1+\nu)}$

② $E = 2(1+\nu)G$

③ $E = \dfrac{2G}{1+m}$

④ $E = 0.5(1+m)G$

▶**해설** $G = \dfrac{E}{2(1+r)} = \dfrac{E}{2\left(1+\dfrac{1}{m}\right)} = \dfrac{m \cdot E}{2(m+1)}$

12. 다음과 같은 단순보에 모멘트하중이 작용할 때 지점 B에서의 수직반력은? (단, (−)는 하향)

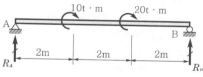

① 5t
② −5t

③ 10t
④ −10t

▶**해설**
$\Sigma M_A = 0$
$-R_B \times 6 + 10 + 20 = 0$
$R_B = \dfrac{30}{6} = 5t(\uparrow)$

---

13. 그림과 같은 직사각형 단면에 전단력 $S=4.5$t이 작용할 때 중립축에서 5cm 떨어진 a-a면에서의 전단응력은?

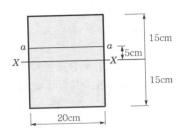

① 7kg/cm^2　　　　② 8kg/cm^2

③ 9kg/cm^2　　　　④ 10kg/cm^2

해설 $G_X = 20 \times 10 \times 10 = 2{,}000\text{cm}^3$

$$I = \frac{20 \times 30^3}{12} = 45{,}000\text{cm}^4$$

$$\tau = \frac{SG}{Ib} = \frac{4{,}500 \times 2{,}000}{45{,}000 \times 20} = 10\text{kg/cm}^2$$

14. 그림과 같은 3힌지(hinge) 아치에 하중이 작용할 때, 지점 A의 수평반력 H_A는?

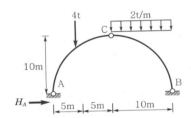

① 6t　　　　② 8t

③ 10t　　　　④ 12t

해설 $\Sigma M_B = 0$

$V_A \times 20 - 4 \times 15 - 2 \times 10 \times 5 = 0$

$V_A = 160/20 = 8\text{t}(\uparrow)$

$\Sigma M_C = 0$

$8 \times 10 - H_A \times 10 - 4 \times 5 = 0$

$H_A = 60/10 = 6\text{t}(\rightarrow)$

15. 부정정 구조물의 해석법인 처짐각법에 대한 설명으로 틀린 것은?

① 보와 라멘에 모두 적용할 수 있다.

② 고정단모멘트(fixed end moment)를 계산해야 한다.

③ 지점침하나 부재가 회전했을 경우에도 사용할 수 있다.

④ 모멘트 분배율의 계산이 필요하다.

해설 모멘트 분배율의 계산이 필요한 것은 모멘트분배법이다.

16. 다음 중 지점(support)의 종류에 해당되지 않는 것은?

① 이동지점　　　　② 자유지점

③ 회전지점　　　　④ 고정지점

17. 반지름이 r인 원형 단면보에 휨모멘트 M이 작용할 때 최대 휨응력은?

① $\dfrac{64M}{\pi r^3}$　　　　② $\dfrac{32M}{\pi r^3}$

③ $\dfrac{4M}{\pi r^3}$　　　　④ $\dfrac{M}{\pi r^3}$

해설 $\sigma = \dfrac{M}{I}y = \dfrac{M}{Z} = \dfrac{4M}{\pi r^3}$

$$Z = \frac{I}{y} = \frac{\pi r^4/4}{r} = \frac{\pi r^3}{4}$$

18. 그림 (A)와 같은 장주가 10t의 하중을 견딜 수 있다면 (B)의 장주가 견딜 수 있는 하중의 크기는? (단, 기둥은 등질, 등단면이다.)

① 2.5t

② 20t

③ 40t

④ 80t

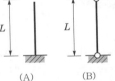

(A)　　　　(B)

해설 $n = \dfrac{1}{4} : 1 : 2 : 4$

$$P_B = 4P_A = 4 \times 10 = 40\text{t}$$

19. 그림과 같은 구조물은 몇 차 부정정 구조물인가?

① 3　　　　② 4

③ 5　　　　④ 6

해설

$$n = r - 2m$$
$$= 14 - 3 \times 3$$
$$= 5차 \ 부정정$$

20. 그림과 같은 트러스에서 부재 AC의 부재력은?

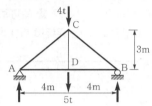

① 4t(인장) ② 4t(압축)
③ 7.5t(인장) ④ 7.5t(압축)

해설 좌우대칭이므로 $R_A = 4.5t(\uparrow)$

절점 A에서

$$\Sigma V = 0$$

$$\overline{AC}\sin\theta = 4.5$$

$$\overline{AC} = 4.5 \times \frac{5}{3} = 7.5t \ (압축)$$

$$\Sigma H = 0$$

$$\overline{AD} = \overline{AC}\cos\theta = 7.5 \times \frac{4}{5} = 6t \ (인장)$$

1. 그림과 같은 이축응력(二軸應力)을 받고 있는 요소의 체적변형률은? (단, 탄성계수 $E=2\times10^6$kg/cm², 푸아송비 $\nu=0.3$)

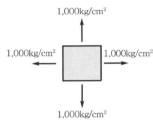

① 0.0003

② 0.0004

③ 0.0005

④ 0.0006

해설

$$\varepsilon_v = \frac{\Delta V}{V} = \frac{1-2\nu}{E}(\sigma_x + \sigma_y)$$

$$= \frac{1-2\times0.3}{2\times10^6}(1,000+1,000)$$

$$= 0.0004 = 4.0\times10^{-4}$$

2. 다음 게르버보에서 E점의 휨모멘트 값은?

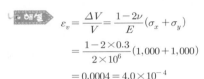

① $M=19\text{t}\cdot\text{m}$

② $M=24\text{t}\cdot\text{m}$

③ $M=31\text{t}\cdot\text{m}$

④ $M=71\text{t}\cdot\text{m}$

해설

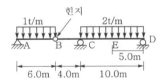

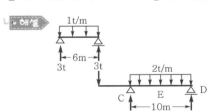

$\Sigma M_C = 0$

$-R_D\times10-3\times4+2\times10\times5=0$

$\therefore R_D = 8.8\text{t}(\uparrow)$

$\therefore M_E = 8.8\times5-2\times5\times2.5 = 19\text{t}\cdot\text{m}$

3. 다음 그림 (a)와 같이 하중을 받기 전에 지점 B와 보 사이에 △의 간격이 있는 보가 있다. 그림 (b)와 같이 이 보에 등분포하중 q를 작용시켰을 때 지점 B의 반력이 ql이 되게 하려면 △의 크기를 얼마로 하여야 하는가? (단, 보의 휨강도 EI는 일정하다.)

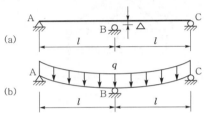

① $0.0208\dfrac{ql^4}{EI}$

② $0.0312\dfrac{ql^4}{EI}$

③ $0.0417\dfrac{ql^4}{EI}$

④ $0.0521\dfrac{ql^4}{EI}$

해설

$$\triangle = \frac{5q(2l)^4}{384EI} - \frac{ql(2l)^3}{48EI}$$

$$= 0.0417\frac{ql^4}{EI}$$

4. 아래의 표에서 설명하는 것은?

> 탄성체에 저장된 변형에너지 U를 변위의 함수로 나타내는 경우에 임의의 변위 Δ_i에 관한 변형에너지 U의 1차 편도함수는 대응되는 하중 P_i와 같다. 즉, $P_i = \dfrac{\partial U}{\partial \Delta_i}$ 로 나타낼 수 있다.

① 중첩의 원리

② Castigliano의 제1정리

③ Betti의 정리

④ Maxwell의 정리

해설
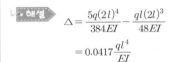
㉠ Castigliano의 제1정리 : $P_i = \dfrac{\partial W}{\partial \delta_i}$

㉡ Castigliano의 제2정리 : $\delta_i = \dfrac{\partial W_i}{\partial P_i}$

5. 상하단이 고정인 기둥에 그림과 같이 힘 P가 작용한다면 반력 R_A, R_B의 값은?

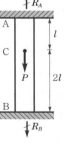

① $R_A = \dfrac{P}{2}$, $R_B = \dfrac{P}{2}$

② $R_A = \dfrac{P}{3}$, $R_B = \dfrac{2P}{3}$

③ $R_A = \dfrac{2P}{3}$, $R_B = \dfrac{P}{3}$

④ $R_A = P$, $R_B = 0$

> **해설**
> $$R_A = \frac{Pb}{l} = \frac{P(2l)}{(3l)} = \frac{2P}{3}$$
> $$R_B = \frac{Pa}{l} = \frac{P(l)}{(3l)} = \frac{P}{3}$$

6. 그림 (a)와 (b)의 중앙점의 처짐이 같아지도록 그림 (b)의 등분포하중 w를 그림 (a)의 하중 P의 함수로 나타내면 얼마인가? (단, 재료는 같다.)

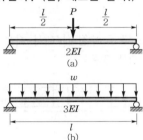

(a)

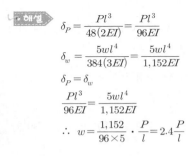

(b)

① $1.2\dfrac{P}{l}$ 　　② $1.6\dfrac{P}{l}$

③ $2.0\dfrac{P}{l}$ 　　④ $2.4\dfrac{P}{l}$

> **해설**
> $$\delta_P = \frac{Pl^3}{48(2EI)} = \frac{Pl^3}{96EI}$$
> $$\delta_w = \frac{5wl^4}{384(3EI)} = \frac{5wl^4}{1,152EI}$$
> $$\delta_P = \delta_w$$
> $$\frac{Pl^3}{96EI} = \frac{5wl^4}{1,152EI}$$
> $$\therefore\ w = \frac{1,152}{96 \times 5} \cdot \frac{P}{l} = 2.4\frac{P}{l}$$

7. 길이가 6m인 양단힌지 기둥은 I-250×125×10×19(mm)의 단면으로 세워졌다. 이 기둥이 좌굴에 대해서 지지하는 임계하중(critical load)은 얼마인가? (단, 주어진 I-형강의 I_1과 I_2는 각각 7,340cm⁴과 560cm⁴

이며, 탄성계수 $E = 2 \times 10^6 \text{kg/cm}^2$이다.)

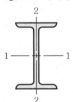

① 30.7t

② 42.6t

③ 307t

④ 402.5t

> **해설**
>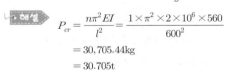
> $$P_{cr} = \frac{n\pi^2 EI}{l^2} = \frac{1 \times \pi^2 \times 2 \times 10^6 \times 560}{600^2}$$
> $$= 30,705.44\text{kg}$$
> $$= 30.705\text{t}$$

8. 다음 그림과 같은 보에서 A점의 반력이 B점의 반력의 2배가 되도록 하는 거리 x는 얼마인가?

① 1.67m

② 2.67m

③ 3.67m

④ 4.67m

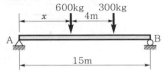

> **해설**
> $$\Sigma V = 0$$
> $$R_A + R_B = 600 + 300 = 900\text{kg}$$
> $$R_A = 2R_B \text{이므로}$$
> $$3R_B = 900 \rightarrow \therefore\ R_B = 300\text{kg}$$
> $$\therefore\ R_A = 2 \times 300 = 600\text{kg}$$
> $$\Sigma M_A = 0$$
> $$-300 \times 15 + 600 \times x + 300 \times (x + 4) = 0$$
> $$900x + 1,200 - 4,500 = 0$$
> $$\therefore\ x = 3,300/900 = 3.67\text{m}$$

9. 주어진 T형보 단면의 캔틸레버에서 최대 전단응력을 구하면 얼마인가? (단, T형보 단면의 $I_{N.A} = 86.8\text{cm}^4$이다.)

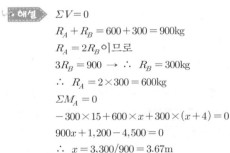

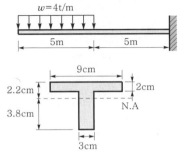

① $1,256.8\text{kg/cm}^2$ 　　② $1,663.6\text{kg/cm}^2$

③ $2,079.5\text{kg/cm}^2$ 　　④ $2,433.2\text{kg/cm}^2$

$$S_{\max} = 4 \times 5 = 20t$$

$$I_x = \frac{9 \times 2^3}{12} + 9 \times 2 \times 1.2^2 + \frac{3 \times 3.8^3}{3}$$

$$= 86.792 \mathrm{cm}^4$$

$$G_x = 3.8 \times 3 \times 3.8/2 = 21.66 \mathrm{cm}^3$$

$$\tau_{\max} = \frac{SG}{Ib} = \frac{20,000 \times 21.66}{86.8 \times 3}$$

$$= 1,663.59 \mathrm{kg/cm}^2$$

16. 아래 그림에서 블록 A를 뽑아내는 데 필요한 힘 P는 최소 얼마 이상이어야 하는가? (단, 블록과 접촉 면과의 마찰계수 $\mu = 0.3$)

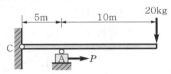

① 6kg
② 9kg
③ 15kg
④ 18kg

$$\Sigma M_C = 0$$

$$20 \times 15 = f \times 5$$

$$f = 60 \mathrm{kg}$$

$$P = \mu f = 0.3 \times 60 = 18 \mathrm{kg}$$

11. 지름 5cm의 강봉을 8t으로 당길 때 지름은 약 얼마나 줄어들겠는가? (단, 전단탄성계수(G)=7.0×10^{5}kg/cm^2, 푸아송비(ν)=0.5)

① 0.003mm
② 0.005mm
③ 0.007mm
④ 0.008mm

$$E = 2G(1+\nu) = 2 \times 7.0 \times 10^5 (1+0.5)$$

$$= 2.1 \times 10^6 \mathrm{kg/cm}^2$$

$$A = \frac{\pi \times 5^2}{4} = 19.625 \mathrm{cm}^2$$

$$\frac{\Delta l}{l} = \frac{P}{EA}$$

$$\nu = \frac{\beta}{\varepsilon} = \frac{l \Delta d}{d \Delta l} = \frac{\Delta d}{d} \cdot \frac{EA}{P}$$

$$\therefore \Delta d = \frac{Pd\nu}{EA} = \frac{8,000 \times 5 \times 0.5}{2.1 \times 10^6 \times 19.625}$$

$$= 4.85 \times 10^{-4} \mathrm{cm}$$

$$= 0.0049 \mathrm{mm}$$

12. 그림과 같은 구조물에서 C점의 수직처짐을 구하 면? (단, EI=2×10^{9}kg·cm^{2}이며, 자중은 무시한다.)

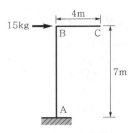

① 2.70mm
② 3.57mm
③ 6.24mm
④ 7.35mm

$$\theta_B = \frac{Pl^2}{2EI}$$

$$= \frac{15 \times 700^2}{2 \times 2 \times 10^9}$$

$$= 1.8375 \times 10^{-3} (\mathrm{rad})$$

$$\delta_C = l \cdot \theta_B$$

$$= 400 \times 1.8375 \times 10^{-3}$$

$$= 0.735 \mathrm{cm}$$

$$= 7.35 \mathrm{mm}$$

13. 그림과 같은 부정정보에서 지점 A의 휨모멘트 값을 옳게 나타낸 것은?

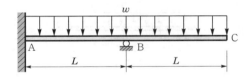

① $\dfrac{wL^2}{8}$
② $-\dfrac{wL^2}{8}$
③ $\dfrac{3wL^2}{8}$
④ $-\dfrac{3wL^2}{8}$

㉠ B지점을 제거한 후 B점의 연직처짐을 구하면

$$\delta_{B1} = \frac{17wL^4}{24EI} (\downarrow)$$

㉡ 반력 R_B(부정정력)에 의한 처짐

$$\delta_{B2} = \frac{R_B L^3}{3EI} (\uparrow)$$

㉢ 경계조건($\delta_B = 0$)을 적용하여 R_B를 구하면

$$\delta_{B1} = \delta_{B2}$$

$$\frac{17wL^4}{24EI} = \frac{R_B L^3}{3EI} \rightarrow R_B = \frac{17}{8}wL(\uparrow)$$

㉣ 지점모멘트(M_A)는

$$M_A = \frac{17}{8}wL \times L - 2wL \times L = \frac{wL^2}{8}$$

14. 정정보의 처짐과 처짐각을 계산할 수 있는 방법이 아닌 것은?

① 이중적분법(Double Integration Method)
② 공액보법(Conjugate Beam Method)
③ 처짐각법(Slope Deflection Method)
④ 단위하중법(Unit Load Method)

해설 처짐각법은 요각법이라고도 하며, 부정정 구조 석법이다.

15. 그림에서와 같이 케이블 C점에서 하중 30kg이 작용하고 있다. 이때 BC 케이블에 작용하는 인장력은?

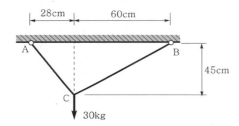

30kg

① 12.3kg
② 15.9kg
③ 18.2kg
④ 22.1kg

해설
$$\theta_1 = \tan^{-1}\frac{28}{45} = 31.9°$$
$$\theta_2 = \tan^{-1}\frac{60}{45} = 53.1°$$
$$\theta = 180 - 31.9 - 53.1 = 95°$$
$$\frac{30}{\sin\theta} = \frac{\overline{BC}}{\sin\theta_1} \text{ 로부터}$$
$$\overline{BC} = \frac{\sin\theta_1}{\sin\theta} \times 30 = \frac{\sin 31.9°}{\sin 95°} \times 30 = 15.91\text{kg}$$

16. 트러스 해석 시 가정을 설명한 것 중 틀린 것은?

① 부재들은 양단에서 마찰이 없는 핀으로 연결되어진다.
② 하중과 반력은 모두 트러스의 격점에만 작용한다.
③ 부재의 도심축은 직선이며, 연결핀의 중심을 지난다.
④ 하중으로 인한 트러스의 변형을 고려하여 부재력을 산출한다.

해설 트러스의 변형은 미소하여 이것을 무시하므로, 하중이 작용한 후에도 절점위치는 변화가 없다.

17. 그림과 같이 X, Y축에 대칭인 단면(음영 부분)에 비틀림우력 5t·m가 작용할 때 최대 전단응력은?

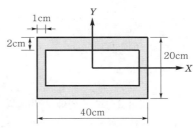

① 356.1kg/cm^2
② 435.5kg/cm^2
③ 524.3kg/cm^2
④ 602.7kg/cm^2

해설
$$A_m = (20-2)(40-1) = 702\text{cm}^2$$
$$\tau = \frac{T}{2tA_m} = \frac{500,000}{2\times1\times702} = 356.13\text{kg/cm}^2$$

18. 그림과 같은 3활절 아치에서 A지점의 반력은?

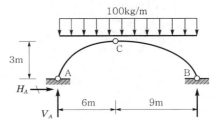

① $V_A = 750\text{kg}(\uparrow)$, $H_A = 900\text{kg}(\rightarrow)$
② $V_A = 600\text{kg}(\uparrow)$, $H_A = 600\text{kg}(\rightarrow)$
③ $V_A = 900\text{kg}(\uparrow)$, $H_A = 1,200\text{kg}(\rightarrow)$
④ $V_A = 600\text{kg}(\uparrow)$, $H_A = 1,200\text{kg}(\rightarrow)$

해설
$$\Sigma M_B = 0$$
$$V_A \times 15 - 100 \times 15 \times 7.5 = 0$$
$$V_A = 750\text{kg}(\uparrow)$$
$$\Sigma M_C = 0$$
$$750 \times 6 - H_A \times 3 - 100 \times 6 \times 3 = 0$$
$$H_A = 900\text{kg}(\rightarrow)$$

19. 다음 삼각형의 X축에 대한 단면1차모멘트는?

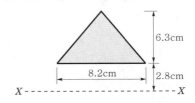

① 126.6cm^3
② 136.6cm^3
③ 146.6cm^3
④ 156.6cm^3

해설
$$G_x = A \cdot y$$
$$= \frac{1}{2} \times 8.2 \times 6.3 \times (6.3 \times \frac{1}{3} + 2.8)$$
$$= 126.567 \text{cm}^3$$

26. 길이 l인 양단고정보 중앙에 200kg의 집중하중이 작용하여 중앙점의 처짐이 5mm 이하가 되려면 l은 최대 얼마 이하이어야 하는가? (단, $E = 2 \times 10^6 \text{kg/cm}^2$, $I = 100 \text{cm}^4$이다.)

① 324.72cm   ② 377.68cm

③ 457.89cm   ④ 524.14cm

해설
$$\delta = \frac{Pl^3}{192EI} \text{에서}$$
$$l = \left(\frac{0.5 \times 192 \times 2 \times 10^6 \times 100}{200} \right)^{\frac{1}{3}} = 457.8857 \text{cm}$$

1. 길이 10m, 지름 30mm의 철근이 5mm 늘어나기 위해서는 약 얼마의 하중이 필요한가? (단, $E = 2 \times 10^6 \text{kg/cm}^2$ 이다.)

① 5,148kg   ② 6,215kg
③ 7,069kg   ④ 8,132kg

해설 $\Delta l = \dfrac{Pl}{EA}$ 로부터

$$P = \frac{\Delta l EA}{l} = \frac{0.5 \times 2 \times 10^6 \times \pi \times 3^2}{1,000 \times 4} = 7,068.58 \text{kg}$$

2. 다음 중 정정 구조물의 처짐 해석법이 아닌 것은?

① 모멘트면적법   ② 공액보법
③ 가상일의 원리   ④ 처짐각법

해설   처짐각법은 요각법이라고도 하며, 부정정 구조 해석법이다.

3. 구조 계산에서 자동차나 열차의 바퀴와 같은 하중은 주로 어떤 형태의 하중으로 계산하는가?

① 집중하중   ② 등분포하중
③ 모멘트하중   ④ 등변분포하중

4. 아래 그림과 같은 트러스에서 부재 AB의 부재력은?

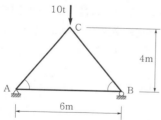

① 3.25t(인장)   ② 3.75t(인장)
③ 4.25t(인장)   ④ 4.75t(인장)

해설   좌우대칭이므로
$R_A = 5\text{t}(\uparrow)$
절점 A에서 $\Sigma V = 0$
$\overline{AC} \sin\theta = 5$

$$\therefore \overline{AC} = 5 \times \frac{5}{4} = 6.25\text{t} \,(\text{압축})$$

$$\Sigma H = 0$$

$$\overline{AB} = \overline{AC} \cos\theta = 6.25 \times \frac{3}{5} = 3.75\text{t} \,(\text{인장})$$

5. 지름이 D이고 길이가 $50 \times D$인 원형 단면으로 된 기둥의 세장비를 구하면?

① 200   ② 150
③ 100   ④ 50

해설 $\lambda = \dfrac{l}{r} = \dfrac{l}{D/4} = \dfrac{4l}{D} = \dfrac{4 \times 50D}{D} = 200$

6. 트러스를 정적으로 1차 응력을 해석하기 위한 가정 사항으로 틀린 것은?

① 절점을 잇는 직선은 부재축과 일치한다.
② 외력은 절점과 부재 내부에 작용하는 것으로 한다.
③ 외력의 작용선은 트러스와 동일 평면 내에 있다.
④ 각 부재는 마찰이 없는 핀 또는 힌지로 결합되어 자유로이 회전할 수 있다.

해설   트러스에서 외력은 절점에만 작용하는 것으로 가정한다.

7. 재질 및 단면이 같은 다음의 2개의 외팔보에서 자유단의 처짐을 같게 하는 P_1/P_2의 값으로 옳은 것은?

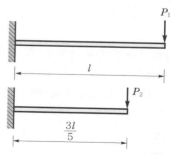

① 0.216   ② 0.325
③ 0.437   ④ 0.546

•해설

$$\delta_1 = \frac{P_1 l^3}{3EI}, \quad \delta_2 = \frac{P_2 \left(\frac{3}{5}l\right)^3}{3EI}$$

$$\therefore \quad \frac{P_1 l^3}{3EI} = \frac{P_2 \left(\frac{3}{5}l\right)^3}{3EI}$$

$$P_1 / P_2 = \left(\frac{3}{5}l\right)^3 / l^3 = 0.216$$

8. 정정 구조물에 비해 부정정 구조물이 갖는 장점을 설명한 것 중 틀린 것은?

① 설계 모멘트의 감소로 부재가 절약된다.

② 외관이 우아하고 아름답다.

③ 부정정 구조물은 그 연속성 때문에 처짐의 크기가 작다.

④ 지점침하 등으로 인해 발생하는 응력이 적다.

•해설 지점침하 등으로 인해 응력이 발생하는 것은 단점이다.

9. 아래 그림과 같은 캔틸레버보에서 A점의 처짐은? (단, EI는 일정하다.)

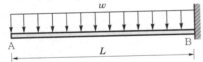

① $\dfrac{5wL^4}{384EI}$

② $\dfrac{wL^4}{48EI}$

③ $\dfrac{wL^4}{8EI}$

④ $\dfrac{wL^4}{4EI}$

•해설

$$\theta_A = \frac{wL^3}{6EI}$$

$$\delta_A = \frac{wL^4}{8EI}$$

10. 지름이 4cm인 원형 강봉을 10t의 힘으로 잡아 당겼을 때 소성은 일어나지 않았고 탄성변형에 의해 길이가 1mm 증가하였다. 강봉에 축적된 탄성변형에너지는 얼마인가?

① 1.0t · mm

② 5.0t · mm

③ 10.0t · mm

④ 20.0t · mm

•해설 $U = W_e = W_i = \dfrac{1}{2}P\delta = \dfrac{1}{2} \times 10 \times 1 = 5\text{t} \cdot \text{mm}$

11. 다음의 그림과 같은 직사각형 단면의 단면계수는?

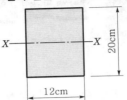

① 800cm³

② 1,000cm³

③ 1,200cm³

④ 1,400cm³

•해설

$$I = \frac{bh^3}{12} = \frac{12 \times 20^3}{12} = 8,000\text{cm}^4$$

$$y = 10\text{cm}$$

$$\therefore Z = \frac{I}{y} = \frac{8,000}{10} = 800\text{cm}^3$$

12. 아래 그림과 같은 내민보에서 지점 A에 발생하는 수직반력 R_A는?

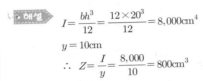

① 15t

② 20t

③ 25t

④ 30t

•해설

$$\Sigma M_B = 0$$

$$R_A \times 20 - 5 \times 28 - 2 \times 16 \times 12 + 3 \times 8 = 0$$

$$R_A = 500/20 = 25\text{t} (\uparrow)$$

13. 재료의 역학적 성질 중 탄성계수를 E, 전단탄성계수를 G, 푸아송수를 m이라고 할 때 각 성질의 상호 관계식으로 옳은 것은?

① $G = \dfrac{m}{2E(m+1)}$

② $G = \dfrac{mE}{2(m+1)}$

③ $G = \dfrac{m}{2(m+E)}$

④ $G = \dfrac{E}{2(m+1)}$

•해설 $G = \dfrac{E}{2(1+\nu)} = \dfrac{E}{2\left(1+\dfrac{1}{m}\right)} = \dfrac{m \cdot E}{2(m+1)}$

14. 그림과 같은 단순보에 연행하중이 작용할 경우 절대 최대 휨모멘트는 얼마인가?

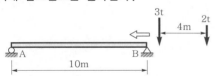

① 6.50t · m
② 7.04t · m
③ 8.04t · m
④ 8.82t · m

해설

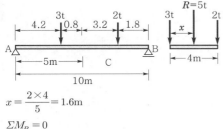

$$x = \frac{2 \times 4}{5} = 1.6\text{m}$$

$$\Sigma M_B = 0$$

$$R_A \times 10 - 3 \times 5.8 - 2 \times 1.8 = 0$$

$$R_A = 2.1\text{t}(\uparrow)$$

$$\therefore \; M_{max} = 2.1 \times 4.2 = 8.82\text{t} \cdot \text{m}$$

15. 그림과 같은 3활절 라멘에 일어나는 최대 휨모멘트는?

① 9t · m
② 12t · m
③ 15t · m
④ 18t · m

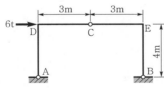

해설

$$\Sigma M_B = 0$$

$$- V_A \times 6 + 6 \times 4 = 0$$

$$V_A = 4\text{t}(\downarrow)$$

$$\Sigma M_C = 0$$

$$-4 \times 3 + H_A \times 4 = 0$$

$$H_A = 3\text{t}(\leftarrow)$$

$$M_{max} = M_D = 3 \times 4 = 12\text{t} \cdot \text{m}$$

16. 반지름 r인 원형 단면보에 휨모멘트 M이 작용할 때 최대 휨응력은?

① $\dfrac{4M}{\pi r^3}$
② $\dfrac{8M}{\pi r^3}$
③ $\dfrac{16M}{\pi r^3}$
④ $\dfrac{64M}{\pi r^3}$

해설

$$Z = \frac{I}{y} = \frac{\pi r^4 / 4}{r} = \frac{\pi r^3}{4}$$

$$\sigma = \frac{M}{I}y = \frac{M}{Z} = \frac{M}{\dfrac{\pi r^3}{4}} = \frac{4M}{\pi r^3}$$

17. 직경 50mm, 길이 2m의 봉이 힘을 받아 길이가 2mm 늘어나고, 직경은 0.015mm가 줄어들었다면, 이 봉의 푸아송비는 얼마인가?

① 0.24
② 0.26
③ 0.28
④ 0.30

해설

$$\nu = \frac{\beta}{\varepsilon} = \frac{\Delta d / d}{\Delta l / l} = \frac{l \Delta d}{d \, \Delta l} = \frac{2000 \times 0.015}{50 \times 2} = 0.3$$

18. 다음 도형에서 X-X축에 대한 단면2차모멘트는?

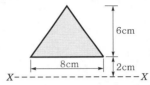

① 376cm^4
② 432cm^4
③ 484cm^4
④ 538cm^4

해설

$$I_X = I_x + A y_o^2$$

$$= \frac{8 \times 6^3}{36} + \frac{1}{2} \times 8 \times 6 \times \left(6 \times \frac{1}{3} + 2\right)^2 = 432\text{cm}^4$$

19. 아래 그림과 같은 단순보에 발생하는 최대 전단응력(τ_{max})은?

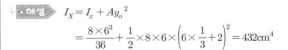

보의 단면

① $\dfrac{4wL}{9bh}$
② $\dfrac{wL}{2bh}$
③ $\dfrac{9wL}{16bh}$
④ $\dfrac{3wL}{4bh}$

해설

좌우대칭이므로 $R_A = \dfrac{wL}{2}$

$$\therefore \; S_{max} = R_A = \frac{wL}{2}$$

$$\tau_{max} = \frac{3}{2} \cdot \frac{S}{A} = \frac{3}{2} \cdot \frac{1}{bh} \frac{wL}{2} = \frac{3wL}{4bh}$$

20. 지름이 D인 원형 단면의 단주에서 핵(Core)의 직경은?

① $\dfrac{D}{2}$　　　　　② $\dfrac{D}{3}$

③ $\dfrac{D}{4}$　　　　　④ $\dfrac{D}{6}$

 해설

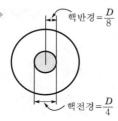

핵반경 $=\dfrac{D}{8}$

핵전경 $=\dfrac{D}{4}$

1. 다음 그림과 같은 캔틸레버보에 휨모멘트하중 M이 작용할 경우 최대 처짐 δ_{max}의 값은? (단, 보의 휨강성은 EI임.)

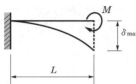

① $\dfrac{ML}{EI}$　　　　　② $\dfrac{ML^2}{2EI}$

③ $\dfrac{M^2L}{2EI}$　　　　④ $\dfrac{ML^2}{6EI}$

해설 공액보법에서

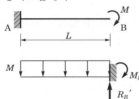

$$M_B{}' = \frac{ML^2}{2}$$
$$R_B{}' = S_B{}' = ML$$
$$\therefore \theta_B = \frac{S_B}{EI} = \frac{ML}{EI}$$
$$\therefore \delta_B = \frac{M_B}{EI} = \frac{ML^2}{2EI}$$

2. 단면이 10cm×20cm인 장주가 있다. 그 길이가 3m일 때 이 기둥의 좌굴하중은 약 얼마인가? (단, 기둥의 $E = 2 \times 10^5 \text{kg/cm}^2$, 지지 상태는 일단고정, 타단 자유이다.)

① 4.58t　　　　　　② 9.14t
③ 18.28t　　　　　④ 36.56t

해설
$$P_b = \frac{n\pi^2 EI}{l^2} = \frac{\pi^2 \times 2 \times 10^5 \times 20 \times 10^3}{4 \times 300^2 \times 12}$$
$$= 9,138.5\text{kg} = 9.1385\text{t}$$

3. 아래 그림과 같은 정정 라멘에 분포하중 w가 작용할 때 최대 모멘트를 구하면?

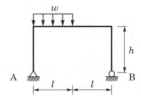

① $0.186wl^2$　　　　② $0.219wl^2$
③ $0.250wl^2$　　　　④ $0.281wl^2$

해설
$$\Sigma M_B = 0$$
$$R_A \times 2l - wl \times \frac{3l}{2} = 0$$
$$R_A = \frac{3}{4}wl(\uparrow)$$
$$S_x = \frac{3}{4}wl - wx = 0 \rightarrow x = \frac{3}{4}l$$
$$M_{max} = \frac{3}{4}wl \times \frac{3}{4}l - \frac{3}{4}wl \times \frac{1}{2} \times \frac{3}{4}l$$
$$= \frac{9}{32}wl^2 = 0.28125wl^2$$

4. 그림과 같은 하중을 받는 보의 최대 전단응력은?

① $\dfrac{2}{3}\dfrac{wl}{bh}$　　　　② $\dfrac{3}{2}\dfrac{wl}{bh}$

③ $2\dfrac{wl}{bh}$　　　　　④ $\dfrac{wl}{bh}$

해설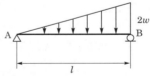
$$S_{max} = R_B = \frac{2wl}{3}$$
$$\tau_{max} = \frac{3}{2}\frac{S}{A} = \frac{3}{2} \cdot \frac{wl}{bh} \cdot \frac{2}{3}$$
$$= \frac{wl}{bh}$$

5. 정정 구조물에 비해 부정정 구조물이 갖는 장점을 설명한 것 중 틀린 것은?

① 설계 모멘트의 감소로 부재가 절약된다.

② 부정정 구조물은 그 연속성 때문에 처짐의 크기가 작다.

③ 외관을 우아하고 아름답게 제작할 수 있다.

④ 지점침하 등으로 인해 발생하는 응력이 적다.

해설 ④의 경우는 단점으로, 지점침하 등으로 인한 응력이 발생한다.

6. 반지름이 25cm인 원형 단면을 가지는 단주에서 핵의 면적은 약 얼마인가?

① 122.7cm^2 ② 168.4cm^2

③ 245.4cm^2 ④ 336.8cm^2

해설 핵거리(핵반경) $e = \dfrac{D}{8} = \dfrac{r}{4}$

$$A_c = \pi e^2 = \pi \left(\dfrac{D}{8}\right)^2$$

$$= \pi \times \dfrac{50^2}{64} = 122.7184\text{cm}^2$$

7. 단면2차모멘트의 특성에 대한 설명으로 틀린 것은?

① 단면2차모멘트의 최솟값은 도심에 대한 것이며 그 값은 "0"이다.

② 정삼각형, 정사각형, 정다각형의 도심에 대한 단면2차모멘트는 축의 회전에 관계없이 모두 같다.

③ 단면2차모멘트는 좌푯축에 상관없이 항상 (+)의 부호를 갖는다.

④ 단면2차모멘트가 크면 휨강성이 크고 구조적으로 안전하다.

해설 도심축에 대하여 값이 "0"인 경우는 단면1차모멘트와 단면상승모멘트이다.

8. 단면이 원형(반지름 R)인 보에 휨모멘트 M이 작용할 때 이 보에 작용하는 최대 휨응력은?

① $\dfrac{4M}{\pi R^3}$ ② $\dfrac{12M}{\pi R^3}$

③ $\dfrac{16M}{\pi R^3}$ ④ $\dfrac{32M}{\pi R^3}$

해설 $\sigma = \dfrac{M}{I}y = \dfrac{4M}{\pi r^4} \cdot r = \dfrac{4M}{\pi r^3}$

9. 다음 그림에 표시된 힘들의 x방향의 합력은 약 얼마인가?

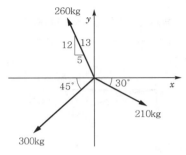

① 55kg(←) ② 77kg(→)

③ 122kg(→) ④ 130kg(←)

해설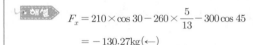
$F_x = 210 \times \cos 30 - 260 \times \dfrac{5}{13} - 300 \cos 45$

$= -130.27\text{kg}(\leftarrow)$

10. 체적탄성계수 K를 탄성계수 E와 푸아송비 ν로 옳게 표시한 것은?

① $K = \dfrac{E}{3(1-2\nu)}$ ② $K = \dfrac{E}{2(1-3\nu)}$

③ $K = \dfrac{2E}{3(1-2\nu)}$ ④ $K = \dfrac{3E}{2(1-3\nu)}$

해설 ㉮ 전단탄성계수

$$G = \dfrac{E}{2(1+\nu)} = \dfrac{E}{2\left(1+\dfrac{1}{m}\right)} = \dfrac{E}{2(m+1)}$$

㉯ 체적탄성계수

$$K = \dfrac{E}{3(1-2\nu)}$$

11. 그림과 같은 트러스에서 부재 U의 부재력은?

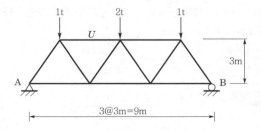

① 1.0t(압축)　　　　② 1.2t(압축)

③ 1.3t(압축)　　　　④ 1.5t(압축)

해설 ㉠ 좌우대칭이므로

$$R_A = \frac{4}{2} = 2t(\uparrow)$$

㉡ 단면법에서 C점에 모멘트를 취하면

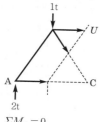

$$\Sigma M_C = 0$$

$$2 \times 3 - 1 \times 1.5 + U \times 3 = 0$$

$$U = -\frac{4.5}{3} = -1.5t \,(압축)$$

12.
그림과 같은 라멘 구조물의 E점에서의 불균형모멘트에 대한 부재 EA의 모멘트 분배율은?

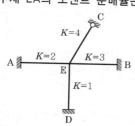

① 0.222　　　　　　② 0.1667

③ 0.2857　　　　　　④ 0.40

해설

$$DF_{EA} = \frac{k}{\Sigma k} = \frac{2}{2 + 3 + 4 \times \frac{3}{4} + 1}$$

$$= \frac{2}{9} = 0.2222$$

13.
다음의 2부재로 된 TRUSS계의 변형에너지 U 를 구하면 얼마인가? (단, ( )안의 값은 외력 P에 의한 부재력이고, 부재의 축강성 AE는 일정하다.)

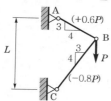

① $0.326 \dfrac{P^2 L}{AE}$　　　　② $0.333 \dfrac{P^2 L}{AE}$

③ $0.364 \dfrac{P^2 L}{AE}$　　　　④ $0.373 \dfrac{P^2 L}{AE}$

해설 ㉠ 부재길이 산정

$$\overline{AB} = L \sin\theta = \frac{3}{5} L$$

$$\overline{BC} = L \cos\theta = \frac{4}{5} L$$

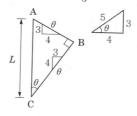

㉡ 변형에너지 산정

$$U = \Sigma \frac{N^2 L}{2EA}$$

$$= \frac{1}{2EA}\left[(0.6P)^2 \times \frac{3}{5}L + (0.8P)^2 \times \frac{4}{5}L\right]$$

$$= \frac{P^2 L}{2EA}\left[0.6^2 \times \frac{3}{5} + 0.8^2 \times \frac{4}{5}\right]$$

$$= 0.364 \frac{P^2 L}{EA}$$

14.
아래 그림과 같은 보의 중앙점 C의 전단력의 값은?

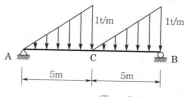

① 0　　　　　　　　② −0.22t

③ −0.42t　　　　　　④ −0.62t

해설

$$\Sigma M_B = 0$$

$$R_A \times 10 - \frac{1}{2} \times 1 \times 5 \times \left(5 \times \frac{1}{3} + 5\right) - \frac{1}{2} \times 1 \times 5 \times 5 \times \frac{1}{3} = 0$$

$$R_A = 2.083t(\uparrow)$$

$$S_C = 2.083 - \frac{1}{2} \times 1 \times 5$$

$$= -0.417t$$

$$M_C = 2.083 \times 5 - 2.5 \times 5 \times \frac{1}{3}$$

$$= 6.25t \cdot m$$

15. 다음 부정정보의 B지점에 침하가 발생하였다. 발생된 침하량이 1cm라면 이로 인한 B지점의 모멘트는 얼마인가? (단, $EI = 1 \times 10^6 \text{kg} \cdot \text{cm}^2$)

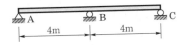

① 16.75kg · cm

② 17.75kg · cm

③ 18.75kg · cm

④ 19.75kg · cm

해설 3연모멘트법을 적용하여 풀면

$$\beta_{BA} = \frac{\delta_2 - \delta_1}{l_1} = \frac{1-0}{400} = \frac{1}{400}$$

$$\beta_{BC} = \frac{\delta_3 - \delta_2}{l_2} = \frac{0-1}{400} = -\frac{1}{400}$$

$M_A = M_C = 0$, $\theta_{AB} = \theta_{BA} = 0$

$$0 + 2M_B\left(\frac{400}{I} + \frac{400}{I}\right) + 0 = 0 = 6E\left(\frac{1}{400} + \frac{1}{400}\right)$$

$$M_B \frac{1,600}{I} = \frac{6}{200}E$$

$$\therefore \; M_B = \frac{6 \times 1 \times 10^6}{200 \times 1,600} = 18.75\text{cm}$$

16. 중공 원형 강봉에 비틀림력 T가 작용할 때 최대 전단변형률 $\gamma_{max} = 750 \times 10^{-6}$rad으로 측정되었다. 봉의 내경은 60mm이고, 외경은 75mm일 때 봉에 작용하는 비틀림력 T를 구하면? (단, 전단탄성계수 $G = 8.15 \times 10^5 \text{kg/cm}^2$)

① 29.9t · cm

② 32.7t · cm

③ 35.3t · cm

④ 39.2t · cm

해설

$$I_p = I_x + I_y = 2I_x = \frac{\pi}{32}(7.5^4 - 6^4)$$

$$= 183.3966\text{cm}^4$$

$$\tau = G \cdot r_s = \frac{T}{I_P}r \text{ 에서}$$

$$T = \frac{G \cdot r_s I_P}{r}$$

$$= \frac{8.15 \times 10^5 \times 750 \times 10^{-6} \times 183.3966}{(7.5/2)}$$

$$= 29,893.65\text{kg} \cdot \text{cm} = 29.8937\text{t} \cdot \text{cm}$$

17. 다음 구조물에서 하중이 작용하는 위치에서 일어나는 처짐의 크기는?

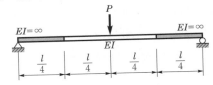

① $\dfrac{Pl^3}{48EI}$

② $\dfrac{Pl^3}{96EI}$

③ $\dfrac{7Pl^3}{384EI}$

④ $\dfrac{11Pl^3}{384EI}$

해설 공액보법

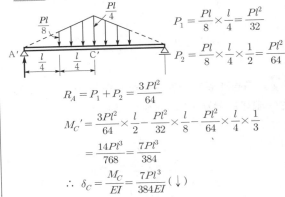

$$P_1 = \frac{Pl}{8} \times \frac{l}{4} = \frac{Pl^2}{32}$$

$$P_2 = \frac{Pl}{8} \times \frac{l}{4} \times \frac{1}{2} = \frac{Pl^2}{64}$$

$$R_A = P_1 + P_2 = \frac{3Pl^2}{64}$$

$$M_{C'} = \frac{3Pl^2}{64} \times \frac{l}{2} - \frac{Pl^2}{32} \times \frac{l}{8} - \frac{Pl^2}{64} \times \frac{l}{4} \times \frac{1}{3}$$

$$= \frac{14Pl^3}{768} = \frac{7Pl^3}{384}$$

$$\therefore \; \delta_C = \frac{M_C}{EI} = \frac{7Pl^3}{384EI} (\downarrow)$$

18. 아래 그림과 같은 내민보에서 D점의 휨모멘트 M_D는 얼마인가?

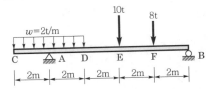

① 18t · m

② 16t · m

③ 14t · m

④ 12t · m

해설

$$\Sigma M_B = 0$$

$$R_A \times 8 - 2 \times 4 \times 8 - 10 \times 4 - 8 \times 2 = 0$$

$$R_A = 15\text{t}(\uparrow)$$

$$M_D = 15 \times 2 - 8 \times 2$$

$$= 14\text{t} \cdot \text{m}$$

19. 그림과 같은 단면에서 외곽 원의 직경(D)이 60cm이고 내부 원의 직경($D/2$)은 30cm라면, 음영 부분의 도심의 위치는 x축에서 얼마나 떨어진 곳인가?

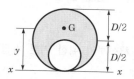

① 33cm

② 35cm

③ 37cm

④ 39cm

해설 $y = \dfrac{7}{12}D = \dfrac{7}{12} \times 60 = 35\text{cm}$

20. 그림과 같은 트러스의 C점에 300kg의 하중이 작용할 때 C점에서의 처짐을 계산하면? (단, $E = 2 \times 10^6 \text{kg/cm}^2$, 단면적$= 1\text{cm}^2$)

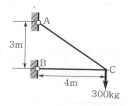

① 0.158cm

② 0.315cm

③ 0.473cm

④ 0.630cm

해설 단위하중법

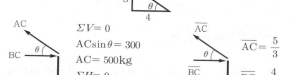

$\Sigma V = 0$
$AC\sin\theta = 300$
$AC = 500\text{kg}$
$\Sigma H = 0$
$BC = AC\cos\theta = 400\text{kg}$

$\overline{AC} = \dfrac{5}{3}$
$\overline{BC} = \dfrac{4}{3}$

부재	L(cm)	f	F(kg)	EA(kg)	fFL/EA(cm)
AC	500	5/3	500	2×10^6	0.2083
BC	400	4/3	400	2×10^6	0.1067

$\therefore \delta_C = \Sigma \dfrac{fFL}{EA} = 0.315\text{cm}$

1. 다음 인장 부재의 변위를 구하는 식으로 옳은 것은? (단, 단면적은 A, 탄성계수는 E)

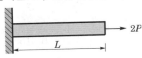

① $\dfrac{PL}{EA}$ ② $\dfrac{2PL}{EA}$

③ $\dfrac{3PL}{EA}$ ④ $\dfrac{4PL}{EA}$

해설 $\Delta L = \dfrac{PL}{EA} = \dfrac{(2P)L}{EA} = \dfrac{2PL}{EA}$

2. 지간 5m, 높이 30cm, 폭 20cm의 단면을 갖는 단순보에 등분포하중 $w = 400\text{kg/m}$가 만재하여 있을 때 최대 처짐은? (단, $E = 1 \times 10^5 \text{kg/cm}^2$)

① 4.71cm   ② 2.67cm

③ 1.27cm   ④ 0.72cm

해설 $w = 400\text{kg/m} = 4\text{kg/cm}$

$\delta_{\max} = \dfrac{5wl^4}{384EI} = \dfrac{5 \times 12 \times 4 \times 500^4}{384 \times 1 \times 10^5 \times 20 \times 30^3}$

$= 0.7234\text{cm}$

3. 그림과 같은 1차 부정정 구조물의 A지점의 반력은? (단, EI는 일정하다.)

① $\dfrac{5P}{16}$

② $\dfrac{11P}{16}$

③ $-\dfrac{3P}{16}$

④ $\dfrac{5P}{32}$

해설 $R_A = \dfrac{5}{16}P$, $R_B = \dfrac{11}{16}P$

$M_B = -\dfrac{3}{16}Pl$

4. 트러스를 해석하기 위한 기본 가정 중 옳지 않은 것은?

① 부재들은 마찰이 없는 힌지로 연결되어 있다.

② 부재 양단의 힌지 중심을 연결한 직선은 부재축과 일치한다.

③ 모든 외력은 절점에 집중하중으로 작용한다.

④ 하중 작용으로 인한 트러스 각 부재의 변형을 고려한다.

해설 하중 작용으로 인한 트러스 각 부재의 변형은 미소하므로 이를 무시한다.

5. 폭이 12cm, 높이 20cm인 직사각형 단면의 최소 회전반지름 r은?

① 5.81cm

② 3.46cm

③ 6.92cm

④ 7.35cm

해설 $r = \sqrt{\dfrac{I}{A}}$

$= \sqrt{\dfrac{20 \times 12^3}{12 \times 20 \times 12}}$

$= 3.4641\text{cm}$

6. 일단고정 타단자유로 된 장주의 좌굴하중이 10t일 때 양단힌지이고 기타 조건은 같은 장주의 좌굴하중은?

① 2.5t

② 20t

③ 40t

④ 160t

해설 $n = \dfrac{1}{4} : 1 : 2 : 4$

$= 1 : 4 : 8 : 16$

$P_b = 4 \times 10 = 40\text{t}$

7. 다음 그림과 같이 직교좌표계 위에 있는 사다리꼴 도형 OABC 도심의 좌표($\bar{x}$, $\bar{y}$)는? (단, 좌표의 단위는 cm)

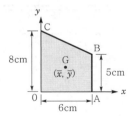

① (2.54, 3.46)   ② (2.77, 3.31)

③ (3.34, 3.21)   ④ (3.54, 2.74)

해설 $G_y = A \cdot x$

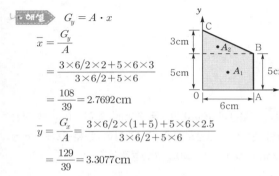

$$\bar{x} = \frac{G_y}{A}$$
$$= \frac{3 \times 6/2 \times 2 + 5 \times 6 \times 3}{3 \times 6/2 + 5 \times 6}$$
$$= \frac{108}{39} = 2.7692\text{cm}$$

$$\bar{y} = \frac{G_x}{A} = \frac{3 \times 6/2 \times (1+5) + 5 \times 6 \times 2.5}{3 \times 6/2 + 5 \times 6}$$
$$= \frac{129}{39} = 3.3077\text{cm}$$

8. 그림과 같이 네 개의 힘이 평형 상태에 있다면 A 점에 작용하는 힘 P와 AB 사이의 거리 x는?

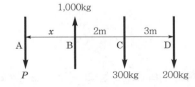

① $P = 400\text{kg}$, $x = 2.5\text{m}$

② $P = 400\text{kg}$, $x = 3.6\text{m}$

③ $P = 500\text{kg}$, $x = 2.5\text{m}$

④ $P = 500\text{kg}$, $x = 3.2\text{m}$

해설 $\Sigma V = 0$
$$P - 1,000 + 300 + 200 = 0$$
$$P = 500\text{kg}(\downarrow)$$
$$\Sigma M_B = 0$$
$$500 \times x = 300 \times 2 + 200 \times 5$$
$$x = 1,600/500 = 3.2\text{m}$$

9. $P = 12\text{t}$의 무게를 매달은 아래 그림과 같은 구조물에서 T_1이 받는 힘은?

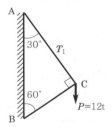

① 10.39t (인장)   ② 10.39t (압축)

③ 6t (인장)   ④ 6t (압축)

해설 시력도에서

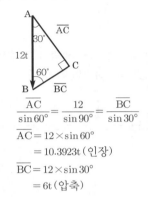

$$\frac{\overline{AC}}{\sin 60°} = \frac{12}{\sin 90°} = \frac{\overline{BC}}{\sin 30°}$$
$$\overline{AC} = 12 \times \sin 60°$$
$$= 10.3923\text{t} (\text{인장})$$
$$\overline{BC} = 12 \times \sin 30°$$
$$= 6\text{t} (\text{압축})$$

10. 단면적 $A = 20\text{cm}^2$, 길이 $L = 100\text{cm}$인 강봉에 인장력 $P = 8\text{t}$을 가하였더니 길이가 1cm 늘어났다. 이 강봉의 푸아송수 $m = 3$이라면 전단탄성계수 G는?

① $15,000\text{kg/cm}^2$

② $45,000\text{kg/cm}^2$

③ $75,000\text{kg/cm}^2$

④ $95,000\text{kg/cm}^2$

해설
$$\sigma = \frac{P}{A} = \frac{8,000}{20} = 400\text{kg/cm}^2$$
$$\varepsilon = \frac{\Delta l}{l} = \frac{1}{100} = 0.01$$
$$E = \frac{\sigma}{\varepsilon} = \frac{400}{0.01} = 40,000\text{kg/cm}^2$$
$$G = \frac{E}{2(1+\nu)} = \frac{m \cdot E}{2(m+1)}$$
$$= \frac{3 \times 40,000}{2(3+1)} = 15,000\text{kg/cm}^2$$

11. 다음과 같은 단주에서 편심거리 e에 $P=30t$이 작용할 때 단면에 인장력이 생기지 않기 위한 e의 한계는?

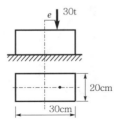

① 3.3cm

② 5cm

③ 6.7cm

④ 10cm

■해설 핵거리 $e = \dfrac{b}{6} = \dfrac{30}{6} = 5\text{cm}$

12. 다음 그림에서 지점 C의 반력이 영(零)이 되기 위해 B점에 작용시킬 집중하중의 크기는?

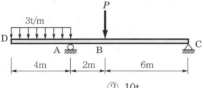

① 8t

② 10t

③ 12t

④ 14t

■해설 $\Sigma M_A = 0$

$3 \times 4 \times 2 = P \times 2$

$\therefore P = 12t(\downarrow)$

13. 그림과 같은 연속보 B점의 휨모멘트 M_B의 값은?

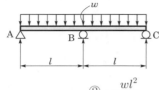

① $-\dfrac{wl^2}{24}$

② $-\dfrac{wl^2}{16}$

③ $-\dfrac{wl^2}{12}$

④ $-\dfrac{wl^2}{8}$

■해설 $R_B = \dfrac{5wl}{4}$

$M_B = -\dfrac{wl^2}{8}$

14. 다음 그림과 같은 내민보에서 C점의 전단력(V_C)과 모멘트(M_C)는 각각 얼마인가?

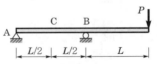

① $V_C = P$, $M_C = -\dfrac{PL}{2}$

② $V_C = -P$, $M_C = -\dfrac{PL}{2}$

③ $V_C = 2P$, $M_C = PL$

④ $V_C = -P$, $M_C = \dfrac{PL}{2}$

■해설 $\Sigma M_B = 0$

$-R_A \times L + P \times L = 0$

$R_A = P(\downarrow)$

$\therefore V_C = -P$, $M_C = -\dfrac{PL}{2}$

15. 지간이 10m이고, 폭 20cm, 높이 30cm인 직사각형 단면의 단순보에서 전 지간에 등분포하중 $w = 2t/m$가 작용할 때 최대 전단응력은?

① 25kg/cm^2

② 30kg/cm^2

③ 35kg/cm^2

④ 40kg/cm^2

■해설 $S_{max} = \dfrac{2 \times 10}{2} = 10t$

$\tau_{max} = \dfrac{3}{2} \cdot \dfrac{S}{A} = \dfrac{3}{2} \cdot \dfrac{10,000}{20 \times 30}$

$= 25\text{kg/cm}^2$

16. "여러 힘의 모멘트는 그 합력의 모멘트와 같다."라는 것은 무슨 원리인가?

① 가상(假想)일의 원리

② 모멘트분배법

③ Varignon의 원리

④ 모어(Mohr)의 정리

17. 다음 중 부정정 트러스를 해석하는 데 적합한 방법은?

① 모멘트분배법

② 처짐각법

③ 가상일의 원리

④ 3연모멘트법

■해설 부정정 트러스는 단위하중법(가상일의 원리)에 의한 해석이 편리하다.

18. 그림과 같은 3힌지 라멘에 등분포하중이 작용할 경우 A점의 수평반력은?

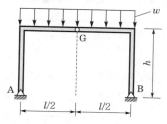

① 0

② $\dfrac{wl^2}{8}(\rightarrow)$

③ $\dfrac{wl^2}{4h}(\rightarrow)$

④ $\dfrac{wl^2}{8h}(\rightarrow)$

해설 좌우대칭이므로

$$V_A = \frac{wl}{2}(\uparrow)$$

$$\Sigma M_G = 0$$

$$\frac{wl}{2} \times \frac{l}{2} - H_A \times h - \frac{wl}{2} \times \frac{l}{4} = 0$$

$$\therefore H_A = \frac{wl^2}{8h}(\rightarrow)$$

19. 아래의 표에서 설명하는 것은?

탄성곡선상의 임의의 두 점 A와 B를 지나는 접선이 이루는 각은 두 점 사이의 휨모멘트도의 면적을 휨강도 EI로 나눈 값과 같다.

① 제 1 공액보의 정리
② 제 2 공액보의 정리
③ 제 1 모멘트면적 정리
④ 제 2 모멘트면적 정리

해설 모멘트면적법

㉠ 제1정리

$$\theta = \frac{M도의 면적(A)}{EI}$$

㉡ 제2정리

$$y = \frac{M도의 면적(A) \times 도심까지 거리(x)}{EI}$$

20. 다음과 같은 단순보에서 최대 휨응력은? (단, 단면은 폭 40cm, 높이 50cm의 직사각형이다.)

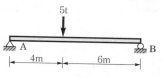

① 72kg/cm^2
② 87kg/cm^2
③ 135kg/cm^2
④ 150kg/cm^2

해설
$$\Sigma M_B = 0$$
$$R_A \times 10 - 5 \times 6 = 0$$
$$R_A = 3t(\uparrow)$$
$$\therefore M_{max} = 3 \times 4 = 12t \cdot m$$
$$\therefore \sigma_{max} = \frac{M}{I}y = \frac{M}{Z} = \frac{6M}{bh^2}$$
$$= \frac{6 \times 12 \times 10^5}{40 \times 50^2} = 72\text{kg/cm}^2$$

1. 변의 길이가 a인 정사각형 단면의 장주(長柱)가 있다. 길이가 L이고, 최대 임계축하중이 P이고 탄성계수가 E라면 다음 설명 중 옳은 것은?

① P는 E에 비례, a의 3제곱에 비례, 길이 L^2에 반비례

② P는 E에 비례, a의 3제곱에 비례, 길이 L^3에 반비례

③ P는 E에 비례, a의 4제곱에 비례, 길이 L^2에 반비례

④ P는 E에 비례, a의 4제곱에 비례, 길이 L에 반비례

 해설 중심축하중

$$P_{cr} = \frac{n\pi^2 EI}{L^2} = \frac{n\pi^2 Ea^4}{12L^2}$$

2. 다음 그림과 같은 구조물에서 B점의 수평변위는? (단, EI는 일정하다.)

① $\dfrac{Prh^2}{4EI}$

② $\dfrac{Prh^2}{3EI}$

③ $\dfrac{Prh^2}{2EI}$

④ $\dfrac{Prh^2}{EI}$

해설

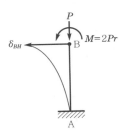

$$\delta_{BH} = \frac{M \cdot h^2}{2EI} = \frac{Prh^2}{EI}$$

3. 그림과 같이 속이 빈 직사각형 단면의 최대 전단응력은? (단, 전단력은 2t)

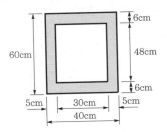

① 2.125kg/cm^2

② 3.22kg/cm^2

③ 4.125kg/cm^2

④ 4.22kg/cm^2

해설
㉠ $G_X = 40 \times 6 \times 27 + 24 \times 5 \times 12 \times 2$
$\qquad = 9,360 \text{cm}^3$

㉡ $I_X = \dfrac{1}{12}(40 \times 60^3 - 30 \times 48^3)$
$\qquad = 443,520 \text{cm}^4$

㉢ $\tau = \dfrac{SG}{Ib} = \dfrac{2,000 \times 9,360}{443,520 \times 5 \times 2}$
$\qquad = 4.2208 \text{kg/cm}^2$

4. 다음 그림과 같은 3활절 포물선 아치의 수평반력(H_A)은?

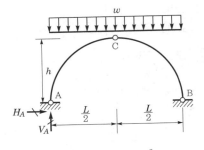

① 0

② $\dfrac{wL^2}{8h}$

③ $\dfrac{3wL^2}{8h}$

④ $\dfrac{5wL^2}{8h}$

⊃ **정답** 1. ③ 2. ④ 3. ④ 4. ②

해설 좌우대칭이므로

$$V_A = \frac{wL}{2}(\uparrow)$$

$$\sum M_C = 0$$

$$\frac{wL}{2} \times \frac{L}{2} - H_A \times h - \frac{wL}{2} \times \frac{L}{4} = 0$$

$$\therefore H_A = \frac{wL^2}{8h}(\rightarrow)$$

5. 다음 그림과 같은 보에서 휨모멘트에 의한 탄성변형에너지를 구한 값은? (단, EI : 일정)

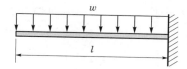

① $\dfrac{w^2 l^5}{8EI}$

② $\dfrac{w^2 l^5}{24EI}$

③ $\dfrac{w^2 l^5}{40EI}$

④ $\dfrac{w^2 l^5}{48EI}$

해설

$$M_x = -\frac{w}{2}x^2$$

$$W_i = \int_0^l \frac{M_x^2}{2EI}dx$$

$$= \frac{1}{2EI}\int_0^l \frac{w^2}{4}\cdot x^4 dx = \frac{w^2}{8EI}\left[\frac{x^5}{5}\right]_0^l$$

$$= \frac{w^2 l^5}{40EI}$$

6. 그림과 같은 2경간 연속보에서 B점이 5cm 아래로 침하하고, C점이 2cm 위로 상승하는 변위를 각각 취했을 때 B점의 휨모멘트로서 옳은 것은?

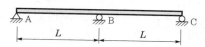

① $20EI/L^2$

② $18EI/L^2$

③ $15EI/L^2$

④ $12EI/L^2$

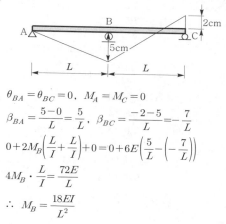

$$\theta_{BA} = \theta_{BC} = 0, \quad M_A = M_C = 0$$

$$\beta_{BA} = \frac{5-0}{L} = \frac{5}{L}, \quad \beta_{BC} = \frac{-2-5}{L} = -\frac{7}{L}$$

$$0 + 2M_B\left(\frac{L}{I} + \frac{L}{I}\right) + 0 = 0 + 6E\left(\frac{5}{L} - \left(-\frac{7}{L}\right)\right)$$

$$4M_B \cdot \frac{L}{I} = \frac{72E}{L}$$

$$\therefore M_B = \frac{18EI}{L^2}$$

7. 무게 1kgf의 물체를 두 끈으로 늘어뜨렸을 때 한 끈이 받는 힘의 크기 순서가 옳은 것은?

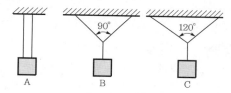

① B > A > C

② C > A > B

③ A > B > C

④ C > B > A

해설
$$T_A = 0.5P$$
$$T_B = 0.707P$$
$$T_C = P$$
$$\therefore C > B > A$$

8. 아래 그림과 같은 캔틸레버보에서 B점의 연직변위(δ_B)는? (단, $M_o = 0.4t \cdot m$, $P = 1.6t$, $L = 2.4m$, $EI = 600t \cdot m^2$ 이다.)

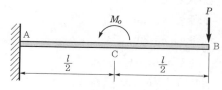

① 1.08cm($\downarrow$)

② 1.08cm($\uparrow$)

③ 1.37cm($\downarrow$)

④ 1.37cm($\uparrow$)

해설 ⓐ 집중하중 P에 의한 B점 변위

$$\delta_P = \frac{PL^3}{3EI}(\downarrow)$$

ⓑ 모멘트하중 M에 의한 B점 변위

$$\delta_M = \frac{3ML^2}{8EI}(\uparrow)$$

ⓒ B점 연직변위

$$\delta_B = \delta_P - \delta_M$$
$$= \frac{1.6 \times 2.4^3}{3 \times 600} - \frac{3 \times 0.4 \times 2.4^2}{8 \times 600}$$
$$= 0.01229 - 0.00144$$
$$= 0.01085\text{m}$$
$$= 1.085\text{cm}(\downarrow)$$

9. 직경 d인 원형 단면의 단면2차극모멘트 I_P의 값은?

① $\dfrac{\pi d^4}{64}$ ② $\dfrac{\pi d^4}{32}$

③ $\dfrac{\pi d^4}{16}$ ④ $\dfrac{\pi d^4}{4}$

해설 $I_P = I_X + I_Y$
$$= 2I_X$$
$$= \frac{\pi D^4}{32}$$

10. 다음 그림과 같은 세 힘이 평형 상태에 있다면 점 C에서 작용하는 힘 P와 BC 사이의 거리 x로 옳은 것은?

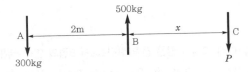

① $P = 200\text{kg}, \ x = 3\text{m}$

② $P = 300\text{kg}, \ x = 3\text{m}$

③ $P = 200\text{kg}, \ x = 2\text{m}$

④ $P = 300\text{kg}, \ x = 2\text{m}$

해설 평형상태이므로
$$\therefore P = 500 - 300 = 200\text{kg}(\downarrow)$$
$$\sum M_B = 0$$
$$200 \times x = 300 \times 2$$
$$\therefore x = 3\text{m}$$

11. 다음 트러스에서 CD 부재의 부재력은?

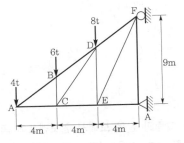

① 5.542t(인장)   ② 6.012t(인장)

③ 7.211t(인장)   ④ 6.242t(인장)

해설

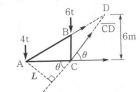

$$L = 4\sin\theta = 4 \times \frac{3}{\sqrt{13}} = \frac{12}{\sqrt{13}}$$

$$\sum M_A = 0$$

$$-\overline{CD} \times \frac{12}{\sqrt{13}} + 6 \times 4 = 0$$

$$\overline{CD} = 24 \times \frac{\sqrt{13}}{12} = 7.2111\text{t}(인장)$$

12. 그림과 같은 캔틸레버보에서 최대 처짐각(θ_B)은? (단, EI는 일정하다.)

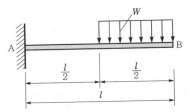

① $\dfrac{3Wl^3}{48EI}$ ② $\dfrac{7Wl^3}{48EI}$

③ $\dfrac{9Wl^3}{48EI}$ ④ $\dfrac{5Wl^3}{48EI}$

해설 $\theta_B = \dfrac{7Wl^3}{48EI}\ (\curvearrowright)$

$$y_B = \frac{41Wl^4}{384EI}\ (\downarrow)$$

13. 평균지름 $d=1,200\text{mm}$, 벽두께 $t=6\text{mm}$를 갖는 긴 강제수도관(鋼製水道管)이 $P=10\text{kg/cm}^2$의 내압을 받고 있다. 이 관벽 속에 발생하는 원환응력(圓環應力)의 크기는?

① 16.6kg/cm^2 ② 450kg/cm^2
③ 900kg/cm^2 ④ $1,000\text{kg/cm}^2$

해설
$$\sigma_t = \frac{PD}{2t} = \frac{10 \times 120}{2 \times 0.6} = 1,000\text{kg/cm}^2$$

14. 다음 그림과 같은 보에서 B 지점의 반력이 $2P$가 되기 위해서 $\dfrac{b}{a}$는 얼마가 되어야 하는가?

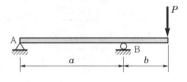

① 0.50 ② 0.75
③ 1.00 ④ 1.25

해설
$\Sigma M_A = 0$
$-R_B \times a + P \times (a+b) = 0$
$-2Pa + Pa + Pb = 0$
$\therefore a = b$이므로
$\dfrac{b}{a} = 1.00$

15. B점의 수직변위가 1이 되기 위한 하중의 크기 P는? (단, 부재의 축강성은 EA로 동일하다.)

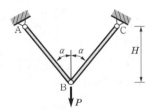

① $\dfrac{E\cos^3\alpha}{AH}$ ② $\dfrac{2E\cos^3\alpha}{AH}$
③ $\dfrac{EA\cos^3\alpha}{H}$ ④ $\dfrac{2EA\cos^3\alpha}{H}$

해설
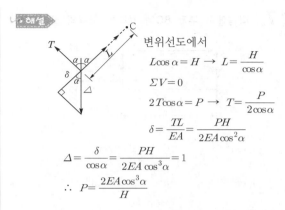
변위선도에서
$L\cos\alpha = H \rightarrow L = \dfrac{H}{\cos\alpha}$
$\Sigma V = 0$
$2T\cos\alpha = P \rightarrow T = \dfrac{P}{2\cos\alpha}$
$\delta = \dfrac{TL}{EA} = \dfrac{PH}{2EA\cos^2\alpha}$
$\Delta = \dfrac{\delta}{\cos\alpha} = \dfrac{PH}{2EA\cos^3\alpha} = 1$
$\therefore P = \dfrac{2EA\cos^3\alpha}{H}$

16. 다음 그림에서 빗금 친 부분의 x축에 관한 단면 2차모멘트는?

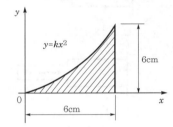

① 56.2cm^4 ② 58.5cm^4
③ 61.7cm^4 ④ 64.4cm^4

해설
$x=0$일 때 $y=0$
$x=6$일 때 $y=6$
$y = \dfrac{1}{6}x^2 \rightarrow x = \sqrt{6y}$
$I_x = \int_0^6 y^2(6-x)dy$
$= \int_0^6 y^2(6-\sqrt{6y})dy$
$= \left[\dfrac{6}{3}y^3 - \sqrt{6}\cdot\dfrac{2}{7}y^{7/2}\right]_0^6$
$= 432 - 370$
$= 62\text{cm}^4$

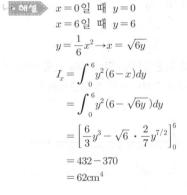

17. 다음에서 부재 BC에 걸리는 응력의 크기는?

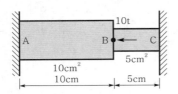

① $\dfrac{2}{3} \text{t/cm}^2$ ② 1t/cm^2

③ $\dfrac{3}{2} \text{t/cm}^2$ ④ 2t/cm^2

해설 ㉠ C점의 반력(R) 산정

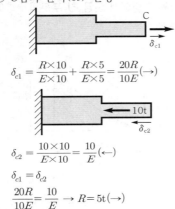

$$\delta_{c1} = \frac{R \times 10}{E \times 10} + \frac{R \times 5}{E \times 5} = \frac{20R}{10E}(\rightarrow)$$

$$\delta_{c2} = \frac{10 \times 10}{E \times 10} = \frac{10}{E}(\leftarrow)$$

$$\delta_{c1} = \delta_{c2}$$

$$\frac{20R}{10E} = \frac{10}{E} \rightarrow R = 5\text{t}(\rightarrow)$$

㉡ BC 부재의 응력

$$\sigma_{BC} = \frac{P}{A} = \frac{5}{5} = 1.0\text{t/cm}^2$$

18. 아래 그림과 같은 단순보의 B점에 하중 5t이 연직 방향으로 작용하면 C점에서의 휨모멘트는?

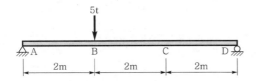

① $3.33\text{t} \cdot \text{m}$

② $5.4\text{t} \cdot \text{m}$

③ $6.67\text{t} \cdot \text{m}$

④ $10.0\text{t} \cdot \text{m}$

해설
$$\Sigma M_A = 0$$
$$-R_D \times 6 + 5 \times 2 = 0$$
$$R_D = \frac{5}{3}\text{t}(\uparrow)$$
$$\therefore \ M_C = \frac{5}{3} \times 2 = \frac{10}{3}\text{t} \cdot \text{m}$$
$$= 3.33\text{t} \cdot \text{m}$$

19. 길이 10m, 폭 20cm, 높이 30cm인 직사각형 단면을 갖는 단순보에서 자중에 의한 최대 휨응력은? (단, 보의 단위중량은 25kN/m³로 균일한 단면을 갖는다.)

① 6.25MPa   ② 9.375MPa

③ 12.25MPa   ④ 15.275MPa

해설
$$W = 25 \times 0.2 \times 0.3 = 1.5\text{kN/m}$$
$$M_{max} = \frac{WL^2}{8} = \frac{1.5 \times 10^2}{8} = 18.75\text{kN} \cdot \text{m}$$
$$\sigma_{max} = \frac{M}{I}y = \frac{M}{Z} = \frac{6M}{bh^2}$$
$$= \frac{6 \times 18.75 \times 10^6}{200 \times 300^2} = 6.25\text{MPa}$$

20. 절점 O는 이동하지 않으며, 재단 A, B, C가 고정일 때 M_{CO}의 크기는 얼마인가? (단, k는 강비이다.)

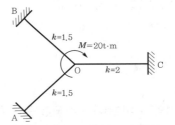

① $2.5\text{t} \cdot \text{m}$ ② $3\text{t} \cdot \text{m}$

③ $3.5\text{t} \cdot \text{m}$ ④ $4\text{t} \cdot \text{m}$

해설 ㉠ 분배율 산정
$$DF_{OC} = \frac{k}{\Sigma k} = \frac{2}{1.5 + 1.5 + 2} = \frac{2}{5}$$

㉡ 분배모멘트(DM)
$$M_{OC} = 20 \times \frac{2}{5} = 8\text{t} \cdot \text{m}$$

㉢ 전달모멘트(CM)
$$M_{CO} = \frac{1}{2} \times 8 = 4\text{t} \cdot \text{m}$$

1. 일반적인 보에서 휨모멘트에 의해 최대 휨응력이 발생되는 위치는 다음 어느 곳인가?

① 부재의 중립축에서 발생

② 부재의 상단에서만 발생

③ 부재의 하단에서만 발생

④ 부재의 상·하단에서 발생

해설 최대 휨응력은 보의 상·하단에서 발생한다.

2. 그림과 같이 $a \times 2a$의 단면을 갖는 기둥에 편심거리 $\dfrac{a}{2}$만큼 떨어져서 P가 작용할 때 기둥에 발생할 수 있는 최대 압축응력은? (단, 기둥은 단주이다.)

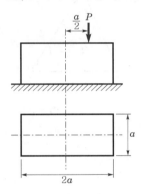

① $\dfrac{4P}{7a^2}$

② $\dfrac{7P}{8a^2}$

③ $\dfrac{13P}{2a^2}$

④ $\dfrac{5P}{4a^2}$

해설
$$\sigma_c = \frac{P}{A} + \frac{Pe}{Z}$$

$$= \frac{P}{a \times 2a} + \frac{6 \times P \times \frac{a}{2}}{a \times (2a)^2}$$

$$= \frac{P}{2a^2} + \frac{3P}{4a^2}$$

$$= \frac{5P}{4a^2}$$

3. 30cm×50cm인 단면의 보에 6t의 전단력이 작용할 때 이 단면에 일어나는 최대 전단응력은?

① 3kg/cm^2

② 6kg/cm^2

③ 9kg/cm^2

④ 12kg/cm^2

해설
$$\tau_{\max} = \frac{3}{2}\frac{S}{A} = \frac{3}{2} \times \frac{6,000}{30 \times 50}$$
$$= 6\text{kg/cm}^2$$

4. 그림과 같은 연속보에서 B점의 지점반력은?

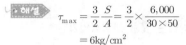
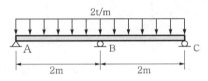

① 5t

② 2.67t

③ 1.5t

④ 1t

해설
$$R_B = \frac{5wL}{4} = \frac{5 \times 2 \times 2}{4} = 5t\,(\uparrow)$$

$$M_B = -\frac{wL^2}{8} = -\frac{2 \times 2^2}{8} = -1t \cdot m$$

5. 기둥의 해석 및 단주와 장주의 구분에 사용되는 세장비에 대한 설명으로 옳은 것은?

① 기둥단면의 최소 폭을 부재의 길이로 나눈 값이다.

② 기둥단면의 단면2차모멘트를 부재의 길이로 나눈 값이다.

③ 기둥부재의 길이를 단면의 최소 회전반경으로 나눈 값이다.

④ 기둥단면의 길이를 단면2차모멘트로 나눈 값이다.

해설 세장비
$$\lambda = \frac{l}{r} = \frac{l}{\sqrt{\dfrac{I}{A}}}$$

6. 동일한 평면상의 한 점에 여러 개의 힘이 작용하고 있을 때, 여러 개의 힘의 어떤 점에 대한 모멘트의 합은 그 합력의 동일 점에 대한 모멘트와 같다는 것은 다음 중 어떤 정리인가?

① Mohr의 정리
② Lami의 정리
③ Castigliano의 정리
④ Varignon의 정리

[해설] 바리뇽(Varignon)의 정리에 대한 설명이다.

7. 그림과 같은 라멘은 몇차 부정정인가?

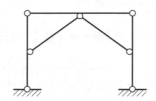

① 1차 부정정
② 2차 부정정
③ 3차 부정정
④ 4차 부정정

[해설]
$n = r - 3m$
$= 16 - 3 \times 5$
$= 1$차 부정정

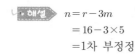

8. 변형에너지(strain energy)에 속하지 않는 것은?

① 외력의 일(external work)
② 축방향 내력의 일
③ 휨모멘트에 의한 내력의 일
④ 전단력에 의한 내력의 일

[해설] $W_i = W_{iM} + W_{iN} + W_{iS} + W_{iT}$

9. 푸아송비(Poisson's ratio)가 0.2일 때 푸아송수는?

① 2
② 3
③ 5
④ 8

[해설]
㉠ $\nu = -\dfrac{1}{m} = \dfrac{\beta}{\varepsilon}$
㉡ $m = \dfrac{1}{\nu} = \dfrac{1}{0.2} = 5$

10. 아래 그림과 같은 단순보의 양 지점에 같은 크기의 휨모멘트(M)가 작용할 때 A점의 처짐각은? (단, R_A는 A 지점에서 발생하는 수직반력이다.)

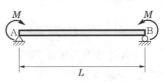

① $\dfrac{R_A L}{2EI}$
② $\dfrac{R_A L}{3EI}$
③ $\dfrac{ML}{2EI}$
④ $\dfrac{ML}{3EI}$

[해설] $\theta_A = \theta_B = \dfrac{ML}{2EI}$, $y_{\max} = \dfrac{ML^2}{8EI}$

11. 아래 그림과 같은 삼각형에서 $x-x$축에 대한 단면2차모멘트는?

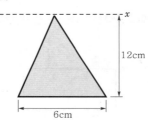

① $2{,}592\text{cm}^4$
② $2{,}845\text{cm}^4$
③ $3{,}114\text{cm}^4$
④ $3{,}426\text{cm}^4$

[해설]
$I_x = I_X + A{y_0}^2$
$= \dfrac{bh^3}{36} + \dfrac{bh}{2} \times \left(\dfrac{2h}{3}\right)^2 = \dfrac{bh^3}{4}$
$= \dfrac{6 \times 12^3}{4} = 2{,}592\text{cm}^4$

12. 길이 l, 직경 d인 원형 단면봉이 인장하중 P를 받고 있다. 응력이 단면에 균일하게 분포한다고 가정할 때, 이봉에 저장되는 변형에너지를 구한 값으로 옳은 것은? (단, 봉의 탄성계수는 E이다.)

① $\dfrac{4P^2 l}{\pi d^2 E}$
② $\dfrac{2P^2 l}{\pi d^2 E}$
③ $\dfrac{4Pl^2}{\pi d^2 E}$
④ $\dfrac{2Pl^2}{\pi d^2 E}$

☞해설
$$\Delta l = \delta = \frac{Pl}{EA}$$

$$U = \frac{1}{2}P\delta = \frac{P}{2} \cdot \frac{Pl}{EA} = \frac{P^2 l}{2EA}$$

$$= \frac{4P^2 l}{2E\pi d^2} = \frac{2P^2 l}{E\pi d^2}$$

13.
다음 삼각형(ABC) 단면에서 y축으로부터 도심까지의 거리는?

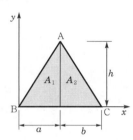

① $\dfrac{2a+b}{3}$ 　　　　　② $\dfrac{a+2b}{2}$

③ $\dfrac{2a+b}{2}$ 　　　　　④ $\dfrac{a+2b}{3}$

☞해설
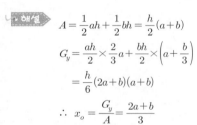

$$A = \frac{1}{2}ah + \frac{1}{2}bh = \frac{h}{2}(a+b)$$

$$G_y = \frac{ah}{2} \times \frac{2}{3}a + \frac{bh}{2} \times \left(a + \frac{b}{3}\right)$$

$$= \frac{h}{6}(2a+b)(a+b)$$

$$\therefore \ x_o = \frac{G_y}{A} = \frac{2a+b}{3}$$

14.
그림과 같은 3-Hinge 아치의 수평반력 H_A는 몇 ton인가?

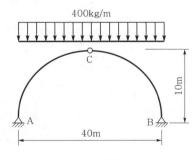

① 6 　　　　　② 8

③ 10 　　　　　④ 12

☞해설
$$\sum M_B = 0$$
$$V_A \times 40 - 400 \times 40 \times 20 = 0$$
$$V_A = 8,000\text{kg} = 8\text{t}$$
$$\sum M_C = 0$$
$$8,000 \times 20 - H_A \times 10 - 400 \times 20 \times 10 = 0$$
$$H_A = 8,000\text{kg} = 8\text{t}(\rightarrow)$$

15.
다음 보에서 반력 R_A는?

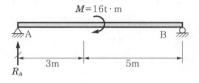

① 2t($\downarrow$) 　　　　　② 2t($\uparrow$)

③ 8t($\downarrow$) 　　　　　④ 8t($\uparrow$)

☞해설
$$\sum M_B = 0$$
$$R_A \times 8 + 16 = 0$$
$$R_A = -2\text{t}(\downarrow)$$

16.
직사각형 단면의 단순보가 등분포하중 w를 받을 때 발생되는 최대 처짐에 대한 설명으로 옳은 것은?
① 보의 폭에 비례한다.
② 보의 높이의 3승에 비례한다.
③ 보의 길이의 2승에 반비례한다.
④ 보의 탄성계수에 반비례한다.

☞해설
$$y = \frac{5wL^4}{384EI} = \frac{5 \times 12 \times wL^4}{384Ebh^3}$$

$$= \frac{5wL^4}{32Ebh^3}$$

17.
변형률이 0.015일 때 응력이 1,200kg/cm²이면 탄성계수(E)는?
① $6 \times 10^4 \text{kg/cm}^2$
② $7 \times 10^4 \text{kg/cm}^2$
③ $8 \times 10^4 \text{kg/cm}^2$
④ $9 \times 10^4 \text{kg/cm}^2$

☞해설 　$\sigma = E\varepsilon$ 로부터
$$E = \frac{\sigma}{\varepsilon} = \frac{1,200}{0.015} = 80,000\text{kg/cm}^2$$
$$= 8.0 \times 10^4 \text{kg/cm}^2$$

18. 아래 그림과 같은 단순보에서 최대 휨모멘트는?

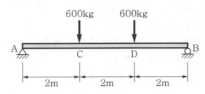

① 1,380kg · m   ② 1,056kg · m

③ 1,260kg · m   ④ 1,200kg · m

해설 ㉠ 반력산정

좌우대칭이므로 $R_A = R_B = 600\text{kg}(\uparrow)$

㉡ 최대 휨모멘트

$M_C = M_D = 600 \times 2 = 1,200\text{kg} \cdot \text{m}$

19. 그림과 같은 구조물에서 부재 AB가 받는 힘의 크기는?

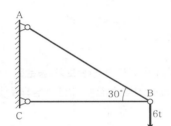

① 3t   ② 6t

③ 12t   ④ 18t

해설 절점 B에서

$\sum V = 0$

$\overline{AB} \sin 30° = 6$

$\overline{AB} = 12\text{t} \,(인장)$

20. 다음 설명 중 옳지 않은 것은?

① 도심축에 대한 단면1차모멘트는 0(零)이다.

② 주축은 서로 45° 혹은 90°를 이룬다.

③ 단면1차모멘트는 단면의 도심을 구할 때 사용된다.

④ 단면2차모멘트의 부호는 항상 (+)이다.

해설 주축은 서로 직각(90°)을 이룬다.

1. 그림과 같은 양단 고정보에서 지점 B를 반시계방향으로 1rad만큼 회전시켰을 때 B점에 발생하는 단모멘트의 값이 옳은 것은?

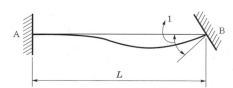

① $\dfrac{2EI}{L^2}$ ② $\dfrac{4EI}{L}$

③ $\dfrac{2EI}{L}$ ④ $\dfrac{4EI^2}{L}$

해설 ㉠ 경계조건

$\theta_A = 0$, $R = 0$, $C_{AB} = C_{BA} = 0$

㉡ 처짐각법 적용, $\theta_B = 1$의 경우

$M_{BA} = 2E\dfrac{I}{L}(0 + 2\theta_B - 0) + 0$

$= \dfrac{4EI\theta_B}{L} = \dfrac{4EI}{L}$

2. 아치축선이 포물선인 3활절 아치가 그림과 같이 등분포하중을 받고 있을 때, 지점 A의 수평반력은?

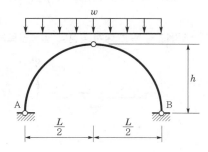

① $\dfrac{wL^2}{8h}(\leftarrow)$ ② $\dfrac{wh^2}{8L}(\leftarrow)$

③ $\dfrac{wL^2}{8h}(\rightarrow)$ ④ $\dfrac{wh^2}{8L}(\rightarrow)$

해설

$\sum M_B = 0$

$V_A \times L - wL \times \dfrac{L}{2} = 0$

$\therefore\ V_A = \dfrac{wL}{2}(\uparrow)$

$\sum M_G = 0$

$\dfrac{wL}{2} \times \dfrac{L}{2} - H_A \times h - \dfrac{wL}{2} \times \dfrac{L}{4} = 0$

$\therefore\ H_A = \dfrac{wL^2}{8h}(\rightarrow)$

3. 다음 그림과 같은 양단고정인 보가 등분포하중 w를 받고 있다. 모멘트가 0이 되는 위치는 지점 A부터 약 얼마 떨어진 곳에 있는가? (단, EI는 일정하다.)

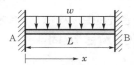

① $0.112L$ ② $0.212L$

③ $0.332L$ ④ $0.412L$

해설

$R_A = \dfrac{wL}{2}(\uparrow)$, $M_A = \dfrac{wL^2}{12}(\circlearrowleft)$

$M_x = \dfrac{wL}{2} \times x - \dfrac{wL^2}{12} - \dfrac{w}{2}x^2 = 0$

$x^2 - Lx + \dfrac{L^2}{6} = 0$

$x = \dfrac{L}{2}\left(1 \pm \dfrac{\sqrt{3}}{3}\right)$

$\therefore\ x = 0.2113L$ 또는 $0.7887L$

4. 길이가 8m이고 단면이 3cm×4cm인 직사각형 단면을 가진 양단고정인 장주의 중심축에 하중이 작용할 때 좌굴응력은 약 얼마인가? (단, $E = 2 \times 10^6$ kg/cm²이다.)

① 74.7 kg/cm²
② 92.5 kg/cm²
③ 143.2 kg/cm²
④ 195.1 kg/cm²

해설

$$\lambda^2 = \left(\frac{l}{r}\right)^2 = \frac{Al^2}{I}, \quad n = 4$$

$$\sigma_b = \frac{n\pi^2 E}{\lambda^2}$$

$$= \frac{4 \times \pi^2 \times 2.0 \times 10^6 \times 4 \times 3^3}{12 \times 3 \times 4 \times 800^2}$$

$$= 92.5275 \text{kg/cm}^2$$

5. 직경 d인 원형 단면 기둥의 길이가 4m이다. 세장비가 100이 되도록 하려면 이 기둥의 직경은?

① 9cm   ② 13cm

③ 16cm   ④ 25cm

해설

$$r_{\min} = \sqrt{\frac{I}{A}} = \frac{D}{4}$$

$$\lambda = \frac{l}{r} = \frac{4l}{D} = 100$$

$$D = \frac{4 \times 4}{100} = 0.16\text{m} = 16\text{cm}$$

6. 그림과 같은 단순보에서 휨모멘트에 의한 탄성변형에너지는? (단, EI는 일정하다.)

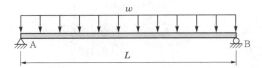

① $\dfrac{w^2 L^5}{40 EI}$ ② $\dfrac{w^2 L^5}{96 EI}$

③ $\dfrac{w^2 L^5}{240 EI}$ ④ $\dfrac{w^2 L^5}{384 EI}$

해설

$$M_x = \frac{wL}{2}x - \frac{w}{2}x^2$$

$$U = \int_0^L \frac{M_x^2}{2EI}\,dx$$

$$= \int_0^L \left(\frac{wL}{2}x - \frac{w}{2}x^2\right)^2 \frac{dx}{2EI}$$

$$= \frac{w^2 L^5}{240 EI}$$

7. 아래 그림과 같은 봉에 작용하는 힘들에 의한 봉 전체의 수직처짐의 크기는?

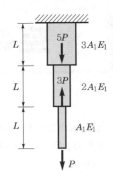

① $\dfrac{PL}{A_1 E_1}$ ② $\dfrac{2PL}{3 A_1 E_1}$

③ $\dfrac{4PL}{3 A_1 E_1}$ ④ $\dfrac{3PL}{2 A_1 E_1}$

해설

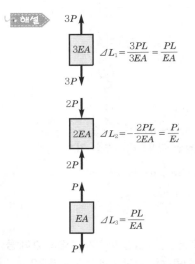

$$\Delta L_1 = \frac{3PL}{3EA} = \frac{PL}{EA}$$

$$\Delta L_2 = -\frac{2PL}{2EA} = \frac{P_L}{E_A}$$

$$\Delta L_3 = \frac{PL}{EA}$$

$$\therefore \Delta L = \Delta L_1 + \Delta L_2 + \Delta L_3 = \frac{PL}{EA}$$

8. 아래 그림과 같은 보에서 A점의 휨모멘트는?

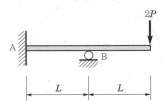

① $\dfrac{PL}{8}$ (시계방향)   ② $\dfrac{PL}{2}$ (시계방향)

③ $\dfrac{PL}{2}$ (반시계방향)   ④ PL (시계방향)

해설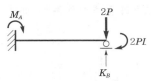

B 절점에 모멘트 $2PL$이 A 고정단이므로 1/2
이 절단된다.

$$M_A = \frac{1}{2}M_B = PL(\circlearrowleft)$$

$$R_B = \frac{3}{2}\frac{M_B}{L} + 2P$$

$$= \frac{3}{2}\cdot\frac{2PL}{L} + 2P = 5P(\uparrow)$$

9. 그림과 같은 사다리꼴의 도심 G의 위치 $\overline{y}$로 옳은
것은?

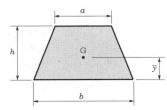

① $\overline{y} = \frac{h}{3}\frac{a+b}{a+2b}$ ② $\overline{y} = \frac{h}{3}\frac{a+b}{2a+b}$

③ $\overline{y} = \frac{h}{3}\frac{a+2b}{a+b}$ ④ $\overline{y} = \frac{h}{3}\frac{2a+b}{a+b}$

해설 $\quad y = \frac{G_x}{A} = \frac{h(2a+b)}{3(a+b)}$

10. 그림과 같은 구조물에 하중 W가 작용할 때 P
의 크기는? (단, $0° < \alpha < 180°$이다.)

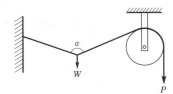

① $P = \dfrac{W}{2\cos\dfrac{\alpha}{2}}$ ② $P = \dfrac{W}{2\cos\alpha}$

③ $P = \dfrac{W}{\cos\dfrac{\alpha}{2}}$ ④ $P = \dfrac{2W}{\cos\dfrac{\alpha}{2}}$

해설

$$\sum V = 0$$

$$W = 2P\cos\frac{\alpha}{2}$$

$$\therefore\ P = \frac{W}{2\cos\dfrac{\alpha}{2}}$$

11. 그림과 같은 게르버보의 E점(지점 C에서 오른
쪽으로 10m 떨어진 점)에서의 휨모멘트 값은?

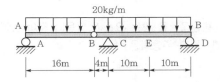

① 600kg · m   ② 640kg · m

③ 1,000kg · m   ④ 1,600kg · m

해설

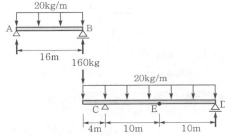

$$\sum M_C = 0$$

$$-R_D\times 20 - 160\times 4 + 20\times 20\times 10 - 20\times 4\times 2 = 0$$

$$R_D = \frac{3,200}{20} = 160\text{kg}(\uparrow)$$

$$M_E = 160\times 10 - 20\times 10\times 5 = 600\text{kg}\cdot\text{m}$$

12. 다음 그림에서 지점 A와 C에서의 반력을 각각
R_A와 R_C라고 할 때, R_A의 크기는?

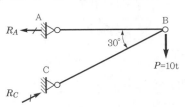

① 20t   ② 17.32t

③ 10t   ④ 8.66t

해설 ▷ 반력 R_A는 AB 부재력과 같다.

$\Sigma V = 0$

$\overline{BC} \sin 30° = 10$

$\overline{BC} = 20t \, (압축)$

$\Sigma H = 0$

$\overline{AB} = \overline{BC} \cos 30°$

$= 20 \times \dfrac{\sqrt{3}}{2} = 17.32t$

$\therefore R_A = \overline{AB} = 17.32t \, (\leftarrow)$

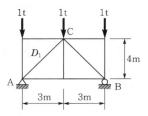

13. 평면응력을 받는 요소가 다음과 같이 응력을 받고 있다. 최대 주응력은?

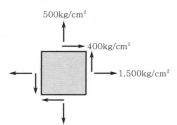

① 640kg/cm^2 ② 360kg/cm^2

③ $1,360 \text{kg/cm}^2$ ④ $1,640 \text{kg/cm}^2$

해설 ▷ $\sigma_1 = \dfrac{\sigma_x + \sigma_y}{2} + \sqrt{\left(\dfrac{\sigma_x - \sigma_y}{2}\right)^2 + \tau_{xy}^2}$

$= \dfrac{1,500 + 500}{2} + \sqrt{\left(\dfrac{1,500 - 500}{2}\right)^2 + 400^2}$

$= 1,000 + 640.31$

$= 1,640.31 \text{kg/cm}^2$

14. 그림과 같이 속이 빈 원형 단면(음영 부분)의 도심에 대한 극관성 모멘트는?

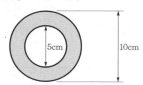

① 460cm^4 ② 760cm^4

③ 840cm^4 ④ 920cm^4

해설 ▷ $I_X = \dfrac{\pi}{64}\left(D^4 - d^4\right) = 459.96 \text{cm}^4$

$I_P = I_X + I_Y = 2I_X$

$= 2 \times 459.96$

$= 919.92 \text{cm}^4$

15. 그림과 같은 정정 트러스에서 D_1부재($\overline{AC}$)의 부재력은?

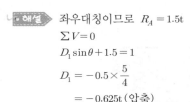

① $0.625t \, (인장력)$

② $0.625t \, (압축력)$

③ $0.75t \, (인장력)$

④ $0.75t \, (압축력)$

해설 ▷ 좌우대칭이므로 $R_A = 1.5t$

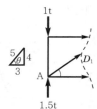

$\Sigma V = 0$

$D_1 \sin\theta + 1.5 = 1$

$D_1 = -0.5 \times \dfrac{5}{4}$

$= -0.625t \, (압축)$

16. 그림과 같이 길이 20m인 단순보의 중앙점 아래 1cm 떨어진 곳에 지점 C가 있다. 이 단순보가 등분포하중 $w = 1t/m$를 받는 경우 지점 C의 수직반력 R_{cy}는? (단, $EI = 2.0 \times 10^{12} \text{kg} \cdot \text{cm}^2$이다.)

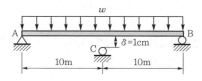

① 200kg ② 300kg

③ 400kg ④ 500kg

해설 ▷ $w = 1t/m = 10 \text{kg/cm}$

$\delta_c = \dfrac{5wL^4}{384EI} - \dfrac{R_c L^3}{48EI} = 1 \text{cm}$

$\dfrac{5 \times 10 \times 2,000^4}{384 \times 2.0 \times 10^{12}} - \dfrac{R_c \times 2,000^3}{48 \times 2.0 \times 10^{12}} = 1$

$R_c = (1.04167 - 1) \times \dfrac{48 \times 2.0 \times 10^{12}}{2,000^3}$

$= 500 \text{kg} \, (\uparrow)$

17. 탄성계수는 $2.3\times10^6 \mathrm{kg/cm^2}$, 푸아송비는 0.35일 때 전단탄성계수의 값을 구하면?

① $8.1\times10^5 \mathrm{kg/cm^2}$ ② $8.5\times10^5 \mathrm{kg/cm^2}$

③ $8.9\times10^5 \mathrm{kg/cm^2}$ ④ $9.3\times10^5 \mathrm{kg/cm^2}$

 해설

$$G=\frac{E}{2(1+\nu)}=\frac{2.3\times10^6}{2(1+0.35)}$$
$$=851,852 \mathrm{kg/cm^2}$$
$$=8.52\times10^5 \mathrm{kg/cm^2}$$

18. 그림과 같은 T형 단면을 가진 단순보가 있다. 이 보의 지간은 3m이고, 지점으로부터 1m 떨어진 곳에 하중 $P=450\mathrm{kg}$이 작용하고 있다. 이 보에 발생하는 최대 전단응력은?

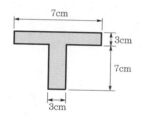

① $14.8 \mathrm{kg/cm^2}$ ② $24.8 \mathrm{kg/cm^2}$

③ $34.8 \mathrm{kg/cm^2}$ ④ $44.8 \mathrm{kg/cm^2}$

해설

$$\Sigma M_A = 0$$
$$-R_B\times3+450\times2=0$$
$$R_B=300\mathrm{kg}(\uparrow)$$
$$R_A=450-300=150\mathrm{kg}(\uparrow)$$
$$\therefore S_{\max}=300\mathrm{kg}$$
$$y_0=\frac{G_x}{A}=\frac{7\times3\times8.5+3\times7\times3.5}{7\times3+3\times7}=6\mathrm{cm}$$
$$G_X=3\times6\times3=54\mathrm{cm^3}$$
$$I_X=\frac{7\times3^3}{12}+7\times3\times2.5^2+\frac{3\times7^3}{12}+3\times7\times2.5^2$$
$$=364\mathrm{cm^4}$$
$$\tau_{\max}=\frac{S_{\max}G_X}{I_Xb}$$
$$=\frac{300\times54}{364\times3}=14.84\mathrm{kg/cm^2}$$

19. 그림과 같은 보에서 최대 처짐이 발생하는 위치는? (단, 부재의 EI는 일정하다.)

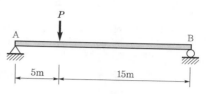

① A점으로부터 5.00m 떨어진 곳

② A점으로부터 6.18m 떨어진 곳

③ A점으로부터 8.82m 떨어진 곳

④ A점으로부터 10.00m 떨어진 곳

해설

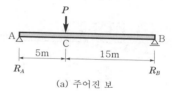

(a) 주어진 보

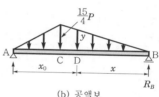

(b) 공액보

(c) 자유물체도

㉠ 주어진 보에서

$$R_A=\frac{Pb}{L}=\frac{3}{4}P, \quad R_B=\frac{Pa}{L}=\frac{1}{4}P$$

㉡ 공액보에서

$$P_1=\frac{1}{2}\times5\times\frac{15}{4}P=\frac{75}{8}P$$
$$P_2=\frac{1}{2}\times15\times\frac{15}{4}P=\frac{225}{8}P$$
$$\Sigma M_A=0$$
$$\frac{75}{8}P\times5\times\frac{2}{3}+\frac{225}{8}P\times\left(5+15\times\frac{1}{3}\right)$$
$$-R_B\times20=0$$
$$\therefore R_B=\frac{1,250}{4\times20}P=\frac{125}{8}P(\uparrow)$$

ⓒ 최대처짐 위치

최대처짐이 발생하는 점에서 처짐각은 0이다.

$15 : \dfrac{15}{4}P = x : y \;\rightarrow\; y = \dfrac{P}{4}x$

자유물체도에서 BD 면적이 θ_D이다.

$\dfrac{1}{2} \times x \times \dfrac{P}{4}x - \dfrac{125}{8}P = 0$

$\therefore \; x = \sqrt{125} = 11.18\text{m}\,(\text{B점으로부터})$

$\therefore$ A점으로부터는

$x_o = 20 - 11.18 = 8.82\text{m}$

26. 그림과 같은 단순보의 최대 전단응력 $\tau_{\max}$를 구하면? (단, 보의 단면은 지름이 D인 원이다.)

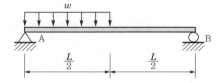

① $\dfrac{wL}{2\pi D^2}$ ② $\dfrac{9wL}{4\pi D^2}$

③ $\dfrac{3wL}{2\pi D^2}$ ④ $\dfrac{2wL}{\pi D^2}$

해설 $\sum M_B = 0$

$R_A \times L - \dfrac{wL}{2} \times \dfrac{3}{4}L = 0$

$R_A = \dfrac{3}{8}wL(\uparrow)$

$R_B = \dfrac{wL}{8}(\uparrow)$

$\therefore \; S_{\max} = \dfrac{3}{8}wL$

$\therefore \; \tau_{\max} = \dfrac{4}{3}\dfrac{S}{A} = \dfrac{4}{3} \times \dfrac{4}{\pi D^2} \times \dfrac{3}{8}wL$

$\qquad = \dfrac{2wL}{\pi D^2}$

1. 그림과 같은 역계에서 합력 R의 위치 x의 값은?

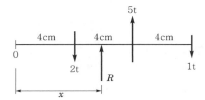

① 6cm
② 8cm
③ 10cm
④ 12cm

해설 ㉠ 합력(R)

$\downarrow \oplus$; $R=+2-5+1=-2t(\uparrow)$

㉡ 합력의 위치(x)

$\sum M_o=0$

$2\times x+2\times4-5\times8+1\times12=0$

$\therefore\ x=10cm$

2. 그림과 같이 ABC의 중앙점에 10t의 하중을 달았을 때 정지하였다면 장력 T의 값은 몇 t인가?

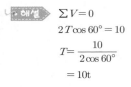

① 10
② 8.66
③ 5
④ 15

해설 $\sum V=0$

$2T\cos60°=10$

$T=\dfrac{10}{2\cos60°}$

$=10t$

3. 그림과 같은 라멘에서 C점의 휨모멘트는?

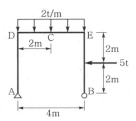

① $-11t\cdot m$
② $-14t\cdot m$
③ $-17t\cdot m$
④ $-20t\cdot m$

해설 ㉠ 반력산정

$\sum M_B=0$

$V_A\times4-2\times4\times2-5\times2=0$

$V_A=6.5t(\uparrow)$

$\sum H=0$

$H_A=5t(\rightarrow)$

㉡ C점의 휨모멘트

$M_C=6.5\times2-5\times4-2\times2\times1$

$=-11t\cdot m$

4. 축방향력 N, 단면적 A, 탄성계수 E일 때 축방향 변형에너지를 나타내는 식은?

① $\displaystyle\int_0^L\frac{N^2}{2EA}dx$
② $\displaystyle\int_0^L\frac{N}{2EA}dx$
③ $\displaystyle\int_0^L\frac{N^2}{EA}dx$
④ $\displaystyle\int_0^L\frac{N}{EA}dx$

해설 탄성변형에너지

$W_i=W_{iM}+W_{iN}+W_{iS}+W_{iT}$

$=\displaystyle\int\frac{M^2}{2EI}dx+\int\frac{N^2}{2EA}dx+\int\frac{kS^2}{2GA}dx$

$+\displaystyle\int\frac{T^2}{2GI_P}dx$

5. 다음의 트러스에서 부재 D_1의 응력은?

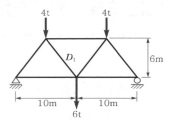

① 3.4t(인장) ② 3.6t(인장)
③ 4.24t(인장) ④ 3.91t(인장)

해설 ㉠ 좌우대칭이므로
$$R_A = 7\text{t}(\uparrow)$$

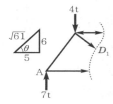

㉡ D_1 부재력 산정
$$\sum V = 0$$
$$D_1 \sin\theta + 4 - 7 = 0$$
$$D_1 = 3 \times \frac{\sqrt{61}}{6} = 3.9051\text{t}(\text{인장})$$

6. 아래 그림과 같은 단순보의 중앙점의 휨모멘트는?

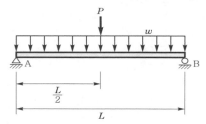

① $\dfrac{PL}{2} + \dfrac{wL^2}{8}$ ② $\dfrac{PL}{2} + \dfrac{wL^2}{4}$

③ $\dfrac{PL}{4} + \dfrac{wL^2}{8}$ ④ $\dfrac{PL}{4} + \dfrac{wL^2}{4}$

해설 $M_{\max} = M_P + M_w = \dfrac{PL}{4} + \dfrac{wL^2}{8}$

7. 지름 30cm인 단면의 보에 9t의 전단력이 작용할 때 이 단면에 일어나는 최대 전단응력은 약 얼마인가?

① 9kg/cm^2 ② 12kg/cm^2
③ 15kg/cm^2 ④ 17kg/cm^2

해설 최대 전단응력
$$\tau_{\max} = \frac{4}{3}\frac{S}{A} = \frac{4}{3} \times \frac{4 \times 9,000}{\pi \times 30^2} = 16.9765\text{kg/cm}^2$$

8. 아래 그림과 같은 보에서 지점 A의 수직반력(R_A)은?

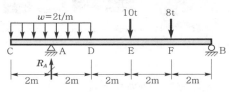

① 10t($\uparrow$) ② 15t($\uparrow$)
③ 18t($\uparrow$) ④ 22t($\uparrow$)

해설 $\sum M_B = 0$
$$R_A \times 8 - 2 \times 4 \times 8 - 10 \times 4 - 8 \times 2 = 0$$
$$R_A = \frac{120}{8} = 15\text{t}(\uparrow)$$

9. 그림과 같은 1차 부정정보의 부재 중에서 B 지점을 제외한 모멘트가 0이 되는 곳은 A점에서 얼마 떨어진 곳인가? (단, 자중은 무시한다.)

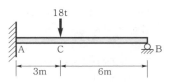

① 3m ② 2.50m
③ 1.96m ④ 1.50m

해설

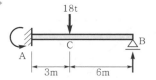

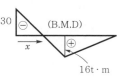

$$R_B = \frac{Pa^2}{2L^3}(3L-a) = \frac{8}{3}\text{t}(\uparrow)$$

$$M_C = \frac{8}{3} \times 6 = 16\text{t} \cdot \text{m}$$

$$M_A = -\frac{Pab}{2L^2}(L+b) = -30\text{t} \cdot \text{m}$$

비례식에 의하여 $30 : x = 46 : 3$
$$\therefore x = 1.9565\text{m}$$

10. 다음 그림과 같은 구조물에서 이 보의 단면이 받는 최대 전단응력의 크기는?

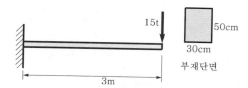

부재단면

① 10kg/cm^2 ② 15kg/cm^2

③ 20kg/cm^2 ④ 25kg/cm^2

해설

$$S_{\max} = 15\text{t}$$
$$\tau_{\max} = \frac{3}{2}\frac{S}{A} = \frac{3}{2} \times \frac{15,000}{30 \times 50}$$
$$= 15\text{kg/cm}^2$$

11. 그림과 같은 라멘(Rahmen)을 판별하면?

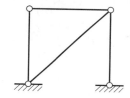

① 불안정   ② 정정

③ 1차 부정정   ④ 2차 부정정

해설

$$n = r - 3m = 12 - 3 \times 4 = 0 \,(\text{정정})$$

12. 전체 길이 L인 단순보의 지간 중앙에 집중하중 P가 수직으로 작용하는 경우 최대 처짐은? (단, EI는 일정하다.)

① $\dfrac{PL^3}{8EI}$ ② $\dfrac{PL^3}{24EI}$

③ $\dfrac{PL^3}{48EI}$ ④ $\dfrac{PL^3}{384EI}$

해설

$$\theta_A = \theta_B = \frac{PL^2}{16EI}$$
$$y_{\max} = \frac{PL^3}{48EI}$$

13. 단면상승모멘트의 단위로서 옳은 것은?

① cm   ② cm^2

③ cm^3 ④ cm^4

14. 단면적 A인 도형의 중립축에 대한 단면2차모멘트를 I_G라 하고 중립축에서 y만큼 떨어진 축에 대한 단면2차모멘트를 I라 할 때 I로 옳은 것은?

① $I = I_G + Ay^2$ ② $I = I_G + A^2y$

③ $I = I_G - Ay^2$ ④ $I = I_G - A^2y$

해설 평행축 정리

$$I_x = I_X + Ay_0^2$$

15. 지름 $d = 2\text{cm}$인 강봉을 $P = 10\text{t}$의 축방향력으로 인장시킬 때 봉의 횡방향 수축량은? (단, 푸아송비 $\nu = \dfrac{1}{3}$, $E = 2 \times 10^6 \text{kg/cm}^2$)

① 0.0006cm

② 0.0011cm

③ 0.0071cm

④ 0.0832cm

해설

$$\nu = \frac{1}{m} = \frac{\beta}{\varepsilon}, \ \Delta l = \frac{Pl}{EA} \text{ 로부터}$$
$$\Delta d = \nu \cdot \frac{4P}{E\pi d} = \frac{1}{3} \cdot \frac{4 \times 10,000}{2.0 \times 10^6 \times \pi \times 2}$$
$$= 0.001061\text{cm}$$

16. 그림과 같은 보에서 D점의 전단력은?

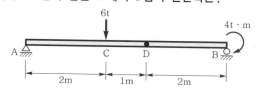

① $+2.8\text{t}$ ② -2.8t

③ $+3.2\text{t}$ ④ -3.2t

해설

$$\Sigma M_A = 0$$
$$6 \times 2 - R_B \times 5 + 4 = 0$$
$$R_B = 3.2\text{t}(\uparrow)$$
$$\therefore S_{B \sim C} = -3.2\text{t}$$

17. 다음 중 부정정 구조물의 해법으로 적합하지 않은 것은?

① 3연모멘트정리   ② 변위일치법

③ 처짐각법   ④ 모멘트면적법

해설 ④의 모멘트면적법은 처짐, 처짐각을 구하는 방법이다.

18. 아래 그림과 같은 원형 단주의 단면에서 핵(core)의 반지름(e)은?

① 15mm   ② 25mm

③ 50mm   ④ 65mm

해설 $e = \dfrac{d}{8} = \dfrac{r}{4} = \dfrac{100}{4} = 25mm$

19. 지름이 D인 원형 단면보에 휨모멘트 M이 작용할 때 최대 휨응력은?

① $\dfrac{16M}{\pi D^3}$ ② $\dfrac{6M}{\pi D^3}$

③ $\dfrac{32M}{\pi D^3}$ ④ $\dfrac{64M}{\pi D^3}$

해설 ㉠ 원형 단면의 단면계수

$$Z = \frac{I}{y} = \frac{\pi D^3}{32}$$

㉡ 최대 휨응력

$$\sigma_{max} = \frac{M}{I}y = \frac{M}{Z} = \frac{32M}{\pi D^3}$$

20. 재질, 단면적, 길이가 같은 장주에서 양단활절 기둥의 좌굴하중과 양단고정 기둥의 좌굴하중과의 비는?

① 1 : 16   ② 1 : 8

③ 1 : 4   ④ 1 : 2

해설 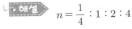 $n = \dfrac{1}{4} : 1 : 2 : 4$

∴ 1 : 4

1. 바닥은 고정, 상단은 자유로운 기둥의 좌굴 형상이 그림과 같을 때 임계하중은 얼마인가?

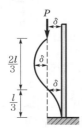

① $\dfrac{\pi^2 EI}{4l}$ ② $\dfrac{9\pi^2 EI}{4l^2}$

③ $\dfrac{13\pi^2 EI}{4l^2}$ ④ $\dfrac{25\pi^2 EI}{4l^2}$

● 해설 $l_k = kl = \dfrac{2}{3}l$

$$P_{cr} = \dfrac{\pi^2 EI}{(l_k)^2} = \dfrac{9\pi^2 EI}{4l^2}$$

2. 그림의 트러스에서 a 부재의 부재력은?

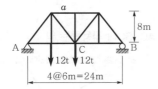

① 13.5t(인장)   ② 17.5t(인장)
③ 13.5t(압축)   ④ 17.5t(압축)

● 해설 $\sum M_B = 0$

$R_A \times 24 - 12 \times 18 - 12 \times 12 = 0$

$R_A = \dfrac{360}{24} = 15\text{t}(\uparrow)$

$\sum M_C = 0$

$15 \times 12 - 12 \times 6 + a \times 8 = 0$

$a = -\dfrac{108}{8} = -13.5\text{t (압축)}$

3. 그림에서 직사각형의 도심축에 대한 단면상승모멘트 I_{xy}의 크기는?

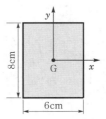

① 576cm^4
② 256cm^4
③ 142cm^4
④ 0cm^4

● 해설   도심축에 대한 단면1차모멘트와 단면상승모멘트는 크기가 0이다.

4. 다음 구조물의 변형에너지의 크기는? (단, E, I, A는 일정하다.)

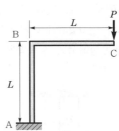

① $\dfrac{2P^2 L^3}{3EI} + \dfrac{P^2 L}{2EA}$

② $\dfrac{P^2 L^3}{3EI} + \dfrac{P^2 L}{EA}$

③ $\dfrac{P^2 L^3}{3EI} + \dfrac{P^2 L}{2EA}$

④ $\dfrac{2P^2 L^3}{3EI} + \dfrac{P^2 L}{EA}$

▶해설 중첩의 원리가 성립되지 않는다.

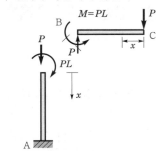

$$U = \int_C^B \frac{M_x^2}{2EI}dx + \int_B^A \frac{M_x^2}{2EI}dx + \int_B^A \frac{N^2}{2EA}dx$$

$$= \frac{1}{2EI}\left[\int_0^l (-Px)^2 dx + \int_0^l (PL)^2 dx\right]$$

$$+ \frac{1}{2EA}\int_0^L (P)^2 dx$$

$$= \frac{1}{2EI}\int_0^L (P^2x^2 + P^2L^2)dx + \frac{P^2}{2EA}\int_0^L dx$$

$$= \frac{1}{2EI}\left[\frac{P^2}{3}x^3 + P^2L^2x\right]_0^L + \frac{P^2}{2EA}[x]_0^L$$

$$= \frac{1}{2EI}\left[\frac{P^2L^3}{3} + P^2L^3\right] + \frac{P^2}{2EA}[L]$$

$$= \frac{2P^2L^3}{3EI} + \frac{P^2L}{2EA}$$

5. 균질한 단면봉이 그림과 같이 P_1, P_2, P_3의 하중을 B, C, D점에서 받고 있다. 각 구간의 거리 $a =$ 1.0m, $b = 0.5$m, $c = 0.5$m이고 $P_2 = 10$t, $P_3 = 4$t의 하중이 작용할 때 D점에서의 수직방향 변위가 일어나지 않기 위한 하중 P_1은?

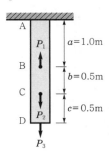

① 21t   ② 22t

③ 23t   ④ 24t

▶해설

$$\Delta l_1 = -\frac{R_A \times 1}{EA}$$

$$\Delta l_2 = \frac{14 \times 0.5}{EA}$$

$$\Delta l_3 = \frac{4 \times 0.5}{EA}$$

$\delta_D = 0$으로부터

$$\frac{7}{EA} + \frac{2}{EA} - \frac{R_A}{EA} = 0$$

$$\therefore \ R_A = 9\text{t}$$

$$\sum V = 0$$

$$R_A - P_1 + P_2 + P_3 = 0$$

$$P_1 = 9 + 10 + 4 = 23\text{t}(\uparrow)$$

6. 길이가 3m이고, 가로 20cm, 세로 30cm인 직사각형 단면의 기둥이 있다. 좌굴응력을 구하기 위한 이 기둥의 세장비는?

① 34.6   ② 43.3

③ 52.0   ④ 60.7

▶해설

$$r = \sqrt{\frac{I}{A}} = \frac{h}{\sqrt{12}}$$

$$\lambda = \frac{l}{r} = \frac{\sqrt{12}\,l}{h} = \frac{\sqrt{12} \times 300}{20} = 51.96$$

7. 그림의 AC, BC에 작용하는 힘 F_{AC}, F_{BC}의 크기는?

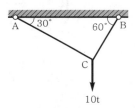

① $F_{AC} = 10$t, $F_{BC} = 8.66$t

② $F_{AC} = 8.66$t, $F_{BC} = 5$t

③ $F_{AC} = 5$t, $F_{BC} = 8.66$t

④ $F_{AC} = 5$t, $F_{BC} = 17.32$t

해설 시력도에서

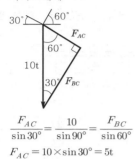

$$\frac{F_{AC}}{\sin 30°} = \frac{10}{\sin 90°} = \frac{F_{BC}}{\sin 60°}$$

$$F_{AC} = 10 \times \sin 30° = 5t$$

$$F_{BC} = 10 \times \sin 60° = 8.66t$$

8. 다음의 그림에 있는 연속보의 B점에서의 반력을 구하면? (단, $E = 2.1 \times 10^6 kg/cm^2$, $I = 1.6 \times 10^4 cm^4$)

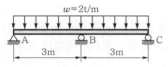

① 6.3t   ② 7.5t

③ 9.7t   ④ 10.1t

해설 $R_B = \frac{5}{4} wl = \frac{5}{4} \times 2 \times 3 = 7.5t(\uparrow)$

$$M_B = -\frac{wl^2}{8} = -\frac{2 \times 3^2}{8} = -2.25t \cdot m$$

9. 아래의 표에서 설명하는 것은?

탄성체에 저장된 변형에너지 U를 변위의 함수로 나타내는 경우에, 임의의 변위 Δ_i에 관한 변형에너지 U의 1차 편도함수는 대응되는 하중 P_i와 같다. 즉, $P_i = \frac{\partial U}{\partial \Delta_i}$ 이다.

① Castigliano의 제1정리

② Castigliano의 제2정리

③ 가상일의 원리

④ 공액보법

10. 다음 중에서 정(+)과 부(−)의 값을 모두 갖는 것은?

① 단면계수   ② 단면2차모멘트

③ 단면상승모멘트   ④ 단면회전반지름

해설 정(+)과 부(−)의 값을 모두 갖는 것은 단면1차 모멘트와 단면상승모멘트이다.

11. 아래 그림과 같은 라멘 구조물에서 A점의 반력 R_A는?

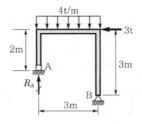

① 3t   ② 4.5t

③ 6t   ④ 9t

해설 $\sum M_B = 0$

$$R_A \times 3 - 4 \times 3 \times 1.5 - 3 \times 3 = 0$$

$$R_A = 9t(\uparrow)$$

12. 다음 그림과 같은 단순보에 이동하중이 작용하는 경우 절대 최대 휨모멘트는 얼마인가?

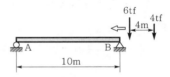

① 17.64t · m

② 16.72t · m

③ 16.20t · m

④ 12.51t · m

해설

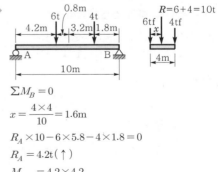

$$\sum M_B = 0$$

$$x = \frac{4 \times 4}{10} = 1.6m$$

$$R_A \times 10 - 6 \times 5.8 - 4 \times 1.8 = 0$$

$$R_A = 4.2t(\uparrow)$$

$$M_{max} = 4.2 \times 4.2$$

$$= 17.64t \cdot m$$

13. 그림의 보에서 지점 B의 휨모멘트는? (단, EI 는 일정하다.)

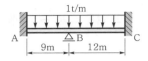

① $-6.75 \text{t} \cdot \text{m}$ ② $-9.75 \text{t} \cdot \text{m}$

③ $-12 \text{t} \cdot \text{m}$ ④ $-16.5 \text{t} \cdot \text{m}$

해설 ㉠ 유효강비(k)

$$k_{BA} = \frac{I}{9} \times \frac{36}{I} = 4, \quad k_{BC} = \frac{I}{12} \times \frac{36}{I} = 3$$

㉡ 분배율(DF)

$$DF_{BA} = \frac{4}{7} \qquad M_{BA} = \frac{1 \times 9^2}{12} = 6.75 \text{t} \cdot \text{m}$$

$$DF_{BC} = \frac{3}{7} \qquad M_{BC} = -\frac{1 \times 12^2}{12} = -12 \text{t} \cdot \text{m}$$

㉢ 불균형모멘트(UBM)

$$UBM = \frac{1}{12}(12^2 - 9^2) = 5.25 \text{t} \cdot \text{m}$$

㉣ 분배모멘트

$$M_{BA} = \frac{4}{7} \times 5.25 = 3 \text{t} \cdot \text{m}$$

$$M_{BC} = \frac{3}{7} \times 5.25 = 2.25 \text{t} \cdot \text{m}$$

㉤ B점 모멘트

$$M_B = \frac{1 \times 9^2}{12} + 3 = 9.75 \text{t} \cdot \text{m} \text{ 또는}$$

$$M_B = \frac{1 \times 12^2}{12} - 2.25 = 9.75 \text{t} \cdot \text{m}$$

14. 반지름이 r인 중실축(中實軸)과 바깥 반지름이 r이고 안쪽 반지름이 $0.6r$인 중공축(中空軸)이 동일 크기의 비틀림모멘트를 받고 있다면 중실축(中實軸) : 중공축(中空軸)의 최대 전단응력비는?

① $1 : 1.28$ ② $1 : 1.24$

③ $1 : 1.20$ ④ $1 : 1.15$

해설 ㉠ 중실축

$$I_{P1} = I_x + I_y = 2I_x = \frac{\pi r^4}{2}$$

㉡ 중공축

$$I_{P2} = 2 \cdot I_x = \frac{\pi}{2}(r^4 - (0.6r)^4) = 0.8704 \frac{\pi r^4}{2}$$

$$\therefore \tau = \frac{T}{I_P} r \text{에서 } I_P \text{에 반비례하므로}$$

$$\tau_1 : \tau_2 = 1 : 1.1489$$

15. 다음 단순보의 지점 B에 모멘트 M_B가 작용할 때 지점 A에서의 처짐각(θ_A)은? (단, EI는 일정하다.)

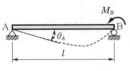

① $\dfrac{M_B l}{2EI}$ ② $\dfrac{M_B l}{3EI}$

③ $\dfrac{M_B l}{6EI}$ ④ $\dfrac{M_B l}{8EI}$

해설

$$\theta_A = \frac{Ml}{6EI} \text{ (시계방향)}$$

$$\theta_B = \frac{Ml}{3EI} \text{ (반시계방향)}$$

16. 다음 그림과 같은 $r = 4\text{m}$인 3힌지 원호아치에서 지점 A에서 2m 떨어진 E점의 휨모멘트의 크기는 약 얼마인가?

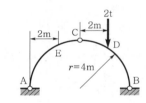

① $0.613 \text{t} \cdot \text{m}$ ② $0.732 \text{t} \cdot \text{m}$

③ $0.827 \text{t} \cdot \text{m}$ ④ $0.916 \text{t} \cdot \text{m}$

해설

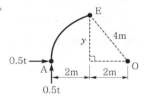

$$\sum M_B = 0$$

$$V_A \times 8 - 2 \times 2 = 0$$

$$V_A = 0.5 \text{t} (\uparrow)$$

$$\sum M_C = 0$$

$$0.5 \times 4 - H_A \times 4 = 0$$

$$H_A = 0.5 \text{t} (\rightarrow)$$

$$y = \sqrt{4^2 - 2^2} = 3.464 \text{m}$$

$$M_E = 0.5 \times 2 - 0.5 \times 3.464 = -0.732 \text{t} \cdot \text{m}$$

17. 그림과 같은 캔틸레버보에서 자유단 A의 처짐은? (단, EI는 일정함.)

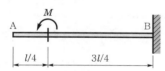

① $\dfrac{3Ml^2}{8EI}(\downarrow)$ ② $\dfrac{13Ml^2}{32EI}(\downarrow)$

③ $\dfrac{7Ml^2}{16EI}(\downarrow)$ ④ $\dfrac{15Ml^2}{32EI}(\downarrow)$

해설 공액보법에서

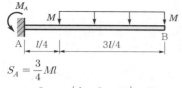

$$S_A = \frac{3}{4}Ml$$

$$M_A = \frac{3}{4}Ml \times \left(\frac{l}{4} + \frac{3}{4}l \times \frac{1}{2}\right) = \frac{15}{32}Ml^2$$

$$\therefore \ \theta_A = \frac{S_A}{EI} = \frac{3Ml}{4EI} \text{ (반시계방향)}$$

$$y_A = \frac{M_A}{EI} = \frac{15Ml^2}{32EI}(\downarrow)$$

18. 다음의 단순보에서 A점의 반력이 B점의 반력의 3배가 되기 위한 거리 x는 얼마인가?

① 3.75m
② 5.04m
③ 6.06m
④ 6.66m

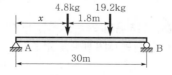

해설 $\Sigma V = 0$
$R_A + R_B = 4.8 + 19.2$
$4R_B = 24$
$\therefore \ R_B = 6\text{kg}$
$\Sigma M_A = 0$
$-6 \times 30 + 4.8 \times x + 19.2 \times (x + 1.8) = 0$
$24x = 145.44$
$\therefore \ x = 6.06\text{m}$

19. 그림과 같은 트러스에서 A점에 연직하중 P가 작용할 때 A점의 연직처짐은? (단, 부재의 축강도는 모두 EA이고, 부재의 길이는 AB$= 3l$, AC$= 5l$이며, 지점 B와 C의 거리는 $4l$이다.)

① $8.0\dfrac{Pl}{AE}$ ② $8.5\dfrac{Pl}{AE}$

③ $9.0\dfrac{Pl}{AE}$ ④ $9.5\dfrac{Pl}{AE}$

해설 $\delta_A = \sum \dfrac{fFL}{EA}$ 로부터

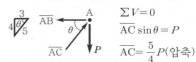

$\Sigma V = 0$
$\overline{AC}\sin\theta = P$
$\overline{AC} = \dfrac{5}{4}P(\text{압축})$

$\Sigma H = 0$
$\overline{AB} = \overline{AC}\cos\theta = \dfrac{5}{4}P \times \dfrac{3}{5} = \dfrac{3}{4}P(\text{인장})$

부재	F	f	L	fFL	$\sum fFL/EA$
AB	$\dfrac{3}{4}P$	$\dfrac{3}{4}$	$3l$	$\dfrac{27}{16}PL$	$\dfrac{152PL}{16EA}$
AC	$-\dfrac{5}{4}P$	$-\dfrac{5}{4}$	$5l$	$\dfrac{125}{16}PL$	$= 9.5\dfrac{PL}{EA}$

20. 그림과 같이 두 개의 나무판이 못으로 조립된 T형보에서 단면에 작용하는 전단력(V)이 155kg이고 한 개의 못이 전단력 70kg을 전달할 경우 못의 허용 최대 간격은 약 얼마인가? (단, $I = 11354.0\text{cm}^4$)

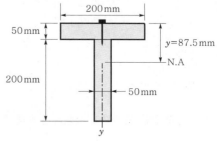

① 7.5cm ② 8.2cm
③ 8.9cm ④ 9.7cm

해설 $G = 200 \times 50 \times (87.5 - 25) = 625.000\text{mm}^3 = 625\text{cm}^3$

$f = \dfrac{VG}{I} = \dfrac{155 \times 625}{11,354} = 8.5322\text{kg/cm}$

$\dfrac{F}{s} = f$ 로부터

$s = \dfrac{F}{f} = \dfrac{70}{8.5322} = 8.2042\text{cm}$

토목산업기사 (2016년 10월 1일 시행)

1. 그림과 같은 10m의 단순보에서 최대 휨응력은?

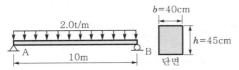

① 180.19kg/cm^2　　② 185.19kg/cm^2

③ 190.19kg/cm^2　　④ 195.19kg/cm^2

 해설

$$M_{\max} = \frac{wl^2}{8} = \frac{2.0 \times 10^2}{8} = 25\text{t} \cdot \text{m}$$

$$\sigma_{\max} = \frac{M}{I}y = \frac{M}{Z} = \frac{6M}{bh^2} = \frac{6 \times 25 \times 10^5}{40 \times 45^2}$$

$$= 185.1852\text{kg/cm}^2$$

2. 그림과 같은 단순보에서 A점의 반력(R_A)으로 옳은 것은?

① $0.5\text{t}(\downarrow)$　　② $2.0\text{t}(\downarrow)$

③ $0.5\text{t}(\uparrow)$　　④ $2.0\text{t}(\uparrow)$

해설

$$\sum M_B = 0$$
$$2 - 4 + R_A \times 4 = 0$$
$$R_A = +0.5\text{t}(\uparrow)$$

3. 아래 그림과 같은 단순보에 발생하는 최대 처짐은?

① $\dfrac{Pl^3}{6EI}$　　② $\dfrac{Pl^3}{12EI}$

③ $\dfrac{Pl^3}{24EI}$　　④ $\dfrac{Pl^3}{48EI}$

해설

$$\theta_A = \theta_B = \frac{(2P)l^2}{16EI} = \frac{Pl^2}{8EI}$$
$$y_{\max} = \frac{(2P)l^3}{48EI} = \frac{Pl^3}{24EI}(\downarrow)$$

4. 다음 중 처짐을 구하는 방법과 가장 관계가 먼 것은?
① 3연모멘트법
② 탄성하중법
③ 모멘트면적법
④ 탄성곡선의 미분방정식 이용법

해설 3연모멘트법은 부정정 구조 해석법이다.

5. 지름 0.2cm, 길이 1m의 강선이 100kg의 하중을 받을 때 늘어난 길이는 얼마인가? (단, $E=2.0\times 10^6\text{kg/cm}^2$)
① 0.04cm　　② 0.08cm
③ 0.12cm　　④ 0.16cm

해설

$$\Delta l = \frac{Pl}{EA} = \frac{4 \times 100 \times 100}{2.0 \times 10^6 \times \pi \times 0.2^2} = 0.1592\text{cm}$$

6. 반지름이 2cm인 원형 단면의 도심을 지나는 축에 대한 단면2차모멘트를 구하면?
① πcm^4　　② $4\pi\text{cm}^4$
③ $16\pi\text{cm}^4$　　④ $64\pi\text{cm}^4$

해설

$$I_X = \frac{\pi D^4}{64} = \frac{\pi r^4}{4} = \frac{\pi \times 2^4}{4} = 4\pi\text{cm}^4$$

7. 다음 그림의 캔틸레버에서 A점의 휨모멘트는?

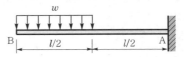

① $-\dfrac{wl^2}{8}$　　② $-\dfrac{2wl^2}{8}$

③ $-\dfrac{3wl^2}{4}$　　④ $-\dfrac{3wl^2}{8}$

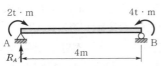
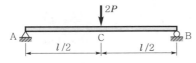

해설 $M_A = -\dfrac{wl}{2} \times \dfrac{3}{4}l = -\dfrac{3wl^2}{8}$

8. 다음 그림의 트러스에서 DE의 부재력은?

① 0t
② 2t
③ 5t
④ 10t

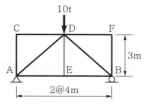

해설 영부재＝AC, CD, DE, BF, DF
∴ DE＝0

9. 다음 그림과 같이 한 점에 작용하는 세 힘의 합력의 크기는 얼마인가?

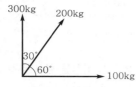

① 374.2kg
② 426.4kg
③ 513.7kg
④ 597.4kg

해설 $P_x = 100 + 200\cos 60° = 200\text{kg}$
$P_y = 300 + 200\sin 60° = 473.21\text{kg}$
$R = \sqrt{P_x{}^2 + P_y{}^2} = \sqrt{200^2 + 473.21^2} = 513.74\text{kg}$

10. 연행하중이 절대 최대 휨모멘트가 생기는 위치에 왔을 때 지점 A에서 하중 1t까지의 거리(x)는?

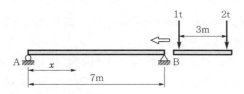

① 1.0m
② 0.8m
③ 0.5m
④ 0.2m

 해설

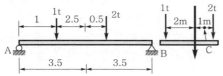

11. 다음 그림과 같은 봉(捧)이 천장에 매달려 B, C, D점에서 하중을 받고 있다. 전구간의 축강도 EA가 일정할 때 이 같은 하중하에서 BC 구간이 늘어나는 길이는?

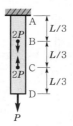

① $-\dfrac{2PL}{3EA}$

② $-\dfrac{PL}{3EA}$

③ $-\dfrac{3PL}{2EA}$

④ 0

해설

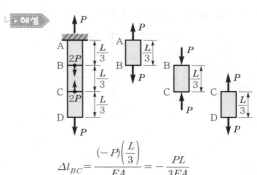

$$\Delta l_{BC} = \dfrac{(-P)\left(\dfrac{L}{3}\right)}{EA} = -\dfrac{PL}{3EA}$$

12. 아래 그림과 같은 단면에서 도심의 위치 $\bar{y}$로 옳은 것은?

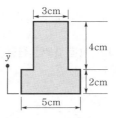

① 2.21cm
② 2.64cm
③ 2.96cm
④ 3.21cm

 해설 $A = 3 \times 4 + 5 \times 2 = 22\text{cm}^2$
$G_x = 3 \times 4 \times 4 + 5 \times 2 \times 1 = 58\text{cm}^3$
$y_0 = \dfrac{G_x}{A} = \dfrac{58}{22} = 2.6363\text{cm}$

13. 그림 (a)와 같은 장주가 10t의 하중에 견딜 수 있다면 (b)의 장주가 견딜 수 있는 하중의 크기는? (단, 기둥은 등질, 등단면이다.)

(a)　　　(b)

① 10t　　　　　② 20t
③ 30t　　　　　④ 40t

• 해설
$$n = \frac{1}{4} : 1 : 2 : 4$$
$$P_b = 4P_a = 4 \times 10 = 40t$$

14. 그림과 같은 구조물의 부정정 차수는?

① 2차　　　　　② 3차
③ 4차　　　　　④ 5차

• 해설
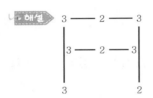
$$n = r - 3m = 21 - 3 \times 6 = 3차 \text{ 부정정}$$

15. 그림과 같이 지름 $2R$인 원형 단면의 단주에서 핵지름 k의 값은?

① $\dfrac{R}{4}$

② $\dfrac{R}{3}$

③ $\dfrac{R}{2}$

④ R

• 해설
$$k = \frac{D}{4} = \frac{2R}{4} = \frac{R}{2}$$

16. 폭이 20cm, 높이가 30cm인 단면의 보에 4t의 전단력이 작용할 때 이 단면에 일어나는 최대 전단응력은?

① 4kg/cm^2　　　　② 6kg/cm^2
③ 8kg/cm^2　　　　④ 10kg/cm^2

• 해설
$$\tau_{\max} = \frac{3}{2}\frac{S}{A} = \frac{3 \times 4,000}{2 \times 20 \times 30} = 10\text{kg/cm}^2$$

17. 아래의 표에서 설명하는 부정정 구조물의 해법은?

> 요각법이라고도 불리우는 이 방법은 부재의 변형, 즉, 탄성곡선의 기울기를 미지수로 하여 부정정 구조물을 해석하는 방법이다.

① 모멘트분배법　　　② 최소일의 방법
③ 변위일치법　　　　④ 처짐각법

• 해설　처짐각법(요각법)
$$M_{AB} = 2EK(2\theta_A + \theta_B - 3R) - C_{AB}$$
$$M_{BA} = 2EK(\theta_A + 2\theta_B - 3R) + C_{BA}$$

18. 트러스 해석 시 가정을 설명한 것 중 틀린 것은?
① 하중으로 인한 트러스의 변형을 고려하여 부재력을 산출한다.
② 하중과 반력은 모두 트러스의 격점에만 작용한다.
③ 부재의 도심축은 직선이며 연결판의 중심을 지난다.
④ 부재들은 양단에서 마찰이 없는 핀으로 연결되어진다.

• 해설　하중으로 인한 트러스의 변형은 미소하여 이것을 무시한다.

19. 바리뇽(Varignon)의 정리에 대한 설명으로 옳은 것은?
① 여러 힘의 한 점에 대한 모멘트의 합과 합력의 그 점에 대한 모멘트는 우력모멘트로서 작용한다.
② 여러 힘의 한 점에 대한 모멘트 합은 합력의 그 점 모멘트보다 항상 작다.
③ 여러 힘의 임의 한 점에 대한 모멘트의 합은 합력의 그 점에 대한 모멘트와 같다.
④ 여러 힘의 한 점에 대한 모멘트를 합하면 합력의 그 점에 대한 모멘트보다 항상 크다.

해설 바리뇽의 정리

여러 힘의 한 점에 대한 모멘트는 그 합력의 모멘트의 크기와 같다. 즉, 합력에 의한 모멘트는 분력에 의한 모멘트의 합과 같고 그 역도 성립한다.

26. 그림과 같은 라멘에서 하중 4t을 받는 C점의 휨모멘트는?

① 3t · m

② 4t · m

③ 5t · m

④ 6t · m

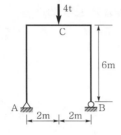

해설 좌우대칭이므로

$$R_A = \frac{4}{2} = 2t(\uparrow)$$

$$\therefore M_C = 2 \times 2 = 4t \cdot m$$

1. 외반경 R_1, 내반경 R_2인 중공(中空) 원형 단면의 핵은? (단, 핵의 반경을 e로 표시한다.)

① $e = \dfrac{\left(R_1^2 + R_2^2\right)}{4R_1}$

② $e = \dfrac{\left(R_1^2 + R_2^2\right)}{4R_1^2}$

③ $e = \dfrac{\left(R_1^2 - R_2^2\right)}{4R_1}$

④ $e = \dfrac{\left(R_1^2 - R_2^2\right)}{4R_1^2}$

해설
$$r^2 = \frac{I}{A} = \frac{\left(R_1^2 + R_2^2\right)}{4}$$
$$e = \frac{r^2}{y} = \frac{\left(R_1^2 + R_2^2\right)}{4R_1}$$

2. 다음 그림의 단순보에서 최대 휨모멘트가 발생되는 위치는 지점 A로부터 얼마나 떨어진 곳인가?

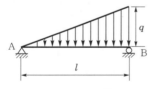

① $\dfrac{4}{5}l$ ② $\dfrac{2}{3}l$

③ $\dfrac{1}{\sqrt{3}}l$ ④ $\dfrac{1}{\sqrt{2}}l$

해설 전단력이 0이 되는 곳에서 모멘트의 최댓값이 생기므로
$$S_x = R_A - \frac{qx^2}{2l} = \frac{ql}{6} - \frac{qx^2}{2l} = 0$$
$$x^2 = \frac{l^2}{3}$$
$$\therefore \ x = \frac{l}{\sqrt{3}}$$

3. 그림과 같은 2부재 트러스의 B에 수평하중 P가 작용한다. B절점의 수평변위 δ_B는 몇 m인가? (단, EA는 두 부재가 모두 같다.)

① $\delta_B = \dfrac{0.45P}{EA}$

② $\delta_B = \dfrac{2.1P}{EA}$

③ $\delta_B = \dfrac{4.5P}{EA}$

④ $\delta_B = \dfrac{21P}{EA}$

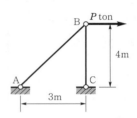

해설 ㉠ 부재력 산정
$$\Sigma H = 0$$
$$AB \sin\theta = P$$
$$AB = \frac{5}{3}P$$
$$\Sigma V = 0$$
$$BC = AB \cos\theta = \frac{5}{3}P \times \frac{4}{5} = \frac{4}{3}P$$

㉡ B점의 수평변위(단위하중법)
$$\delta_{BH} = \Sigma \frac{fFL}{EA}$$
$$= \frac{1}{EA}\left(\frac{5}{3} \times \frac{5}{3}P \times 5 + \frac{4}{3} \times \frac{4}{3}P \times 4\right)$$
$$= \frac{1}{EA}\left(\frac{125}{9}P + \frac{64}{9}P\right) = \frac{189P}{9EA} = \frac{21P}{EA}(\rightarrow)$$

4. 그림과 같은 속이 찬 직경 6cm의 원형축이 비틀림 $T = 400\text{kg} \cdot \text{m}$를 받을 때 단면에서 발생하는 최대 전단응력은?

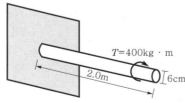

① 926.5kg/cm^2 ② 932.6kg/cm^2

③ 943.1kg/cm^2 ④ 950.2kg/cm^2

해설

$$I_p = I_x + I_y = 2I_x = \frac{\pi D^4}{32} = 127.23 \text{cm}^4$$

$$\tau = \frac{T}{I_p}r = \frac{40,000}{127.23} \times 3 = 943.17 \text{kg/cm}^2$$

5. 아래 그림과 같은 단순보에 등분포하중 w가 작용하고 있을 때 이 보에서 휨모멘트에 의한 변형에너지는? (단, 보의 EI는 일정하다.)

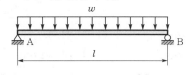

① $\dfrac{w^2 l^5}{384 EI}$ ② $\dfrac{w^2 l^5}{240 EI}$

③ $\dfrac{7w^2 l^5}{384 EI}$ ④ $\dfrac{w^2 l^5}{48 EI}$

해설

$$M_x = \frac{wl}{2}x - \frac{w}{2}x^2$$

$$W_i = U = \int_0^l \frac{M_x^2}{2EI}dx$$

$$= \frac{1}{2EI}\int_0^l \left(\frac{wl}{2}x - \frac{w}{2}x^2\right)^2 dx$$

$$= \frac{1}{2EI}\int_0^l \left(\frac{w^2 l^2}{4}x^2 - \frac{w^2 l}{2}x^3 + \frac{w^2}{4}x^4\right)dx$$

$$= \frac{w^2 l^5}{2EI}\left[\frac{10-15+6}{120}\right] = \frac{w^2 l^5}{240 EI}$$

6. 그림과 같은 트러스에서 AC 부재의 부재력은?

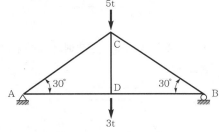

① 인장 4t ② 압축 4t

③ 인장 8t ④ 압축 8t

해설 절점 A에서

$\Sigma V = 0$

$\overline{AC}\sin 30° = 4$

$\overline{AC} = 4 \times 2 = 8t \,(압축)$

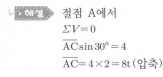

7. 15cm×25cm의 직사각형 단면을 가진 길이 5m인 양단 힌지 기둥이 있다. 세장비는?

① 139.2 ② 115.5

③ 93.6 ④ 69.3

해설

$$\lambda = \frac{l}{r} = \frac{2\sqrt{3}\,l}{h} = \frac{2\sqrt{3}\times 500}{15} = 115.47$$

8. 다음 그림과 같이 강선 A와 B가 서로 평형상태를 이루고 있다. 이때 각도 θ의 값은?

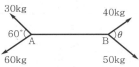

① 67.84° ② 56.63°

③ 42.26° ④ 28.35°

해설 ㉠ A점 $R_A = \sqrt{30^2 + 60^2 + 2\times 30\times 60\times\cos 60°}$

㉡ B점 $R_B = \sqrt{40^2 + 50^2 + 2\times 40\times 50\times\cos\theta}$

$R_A = R_B$ 이므로

$\cos\theta = 2,200/4,000 = 0.55$

∴ $\theta = \cos^{-1}(0.55) = 56.6330° = 56°37'59''$

9. 단면2차모멘트의 특성에 대한 설명으로 옳지 않은 것은?

① 도심축에 대한 단면2차모멘트는 0이다.

② 단면2차모멘트는 항상 정(+)의 값을 갖는다.

③ 단면2차모멘트가 큰 단면은 휨에 대한 강성이 크다.

④ 정다각형의 도심축에 대한 단면2차모멘트는 축이 회전해도 일정하다.

해설 ① 도심축에 대한 단면2차모멘트는 최소이다.

10. 그림과 같은 내민보에서 D점에 집중하중 $P = 5t$이 작용할 경우 C점의 휨모멘트는 얼마인가?

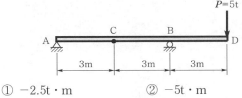

① $-2.5\text{t}\cdot\text{m}$ ② $-5\text{t}\cdot\text{m}$

③ $-7.5\text{t}\cdot\text{m}$ ④ $-10\text{t}\cdot\text{m}$

해설

$\Sigma M_B = 0$

$-R_A \times 6 + 5 \times 3 = 0$

$R_A = 2.5\text{t}(\downarrow)$

$\therefore\ M_C = -2.5 \times 3 = -7.5\text{t} \cdot \text{m}$

11. 그림과 같은 양단 고정보에 등분포하중이 작용할 경우 지점 A의 휨모멘트 절댓값과 보 중앙에서의 휨모멘트 절댓값의 합은?

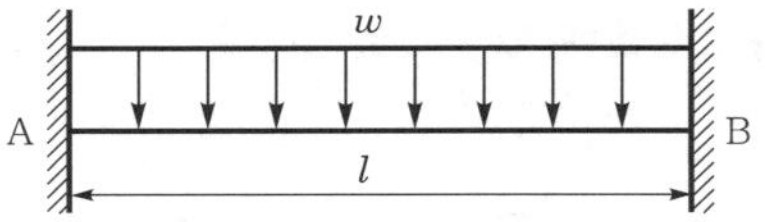

① $\dfrac{wl^2}{8}$　② $\dfrac{wl^2}{12}$

③ $\dfrac{wl^2}{24}$　④ $\dfrac{wl^2}{36}$

해설

$M_A = \dfrac{wl^2}{12}$ 이고 $M_C = \dfrac{wl^2}{24}$

$\therefore\ M_A + M_C = \dfrac{wl^2}{12} + \dfrac{wl^2}{24} = \dfrac{wl^2}{8}$

12. 그림 (a)와 (b)의 중앙점의 처짐이 같아지도록 그림 (b)의 등분포하중 w를 그림 (a)의 하중 P의 함수로 나타내면?

① $1.6\dfrac{P}{l}$

② $2.4\dfrac{P}{l}$

③ $3.2\dfrac{P}{l}$

④ $4.0\dfrac{P}{l}$

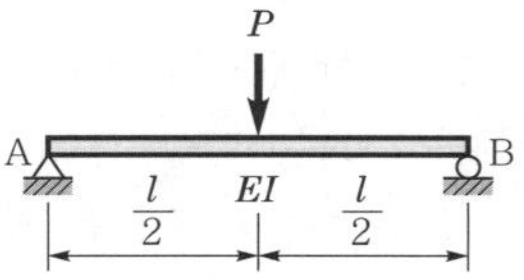

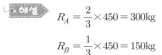

(a)

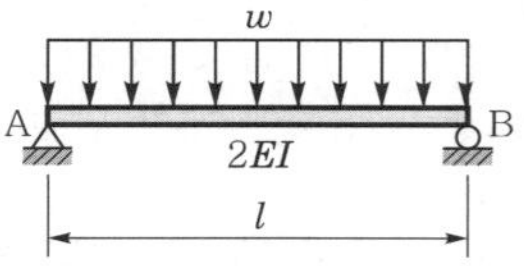

(b)

해설

$\delta_p = \dfrac{Pl^3}{48EI}$

$\delta_w = \dfrac{5wl^4}{384 \times 2EI} = \dfrac{5wl^4}{768EI}$

$\delta_p = \delta_w$ 로부터 $\dfrac{P}{48} = \dfrac{5wl}{768}$

$\therefore\ w = \dfrac{16P}{5l} = 3.2\dfrac{P}{l}$

13. 아래 그림과 같은 하중을 받는 단순보에 발생하는 최대 전단응력은?

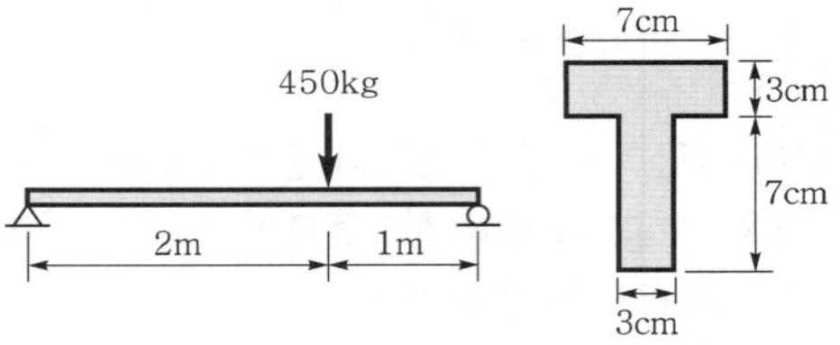

(보의 단면)

① 44.8kg/cm^2　② 34.8kg/cm^2

③ 24.8kg/cm^2　④ 14.8kg/cm^2

해설

$R_A = \dfrac{2}{3} \times 450 = 300\text{kg}$

$R_B = \dfrac{1}{3} \times 450 = 150\text{kg}$

$S_{\max} = R_{Ay} = 300\text{kg}$

$G_x = 3 \times 7 \times 3.5 + 7 \times 3 \times 8.5$

$= 252\text{cm}^3$ (단면 하단으로부터)

$y_C = \dfrac{G}{A} = \dfrac{252}{3 \times 7 + 7 \times 3} = 6\text{cm}$

$I_C = \left(\dfrac{7 \times 3^3}{12} + 7 \times 3 \times 2.5^2\right)$

$+ \left(\dfrac{3 \times 7^3}{12} + 3 \times 7 \times 2.5^2\right)$

$= 364\text{cm}^4$

$G_C = 3 \times 6 \times 3 = 54\text{cm}^3$

$\tau_{\max} = \dfrac{S_{\max} \cdot G_C}{I_C b}$

$= \dfrac{300 \times 54}{364 \times 3} = 14.8\text{kg/cm}^2$

14. 그림과 같은 사다리꼴 단면에서 x축에 대한 단면2차모멘트 값은?

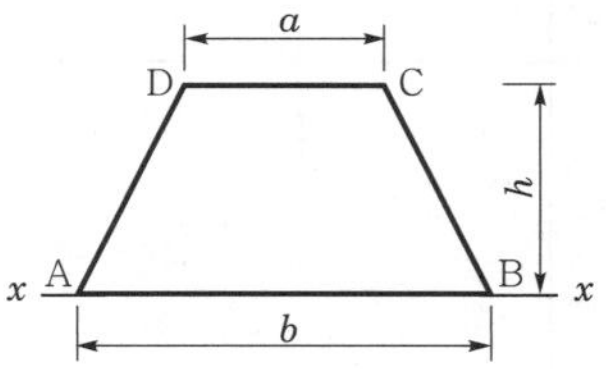

① $\dfrac{h^3}{12}(b+2a)$　② $\dfrac{h^3}{12}(3b+a)$

③ $\dfrac{h^3}{12}(2b+a)$　④ $\dfrac{h^3}{12}(b+3a)$

정답　11. ①　12. ③　13. ④　14. ④

해설

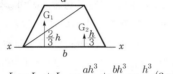

$$I_x = I_{x1} + I_{x2} = \frac{ah^3}{4} + \frac{bh^3}{2} = \frac{h^3}{12}(3a+b)$$

15. 캔틸레버보에서 보의 끝 B점에 집중하중 P와 우력모멘트 M_o가 작용하고 있다. B점에서의 연직변위는 얼마인가? (단, 보의 EI는 일정하다.)

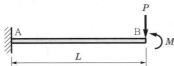

① $\delta_B = \dfrac{PL^3}{4EI} - \dfrac{M_oL^2}{2EI}$ ② $\delta_B = \dfrac{PL^3}{3EI} + \dfrac{M_oL^2}{2EI}$

③ $\delta_B = \dfrac{PL^3}{3EI} - \dfrac{M_oL^2}{2EI}$ ④ $\delta_B = \dfrac{PL^3}{4EI} + \dfrac{M_oL^2}{2EI}$

해설 중첩의 원리를 이용하여 구한다.

$$\delta_P = \frac{PL^3}{3EI}(\downarrow)$$

$$\delta_M = \frac{M_oL^2}{2EI}(\uparrow)$$

$$\therefore \delta = \delta_P + \delta_M = \frac{PL^3}{3EI} - \frac{M_oL^2}{2EI}$$

16. 그림과 같은 3힌지 라멘의 휨모멘트선도(BMD)는?

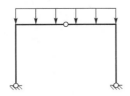

해설 ㉠ 힌지 절점과 지점에서는 휨모멘트가 발생하지 않는다. 즉 0이다.
㉡ 등분포하중구간의 휨모멘트는 2차 포물선 변화한다.

17. 다음 보의 C점의 수직처짐량은?

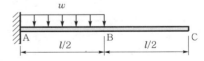

① $\dfrac{7wl^4}{384EI}$ ② $\dfrac{5wl^4}{384EI}$

③ $\dfrac{7wl^4}{192EI}$ ④ $\dfrac{5wL^4}{192EI}$

해설

$$M_C{}' = \frac{wl^2}{8} \times \frac{l}{2} \times \frac{1}{3} \times \frac{7l}{8} = \frac{7wl^4}{384}$$

$$\therefore y_C = \frac{M_C{}'}{EI} = \frac{7wl^4}{384EI}$$

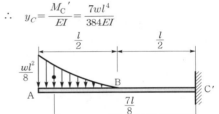

18. 그림과 같은 3활절 아치에서 D점에 연직하중 20t이 작용할 때 A점에 작용하는 수평반력 H_A는?

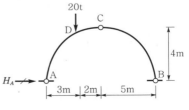

① 5.5t ② 6.5t
③ 7.5t ④ 8.5t

해설 $\Sigma M_B = 0$

$$V_A \times 10 - 20 \times 7 = 0$$

$$\therefore V_A = 14t(\uparrow)$$

$$\Sigma M_C = 0$$

$$14 \times 5 - H_A \times 4 - 20 \times 2 = 0$$

$$\therefore H_A = 7.5t(\rightarrow)$$

19. 그림과 같이 길이가 $2L$인 보에 w의 등분포하중이 작용할 때 중앙지점을 δ만큼 낮추면 중간지점의 반력(R_B)값은 얼마인가?

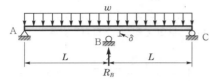

① $R_B = \dfrac{wL}{4} - \dfrac{6\delta EI}{L^3}$ ② $R_B = \dfrac{3wL}{4} - \dfrac{6\delta EI}{L^3}$

③ $R_B = \dfrac{5wL}{4} - \dfrac{6\delta EI}{L^3}$ ④ $R_B = \dfrac{7wL}{4} - \dfrac{6\delta EI}{L^3}$

• 해설 $\delta_B = \delta_w - \delta_R$

$$= \frac{5w(2L)^4}{384EI} - \frac{R_B(2L)^3}{48EI}$$

$$= \frac{5wL^4}{24EI} - \frac{R_B L^3}{6EI}$$

$$\therefore R_B = \frac{5wL}{4} - \frac{6EI\delta_B}{L^3}$$

20. 지름 2cm, 길이 2m인 강봉에 3,000kg의 인장하중을 작용시킬 때 길이가 1cm가 늘어났고, 지름이 0.002cm 줄어들었다. 이때 전단탄성계수는 약 얼마인가?

① $6.24 \times 10^4 \text{kg/cm}^2$ ② $7.96 \times 10^4 \text{kg/cm}^2$

③ $8.71 \times 10^4 \text{kg/cm}^2$ ④ $9.67 \times 10^4 \text{kg/cm}^2$

• 해설   ㉠ 탄성계수 산정

$$E = \frac{\sigma}{\varepsilon} = \frac{Pl}{A\Delta l}$$

$$= \frac{3,000 \times 200 \times 4}{\pi \times 2^2 \times 1} = 190,986 \text{kg/cm}^2$$

㉡ 푸아송비 산정

$$\nu = \frac{\beta}{\varepsilon} = \frac{l\Delta d}{d\Delta l} = \frac{200 \times 0.002}{2 \times 1} = 0.2$$

㉢ 전단탄성계수

$$G = \frac{E}{2(1+\nu)} = \frac{190,986}{2(1+0.2)}$$

$$= 79,577.5 \text{kg/cm}^2 = 7.96 \times 10^4 \text{kg/cm}^2$$

1. 단면의 성질 중에서 폭 b, 높이가 h인 직사각형 단면의 단면1차모멘트 및 단면2차모멘트에 대한 설명으로 잘못된 것은?

① 단면의 도심축을 지나는 단면1차모멘트는 0이다.

② 도심축에 대한 단면2차모멘트 $\dfrac{bh^3}{12}$이다.

③ 직사각형 단면의 밑변축에 대한 단면1차모멘트는 $\dfrac{bh^2}{6}$이다.

④ 직사각형 단면의 밑변축에 대한 단면2차모멘트는 $\dfrac{bh^3}{3}$이다.

▶**해설** ③ 직사각형 단면의 밑변축에 대한 단면1차모멘트는 $\dfrac{bh^2}{2}$이다.

2. 그림과 같은 연속보에 대한 부정정차수는?

① 1차 부정정
② 2차 부정정
③ 3차 부정정
④ 4차 부정정

▶**해설**

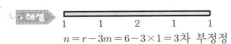

$n = r - 3m = 6 - 3 \times 1 = 3$차 부정정

3. 그림과 같은 등분포하중에서 최대 휨모멘트가 생기는 위치에서 휨응력이 1,200kg/cm²라고 하면 단면계수는?

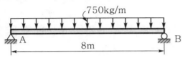

① 350cm³
② 400cm³
③ 450cm³
④ 500cm³

▶**해설** $\sigma = \dfrac{M}{I}y = \dfrac{M}{Z}$ 로부터

$$Z = \dfrac{M}{\sigma} = \dfrac{7.5 \times 800^2}{8 \times 1,200} = 500\text{cm}^3$$

4. 외력을 받으면 구조물의 일부나 전체의 위치가 이동될 수 있는 상태를 무엇이라 하는가?

① 안정
② 불안정
③ 정정
④ 부정정

▶**해설** 구조물의 위치가 이동되는 경우는 외적 불안정, 변형이 발생되는 경우는 내적 불안정이다.

5. 평면응력을 받는 요소가 다음과 같이 응력을 받고 있다. 최대 주응력을 구하면?

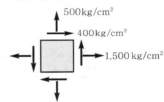

① 640kg/cm²
② 1,640kg/cm²
③ 3,600kg/cm²
④ 1,360kg/cm²

▶**해설**
$$\sigma_1 = \frac{\sigma_x + \sigma_y}{2} + \sqrt{\left(\frac{\sigma_x - \sigma_y}{2}\right)^2 + \tau_{xy}^2}$$
$$= \frac{1,500 + 500}{2} + \sqrt{\left(\frac{1,500 - 500}{2}\right)^2 + 400^2}$$
$$= 1,000 + 640.31 = 1,640.31\text{kg/cm}^2$$

6. 그림과 같은 단면의 도심축($x-x$축)에 대한 단면2차모멘트는?

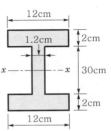

① 15,004cm⁴
② 14,004cm⁴
③ 13,004cm⁴
④ 12,004cm⁴

해설
$$I_X = \frac{1}{12}(12 \times 34^3 - 10.8 \times 30^3) = 15,004\text{cm}^4$$

7. 그림의 트러스에서 CD 부재가 받는 부재응력은?

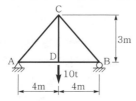

① 6.7t(인장)　　② 8.3t(압축)
③ 10t(인장)　　④ 10t(압축)

해설
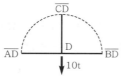

$$\Sigma H = 0$$
$$\overline{AD} = \overline{BD}$$
$$\Sigma V = 0$$
$$\overline{CD} = 10\text{t} \, (\text{인장})$$

8. 폭이 30cm, 높이가 50cm인 직사각형 단면의 단순보에 전단력 6t이 작용할 때 이 보에 발생하는 최대 전단응력은?

① 2kg/cm^2　　② 4kg/cm^2
③ 5kg/cm^2　　④ 6kg/cm^2

해설
$$\tau_{\max} = \frac{3}{2} \cdot \frac{S}{A} = \frac{3}{2} \times \frac{6,000}{30 \times 50} = 6\text{kg/cm}^2$$

9. 그림과 같은 캔틸레버보에서 휨모멘트에 의한 탄성변형에너지는? (단, EI는 일정하다.)

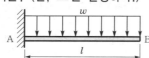

① $\dfrac{w^2 l^5}{40EI}$　　　② $\dfrac{w^2 l^5}{96EI}$

③ $\dfrac{w^2 l^5}{240EI}$　　④ $\dfrac{w^2 l^5}{384EI}$

해설
$$M_x = -\frac{w}{2}x^2$$
$$U = W_i = \int_0^l \frac{M_x{}^2}{2EI}dx = \frac{1}{2EI}\int_0^l \frac{w^2}{4}x^4 dx$$
$$= \frac{w^2}{8EI}\left[\frac{x^5}{5}\right]_0^l = \frac{w^2 l^5}{40EI}$$

10. 다음 부정정보에서 지점 B의 수직반력은 얼마인가? (단, EI는 일정함)

① $\dfrac{M}{l}(\uparrow)$

② $1.3\dfrac{M}{l}(\uparrow)$

③ $1.4\dfrac{M}{l}(\uparrow)$

④ $1.5\dfrac{M}{l}(\uparrow)$

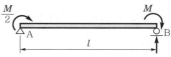

해설
$$\Sigma M_A = 0$$
$$-R_B l + M + \frac{M}{2} = 0$$
$$\therefore \ R_B = \frac{3}{2} \cdot \frac{M}{l}(\uparrow)$$

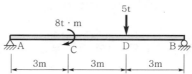

11. 아래 그림과 같은 단순보에서 지점 B의 반력은?

① 3.4t($\uparrow$)
② 4.2t($\uparrow$)
③ 5t($\uparrow$)
④ 6t($\uparrow$)

해설
$$\Sigma M_A = 0$$
$$-R_B \times 9 + 8 + 5 \times 6 = 0$$
$$R_B = \frac{38}{9} = 4.222\text{t}(\uparrow)$$

12. 동일한 재료 및 단면을 사용한 다음 기둥 중 좌굴하중이 가장 작은 기둥은?
① 양단고정의 길이가 $2L$인 기둥
② 양단힌지의 길이가 L인 기둥
③ 일단자유 타단고정의 길이가 $0.5L$인 기둥
④ 일단힌지 타단고정의 길이가 $1.5L$인 기둥

해설

① $P_{cr} = \dfrac{4}{2^2} = 1$

② $P_{cr} = \dfrac{1}{1^2} = 1$

③ $P_{cr} = \dfrac{1}{4 \times 0.5^2} = 1$

④ $P_{cr} = \dfrac{2}{1.5^2} = 0.89$

∴ ①=②=③>④

13. 다음 그림과 같은 단순보에서 전단력이 0이 되는 점은 A점에서 얼마만큼 떨어진 곳인가?

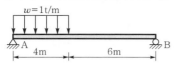

① 3.2m
② 3.5m
③ 4.2m
④ 4.5m

해설
$\Sigma M_B = 0$
$R_A \times 10 - 1 \times 4 \times 8 = 0$
$R_A = 3.2\text{t}(\uparrow)$
$S_x = 3.2 - x = 0$
∴ $x = 3.2\text{m}$

14. 트러스의 응력해석에서 가정조건으로 옳지 않은 것은?

① 모든 부재는 축응력만 받는다.
② 모든 절점에는 마찰이 작용하지 않는다.
③ 모든 하중은 절점에만 작용한다.
④ 모든 부재는 휨응력을 받는다.

해설 트러스 절점은 힌지로 가정하므로 휨모멘트가 0이다. 따라서 휨응력도 0이다.

15. 그림과 같이 단순보의 B점에 모멘트 M이 작용할 때 A점에서의 처짐각(θ_A)은?

① $\dfrac{Ml}{3EI}$

② $\dfrac{Ml}{6EI}$

③ $\dfrac{Ml}{12EI}$

④ $\dfrac{Ml}{2EI}$

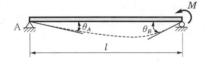

해설 $\theta_A = \dfrac{Ml}{6EI}$, $\theta_B = \dfrac{Ml}{3EI}$

16. 단면이 10cm×10cm인 정사각형이고, 길이가 1m인 강재에 10t의 압축력을 가했더니 길이가 0.1cm 줄어들었다. 이 강재의 탄성계수는?

① 10,000kg/cm^2
② 100,000kg/cm^2
③ 50,000kg/cm^2
④ 500,000kg/cm^2

해설
$\sigma = \dfrac{P}{A} = \dfrac{10,000}{10 \times 10} = 100\text{kg/cm}^2$

$\varepsilon = \dfrac{\Delta l}{l} = \dfrac{0.1}{100} = 0.001$

$E = \dfrac{\sigma}{\varepsilon} = \dfrac{100}{0.001} = 100,000\text{kg/cm}^2$

17. EI(E는 탄성계수, I는 단면2차모멘트)가 커짐에 따른 보의 처짐은?

① 커진다.
② 작아진다.
③ 커질 때도 있고 작아질 때도 있다.
④ EI는 처짐에 관계하지 않는다.

해설 $y = \dfrac{M}{EI}$이므로 처짐은 탄성계수에 반비례한다.

18. 오일러 좌굴하중 $P_{cr} = \dfrac{\pi^2 EI}{L^2}$를 유도할 때 가정사항 중 틀린 것은?

① 하중은 부재축과 나란하다.
② 부재는 초기 결함이 없다.
③ 양단이 핀 연결된 기둥이다.
④ 부재는 비선형 탄성재료로 되어 있다.

해설 ④ 부재는 선형 탄성재료로 가정한다.

19. 지름 10cm, 길이 25cm인 재료에 축방향으로 인장력을 작용시켰더니 지름은 9.98cm로, 길이는 25.2cm로 변하였다. 이 재료의 푸아송(Poisson)의 비는?

① 0.25
② 0.45
③ 0.50
④ 0.75

해설 $\nu = \dfrac{\beta}{\varepsilon} = \dfrac{\Delta d/d}{\Delta l/l} = \dfrac{l\Delta d}{d\Delta l} = \dfrac{25 \times 0.02}{10 \times 0.2} = 0.25$

20. 그림과 같이 부재의 자유단이 옆의 벽과 1mm 떨어져 있다. 부재의 온도가 현재보다 20℃ 상승할 때 부재 내에 생기는 열응력의 크기는? (단, $E=20,000\text{kg/cm}^2$, $\alpha=10^{-5}/℃$)

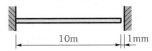

10m   1mm

① 1kg/cm^2 ② 2kg/cm^2

③ 3kg/cm^2 ④ 4kg/cm^2

해설 $\Delta l=\alpha\Delta Tl$ 로부터 처음 1mm에 대한 온도차

$$\Delta T=\frac{\Delta l}{\alpha l}=\frac{1}{1\times10^{-5}\times10,000}=10℃$$

따라서 나중 10℃ 변화에 의한 응력만 검토하면 된다.

$$\therefore\ \sigma_T=E\alpha\Delta T$$
$$=20,000\times1\times10^{-5}\times(20-10)=2\text{kg/cm}^2$$

1. 그림과 같은 2경간 연속보에 등분포하중 $w=400\text{kg/m}$ 가 작용할 때 전단력이 "0"이 되는 위치는 지점 A로부터 얼마의 거리(x)에 있는가?

① 0.75m
② 0.85m
③ 0.95m
④ 1.05m

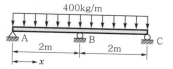

 해설
$$R_A = \frac{3wl}{8} = \frac{3 \times 400 \times 2}{8} = 300\text{kg}(\uparrow)$$
$$S_x = 300 - 400 \times x = 0$$
$$\therefore \quad x = 0.75\text{m}$$

2. 주어진 단면의 도심을 구하면?

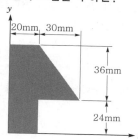

① $\overline{x}=16.2\text{mm}$, $\overline{y}=31.9\text{mm}$
② $\overline{x}=31.9\text{mm}$, $\overline{y}=16.2\text{mm}$
③ $\overline{x}=14.2\text{mm}$, $\overline{y}=29.9\text{mm}$
④ $\overline{x}=29.9\text{mm}$, $\overline{y}=14.2\text{mm}$

해설
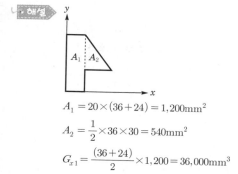

$$A_1 = 20 \times (36+24) = 1,200\text{mm}^2$$
$$A_2 = \frac{1}{2} \times 36 \times 30 = 540\text{mm}^2$$
$$G_{x1} = \frac{(36+24)}{2} \times 1,200 = 36,000\text{mm}^3$$

$$G_{x2} = \left(24 + \frac{36}{3}\right) \times 540 = 19,440\text{mm}^3$$
$$G_{y1} = \left(\frac{20}{2}\right) \times 1,200 = 12,000\text{mm}^3$$
$$G_{y2} = \left(20 + \frac{30}{3}\right) \times 540 = 16,200\text{mm}^3$$
$$\therefore \quad \overline{x} = \frac{G_{y1}+G_{y2}}{A_1+A_2} = \frac{12,000+16,200}{1,200+540} = 16.2\text{mm}$$
$$\therefore \quad \overline{y} = \frac{G_{x1}+G_{x2}}{A_1+A_2} = \frac{36,000+19,440}{1,200+540} = 31.9\text{mm}$$

3. 그림과 같은 단순보에서 B단에 모멘트하중 M이 작용할 때 경간 AB 중에서 수직처짐이 최대가 되는 것의 거리 x는? (단, EI는 일정하다.)

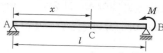

① $x=0.500l$
② $x=0.577l$
③ $x=0.667l$
④ $x=0.750l$

해설 전단력이 0인 점에서 휨모멘트가 최대이다. 따라서 전단력이 0인 지점에서 처짐이 최대이다.
$$S_x = \frac{wl}{6} - \frac{w}{2l}x^2 = 0$$
$$\therefore \quad x = \frac{l}{\sqrt{3}} = 0.577l$$

4. 그림과 같은 강재(steel) 구조물이 있다. AC, BC 부재의 단면적은 각각 10cm², 20cm²이고 연직하중 $P=9\text{t}$이 작용할 때 C점의 연직처짐을 구한 값은? (단, 강재의 종탄성계수는 $2.0 \times 10^6\text{kg/cm}^2$이다.)

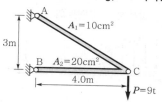

① 0.624cm
② 0.785cm
③ 0.834cm
④ 0.945cm

해설 단위하중법(가상일의 원리)

$\Sigma V = 0$

$\overline{AC}\sin\theta = 9$

$\overline{AC} = 15t$ (인장)

$\Sigma H = 0$

$\overline{BC} = \overline{AC}\cos\theta = 15 \times \dfrac{4}{5} = 12t$ (압축)

$\overline{AC} = \dfrac{5}{3}$ (인장)

$\overline{BC} = \dfrac{4}{3}$ (압축)

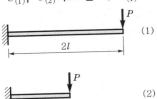

부재	L(cm)	f	F(kg)	EA(kg)	fFL/EA(cm)
AC	500	5/3	15,000	2.0×10^7	0.625
BC	400	4/3	12,000	4.0×10^7	0.16

$$\therefore \delta_C = \Sigma \frac{fFL}{EA} = 0.785 \text{cm}(\downarrow)$$

5. 그림과 같은 직육면체의 윗면에 전단력 $V=540$kg이 작용하여 그림 (b)와 같이 상면이 옆으로 0.6cm만큼의 변형이 발생되었다. 이 재료의 전단탄성계수(G)는 얼마인가?

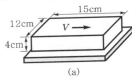

(a)

(b)

① 10kg/cm^2 ② 15kg/cm^2

③ 20kg/cm^2 ④ 25kg/cm^2

해설 $\tau = \dfrac{S}{A} = \dfrac{540}{12 \times 15} = 3\text{kg/cm}^2$

$\gamma_s = \dfrac{\lambda}{l} = \dfrac{0.6}{4} = 0.15$

$\therefore G = \dfrac{\tau}{\gamma_s} = \dfrac{3}{0.15} = 20\text{kg/cm}^2$

6. 그림과 같이 C점이 내부힌지로 구성된 게르버보에서 B지점에 발생하는 모멘트의 크기는?

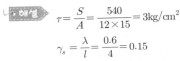

① 9t · m   ② 6t · m

③ 3t · m   ④ 1t · m

$R_C = \dfrac{wl}{6} = \dfrac{2 \times 6}{6} = 2t$

$M_B = 2 \times 3 + 2 \times 1.5 = 9\text{t} \cdot \text{m}$

7. 그림과 같은 2개의 캔틸레버보에 저장되는 변형에너지를 각각 $U_{(1)}$, $U_{(2)}$라고 할 때 $U_{(1)} : U_{(2)}$의 비는?

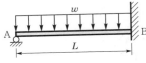

① 2 : 1   ② 4 : 1

③ 8 : 1   ④ 16 : 1

해설 변형에너지는 l^3에 비례한다.

$U_{(1)} : U_{(2)} = (2l)^3 : l^3 = 8 : 1$

8. 지간 10m인 단순보 위를 1개의 집중하중 $P=20$t이 통과할 때 이 보에 생기는 최대 전단력 S와 최대 휨모멘트 M이 옳게 된 것은?

① $S=10$t, $M=50$t · m   ② $S=10$t, $M=100$t · m

③ $S=20$t, $M=50$t · m   ④ $S=20$t, $M=100$t · m

해설 ㉠ 최대 전단력은 하중이 지점에 위치하는 경우이다.

$S_{\max} = 20t$

㉡ 최대 휨모멘트는 하중이 중앙에 위치하는 경우이다.

$M_{\max} = \dfrac{Pl}{4} = \dfrac{20 \times 10}{4} = 50\text{t} \cdot \text{m}$

9. 아래 그림과 같은 부정정보에서 B점의 연직반력(R_B)은?

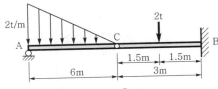

① $\dfrac{3}{8}wL$ ② $\dfrac{1}{2}wL$

③ $\dfrac{5}{8}wL$ ④ $\dfrac{6}{8}wL$

해설 $R_A = \dfrac{3}{8}wL$, $R_B = \dfrac{5}{8}wL$, $M_B = -\dfrac{wL^2}{8}$

10. 장주의 탄성좌굴하중(elastic buckling load) P_{cr}은 아래 표와 같다. 기둥의 각 지지조건에 따른 n의 값으로 틀린 것은? (단, E : 탄성계수, I : 단면2차 모멘트, l : 기둥의 높이)

$$\frac{n\pi^2 EI}{l^2}$$

① 양단힌지 : $n=1$
② 양단고정 : $n=4$
③ 일단고정 타단자유 : $n=1/4$
④ 일단고정 타단힌지 : $n=1/2$

해설 $n=\dfrac{1}{4} : 1 : 2 : 4$

④의 경우는 $n=2$이다.

11. 다음 중 정(+)의 값뿐만 아니라 부(−)의 값도 갖는 것은?

① 단면계수   ② 단면2차모멘트
③ 단면2차반경   ④ 단면상승모멘트

해설 정(+), 부(−)의 값을 가질 수 있는 것은 단면1차모멘트와 단면상승모멘트이다.

12. 단면이 20cm×30cm인 압축부재가 있다. 그 길이가 2.9m일 때 이 압축부재의 세장비는 약 얼마인가?

① 33   ② 50
③ 60   ④ 100

해설 $\lambda = \dfrac{l}{r} = \dfrac{l}{h/2\sqrt{3}} = \dfrac{2\sqrt{3}\,l}{h} = \dfrac{2\sqrt{3}\times 290}{20} = 50.17$

13. 그림과 같은 단면에 전단력 $V=60t$이 작용할 때 최대 전단응력은 약 얼마인가?

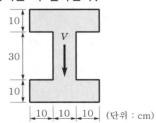

(단위 : cm)

① 127kg/cm^2 ② 160kg/cm^2
③ 198kg/cm^2 ④ 213kg/cm^2

해설
$$I_x = \frac{1}{12}(30\times 50^3 - 20\times 30^3) = 267,500\text{cm}^4$$

$$G_x = 10\times 30\times 20 + 10\times 15\times 7.5 = 7,125\text{cm}^3$$

$$\tau_{max} = \frac{SG}{Ib} = \frac{60,000\times 7,125}{267,500\times 10} = 159.81\text{kg/cm}^2$$

14. 그림과 같이 케이블(cable)에 500kg의 추가 매달려 있다. 이 추의 중심을 수평으로 3m 이동시키기 위해 케이블길이가 5m 지점인 A점에 수평력 P를 가하고자 한다. 이때 힘 P의 크기는?

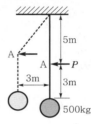

① 375kg   ② 400kg
③ 425kg   ④ 450kg

해설
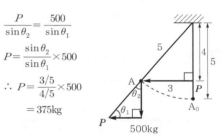

$$\frac{P}{\sin\theta_2} = \frac{500}{\sin\theta_1}$$

$$P = \frac{\sin\theta_2}{\sin\theta_1}\times 500$$

$$\therefore P = \frac{3/5}{4/5}\times 500$$

$$= 375\text{kg}$$

15. 아래 그림과 같은 양단고정보에 3t/m의 등분포하중과 10t의 집중하중이 작용할 때 A점의 휨모멘트는?

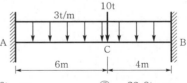

① -31.6t · m   ② -32.8t · m
③ -34.6t · m   ④ -36.8t · m

해설 중첩의 원리를 이용한다.

$$M_A = -\frac{wl^2}{12} - \frac{Pab^2}{l^2}$$

$$= -\frac{3\times 10^2}{12} - \frac{10\times 6\times 4^2}{10^2}$$

$$= -34.6\text{t} \cdot \text{m}$$

16. 다음 그림과 같은 3힌지 아치에 집중하중 P가 가해질 때 지점 B에서의 수평반력은?

① $\dfrac{Pa}{4R}$

② $\dfrac{P(R-a)}{2R}$

③ $\dfrac{P(R-a)}{4R}$

④ $\dfrac{Pa}{2R}$

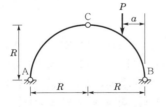

해설

$\Sigma M_B = 0$

$V_A \times 2R - Pa = 0$

$\therefore V_A = \dfrac{Pa}{2R}(\uparrow)$

$\Sigma M_C = 0$

$\dfrac{Pa}{2R} \times R - H_A \times R = 0$

$\therefore H_A = \dfrac{Pa}{2R}$

$\Sigma H = 0$

$H_B = H_A = \dfrac{Pa}{2R}$

17. 아래 그림과 같은 트러스에서 부재 AB의 부재력은?

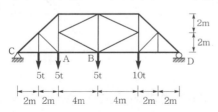

① 10.625t (인장)

② 15.05t (인장)

③ 15.05t (압축)

④ 10.625t (압축)

해설

$\Sigma M_D = 0$

$R_c \times 16 - 5 \times 14 - 5 \times 12 - 5 \times 8 - 10 \times 4 = 0$

$\therefore R_c = 210/16 = 13.125t(\uparrow)$

$\Sigma M_E = 0$

$13.125 \times 4 - 5 \times 2 - \overline{AB} \times 4 = 0$

$\therefore \overline{AB} = 10.625t$ (인장)

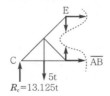

18. 아래 그림과 같은 내민보에 발생하는 최대 휨모멘트를 구하면?

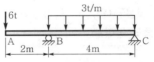

① $-8t \cdot m$

② $-12t \cdot m$

③ $-16t \cdot m$

④ $-20t \cdot m$

해설 최대 휨모멘트는 지점 B에서 발생한다.

$M_B = M_{max} = -6 \times 2 = -12t \cdot m$

19. 아래 그림에서 블록 A를 뽑아내는 데 필요한 힘 P는 최소 얼마 이상이어야 하는가? (단, 블록과 접촉면과의 마찰계수 $\mu = 0.3$)

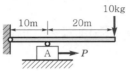

① 3kg 이상

② 6kg 이상

③ 9kg 이상

④ 12kg 이상

해설

$f \times 10 = 10 \times 30$

$\therefore f = 30kg$

$P > R = \mu f = 0.3 \times 30 = 9kg$

20. 탄성계수가 E, 푸아송비가 ν인 재료의 체적탄성계수 K는?

① $K = \dfrac{E}{2(1-\nu)}$

② $K = \dfrac{E}{2(1-2\nu)}$

③ $K = \dfrac{E}{3(1-\nu)}$

④ $K = \dfrac{E}{3(1-2\nu)}$

해설

$G = \dfrac{E}{2(1+\nu)} = \dfrac{mE}{2(m+1)}$

$K = \dfrac{E}{3(1-2\nu)}$

1. 다음 그림과 같은 구조물의 부정정차수는?

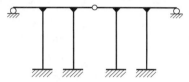

① 9차 부정정
② 10차 부정정
③ 11차 부정정
④ 12차 부정정

> **해설** $n = r - 3m = 28 - 3 \times 6 = 10$차 부정정

2. 단순보의 중앙에 집중하중 P가 작용할 경우 중앙에서의 처짐에 대한 설명으로 틀린 것은?
① 탄성계수에 반비례한다.
② 하중(P)에 정비례한다.
③ 단면2차모멘트에 반비례한다.
④ 지간의 제곱에 반비례한다.

> **해설** 중앙점 처짐
> $$\delta_C = \frac{Pl^3}{48EI} = \frac{Pl^3}{4Ebh^3}$$
> ④ 지간의 세제곱에 비례한다.

3. 다음 중 단면1차모멘트의 단위로서 옳은 것은?
① cm
② cm^2
③ cm^3
④ cm^4

> **해설** $G = Ay[\text{m}^3,\ \text{cm}^3,\ \text{mm}^3]$

4. 다음 그림에서 힘들의 합력 R의 위치(x)는 몇 m인가?
① 4.5m
② 4.75m
③ 5.0m
④ 5.25m

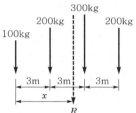

> **해설** 바리뇽의 정리를 이용한다.
> $R = 100 + 200 + 300 + 200 = 800\text{kg}(\downarrow)$
> $\Sigma M_A = 0$
> $800 \times x = 200 \times 9 + 300 \times 6 + 200 \times 3$
> $\therefore x = \dfrac{4,200}{800} = 5.25\text{m}$

5. 그림과 같은 음영 부분의 y축 도심은 얼마인가?

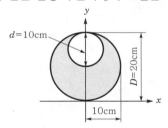

① x축에서 위로 5.43cm
② x축에서 위로 8.33cm
③ x축에서 위로 10.26cm
④ x축에서 위로 11.67cm

> **해설** x축에 대한 단면1차모멘트 G_x는
> $$G_x = \frac{\pi D^2}{4} \cdot \frac{D}{2} - \frac{\pi \left(\frac{D}{2}\right)^2}{4} \cdot \frac{3}{4}D = \frac{5}{64}\pi D^3$$
> $$\bar{y} = \frac{G_x}{A} = \frac{\frac{5}{64}\pi D^3}{\frac{\pi D^2}{4} - \frac{\pi}{4}\left(\frac{D}{2}\right)^2} = \frac{5}{12}D$$
> $$\therefore \bar{y} = \frac{5}{12} \times 20 = 8.33\text{cm}$$

6. 지름 d의 원형 단면인 장주가 있다. 길이가 4m일 때 세장비를 100으로 하려면 적당한 지름 d는?

① 8cm   ② 10cm

③ 16cm   ④ 18cm

 해설

$$\lambda = \frac{l}{r} = \frac{4l}{d} = 100$$

$$d = \frac{4 \times 400}{100} = 16\text{cm}$$

7. 단순보의 전 구간에 등분포하중이 작용할 때 지점의 반력이 2t이었다. 등분포하중의 크기는? (단, 지간은 10m이다.)

① 0.1t/m   ② 0.3t/m

③ 0.2t/m   ④ 0.4t/m

 해설

$R = \dfrac{wl}{2}$ 로부터

$$\therefore \ w = \frac{2R}{l} = \frac{2 \times 2}{10} = 0.4\text{t/m}$$

8. 아래 그림과 같은 보에서 굽힘모멘트에 의한 변형에너지는?

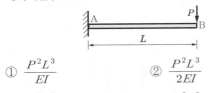

① $\dfrac{P^2 L^3}{EI}$ ② $\dfrac{P^2 L^3}{2EI}$

③ $\dfrac{P^2 L^3}{4EI}$ ④ $\dfrac{P^2 L^3}{6EI}$

 해설

$$U = W_e = \frac{1}{2}P\delta = \frac{P}{2} \times \frac{PL^3}{3EI} = \frac{P^2 L^3}{6EI}$$

9. 아래 그림과 같이 C점에 500kg이 수직으로 작용할 때 부재 AC의 부재력은?

① 304.2kg

② 312.4kg

③ 353.6kg

④ 384.2kg

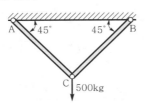

해설 C점에서 평형을 생각하면 좌우대칭이므로

$$2T\cos\beta = 500$$

$$T = \frac{500}{2\cos\beta} = \frac{500}{2\cos45°} = 250\sqrt{2} = 353.5\text{kg}$$

10. 그림과 같은 캔틸레버보에서 C점에 집중하중 P가 작용할 때 보의 중앙 B점의 처짐각은 얼마인가? (단, EI는 일정)

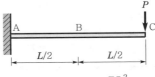

① $\dfrac{3PL^2}{8EI}$ ② $\dfrac{PL^2}{8EI}$

③ $\dfrac{PL^2}{12EI}$ ④ $\dfrac{5PL^2}{12EI}$

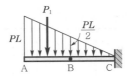 해설   공액보

$$P_1 = S_B = \frac{PL}{2} \times \frac{L}{2} + \frac{1}{2} \times \frac{PL}{2} \times \frac{L}{2} = \frac{3}{8}PL^3$$

$$\therefore \ \theta_B = \frac{S_B}{EI} = \frac{3PL^3}{8EI}$$

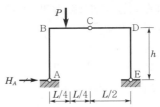

11. 그림과 같은 3활절 라멘의 지점 A의 수평반력 (H_A)은?

① $\dfrac{PL}{h}$ ② $\dfrac{PL}{2h}$

③ $\dfrac{PL}{4h}$ ④ $\dfrac{PL}{8h}$

해설 $\sum M_E = 0$

$$V_A \times L - P \times \frac{3}{4}L = 0$$

$$\therefore \ V_A = \frac{3}{4}P(\uparrow)$$

$$\sum M_C = 0$$

$$\frac{3}{4}P \times \frac{L}{2} - H_A \times h - P \times \frac{L}{4} = 0$$

$$\therefore \ H_A = \frac{PL}{8h}(\rightarrow)$$

12. 다음 그림과 같은 보에서 A점의 수직반력은?

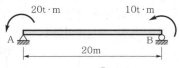

① 1.5t
② 1.8t
③ 2.0t
④ 2.3t

> **해설** $\Sigma M_B = 0$
>
> $V_A \times 20 - 20 - 10 = 0$
>
> $\therefore V_A = \dfrac{30}{20} = 1.5t(\uparrow)$

13. 탄성계수 $E = 2 \times 10^6 kg/cm^2$이고 푸아송비 $\nu = 0.3$일 때 전단탄성계수 G는?

① 769,231kg/cm^2
② 751,372kg/cm^2
③ 734,563kg/cm^2
④ 710,201kg/cm^2

> **해설** $G = \dfrac{E}{2(1+\nu)} = \dfrac{2 \times 10^6}{2(1+0.3)} = 769,230.8 kg/cm^2$

14. 다음 단순보에서 B점의 반력(R_B)은?

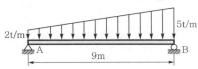

① 9t
② 13.5t
③ 18t
④ 21.5t

> **해설** $\Sigma M_A = 0$
>
> $-R_B \times 9 + 2 \times 9 \times 4.5 + \left(\dfrac{1}{2} \times 3 \times 9\right) \times \left(\dfrac{2}{3} \times 9\right) = 0$
>
> $\therefore R_B = \dfrac{162}{9} = 18t(\uparrow)$

15. 다음 그림과 같은 정정 라멘의 C점에 생기는 휨모멘트는 얼마인가?

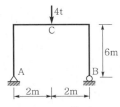

① 3t · m
② 4t · m
③ 5t · m
④ 6t · m

> **해설** 좌우대칭이므로 $R_A = R_B = 2t(\uparrow)$
>
> $\therefore M_C = 2 \times 2 = 4t \cdot m$

16. 다음 중 부정정구조의 해법이 아닌 것은?

① 공액보법
② 처짐각법
③ 변위일치법
④ 모멘트분배법

> **해설** ① 공액보법은 처짐을 구하는 방법이다.

17. 그림과 같은 단순보에 등분포하중이 작용할 때 이 보의 단면에 발생하는 최대 휨응력은?

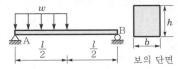

보의 단면

① $\dfrac{3wl^2}{64bh^2}$
② $\dfrac{23wl^2}{64bh^2}$
③ $\dfrac{25wl^2}{64bh^2}$
④ $\dfrac{27wl^2}{64bh^2}$

> **해설** 최대 휨모멘트 산정
>
> $\Sigma M_B = 0$
>
> $R_A \times l - \dfrac{wl}{2} \times \dfrac{3l}{4} = 0$
>
> $\therefore R_A = \dfrac{3wl}{8}(\uparrow)$
>
> $S_x = \dfrac{3wl}{8} - wx = 0$
>
> $\therefore x = \dfrac{3l}{8}$
>
> $M_{max} = \dfrac{1}{2} \times \dfrac{3l}{8} \times \dfrac{3wl}{8} = \dfrac{9wl^2}{128}$
>
> $\therefore \sigma = \dfrac{M}{Z} = \dfrac{6}{bh^2} \times \dfrac{9wl^2}{128} = \dfrac{27wl^2}{64bh^2}$

18. 지름 10cm, 길이 100cm인 재료에 인장력을 작용시켰을 때 지름은 9.98cm, 길이는 100.4cm가 되었다. 이 재료의 푸아송비(ν)는?

① 0.3
② 0.5
③ 0.7
④ 0.9

> **해설** $\nu = \dfrac{1}{m} = \dfrac{\beta}{\varepsilon} = \dfrac{\Delta d/d}{\Delta l/l}$
>
> $= \dfrac{l\Delta d}{d\Delta l} = \dfrac{100 \times 0.02}{10 \times 0.4} = 0.5$

19. 30cm×40cm인 단면의 보에 9t의 전단력이 작용할 때 이 단면에 일어나는 최대 전단응력은?

① 10.25kg/cm^2

② 11.25kg/cm^2

③ 12.25kg/cm^2

④ 13.25kg/cm^2

해설 $\tau_{max} = \dfrac{3}{2} \cdot \dfrac{S}{A} = \dfrac{3}{2} \times \dfrac{9,000}{30 \times 40} = 11.25\text{kg/cm}^2$

20. 그림 (A)와 같은 장주가 10t의 하중에 견딜 수 있다면 그림 (B)의 장주가 견딜 수 있는 하중의 크기는? (단, 기둥은 등질, 등단면이다.)

① 2.5t

② 20t

③ 40t

④ 80t

(a)   (b)

해설 $P_A : P_B = 1 : 4$

$\therefore P_B = 4P_A = 4 \times 10 = 40\text{t}$

1. 그림과 같이 강선과 동선으로 조립되어 있는 구조물에 200kg의 하중이 작용하면 강선에 발생하는 힘은? (단, 강선과 동선의 단면적은 같고, 강선의 탄성계수는 $2.0 \times 10^6 \text{kg/cm}^2$, 동선의 탄성계수는 $1.0 \times 10^6 \text{kg/cm}^2$ 이다.)

① 66.7kg

② 133.3kg

③ 166.7kg

④ 233.3kg

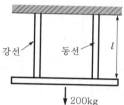

해설 합성부재의 분담하중

$$P_i = \frac{PE_i A_i}{\Sigma E_i A_i} = \frac{200 \times 2.0 \times 10^6 \times A}{A(2.0 \times 10^6 + 1.0 \times 10^6)} = 133.33 \text{kg}$$

2. 그림과 같이 밀도가 균일하고 무게가 W인 구(球)가 마찰이 없는 두 벽면 사이에 놓여있을 때 반력 R_B의 크기는?

① $0.5W$

② $0.577W$

③ $0.866W$

④ $1.155W$

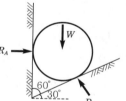

해설 시력도에서

$$\frac{W}{\sin 60°} = \frac{R_B}{\sin 90°}$$

$$\therefore R_B = \frac{2}{\sqrt{3}}W$$

$$= 1.155W$$

3. 지름 D인 원형 단면보에 휨모멘트 M이 작용할 때 최대 휨응력은?

① $\dfrac{64M}{\pi D^3}$

② $\dfrac{32M}{\pi D^3}$

③ $\dfrac{16M}{\pi D^3}$

④ $\dfrac{8M}{\pi D^3}$

해설

$$\sigma = \frac{M}{I}y = \frac{M}{Z} = \frac{32M}{\pi D^3}$$

4. 그림과 같은 트러스에서 부재력이 0인 부재는 몇 개인가?

① 3개

② 4개

③ 5개

④ 7개

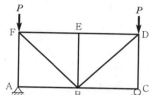

해설

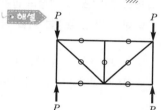

5. 주어진 T형 단면의 캔틸레버보에서 최대 전단응력을 구하면? (단, T형보 단면의 $I_{N.A} = 86.8 \text{cm}^4$이다.)

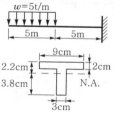

① $1,256.8 \text{kg/cm}^2$

② $1,797.2 \text{kg/cm}^2$

③ $2,079.5 \text{kg/cm}^2$

④ $2,433.2 \text{kg/cm}^2$

해설 $I_G = 86.8 \text{cm}^4$, $b = 3 \text{cm}$

$$S_{max} = wl_1 = 5 \times 5 = 25t$$

$$G = 3 \times 3.8 \times \frac{3.8}{2} = 21.66 \text{cm}^3$$

$$\tau_{max} = \frac{S_{max} G}{I_G b}$$

$$= \frac{(25 \times 10^3) \times 21.66}{86.8 \times 3} = 2,079.5 \text{kg/cm}^2$$

6. 아래 그림과 같은 연속보가 있다. B점과 C점 중간에 10t의 하중이 작용할 때 B점에서의 휨모멘트는? (단, EI는 전 구간에 걸쳐 일정하다.)

① $-5t \cdot m$
② $-7.5t \cdot m$
③ $-10t \cdot m$
④ $-12.5t \cdot m$

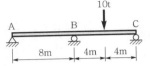

해설 경계조건 $M_A = M_C = 0$

$\delta = 0 \rightarrow \beta = 0$

$0 + 2M_B\left(\dfrac{l}{I} + \dfrac{l}{I}\right) + 0 = 6E\left(0 - \dfrac{Pl^2}{16EI}\right) + 0$

$\therefore M_B = -\dfrac{3Pl}{32} = -\dfrac{3}{32} \times 10 \times 8 = -7.5t \cdot m$

7. 보의 탄성변형에서 내력이 한 일을 그 지점의 반력으로 1차 편미분한 것은 "0"이 된다는 정리는 다음 중 어느 것인가?

① 중첩의 원리
② 맥스웰베티의 상반원리
③ 최소 일의 원리
④ 카스틸리아노의 제1정리

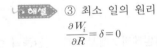

해설 ③ 최소 일의 원리

$\dfrac{\partial W_i}{\partial R} = \delta = 0$

8. 그림과 같은 구조물에서 부재 AB가 받는 힘의 크기는?

① 3,166.7ton
② 3,274.2ton
③ 3,368.5ton
④ 3,485.4ton

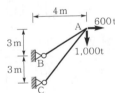

해설

$\Sigma H = 0$

$-\dfrac{4}{5}F_{AB} - \dfrac{4}{\sqrt{52}}F_{AC} + 600 = 0$ ·················· ㉠

$\Sigma V = 0$

$-\dfrac{3}{5}F_{AB} - \dfrac{6}{\sqrt{52}}F_{AC} - 1,000 = 0$ ·············· ㉡

식 ㉠과 ㉡을 연립하여 풀면

$F_{AB} = 3,166.7t$(인장), $F_{AC} = -3,485.4t$(압축)

9. 아래와 같은 라멘에서 휨모멘트도(B.M.D.)를 옳게 나타낸 것은?

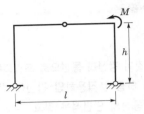

①
②
③
④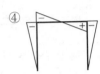

해설 $\Sigma M_B = 0$

$V_A \times l - M = 0$

$V_A = \dfrac{M}{l}(\uparrow)$

$\Sigma V = 0$

$V_A - V_B = 0$

$V_B = \dfrac{M}{l}(\downarrow)$

$\Sigma M_G = 0$

$\dfrac{M}{l} \times \dfrac{l}{2} - H_A \times h = 0$

$H_A = \dfrac{M}{2h}(\rightarrow)$

$\Sigma X = 0$

$\dfrac{M}{2h} - H_B = 0$

$H_B = \dfrac{M}{2h}(\leftarrow)$

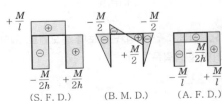

10. 중앙에 집중하중 P를 받는 그림과 같은 단순보에서 지점 A로부터 $l/4$인 지점(점 D)의 처짐각(θ_D)과 수직처짐량(δ_D)은? (단, EI는 일정)

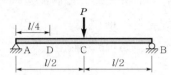

① $\theta_D = \dfrac{5Pl^2}{64EI}$, $\delta_D = \dfrac{3Pl^3}{768EI}$

② $\theta_D = \dfrac{3Pl^2}{128EI}$, $\delta_D = \dfrac{5Pl^3}{384EI}$

③ $\theta_D = \dfrac{3Pl^2}{64EI}$, $\delta_D = \dfrac{11Pl^3}{768EI}$

④ $\theta_D = \dfrac{3Pl^2}{128EI}$, $\delta_D = \dfrac{11Pl^3}{384EI}$

해설 공액보법

$$R_A = \frac{1}{2} \times \frac{l}{2} \times \frac{Pl}{4} = \frac{Pl^2}{16}$$

$$P_1 = \frac{1}{2} \times \frac{l}{4} \times \frac{Pl}{8} = \frac{Pl^2}{64}$$

$$S_D = \frac{Pl^2}{16} - \frac{Pl^2}{64} = \frac{3Pl^2}{64}$$

$$M_D = \frac{Pl^2}{16} \times \frac{l}{4} - \frac{Pl^2}{64} \times \frac{l}{4} \times \frac{2}{3}$$

$$= \frac{Pl^3}{64} - \frac{Pl^3}{384} = \frac{5Pl^3}{384}$$

$$\therefore \theta_D = \frac{S_D}{EI} = \frac{3Pl^2}{64EI}$$

$$\delta_D = \frac{M_D}{EI} = \frac{5Pl^3}{384EI}$$

11. 양단이 고정된 기둥에 축방향력에 의한 좌굴하중 P_{cr}을 구하면? (단, E : 탄성계수, I : 단면2차모멘트, L : 기둥의 길이)

① $P_{cr} = \dfrac{\pi^2 EI}{L^2}$

② $P_{cr} = \dfrac{\pi^2 EI}{2L^2}$

③ $P_{cr} = \dfrac{\pi^2 EI}{4L^2}$

④ $P_{cr} = \dfrac{4\pi^2 EI}{L^2}$

해설 $n = \dfrac{1}{4} : 1 : 2 : 4$에서 $n = 4$

$$\therefore P_{cr} = \frac{n\pi^2 EI}{l^2} = \frac{4\pi^2 EI}{l^2}$$

12. 그림과 같은 부정정보에 집중하중이 작용할 때 A점의 휨모멘트 M_A를 구한 값은?

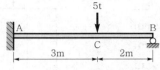

① $-5.7\text{t}\cdot\text{m}$ ② $-3.6\text{t}\cdot\text{m}$

③ $-4.2\text{t}\cdot\text{m}$ ④ $-2.6\text{t}\cdot\text{m}$

해설

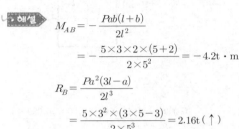

$$M_{AB} = -\frac{Pab(l+b)}{2l^2}$$

$$= -\frac{5 \times 3 \times 2 \times (5+2)}{2 \times 5^2} = -4.2\text{t}\cdot\text{m}$$

$$R_B = \frac{Pa^2(3l-a)}{2l^3}$$

$$= \frac{5 \times 3^2 \times (3 \times 5 - 3)}{2 \times 5^3} = 2.16\text{t}\,(\uparrow)$$

13. 탄성계수 $E = 2.1 \times 10^6 \text{kg/cm}^2$, 푸아송비 $\nu = 0.25$일 때 전단탄성계수는?

① $8.4 \times 10^5 \text{kg/cm}^2$ ② $1.1 \times 10^6 \text{kg/cm}^2$

③ $1.7 \times 10^6 \text{kg/cm}^2$ ④ $2.1 \times 10^6 \text{kg/cm}^2$

해설

$$G = \frac{E}{2(1+v)}$$

$$= \frac{2.1 \times 10^6}{2(1+0.25)}$$

$$= 840,000\text{kg/cm}^2 = 8.4 \times 10^5 \text{kg/cm}^2$$

14. 아래와 같은 단순보의 지점 A에 모멘트 M_a가 작용할 경우 A점과 B점의 처짐각비$\left(\dfrac{\theta_a}{\theta_b}\right)$의 크기는?

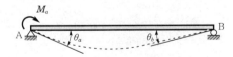

① 1.5 ② 2.0

③ 2.5 ④ 3.0

해설 $\theta_a = \dfrac{Ml}{3EI}$, $\theta_b = \dfrac{Ml}{6EI}$

$$\therefore \frac{\theta_a}{\theta_b} = 2.0$$

15. 그림과 같은 단주에 편심하중이 작용할 때 최대 압축응력은?

① 138.75kg/cm^2

② 172.65kg/cm^2

③ 245.75kg/cm^2

④ 317.65kg/cm^2

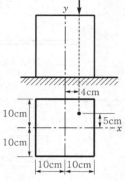

> **해설**
> $$\sigma_{\max} = \frac{P}{A} + \frac{Pe_y}{z_x} + \frac{Pe_x}{z_y}$$
> $$= \frac{15,000}{20\times20} + \frac{6\times15,000\times5}{20\times20^2} + \frac{6\times15,000\times4}{20\times20^2}$$
> $$= 37.5 + 56.25 + 45 = 138.75\text{kg/cm}^2$$

16. 아래 그림과 같은 보에서 A지점의 반력은?

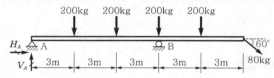

① $H_A = 87.1\text{kg}(\leftarrow)$, $V_A = 40\text{kg}(\uparrow)$

② $H_A = 40\text{kg}(\leftarrow)$, $V_A = 87.1\text{kg}(\uparrow)$

③ $H_A = 69.3\text{kg}(\rightarrow)$, $V_A = 87.1\text{kg}(\uparrow)$

④ $H_A = 40\text{kg}(\rightarrow)$, $V_A = 69.3\text{kg}(\uparrow)$

> **해설** ㉠ $\Sigma H = 0$
> $$H_A = 80\cos60° = 40\text{kg}(\leftarrow)$$
> ㉡ $\Sigma M_B = 0$
> $$V_A \times P - 200\times6 - 200\times3 + 200\times3$$
> $$+ 80\sin60° \times 6 = 0$$
> $$V_A = \frac{784.31}{9} = 87.1453\text{kg}(\uparrow)$$

17. 단순보 AB 위에 그림과 같은 이동하중이 지날 때 A점으로부터 10m 떨어진 C점의 최대 휨모멘트는?

① $85\text{t} \cdot \text{m}$

② $95\text{t} \cdot \text{m}$

③ $100\text{t} \cdot \text{m}$

④ $115\text{t} \cdot \text{m}$

> **해설** 큰 하중이 C점에 작용하는 경우 휨모멘트가 최대이다.
> $$\Sigma M_B = 0$$
> $$R_A \times 35 - 10\times25 - 5\times20 = 0$$
> $$R_A = \frac{350}{35} = 10\text{t}(\uparrow)$$
> $$\therefore M_C = 10\times10 = 100\text{t} \cdot \text{m}$$

18. 그림과 같은 단면의 단면상승모멘트(I_{xy})는?

① 7.75cm^4

② 9.25cm^4

③ 12.26cm^4

④ 15.75cm^4

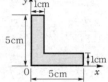

> **해설** $I_{xy} = Axy$
> $$= 1\times5\times0.5\times2.5 + 4\times1\times3\times0.5 = 12.25\text{cm}^4$$

19. 그림과 같은 내민보에서 C점의 휨모멘트가 영(零)이 되게 하기 위해서는 x가 얼마가 되어야 하는가?

① $x = \dfrac{l}{4}$

② $x = \dfrac{l}{3}$

③ $x = \dfrac{l}{2}$

④ $x = \dfrac{2l}{3}$

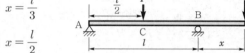

> **해설** $\Sigma M_B = 0$
> $$2P \times x = P \times \frac{l}{2}$$
> $$\therefore x = \frac{l}{4}$$

20. 단면적이 A이고 단면2차모멘트가 I인 단면의 단면2차반경(r)은?

① $r = \dfrac{A}{I}$

② $r = \dfrac{I}{A}$

③ $r = \dfrac{\sqrt{I}}{A}$

④ $r = \sqrt{\dfrac{I}{A}}$

> **해설** 단면2차반경(r)
> $$r = \sqrt{\frac{I}{A}} \;(\text{cm, m, ft})$$

토목산업기사 (2017년 9월 23일 시행)

1. 트러스 해법상의 가정에 대한 설명으로 틀린 것은?
① 모든 부재는 직선이다.
② 모든 부재는 마찰이 없는 핀으로 양단이 연결되어 있다.
③ 외력의 작용선은 트러스와 동일 평면 내에 있다.
④ 집중하중은 절점에 작용시키고, 분포하중은 부재 전체에 분포한다.

> **해설** 트러스에서 모든 하중을 절점에만 작용하는 것으로 가정하며, 등분포하중은 집중하중으로 환산하여 절점에 작용시킨다.

2. 다음 중 부정정구조물의 해석방법이 아닌 것은?
① 처짐각법
② 단위하중법
③ 3연모멘트법
④ 모멘트분배법

> **해설** ② 단위하중법(가상일의 원리)은 구조물의 처짐을 구하는 해석방법이다.

3. 양단이 고정되어 있는 길이 10m의 강(鋼)이 15℃에서 40℃로 온도가 상승할 때 응력은? (단, $E=2.1 \times 10^6 \mathrm{kg/cm^2}$, 선팽창계수 $\alpha = 0.00001/℃$)
① $475\mathrm{kg/cm^2}$
② $500\mathrm{kg/cm^2}$
③ $525\mathrm{kg/cm^2}$
④ $538\mathrm{kg/cm^2}$

> **해설** 온도 상승 시 응력
> $$\sigma = E\alpha\Delta T$$
> $$= 2.1 \times 10^6 \times 0.00001 \times (40-15) = 525\mathrm{kg/cm^2}$$

4. 반지름 R, 길이 l인 원형 단면 기둥의 세장비는?
① $\dfrac{l}{2R}$
② $\dfrac{l}{R}$
③ $\dfrac{2l}{R}$
④ $\dfrac{3l}{R}$

> **해설**
> $$r = \sqrt{\dfrac{I}{A}} = \sqrt{\dfrac{\dfrac{\pi R^4}{4}}{\pi R^2}} = \dfrac{R}{2}$$
> $$\lambda = \dfrac{l}{r} = \dfrac{l}{R/2} = \dfrac{2l}{R}$$

5. 직사각형 단면인 단순보의 단면계수가 $2{,}000\mathrm{m^3}$이고 $200{,}000\mathrm{t \cdot m}$의 휨모멘트가 작용할 때 이 보의 최대 휨응력은?
① $50\mathrm{t/m^2}$
② $70\mathrm{t/m^2}$
③ $85\mathrm{t/m^2}$
④ $100\mathrm{t/m^2}$

> **해설** $\sigma = \dfrac{M}{I}y = \dfrac{M}{Z} = \dfrac{200{,}000}{2{,}000} = 100\mathrm{t/m^2}$

6. 아래의 표에서 설명하는 것은?

> 나란한 여러 힘이 작용할 때 임의의 한 점에 대한 모멘트의 합은 그 점에 대한 합력의 모멘트와 같다.

① 바리뇽의 정리
② 베티의 정리
③ 중첩의 원리
④ 모어원의 정리

> **해설** ① 바리뇽의 정리에 대한 설명이다.

7. 다음 그림과 같은 구조물의 부정정차수는?

① 1차 부정정
② 3차 부정정
③ 4차 부정정
④ 6차 부정정

> **해설**
>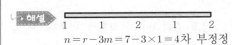
> $$n = r - 3m = 7 - 3 \times 1 = 4\text{차 부정정}$$

8. 반지름이 r인 원형 단면의 단주에서 도심에서의 핵거리 e는?
① $\dfrac{r}{2}$
② $\dfrac{r}{4}$
③ $\dfrac{r}{6}$
④ $\dfrac{r}{8}$

> **해설** $e = \dfrac{I}{Ay} = \dfrac{r^2}{y} = \dfrac{d}{8} = \dfrac{r}{4}$

9. 다음 그림의 캔틸레버보에서 최대 휨모멘트는 얼마인가?

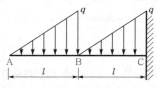

① $-\dfrac{1}{6}ql^2$ 　　　② $-\dfrac{1}{2}ql^2$

③ $-\dfrac{1}{3}ql^2$ 　　　④ $-\dfrac{5}{6}ql^2$

▶**해설** $M_C = M_{max}$

$= -\dfrac{1}{2} \times l \times q \times \left(\dfrac{l}{3} + l\right) - \dfrac{1}{2} \times l \times q \times \dfrac{l}{3}$

$= -\left(\dfrac{2}{3}ql^2 + \dfrac{1}{6}ql^2\right) = -\dfrac{5}{6}ql^2$

10. "탄성체가 가지고 있는 탄성변형에너지를 작용하고 있는 하중으로 편미분하면 그 하중점에서의 작용방향의 변위가 된다"는 것은 어떤 이론인가?

① 맥스웰(Maxwell)의 상반정리이다.
② 모어(Mohr)의 모멘트－면적정리이다.
③ 카스틸리아노(Castigliano)의 제2정리이다.
④ 클래페이론(Clapeyron)의 3연모멘트법이다.

▶**해설** ③ 카스틸리아노의 제2정리에 대한 설명이다.

$\dfrac{\partial W_i}{\partial P_i} = \delta_i$

11. 아래 그림과 같이 60°의 각도를 이루는 두 힘 P_1, P_2가 작용할 때 합력 R의 크기는?

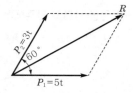

① 7t 　　　② 8t
③ 9t 　　　④ 10t

▶**해설** $R = \sqrt{P_1^2 + P_2^2 + 2P_1P_2\cos\theta}$

$= \sqrt{5^2 + 3^2 + 2 \times 5 \times 3 \times \cos 60°}$

$= 7t$

12. 보의 중앙에 집중하중을 받는 단순보에서 최대처짐에 대한 설명으로 틀린 것은? (단, 폭 b, 높이 h로 한다.)

① 탄성계수 E에 반비례한다.
② 단면의 높이 h의 3제곱에 비례한다.
③ 지간 l의 제곱에 반비례한다.
④ 단면의 폭 b에 반비례한다.

▶**해설** ③ 지간 l의 세제곱에 비례한다.

$\delta_{max} = \dfrac{Pl^3}{48EI} = \dfrac{12Pl^3}{48Ebh^3} = \dfrac{Pl^3}{4Ebh^3}$

13. 그림과 같은 길이가 l인 캔틸레버보에서 최대처짐각은?

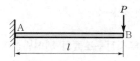

① $\theta_{max} = \dfrac{Pl^2}{2EI}$ 　　　② $\theta_{max} = \dfrac{Pl^3}{2EI}$

③ $\theta_{max} = \dfrac{Pl^2}{3EI}$ 　　　④ $\theta_{max} = \dfrac{Pl^3}{3EI}$

▶**해설** $\theta_B = \dfrac{Pl^2}{2EI}$ (↻), $\delta_B = \dfrac{Pl^3}{3EI}$ (↓)

14. 다음 중 단면1차모멘트와 같은 차원을 갖는 것은?

① 단면2차모멘트 　　　② 회전반경
③ 단면상승모멘트 　　　④ 단면계수

▶**해설** 단면1차모멘트와 차원이 같은 것은 단면계수이다.

15. 그림과 같은 3－hinge 라멘의 수평반력 H_A값은?

① $\dfrac{wl^2}{4h}$

② $\dfrac{wl^2}{8h}$

③ $\dfrac{wl^2}{16h}$

④ $\dfrac{wl^2}{24h}$

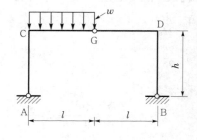

해설
$$\Sigma M_B = 0$$
$$V_A \times 2l - wl \times \frac{3}{2}l = 0$$
$$\therefore \ V_A = \frac{3}{4}wl (\uparrow)$$
$$\Sigma M_G = 0$$
$$\frac{3}{4}wl \times l - H_A \times h - wl \times \frac{l}{2} = 0$$
$$\therefore \ H_A = \frac{wl^2}{4h} (\rightarrow)$$

16. 그림과 같은 게르버보의 C점에서의 휨모멘트값은?

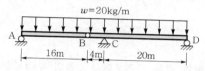

① $-640\text{kg} \cdot \text{m}$ ② $-800\text{kg} \cdot \text{m}$

③ $-960\text{kg} \cdot \text{m}$ ④ $-1,440\text{kg} \cdot \text{m}$

해설

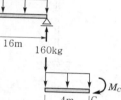

$$M_C = -160 \times 4 - 20 \times 4 \times 2 = -800\text{kg} \cdot \text{m}$$

17. 다음 그림과 같은 구조물에서 지점 A에서의 수직반력의 크기는?

① 2t

② 2.5t

③ 3t

④ 3.5t

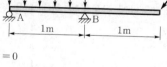

해설
$$\Sigma M_B = 0$$
$$-R_A \times 1 - 1 \times 1 \times 0.5 + 5 \times \frac{4}{5} \times 1 = 0$$
$$\therefore \ R_A = 3.5\text{t} (\downarrow)$$

18. 단면적 10cm^2인 원형 단면의 봉이 2t의 인장력을 받을 때 변형률(ε)은? (단, 탄성계수(E)=$2\times10^6\text{kg/cm}^2$)

① 0.0001 ② 0.0002

③ 0.0003 ④ 0.0004

해설
$$\sigma = \frac{P}{A} = \frac{2,000}{10} = 200\text{kg/cm}^2$$
$$\varepsilon = \frac{\sigma}{E} = \frac{200}{2 \times 10^6} = 0.0001$$

19. 다음 그림과 같은 단순보의 중앙에 집중하중이 작용할 때 단면에 생기는 최대 전단응력은 얼마인가?

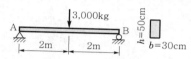

① 1.0kg/cm^2 ② 1.5kg/cm^2

③ 2.0kg/cm^2 ④ 2.5kg/cm^2

해설
$$S_{\max} = R_A = \frac{3,000}{2} = 1,500\text{kg}$$
$$\tau_{\max} = \frac{3}{2} \cdot \frac{S}{A} = \frac{3}{2} \times \frac{1,500}{30 \times 50} = 1.5\text{kg/cm}^2$$

20. 그림에서 음영된 삼각형 단면의 X축에 대한 단면2차모멘트는 얼마인가?

① $\dfrac{bh^3}{4}$

② $\dfrac{bh^3}{5}$

③ $\dfrac{bh^3}{6}$

④ $\dfrac{bh^3}{8}$

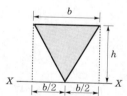

해설
$$I_X = I_C + Ad^2$$
$$= \frac{bh^3}{36} + \frac{bh}{2} \times \left(\frac{2h}{3}\right)^2$$
$$= \frac{bh^3}{36} + \frac{2bh^3}{9} = \frac{9bh^3}{36} = \frac{bh^3}{4}$$

1. 탄성변형에너지는 외력을 받는 구조물에서 변형에 의해 구조물에 축적되는 에너지를 말한다. 탄성체이며 선형거동을 하는 길이 L인 캔틸레버보의 끝단에 집중하중 P가 작용할 때 굽힘모멘트에 의한 탄성변형에너지는? (단, EI는 일정)

① $\dfrac{P^2L^2}{6EI}$ ② $\dfrac{P^2L^2}{2EI}$

③ $\dfrac{P^2L^3}{6EI}$ ④ $\dfrac{P^2L^3}{2EI}$

해설 $M_x = -Px$

$$U = \int_0^l \frac{M_x^2}{2EI}d_x = \frac{1}{2EI}\int_0^l P^2x^2 d_x$$

$$= \frac{P^2}{2EI}\left[\frac{x^3}{3}\right]_0^l = \frac{P^2L^3}{6EI}$$

2. 다음 그림과 같은 구조물의 BD 부재에 작용하는 힘의 크기는?

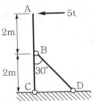

① 10t

② 12.5t

③ 15t

④ 20t

해설 $\Sigma M_c = 0$

$\overline{BD}\sin 30 \times 2 = 5 \times 4$

$\overline{BD} = 20t \,(\text{인장})$

3. 다음 그림과 같이 A지점이 고정이고 B지점이 힌지(hinge)인 부정정보가 어떤 요인에 의하여 B지점이 B′로 Δ만큼 침하하게 되었다. 이때 B′의 지점반력은? (단, EI는 일정)

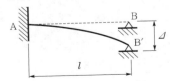

① $\dfrac{3EI\Delta}{l^3}$ ② $\dfrac{4EI\Delta}{l^3}$

③ $\dfrac{5EI\Delta}{l^3}$ ④ $\dfrac{6EI\Delta}{l^3}$

해설 $\Delta_B = \dfrac{Pl^3}{3EI}$ 으로부터

$$R_B = P = \frac{3EI\Delta_B}{l^3}$$

4. 그림과 같은 구조물에서 C점의 수직처짐을 구하면? (단, $EI = 2 \times 10^9 \text{kg} \cdot \text{cm}^2$이며 자중은 무시한다.)

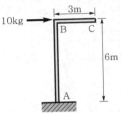

① 2.7mm   ② 3.6mm

③ 5.4mm   ④ 7.2mm

해설 $\delta_{CV} = \theta_B \cdot \overline{BC} = \dfrac{Pl^2}{2EI} \cdot \overline{BC}$

$$= \frac{10 \times 600^2 \times 300}{2 \times 2 \times 10^9} = 0.27\text{cm} = 2.7\text{mm}$$

5. 단면이 원형(반지름 r)인 보에 휨모멘트 M이 작용할 때 이 보에 작용하는 최대 휨응력은?

① $\dfrac{2M}{\pi r^3}$ ② $\dfrac{4M}{\pi r^3}$

③ $\dfrac{8M}{\pi r^3}$ ④ $\dfrac{16M}{\pi r^3}$

해설 $Z = \dfrac{I}{y} = \dfrac{\pi D^3}{32} = \dfrac{\pi r^3}{4}$

$$\sigma = \frac{M}{I}y = \frac{M}{Z} = \frac{4M}{\pi r^3}$$

6. 다음 그림과 같은 보에서 두 지점의 반력이 같게 되는 하중의 위치(x)를 구하면?

① 0.33m

② 1.33m

③ 2.33m

④ 3.33m

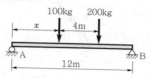

• 해설 ㉠ $R_A = R_B = R$이고, $\Sigma V = 0$으로부터

$$2R = 100 + 200$$

$$\therefore R = 150\text{kg}$$

㉡ $\Sigma M_A = 0$으로부터

$$-150 \times 12 + 100 \times x + 200 \times (4 + x) = 0$$

$$300x = 1{,}000$$

$$\therefore x = \frac{1{,}000}{300} = \frac{10}{3} = 3.33\text{m}$$

7. 반지름이 25cm인 원형 단면을 가지는 단주에서 핵의 면적은 약 얼마인가?

① 122.7cm^2

② 168.4cm^2

③ 254.4cm^2

④ 336.8cm^2

• 해설 $e = \dfrac{d}{8} = \dfrac{r}{4}$

$$\therefore A_c = \pi \left(\frac{r}{4}\right)^2 = \pi \times \left(\frac{25}{4}\right)^2 = 122.7185\text{cm}^2$$

8. 같은 재료로 만들어진 반경 r인 속이 찬 축과 외반경 r이고 내반경 $0.6r$인 속이 빈 축이 동일 크기의 비틀림모멘트를 받고 있다. 최대 비틀림응력의 비는?

① 1 : 1

② 1 : 1.15

③ 1 : 2

④ 1 : 2.15

• 해설 ㉠ $\sigma = \dfrac{T}{I_P} r$로부터 I_P에 반비례한다.

$$I_P = I_X + I_Y = 2I_X$$

㉡ 중실단면 $I_{P_1} = 2I_X = 2 \cdot \dfrac{\pi r^4}{4} = \dfrac{\pi r^4}{2}$

중공단면 $I_{P_2} = 2 \cdot \dfrac{\pi}{4} [r^4 - (0.6r)^4]$

$$= \frac{\pi r^4}{2}(1 - 0.1296)$$

$$= 0.8704 \frac{\pi r^4}{2}$$

$$\therefore \sigma^1 : \sigma^2 = \frac{1}{1} : \frac{1}{0.8704} = 1 : 1.1489$$

9. 그림과 같은 단순보에서 최대 휨모멘트가 발생하는 위치 x(A지점으로부터의 거리)와 최대 휨모멘트 M_x는?

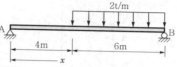

① $x = 4.0\text{m}$, $M_x = 18.02\text{t} \cdot \text{m}$

② $x = 4.8\text{m}$, $M_x = 9.6\text{t} \cdot \text{m}$

③ $x = 5.2\text{m}$, $M_x = 23.04\text{t} \cdot \text{m}$

④ $x = 5.8\text{m}$, $M_x = 17.64\text{t} \cdot \text{m}$

• 해설 ㉠ $\Sigma M_A = 0$으로부터 $-R_B \times 10 + 2 \times 6 \times 7 = 0$

$$\therefore R_B = 84/10 = 8.4\text{t}$$

㉡ $S_x = 8.4 - 2x_1 = 0$, $x_1 = 4.2\text{cm}$

$$\therefore x = l - x_1 = 10 - 4.2 = 5.8\text{m}$$

㉢ $M_{\max} = 8.4 \times 4.2 - 2 \times 4.2 \times \dfrac{4.2}{2} = 17.64\text{t} \cdot \text{m}$

10. 그림과 같은 트러스의 상현재 U의 부재력은?

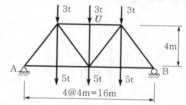

① 인장을 받으며 그 크기는 16t이다.

② 압축을 받으며 그 크기는 16t이다.

③ 인장을 받으며 그 크기는 12t이다.

④ 압축을 받으며 그 크기는 12t이다.

• 해설 ㉠ 좌우대칭의 하중이 작용하므로

$$\therefore R_B = 24/2 = 12\text{t} (\uparrow)$$

㉡ 자유물체도에서 $\Sigma M_C = 0$

$$3 \times 4 + 5 \times 4 - 12 \times 8 - U \times 4 = 0$$

$$\therefore U = -\frac{64}{4} = -16\text{t} (압축)$$

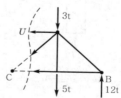

11. 다음 단면에서 y축에 대한 회전반지름은?

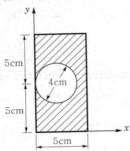

① 3.07cm

② 3.20cm

③ 3.81cm

④ 4.24cm

해설 $A = 10 \times 5 - \dfrac{\pi \times 4^2}{4} = 37.44\text{cm}^2$

$I_y = \dfrac{10 \times 5^3}{3} - \dfrac{5 \times \pi \times 4^4}{64} = 353.87\text{cm}^4$

$r_y = \sqrt{\dfrac{I_y}{A}} = \sqrt{\dfrac{353.87}{37.44}} = 3.0744\text{cm}$

12. 그림과 같은 단면적 A, 탄성계수 E인 기둥에서 줄음량을 구한 값은?

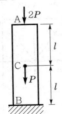

① $\dfrac{2Pl}{AE}$

② $\dfrac{3Pl}{AE}$

③ $\dfrac{4Pl}{AE}$

④ $\dfrac{5Pl}{AE}$

해설

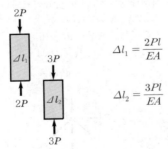

$\Delta l_1 = \dfrac{2Pl}{EA}$

$\Delta l_2 = \dfrac{3Pl}{EA}$

$\therefore \Delta l = \Delta l_1 + \Delta l_2 = \dfrac{5Pl}{EA}$

13. 다음과 같은 3활절 아치에서 C점의 휨모멘트는?

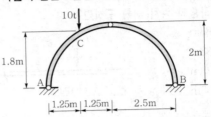

① 3.25t · m

② 3.50t · m

③ 3.75t · m

④ 4.00t · m

해설 ㉠ $\Sigma M_B = 0$으로부터

$V_A \times 5 - 10 \times 3.75 = 0$

$\therefore V_A = \dfrac{37.5}{5} = 7.5\text{t}(\uparrow)$

㉡ $\Sigma M_G = 0$으로부터

$7.5 \times 2.5 - H_A \times 2 - 10 \times 1.25 = 0$

$\therefore H_A = \dfrac{6.25}{2} = 3.125\text{t}(\rightarrow)$

㉢ $M_C = 7.5 \times 1.25 - 3.125 \times 1.8 = 3.75\text{t} \cdot \text{m}$

14. 그림과 같은 보에서 다음 중 휨모멘트의 절대값이 가장 큰 곳은?

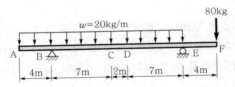

① B점

② C점

③ D점

④ E점

해설 ㉠ $\Sigma M_E = 0$으로부터

$R_A \times 16 - 20 \times 20 \times 10 + 80 \times 4 = 0$

$\therefore R_A = \dfrac{3,680}{16} = 230\text{kg}(\uparrow)$

㉡ $M_B = -20 \times 4 \times 2 = -160\text{kg} \cdot \text{m}$

$M_C = 230 \times 7 - 20 \times 11 \times \dfrac{11}{2} = 400\text{kg} \cdot \text{m}$

$M_D = 230 \times 9 - 20 \times 13 \times \dfrac{13}{2} = 380\text{kg} \cdot \text{m}$

$M_E = -80 \times 4 = -320\text{kg} \cdot \text{m}$

$\therefore M_{max} = M_C = 400\text{kg} \cdot \text{m}$

15. 그림과 같은 뼈대 구조물에서 C점의 수직반력 (↑)을 구한 값은? (단, 탄성계수 및 단면은 전 부재가 동일)

① $\dfrac{9wl}{16}$

② $\dfrac{7wl}{16}$

③ $\dfrac{wl}{8}$

④ $\dfrac{wl}{16}$

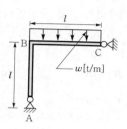

해설 ㉠ BA부재 BC부재가 동일강비이므로 분배율 (DF)은 $\dfrac{1}{2}$ 이고, 하중항 $H_{BC} = -\dfrac{wl^2}{8}$ 이므로

$\therefore M_{BC} = -\dfrac{wl^2}{8} \times \dfrac{1}{2} = -\dfrac{wl^2}{16}$ (반시계 방향)

㉡ 자유물체도에서 $\Sigma M_B = 0$ 으로부터

$-\dfrac{wl^2}{16} + wl \times \dfrac{l}{2} - V_C \times l = 0$

$\therefore V_C = \dfrac{7wl}{16}(\uparrow)$

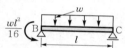

16. 정육각형 틀의 각 절점에 그림과 같이 하중 P 가 작용할 때 각 부재에 생기는 인장응력의 크기는?

① P

② $2P$

③ $\dfrac{P}{2}$

④ $\dfrac{P}{\sqrt{2}}$

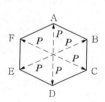

해설 ㉠ 정육각형이므로 한 점의 내각은 120°이다.
㉡ 한 절점(A)에서 $\Sigma V = 0$ 으로부터

$2T\cos 60° = P$

$\therefore T = P$

17. 그림과 같은 단면에 1,000kg의 전단력이 작용할 때 최대 전단응력의 크기는?

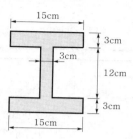

① 23.5kg/cm^2

② 28.4kg/cm^2

③ 35.2kg/cm^2

④ 43.3kg/cm^2

해설 ㉠ 최대 전단응력은 중립축에서 발생한다.
㉡ 최대 전단응력

$$I_X = \dfrac{1}{12}(15 \times 18^3 - 12 \times 12^3) = 5,562 \text{cm}^4$$

$$G_X = 15 \times 3 \times 7.5 + 3 \times 6 \times 3 = 391.5 \text{cm}^3$$

$$\therefore \tau_{max} = \dfrac{SG}{Ib} = \dfrac{1,000 \times 391.5}{5,562 \times 3} = 23.4628 \text{kg/cm}^2$$

18. 다음 그림과 같은 T형 단면에서 도심축 $C-C$ 축의 위치 x는?

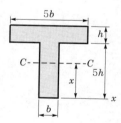

① $2.5h$

② $3.0h$

③ $3.5h$

④ $4.0h$

해설 $A = 5b \times h + b \times 5h = 10bh$

$G_x = 5b \times h \times 5.5h + 5h \times b \times 2.5h = 40bh^2$

$\therefore x = \dfrac{G_x}{A} = \dfrac{40bh^2}{10bh} = 4h$

19. 그림과 같은 게르버보에서 하중 P만에 의한 C점의 처짐은? (단, EI는 일정하고 $EI = 2.7 \times 10^{11} \text{kg} \cdot \text{cm}^2$ 이다.)

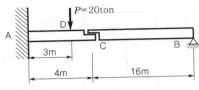

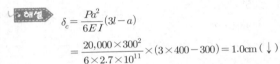

① 2.7cm   ② 2.0cm

③ 1.0cm   ④ 0.7cm

해설
$$\delta_c = \frac{Pa^2}{6EI}(3l - a)$$
$$= \frac{20,000 \times 300^2}{6 \times 2.7 \times 10^{11}} \times (3 \times 400 - 300) = 1.0 \text{cm}\,(\downarrow)$$

20. 중공 원형 강봉에 비틀림력 T가 작용할 때 최대 전단변형률 $\gamma_{\max} = 750 \times 10^{-6}$rad으로 측정되었다. 봉의 내경은 60mm이고 외경은 75mm일 때 봉에 작용하는 비틀림력 T를 구하면? (단, 전단탄성계수 $G = 8.15 \times 10^5 \text{kg/cm}^2$)

① 29.9t · cm   ② 32.7t · cm

③ 35.3t · cm   ④ 39.2t · cm

해설 ㉠ $\tau = G \cdot \gamma_s$
$$= 8.15 \times 10^5 \times 750 \times 10^{-6} = 611.25 \text{kg/cm}^2$$
$$I_P = I_X + I_Y = 2I_X$$
$$= 2 \times \frac{\pi}{64}(7.5^4 - 6.0^4) = 183.3036 \text{cm}^4$$

㉡ $\sigma = \dfrac{T}{I_P} r$ 로부터
$$T = \frac{\sigma I_P}{r} = \frac{611.25 \times 183.3036}{7.5/2}$$
$$= 29,878.5 \text{kg} \cdot \text{cm} \fallingdotseq 29.88 \text{t} \cdot \text{cm}$$

1. 아래의 정정보에서 A지점의 수직반력(R_A)은?

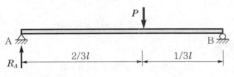

① $\dfrac{P}{4}$ ② $\dfrac{P}{3}$

③ $\dfrac{P}{2}$ ④ $\dfrac{2P}{3}$

해설 $\Sigma M_B = 0$ 으로부터

$$R_A \times l - P \times \frac{l}{3} = 0$$

$$\therefore R_A = \frac{P}{3}(\uparrow)$$

2. 지름이 D인 원형 단면의 단주에서 핵(core)의 지름은?

① $\dfrac{D}{2}$ ② $\dfrac{D}{3}$

③ $\dfrac{D}{4}$ ④ $\dfrac{D}{6}$

해설 ㉠ 핵반경 $e = \dfrac{I}{Ay} = \dfrac{r^2}{y} = \dfrac{D}{8}$

㉡ 핵전경(지름) $e = \dfrac{D}{8} \times 2 = \dfrac{D}{4}$

3. 그림과 같은 트러스에서 부재 V(중앙의 연직재)의 부재력은 얼마인가?

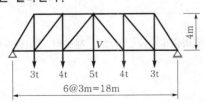

① 5t(인장) ② 5t(압축)

③ 4t(인장) ④ 4t(압축)

해설 $\Sigma V = 0$

$\quad \therefore V = 5t$ (인장)

$\Sigma H = 0$

$\quad \therefore L_1 = L_2$

4. 다음 중 정정 구조물의 처짐 해석법이 아닌 것은?

① 모멘트면적법 ② 공액보법

③ 가상일의 원리 ④ 처짐각법

해설 ④ 처짐각법은 부정정 구조물 해석방법이다.

5. 단면1차모멘트의 단위로서 옳은 것은?

① cm ② cm^2

③ cm^3 ④ cm^4

해설 $G_X = A \cdot y (\text{cm}^3, \text{ m}^3)$

6. 반지름이 r인 원형 단면에 전단력 S가 작용할 때 최대 전단응력($\tau_{\max}$)의 값은?

① $\dfrac{3S}{4\pi r^2}$ ② $\dfrac{4S}{3\pi r^2}$

③ $\dfrac{3S}{2\pi r^2}$ ④ $\dfrac{2S}{3\pi r^2}$

해설 $\tau_{\max} = \dfrac{4}{3} \cdot \dfrac{S}{A} = \dfrac{4}{3} \cdot \dfrac{S}{\pi r^2}$

7. 지간 10m인 단순보에 등분포하중 20kg/m가 만재되어 있을 때 이 보에 발생하는 최대 전단력은?

① 100kg ② 125kg

③ 150kg ④ 200kg

해설 $S_{\max} = R_A = \dfrac{wl}{2} = \dfrac{20 \times 10}{2} = 100\text{kg}$

8. 다음 부정정 구조물의 부정정차수를 구한 값은?

① 8
② 12
③ 16
④ 20

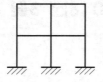

 $n = r - 3m = 30 - 3 \times 6 = 12$차 부정정

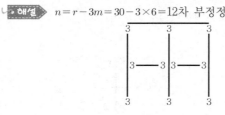

9. 그림과 같은 지름 80cm의 원에서 지름 20cm의 원을 도려낸 나머지 부분의 도심(圖心) 위치($\overline{y}$)는?

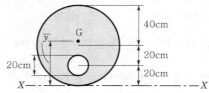

① 40.125cm
② 40.625cm
③ 41.137cm
④ 41.333cm

해설
$$A = \frac{\pi}{4}(80^2 - 20^2) = 4{,}710\text{cm}^2$$
$$G_x = \frac{\pi \times 80^2}{4} \times 40 - \frac{\pi \times 20^2}{4} \times 20 = 194{,}680\text{cm}^3$$
$$\overline{y} = \frac{G_x}{A} = \frac{194{,}680}{4{,}710} = 41.3333\text{cm}$$

10. 지름이 5cm, 길이가 200cm인 탄성체 강봉을 15mm만큼 늘어나게 하려면 얼마의 힘이 필요한가? (단, 탄성계수 $E = 2.1 \times 10^6 \text{kg/cm}^2$)

① 약 2,061t
② 약 206t
③ 약 3,091t
④ 약 309t

해설
$$\Delta l = \frac{Pl}{EA} \text{로부터}$$
$$P = \frac{\Delta l E A}{l}$$
$$= \frac{1.5 \times 2.1 \times 10^6 \times \pi \times 5^2}{4 \times 200}$$
$$= 309{,}093.75\text{kg} = 309.09\text{t}$$

11. 그림과 같은 단순보에서 C점의 휨모멘트는?

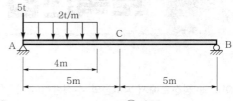

① 4t · m
② 6t · m
③ 8t · m
④ 10t · m

해설 $\Sigma M_A = 0$으로부터
$$-R_B \times 10 + 2 \times 4 \times 2 + 5 \times 0 = 0$$
$$\therefore R_B = 1.6\text{t}(\uparrow)$$
$$\therefore M_C = 1.6 \times 5 = 8\text{t} \cdot \text{m}$$

12. 보의 단면에서 휨모멘트로 인한 최대 휨응력이 생기는 위치는 어느 곳인가?

① 중립축
② 중립축과 상단의 중간점
③ 중립축과 하단의 중간점
④ 단면 상 · 하단

해설 최대 휨응력은 단면 상 · 하단에서 발생하며, 최대 전단응력은 중립축에서 발생한다.

13. "재료가 탄성적이고 Hooke의 법칙을 따르는 구조물에서 지점침하와 온도 변화가 없을 때 한 역계 P_n에 의해 변형되는 동안에 다른 역계 P_m이 한 외적인 가상일은 P_m 역계에 의해 변형하는 동안에 P_n 역계가 한 외적인 가상일과 같다"는 것은 다음 중 어느 것인가?

① 베티의 법칙
② 가상일의 원리
③ 최소일의 원리
④ 카스틸리아노의 정리

해설 Betti의 정리(상반일의 정리)
$$P_1\delta_{12} = P_2\delta_{21}$$

14. 푸아송비(ν)가 0.25인 재료의 푸아송수(m)는?

① 2
② 3
③ 4
④ 5

해설
$$\nu = -\frac{1}{m} = \frac{\beta}{\varepsilon} = \frac{l\Delta d}{d\Delta l} \text{로부터}$$
$$m = \frac{1}{\nu} = \frac{1}{0.25} = 4$$

15.
 다음 그림과 같은 세 힘에 대한 합력(R)의 작용점은 O점에서 얼마의 거리에 있는가?

① 1m

② 2m

③ 3m

④ 4m

해설

$R = 1 + 4 + 2 = 7t(\uparrow)$

$\Sigma M_O = 0$

$7 \times x = 1 \times 1 + 4 \times 3 + 2 \times 4$

$\therefore x = \dfrac{21}{7} = 3m$

16.
다음의 2경간 연속보에서 지점 C에서의 수직반력은 얼마인가?

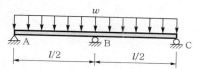

① $\dfrac{3wl}{32}$

② $\dfrac{wl}{16}$

③ $\dfrac{5wl}{32}$

④ $\dfrac{3wl}{16}$

해설

$R_A = R_C = \dfrac{3wl}{8} = \dfrac{3}{8} \times w \times \left(\dfrac{l}{2}\right) = \dfrac{3}{16}wl(\uparrow)$

$R_B = \dfrac{5wl}{4} = \dfrac{5}{4} \times w \times \left(\dfrac{l}{2}\right) = \dfrac{5}{8}wl(\uparrow)$

17.
그림과 같이 600kg의 힘이 A점에 작용하고 있다. 케이블 AC와 강봉 AB에 작용하는 힘의 크기는?

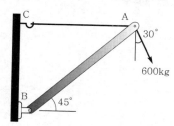

① $F_{AB} = 600kg$, $F_{AC} = 0kg$

② $F_{AB} = 734.8kg$, $F_{AC} = 819.6kg$

③ $F_{AB} = 819.6kg$, $F_{AC} = 519.6kg$

④ $F_{AB} = 155.3kg$, $F_{AC} = 519.6kg$

해설 ㉠ 절점 A에서 $\Sigma V = 0$으로부터

$\overline{AB} \sin 45° = 600 \cos 30°$

$\therefore \overline{AB} = 734.8469kg$

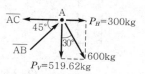

㉡ 절점 A에서 $\Sigma H = 0$으로부터

$\overline{AC} - \overline{AB} \cos 45° = 600 \sin 30°$

$\therefore \overline{AC} = 300 + 519.6152 = 819.6152kg$

18.
아래 그림과 같은 3힌지(hinge) 아치의 A점의 수평반력(H_A)은?

① 2t

② 3t

③ 4t

④ 5t

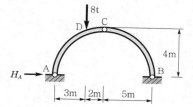

해설 ㉠ $\Sigma M_B = 0$으로부터 $V_A \times 10 - 8 \times 7 = 0$

$\therefore V_A = \dfrac{56}{10} = 5.6t(\uparrow)$

㉡ $\Sigma M_C = 0$으로부터 $5.6 \times 5 - H_A \times 4 - 8 \times 2 = 0$

$\therefore H_A = \dfrac{12}{4} = 3t(\rightarrow)$

19.
단순보에 하중이 작용할 때 다음 설명 중 옳지 않은 것은?

① 등분포하중이 만재될 때 중앙점의 처짐각이 최대가 된다.

② 등분포하중이 만재될 때 최대 처짐은 중앙점에서 일어난다.

③ 중앙에 집중하중이 작용할 때의 최대 처짐은 하중이 작용하는 곳에서 생긴다.

④ 중앙에 집중하중이 작용하면 양 지점에서의 처짐각이 최대로 된다.

해설 ㉠ 등분포하중이 만재될 때 중앙점의 처짐각은 0이고, 지점에서 처짐각이 최대이다.

㉡ 등분포하중이 만재될 때 중앙점의 처짐은 최대이고, 지점에서 처짐은 0이다.

20. 그림 (A)의 양단 힌지 기둥의 탄성좌굴하중이 20t
이었다면 그림 (B)기둥의 좌굴하중은?

① 1.25t   ② 2.5t

③ 5t   ④ 10t

 $n = \dfrac{1}{4} : 1 : 2 : 4$

$P_B = \dfrac{1}{4} P_A = \dfrac{1}{4} \times 20 = 5t$

토목기사(2018년 4월 28일 시행)

1. 그림과 같은 직사각형 단면의 단주에 편심축하중 P가 작용할 때 모서리 A점의 응력은?

① 3.4kg/cm^2

② 30kg/cm^2

③ 38.6kg/cm^2

④ 70kg/cm^2

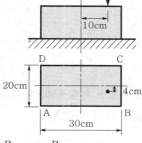

 해설

$$\sigma_A = \frac{P}{A} + \frac{Pe_y}{I_X} \cdot y - \frac{Pe_x}{I_Y} \cdot x$$

$$= \frac{10,000}{20 \times 30} + \frac{12 \times 10,000 \times 4}{30 \times 20^3} \times 10$$

$$- \frac{12 \times 10,000 \times 10}{20 \times 30^3} \times 15$$

$$= 16.67 + 20 - 33.33 = 3.34\text{kg/cm}^2 \text{ (압축)}$$

2. 그림과 같은 3힌지 아치의 중간 힌지에 수평하중 P가 작용할 때 A지점의 수직반력과 수평반력은? (단, A지점의 반력은 그림과 같은 방향을 정(+)으로 한다.)

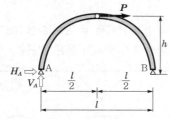

① $V_A = \frac{Ph}{l}$, $H_A = \frac{P}{2}$

② $V_A = \frac{Ph}{l}$, $H_A = -\frac{P}{2h}$

③ $V_A = -\frac{Ph}{l}$, $H_A = \frac{P}{2h}$

④ $V_A = -\frac{Ph}{l}$, $H_A = -\frac{P}{2}$

해설 ㉠ $\Sigma M_B = 0$으로부터

$$V_A \times l + P \times h = 0$$

$$\therefore V_A = -\frac{Ph}{l} (\downarrow)$$

㉡ $\Sigma M_G = 0$으로부터

$$-\frac{Ph}{l} \times \frac{l}{2} - H_A \times h = 0$$

$$\therefore H_A = -\frac{P}{2} (\leftarrow)$$

3. 다음과 같은 부재에서 길이의 변화량(δ)은 얼마인가? (단, 보는 균일하며 단면적 A와 탄성계수 E는 일정하다.)

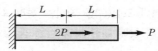

① $\frac{4PL}{EA}$

② $\frac{3PL}{EA}$

③ $\frac{1.5PL}{EA}$

④ $\frac{PL}{EA}$

해설

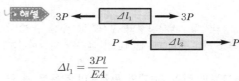

$$\Delta l_1 = \frac{3Pl}{EA}$$

$$\Delta l_2 = \frac{Pl}{EA}$$

$$\Delta l = \Delta l_1 + \Delta l_2 = \frac{4Pl}{EA}$$

4. 단면이 원형(반지름 R)인 보에 휨모멘트 M이 작용할 때 이 보에 작용하는 최대 휨응력은?

① $\frac{4M}{\pi R^3}$

② $\frac{12M}{\pi R^3}$

③ $\frac{16M}{\pi R^3}$

④ $\frac{32M}{\pi R^3}$

해설 $\sigma_{\max} = \frac{M}{I}y = \frac{M}{Z} = \frac{M}{\pi R^3/4} = \frac{4M}{\pi R^3}$

5. 다음 그림과 같은 단순보의 단면에서 발생하는 최대 전단응력의 크기는?

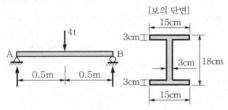

① 27.3kg/cm^2 ② 35.2kg/cm^2
③ 46.9kg/cm^2 ④ 54.2kg/cm^2

해설 ㉠ $S_{\max} = 2\text{t}$

$$I_X = \frac{1}{12}(15\times18^3 - 12\times12^3) = 5,562\text{cm}^4$$

$$G_X = 15\times3\times7.5 + 3\times6\times3 = 391.5\text{cm}^3$$

㉡ $\tau_{\max} = \dfrac{SG_X}{I_X b} = \dfrac{2,000\times391.5}{5,562\times3} = 46.9256\text{kg/cm}^2$

6. 정삼각형의 도심(G)을 지나는 여러 축에 대한 단면2차모멘트의 값에 대한 다음 설명 중 옳은 것은?

① $I_{y1} > I_{y2}$
② $I_{y2} > I_{y1}$
③ $I_{y3} > I_{y2}$
④ $I_{y1} = I_{y2} = I_{y3}$

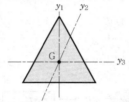

해설 정삼각형, 정사각형의 도심축에 대한 단면2차모멘트는 축의 회전에 관계없이 크기가 일정하다.

7. 다음 그림과 같이 세 개의 평행력이 작용할 때 합력 R의 위치 x는?

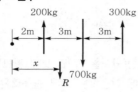

① 3.0m ② 3.5m
③ 4.0m ④ 4.5m

해설 $R = -200 + 700 - 300 = 200\text{kg}(\downarrow)$
$\Sigma M_0 = 0$으로부터
$200\times x = -200\times2 + 700\times5 - 300\times8$
$x = \dfrac{700}{200} = 3.5\text{m}$

8. 다음 구조물에서 최대 처짐이 일어나는 위치까지의 거리 X_m을 구하면?

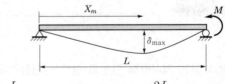

① $\dfrac{L}{2}$ ② $\dfrac{2L}{3}$
③ $\dfrac{L}{\sqrt{3}}$ ④ $\dfrac{2L}{\sqrt{3}}$

해설 $\delta_{\max} = \dfrac{Ml^2}{9\sqrt{3}\,EI}$, $X_m = \dfrac{l}{\sqrt{3}} = 0.577l$

9. 다음과 같은 부정정보에서 A의 처짐각 θ_A는? (단, 보의 휨강성은 EI이다.)

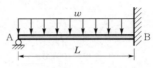

① $\dfrac{wL^3}{12EI}$ ② $\dfrac{wL^3}{24EI}$
③ $\dfrac{wL^3}{36EI}$ ④ $\dfrac{wL^3}{48EI}$

해설 $R_A = \dfrac{3}{8}wl$, $R_B = \dfrac{5}{8}wl$, $M_B = -\dfrac{wl^2}{8}$

$\theta_A = \dfrac{wl^3}{48EI}$

10. 무게 1kg의 물체를 두 끈으로 늘어뜨렸을 때 한 끈이 받는 힘의 크기 순서가 옳은 것은?

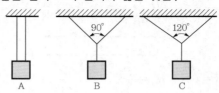

① $B > A > C$ ② $C > A > B$
③ $A > B > C$ ④ $C > B > A$

해설 ㉠ $2T_A = P$로부터 ∴ $T_A = 0.5P$
㉡ $2T_B\cos45° = P$로부터 ∴ $T_B = 0.707P$
㉢ $2T_C\cos60° = P$로부터 ∴ $T_C = P$
∴ $T_A < T_B < T_C$

11. 다음 그림과 같은 캔틸레버보에서 휨모멘트에 의한 탄성변형에너지는? (단, EI는 일정)

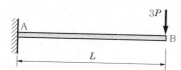

① $\dfrac{2P^2L^3}{3EI}$ ② $\dfrac{3P^2L^3}{2EI}$

③ $\dfrac{2P^2L^3}{9EI}$ ④ $\dfrac{9P^2L^3}{2EI}$

・해설▶ $M_x = -3P \cdot x$

$$U = \int_0^l \frac{M_x^2}{2EI}dx = \frac{1}{2EI}\int_0^l 9P^2x^2 dx$$

$$= \frac{9P^2}{2EI}\left[\frac{x^3}{3}\right]_0^l = \frac{3P^2l^3}{2EI}$$

12. 그림과 같은 단순보에서 C점의 휨모멘트는?

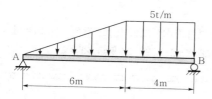

① $32t \cdot m$ ② $42t \cdot m$
③ $48t \cdot m$ ④ $54t \cdot m$

・해설▶ ㉠ $\Sigma M_B = 0$으로부터

$$R_A \times 10 - \frac{1}{2}\times 6\times 5\times 6 - 5\times 4\times 2 = 0$$

$$\therefore R_A = \frac{130}{10} = 13t$$

㉡ $M_C = 13\times 6 - \frac{1}{2}\times 6\times 5\times 2 = 48t \cdot m$

13. 구조 해석의 기본원리인 겹침의 원리(principle of superposition)를 설명한 것으로 틀린 것은?

① 탄성한도 이하의 외력이 작용할 때 성립한다.
② 외력과 변형이 비선형관계가 있을 때 성립한다.
③ 여러 종류의 하중이 실린 경우 이 원리를 이용하면 편리하다.
④ 부정정 구조물에서도 성립한다.

・해설▶ ② 탄성한도 내에서 외력과 변형이 선형관계에 있을 때 성립한다.

14. 다음 T형 단면에서 X축에 관한 단면2차모멘트 값은?

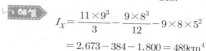

① $413cm^4$
② $446cm^4$
③ $489cm^4$
④ $513cm^4$

・해설▶ $I_X = \dfrac{11\times 9^3}{3} - \dfrac{9\times 8^3}{12} - 9\times 8\times 5^2$

$= 2,673 - 384 - 1,800 = 489cm^4$

15. 다음 그림과 같이 게르버보에 연행하중이 이동할 때 지점 B에서 최대 휨모멘트는?

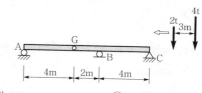

① $-9t \cdot m$ ② $-11t \cdot m$
③ $-13t \cdot m$ ④ $-15t \cdot m$

・해설▶ $M_B = -(4\times 2 + 2\times 0.5) = -9t \cdot m$

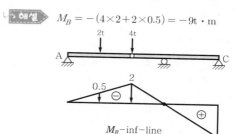

M_B-inf-line

16. 지름이 d인 원형 단면의 단주에서 핵(core)의 지름은?

① $\dfrac{d}{2}$ ② $\dfrac{d}{3}$

③ $\dfrac{d}{4}$ ④ $\dfrac{d}{8}$

・해설▶ ㉠ 핵반경 = $\dfrac{d}{8}$

㉡ 핵전경 = $\dfrac{d}{4}$

17. 다음 그림과 같은 보의 A점의 수직반력 V_A는?

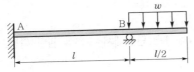

① $\dfrac{3}{8}wl\,(\downarrow)$ 　　② $\dfrac{1}{4}wl\,(\downarrow)$

③ $\dfrac{3}{16}wl\,(\downarrow)$ 　　④ $\dfrac{3}{32}wl\,(\downarrow)$

해설

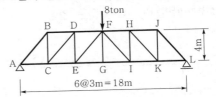

$\Sigma M_B=0$으로부터

$-R_A\times l+\dfrac{\omega l^2}{16}+\dfrac{\omega l^2}{8}=0$

$R_B=\dfrac{3}{16}\omega l\,(\downarrow)$

18. 체적탄성계수 K를 탄성계수 E와 푸아송비 ν로 옳게 표시한 것은?

① $K=\dfrac{E}{3(1-2\nu)}$

② $K=\dfrac{E}{2(1-3\nu)}$

③ $K=\dfrac{2E}{3(1-2\nu)}$

④ $K=\dfrac{3E}{2(1-3\nu)}$

해설 ㉠ 전단탄성계수

$G=\dfrac{E}{2(1+\nu)}=\dfrac{m\cdot E}{2(m+1)}$

㉡ 체적탄성계수

$K=\dfrac{E}{3(1-2\nu)}$

19. 그림과 같은 트러스의 부재 EF의 부재력은?

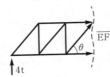

① 3ton(인장) 　　② 3ton(압축)

③ 4ton(압축) 　　④ 5ton(압축)

해설 ㉠ 좌우대칭이므로

$\therefore\ R_A=4\text{t}\,(\uparrow)$

㉡ 자유물체도에서 $\Sigma V=0$으로부터

$\overline{\text{EF}}\sin\theta+4=0$

$\therefore\ \overline{\text{EF}}=-4\times\dfrac{5}{4}=-5\text{t}\,(압축)$

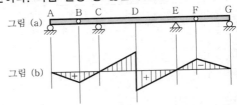

20. 그림 (b)는 그림 (a)와 같은 게르버보에 대한 영향선이다. 다음 설명 중 옳은 것은?

① 힌지점 B의 전단력에 대한 영향선이다.

② D점의 전단력에 대한 영향선이다.

③ D점의 휨모멘트에 대한 영향선이다.

④ C지점의 반력에 대한 영향선이다.

해설 D점의 전단력에 대한 영향선이다.

$(S_D-\inf-\text{line})$

1. 다음 그림과 같은 라멘에서 C점의 휨모멘트는?

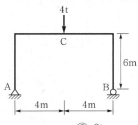

① 4t · m   ② 8t · m

③ 12t · m   ④ 16t · m

해설 ㉠ 좌우대칭의 하중이 작용하므로

$\therefore R_A = 2t(\uparrow)$

㉡ $M_C = 2 \times 4 = 8t \cdot m$

2. 그림과 같은 3활절 아치의 지점 A에서의 지점반력 V_A와 H_A값이 옳은 것은?

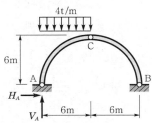

① $V_A = 18t(\uparrow),\ H_A = 18t(\rightarrow)$

② $V_A = 18t(\uparrow),\ H_A = 6t(\rightarrow)$

③ $V_A = 18t(\downarrow),\ H_A = 18t(\leftarrow)$

④ $V_A = 18t(\uparrow),\ H_A = 6t(\leftarrow)$

해설 ㉠ $\Sigma M_B = 0$으로부터

$V_A \times 12 - 4 \times 6 \times 9 = 0$

$\therefore V_A = \dfrac{216}{12} = 18t(\uparrow)$

㉡ $\Sigma M_C = 0$으로부터

$18 \times 6 - H_A \times 6 - 4 \times 6 \times 3 = 0$

$\therefore H_A = \dfrac{36}{6} = 6t(\rightarrow)$

3. 다음 그림에서 지점 A의 반력이 영(零)이 되기 위해 C점에 작용시킬 집중하중의 크기(P)는?

① 12t

② 16t

③ 20t

④ 24t

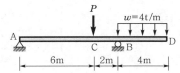

해설 $\Sigma M_B = 0$

$-P \times 2 + 4 \times 4 \times 2 = 0$

$\therefore P = \dfrac{32}{2} = 16t$

4. 재료의 역학적 성질 중 탄성계수를 E, 전단탄성계수를 G, 푸아송수를 m이라 할 때 각 성질의 상호관계식으로 옳은 것은?

① $G = \dfrac{m}{2E(m+1)}$ ② $G = \dfrac{mE}{2(m+1)}$

③ $G = \dfrac{m}{2(m+E)}$ ④ $G = \dfrac{E}{2(m+1)}$

해설 $G = \dfrac{E}{2(1+\nu)} = \dfrac{E}{2\left(1+\dfrac{1}{m}\right)} = \dfrac{m \cdot E}{2(m+1)}$

5. 장주에서 오일러의 좌굴하중(P)을 구하는 공식은 다음의 표와 같다. 여기서 n값이 1이 되는 기둥의 지지 조건은?

$$P = \dfrac{n\pi^2 EI}{l^2}$$

① 양단힌지   ② 1단고정, 1단자유

③ 1단고정, 1단힌지   ④ 양단고정

해설 ㉠ $n = \dfrac{1}{4}$ → 1단자유, 타단고정

㉡ $n = 1$ → 양단힌지

㉢ $n = 2$ → 1단고정, 타단힌지

㉣ $n = 4$ → 양단고정

6. 다음 구조물 중 부정정차수가 가장 높은 것은?

①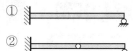

②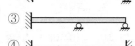

③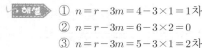

④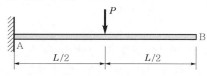

> **해설** ① $n = r - 3m = 4 - 3 \times 1 = 1$차
> ② $n = r - 3m = 6 - 3 \times 2 = 0$
> ③ $n = r - 3m = 5 - 3 \times 1 = 2$차
> ④ $n = r - 3m = 7 - 3 \times 1 = 4$차

7. 다음 그림과 같은 캔틸레버보에서 B점의 처짐은? (단, EI는 일정하다.)

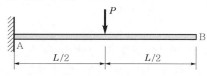

① $\dfrac{PL^3}{24EI}$ ② $\dfrac{5PL^3}{24EI}$

③ $\dfrac{PL^3}{48EI}$ ④ $\dfrac{5PL^3}{48EI}$

> **해설** $\theta_B = \dfrac{PL^2}{8EI}$
>
> $y_B = \dfrac{5PL^3}{48EI}$

8. 다음 중 변형에너지에 속하지 않는 것은?

① 외력의 일
② 축방향 내력의 일
③ 휨모멘트에 의한 내력의 일
④ 전단력에 의한 내력의 일

> **해설** 탄성변형에너지＝내력 일＝휨모멘트에 의한 일 ＋전단력에 의한 일＋축력에 의한 일

9. 다음 중 부정정 트러스를 해석하는데 적합한 방법은?

① 모멘트분배법   ② 처짐각법
③ 가상일의 원리   ④ 3연모멘트법

> **해설** 부정정 트러스의 해석법으로는 가상일의 원리를 이용한 해석이 적합하다.

10. 다음 그림과 같은 모멘트하중을 받는 단순보에서 A점의 반력(R_A)은?

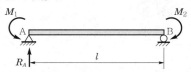

① $\dfrac{M_1}{l}$

② $\dfrac{M_2}{l}$

③ $\dfrac{M_1 + M_2}{l}$

④ $\dfrac{M_1 - M_2}{l}$

> **해설** $\Sigma M_B = 0$으로부터
> $R_A \times l - M_1 + M_2 = 0$
> $\therefore R_A = \dfrac{M_1 - M_2}{l} (\uparrow)$

11. 사각형 단면에서의 최대 전단응력은 평균전단응력의 몇 배인가?

① 1배   ② 1.5배
③ 2.0배   ④ 2.5배

> **해설** ㉠ 직사각형 단면 $\tau_{\max} = \dfrac{3}{2}\dfrac{S}{A}$
> ㉡ 원형 단면 $\tau_{\max} = \dfrac{4}{3}\dfrac{S}{A}$

12. 다음 그림에서 부재 AC와 BC의 단면력은?

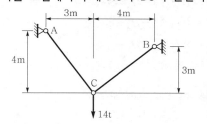

① $F_{AC} = 6.0\mathrm{t}$, $F_{BC} = 8.0\mathrm{t}$

② $F_{AC} = 8.0\mathrm{t}$, $F_{BC} = 6.0\mathrm{t}$

③ $F_{AC} = 8.4\mathrm{t}$, $F_{BC} = 11.2\mathrm{t}$

④ $F_{AC} = 11.2\mathrm{t}$, $F_{BC} = 8.4\mathrm{t}$

ㄱ $\Sigma V = 0$ 으로부터

$$\overline{AC} \cdot \frac{4}{5} + \overline{BC} \cdot \frac{3}{5} = 14$$

$$4\overline{AC} + 3\overline{BC} = 70 \cdots\cdots\cdots ①$$

ㄴ $\Sigma H = 0$ 으로부터

$$\overline{AC} \cdot \frac{3}{5} = \overline{BC} \cdot \frac{4}{5}$$

$$\overline{AC} = \frac{4}{3}\overline{BC} \cdots\cdots\cdots ②$$

①식에 ②를 대입하면

$$4 \times \frac{4}{3}\overline{BC} + 3\overline{BC} = 70$$

$$\therefore \overline{BC} = 70 \times \frac{3}{25} = 8.4t \text{ (인장)}$$

$$\therefore \overline{AC} = \frac{4}{3} \times 8.4 = 11.2t \text{ (인장)}$$

13.
등분포하중 2t/m를 받는 지간 10m의 단순보에서 발생하는 최대 휨모멘트는? (단, 등분포하중은 지간 전체에 작용한다.)

① 15t · m
② 20t · m
③ 25t · m
④ 30t · m

해설 $M_{\max} = \dfrac{wl^2}{8} = \dfrac{2 \times 10^2}{8} = 25t \cdot m$

14.
다음 중 힘의 3요소가 아닌 것은?

① 크기
② 방향
③ 작용점
④ 모멘트

해설 힘의 3요소 – 크기, 방향, 작용점

15.
폭이 20cm이고 높이가 30cm인 직사각형 단면보가 최대 휨모멘트(M) 2t · m를 받을 때 최대 휨응력은?

① 33.33kg/cm²
② 44.44kg/cm²
③ 66.67kg/cm²
④ 77.78kg/cm²

해설 $\sigma = \dfrac{M}{I}y = \dfrac{M}{Z}$

$$= \frac{6M}{bh^2} = \frac{6 \times 2 \times 10^5}{20 \times 30^2} = 66.67 \text{kg/cm}^2$$

16.
등분포하중(w)이 재하된 단순보의 최대 처짐에 대한 설명 중 틀린 것은?

① 하중(w)에 비례한다.
② 탄성계수(E)에 반비례한다.
③ 지간(l)의 제곱에 반비례한다.
④ 단면2차모멘트(I)에 반비례한다.

해설 지간의 4제곱에 비례한다.

$$y_{\max} = \frac{5wl^4}{384EI}$$

17.
다음 그림에서 음영 부분의 도심축 x에 대한 단면2차모멘트는?

① 3.19cm⁴
② 2.19cm⁴
③ 1.19cm⁴
④ 0.19cm⁴

0.5cm 2cm 0.5cm

해설 $I_X = \dfrac{\pi}{64}(D^4 - d^4) = \dfrac{\pi}{64} \times (3^4 - 2^4) = 3.1891 \text{cm}^4$

18.
지름 1cm, 길이 1m, 탄성계수 10,000kg/cm²의 철선에 무게 10kg의 물건을 매달았을 때 철선의 늘어나는 양은?

① 1.27mm
② 1.60mm
③ 2.24mm
④ 2.63mm

해설 $\Delta l = \dfrac{Pl}{EA}$

$$= \frac{4 \times 10 \times 100}{10,000 \times \pi \times 1^2} = 0.12738 \text{cm} \fallingdotseq 1.27 \text{mm}$$

19.
단면의 성질에 대한 다음 설명 중 틀린 것은?

① 단면2차모멘트의 값은 항상 "0"보다 크다.
② 단면2차극모멘트의 값은 항상 극을 원점으로 하는 두 직교좌표축에 대한 단면2차모멘트의 합은 같다.
③ 단면1차모멘트의 값은 항상 "0"보다 크다.
④ 단면의 주축에 관한 단면상승모멘트의 값은 항상 "0"이다.

해설 ③ 단면1차모멘트는 도심축에 대하여 0이다.

20. 다음과 같은 단주에서 편심거리 e에 $P=30t$이 작용할 때 단면에 인장력이 생기지 않기 위한 e의 한계는?

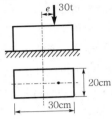

① 3.3cm   ② 5cm

③ 6.7cm   ④ 10cm

▶해설 $e = \dfrac{r^2}{y} = \dfrac{b}{6} = \dfrac{30}{6} = 5\text{cm}$

1. 상·하단이 고정인 기둥에 다음 그림과 같이 힘 P 가 작용한다면 반력 R_A, R_B값은?

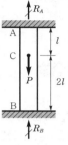

① $R_A = \dfrac{P}{2}$, $R_B = \dfrac{P}{2}$

② $R_A = \dfrac{P}{3}$, $R_B = \dfrac{2P}{3}$

③ $R_A = \dfrac{2P}{3}$, $R_B = \dfrac{P}{3}$

④ $R_A = P$, $R_B = 0$

해설

$$R_A = \frac{Pb}{l} = \frac{P \times 2l}{3l} = \frac{2}{3}P(\uparrow)$$

$$R_B = \frac{Pa}{l} = \frac{P \times l}{3l} = \frac{P}{3}(\uparrow)$$

2. 그림과 같이 2개의 집중하중이 단순보 위를 통과할 때 절대 최대 휨모멘트의 크기(M_{max})와 발생위치(x)는?

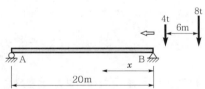

① $M_{max} = 36.2\text{t} \cdot \text{m}$, $x = 8\text{m}$

② $M_{max} = 38.2\text{t} \cdot \text{m}$, $x = 8\text{m}$

③ $M_{max} = 48.6\text{t} \cdot \text{m}$, $x = 9\text{m}$

④ $M_{max} = 50.6\text{t} \cdot \text{m}$, $x = 9\text{m}$

해설

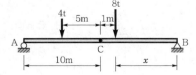

㉠ $R = 4 + 8 = 12\text{t}$

$12 \times e = 4 \times 6$

$e = 2\text{m}$

∴ $x = 10 - 1 = 9\text{m}$

㉡ $\Sigma M_A = 0$

$-R_B \times 20 + 8 \times 11 + 4 \times 5 = 0$

$R_B = \dfrac{108}{20} = 5.4\text{t} (\uparrow)$

∴ $M_{max} = 5.4 \times 9 = 48.6\text{t} \cdot \text{m}$

3. 단면2차모멘트가 I이고 길이가 l인 균일한 단면의 직선상(直線狀)의 기둥이 있다. 지지상태가 1단고정, 1단자유인 경우 오일러(Euler) 좌굴하중(P_{cr})은? (단, 이 기둥의 영(Young)계수는 E이다.)

① $\dfrac{\pi^2 EI}{4l^2}$

② $\dfrac{\pi^2 EI}{l^2}$

③ $\dfrac{2\pi^2 EI}{l^2}$

④ $\dfrac{4\pi^2 EI}{l^2}$

해설 $n = \dfrac{1}{4}$ 인 기둥

$$P_{cr} = \frac{n\pi^2 EI}{l^2} = \frac{\pi^2 EI}{4l^2}$$

4. 부양력 200kg인 기구가 수평선과 60°의 각으로 정지상태에 있을 때 기구의 끈에 작용하는 인장력(T)과 풍압(w)을 구하면?

① $T = 220.94\text{kg}$, $w = 105.47\text{kg}$

② $T = 230.94\text{kg}$, $w = 115.47\text{kg}$

③ $T = 220.94\text{kg}$, $w = 125.47\text{kg}$

④ $T = 230.94\text{kg}$, $w = 135.47\text{kg}$

시력도에서 $\dfrac{T}{\sin 90°}=\dfrac{200}{\sin 60°}=\dfrac{W}{\sin 30°}$ 로부터

$$\therefore \ T=\dfrac{200}{\sqrt{3}/2}=230.94\text{kg}$$

$$\therefore \ w=\dfrac{1/2}{\sqrt{3}/2}\times 200=115.47\text{kg}$$

5. 그림과 같이 지름 d인 원형 단면에서 최대 단면계수를 갖는 직사각형 단면을 얻으려면 b/h는?

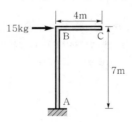

① 1

② $\dfrac{1}{2}$

③ $\dfrac{1}{\sqrt{2}}$

④ $\dfrac{1}{\sqrt{3}}$

해설 $b:h:d=1:\sqrt{2}:\sqrt{3}$ 으로부터

$$\therefore \ \dfrac{b}{h}=\dfrac{1}{\sqrt{2}}$$

6. 그림과 같은 구조물에서 C점의 수직처짐을 구하면? (단, $EI=2\times 10^9\text{kg}\cdot\text{cm}^2$이며 자중은 무시한다.)

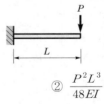

① 2.70mm

② 3.57mm

③ 6.24mm

④ 7.35mm

해설 $\delta_{CV}=\theta_B\cdot l=\dfrac{Pl^2}{2EI}\cdot\overline{BC}$

$$=\dfrac{15\times 700^2}{2\times 2\times 10^9}\times 400$$

$$=0.735\text{cm}=7.35\text{mm}$$

7. 다음 인장부재의 수직변위를 구하는 식으로 옳은 것은? (단, 탄성계수는 E)

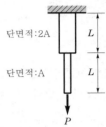

① $\dfrac{PL}{EA}$

② $\dfrac{3PL}{2EA}$

③ $\dfrac{2PL}{EA}$

④ $\dfrac{5PL}{2EA}$

해설 $\Delta l=\Delta l_1+\Delta l_2=\dfrac{Pl}{E(2A)}+\dfrac{Pl}{EA}=\dfrac{3Pl}{2EA}$

8. 그림과 같이 속이 빈 직사각형 단면의 최대 전단응력은? (단, 전단력은 2t)

① 2.125kg/cm²

② 3.22kg/cm²

③ 4.125kg/cm²

④ 4.22kg/cm²

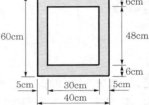

해설 $I_X=\dfrac{1}{12}(40\times 60^3-30\times 48^3)=443{,}520\text{cm}^4$

$$G_X=6\times 40\times 27+24\times 5\times 12\times 2=9{,}360\text{cm}^3$$

$$\tau_{\max}=\dfrac{SG_X}{I_Xb}=\dfrac{2{,}000\times 9{,}360}{443{,}520\times 10}=4.2208\text{kg/cm}^2$$

9. 다음 그림과 같은 캔틸레버보에 굽힘으로 인하여 저장된 변형에너지는? (단, EI는 일정하다.)

① $\dfrac{P^2L^3}{6EI}$

② $\dfrac{P^2L^3}{48EI}$

③ $\dfrac{P^2L^3}{12EI}$

④ $\dfrac{P^2L^3}{38EI}$

해설 $M_x=-Px$

$$\therefore \ U=\int_0^l\dfrac{{M_x}^2}{2EI}dx=\dfrac{1}{2EI}\int_0^l P^2x^2dx$$

$$=\dfrac{P^2}{2EI}\left[\dfrac{x^3}{3}\right]_0^l=\dfrac{P^2l^3}{6EI}$$

10. 다음 그림과 같은 T형 단면에서 $x-x$축에 대한 회전반지름(r)은?

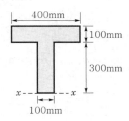

① 227mm　　　　② 289mm

③ 334mm　　　　④ 376mm

해설
$$I_X = \frac{1}{3}(40 \times 40^3 - 30 \times 30^3)$$
$$= \frac{1.75}{3} \times 10^6 \text{cm}^4$$
$$A = 40 \times 10 + 30 \times 10$$
$$= 700 \text{cm}^2$$
$$r = \sqrt{\frac{I}{A}} = \sqrt{\frac{1.75 \times 10^6}{3 \times 700}}$$
$$= 28.8675 \text{cm} \fallingdotseq 288.68 \text{mm}$$

11. 다음 내민보에서 B점의 모멘트와 C점의 모멘트의 절대값의 크기를 같게 하기 위한 $\dfrac{L}{a}$의 값을 구하면?

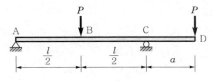

① 6　　　　　　② 4.5

③ 4　　　　　　④ 3

해설 ㉠ $\Sigma M_C = 0$으로부터
$$R_A \times l - P \times \frac{l}{2} + Pa = 0$$
$$\therefore R_A = \frac{P}{l}\left(\frac{l}{2} - a\right)$$
$$\therefore M_B = \frac{P}{l}\left(\frac{l}{2} - a\right) \times \frac{l}{2} = \frac{P}{2}\left(\frac{l}{2} - a\right)$$
㉡ $M_C = Pa$, $M_B = M_C$로부터
$$\frac{P}{2}\left(\frac{l}{2} - a\right) = Pa$$
$$3a = \frac{l}{2}$$
$$\therefore l/a = 2 \times 3 = 6$$

12. 어떤 재료의 탄성계수를 E, 전단탄성계수를 G라 할 때 G와 E의 관계식으로 옳은 것은? (단, 이 재료의 푸아송비는 ν이다.)

① $G = \dfrac{E}{2(1-\nu)}$　　② $G = \dfrac{E}{2(1+\nu)}$

③ $G = \dfrac{E}{2(1-2\nu)}$　　④ $G = \dfrac{E}{2(1+2\nu)}$

해설
$$G = \frac{E}{2(1+\nu)} = \frac{E}{2\left(1+\frac{1}{m}\right)} = \frac{m \cdot E}{2(m+1)}$$

13. 다음 트러스의 부재력이 0인 부재는?

① 부재 a-e　　　　② 부재 a-f

③ 부재 b-g　　　　④ 부재 c-h

해설 영(0)부재는 $\overline{ch}$부재이다.

14. 다음 구조물은 몇 부정정차수인가?

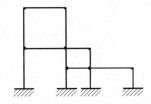

① 12차 부정정　　　② 15차 부정정

③ 18차 부정정　　　④ 21차 부정정

해설 $n = r - 3m = 3 \times 14 - 3 \times 9 = 15$차 부정정

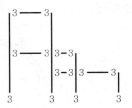

15. 그림과 같은 라멘 구조물의 E점에서의 불균형모멘트에 대한 부재 EA의 모멘트 분배율은?

① 0.222
② 0.1667
③ 0.2857
④ 0.40

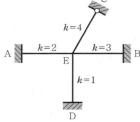

해설 $DF_{EA} = \dfrac{k}{\Sigma k} = \dfrac{2}{2+3+4\times\dfrac{3}{4}+1} = \dfrac{2}{9} = 0.222$

16. 그림과 같은 내민보에서 정(+)의 최대 휨모멘트가 발생하는 위치 x(지점 A로부터의 거리)와 정(+)의 최대 휨모멘트(M_x)는?

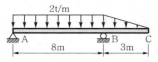

① $x=2.821\text{m}, \ M_x=11.438\text{t}\cdot\text{m}$
② $x=3.256\text{m}, \ M_x=17.547\text{t}\cdot\text{m}$
③ $x=3.813\text{m}, \ M_x=14.535\text{t}\cdot\text{m}$
④ $x=4.527\text{m}, \ M_x=19.063\text{t}\cdot\text{m}$

해설 ㉠ $\Sigma M_B=0$으로부터

$R_A\times8-2\times8\times4+\dfrac{1}{2}\times2\times3\times1=0$

$\therefore \ R_A=\dfrac{61}{8}=7.625\text{t}$

㉡ $S_x=7.625-2x=0$으로부터 $x=3.8125\text{m}$

㉢ $M_x=7.625\times3.8125-2\times3.8125\times\dfrac{3.8125}{2}$

$=14.5352\text{t}\cdot\text{m}$

17. 다음 그림과 같은 반원형 3힌지 아치에서 A점의 수평반력은?

① P
② $P/2$
③ $P/4$
④ $P/5$

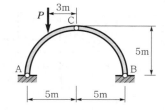

해설 ㉠ $\Sigma M_B=0$으로부터

$V_A\times10-P\times8=0$

$\therefore \ V_A=\dfrac{4}{5}P(\uparrow)$

㉡ $\Sigma M_C=0$으로부터

$\dfrac{4}{5}P\times5-H_A\times5-P\times3=0$

$\therefore \ H_A=\dfrac{P}{5}(\rightarrow)$

18. 휨모멘트가 M인 다음과 같은 직사각형 단면에서 $A-A$에서의 휨응력은?

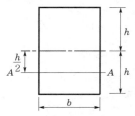

① $\dfrac{3M}{bh^2}$

② $\dfrac{3M}{4bh^2}$

③ $\dfrac{3M}{2bh^2}$

④ $\dfrac{M}{4b^2h^2}$

해설 $\sigma=\dfrac{M}{I}y=\dfrac{12\times M}{b(2h)^3}\times\dfrac{h}{2}=\dfrac{3M}{4bh^2}$

19. 다음 그림과 같은 내민보에서 C점의 처짐은? (단, 전 구간의 $EI=3.0\times10^9\text{kg}\cdot\text{cm}^2$로 일정하다.)

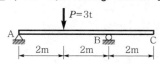

① 0.1cm
② 0.2cm
③ 1cm
④ 2cm

해설 $y_c=\theta_B\cdot\overline{\text{BC}}$

$=\dfrac{Pl^2}{16EI}\times\dfrac{l}{2}=\dfrac{Pl^3}{32EI}$

$=\dfrac{3,000\times400^3}{32\times3.0\times10^9}=2\text{cm}(\uparrow)$

26. 다음 그림에서 블록 A를 뽑아내는데 필요한 힘 P는 최소 얼마 이상이어야 하는가? (단, 블록과 접촉 면과의 마찰계수 $\mu = 0.3$)

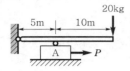

① 6kg　　　　　　　② 9kg

③ 15kg　　　　　　④ 18kg

 ㉠ $\Sigma M_B = 0$으로부터

　　 $N \times 5 = 20 \times 15$

　　 $\therefore \ N = 60\text{kg}(\downarrow)$

㉡ $P > R = \mu N = 0.3 \times 60 = 18\text{kg}$

1. 가로방향의 변형률이 0.0022이고 세로방향의 변형률이 0.0083인 재료의 푸아송수는?

① 2.8　　　　　　② 3.2

③ 3.8　　　　　　④ 4.2

해설 $\nu = -\frac{1}{m} = \frac{\beta}{\varepsilon}$ 로부터

$$\therefore m = \frac{\varepsilon}{\beta} = \frac{0.0083}{0.0022} = 3.77$$

2. 아래 그림과 같은 내민보에서 지점 A의 수직반력은 얼마인가?

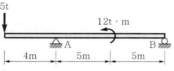

① 3.2t(↑)　　　　② 5.0t(↑)

③ 5.8t(↑)　　　　④ 8.2t(↑)

해설 $\sum M_B = 0$ 으로부터 $R_A \times 10 - 5 \times 14 - 12 = 0$

$$\therefore R_A = \frac{82}{10} = 8.2t(\uparrow)$$

3. 그림과 같은 구조물에서 부재 AC가 받는 힘의 크기는?

① 2t

② 4t

③ 6t

④ 8t

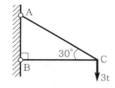

해설 절점 C에서 $\sum V = 0$ 으로부터 $\overline{AC}\sin 30° = 3$

$$\therefore \overline{AC} = 3 \times 2 = 6t (인장)$$

4. 그림과 같은 구조물은 몇 차 부정정 구조물인가?

① 3차

② 4차

③ 5차

④ 6차

해설 $n = r - 3m = 14 - 3 \times 3 = 5$ 차

5. 그림과 같이 단순보에서 B점에 모멘트하중이 작용할 때 A점과 B점의 처짐각 비($\theta_A : \theta_B$)는?

① 1 : 2

② 2 : 1

③ 1 : 3

④ 3 : 1

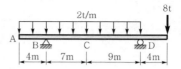

해설 $\theta_A = \frac{Ml}{6EI}$, $\theta_B = \frac{Ml}{3EI}$, $2\theta_A = \theta_B$ 이므로

$$\therefore \theta_A : \theta_B = 1 : 2$$

6. 변형에너지(strain energy)에 속하지 않는 것은?

① 외력의 일(external work)

② 축방향 내력의 일

③ 휨모멘트에 의한 내력의 일

④ 전단력에 의한 내력의 일

해설 내력일=탄성변형에너지

$$W = W_{iM} + W_{iN} + W_{iS} + W_{iT}$$

7. 아래 그림과 같은 보에서 C점에서의 휨모멘트는?

① 16t · m　　　　② 20t · m

③ 32t · m　　　　④ 40t · m

해설 $\sum M_D = 0$ 으로부터

$$R_A \times 16 - 2 \times 20 \times 10 + 8 \times 4 = 0$$

$$\therefore R_A = \frac{368}{16} = 23t(\uparrow)$$

$$\therefore M_C = 23 \times 7 - 2 \times 11 \times \frac{11}{2} = 40t \cdot m$$

8. 다음 그림과 같은 3-hinge 아치에 등분포하중이 작용하고 있다. A점의 수평반력은?

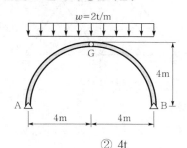

① 3t

② 4t

③ 5t

④ 6t

> **해설** ㉠ 좌우대칭의 하중이 작용하므로
>
> $$\therefore \; V_A = \frac{wl}{2} = \frac{2 \times 8}{2} = 8t(\uparrow)$$
>
> ㉡ A점의 수평반력은 $\sum M_G = 0$ 으로부터
>
> $8 \times 4 - H_A \times 4 - 2 \times 4 \times 2 = 0$
>
> $$\therefore \; H_A = \frac{16}{4} = 4t(\rightarrow)$$

9. 다음 중 부정정보의 해석방법은?

① 변위일치법

② 모멘트 면적법

③ 탄성하중법

④ 공액보법

> **해설** 부정정보의 해석방법
>
> ㉠ 변위일치법
>
> ㉡ 3연모멘트법
>
> ㉢ 처짐각법
>
> ㉣ 모멘트분배법 등

10. 반지름 r인 원형 단면에서 도심축에 대한 단면2차모멘트는?

① $\dfrac{\pi r^4}{4}$

② $\dfrac{\pi r^4}{16}$

③ $\dfrac{\pi r^4}{32}$

④ $\dfrac{\pi r^4}{64}$

> **해설** $I_X = \dfrac{\pi D^4}{64} = \dfrac{\pi r^4}{4}$

11. 기둥(장주)의 좌굴에 대한 설명으로 틀린 것은?

① 좌굴하중은 단면2차모멘트(I)에 비례한다.

② 좌굴하중은 기둥의 길이(l)에 비례한다.

③ 좌굴응력은 세장비(λ)의 제곱에 반비례한다.

④ 좌굴응력은 탄성계수(E)에 비례한다.

> **해설** 좌굴하중은 기둥의 길이(l)의 제곱에 반비례한다.
>
> $$P_{cr} = \frac{n\pi^2 EI}{l^2} = \frac{\pi^2 EI}{(kl)^2}$$

12. 폭이 20cm이고 높이가 30cm인 사각형 단면의 목재보가 있다. 이 보에 작용하는 최대 휨모멘트가 1.8t·m일 때 최대 휨응력은?

① 30kg/cm^2

② 40kg/cm^2

③ 50kg/cm^2

④ 60kg/cm^2

> **해설** $\sigma = \dfrac{M}{I}y = \dfrac{M}{Z} = \dfrac{6M}{bh^2} = \dfrac{6 \times 1.8 \times 10^5}{20 \times 30^2} = 60\text{kg/cm}^2$

13. 지름이 D인 원형 단면의 단주에서 핵(core)의 면적으로 옳은 것은?

① $\dfrac{\pi D^2}{4}$

② $\dfrac{\pi D^2}{16}$

③ $\dfrac{\pi D^2}{32}$

④ $\dfrac{\pi D^2}{64}$

> **해설** ㉠ 원형 단면 기둥의 핵거리(e)는 $\dfrac{D}{8}$ 이다.
>
> ㉡ 핵의 면적
>
> $$\therefore \; A_c = \pi e^2 = \pi \left(\frac{D}{8}\right)^2 = \frac{\pi D^2}{64}$$

14. 아래 그림과 같이 지름 1cm인 강철봉에 10t의 물체를 매달면 강철봉의 길이 변화량은? (단, 강철봉의 탄성계수 $E = 2.1 \times 10^6$kg/cm^2)

① 0.74cm

② 0.91cm

③ 1.07cm

④ 1.18cm

> **해설** $\Delta l = \dfrac{Pl}{EA} = \dfrac{4 \times 10,000 \times 150}{2.1 \times 10^6 \times \pi \times 1^2} = 0.9099\text{cm}$

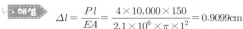

15. 다음 그림과 같이 O점에 P_1, P_2, P_3의 3힘이 작용하고 있을 때 점 A를 중심으로 한 모멘트의 크기는?

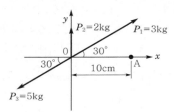

① 8kg · cm
② 10kg · cm
③ 15kg · cm
④ 18kg · cm

🔖 **해설**

$$\sum P_V = 2 + 3\sin30° - 5\sin30° = 1\text{kg}(\uparrow)$$
$$\sum P_H = 3\cos30° - 5\cos30° = -\sqrt{3}\,\text{kg}(\leftarrow)$$
$$\therefore M_A = 1 \times 10 - \sqrt{3} \times 0 = 10\text{kg} \cdot \text{cm}$$

16. 그림과 같이 단순보에 하중 P가 경사지게 작용할 때 지점 A점에서의 수직반력은?

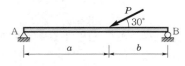

① $\dfrac{Pb}{(a+b)}$
② $\dfrac{Pa}{2(a+b)}$
③ $\dfrac{Pa}{(a+b)}$
④ $\dfrac{Pb}{2(a+b)}$

🔖 **해설** $\sum M_B = 0$으로부터 $R_A \times (a+b) - P\sin30° \times b = 0$
$$\therefore R_A = \frac{Pb}{2(a+b)}(\uparrow)$$

17. 아래 그림과 같이 단순보의 중앙에 하중 $3P$가 작용할 때 이 보의 최대 처짐은?

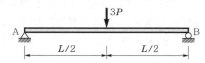

① $\dfrac{PL^3}{4EI}$
② $\dfrac{PL^3}{8EI}$
③ $\dfrac{PL^3}{16EI}$
④ $\dfrac{PL^3}{24EI}$

🔖 **해설** $\delta_{\max} = \delta_c = \dfrac{(3P)l^3}{48EI} = \dfrac{Pl^3}{16EI}(\downarrow)$

18. 다음 트러스에서 부재 U_1의 부재력은?

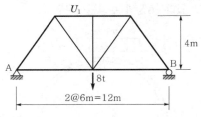

① 6t(압축)
② 6t(인장)
③ 5t(압축)
④ 5t(인장)

🔖 **해설** ㉠ 좌우대칭의 하중이 작용하므로
$$\therefore R_A = \frac{P}{2} = 4\text{t}(\uparrow)$$
㉡ $\sum M_C = 0$으로부터 $4 \times 6 + U_1 \times 4 = 0$
$$\therefore U_1 = -\frac{24}{4} = -6\text{t}(압축)$$

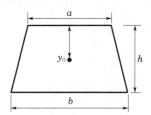

19. 다음 사다리꼴 도심의 위치(y_0)는?

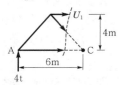

① $y_0 = \dfrac{h}{3} \cdot \dfrac{2a+b}{a+b}$
② $y_0 = \dfrac{h}{3} \cdot \dfrac{a+2b}{a+b}$
③ $y_0 = \dfrac{h}{3} \cdot \dfrac{a+b}{2a+b}$
④ $y_0 = \dfrac{h}{3} \cdot \dfrac{a+b}{a+2b}$

🔖 **해설** $y_1 = \dfrac{h}{3} \cdot \dfrac{(2a+b)}{(a+b)}$
$y_2 = \dfrac{h}{3} \cdot \dfrac{(a+2b)}{(a+b)}$

20. 아래 그림과 같은 단순보에 발생하는 최대 전단 응력(τ_{max})은?

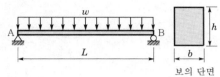

보의 단면

① $\dfrac{4wL}{9bh}$ ② $\dfrac{wL}{2bh}$

③ $\dfrac{9wL}{16bh}$ ④ $\dfrac{3wL}{4bh}$

해설

$S_{max} = \dfrac{wl}{2}$

$\therefore \ \tau_{max} = \dfrac{3}{2} \cdot \dfrac{S}{A} = \dfrac{3}{2} \cdot \dfrac{1}{bh} \cdot \dfrac{wl}{2} = \dfrac{3wl}{4bh}$

^{Series} **01 응용역학**

2019. 1. 7. 초 판 1쇄 인쇄
2019. 1. 15. 초 판 1쇄 발행

지은이 │ 박경현
펴낸이 │ 이종춘
펴낸곳 │ **BM** ㈜도서출판 **성안당**
주소 │ 04032 서울시 마포구 양화로 127 첨단빌딩 5층(출판기획 R&D 센터)
      │ 10881 경기도 파주시 문발로 112 출판문화정보산업단지(제작 및 물류)
전화 │ 02) 3142-0036
      │ 031) 950-6300
팩스 │ 031) 955-0510
등록 │ 1973. 2. 1. 제406-2005-000046호
출판사 홈페이지 │ **www.cyber.co.kr**
ISBN │ 978-89-315-6911-7 (13530)
정가 │ 22,000원

이 책을 만든 사람들
기획 │ 최옥현
진행 │ 이희영
교정·교열 │ 이후영
전산편집 │ 최은지
표지 디자인 │ 박현정
홍보 │ 정가현
국제부 │ 이선민, 조혜란, 김혜숙
마케팅 │ 구본철, 차정욱, 나진호, 이동후, 강호묵
제작 │ 김유석